KB273731

퀀텀 스토리
THE QUANTUM STORY

퀀텀 스토리

THE QUANTUM STORY

THE QUANTUM STORY

퀀텀 스토리

양자역학 100년 역사의 결정적 순간들

짐 배것 지음 | 박병철 옮김 | 이강영 해제

반니

우리에게 양자역학이란 무엇인가

이강영(경상대 물리교육과 교수)

지구 역사상 지금까지 가장 번성한 종 가운데 하나인 호모 사피엔스는, 그 이름에 걸맞게 뇌를 사용하는 법을 발달시켜서 환경에 대해 그 어떤 종보다 강력한 지배력을 행사하고 있다. '생각한다'고 통칭하는 이 능력을 통해 인간은 자연을 이해하고 변화시키는 두 가지 목적을, 적어도 지금까지는 성공적으로 달성해왔다. 버트런드 러셀은 전자를 이론과학, 후자를 응용과학이라고 불렀다. 대체로 인간의 사고에서 중요한 비중을 차지하는 것은 응용과학이었고, 때로는 이론과학을 거의 몰아내는 수준까지 이르기도 했다.

그러나 당장의 쓰임이 없더라도 인간은 꾸준히 자연을 이해하려고 노력해왔다. 자연을 이해하는 데 있어서, 그러니까 이론과학의 역사에서 서구의 역사는 몇 차례 혁명적인 순간을 겪었다. 약 2,000년 전에 논리와 증명이 탄생했고, 또한 자연을 관찰하고 순응하는 데서 그치지 않고 그 속에서 규칙을 찾고 의미를 찾기 시작했다. 400여 년 전, 케플러는 프라하에서 천체의 운행 규칙에 획기적인 진전을 이뤘고, 갈릴레오는 파도바와 피렌체에서 망원경으로 천체를 관측하여 별들에 대한 새로운 지식을 발견했으며, 한편으로는 관성과 운동 규칙 일반에 대해 새로운 이해를 넓혔다. 이 모든 것은 영국 케임브리지의 아이작 뉴턴으로 흘러들어가서, 마침내 세상의 작동 원리에 관한 정량적 지식이 완성되었다. 뉴턴역학의 정교함은 이전까지 인간이 가지고 있던 어떤 지식도 따를 수 없는 것이었다.

19세기에도 자연과학과 기술은 빠르게 발전을 거듭했다. 화학과 열역학이 크게 발전하면서 물질에 대해 더 깊이 이해하게 되었고, 물질을 이루는 기본 단위로서 고대 그리스의 원자라는 개념이 근대의 옷을 입고 다시 나타났다. 또한 찰스 다윈은 생물체를 바라보는 관점을 완전히 바꾸어놓는 거대한 사상을 펼쳐놓았다.

20세기에 들어서 인간이 물질세계에 대해 이해하는 방식은 또다시 거대한 발전을 이룩했다. 발달한 기술에 힘입어, 인간은 물질의 기본 구조에 대해서 새로운 지식을 엄청나게 쌓기 시작했고, 원자는 더 이상 추상적인 개념이 아닌 구체적인 실체로 받아들여졌다. 그리고 원자를 이해하려고 노력하는 과정에서, 마침내 물질을 이해하는 완전히 새로운 방법을 발견하게 되었다. 이 새로운 방법은 세계에 대해 우리에게 지금까지와는 차원이 다르게 정교한 이해와 깊이 생각할 주제를 동시에 가져다주었다. 세계를 이해한다는 이론과학의 입장에서 또다시 혁명적인 발전이 이룩된 것이다. 이 방법을 양자역학이라고 부른다.

이 책은 양자역학이 태동하여 모습을 갖춰 나가고 그 의미를 탐색하는 한편, 물질의 기본 구조와 우주를 이해하는 데 적용돼 나가는 과정에서 양자역학의 모습과 활약을 담은 40가지 장면을 보여주는 한 편의 파노라마다. 제1부에서는 양자역학의 탄생을, 제2부와 제3부에서는 그 의미를 이해해가는 과정을 보여준다. 제4부와 제5부에서는 양자역학이 기본입자의 세계에 적용되어 양자장이론이 만들어지고, 이를 기반으로 기본입자를 묘사하는 표준모형이 출현한 뒤 거대한 가속기 실험에서 표준모형이 검증되어가는 과정을 박진감 있게 그리고 있다.

책이 2011년에 출간되었기 때문에, 안타깝게도 2012년 LHC(거대강입자충돌기)에서 힉스 입자가 발견되어 표준모형의 마지막 눈이 그려지는 장면은 없다. 표준모형을 소개하는 제29장에서 묘사했듯이, 힉스 입자는 표준모형에서 '반드시 있어야 할 입자'였다. 이미 여러 매체를 통해 소개되었다시피, LHC에서는 2010년부터 2012년까지 모은 데이터를 분석한 결과 표준모형에서 예측한 것과 똑같은 결과를 주는 새로운 입자가 발견되었다. 이 입자는 결국 힉스 입자가 틀림없는 것으로 결론이 내려졌고, 그 결과 힉스 메커니즘을 처음 제안한 영국의 피터 힉스와 벨기에의 프랑수아 앙글레르가 2013년 노벨 물리학상을 수상했다. 이로써 표준모형은 실험적으로 완전히 검증되었다. 모든 배역이 확인되고, 모든 상호작용이 측정되었다. (물론 아직 그다지 정밀하게 측정되지 않은 부분도 있기는 하다.) 인류 역사상 표준모형만큼 논리적으로 완벽하고, 광범위하게 적용되면서, 높은 수준으로 확인된 지식은 없다.

제6부에서는 다시 양자역학의 해석과 의미에 대한 문제로 돌아와서 양자적 실체가 무엇인가를 놓고 최근까지 벌어진 논의와, 발달된 기술을 이용해 그 미묘한 개념들을 검증하는 과정이 그려져 있다. 그리고 마지막으로 제7부에서는 미래를 향해 열린 주제로서 지금 현재도 급속히 발전하고 있는 양자적 우주론 분야와 초끈이론 등을 소개한다.

아마도 세상에서 가장 어려운 지식이 무엇이냐고 물을 때, 양자역학이라고 대답하면 많은 사람들이 고개를 끄덕일 것이다. 확실히 평범한 사람이 양자역학을 이해한다는 것은 좀체 상상할 수 없는 일이다. 물리학과 관계없는 사람이 양자역학을 안다고 하면 아마도 대부분 굉장히 이상한 사람으로 보거나, 자칫하면 사기꾼으로 볼지도 모른다. 심하게 말해서 보통 사람이 일종의 교양으로 양자역학을 공부해서 제대로 이해한다는 것은 거의 일어날 수 없는 일이다.

그런데 정말 누구나 양자역학을 이해한다는 것이 그토록 어려운 것일까? 양자역학이 보통 사람은 절대로 알 수 없는 비급일까? 이 말은 절반만 진실이다. 사실 양자역학은 물리학과 대학생이면 누구나 필수적으로 배우는 과목이다. 대학원에서 소수의 전문적인 과정을 택한 학생만 배우는 과목이 아니라 학부 때, 물리학과 학생이면 모두 배워야하는 과목이다. 그러니까 교과 과정을 충실히 공부하며 물리학과를 나온 학생이라면 어쨌든 양자역학을 안다고 해도 좋은 것이다. (물론 공부를 열심히 한 학생이라야 한다.) 양자역학을 공부하려면 아무래도 약간의 수학적 지식은 필요하지만, 과학을 공부하는 대학교 3학년쯤 된 학생이라면 누구나 1년 정도 열심히 공부하면 그 정도는 이해할 수 있다. 그러니까 양자역학은 대학에서 기본적인 내용쯤은 배워서 알 수 있는, 적어도 이용은 할 수 있는 지식이다.

이렇게 양자역학의 논리 기초를 배우는 일은 그리 대단한 일이 아니다. 하지만 다른 견지에서 말하면 양자역학을 진정으로 이해하는 일은 정말 어려운 일이며, 사실 과연 가능한 것인지 알 수 없는 일이기까지 하다. 흔히 인용되는 대로, 20세기 후반을 대표할 만한 이론물리학자 리처드 파인먼은 그 자신이 양자역학의 한 부분을 창조하다시피 했으면서도 "양자역학을 진정으로 이해하는 사람은 아무도 없다"고 말했다. 이 말의 진정한 의미는, 그러니까 우리가 양자역학을 사용할 줄은 알지만 그 진정한 의미는 아직 모르고 있다는 뜻이면서, 나아가서 인간의 뇌로 양자역학을 이해하는 것이 가능한 일인지조차 확신하지 못한다는 말이기도 하다.

이 책은 이런 두 가지 면을 모두 잘 보여준다. 즉 정교한 논리로 구축되어 우주와 물질을 설명하는 데 성공적으로 적용되는 양자역학의 활약과, 그 실체와 의미를 우리가 어떻게 이해해야 하는가를 끊임없이 고민하게 만드는 양자역학의 문제들을 모두 소개하고 있다. 특히 양자적 실체를 둘러싸고 펼쳐지는 제6부의 내용은 양자컴퓨터 및 양자정보이론 분야에서 오늘날 활발하게 연구되고 있는 주제다. 또한 물질의 기본 구조를 탐구하는 제4부와 제5부, 그리고 우리가 살고 있는 우주를 이해하려는 제7부의 내용이 이 시대의 가장 중요한 과학적 탐구의 최전선임은 말할 나위가 없다.

오늘날 양자역학은 더 이상 맞고 틀리고를 따질 수준의 지식이 아니다. 정량적으로 말해서, 양자역학은 지금까지 인간이 가졌던 어떤 지식보다도 정확한 지식이다. 양자역학의 효과는 인간이 가지고 있는 어떤 지식보다도 정밀하게 확인되었다. 현대 세계는 양자역학에 의해 돌아가고, 양자역학을 이용해 많은 일을 처리한다. 양자역학을 알지 못했으면 트랜지스터를 위시해서 반도체를 이용한 현대의 전자공학이 성립할 수 없었으며, 컴퓨터 또한 절대로 지금 우리가 보는 수준으로 발달할 수 없었을 것이다. 양자역학은 현대 물질문명의 기초다.

또한 양자역학 이외의 지식은 모두 양자역학의 효과가 중요해지는 원자의 크기 근처로 가면 더 이상 옳지 않다. 그러므로 양자역학을 고려하지 않은 지식의 정밀도는 아무리 해도 어느 한계 이상으로는 높일 수 없다. 양자역학에도 한계가 있는지는 아직 분명하지 않지만, 적어도 지금 우리가 아는 바에 의하면 근본적인 지식은 반드시 양자역학에 기반하고 있어야 한다. 그런 의미에서, 과감하게 말하자면, 진지하게 세상의 기초에 대해 사유하는 사람이면 누구나 양자역학을 만나야 한다.

이 책은 양자역학을 이해하기 위한 것이라기보다는 중요한 역사적 순간을 조명하여 인간이 양자역학을 구축하고 이해하고 받아들이는 모습의 전체적인 윤곽을 보여주고자 한다. 그러니 자세한 논리에 너무 구애 받지 말고, 양자역학의 새롭고 재미있는 개념과 그 성과 그리고 자연의 신비에 도전하는 인간의 노력과 아울러 양자역학을 즐기기 바란다.

들어가며

지난 세기를 관통하는 하나의 키워드를 꼽는다면 나는 주저 없이 '물리학'을 꼽을 것이다. 한마디로 20세기는 물리학의 시대였다. 당시 학계를 주도했던 위대한 물리학자들은 새로운 아이디어를 연일 홍수처럼 쏟아냈고, 덕분에 인류는 경이로움의 절정을 만끽하면서 그와 동시에 깊은 절망의 수렁에 빠지기도 했다. 20세기는 절대적으로 확실한 지식에서 출발하여 불확실한 지식으로 마감되었으며, 물리학자들은 자연의 물리적 실체를 완전히 이해할 수 있다는 일말의 희망을 접어야 했다. 또한 20세기는 물리학적 지식을 기반으로 만들어진 무기들이 그동안 애써 쌓아왔던 문명을 철저히 파괴한 시기였다.

자연에 대해 지금 우리가 알고 있는 거의 모든 지식은 물리학 이론에 뿌리를 두고 있다. 이 이론은 20세기의 처음 30년 사이에 발견되고 개선되었으며, 그 후 수십 년 동안 다양한 분야에 응용되면서 과학 역사상 가장 성공적인 이론으로 자리 잡았다. 우리가 당연하게 받아들이는 컴퓨터와 스마트폰 등 21세기의 첨단 기술도 여기서 탄생했다.

과학 덕분에 인류의 삶은 윤택해졌지만, 그 과학의 기초를 연구하는 자연과학자들은 엄청난 대가를 치러야 했다. 19세기에 새롭게 부상한 양자역학 때문에 자연의 가장 근본적인 구조, 즉 원자 규모의 미시 세계에서 '확실한 지식'이라는 개념 자체를 포기해야 했던 것이다.

알베르트 아인슈타인은 "신은 주사위놀음을 하지 않는다(God does not play dice)"며 새로운 이론의 불확실성과 확률의 개념을 거부했고, 닐스 보어는 "이 이론을 접하고 충격 받지 않는 사람은 내용을 제대로 이해하지 못한 사람"이라고 했다. 역사상 '가장 매력적인' 물리학자로 꼽히는 미국의 리처드 파인먼은 한 술 더 떠서 "이 이론을 제대로 이해하는 사람은 세상 어디에도 없다"고 단언했다. 고전물리학의 언어와 논리에 익숙한 사람에게 이 이론은 수학적으로 흥미로우면서 머릿속이 꼬일 정도로 기이하며, 숨이 막힐 정도로 아름답다. 이 이론은 다름 아닌 양자론이다. 그리고 이것이 바로 이 책의 주제다.

독일의 물리학자 막스 플랑크는 1900년 12월에 '작용양자(quantum of action)'라는 개념을 처음으로 도입하여 양자역학의 서막을 열었다. 그로부터 무려 113년이라는 세월이 흘렀으니 물리학자들이 양자역학을 충분히 이해했을 것 같지만, 현실은 전혀 그렇지 않다. 그 긴 시간 동안 물리학자들은 양자역학을 확률과 인과율(원인이 결과보다 시간적으로 앞서 일어난다는 법칙-옮긴이) 그리고 물리적 실체와 연결 짓는 데 간신히 성공했을 뿐이다. 세나마 그들이 받았던 충격은 조금도 누그러지지 않고 오히려 더 커지기만 했다.

양자역학이 제대로 작동하는 이유를 아는 사람은 없다. 그러나 양자론의 예측 능력은 여타 이론의 추종을 불허한다. 과학 역사상 실험 결과와 그 정도로 정확히 일치하는 이론은 과거에도 없었고, 앞으로도 당분간은 나오지 않을 것이다. 양자역학을 해석하는 방법에 대해서는 아직도 논쟁의 여지가 남아 있으나, 이론 자체의 옳고 그름에 대해서는 의심할 만한 구석이 전혀 없다. 누가 뭐라 해도 양자론은 옳다.

과거에 인류는 거의 400년 동안 "관측에 입각한 과학 이론은 자연의 진정한 실체를 서술한다"는 것을 하늘같이 믿어왔으며, 이것이 과학의 기본 조건이라고 생각했다. 그런데 양자역학이 새로운 물리학 이론으로 대두되면서 과학과 철학 사이에 전례 없는 심각한 충돌이 야기되었다. 학자들은 진실과 이해를 뒷전으로 밀어놓고 "이 세계에 대하여 우리는 과연 무엇을 알 수 있는가?"라는 원초적 물음을 집요하게 파고들었다. 양자역학이 그들을 인식론의 벼랑 끝으로 밀어붙인 것이다. 그리하여 우리는 1920년대 중반 이후로 지금까지 벼랑에서 떨어지기 직전의 아슬아슬한 상태를 간신히 유지하며 살아왔다.

이 책의 목적은 경이로우면서도 당혹스럽기 그지없는 양자역학의 탄생 초기부터 지금까지 걸어온 길을 조명하는 것이다. 1900년에 흑체복사(black-body radiation) 현상을 설명하려다가 우연히 탄생한 양자역학은 지금까지도 유럽원자핵공동연구소(CERN)의 거대강입자충돌기(Large Hadron Collider, LHC)를 통해 연일 새로운 결과를 낳고 있다. 100년이 넘는 세월 동안 쌓여온 그 많은 뒷이야기를 모두 소개할 수 있으면 좋겠지만 지면에 한계가 있는 관계로, 새로운 진실이 발견된 극적인 순간과 양자역학의 새로운 전환점이 되었던 중요한 사건들을 40가지로 추려보았다.

미리 말해두지만, 꽤나 긴 여행이 될 것이다. 제1부에서는 초기 양자역학이 개발되었던 과정을 주로 소개할 예정인데, 여기에는 1900년에 있었던 막스 플랑크의 발견을 비롯하여 아인슈타인의 광양자가설과 보어의 원자모형, 루이 드 브로이의 파동-입자이중성가설, 베르너 하이젠베르크의 행렬역학 그리고 볼프강 파울리의 배타원리 등이 포함된다. 또한 1925년 12월에 '에로틱한 폭탄선언'으로 유명했던 에르빈 슈뢰딩거의 파동역학도 다룰 예정이다.

제2부에서는 양자역학에 대한 코펜하겐 학파의 관점을 주로 다룬다. 슈뢰딩거방정식이 발표된 직후에 보어와 하이젠베르크, 슈뢰딩거는 양자도약의 실체를 놓고 열띤 토론을 벌였고, 그 와중에 하이젠베르크는 '불확정성원리'라는 놀라운 결론에 도달했다. 그 후 1926년에 막스 보른은 슈뢰딩거의 파동함수에 물리적 해석을 내렸으며, 1927년 9월에 이탈리아 코모 호 근처에서 개최된 보어의 강연은 양자역학의 앞날을 결정하는 이정표가 되었다.

초기 양자역학의 원조 중 한 사람이었던 아인슈타인은 후에 양자역학의 가장 신랄한 비판자가 되었다. 그래서 제3부에서는 보어와 아인슈타인 사이에 오갔던 세기의 논쟁을 집중 조명할 것이다. 이들의 논쟁은 과학 역사상 유래를 찾아볼 수 없을 만큼 격렬하면서 의미심장했다. 우선 1927년 10월에 개최된 제5회 솔베이회의에서 아인슈타인이 제안했던 사고실험(thought experiment)을 소개하고, 1935년에 발표된 아인슈타인-포돌스키-로젠의 이론과 그 유명한 슈뢰딩거의 고양이 역설을 다룰 예정이다. 그 후 역사 이야기를 잠시 멈추고 물리학자들 사이에 '절대적 경외감'을 불러일으켰던 폴 디랙의 '상대론적 양자역학'을 간략히 소개할 것이다.

양자역학을 제대로 알려면 그것을 만든 사람부터 알아야 한다는 것이 내 생각이다. 그래서 이 책을 집필하기로 마음먹었을 때, 원래는 양자역학을 개발한 물리학자들의 전기를 바탕으로 양자역학 자체의 전기를 쓰려 했다. 이 물리학자들 중 상당수가 원자폭탄을 설계하고 제작하는 데 참여했기 때문에, 전쟁 기간 동안 그들의 행적을 조명하는 데 하나의 장을 통째로 할애할 생각이었다. 그러던 차에 이런 내용이 너무 길어지면 독자들이 싫어한다는 것을 나의 전작인 《물리학의 첫 번째 전쟁 : 원자폭탄의 은밀한 역사》를 통해 알게 되었다. 그래서 편집자와 협의 끝에 원자폭탄과 관련된 이야기를 제3부와 제4부 사이에 막간극처럼 끼워 넣기로 했다. 이 부분에서는 《물리학의 첫 번째 전쟁》에 수록된 내용 중 일부와 함께 1941년에 나치 점령 하의 코펜하겐에서 이루어진 보어와 하이젠베르크의 비극적 만남을 집중적으로 다룰 것이다.

제2차 세계대전이 끝난 후 물리학자들은 연구 경력을 쌓는 데 급급했고, 그 와중에 양자역학은 심각한 위기를 맞게 된다. 제4부에서는 위기 속에서 이루어진 물리학자들의 만남과 줄리언 슈윙거, 리처드 파인먼, 도모나가 신이치로, 프리먼 다이슨에 의해 완성된 양자전기역학(QED)을 소개할 예정이다. QED가 완성된 후 1954년에 양전닝과 로버트 밀스는 게이지대칭성(gauge symmetry)에 기초한 양자장이론(QFT)을 개발했고, 1960년에 셀던 글래쇼와 압두스 살람, 스티븐 와인버그는 통일장이론의 신호탄인 약전자기이론의 초기 버전을 완성하여 '무거운 광자'인 W 입자와 Z 입자의 존재를 예견했다. 물리학계에서는 이 시기에 이루어진 업적을 과소평가하는 경향이 있는데, 이론물리학 분야에서는 가장 풍부한 수확을 거둬들인 시기였다. 그 후 1963년에 머리 겔만이 쿼크(quark)와 자발적 대칭성 붕괴에 대한 이론을 정립하고 1967년에 피터 힉스가 힉스 메커니즘을 도입하면서 이론물리학은 전성기를 맞이한다.

이 무렵부터 양자역학의 역사는 입자물리학의 역사와 궤를 같이한다. 제5부에서는 양자장이론에 수많은 실험적 증거를 제공한 일등공신이자 비싸기로 유명한 입자가속기를 소개할 것이다. 양자역학의 꽃이라 할 수 있는 양자장이론은 훗날 입자물리학의 '표준모형'으로 확실한 입지를 굳히게 된다. 제5부는 1968년에 스탠퍼드선형가속기(SLAC)에서 발견된 사실, 즉 "양성자는 내부 구조를 갖고 있다"는 놀라운 사실에서 시작한다. 그로부터 얼마 후, 머리 겔만과 하랄트 프리치가 양자색역학(QCD)에서 예견했던 맵시쿼크(charm quark)가 실제로 발견되었다.

J/Ψ 메존(맵시쿼크와 반-맵시쿼크로 이루어진)은 SLAC과 국립브룩헤이븐 연구소에서 거의 동시에 발견되었다. 그래서 사람들은 이 입자가 발견된 1974년 11월을 '기적의 11월'이라 부른다. 그 후 1983년에 CERN에서 W 입자와 Z 입자가 발견되어 표준모형의 타당성이 입증되었다. 표준모형에는 3세대에 걸친 물질 입자들이 등장하는데 이들은 렙톤(전자와 뉴트리노)과 쿼크로 이루어져 있으며, 광자, W, Z, 글루온 등 매개 입자를 통해 상호작용을 교환한다. 그러나 네 가지 기본 상호작용 중 하나인 중력은 아직도 표준모형에 합류하지 못하고 있다. 제5부는 2003년에 과학자들이 CERN에 모여 성공을 자축하는 장면으로 마무리된다.

제6부는 1951년으로 되돌아가 코펜하겐 해석을 싫어했던 데이비드 봄을 조명하는 것으로 시작된다. 아인슈타인에게 용기를 얻은 봄은 아인슈타인-포돌스키-로젠의 역설적 사고실험을 현실 세계에서 구현했고, 전통적인 양자역학의 대안으로 '숨은 변수'를 개발하기도 했다.

그 뒤로는 사연의 물리적 실체를 탐구하는 실험 이야기가 이어질 텐데, 특히 1964년에 발표된 존 벨의 정리와 부등식을 자세히 소개할 것이다. 벨의 이론은 아인슈타인이 지적했던 자연의 진정한 실체를 적나라하게 드러냈으며, 그로부터 자연이 국소적인지 또는 비국소적인지를 테스트하는 확실한 방법이 탄생했다. 이와 관련된 실험은 1981년과 1982년에 프랑스의 물리학자 알랭 아스페와 그의 동료들에 의해 처음으로 실행되었는데, 결국 양자 세계는 비국소적 특성을 가진 것으로 판명되었다.

그 후에 실행된 일련의 실험들은 자연의 불가지론을 입증하면서 열성적인 실존주의자들을 벼랑 끝으로 몰아붙였다. 그 대표적인 실험이 말런 스컬리와 카이 드륄의 양자 지우개 실험과 거시적인 양자적 객체들 사이에 간섭이 일어난다는 것을 입증하는 실험이었다. 이 실험은 그 유명한 '슈뢰딩거의 고양이' 역설을 무생물 버전으로 바꾼 것이다. 또한 제6부에는 2006년에 안톤 차일링거와 그 동료들이 앤서니 레깃의 부등식을 검증하기 위해 수행했던 실험도 소개되어 있는데, 이들이 얻은 결과에 따르면 우리가 입자를 관측하여 얻은 데이터에는 입자의 진정한 특성이 반영되어 있지 않다.

이 모든 실험들은 "자연의 실체를 있는 그대로 인지하는 것은 불가능하다"고 주장하고 있다. 단지 우리는 관측 장비와 질문의 특성에 따라 달라지는 경험적 실체만을 인식할 수 있을 뿐이다. 이제 양자역학은 물리학에서 '실험철학'으로 옮아간 듯한 느낌마저 든다.

마지막 제7부에서는 일반상대성이론과 양자역학을 하나로 통합한 양자중력이론 또는 '만물의 이론'의 가능성을 타진해본다. 이 두 이론은 20세기를 대표하는 최고의 이론이지만, 물과 기름처럼 섞이지 않는 것으로도 유명하다. 제7부에서는 휠러-디윗 방정식과 정준양자중력(canonical quantum gravity)에서 시작하여 블랙홀 주변의 휘어진 시공간에 양자장이론을 적용하는 방식과 "블랙홀은 완전히 검지 않다"는 스티븐 호킹의 발견(1974년) 등을 소개할 것이다.

1984년에 촉발된 초끈이론의 제1차 혁명기에는 표준모형에 등장하는 모든 입자들뿐만 아니라 중력을 매개한다는 중력자(graviton)까지 한꺼번에 설명하는 이론이 금방이라도 탄생할 것 같았다. 그러나 이론적으로 가능한 초끈이론이 여러 개 난립하여 유일한 이론을 꿈꾸던 물리학자들을 크게 실망시켰다. 그리고 이 무렵에 고리양자중력이론(loop quantum gravity)이 등장하면서 정준적 접근법이 다시 관심을 끌기 시작했다. 초끈이론은 한동안 침체기를 겪다가 1995년 3월에 제2의 혁명기를 맞이하여 오늘날까지 이론물리학을 선도하고 있다.

그러나 초끈이론은 아직도 여분 차원을 말끔히 처리하지 못했고, 검증 가능한 물리량을 단 하나도 예견하지 못했다. 물리학 이론의 본분은 관측 가능한 현상을 미리 예측하는 것인데, 이 점에서 초끈이론은 완전히 자격 미달이다. 110년의 역사를 자랑하는 양자역학이 또다시 위기에 봉착한 것이다. 그래서 제7부의 끝부분에서는 물리학 이론의 '해석'에 관한 문제를 집중적으로 다룰 예정이다.

이 책은 '위안의 양자'라는 다소 낙천적인 에필로그로 마무리된다. 미국과 영국을 비롯한 여러 국가들이 약 60조 원의 거액을 들여 건설한 CERN의 거대강입자충돌기(LHC)는 2008년 9월에 처음 가동되었을 때 오작동을 일으켜 수많은 물리학자들을 실망시킨 전력이 있지만, 그래도 현재의 위기를 타개해줄 유력한 후보로 거론되고 있다. LHC가 최소한 힉스 입자(모든 입자에 질량을 부여하는 가설 속의 입자-옮긴이)라도 발견해준다면 자발적 대칭성 붕괴 이론이 사실로 판명될 것이고, 표준모형에는 또 하나의 장식물이 추가될 것이다. 다시 말해서, 최악의 경우라해도 LHC가 '답'을 줄 수는 있다는 이야기다.

그러나 LHC가 지금의 표준모형과 양자장이론으로 설명할 수 없는 새로운 현상을 발견할지도 모른다. 이렇게 되면 물리학은 더욱 심각한 위기에 빠지겠지만, 그와 동시에 새로운 활력을 찾을 것이다. 현재의 상황으로 볼 때, 양자역학은 극단적 절망을 거쳐야 다음 단계로 도약할 수 있을 것 같다. 그러니까 최선의 경우는 LHC가 '답'이 아닌 '질문'을 제기하는 것이다.

이 책의 대부분은 양자역학의 역사에 한 획을 그은 중요한 사건들로 이루어져 있다. 일부는 뒷이야기를 보충하거나 독자들의 이해를 돕기 위해 끼워 넣기도 했지만, 전체적인 구성이 부적절하다고는 생각하지 않는다. 다만 이 책이 독자들에게 "과학은 거부할 수 없는 진리를 향해 항상 순조롭게, 필연적으로 발전해왔다"는 느낌을 줄까 싶어 조금 걱정되긴 한다.

그렇다. 과학은 결코 그런 식으로 발전하지 않는다. 성공보다는 실패 사례가 수백, 수천 배나 더 많고, 평생을 좌절 속에 살다 간 과학자도 부지기수다. 실험 데이터를 기존의 이론보다 더 정확히 설명하지 못하는 이론은 사장될 수밖에 없다. 그러나 한정된 지면에 그 많은 이야기를 다 담을 수가 없기에 '중요한 사건과 살아남은 이론'만 추린 것이다. 사실 과학 연구는 몹시 너저분한 작업이어서 가끔은 비논리적인 사고나 개인의 감정이 개입되기도 하고, 몽유병 환자처럼 일시적인 진실을 따라 대책 없이 나아가기도 한다.

모쪼록 이 책이 양자역학을 썩 잘 소개한 교양서의 본보기가 되기를 바란다. 그리고 이와 비슷한 일을 계획하고 있는 다른 물리학자들에게도 좋은 참고가 되기를 바란다. 이 세상 어느 누구도 이해하지 못하는 이론이지만, 그 이론을 적용하여 우리가 얻은 것을 생각하면 이 방대한 작업은 분명 보람 있는 일이었다.

끝으로 이 책을 집필하는 동안 나의 열정을 좋은 방향으로 이끌어주고 끈기 있게 기다려준 옥스퍼드출판부의 편집자 라타 미넌에게 고맙다는 말을 꼭 전하고 싶다. 또 초벌 원고를 읽고 값진 조언을 해준 앤서니 레깃과 카를로 로벨리, 피터 워이트에게도 감사의 마음을 전한다. 만일 이 책에 잘못이나 오류가 있다면 전적으로 나의 책임임을 분명히 밝혀둔다.

2010년 7월

짐 배것

차례

1부 작용양자

6부 양자적 실체

프롤로그

폭풍전야
1900년 4월, 런던

지금부터 약 110년 전, 그러니까 20세기가 막 시작될 무렵에 대다수의 물리학자들은 물리학이라는 학문이 거의 종착역에 이르렀다고 굳게 믿고 있었다.

아이작 뉴턴(1642~1727)이라는 걸출한 천재가 17세기에 고전물리학의 기초를 확립한 뒤로 물리학자들은 200여 년 동안 방대한 양의 지식을 습득해오면서 물리학이라는 거대한 성을 쌓았고, 그 성은 어떤 공격도 막아낼 수 있다는 자신감으로 똘똘 뭉쳐 있었다. 자연을 서술하기 위해 만들어낸 보형은 움직이는 물세를 나루는 역학에서 시작하여 열역학, 광학, 전자기학 그리고 중력에 이르기까지, 이 세상에 존재하는 모든 현상을 거의 완벽하게 설명해주었다. 물리학자들은 지구에서 경험하는 일상적인 물체에서 우주 저편에 있는 까마득한 천체까지 모두 이해했다는 자신감으로 가득 차 있었으며, 앞으로 계산법을 향상시켜서 유효 숫자를 늘릴 수는 있어도 물리학 자체에 수정을 가할 일은 절대 없을 것이라고 철석같이 믿었다.

그러나 200여 년 동안 물리학의 왕좌를 지켜온 뉴턴의 고전물리학도 불완전한 면이 있었다. 물체의 운동을 서술하려면 무엇에 대하여 움직이는지 운동의 기준부터 정해야 하는데, 뉴턴이 보기에 그럴듯한 후보는 '텅 빈 공간 자체'밖에 없었으므로 "공간은 절대로 이동하지 않고 시간은 언제 어디서나 일정한 속도로 흐른다"는 가정하에 절대공간과 절대시간의 개념을 도입했다. 그러나 공간이 절대적으로 정지해 있다는 것은 관측으로 확인된 사실이 아니었기 때문에, 뉴턴의 절대공간과 절대시간은 물리적 객체라기보다 믿음에 기초한 관념의 산물에 가까웠다. 따지고 들어가 봐야 득 될 게 없었으므로 적당한 선에서 타협을 본 것이다.

중력으로 넘어가면 상황은 더욱 열악해진다. 뉴턴 역학에 등장하는 '힘(force)'이란 한 물체가 다른 물체와 접촉했을 때 가해지는 물리적 현상인데, 중력은 두 물체가 멀리 떨어져 있을 때에도 멀쩡하게 작용했다. 그래서 뉴턴은 자신의 중력 이론이 물리학적으로나 수학적으로 완벽한 서술이었음에도 불구하고 중력을 '신비한 원격 작용(*occult agencies*)'으로 간주했다. 이 문제에 관하여 그가 남긴 희대의 명저《자연철학의 수학적 원리(Philosophiæ Naturalis Principia Mathematica)》에는 다음과 같이 적혀 있다.

지금까지 우리는 하늘과 바다에서 일어나는 현상들을 중력으로 설명해왔다. 그러나 중력이 발생하는 이유는 아직 밝혀지지 않았다. … 나는 중력이 발휘되는 원인을 끝내 알아내지 못했으며, 이 문제와 관련하여 어떤 가설도 내세우지 않을 것이다.

당시에는 에테르(ether)라는 희박한 물질이 공간을 가득 채우고 있다는 가설도 있었지만, 뉴턴은 중력이 '아무런 매질 없이 즉각적으로 전달되는 힘'이라고 생각했다.

또한 뉴턴은 자신의 역학을 빛에 적용하여 "빛은 아주 작은 미립자(corpuscle)로 이루어져 있다"고 결론지었다. 그러나 뉴턴과 동시대에 활동했던 영국의 자연철학자 로버트 훅(1635~1703)과 네덜란드의 물리학자 크리스티안 하위헌스(1629~1695)는 빛이 파동이라고 주장했다. 뉴턴의 입자설이 향후 100여 년 동안 생명력을 유지한 것은 실험적 증거 때문이 아니라 그의 명성과 영향력 덕분이었다.

뉴턴이 세상을 떠나고 거의 80년이 지난 1801년과 1803년에 런던왕립학회의 물리학자 토머스 영(1773~1829)은 빛의 파동성을 입증하는 일련의 실험 논문을 연달아 발표했다. 빛의 회절과 간섭 현상은 오직 파동만으로 설명할 수 있다는 것이 논문의 요지였는데, 이때 토머스 영이 실행했던 이중슬릿 실험은 200년이 지난 지금까지도 교과서에 실릴 만큼 막강한 영향력을 발휘했다. 그림1과 같이 가까이 붙어 있는 두 개의 작은 구멍으로 빛을 통과시키면 그림의 오른쪽 끝에 있는 스크린에 어둡고 밝은 줄무늬가 연속적으로 나타나는데, 이것을 간섭무늬라 한다. 왜 그럴까? 뉴턴의 수장대로 빛이 입자라면 이와 같은 현상을 설명할 수 없다. 스크린에 간섭무늬가 나타나는 이유를 설명하려면 빛을 파동으로 간주하는 수밖에 없다. 즉, 두 개의 슬릿에서 출발한 두 줄기 파동이 스크린에 도달했을 때 마루와 마루가 만나면 밝은 줄무늬가 형성되는데, 이것을 '보강간섭'이라 한다. 그리고 마루와 골이 만나 검은 줄무늬가 형성되는 것을 '소멸간섭'이라 한다.

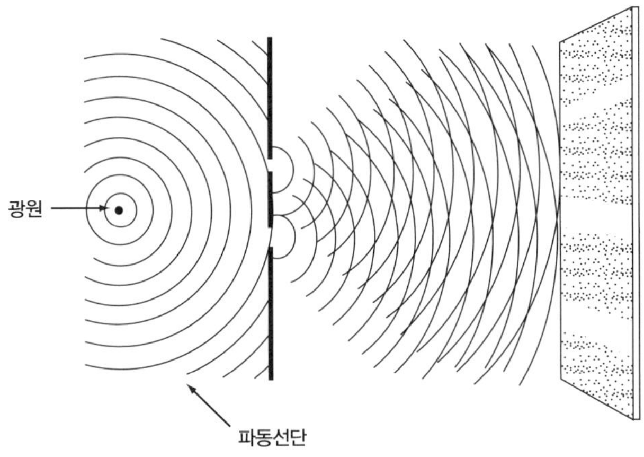

그림1 토머스 영의 이중슬릿 실험 개요도. 가까이 있는 두 개의 작은 구멍으로 빛을 통과시키면 스크린에 어둡고 밝은 줄무늬가 연속적으로 나타난다. 이것은 빛이 보강간섭(밝은 줄무늬)과 소멸간섭(어두운 줄무늬)을 연속적으로 일으킨 결과이고 간섭은 오직 파동만이 갖는 특성이므로, 토머스 영은 빛이 파동이라고 결론지었다.

토머스 영의 논리는 반박의 여지가 없을 만큼 명백했지만, 당시 학계를 이끌던 주류 물리학자들은 "장점이라곤 찾아볼 수 없는 빈약한 논리"라며 그의 주장을 일축해버렸다.

그러나 1860년대에 스코틀랜드의 물리학자 제임스 클럭 맥스웰(1831~1879)에 의해 빛의 정체가 전자기파임이 입증되었고, 60여 년 동안 사장되었던 빛의 파동설은 그의 이론에 힘입어 극적인 부활을 맞이하게 된다. 전기적 현상과 자기적 현상이 밀접하게 연관된다는 것은 영국 왕립학회의 물리학자 마이클 패러데이(1791~1867)의 실험을 통해 어느 정도 확립된 상태였는데, 맥스웰이 깔끔한 수학으로 이들을 완벽하게 통합한 것이다. 그는 유체역학과의 유사성을 이용하여 전자기장이 복잡한 미분방정식으로 서술된다는 사실을 증명했다.

맥스웰은 전자기장이 공간 속을 진행하는 방식에 대해 아무런 가정도 내세우지 않았다. 그러나 전기장과 자기장의 상호 의존성이 분명하게 드러나도록 방정식을 써놓고 보니, 그것은 분명히 파동을 서술하는 방정식이었다. 이런 방정식에서 파동의 진행 속도는 식에 등장하는 상수만으로 계산할 수 있는데, 놀랍게도 전자기파의 진행 속도는 빛의 속도와 완전히 일치했다.

모든 파동은 '무엇인가'가 교란되면서 나타난 결과이다. 연못의 표면에서 진행하는 물결파는 물 자체가 교란된 결과이며, 숲에서 나무가 쓰러질 때 소리가 나는 것은 공기를 타고 음파가 전달되기 때문이다. 다시 말해서, 모든 파동은 매질(medium)이 있어야 앞으로 나아갈 수 있다. 그렇다면 빛을 전달하는 매질은 무엇일까? 혹시 과거에 한동안 거론되었던 에테르가 아닐까? 패러데이는 처음부터 에테르의 존재를 부정했지만, 맥스웰은 자신의 이론을 구축하는 내내 빛의 매질이 에테르라는 강한 심증을 갖고 있었다.

에테르가 없으면 중력과 전자기력은 공간 속을 진행하지 못할 것 같았다. 그러나 에테르가 정말로 존재한다면, 그것은 전 우주 공간을 가득 채우고 있어야 한다. 우리가 아는 한 빛이 전달되지 않는 공간은 존재하지 않기 때문이다. 그리고 에테르가 빛을 매개한다면 또 하나의 현상이 관측되어야 한다. 바람이 세게 불 때 소리의 속도가 빨라지는 것처럼, '에테르의 바람'이 불면 빛도 평소보다 빠르거나 느리게 이동해야 하는 것이다. 그런데 지구는 태양 주변을 공전하면서 우주 공간을 가로지르고 있으므로 '에테르의 맞바람'을 항상 맞고 있다. 따라서 빛의 속도를 어느 방향으로 관측하느냐에 따라 각기 다른 값이 나온다면, 에테르의 존재가 증명되는 셈이다. 1887년에 미국의 물리학자 앨버트 마이컬슨(1852~1931)과 에드워드 몰리(1838~1923)는 이런 발상에 착안하여 에테르의 존재를 확인하는 실험을 감행했으나, 빛의 속도가 방향에 따라 달라진다는 증거를 확보하는 데에는 실패했다. 지구와 에테르 사이의 상대운동을 입증하는 증거가 단 한 번도 관측되지 않은 것이다.

20세기가 되어도 뉴턴의 고전역학 체계는 여전히 난공불락의 요새였다. 그래서 물리학자들은 직접적인 접촉 없이 먼 거리에서도 작용되는 중력을 그냥 받아들이거나, 그 자체가 문제라는 사실을 조용히 덮어두는 수밖에 없었다. 그 밖의 다른 곳에서는 뉴턴의 물리학이 너무나 완벽하게 잘 맞아떨어졌으므로, 딱히 이 점을 문제 삼을 만한 명분이 없었다. 뉴턴의 유일한 실수는 빛을 입자로 간주한 것이었는데, 이것도 맥스웰의 아름다운 방정식을 통해 완벽한 파동으로 서술되었다. 물론 여기에도 '빛의 매질'이라는 문제가 남아 있었지만, 전자기학의 아름다운 수학 체계에 가려서 별다른 관심을 끌지 못했다.

19세기 말의 물리학자들이 그토록 자신만만했던 데에는 그럴 만한 이유가 있었다. 1900년에 영국의 물리학자 윌리엄 톰슨(1824~1907, 켈빈 경)은 영국과학진흥협회에서 다음과 같이 선언했다.

"이제 물리학에서 새로운 발견이 이루어질 가능성은 없다. 우리에게 남은 과제는 관측의 정확도를 높이는 것뿐이다."

켈빈 경의 연설문은 당시 물리학계의 분위기를 보여주는 대표적 사례로 꼽히지만, 그가 정말로 이런 말을 했는지는 분명치 않다.[*] 확실한 것은 19세기의 마지막 10년 동안 기존의 이론에 위배되는 증거들이 계

---

[*] 전기 작가 월터 아이작슨은 2007년에 출간한 아인슈타인의 전기에 윌리엄 톰슨의 연설을 인용하면서 "그가 이런 말을 했다는 증거를 백방으로 찾아보았으나 결국 찾지 못했다"고 털어놓았다.

속 쌓이면서 고전물리학 체계가 삐걱거리기 시작했다는 점이다. 1900년 4월에 윌리엄 톰슨은 영국 왕립과학연구소에서 열과 빛을 주제로 강연을 했는데, 그는 이것이 19세기 물리학에 드리워진 먹구름이라는 것을 어렴풋이 깨달았다.

결국 윌리엄 톰슨은 고전물리학의 맹신자가 아니라 선견지명을 가진 사람이었다. 이렇게 난공불락의 요새에는 먹구름이 모여들기 시작했다. 그러나 폭풍이 어느 곳을 강타할지는 아무도 모르고 있었다.

Quantum of Action

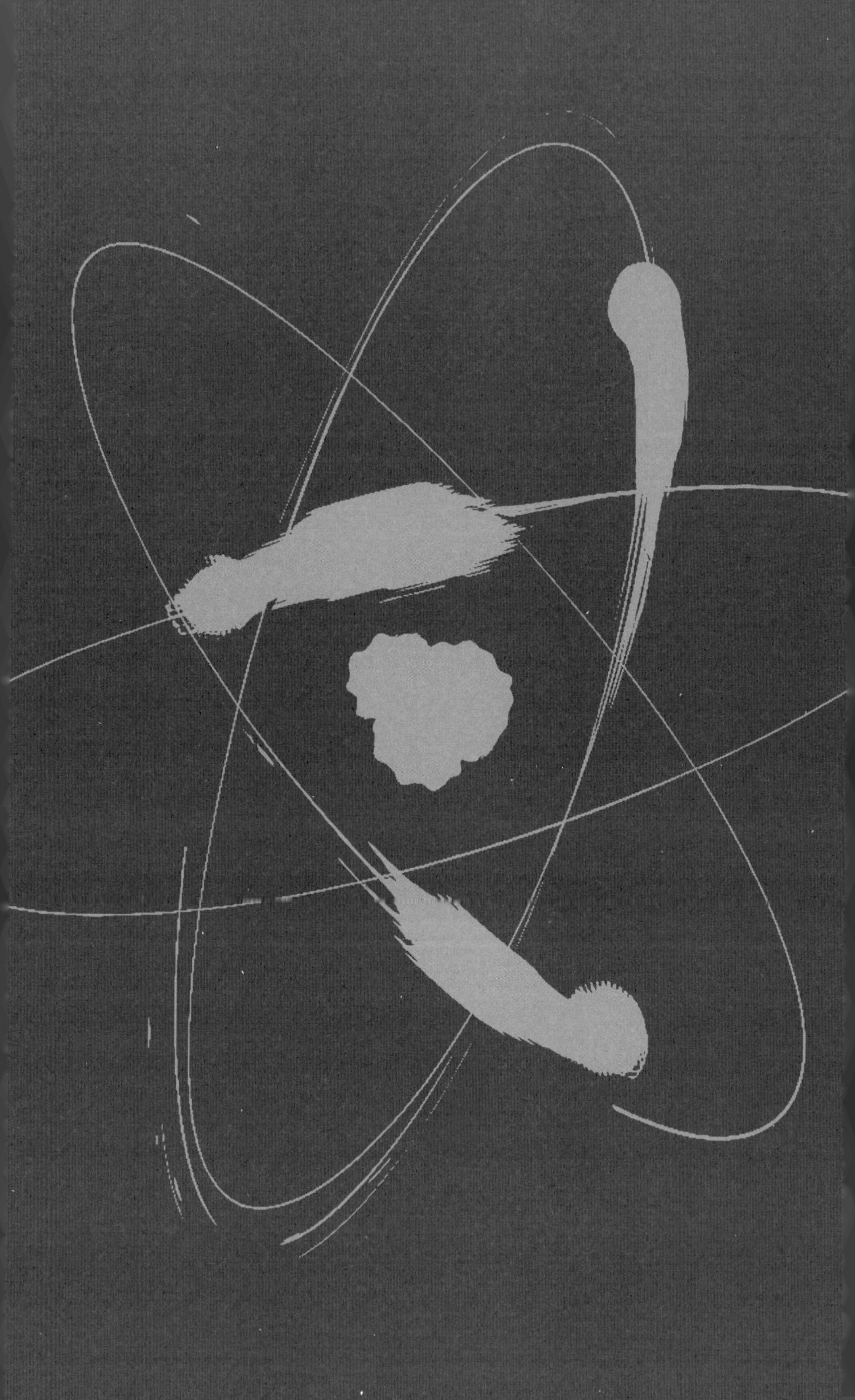

I

필생의 역작
1900년 12월, 베를린 / 막스 플랑크

막스 플랑크(1858~1947)는 뮌헨대학교 학생 시절에 지도 교수에게 이런 말을 들었다.

"열역학 원리가 발견되었으니 이제 물리학은 거의 완성되었다네. 간단히 말해서, 앞으로 새로 발견될 것이 없다는 이야기지."

그러나 19세기가 끝나가면서 물리학 이론들 사이에 충돌이 일어나기 시작했다. 열역학은 자연을 '조화로운 흐름'으로 간주했고, 복사와 물질 사이를 연속적으로 흐르는 에너지는 창조되거나 파괴될 수 없었다. 즉, 열역학에서 에너지는 어떤 값도 가질 수 있는 '연속적인 양'이었다. 그러나 새로 대두된 원자론은 에너지를 완전히 다른 관점에서 바라보았다. 원자론에 따르면 모든 물질은 원자나 분자로 이루어진 불연속의 객체이며, 물질의 열역학적 특성은 통계에 입각한 원자와 분자의 운동역학으로 계산될 수 있다.

막스 플랑크는 고전 열역학의 대가였다. 그러나 당시 원자론을 신봉하는 학자들이 제안한 통계역학 모형은 플랑크가 일생을 바쳐

연구해온 분야를 서서히 무너뜨리고 있었다. 그는 원자론이 일부 분야에서 성공적이었음을 인정하면서도 "물질이 연속적이라는 가정을 보호하기 위해 언젠가는 반드시 폐기되어야 할 위험한 이론"이라고 생각했다.

막스 플랑크는 경쟁 이론에 대응하기 위해 1897년부터 공동복사(空洞輻射, 흑체복사라고도 한다) 이론을 연구하기 시작했다. 이것이 역학과 열물리학을 조화롭게 통합하는 최후의 보루라고 생각했기 때문이다. 그러나 3년의 시간이 흐르면서 그는 서서히 원자론자들의 주장에 동화되었고, 결국은 과학 역사상 가장 혁명적인 아이디어를 떠올린 주인공이 되었다. 그 뒤 110여 년이 지난 지금도 그가 뿌린 씨앗은 여전히 열매를 맺고 있으며, 물리학뿐만 아니라 과학 전반에 걸쳐 막대한 영향을 미치고 있다.

〰〰〰

막스 플랑크가 원자론을 반대했던 이유는 간단하다. 원자론자들이 열역학적 물리량을 원자나 분자의 통계적 성질로 난순화시켜서 세산하나가 다른 물리학자들의 쉽기를 불편하게 만드는 결과를 낳았기 때문이다. 열역학의 관점에서 봤을 때 너무나 자명했던 물리 법칙들은 원자론의 관점에서 "다양한 결과들 중 나타날 확률이 가장 높은 결과"에 불과했다.

고전 열역학과 통계물리학이 가장 심각하게 충돌했던 부분은 열역학 제2법칙이었다. 막스 플랑크는 1879년에 제2법칙을 주제로 박사학위 논문을 썼고, 그것을 계기로 자타가 공인하는 세계적 물리학자로 발돋

움한 터였다. 열역학 제2법칙에 따르면 기체와 같은 물질이 닫힌 계
(closed system) 안에 갇혀서 외부와 에너지를 교환할 수 없게 되면 엔트
로피(entropy)라는 열역학적 물리량이 자발적으로 증가하며, 이 값이 최
대치에 도달했을 때 기체는 주변과 열적 평형상태에 놓이게 된다.

엔트로피는 흔히 계의 '무질서도'를 가늠하는 양으로 알려졌지만, 직
관적으로 그리 명백한 개념은 아니다.[*] 막스 플랑크의 연구 동료였던
에른스트 체르멜로(1871~1953)는 1895년에 플랑크의 동의하에 원자론
자들을 겨냥한 논문을 독일의 유명 학술지 〈물리학연보(Annalen der
Physik)〉에 게재했다.

예를 들어 가느다란 관으로 연결된 두 개의 용기에 온도가 서로 다른
기체를 주입한 후 관의 밸브를 열었다고 가정해보자. 열역학 제2법칙
에 따르면 두 기체가 섞이면서 온도는 평형상태를 찾아가고, 이 과정에
서 엔트로피는 최대치까지 증가한다. 그러나 원자론 학자들의 주장에
따르면 기체의 변화는 그것을 이루고 있는 원자나 분자의 운동에 따른
결과이며, 혼합 기체의 평형상태는 이 물리계가 도달할 수 있는 유일한
상태가 아니라, 여러 가지 가능성 중 '도달할 가능성이 가장 높은' 상태
이다. 체르멜로는 자신의 논문에 이 내용을 언급하면서 "원자와 분자
의 운동이 거꾸로 진행되는 것을 금지하는 물리 법칙은 없다"는 점을
강조했다. 이런 일이 실제로 일어난다면 혼합된 기체가 서서히 분리되
면서 각자 섞이기 전의 온도로 되돌아가고, 엔트로피도 당연히 감소한
다. 이것은 열역학 제2법칙에 완전히 위배되는 상황이다.

---

[*] 예를 들어 얼음 덩어리가 녹으면 무질서도가 더 높은 액체가 되고, 액체에 열을 가하면 무
질서도가 한층 더 높은 기체가 된다. 실제로 물의 엔트로피를 계산해보면 고체일 때보다
액체일 때 더 크고, 액체일 때보다 기체일 때 더 크다.

당시 원자론 지지자의 대표 격이었던 오스트리아 물리학자 루트비히 볼츠만(1844~1906)은 체르멜로의 반론에 다음과 같이 응대했다.

"엔트로피는 항상 증가하지 않는다. 흔히 열역학 제2법칙을 해석하면서 엔트로피가 항상 증가한다는 것을 무슨 상식처럼 알고 있지만, 사실 엔트로피는 감소할 수도 있다. 다만, 증가하는 경우가 압도적으로 많을 뿐이다."

통계적으로 볼 때 엔트로피가 높은 상태는 낮은 상태보다 압도적으로 많기 때문에, 물리계는 높은 엔트로피 상태에서 대부분의 시간을 보낸다. 볼츠만은 "충분히 긴 시간을 기다리면 물리계가 낮은 엔트로피 상태로 변하는 과정을 볼 수도 있다"고 했다. 이것은 마치 깨진 유리 조각들이 저절로 붙어서 멀쩡한 칵테일 잔으로 되돌아가는 것과 같다. 만일 이런 일이 실제로 일어난다면 사람들은 '기적'이라고 할 것이다. 그러나 기적이란 발생 확률이 낮은 사건일 뿐 발생 불가능하다는 뜻은 아니다(아예 불가능하다면 그것은 기적이 아닌 '마술'에 속할 것이다).

열역학 제2법칙에 대한 볼츠만의 해석을 도저히 받아들일 수 없었던 플랑크는 논리적 반박을 가하기 위해 흑체복사라는 전쟁터에 뛰어들기로 마음먹었다.

플랑크는 나름대로 안전한 선택을 한 것이다. 당시만 해도 흑체복사는 물리학자들 사이에서 원자나 분자와 아무런 상관없이 전자기복사의 연속적 파동에 관한 문제로 인식되었기 때문이다. 또한 흑체복사는 열적 평형에 도달했을 때 방출되는 복사에너지를 제2법칙으로 유도한

● 물론 이런 광경을 한 번이라도 목격하려면 우주의 나이보다 훨씬 긴 시간을 기다려야 한다(우주의 나이는 약 137억 년이다-옮긴이).

다는 점에서 열역학 분야의 문제이기도 했다. 플랑크는 원자론에서 말하는 통계역학적 모형을 도입하지 않은 채 흑체가 평형에 도달하는 과정을 설명한다면, 역학적 서술을 좋아하는 원자론자들의 입을 다물게 할 수 있으리라 생각했다.

현재 흑체복사와 관련된 물리 현상은 완벽하게 밝혀진 상태이다. 임의의 물체에 열을 가하면 에너지를 얻으면서 빛을 방출한다. '빨갛게 달궈졌다(red hot)'거나 '하얗게 달궈졌다(white hot)'는 표현은 방출된 빛의 색깔을 두고 하는 말이다. 물체의 온도가 높을수록 방출되는 빛의 광도도 높아지고, 전체적인 분포는 진동수가 높은 쪽(또는 파장이 짧은 쪽)으로 이동한다. 제철소에 견학을 가본 사람은 알겠지만, 쇠막대 같은 물체를 불에 달구면 처음에는 붉은색으로 변했다가 오렌지색과 노란색을 거쳐 나중에는 눈부신 흰색 빛을 발한다.

흑체(黑體, black body)란 빛을 전혀 반사하지 않는 물체를 말한다. 따라서 흑체의 겉모습은 완전히 검은색이다. 물론 이것은 물리학자들이 문제를 단순화하기 위해 도입한 가상의 물체로서, 현실 세계에는 존재하지 않는다. 흑체는 빛을 흡수하거나 방출할 때 어떤 특정한 진동수를 선호하지 않으며, 복사에너지의 강도는 흑체가 주변과 열적 평형에 도달했을 때 보유한 에너지에 따라 달라진다.

이론물리학자들은 흑체를 구현할 때 굳이 검은 물체를 찾지 않는다. 흑체의 정의는 '외부에서 공급된 에너지를 완벽하게 흡수하는 물체'이므로, 육면체 상자에 작은 바늘구멍을 뚫어놓고 안쪽 내벽을 완벽한 흡수체로 만들면 흑체의 조건이 만족된다. 그래서 흑체복사를 공동복사空洞輻射라고도 부르는 것이다. 이런 흑체에서 복사에너지는 바늘구멍을 통해 흡수되거나 방출된다. 초기의 흑체복사 실험에서는 자기磁器나

백금 등 값비싼 재료로 만든 원통형 물체가 자주 사용되었다.•

1859년에서 1860년 겨울에 독일의 물리학자 구스타프 키르히호프(1824~1887)는 흡수에너지에 대한 방출에너지의 비율이 공동 내부의 온도와 복사의 진동수에만 관계하며, 공동과 내벽의 생긴 모양이나 재질과는 무관하다는 사실을 알아냈다. 그렇다면 복사에너지는 왜 이런 식으로 거동하는가? 이것이 바로 키르히호프가 물리학자들에게 던진 질문이었다.

그 뒤로 많은 진전이 있었다. 1896년에 물리학자 빌헬름 빈(1864~1928)은 복사진동수와 온도 사이의 간단한 수학적 관계로부터 흑체에서 방출되는 적외선복사(또는 열)를 설명하는 이론을 구축했는데, 그가 발견한 법칙은 1897년에 하노버기술연구소의 프리드리히 파셴(1865~1947)에 의해 재확인되면서 학계에 널리 받아들여졌다. 그러나 1900년에 베를린에 있는 라이히물리기술연구소의 오토 루머(1860~1925)와 에른스트 프링스하임(1859~1917)은 일련의 실험을 수행한 끝에 낮은 진동수에서 빈의 법칙이 맞지 않는다는 사실을 확인했다. 결국 빈의 복사법칙은 정답이 아니었던 것이다.

막스 플랑크는 키르히호프의 뒤를 이어 1889년에 베를린대학교의 교수가 되었고, 3년 후인 1892년에 정교수로 승진했다. 그는 매우 단정하고 근면한 스타일에 사고방식이 다분히 보수적이어서, 사실 과학혁명과는 거리가 한참 먼 사람이었다. 플랑크 자신도 물리학에 별다른 재능이 없다고 생각했지만, 연이어 출판되는 논문을 통해 확고한 명성을 쌓아가고 있었다. 당시 40대 초반이었던 플랑크는 더디지만 꾸준히

• 당시 독일 물리학자들이 흑체복사를 집중적으로 연구한 이유는 독일 표준국에서 전기 사용료의 기준이 될 만한 과학 이론을 찾고 있었기 때문이다.

그리고 항상 조심스러운 마음으로 연구를 수행해 나갔으며, 독일의 중산층답게 안정적이고 예측 가능한 이론을 선호했다. 한마디로 그는 불확실한 모험을 싫어하는 '온건파 물리학자'였다.

실험물리학자인 하인리히 루벤스(1965~1922)는 1900년 10월 7일에 막스 플랑크가 사는 집을 방문하여 최근에 페르디난트 쿠를바움(1857~1927)과 함께 수행했던 실험에 관한 이야기를 들려주었다. 이들의 관심은 낮은 진동수에서 일어나는 흑체복사였는데, 루벤스의 이야기를 잠자코 듣고 있던 플랑크가 갑자기 깊은 생각에 빠져들었다. 루벤스가 떠난 후, 그는 책상 앞에 앉아 밤늦게까지 계산에 몰입한 끝에 모든 실험 데이터와 정확히 일치하는 복사 공식을 유도할 수 있었다.

플랑크의 복사 공식에는 두 개의 상수가 등장한다. 하나는 온도와 관련된 상수이고, 다른 하나는 복사의 진동수와 관련되어 있는데, h로 표기되는 두 번째 상수는 훗날 '플랑크상수(Planck's constant)'라는 이름으로 불리게 된다. 이 두 개의 상수에 빛의 속도와 뉴턴의 중력상수를 추가하면 물리학에 등장하는 기본적인 양들을 거의 대부분 표현할 수 있다. 플랑크는 자신이 도입한 상수가 물체의 형태와 재질에 무관한 길이, 질량, 시간, 온도의 단위를 결정하는 기본 상수가 될 가능성이 있다고 제안했다. 방금 언급한 단위들은 지구의 문명뿐만 아니라, 만일 존재한다면 외계에서도 사용될 법한 범우주적 물리량의 척도이므로, 플랑크의 짐작이 맞는다면 h는 '물리학의 가장 기본적 관측 단위'가 되는 셈이다.

플랑크는 새로운 복사 법칙을 엽서에 적어 루벤스에게 보냈다. 그리고 그해 10월 19일에 개최된 독일 물리학회에 참석하여 대략적인 유도 과정을 공개하면서 "내가 유도한 새로운 복사 공식은 고려할 만한 가치가 충분히 있으며, 전자기파 복사 이론의 관점에서 볼 때 빌헬름 빈

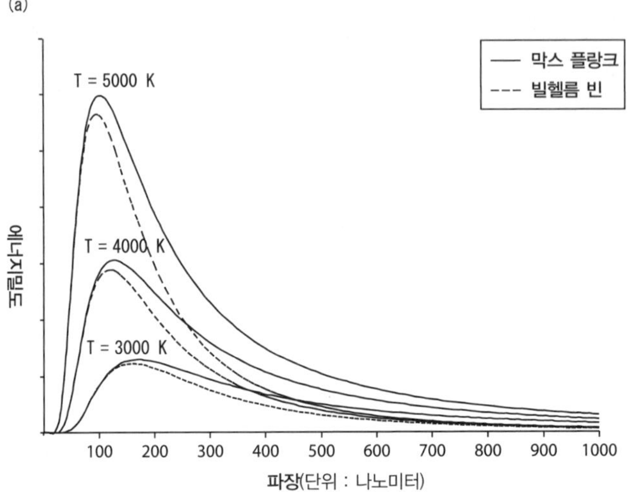

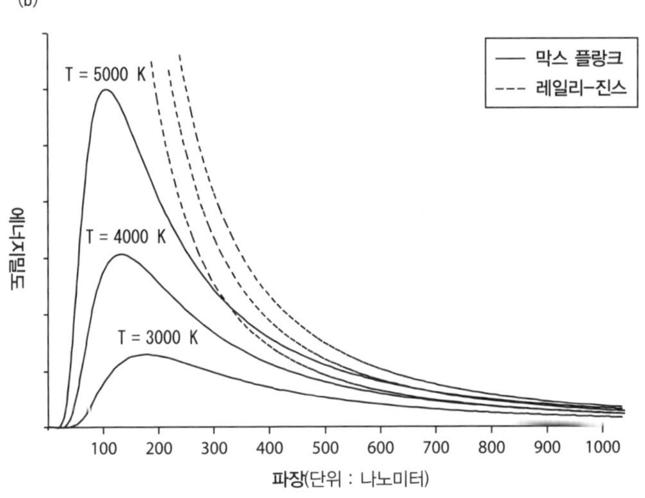

그림2 (a) 세 가지 온도에 대하여 막스 플랑크와 빌헬름 빈의 복사 공식을 비교한 그래프. 빈의 법칙은 높은 진동수(짧은 파장)에서 흑체복사 실험 데이터와 정확히 일치하지만 낮은 진동수(긴 파장)에서는 맞지 않는다. 그리고 이론과 실험 데이터의 차이는 온도가 높을수록 커진다. 반면에 막스 플랑크의 공식은 모든 진동수 영역에서 실험 데이터와 정확히 일치한다(그림에는 굳이 실험 데이터를 그려 넣지 않았다. 플랑크의 복사 공식이 그 정도로 정확하다는 뜻이다—옮긴이). (b) 세 가지 온도에 대하여 막스 플랑크의 복사 공식과 레일리-진스의 복사 공식을 비교한 그래프. 레일리-진스의 법칙은 낮은 진동수(긴 파장)에서 흑체복사 실험 데이터와 잘 일치하지만 자외선 영역으로 가면 커다란 차이를 보인다(당시 물리학자들은 이것을 '자외선파탄'이라 불렀다—옮긴이).

의 복사 공식 못지않게 단순하다"고 주장했다. 그 다음 날, 루벤스는 플랑크를 만나 "최근에 내가 얻은 실험 데이터와 당신의 복사 법칙을 비교해봤는데, 모든 것이 완벽하게 일치한다"며 흥분을 감추지 못했다.

실험 데이터와 일치 여부만 놓고 보면 막스 플랑크의 복사 공식은 옳은 해답임이 분명했다. 그러나 다른 물리학자들을 완벽하게 설득하려면 복사 공식이 그런 형태로 나올 수밖에 없는 이론적 근거가 있어야 했다. 그로부터 몇 주 동안 막스 플랑크는 만사를 제쳐두고 연구에 몰두했는데, 훗날 그는 이 시기를 회상하면서 "내 일생을 통틀어 가장 열심히 일했던 시기"라고 했다.

플랑크는 흑체복사 문제를 물체 속에서 진동하는 진동자(oscillator)와 전자기장 사이의 상호작용으로 간주했다. 진동자의 주된 역할은 흡수와 방출이라는 역학적이고 연속적인 과정에서 복사에너지 진동수의 평형점을 찾는 것이었다.* 엔트로피와 열역학 제2법칙에 능통했던 그는 복사 법칙을 이용하여 각 진동자의 엔트로피를 내부 에너지와 진동자의 진동수로 표현했다. 그러면 흑체 내부의 복사진동수가 이 진동수와 같아지는데, 흥미롭게도 그 값은 실험에서 관측된 진동자의 엔트로피와 정확히 일치했다. 이제 남은 일은 '첫 번째 원리'로부터 이와 비슷한 표현을 유도한 후 적절한 결론을 내리는 것이었다.

플랑크가 말했던 '필생의 역작'은 바로 이 부분을 두고 한 말이었다. 그는 여러 가지 방법을 시도해보았으나 결과는 항상 볼츠만이 통계적

• 원래 플랑크는 이것을 '공명체(resonator)'라고 불렀다가 1909년에 공명체의 특별한 성질이 필요 없음을 깨닫고 '진동자'로 수정했다. 그러나 지금의 물리학자들은 이 진동자를 '흑체를 이루는 원자 속에서 크게 들뜬 상태에 있는 전자(highly excited electron)'로 이해하고 있다(전자는 1897년에 처음으로 발견되었다. 이것은 플랑크가 복사 공식을 발견하기 불과 3년 전의 일이다).

방법을 통해 얻은 결론으로 귀결되었다. 마음은 다른 방향으로 가고 싶은데, 수학이 협조를 안 했던 것이다.

볼츠만은 기체의 엔트로피를 계산할 때 기체의 총 에너지가 일련의 작은 구역(bucket)으로 세분된다고 가정했다. 최저에너지 구역을 ϵ라 하면 그 다음 에너지 구역은 2ϵ, 3ϵ…… 등이다. 각 구역에 기체 분자가 분포되어 있다고 가정하면 이들이 배열될 수 있는 경우의 수를 계산할 수 있으며, 이 과정에서 에너지 자체는 연속적인 변수로 취급된다. 결국 볼츠만이 한 일은 에너지의 범위를 $0 \sim \epsilon$, $\epsilon \sim 2\epsilon$ 등으로 세분한 후 각 범위에 속하는 분자의 개수와 가능한 배열의 수를 계산한 것이다.

간단한 예를 들어보자. 여기 a, b, c 3개의 분자로 이루어진 초간단 기체가 있다. 이 기체의 총 에너지가 4ϵ라면, 각 기체 분자들의 에너지는 얼마가 되어야 할까? 답은 간단하다. 분자 두 개를 에너지가 가장 작은 구역인 ϵ에 할당하고, 나머지 하나를 2ϵ에 할당하면 된다. 그런데 3개의 분자가 이런 식으로 배열되는 경우는 총 3가지가 있다. a와 b를 최저에너지에 할당하고 c를 그다음 에너지에 할당한 경우(이것을 [ab, c]로 표기하자)와, a와 c를 최저에너지에 할당하고 b를 그다음 에너지에 할당한 경우(이것은 [ac, b]에 해당한다) 그리고 b와 c를 최저에너지에 할당하고 a를 그다음 에너지에 할당한 경우이다(이것은 [bc, a]에 해당한다).

볼츠만은 "기체가 놓일 확률이 가장 큰 상태는 주어진 에너지에서 가능한 배열의 수가 가장 많은 상태이며, 이것이 곧 엔트로피가 가장 높은 상태"라고 했다. 따라서 가능한 배열 수의 최댓값에 가능성이 가장 높은 에너지 분포를 대응시키면 계의 엔트로피를 쉽게 계산할 수 있다.

지난 3년 동안 루트비히 볼츠만과 불리한 싸움을 치러왔던 막스 플랑크는 이제 막다른 골목으로 몰리고 있었다. 훗날 그는 이 무렵의 일을 회상하면서 다음과 같이 말했다.

"새로운 복사 공식을 유도한 후로 나는 그 저변에 깔려 있는 물리적 의미를 파악하기 위해 매우 바쁜 나날을 보냈다. 사실 이 모든 것은 볼츠만의 이론에 대항하기 위한 몸부림이었는데, 깊이 파고 들어갈수록 볼츠만식 논리인 '엔트로피와 에너지의 관계'에 집중할 수밖에 없었다."

흑체복사가 기체의 원자론, 즉 기체가 원자나 분자로 이루어져 있다는 이론과 완전히 무관하다고 생각했던 플랑크가 이제는 원자론자들이 즐겨 사용하는 통계적 방법에 몰입하게 된 것이다. 그러나 여기에는 한 가지 난처한 문제가 있었다. 그는 복사 공식이라는 결과에서 출발하여 물리적 의미를 거꾸로 추적했으므로, 그에게 필요한 통계적 방법은 볼츠만이 사용했던 방법과는 판이하게 다를 수밖에 없었다.

플랑크가 유도한 복사에너지의 통계적 분포는 기존의 공식과 미묘하게 다른 점이 있다. 볼츠만은 다양한 에너지 구역에서 '구별 가능한' 분자들의 가능한 배열 수를 계산한 반면, 플랑크는 흑체 속의 다양한 진동자들에 대하여 '구별 불가능한' 에너지 배열을 계산했다. 예를 들어 플랑크의 방식을 앞의 예제(총 에너지가 4ϵ인 계에 3개의 진동자가 분포된 경우)에 적용하면 $(4\epsilon, 0, 0)$, $(3\epsilon, \epsilon, 0)$, $(2\epsilon, \epsilon, \epsilon)$, $(\epsilon, 2\epsilon, \epsilon)$ 등 15가지 가능한 배열이 존재하게 된다.

또한 플랑크는 자신이 원하는 결과를 얻기 위해 에너지가 진동자의 진동수(복사의 진동수)와 관련된 양으로 분할되어 있다고 가정했다. 이것이 바로 그 유명한 $E=h\nu$로서, 에너지의 최소 단위가 플랑크상수에 진동수를 곱한 양과 같다는 뜻이다. 그는 여기서 한 걸음 더 나아가 모든 에너지가 $h\nu$의 정수배로 표현된다는 사실을 발견했다. 이로써 플랑크는 볼츠만과 전혀 다른 논리를 통해 원하는 결과를 얻을 수 있었다.

그로부터 여러 해가 지난 후에 막스 플랑크는 1900년의 상황을 다음과 같이 회고했다.

> 그때 내가 얻었던 결과는 그야말로 '절망의 산물'이었다. 나는 원래 안전함과 평화를 추구하는 사람이며, 미심쩍은 모험은 되도록 피하는 편이다. 그러나 당시 나는 이길 가능성이 거의 없는 문제와 거의 6년 동안(1884년부터) 씨름을 해오면서 완전히 탈진한 상태였고, 물리학의 기초를 확립하려면 복사와 물질 사이의 평형에 관한 문제를 반드시 해결해야 한다고 생각했다. … 나는 어떤 대가를 치르더라도 내가 유도한 복사 공식에 이론적 해석을 내려야만 했다.

이제 원자론을 수용하는 단계를 넘어 열성적인 지지자가 된 플랑크는 1900년 12월 14일 오후 5시가 조금 넘은 시간에 독일물리학회의 정기 학술 회의장에서 그가 유도한 새로운 복사 법칙을 정식으로 발표했다. 이 자리에서 그는 청중들을 향해 "… 이것은 나의 계산에서 가장 중요한 부분입니다. 모든 에너지는 분명한 값을 갖는 아주 작은 덩어리로 구성되어 있습니다" 하고 선언했다. 19세기의 마지막 크리스마스를 며칠 앞두고 전 세계 물리학자들에게 사상 큰 크리스마스 선물을 선사한 것이다. 그의 이론은 1901년 1월에 독일의 유명 학술지 〈물리학연보〉에 게재되었는데, 이 논문에서 막스 플랑크는 자신이 도입한 상수에 대해 다음과 같이 언급했다.

> … 이 상수는 에너지와 시간이 곱해진 단위를 갖고 있으므로 에너지요소 hv와 구별하기 위해 기본작용양자(elementary quantum action) 또는 작용요소

(element of action)라 부르기로 한다.

이로써 1900년 12월 14일은 양자혁명이 촉발된 날로 역사에 기록되었다. 그러나 정작 플랑크 자신은 $E=hv$가 고전물리학 체계를 송두리째 바꾸리라는 사실을 전혀 눈치채지 못했다.

전하는 바에 따르면, 막스 플랑크는 그뤼네발트(베를린 서쪽에 있는 대규모 녹지. 울창한 숲으로 유명함-옮긴이)를 걸으면서 일곱 살 난 아들 에르빈에게 이렇게 말했다고 한다.

"얘야, 이 아빠가 뉴턴에 버금가는 아주 중요한 발견을 한 것 같구나."

이 일화가 사실이라 해도, 그는 작용양자나 전자기파의 작용 요소가 아닌 볼츠만상수 k를 염두에 두고 그런 말을 했을 것이다.

막스 플랑크는 통계적 방법을 이용하여 고정된 에너지 요소를 진동자에 할당하면서 그 물리적 의미에 대해서는 깊이 생각하지 않았다. 결국은 플랑크도 수용할 수밖에 없었지만, 원자나 분자가 실제로 존재한다 해도 그는 에너지가 복사와 물질 사이에서 연속적으로 흐른다는 생각을 떨치지 못했을 것이다. 플랑크는 복사 공식을 유도하면서 자기도 모르는 사이에 에너지가 양자화되어 있다는 발상을 처음 도입했지만, 그의 강연록이나 논문 어디를 뒤져봐도 이 사실이 분명히 언급되어 있지 않다.

이 놀라운 사실을 간파하려면 물리학의 핵심을 꿰뚫는 비범한 안목이 필요했고, 그런 안목을 가진 천재는 따로 있었다.

2

기적의 해
1905년 3월, 베를린 / 알베르트 아인슈타인

막스 플랑크는 자신이 유도한 복사 법칙으로 커다란 성공을 거두었다. 그는 1901년에 실험 데이터를 수집하여 플랑크상수 h와 볼츠만상수 k를 계산했고, 이 값으로부터 아보가드로수(순수한 물질 1몰에 들어 있는 원자나 분자의 수)를 계산했다.[*] 그리고 아보가드로수를 이용하여 전자의 전하량까지 계산하는 데 성공했다. 자연의 기본 상수에 의거하여 순전히 이론만으로 계산된 이 값들은 현재 알려진 값과 1~3%밖에 차이나지 않는다.

처음에 플랑크는 원자론을 반대했지만 일련의 성공을 거두면서 원자론의 열렬한 신봉자가 되었고, 나중에는 원자와 분자를 당연한 실체로 간주했다.

그러나 많은 사람들은 플랑크의 계산 과정에 의문을 제기했는데, 내막을 알고 보면 그리 놀랄 일도 아니었다. 플랑크는 고전적인 계를 서술하다가 완전히 비고전적인 개념을 느닷없이 도입하여

[*] 몰(mole)은 원자량이나 분자량을 그램(g)의 단위로 표현한 값이다.

계산을 마무리했던 것이다. 이것은 그가 어느 부분에선가 고전물리학의 법칙을 따르지 않았음을 의미했다.

1905년에 스위스 특허청에서 일하던 한 젊은 물리학자도 플랑크의 유도 과정에 강한 의구심을 품었다. 겉보기에 삼류 기술자에 불과했던 그 청년의 이름은 알베르트 아인슈타인(1879~1955)이었다.

아인슈타인이 스위스 특허청에 취직한 것은 1902년 6월 16일이었다. 별로 중요한 직책은 아니었지만 그에게는 정말로 다행스런 일이 아닐 수 없었다. 아인슈타인은 1900년 8월에 취리히 폴리테크니크를 졸업한 뒤 독일과 네덜란드, 스위스에 있는 여러 대학교에 지원서를 내보았지만 그를 강사로 채용하려는 대학교는 단 한 곳도 없었다. 결국 고학력 실업자가 된 아인슈타인은 일자리 찾아 전전하다가 한 고등학교의 임시 교사로 간신히 취직할 수 있었다.

원하던 교수직을 얻지 못한 아인슈타인은 크게 상심하여 같은 학교 동문이자 절친한 친구인 마르셀 그로스만에게 도움을 청했다. 그로스만은 이곳저곳을 알아보다가 특허청에 자리가 났다는 사실을 알게 되었는데, 마침 그로스만의 부친이 특허청의 고위 간부와 안면이 있어서 별다른 무리 없이 아인슈타인을 천거할 수 있었다. 아인슈타인은 특허청이 있는 베른으로 이사한 뒤 스위스의회의 승인이 떨어질 때까지 기다리는 동안 수학과 물리학 가정교사를 하면서 생계를 이어갔다.

그해 말, 아인슈타인의 부친인 헤르만 아인슈타인이 세상을 떠났다. 헤르만이 병석에 있을 때 아인슈타인은 학교 동료인 밀레바 마리치와 연애 중이었는데, 헤르만은 둘의 결혼을 줄곧 반대하다가 세상을 떠나기 직전에 허락했다. 아인슈타인은 1896년에 폴리테크니크에서 밀레바를 보자마자 첫눈에 사랑에 빠졌다고 한다. 두 사람 사이에 오간 편지를 보면 아인슈타인은 밀레바를 '돌리(Dollie)' 곧 인형이라 불렀고, 밀레바는 아인슈타인을 '조니(Johnnie)'라는 애칭으로 불렀다. 그러나 아인슈타인의 부모는 처음부터 두 사람의 결혼을 결사적으로 반대했다.

둘은 1903년 1월 6일 판사 앞에서 아인슈타인의 친구인 모리스 솔로빈과 콘라트 하비히트가 지켜보는 가운데 조촐한 결혼식을 올렸다. 결혼식 들러리를 섰던 두 사람은 아인슈타인이 베른에 도착하면서 신문에 낸 '물리학 교습 광고'를 보고 연락해 온 사람들이었다(둘 다 아인슈타인과 비슷한 나이인데 물리학을 배우기 위해 직접 아인슈타인을 찾아왔다-옮긴이). 아인슈타인과 솔로빈, 하비히트는 자신들의 모임을 '올림피아 아카데미'라 부르면서 다양한 주제를 놓고 정기적으로 토론을 벌였다.

세 사람은 학술적인 토론을 주고받으면서 가까운 친구가 되었지만, 아인슈타인은 밀레바와 사이에 아이가 있다는 사실만은 그들에게 털어놓지 않았다. 밀레바는 아인슈타인과 함께 베른에 도착한 지 며칠 만에 첫딸인 리제를(Lieserl)을 낳고 고향인 세르비아의 노비사드(Novi Sad)로 돌아가 산후 조리를 하고 있었다. 아인슈타인은 직장을 구하고 생활이 안정되면 밀레바와 아이들을 데려오려고 했으나, 상황은 그의 뜻대로 돌아가지 않았다.

아인슈타인은 특허청에 취직하여 밀레바와 아이를 부양할 수 있게 되었다. 그러나 스위스 당국자는 사생아를 데려올 수 없다고 못 박았고, 결국 밀레바는 첫딸 리제를을 친척에게 맡긴 채 혼자 돌아올 수밖에 없었다. 나중에 리제를은 밀레바의 친구 집에서 키워졌는데, 아마도

입양을 염두에 두었던 것으로 추측된다. 그 후로 아인슈타인은 리제를을 두 번 다시 보지 못했다. 자신의 첫딸을 단 한 번도 품에 안아보지 못한 것이다. 리제를에 관한 기록은 이것이 전부이다. 아인슈타인과 그의 친지들이 아이의 존재를 철저히 비밀에 부쳤기 때문이다.● 리제를의 삶에 대해서는 알려진 바가 전혀 없다.●

밀레바는 1904년 5월 14일에 둘째 아이이자 첫아들인 한스 알베르트 아인슈타인을 낳았다. 이 무렵에 아인슈타인은 특허청에 정규직으로 근무하면서 물리학 이론을 실질적인 결과로 판단하는 능력을 키우고 있었다. 특히 올림피아 아카데미에서 친구들과 나누는 토론은 경험론에 대한 사고의 폭을 크게 넓혀주었으며, 네덜란드 철학자 바뤼흐 스피노자(1632~1677)의 《신 또는 자연(Deus sive Natura)》을 읽으면서 결정론적 철학관의 기초를 다졌다. 이 시기에 얻은 지식은 아인슈타인의 평생에 걸쳐 지대한 영향을 미치게 된다.

만일 아인슈타인이 학위를 받은 후 곧바로 대학교에 일자리를 얻었다면 경력 관리와 승진을 위해 '안전하고 모범적이지만 혁명과는 거리가 먼' 연구 주제에 주로 관심을 가졌을 것이다. 그러나 학계의 아웃사이더가 된 그는 다른 물리학자들의 논문을 자유롭고 비판적인 눈으로 바라볼 수 있었으며, 보통 사람들은 상상조차 하기 어려운 파격적인 논리를 거리낌 없이 펼칠 수 있었다.

● 이 비밀은 1986년에 아인슈타인의 삶을 추적하던 연구가들이 생전에 주고받은 사적인 편지를 분석한 끝에 알아낸 것이다. 분석을 해야 간신히 알 수 있을 정도로 아인슈타인은 리제를에 관한 언급을 거의 하지 않았다.
● 리제를이 1903년에 성홍열을 앓다가 죽었다는 설도 있고, 밀레바의 친구인 헬렌 사비치에게 입양되었다는 설도 있다. 더 자세한 내용을 알고 싶은 독자는 월터 아이작슨이 쓴 전기 《아인슈타인, 그의 삶과 우주(Einstein : His Life and Universe)》 87쪽을 읽어보기 바란다.

1905년 봄에 하비히트는 베를린을 떠났고, 그해 5월 말에 아인슈타인은 다음과 같은 내용의 편지를 보냈다.

최근에 논문 네 편을 완성했다네. 첫 번째 논문은 빛의 복사와 에너지에 관한 내용인데 꽤 혁명적이라 할 수 있고…… 두 번째 논문은 원자의 크기를 결정하는 내용이며…… 세 번째는 액체에 부유하는 1/1,000나노미터 단위의 입자 운동을 다룬 논문인데, 열운동에서 야기되는 무작위 운동과 관련이 있다네. 이런 현상은 생리학자들 사이에서 '브라운 운동'으로 알려져 있지. 그리고 지금 쓰고 있는 마지막 논문은 움직이는 물체의 전자기적 특성에 관한 건데, 완성되고 나면 시간과 공간의 개념에 수정이 불가피할 것으로 예상된다네.

네 편의 논문 중 아무 거나 하나만 골라서 발표해도 아인슈타인은 세계적 명성을 얻을 운명이었다. 1905년 3월에 완성된 첫 번째 논문은 "플랑크의 복사 법칙이 성립하려면 빛은 작은 에너지 알갱이로 이루어져 있어야 한다"는 내용을 골자로 하고 있는데, 아인슈타인이 광양자(light-quanta)라고 불렀던 이 알갱이는 훗날 '광자(photon)'라는 이름으로 불리게 된다. 그리고 같은 해 4·5일에 걸쳐 완성된 두 번째와 세 번째 논문에서는 분자의 물리적 실체와 운동 방식을 분석했다.* 네 번째 논문은 그해 6월에 완성되었는데, 여기서 그는 현대 물리학의 금자탑이

* 아인슈타인은 1905년에 두 번째 논문을 박사학위 논문으로 취리히대학교에 제출했다(당시 취리히 폴리테크니크는 학생들에게 학위를 수여할 수 없었다). 그런데 내용이 너무 짧다는 이유로 거절당하자 단 하나의 문장을 추가하여 다시 제출했고, 결국 심사에서 통과했다. 월터 아이작슨이 쓴 아인슈타인 전기 103쪽 참조.

라 할 수 있는 특수상대성이론을 구축했다. 그로부터 3개월 후에 아인슈타인은 역사상 가장 유명한 방정식 $E=mc^2$를 유도한 다섯 번째 논문을 완성한다.

이 모든 것이 1905년 한 해에 이루어졌다. 그래서 우리는 이 해를 '기적의 해(*annus mirabilis*)'라 부른다. 이때 아인슈타인의 나이는 겨우 스물여섯이었다.

플랑크가 유도했던 복사 공식은 실험 결과와 매우 정확히 일치했지만, 논리 자체에는 일관성이 결여되어 있었다. 그는 고전물리학이 요구하는 대로 에너지가 연속적이라는 가정에서 출발했다가, 에너지양자가 흑체의 진동자에 분포되어 있다는 정반대의 결론으로 마무리했다.

1900년 6월에 영국의 물리학자 레일리 경(1842~1919. 본명은 윌리엄 스트럿)은 흑체복사를 설명하는 자기만의 이론을 발표했는데, 막스 플랑크나 빌헬름 빈의 복사 공식과는 다소 다른 양상을 보였다.[•] 그는 고전물리학의 원리를 적용하는 방식이 플랑크와 달랐다. 그 후 1905년에 영국의 물리학자 제임스 진스(1877~1946)가 레일리 경의 계산 오차를 수정하여 발표했고, 이들의 결과는 레일리-진스 법칙으로 알려지게 되었다.

열역학적 원리에 입각한 레일리의 이론은 꽤 논리적이고 설득력이 있었지만 결과는 그야말로 황당함 그 자체였다. 레일리-진스 복사 법칙에 따르면 흑체복사에너지의 밀도는 복사진동수의 제곱에 비례하여 무한정 커진다. 즉, 높은 진동수(또는 짧은 파장)에서는 에너지 방출량이

• 레일리의 논문은 플랑크의 복사 법칙 논문보다 몇 개월 먼저 발표되었으나 당시 플랑크는 이 사실을 모르고 있었다.

말이 안 될 정도로 커진다는 뜻이다.[*] 낮은 진동수에서는 레일리-진스의 법칙이 실험 데이터와 잘 들어맞지만, 높은 진동수에서는 재앙과도 같은 결과가 초래된다. 반면에 빈의 법칙은 높은 진동수에서 잘 맞다가 낮은 진동수에서 실험 데이터와 차이를 보인다. 이 모든 문제를 일거에 해결한 것이 막스 플랑크의 복사 공식이다. 레일리-진스와 빈의 공식을 각각 낮은 진동수와 높은 진동수로 극한을 취하면 플랑크의 공식과 일치한다.

이쯤 되면 고전적 논리로는 흑체복사를 설명할 수 없음이 분명하다. 비고전적인 방식으로 유도된 플랑크의 복사 공식만이 이 현상을 올바르게 설명할 수 있다.

아인슈타인은 혼자서 레일리-진스 법칙을 수정하여 올바른 형태로 만들었는데, 사실 그는 흑체복사이론을 구축하는 것보다 훨씬 더 원대한 꿈을 꾸고 있었다. 1905년에 발표된 그의 논문에는 다음과 같이 적혀 있다.

> 기체를 비롯한 여러 물질의 상태를 서술하는 물리학 이론과 빈 공간에서 진행되는 맥스웰의 전자기론 사이에는 근본적인 차이가 있다. 우리는 물체의 상태가 (엄청나게 많지만) 유한한 개수의 입자 및 전하의 위치와 속도로 완벽하게 결정된다고 자신하면서, 다른 한편으로는 특정 공간의 전자기적 상태를 결정하기 위해 연속적인 공간함수를 사용하고 있다. 즉, 유한개의 변수로는 공간의 전자기적 상태를 결정할 수 없다는 뜻이다.

[*] 1911년에 오스트리아 물리학자 파울 에렌페스트는 이 문제를 '자외선에서의 레일리-진스 파탄(Rayleigh-Jeans catastrophe in ultraviolet)'이라 불렀다. 지금은 간단하게 '자외선파탄'으로 불린다.

당시에는 원자나 분자가 존재한다는 증거가 연일 홍수처럼 쏟아져 나오면서 물질이 입자로 이루어져 있다는 관점이 학계의 대세로 기울고 있었다. 그런데도 모든 물질이 최소 단위를 갖는다는 원자설과 복사파로 서술되는 맥스웰의 전자기론이 멀쩡하게 양립하는 것은 확실히 어색한 상황이었다. 아인슈타인은 바로 이 점을 지적한 것이다.

여기서 아인슈타인은 과감한 논리를 전개시킨다. 훗날 친구인 콘라트 하비히트는 이때를 회상하면서 '가히 혁명적인 발상'이라고 했다. 그것은 레일리-진스 법칙이나 고전물리학의 범주 안에서는 결코 정당화될 수 없는 논리였다.

아인슈타인이 스스로 '발견적 원리(heuristic principle)'라 불렀던 그의 논리는 다음과 같은 가정에서 출발한다.

(밀도가 충분히 낮은) 단색광복사가 $h\nu$ 단위의 불연속적인 에너지양자로 이루어져 있다면, 빛의 복사와 변형을 관장하는 법칙도 에너지양자와 밀접하게 관련되어 있지 않을까? 그 여부를 확인하는 것은 분명 의미 있는 일이라 여겨진다.

뉴턴이 주장했던 빛의 입자설이 거의 200년 만에 다시 수면 위로 부상하는 순간이었다. 아인슈타인의 가정은 다음과 같이 계속된다.

"점광원에서 방출된 빛의 에너지는 공간에 연속적으로 분포되지 않고 유한한 개수의 에너지양자로 이루어져 있다. 빛의 에너지양자는 더 이상 잘게 쪼개지지 않으며, 모든 빛은 이 양자 단위의 정수 배로 흡수되거나 방출된다."

그렇다고 해서 아인슈타인이 빛의 파동설을 완전히 폐기한 것은 아니었다. 빛의 회절이나 간섭은 오직 파동성만으로 설명될 수 있다. 그래서 아인슈타인은 "빛이 파동처럼 보이는 이유는 시간적으로 평균화된 특성이 우리에게 관측되기 때문"이라고 생각함으로써 파동성과 입자성이라는 상반된 개념을 조화롭게 양립시켰다. 즉, 빛의 간섭은 어느 한순간에 양자의 운동을 보여주는 순간포착이 아니라 수많은 양자들의 운동이 특정 시간 사이에 평균화된 결과라는 것이다.

비록 검증된 사실은 아니었지만, 아인슈타인은 자신의 양자가설을 이용하여 플랑크의 흑체복사 법칙과 무관한 다른 물리학 문제들을 공략했는데, 그 대표적인 사례가 바로 광전효과(photoelectric effect)였다.

광전효과 역시 한동안 물리학자들을 당혹스럽게 만들어왔던 문제였다. 금속 표면에 빛을 쪼였을 때 전자가 튀어나오는 현상은 예전부터 알려져 있었다. 빛의 파동설에 따르면, 빛의 에너지는 광파의 진폭(광도)에 비례한다. 따라서 금속에 쪼이는 빛의 광도를 증가시키면 튀어나오는 전자의 에너지도 커져야 할 것 같은데, 실험 결과는 전혀 그렇지 않았다.

빛의 광도를 높이면 금속 표면에서 튀어나오는 전자의 개수만 많아질 뿐, 개개의 전자에너지는 변하지 않는다. 광도를 높이는 대신 빛의 진동수를 높은 쪽으로 변화시키면 그때서야 전자의 에너지가 증가한다. 이것은 고전 전자기학의 복사이론으로는 도저히 설명할 수 없는 현상이었다.

아인슈타인은 금속 표면에 입사된 광양자들이 개개의 전자에 일대일로(광양자 하나당 전자 하나) 에너지를 모두 전달한다고 가정함으로써 이 문제를 해결했다. 전자는 광양자에게 전달받은 에너지 중 일부를 '금속 표면을 탈출하는 데' 쓰고, 나머지를 자신의 운동에너지로 전환하여 공간을 향해 날아간다. 전자가 금속 표면의 속박 상태에서 해방되는 데 필요한 에너지는 금속의 종류에 따라 다른데, 이 값을 '일함수(work function)'라 한다.

아인슈타인은 플랑크의 양자에너지를 완전히 새로운 시각에서 바라보았다. 플랑크는 $\varepsilon=h\nu$를 '에너지양자와 진동자의 진동수 사이의 수학적 관계'로 인식했으나, 아인슈타인은 이것을 '광양자의 에너지와 그 자신(복사)의 진동수 사이의 관계'로 바라본 것이다. 이렇게 함으로써 아인슈타인은 플랑크의 관계식을 흑체복사로부터 완전히 분리하여 빛과 관련된 모든 현상에 적용할 수 있었다.

$h\nu$의 에너지를 가진 광양자가 금속 표면에 있는 전자와 충돌하면서 모든 에너지를 전달하면 전자는 속박을 풀고 표면으로부터 탈출한다. 단, $h\nu$가 위에서 말한 일함수보다 큰 경우에 한한다. 이때 튀어나온 전자의 에너지는 입사된 빛의 광도가 아닌 진동수 ν에 비례한다. 따라서 빛의 진동수를 유지한 채 광도만 키우면 튀어나오는 전자의 수는 많아지지만, 개개의 전자에너지는 커지지 않는다.

아인슈타인의 이론은 매우 간단하면서도 관측 가능한 물리량을 예측하고 있다. 그는 광전효과에 의해 생성된 전압(광전압)이 1902년에 독일의 물리학자 필리프 레나르트(1862~1947)가 관측한 전압과 거의 같다는 것을 입증했다. 그리고 입사된 빛의 진동수와 광전압 사이의 관계가 그래프 상에서 거의 직선으로 나타난다는 사실도 예측했는데, 이 직선의 기울기는 실험에 사용된 금속의 재질과 무관하게 항상 일정한 값을 갖는다.•

• 이 그래프의 기울기가 바로 플랑크상수 h이다.

아인슈타인은 1905년에 다섯 편의 논문을 발표하면서 자신의 천재성을 유감없이 발휘했지만, 당시 물리학자들은 그의 이론으로 무엇을 얻을 수 있는지 전혀 예측하지 못했다. 특수상대성이론의 열렬한 지지자였던 막스 플랑크조차도 빛에너지가 양자화되어 있다는 발상만은 선뜻 받아들이지 못했다. 사실 플랑크가 흑체복사 공식을 유도하면서 양자의 개념을 도입한 것은 순전히 수학적 편의를 위한 것이었고, 물리적 의미는 그 자신도 알지 못했다. 아인슈타인은 동시대의 물리학자들보다 지나치게 앞서갔던 것이다.

아인슈타인이 세계 최고 수준의 권위를 자랑하는 프러시아 과학아카데미의 회원으로 추대되었을 때, 막스 플랑크를 비롯한 다수의 회원들은 그의 업적을 마음속 깊이 인정하면서도 다른 한편으로는 논리상 오류를 지적하기도 했다(물론 '용서 가능한' 오류였다). 그때 과학아카데미에서 흘러나온 말 중에는 이런 내용도 있다

"아인슈타인의 논지는 매우 비범하고 뛰어나지만, 가끔 핵심에서 벗어나는 경우가 있다. 빛의 양자가설이 대표적 사례인데, 이 가설은 순전히 그의 머릿속에서 나왔다고 보기 어렵다. 제아무리 정확한 과학이라 해도, 위험을 무릅쓰지 않고서는 새로운 아이디어를 떠올릴 수 없기 때문이다."

막스 플랑크와 아인슈타인은 서로 빈번하게 편지를 주고받았다. 플랑크는 값이 고정된 에너지양자가 흑체를 구성하는 원자의 알 수 없는 내부 구조에서 기인한 결과라고 생각했다. 다시 말해서, 에너지의 최소 단위가 고정된 것은 빛이 이런 요소로 이루어져 있기 때문이 아니라 흑체를 구성하는 원자들이 이런 단위로 에너지를 방출하기 때문이라는 것이다.

1900년에 막스 플랑크는 천천히 타들어 가는 도화선에 불을 붙였고 1905년에 양자혁명이 시작되었으나, 그 위력은 귀에 대고 속삭이는 수준에 불과했다. 대다수의 물리학자들이 빛의 양자가설을 강하게 거부했기 때문이다. 아인슈타인은 자신이 제안한 광양자가설과 빛의 파동설이 양립하기 어렵다는 것을 잘 알고 있었다. 물론 속으로는 자신이 이런 혼란을 야기한 데 대해 결코 후회하지 않았지만, 양자가설에 관해서는 더 이상 전면으로 나서지 않고 매사에 신중을 기했다.

어쨌거나 아인슈타인은 폭발적인 논문으로 학계에 데뷔함으로써, 삼류 기술자에서 이류로 한 단계 업그레이드되었다.

3

약간의 진실
1913년 4월, 맨체스터 / 닐스 보어

아인슈타인이 머릿속에 그렸던 새로운 물리학은 광양자보다 훨씬 원대하고 심오했다. 에너지의 양자화가 범우주적 현상이라고 생각한 그는 1907년에 고체 결정의 열용량에 관한 양자역학을 구축했다. 당시에는 그다지 주목을 받지 못했지만, 2년 후인 1909년에 이 문제와 관련된 새로운 실험 결과가 발표되면서 아인슈타인의 이론은 또다시 학계의 관심사로 떠올랐다.

1910년에 독일의 저명한 과학자 발터 네른스트(1864~1941)가 아인슈타인을 방분했다(이 무렵에 아인슈타인은 쉬리히의 **ETH**˙에서 연구를 진행하고 있었다). 이 자리에서 그는 아인슈타인이 물리학에서 이룬 업적을 높이 칭송했는데, 취리히대학교의 한 동료는 이 사실을 전해 듣고 "당대의 석학 네른스트가 베를린에서 취리히까지 온 것을 보

● ETH는 스위스취리히연방공과대학(Eidgenossosche Technische Hochschule)의 약자로서, 아인슈타인이 대학 교원 과정을 밟던 취리히 폴리테크니크와 같은 재단에 속한 교육기관이었으나 지금은 종합대학교로 독립하여 독자적으로 박사학위를 수여하고 있다. ETH라는 이름은 1911년부터 사용되었다.

면 아인슈타인은 똑똑한 친구임이 분명하다"고 했다. 아인슈타인의 양자적 접근법은 네른스트 덕분에 학계의 주목을 받을 수 있었으며, 1911년 초부터는 다수의 과학자들이 아인슈타인의 논문을 인용하면서 양자 개념을 수용하기 시작했다.

한편 일부 물리학자들은 원자론을 여전히 형이상학적 개념으로 취급했지만, 각 대학교의 실험실에서는 원자의 존재를 확인하기 위한 실험이 활발하게 진행되고 있었다. 1897년에 전자를 발견했던 영국의 물리학자 조지프 존 톰슨(1856~1940)은 "원자는 2,000년 전에 처음 예견된 후로 지금까지 한 번도 확인된 적이 없지만, 지금은 원자의 존재는 물론이고 원자가 내부 구조까지 갖고 있을 것으로 추정된다"고 했다.

뉴질랜드의 물리학자 어니스트 러더퍼드(1871~1937)는 1909~1911년에 걸쳐 원자의 비밀을 한 꺼풀 벗겨내는 데 성공했다. 맨체스터대학교 교수였던 그는 연구 조교인 한스 가이거(1882~1945), 어니스트 마스던(1889~1970)과 함께 원자의 구조를 확인하는 일련의 실험을 수행했는데, 그 결과가 너무나 충격적이어서 과거에 톰슨이 제안했던 원자모형에 대대적인 수정을 가할 수밖에 없었다. 이들의 실험은 특정 방사성원소에서 방출된 고에너지 알파 입자(α-particle)*를 얇은 금박에 발사하여 입자의 궤적이 달라지는 정도를 관측하는 방식으로 진행되었다. 그런데 놀랍게도 입사된 알파 입자 8,000개당 한 개는 90도가 넘는 각도로 산란되었으며, 심지어

* 알파 입자는 특정한 형태의 방사능 붕괴 과정에서 발생하며, 양성자 두 개와 중성자 두 개로 이루어져 있다(따라서 양전하를 띤다). 이것은 헬륨(He)의 원자핵에 해당하는데, 러더퍼드가 산란 실험을 수행하던 당시에는 알파 입자의 정체를 아무도 몰랐다.

는 아예 뒤로 팅겨 나가는 경우도 있었다. 이것은 기관총에서 발사된 총알이 얇은 휴지 조각과 충돌한 후 뒤로 팅겨 나온 것만큼이나 놀라운 결과였다.

러더퍼드는 실험 결과를 면밀히 분석한 끝에 "원자 질량의 대부분은 중심부에 있는 원자핵에 집중되어 있으며, 이보다 훨씬 가벼운 전자들이 마치 태양계의 행성처럼 그 주변을 공전하고 있다"고 결론지었다. 이 모형에 따르면 원자의 내부는 거의 텅 빈 것이나 다름없었다.• 요즘 출간되는 물리학 관련 서적을 보면 원자의 내부 구조를 그림으로 표현할 때 러더퍼드의 태양계 모형을 그려 넣곤 한다. 궁극적으로 맞는 모형은 아니지만, 원자의 구조를 직관적으로 이해하는 데에는 이것만큼 적절한 그림을 찾기 어렵다.

덴마크의 물리학자 닐스 보어(1885~1962)는 전자이론에 완전히 매료되었다. 그는 1909년에 마그레더 뇌르룬트를 만나서 1910년에 약혼했으나, 스물다섯 살이었던 1911년 9월에 약혼녀를 고향에 남겨둔 채 배에 몸을 실었다. 보어를 대운 페리 호는 벨란 섬과 퓌넨 섬 사이의 스토레벨트 해협을 거쳐 영국에 도착했다. 박사학위 논문의 엉성한 영어 번역에도 불구하고 카를스베르재단에서 주는 장학금을 받고 케임브리지에 있는 조지프 존 톰슨의 연구실로 가게 된

• 원자의 크기를 태양계 전체 크기에 비유하면 원자핵의 반지름은 태양 반지름의 10분의 1 정도이며 가장 외곽을 도는 전자는 명왕성에 해당한다(아쉽게도 명왕성은 2006년에 태양계에서 퇴출되었다).

것이다.

20세기 초에 케임브리지는 이론 및 실험물리학의 세계적 성지였고, 그곳에서 제일 유명한 사람은 연구 성과와 열정에서 타의 추종을 불허하는 J. J. 톰슨이었다. 그는 전자를 발견한 공로로 1906년에 노벨상을 받았으며, 그 후로 줄곧 원자의 구조에 관한 이론을 연구해오고 있었다. 또한 그는 실험실의 장비를 자주 망가뜨리는 '서툰 손'으로 유명했는데, 사고를 칠 때마다 "실험실의 모든 장비들이 이상한 마법에 걸린 것 같다"며 어설프게 둘러대곤 했다.

톰슨은 자신이 발견한 입자를 이용하여 원자와 분자의 거동을 설명했다. 그가 제안한 원자모형은 양전하가 고르게 분포된 구형의 물체로서, 그 안에 수백 개의 전자들이 건포도처럼 박혀 있는 형태였다. 또한 그는 "구 자체는 질량이 없고 원자의 모든 질량은 전자에서 기인한다"고 주장했다.

그러나 톰슨의 모형은 심각한 문제점을 안고 있었다. 이 모형에 따르면 양전하로 대전된 물체에 여러 개의 전자들이 아무런 움직임 없이 박혀 있어야 하는데, 물체의 자기적 성질이 움직이는 전자에 의해 나타난다는 것은 톰슨 자신도 익히 아는 사실이었다. 그러나 톰슨의 모형에 전자의 움직임을 허용하면 원자는 금방 불안정해져서 원래의 형태를 유지할 수 없었다.

톰슨은 1910년에 케임브리지 연구소에서 실험을 하던 중 자신의 원자모형에서 전자의 개수가 지나치게 과대평가되었다는 사실을 깨달았다. 전자의 개수는 수백 개가 아니라 몇 개 또는 많아야 수십 개에 불과했다.

보어가 케임브리지에 온 것은 그곳이 물리학의 세계적 중심지이며 톰슨이야말로 가장 뛰어난 물리학자라고 판단했기 때문이다. 그러나 이들의 만남은 처음부터 삐걱거렸고, 한 번 악화된 관계는 영원히 회복되지 않았다. 보어는 영어 실력이 다소 미흡하여 의사소통에 문제가 있었는데, 이것은 박사과정 학생에게 용납될 수 없는 단점이었다. 그는 항상 정중하고 예의 바르게 행동했으나 말수가 적어서 상대방에게 무뚝뚝하다는 느낌을 주었고, 오해를 사는 경우도 종종 있었다. 톰슨과 처음 대면하던 날, 보어는 톰슨이 저술한 원자론 서적을 들고 그의 연구실을 찾아가서는 그가 보는 앞에서 책의 특정 페이지를 펼쳐 보이며 "이 부분은 틀렸습니다" 하고 지적했다. 자타가 공인하는 당대 최고의 물리학자가 어린 학생에게 그런 말을 듣고 어떤 반응을 보였을지는 불을 보듯 뻔하다.

보어는 매사에 최선을 다했지만 상황은 별로 나아지지 않았다. 그는 톰슨이 지도하는 실험 강의를 들으면서도 별 의미 없는 강의라고 생각했다. 그에게 가장 중요한 과제는 하루속히 영어에 익숙해지는 것이었다. 보어는 덴마크에 있을 때 아마추어 축구 팀의 골키퍼로 이름을 날렸는데, 그의 탁월한 운동신경은 집안 내력이었던 것 같다(그의 친동생인 하랄 보어는 덴마크의 축구 국가대표선수로 A-매치에 수차례 출전했고, 1908년에는 런던 올림픽에 출전하여 은메달을 목에 걸었다). 보어는 지역 축구 팀에 가입하여 좋아하는 축구를 계속할 수 있었지만 정작 중요한 물리학에서는 아무런 진전도 이루지 못했다. 1911년 10월에 그는 동생에게 보낸 편지에서 "톰슨 교수는 비판을 조금도 수용하지 않기 때문에 대화하기가 매우 어렵다"고 털어놓았다.

보어는 1911년에 한동안 맨체스터에 머문 적이 있는데, 그해 11월 초에 알파 입자 산란 실험으로 유명한 어니스트 러더퍼드를 만나 다양한 대화를 나눈 뒤, 박사후과정(포스트닥터)의 마지막 몇 개월을 그곳에서 보내기로 결심했다. 그는 논문을 통해 러더퍼드의 태양계 모형을 알고 있었으나, 당시 그의 주 관심사는 원자의 구조가 아닌 방사능이었다. 그리고 맨체스터대학교는 이 분야에서 세계 최고 수준의 실험 장비를 갖추고 있었다.

사실 러더퍼드의 태양계 모형은 학계에서 별다른 주목을 받지 못했다. 그림만 놓고 보면 꽤 그럴듯했지만, 톰슨의 모형에 등장하는 전자는 푸딩에 박힌 건포도처럼 꼼짝도 하지 못했으므로, 두 모형은 도저히 양립할 수 없었다. 게다가 러더퍼드의 모형은 또 하나의 치명적 약점을 갖고 있었다. 태양이나 행성과 달리 전자와 원자핵은 전기 전하를 띠고 있는데, 맥스웰의 전자기론에 따르면 전하를 띤 입자가 전자기장 속에서 움직이면 파동의 형태로 에너지가 방출된다. 따라서 전자가 원자핵 주변을 공전하고 있다면 맥스웰의 이론에 의해 점차 에너지를 잃으면서 궤도 반경이 작아질 것이고, 결국은 원자핵으로 빨려 들어가야 한다. 그런데 러더퍼드의 모형에서 전자의 궤도는 원자핵과 상대가 안 될 정도로 크기 때문에, 전자가 핵으로 빨려 들어간다는 것은 원자가 엄청나게 작은 크기로 쪼그라든다는 것을 의미한다. 즉, 우주에 존재하는 모든 원자들은 예외 없이 붕괴되어야 한다는 뜻이다. 게다가 붕괴에 걸리는 시간을 계산해보면 1억 분의 1초가 채 되지 않는다. 그렇다면 우주 초기의 원자들은 탄생과 동시에 붕괴되어 사라졌을 것이고, 결국 우리의 우주에는 원자라는 것이 아예 존재하지 않았을 것이다.

그래서 톰슨은 러더퍼드의 원자모형을 인정하지 않았다.

러더퍼드는 보어에게 "톰슨의 허락만 받으면 우리 실험 팀에 넣어주겠다"고 했고, 톰슨도 골치 아픈 학생이 떠나 있겠다는 것을 굳이 말릴 이유가 없었다. 그리하여 보어는 1911년 12월에 연구 근거지를 맨체스터로 옮기게 된다. 훗날 보어는 케임브리지에서 보냈던 시절을 회상하면서 "모든 것이 참으로 흥미로웠지만 나에게는 아무런 도움도 되지 않았던 무의미한 시간"이라고 했다.

맨체스터에 자리를 잡은 보어는 알루미늄의 알파 입자 흡수에 관한 실험을 시작했다. 그러나 실험이 체질에 맞지 않았던 그는 몇 주 후에 러더퍼드를 찾아가 이론 연구를 해도 되겠느냐고 물었다. 러더퍼드는 연구 분야가 다양하고 동료들의 연구에도 관심이 많았지만, 그 무렵에 방사능 물질에 관한 책을 쓰고 있었기 때문에 충분한 토론을 나눌 시간이 없었다. 그래서 보어는 맨체스터의 연구 동료인 게오르게 드 헤베시(1885~1966)와 찰스 골턴 다윈(1887~1962)에게 방사능에 관한 지식을 전수받았다. 보어는 다른 사람에게 다윈을 소개할 때면 '진화론으로 유명한 원조 다윈의 손자'라며 그의 집안 내력을 강조하곤 했다.

당시 다윈은 원자의 방사능과 관련하여 몇 가지 문제를 연구하고 있었는데, 음으로 대전된 전자가 양으로 대전된 원자핵 주변을 공전한다면 고전적으로 안정된 상태를 유지할 수 없다는 것을 그 역시 잘 알고 있었다. 보어는 이 문제에 관하여 다윈과 여러 차례 의견을 교환하다가 "러더퍼드가 제안한 원자모형의 내부 구조는 어떤 식으로든 작용양자의 영향을 받을 가능성이 높다"는 결론에 도달했다.

예전에 아인슈타인이 그랬던 것처럼, 보어도 '원자의 붕괴'라는 역설을 고전물리학의 범주 안에서 설명하는 것은 불가능하다고 생각했다. 고전물리학이 맞는다면 원자는 존재하지 않아야 한다. 그러나 우주 곳곳에 원자는 분명히 존재하고 있으므로, 고전역학의 수학적 방법으로는 올바른 이론을 구축할 수 없을 것 같았다.

이 난국을 타개하려면 무언가 화끈하게 다른 요소가 필요했다.

1905년에 아인슈타인은 이와 비슷한 상황에서 '발견적 원리'에 입각한 자신만의 논리를 펼쳤다. 1912년에 태양계 모형의 모순에 직면한 보어도 이와 비슷한 방식으로 해결책을 모색했다. 그가 내세웠던 가정은 다음과 같다. "원자가 안정한 상태를 유지한다는 것은 전자가 원자핵 주변을 공전할 수 있는 안정된 배치가 존재한다는 뜻이다. 이 안정한 궤도는 (아직 분명하진 않지만) 플랑크상수와 어떤 식으로든 관련이 있을 것으로 추정된다. 또한 이것은 원자 하나를 다룰 때 역학 체계가 별로 도움이 되지 않는다는 사실을 분명히 보여준다."

이뿐만이 아니었다. 플랑크의 복사 공식에 따르면 흑체의 진동자는 hv의 정수 배에 해당하는 에너지만을 흡수하거나 방출할 수 있다. 그런데 보어도 이와 비슷하게 전자의 궤도에너지가 nhv($n=1, 2, 3, \cdots$)를 따라 증가하는 식으로 배열되어 있다고 가정한 것이다. 이들 중에서 에너지가 가장 낮은 궤도는 $n=1$인 궤도이다. 전자의 에너지가 불연속적이라는 것은 양자역학의 시작을 예고하는 혁신적 발상이었다.

1912년 6월에 보어가 동생 하랄에게 보낸 편지에는 다음과 같이 적혀 있다.

내가 원자의 구조에 대해 무언가 알아낸 것 같아. 아직 완성된 이론은 아니니까 아무에게도 말하지 말아라. 내 생각이 맞는다면, 이것은 어떤 가능성(예를 들면 톰슨의 원자모형이 틀렸을 가능성)을 제시하는 이론이 아니라 약간의 진실을 담고 있는 이론이 될 것 같다. ⋯ 아직은 만들어가는 단계여서 뭐라 장담할 수는 없지만, 아마 러더퍼드도 내 이론을 엉터리로 취급하진 않을 거야. 이 연구를 한시라도 빨리 마무리하고 싶어서 지난 며칠 동안 연구실에도 나가지 않았단다(이것도 비밀임).

그러나 보어의 원자모형도 톰슨이나 러더퍼드의 모형 못지않게 많은 문제점을 안고 있었다. 그는 연구 결과를 정리한 요약본을 1912년 7월 6일자로 러더퍼드에게 제출했으나 논문으로 출판되지는 않았다. 그로부터 몇 주 뒤에 보어는 맨체스터를 떠나 코펜하겐으로 돌아왔고, 8월 1일에 마그레더와 결혼식을 올렸다. 신혼 여행지는 스코틀랜드였는데, 도중에 케임브리지와 맨체스터를 방문하여 동료들과 인사를 나누기도 했다. 꿈같은 신혼여행을 마치고 코펜하겐으로 돌아온 보어는 곧바로 대학교에 일자리를 얻을 수 있었다.

보어는 그 후로 1913년 초까지 원자의 구조에 관한 연구를 계속했다. "원자는 전자의 궤도에너지가 특정한 값을 가져야 안정한 상태를 유지할 수 있다"는 가정을 입증하려면, 그의 이론으로 기존의 실험 데이터를 설명하거나 앞으로 얻어질 실험 결과를 미리 예측할 수 있어야 했다. 보어는 이 문제로 고민하던 중 1913년 2월에 원자와 관련된 모든 수수께끼를 풀어줄 두 번째 혁신적인 발상을 떠올렸다. 그는 당시 원자의 스펙트럼 실험을 수행 중이던 독일 괴팅겐대학교의 젊은 물리학자 한스 한센의 이야기를 듣고 발머계열(Balmer series)이라는 희한한 공식에 관심을 갖게 되었다.

분광학(spectroscopy)은 원자와 분자가 전자기파 복사(빛)를 방출하거나 흡수하는 현상을 연구하는 분야이다. 이 전자기파를 필름에 담은 것이 스펙트럼(spectrum)인데, 원자 중에서 구조가 제일 단순한 수소 원자(양성자 하나와 전자 하나로 이루어져 있다)는 스펙트럼도 가장 단순하다. 고전물리학에 따르면 수소 원자는 에너지를 흡수하거나 방출할 때 특정 진동수를 선호하지 않으며, 에너지는 어떤 값도 가질 수 있다. 그러나 정작 실험을 해보면 수소 원자의 스펙트럼선은 몇 개의 특정 진동수에서만 나타난다. 즉, 수소 원자는 특정 진동수의 에너지만을 흡수하거나 방출한다는 뜻이다.

1885년에 스위스의 수학자 요한 야코프 발머(1825~1898)는 수소 원자 스펙트럼선의 위치(각 선의 진동수 또는 파장)에서 모종의 규칙을 발견했다. 가능한 조합을 이리저리 짜 맞추다 보니, 각 선의 진동수가 '한 쌍의 정수 제곱수의 역수의 차이'에 비례하는 것으로 나타났다. 다시 말해서, 에너지의 진동수가 $1/m^2-1/n^2$에 비례한다는 뜻인데, 발머가 계산한 수소 원자의 경우는 $m=2$이고 $n=3, 4, 5\cdots$인 경우에 해당한다(이것을 '발머계열'이라 한다). 발머의 공식은 1888년에 스웨덴 물리학자 요하네스 뤼드베리(1854~1919)에 의해 일반화되었다. 그는 m에 다른 정수를 대입하면 발머계열 이외의 다른 스펙트럼이 거의 정확히 재현된다는 사실을 알아냈는데, 그래 봐야 숫자를 짜 맞추기 위한 공식일 뿐 그 저변에 깔려 있는 물리학적 원리는 전혀 알지 못했다. 그러나 보어는 정수 m과 n의 출처를 알아냈을 뿐만 아니라 오로지 이론만으로 비례상수까지 정확히 계산해냄으로써 양자역학이라는 새로운 물리학의 선구자가 되었다.

보어는 "에너지가 높은 궤도를 돌던 전자가 낮은 에너지궤도로 도약하면 복사 형태로 에너지가 방출된다"는 발상을 떠올렸다. 그의 생각대로 전자의 궤도가 고정되어 있고 각 궤도에 할당된 정수에 따라 에너지가 결정된다면, 궤도들 사이의 에너지 차이도 고정되어 있을 것이다.

예를 들어 발머계열은 전자가 $n=3, 4, 5\cdots$로 정의되는 궤도를 돌다가 $m=2$인 '작은 에너지궤도'로 떨어졌을 때 방출되는 일련의 스펙트럼선에 해당한다. 그리고 1908년에 독일의 물리학자 프리드리히 파셴 (1865~1947)이 발견한 '파셴계열'은 $n=4, 5, 6\cdots$에서 $m=3$으로 떨어지는 경우이다. 보어는 새로운 원자모형을 이용하여 $m=1$에 해당하는 자외선계열과 $m=4, 5$에 해당하는 적외선계열이 추가로 존재한다는 사실을 예견했다.

보어는 여기서 한 걸음 더 나아가 뤼드베리공식에 등장하는 비례상수(이것을 뤼드베리상수라 한다)를 플랑크상수와 전자의 전하, 전자의 질량들 즉 이미 알려진 물리학의 기본 상수들로 표현하는 데 성공했다. 뤼드베리상수의 값은 보어의 이론이 등장하기 전부터 잘 알려져 있었는데, 보어가 이론적으로 유도한 상수는 뤼드베리상수와 6% 오차 이내로 일치했다. 당시 사용된 관측 장비의 정밀도를 감안할 때, 이 정도면 매우 정확한 결과이다. 뤼드베리 공식이 관측 결과와 일치하는 이유를 순수한 이론만으로 알아낸 것이다.

미국의 천문학자이자 물리학자였던 에드워드 찰스 피커링(1846~1919)은 또 다른 계열의 방출스펙트럼선을 발견했는데, 이상하게도 이 계열은 정수가 아닌 반정수에 대응되어 보어의 이론에 부합되지 않는 것처럼 보였다. 그런데 보어가 이 공식을 이온화된 헬륨 원자에 적용해보니, 수소 원자의 경우처럼 정수로 표현되는 스펙트럼선 공식으로 멋지게 환원되었다. 게다가 보어의 이론으로 헬륨 원자의 뤼드베리상수를 계산해보면 수소 원자의 경우보다 4.00163배 크게 나오는데, 실험실에서 관측된 값은 수소 원자의 4.0016배였다. 과학 역사상 그 전례를 찾아보기 어려울 정도로 이론과 실험이 정확히 일치한 것이다.

보어의 모형이 예측한 내용은 이뿐만이 아니다. 전자가 원자 속에서 특정한 궤도만을 돌 수 있다고 가정하면 전자의 각운동량(원운동에 의해 생기는 운동량)도 $h/2\pi$의 정수 배($h/2\pi$, $2h/2\pi$, $3h/2\pi\cdots$ 등)만을 가질 수 있다. 또한 전자가 한 궤도에서 다른 궤도로 도약하는 사건은 순식간에 일어나야 한다. 전자가 두 궤도 사이를 서서히 이동한다면 복사에너지도 연속적으로 방출될 것이기 때문이다. 비고전적인 궤도 사이의 이동은 '비고전적인 불연속의 도약'를 통해 이루어져야 한다. 이 문제와 관련하여 보어는 다음과 같이 말했다.

> … 안정된 궤도가 역학적으로 평형을 이룬 상태는 일상적인 역학으로 설명할 수 있다. 그러나 서로 다른 두 궤도 사이를 오가는 전이현상(transition)은 기존의 역학 체계로 다룰 수 없다.

궤도 전자의 특성을 규정짓는 정수를 '양자수(quantum number)'라 한다. 그리고 두 궤도 사이를 오가는 도약을 '양자도약(quantum jump)'이라 하는데, 이 단어는 다양한 분야에서 '획기적 변화'를 뜻하는 용어로 자주 사용되고 있다.

보어는 '원자와 분자의 구조에 관하여(On the Constitution of Atoms and Molecules)'라는 제목의 논문 초안을 봉투에 넣어 1913년 3월 6일 러더퍼드에게 보냈다. 러더퍼드는 보어의 새로운 이론에 대체로 긍정적 반응을 보였지만, 고-에너지준위에 있는 전자가 궤도를 이탈할 때 자신의 종착지(최종 에너지준위)를 어떻게 '미리 알고' 그에 걸맞은 진동수의 복사를 방출하는지 의문을 제기했다. 그는 수십 년 후에 뜨거운 논란의 대상이 될 양자역학의 인과법칙에 대하여 미리 경종을 울린 것이다.

또한 러더퍼드는 보어의 논문이 지나치게 긴 점을 지적하면서 "긴 논문은 읽는 사람을 질리게 한다"고 주의를 주었지만, 보어는 조금도 개의치 않았다. 보어는 러더퍼드의 답장을 받기 하루 전에 초안보다 훨씬 긴 수정본을 추가로 보냈다.

러더퍼드의 의견을 직접 듣고 싶었던 보어는 "다음 주에 맨체스터로 가겠다"는 내용의 편지를 3월 26일 보냈고, 러더퍼드는 흔쾌히 방문을 허락했다. 결국 두 사람은 직접 만나서 며칠 동안 열띤 토론을 벌였는데, 보어의 뜨거운 열정과 논리 정연한 설명에 깊은 감명을 받은 러더퍼드는 "자세한 내용을 〈필로소피컬 매거진(Philosophical Magazine)〉에 제출하라"며 보어의 용기를 북돋아주었다.

보어의 원자론은 1913년 7월에 공식적으로 출판되었고, 그해 9월과 11월에 두 편의 후속 논문이 잇달아 발표되면서 학계의 관심을 끌기 시작했다.

보어의 원자모형은 대성공을 거두었다. 그러나 1900년에 플랑크의 공식이 그랬던 것처럼, 보어의 이론도 당장 해답을 제시할 수 없는 의문으로 가득 차 있었다. 그중에서도 가장 낯선 개념은 전자의 각 궤도에 할당된 양자수였다. 양자수의 진정한 의미는 무엇일까? 이 숫자는 대체 어디서 온 것인가?

4

코메디 프랑세즈
1923년 9월, 파리 / 루이 드브로이

원자의 내부 구조를 설명하는 양자역학이 대두되면서 실험물리학자들은 새로운 이론을 검증하기 위해 다양한 실험을 수행했다. 그러나 정밀한 관측을 시도해보니 수소 원자의 스펙트럼선은 애초의 예상보다 훨씬 복잡한 구조를 갖고 있었다. 과거에 관측되었던 일부 스펙트럼선은 한 줄이 아니라 가까이 인접한 두 줄이었던 것이다. 게다가 외부에서 자기장을 걸어주면 하나였던 선이 여러 개로 갈라지기도 했다. 독일의 물리학자 아르놀트 좀머펠트(1868~1951)는 이 현상을 설명하기 위해 닐스 보어가 도입했던 양자수 n 이외에 k와 m이라는 양자수를 추가로 도입했다. 이 새로운 양자수는 안정된 전자궤도의 기하학적 특성과 어떻게든 관련돼 있는 것 같았다.

여러 개의 스펙트럼선들이 전자궤도 사이의 각기 다른 양자도약에 대응된다는 사실이 알려진 후, 이론적으로 허용된 도약이 모두 일어나지 않는다는 것도 곧 알게 되었다. 일부 스펙트럼선들은 아무리 애를 써도 관측되지 않았다. 이유는 분명치 않았지만, 특정한 도약은 금지된 듯했다. 보어와 좀머펠트는 허용된 도약과 금지된 도약을 분석하여 하나의 법칙으로 정리했는데, 이것이 바로 원자의 에너지 전이를 설명하는 '선택률(selection rule)'이었다.

한편, 아인슈타인의 광양자가설을 입증하는 증거들도 계속 쌓여 갔다. 아인슈타인은 광전효과를 설명하기 위해 광양자를 도입했는데, 1915년에 미국의 물리학자 로버트 밀리컨(1868~1953)이 일련의 실험을 통해 그 존재를 입증했고,[*] 1923년에 역시 미국의 물리학자 아서 콤프턴(1892~1962)과 네덜란드의 이론물리학자 피터 디바이(1884~1966)는 전자와 충돌한 광양자가 당구공처럼 '되튀면서' 진동수가 바뀐다는 사실을 알아냈다(이들은 바뀐 진동수를 이론적으로 예측했는데, 그 값은 실험 결과와 정확히 일치했다). 결국 빛은 입자로 이루어져 있고, 작은 당구공처럼 명확한 운동량을 갖고 있다는 가정이 사실로 확인된 것이다.

이 모든 진보에도 불구하고 플랑크와 보어를 비롯한 다수의 물리학자들은 광양자 개념을 받아들이지 않았다. 이들은 맥스웰의 전자기복사이론을 고수하면서 '에너지 양자화'의 근본적 원인이 원자의 구조적 특성 때문이라고 굳게 믿었다. 그러나 광양자의 존재가 실험으로 확인된 이상 빛의 입자성과 파동성을 모두 포용하는 이론이 반드시 필요했고, 이 이론은 전자 궤도에 할당된 양자수와 원자의 내부 구조까지 설명할 수 있어야 했다.

● 아인슈타인과 보어, 플랑크는 모두 노벨 물리학상 수상자이다. 아인슈타인은 상대성이론이 아닌 광전효과이론으로 1921년에 수상했고, 보어는 원자의 구조를 규명한 공로로 1922년에 받았다. 또 막스 플랑크는 양자의 개념을 창안한 공로를 인정받아 1918년에 수상했다.

여기에 결정적 실마리를 제공한 것은 아인슈타인의 특수상대성
이론이었다.

❀

특수상대성이론은 아인슈타인이 1905년에
발표한 논문들 중 네 번째 논문이었다. 그는 19세기 말에 대두된 고전물
리학의 문제점 해결을 위해 노력했지만 초기에는 모두 허사로 끝났다.

1887년에 앨버트 A. 마이컬슨(1852~1931)과 에드워드 윌리엄스 몰리
(1838~1923)는 지구와 에테르(우주 전역에 골고루 퍼져 있으면서 빛을 매개하는 물
질로 추정되었다) 사이의 상대운동에 의한 효과를 측정하려고 시도했다가
실패한 후, 빛의 속도는 광원의 움직임에 상관없이 항상 일정하다는 결
론을 내렸다. 이들의 실험은 '가장 의미 있는 실패'로 역사에 기록되었
으며, 마이컬슨은 1907년에 광학과 분광학 분야에 남긴 업적을 인정받
아 미국인으로서는 최초로 노벨 물리학상을 받았다.

고전물리학의 절대적 시간과 공간의 개념으로는 에테르가 존재하지
않는 이유와 빛의 속도가 항상 일정한 이유를 설명할 수 없었다. 아인슈
타인은 광전효과이론을 완성한 뒤 몇 달 있다가 마이컬슨과 몰리의 실
험 결과를 토대로 최소한의 가정에 기초한 이론을 구축하기로 마음먹었
다. 모든 정황을 검토해보니, 그에게 필요한 가정은 단 두 가지뿐이었다.

첫 번째 가정은 물리학의 모든 법칙이 모든 관측자들에게 동일한 형
태로 적용되어야 한다는 것이었다. 여러 명의 관측자들이 서로 상대방
(들)에 대하여 등속운동을 하고 있다면, 이들이 자연을 관측하여 얻은
물리법칙은 한결같이 동일한 형태여야 한다는 것이다. 약간의 전문 용

어를 섞어 말하자면 "임의의 관성기준계(inertial frame)에서는 물리법칙이 모두 동일하며, 따라서 모든 관성기준계는 동일하다"는 뜻이다. 하나의 기준계에 대하여 정지해 있는 관찰자(예를 들어 지면에 서 있는 관찰자)가 지면에 대하여 등속도로 움직이는 관찰자(기차나 우주선을 타고 지면에 대하여 균일한 속도로 움직이는 관찰자)와 동일한 현상을 관측했다면, 이들이 내린 결론은 항상 같아야 한다.

아인슈타인이 제안한 두 번째 가정은 진공 중에서 빛의 속도가 항상 일정하다는 것이었다. 광원이 관찰자에 대해 움직이든 관찰자가 광원에 대해 움직이든 간에, 이들이 측정한 빛의 속도는 범우주적 상수이며, 절대로 초과할 수 없는 속도의 한계이다.

가정은 간단한데, 이로부터 유도되는 결론은 가히 충격적이다. 운동 여부를 판단할 만한 절대적 기준계가 없다면(즉, 에테르가 존재하지 않는다면) 절대공간과 절대시간 그리고 '동시성(simultaneity)'의 개념까지 포기해야 한다. 움직이는 물체와 시계에 나타나는 온갖 진기한 현상들은 '4차원 시공간'이라는 새로운 공간 속에서 조화롭게 하나로 통합된다. 특수상대성이론의 '특수'라는 말은 특별히 뛰어나다는 뜻이 아니라, "물체가 직선 궤적을 따라 균일한 속도로 움직이는 특별한 경우에 적용되는 이론"이라는 뜻이나(일반적인 운동에는 가속도가 수반된다. 그래서 가속 운동을 고려한 상대성이론을 일반상대성이론이라 부른다).

아인슈타인은 올림피아 아카데미의 친구 모리스 솔로빈에게 특수상대성이론을 다음과 같이 설명했다.

과거에 물리학자들은 물체의 운동이 '절대적으로 정지해 있는 에테르에 대한 상대운동'으로 서술된다고 생각했다. 그러나 에테르를 측정하려는 실험이 실패했으므로 물체의 운동을 서술하는 물리학은 처음부터 다시 구축되어야 한다. 이것이 바로 특수상대성이론이다. 이 이론에 따르면 '자연을 바라보는 특별한 관점'은 존재하지 않는다. 즉, 서로 상대방에 대하여 등속도로 움직이는 관찰자들의 관점은 모두 등등하다.

상대성이론은 또 하나의 중요한 결과를 낳았는데, 이 내용은 아인슈타인이 1905년에 발표한 다섯 번째 논문에 수록되어 있다. 하나의 물체가 에너지 E에 해당하는 빛을 방출했다고 가정해보자. 이 물체에 대하여 등속운동을 하고 있는 관성기준계에서 한 관찰자가 물체의 질량을 관측한다면, 빛을 방출하기 전보다 작은 값이 얻어진다. 아인슈타인은 이 상황을 다음과 같이 설명했다.

　… 물체의 질량은 E/c^2만큼 줄어든다. 어떤 종류의 에너지가 방출되었는지, 그런 것은 중요하지 않다. 에너지를 방출한 물체는 무조건 질량이 감소한다. 질량은 에너지의 척도이기 때문이다. …

특수상대성이론은 질량과 에너지가 $E = mc^2$을 통해 서로 맞교환될 수 있는 양임을 만천하에 선고했다.

이 관계식에 따르면 에너지는 질량과 동등한 양이며, 모든 질량은 에너지로 전환될 수 있다. 아인슈타인은 광양자가설을 도입하면서 광양자의 에너지를 진동수와 연결시킨 바 있다. 따라서 우리에게는 에너지와 관련된 두 개의 기본 방정식이 주어진 셈이다. 에너지는 질량과 연결되어 있으며, 진동수와도 연결되어 있다. 그렇다면 이 두 가지 관계를 하나로 묶을 수는 없을까?

프랑스의 물리학자 루이스 드 브로이(1892~1987)는 그럴 수 있다고 생각했다.

드 브로이는 프랑스의 귀족이자 제5대 브로이 공작인 빅토르 드 브로이의 둘째 아들로 태어났다. 원래 인문학에 관심이 많았던 그는 소르본대학교에서 중세사와 법학을 전공하여 1910년에 학위를 받았다. 그러나 친형 모리스에게 영향을 받아 뒤늦게 물리학에 관심을 갖게 되었고, 제1차 세계대전이 발발하자 프랑스군에 입대하여 에펠탑에 있는 통신 센터에서 라디오통신병으로 복무하기도 했다.

전쟁이 끝난 후 드 브로이는 그의 형이 이끄는 X-선 연구 팀에 합류하여 물리학 연구를 계속했고, 1923년에 특수상대성이론과 양자역학을 연결 짓는 유명한 공식을 떠올리게 된다.

에너지가 공간에 연속적으로 분포되어 있다면 굳이 양자라는 개념을 도입할 필요가 없다. 그러나 이제 곧 알게 되겠지만, 에너지는 연속적인 양이 아니다. 자연의 법칙에 의거하여 질량 m인 물체에 주기적 특성이라 할 수 있는 진동수 v를 결부시키면 $hv = mc^2$으로 쓸 수 있다.

위의 방정식에 따르면 진동수 v인 광양자(광자)는 질량을 갖고 있으며, 따라서 질량에 속도를 곱한 운동량도 갖고 있다. 광자의 운동량은 아서 콤프턴의 실험에서 관측되었으므로, 드 브로이의 논리는 꽤 설득력이 있다.

그는 여기서 멈추지 않고 한 단계 더 나아갔다.

1923년 혼자 칩거하면서 깊은 생각에 빠져 있던 나는 1905년에 아인슈타인이 발견했던 내용을 모든 물질 입자(특히 전자)에 적용하여 일반화시킬 수 있다는 사실을 불현듯 깨달았다.

진동수 v로 대변되는 전자기파가 운동량과 같은 입자적 성질을 갖고 있다면, 질량 m으로 대변되는 전자와 같은 입자들도 파동적 성질을 갖고 있지 않을까? 드 브로이의 논리는 다음과 같이 계속된다.

우리는 전자가 에너지덩어리(입자)의 전형이라고 굳게 믿고 있지만, 이것이 진리라는 보장은 없다. 전자의 에너지가 넓은 영역에 걸쳐 퍼져 있고, 대부분의 값이 좁은 영역에 집중되어 있다면 입자처럼 보일 수도 있다. 우리는 전자에 대해 아는 것이 별로 없기 때문에, 어느 한쪽이 맞다고 장담할 수는 없다. 그러나 이 가능성을 허용한다면 원자에 구속된 전자는 원자라는 한정된 영역 안에 국한되지 않고 모든 공간에 퍼져 있는 것으로 생각해야 한다. 또한 전자는 더 이상 작은 조각으로 쪼갤 수 없으므로 하나의 단위로 간주해야 한다.

드 브로이의 제안은 전자를 파동으로 간주하자는 것이었다. 아닌 게 아니라 전자빔은 빛줄기처럼 회절 현상을 일으킨다. 이때 나타나는 전자의 파장 λ는 전자의 운동량 p와 $\lambda=h/p$의 관계에 있다. 다시 말해서, 전자의 파장은 플랑크상수를 전자의 운동량(질량×속도)으로 나눈 값과 같다. 그렇다면 모든 물체가 파동적 성질을 갖고 있다는 뜻인데, 왜 자동차나 사람과 같이 거시적 물체들은 파동처럼 보이지 않는가? 여기에는 그럴 만한 이유가 있다. 플랑크상수가 워낙 작은 값이어서,* 물체의

* 만일 플랑크상수의 값이 아주 컸다면, 우리가 일상적으로 경험하는 거시적 세계는 지금과 완전히 딴판이었을 것이다.

운동량이 그에 못지않게 작지 않으면 λ가 너무 작아서 관측이 불가능하다. 그래서 물체의 파동-입자 이중성은 소립자나 원자 또는 분자와 같이 미시적인 규모에서만 관측되는 것이다.

드 브로이의 '물질파(matter wave)'는 그 정체가 무엇이건 간에, 음파나 수면파와 같이 우리에게 익숙한 파동과 동일하게 취급할 수는 없다. 드 브로이는 물질파의 전달 속도가 빛보다 빠를 수 있음을 증명했는데(아인슈타인의 특수상대성이론은 이것을 금지하고 있다), 이것이 사실이라면 물질파는 에너지를 실어 나를 수 없다. 그는 여러 가지 가능성을 타진한 끝에 물질파가 '위상(phase)'이 공간에 분포된 상황을 나타내는 일종의 위상파(phase wave)'라는 결론에 도달했다.

드 브로이의 연구에서 위상파는 처음부터 핵심적인 개념이었다. 위상은 마루와 골짜기, 진폭을 갖는 간단한 사인파로 생각할 수 있다. 여러 파동의 마루와 골짜기가 시간과 공간적으로 일치할 때, 우리는 이 파동들의 "위상이 일치한다(in phase)"고 말한다.

평소 실내악을 좋아했던 드 브로이는 음악에서 중요한 실마리를 찾았다. 모든 현악기와 관악기는 끈이나 공기를 진동시키면서 특유의 음성을 만들어내는데, 이때 생성되는 파동은 양쪽 끝이 고정된 정상파(定常波, standing wave)라는 공통점을 갖고 있다. 현악기에서는 손가락을 움직이면서 끈의 길이를 조절하고, 관악기의 경우는 밸브를 열고 닫으면서 공기기둥의 길이를 조절한다. 어떤 경우든 진동의 주체인 끈이나 공기기둥은 양 끝이 고정된 상태이다. 그런데 길이가 고정되어 있을 때, 이 조건을 만족하는 파동은 무수히 많다. 그림3과 같이 양 끝에서 진폭이 항상 0인 파동은 주어진 길이 안에서 정상파를 형성할 수 있다. 끈이나 공기기둥의 전체 길이를 파장의 절반으로 나눴을 때 정수로 떨어지는 파동, 즉 전체 길이가 반파장의 정수 배인 파동들은 이 조건을 만족한다.

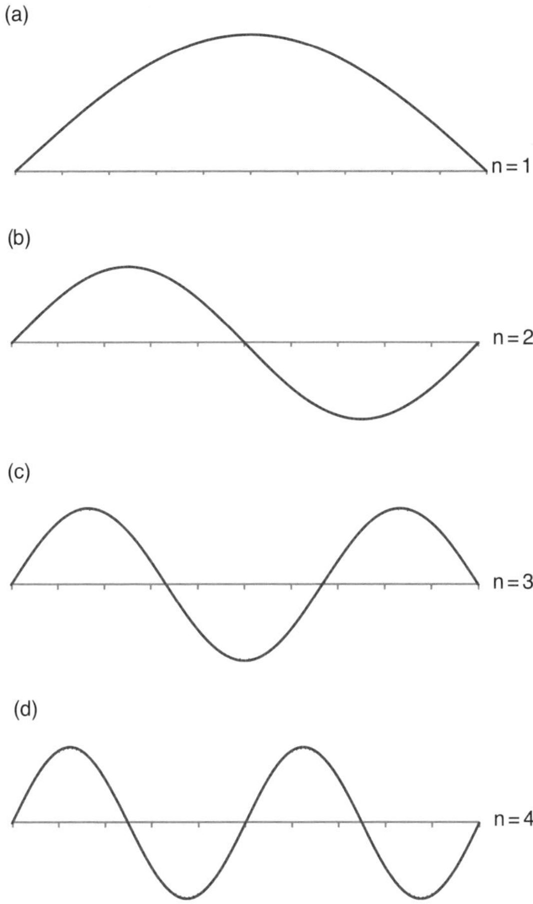

그림3 드 브로이는 음악에 숨어 있는 물리학 원리를 양자수와 결부시켰다. 현악기나 관악기가 만들어내는 음정은 정상파의 형태에 따라 좌우된다. 이 파형들은 끈이나 공기기둥의 양 끝에서 진폭이 0이어야 하므로, 반파장의 정수 배가 전체 길이와 일치하는 파동만이 허용된다. 위 그림에서 파동 (a)는 마디(node, 파동의 진폭이 0인 지점)가 없고 (b)는 마디가 하나이며, (c)는 두 개, (d)는 세 개의 마디를 갖고 있다(파동의 양 끝은 진폭이 0이지만 마디라고 부르지 않는다). 양자수 n을 '마디 수 + 1'로 정의하면(또는 전체 길이에 들어가는 반파장의 개수로 정의하면) 위에 제시된 파동들은 각각 n = 1, 2, 3, 4에 대응된다.

파장이 가장 긴 정상파는 끈(또는 공기기둥) 길이의 두 배에 해당하는 파장을 가지며, 이런 파동에는 마디(node, 파동의 진폭이 0인 지점)가 존재하지 않는다. 두 번째로 파장이 긴 정상파는 파장의 길이가 끈(또는 공기기둥)의 길이와 일치하고, 중간 지점에 하나의 마디를 갖고 있다. 세 번째 정상파의 파장은 전체 길이의 2/3이고 두 개의 마디를 갖고 있으며, 네 번째 정상파의 파장은 전체 길이의 1/2이고 세 개의 마디를 갖고 있다. 끈 또는 공기기둥의 양 끝에서도 진폭은 0이지만, 이곳은 마디에 속하지 않는다.

보어의 원자론에서 정수를 요구했던 이유는 전자의 파동이 원자핵 주변에 안정적으로 유지되기 위해서였다. 이 사실을 간파한 드 브로이는 "전자가 원자 내부에서 안정된 상태를 유지하려면 전자의 파동이 현악기의 끈처럼 궤도를 따라 정상파의 형태를 띠고 있어야 한다"고 생각했다. 현악기의 끈은 직선이고 전자의 궤도는 원이지만, 둘 다 동일한 논리가 적용된다. 원형 궤도에서 정상파가 형성되려면 원주의 길이는 전자의 반파장의 정수 배가 되어야 한다.

간단히 말해서, 전자가 원 궤도를 한 바퀴 돈 후 처음 위치로 돌아왔을 때 파동의 진폭과 위상이 일치해야 한다는 뜻이다. 즉, 파동의 높이와 주기성이 일치해야 한다. 그렇지 않으면 전자기 한 바퀴 돌고 제자리로 돌아왔을 때 자기 자신과 매끄럽게 연결되지 않아 소멸간섭을 일으킬 것이고, 이런 경우에는 정상파가 안정적으로 유지될 수 없다.

이 조건이 만족하려면 궤도의 길이(원주의 길이)는 전자의 파장의 정수 배가 되어야 한다. 이것이 바로 '공명 조건(resonance condition)'이다. 따라서 보어가 도입했던 양자수는 각 궤도에 들어갈 수 있는 파장의 개수로 해석할 수 있다. 그래서 드 브로이는 공명 조건이 양자역학의 안정화 조건과 일치한다고 결론지었다(그림3의 (c)는 정상파임이 분명하지만 드 브로이의 조건을 만족하지 않기 때문에 제외해야 한다-옮긴이).

드 브로이는 1923년 10월에 자신의 아이디어를 파리 아카데미에서 출간하는 〈콩트 랑뒤(Comptes Rendus)〉라는 학회지에 세 편으로 나누어 발표한 뒤 이들을 한데 모아 파리대학교의 박사학위 논문으로 제출했는데, 총 세 벌의 복사본 중 하나는 당시 프랑스의 저명한 물리학자이자 드 브로이의 논문 심사위원 중 한 사람이었던 폴 랑주뱅(1872~1946)에게 보내졌다. 그러나 드 브로이의 파격적인(사실은 거의 '미친') 발상을 제대로 이해하지 못한 랑주뱅은 당시 베를린대학교 교수로 있던 아인슈타인에게 자문을 구했고, 아인슈타인은 그에게 "더 자세한 내용을 보내 달라"고 요청했다.

그 무렵에 아인슈타인은 특수 및 일반상대성이론으로 세계적 명성을 누리고 있었다. 특히 1919년에 일단의 물리학자들이 일식을 관측하여 '빛은 중력에 의해 휘어진다'는 일반상대성이론의 예측을 확인함으로써 아인슈타인의 명성을 한층 더 높여주었다. 빛을 매개한다는 에테르 가설은 특수상대성이론이 등장하면서 완전히 폐기되었고, 중력이 즉각적으로 전달된다는 뉴턴의 중력이론은 휘어진 시공간에 대한 물체의 반응으로 중력을 해석하는 일반상대성이론으로 완벽하게 대치되었다.

아인슈타인은 랑주뱅에게 "드 브로이의 연구는 물리학에 드리운 커다란 베일을 걷어냈다고 생각한다"는 간단한 답장을 보냈고, 이 한마디에 고무된 랑주뱅은 1924년 11월에 드 브로이의 박사학위 논문을 통과시켰다. 그 후 1925년에 드 브로이의 논문은 프랑스 과학 학술지

• 드 브로이의 박사학위 논문 심사위원은 폴 랑주뱅과 장 페랭, 엘리 카르탕 그리고 샤를 모갱이었다.

〈아날 드 피지크(Annales de Physique)〉를 통해 정식으로 발표되었다.

1924년 12월에 아인슈타인은 네덜란드의 물리학자 헨드릭 로렌츠(1853~1928)에게 다음과 같은 내용의 편지를 보냈다.

… 최근에 드 브로이라는 청년이 보어-좀머펠트의 양자 법칙과 관련하여 꽤 인상적인 연구를 해냈습니다. 나는 그의 이론이 물리학 사상 최악의 수수께끼에 처음으로 희미한 빛을 비추었다고 생각합니다.

그러나 대부분의 물리학자들은 드 브로이의 물질파 이론을 선뜻 수용하지 않았다. 사람들의 반응이 얼마나 냉소적이었는지, 당시 학계에는 드 브로이의 물질파 이론을 '코메디 프랑세즈'(la Comedie Francaise, 1680년에 개관한 프랑스 파리의 국립극장-옮긴이)라고 부를 정도였다.

드 브로이의 아이디어는 새롭고 기발했지만, 뚜렷한 해를 제시하지는 못했다. 그는 전자와 같은 물질 입자가 파동적 특성을 갖고 있다는 가정하에 보어가 창안한 원자론의 양자수를 정상파의 공명 조건과 연결시켰는데, 사실 이것은 실제와 전혀 무관한 이론적인 연결 고리에 불과했다. 드 브로이는 원자의 파동이론으로부터 양자수를 끌어내지 못했고, 양자도약에 대해서도 이렇다 할 설명을 제시하지 못했다.

이로부터 우리는 특정 궤도가 안정한 상태를 유지하는 비결을 이해할 수 있다. 그러나 전자가 하나의 안정된 궤도에서 다른 안정된 궤도로 도약하는 과정은 여전히 미지로 남아 있다. 기존의 전자기학을 수정하지 않고서는 이 전이 과정을 설명할 방법이 없다.

아인슈타인은 인과율에 입각한 양자도약의 중요성을 일찍부터 간파하고 있었다. 물리학의 인과율에 따르면, 우주에 나타나는 모든 물리적 결과들은 원인으로부터 유추할 수 있어야 한다. 고에너지 궤도를 돌던 전자가 저에너지 궤도로 도약하는 것은 더 안정한 상태를 찾아간다는 점에서 이상할 것이 전혀 없다. 이것은 원자의 역학에 의해 자연스럽게 나타날 수 있는 현상이다. 그러나 새로 제시된 이론은 자발적인 도약이 일어날 '확률'만을 말해줄 뿐 도약이 일어나는 시간이나 방향, 방출되는 광양자의 진동수 등을 정확히 예측하지 못했다. 100% 신뢰도를 자랑하던 이론물리학이 낯선 확률의 세계로 접어든 것이다.

아인슈타인은 이런 상황을 달가워하지 않았다. 그는 1920년에 독일의 물리학자 막스 보른(1882~1970)에게 편지를 쓰면서 "완벽했던 인과율을 포기하는 것은 정말 내키지 않는 일"이라고 털어놓았다. 아인슈타인은 처음부터 양자가설이 일시적 이론이며, 이 단계를 거치고 나면 양자적 현상을 설명하는 더욱 완벽한 이론이 탄생하리라 생각했다.

아인슈타인은 광전효과를 광양자의 개념으로 설명하는 등 양자역학의 산파 역할을 한 주인공이었지만, 모든 자연현상을 확률적으로 서술하는 양자역학을 끝까지 신뢰하지 않았다.

한 가지 사실만은 분명했다. 기존의 전자기학으로는 전자가 안정된 궤도 사이를 도약하며 돌아다니는 현상을 도저히 설명할 수 없었다. 드브로이가 논문에 명시했던 것처럼, 전자의 도약을 설명하려면 고전전자기학이론을 수정해야 할 것 같았다. 기존의 것으로는 원자의 내부에서 일어나는 현상들을 설명할 길이 없었으므로 무언가 새로운 이론이 반드시 필요했다.

5

기묘하고도 아름다운 내부
1925년 6월, 헬고란트 / 베르너 하이젠베르크

보어-좀머펠트의 원자론은 어느 정도 성공을 거두었지만, 초기 양자역학은 실험 결과의 상당 부분을 설명하지 못했다. 가장 단순한 원자인 수소의 스펙트럼은 임시변통에 가까운 법칙으로 그럭저럭 설명이 가능했으나, 두 번째로 단순한 원자인 헬륨으로 넘어가면 완전히 속수무책이었다. 게다가 나트륨이나 희토류 등 무거운 원자에 외부 자기장을 걸어주면 하나의 스펙트럼선이 여러 갈래로 갈라지는 '비정상적인(anomalous)' 현상도 발견되었는데[*] 양자 규칙을 고전역학 체계에 억지로 끼워 맞춘 초기 양자역학으로는 그 이유를 설명할 수 없었다.

이론의 문제점은 도처에서 드러났다. 아인슈타인의 광양자설을

[*] 네덜란드 물리학자 피터 제만(1865~1943)이 최초로 발견한 이 현상은 내용을 알고 보면 지극히 정상적인 현상이다(물리학자들 사이에서는 '제만효과'로 알려져 있다). 그러나 당시에는 원인이 분명하지 않았기 때문에, 그 앞에 '비정상적(anomalous)'이라는 수식어가 따라다녔다. 지금은 자기양자수로 설명되는 '정상(normal) 제만효과'와 입자의 스핀으로 설명되는 '이상(anomalous) 제만효과'로 분류되어 있다.

믿지 않았던 보어는 점입자(point-like particle)의 개념에 의지하지 않은 채 광전효과와 같은 현상을 설명하는 다른 이론을 모색했다. 그는 1924년 네덜란드 물리학자 헨드릭 크라메르스(1894~1952)와 미국의 물리학자 존 슬레이터(1900~1976)와 함께 "운동량과 에너지는 개개의 원자적 사건에서 일일이 보존되는 양이 아니라 통계적 관점에서 평균적으로 보존되는 양"임을 골자로 하는 새로운 이론을 발표했고, 아인슈타인은 기존의 물리학 원리를 깡그리 무시한 이들의 이론에 심한 불쾌감을 드러냈다.

흔히 '보어-크라메르스-슬레이터 제안(BKS proposal)'으로 불리는 이 이론은 1925년 초중반에 걸쳐 실행된 일련의 실험을 통해 틀린 것으로 판명되었고, 보어는 동료들을 차분하게 설득하여 BKS 제안을 포기하도록 만들었다. 달가운 결과는 아니었지만, 자신의 이론이 틀렸으므로 아인슈타인의 광양자설을 받아들일 수밖에 없었던 것이다.

BKS 제안은 당시 물리학계의 절망적 상황을 보여주는 단적인 사례였다. 원자의 태양계 모형이 갖고 있는 구조적 모순을 해결하고 새로운 관측 결과를 설명하려면, 전혀 다른 원리에서 출발하여 밑바닥부터 새로 구축된 양자역학이 꼭 필요했다.

전례를 찾을 수 없을 정도로 파격적인 물리학 혁명이 코앞에 도래한 것이다.

코펜하겐대학교에서 자신의 상상력을 마음

껏 펼치기 어렵다고 판단한 닐스 보어는 1917년에 덴마크를 떠나 긴 여행길에 올랐고, 여러 협조자들의 도움을 받아 1921년 3월 코펜하겐 대학교에 이론물리학센터를 건립했다. 그는 기획 단계부터 이 일에 깊이 관여했으며, 1920년대 초에 카를스베르재단과 국제교육위원회(International Education Board, 1923년에 존 록펠러가 설립한 교육 후원 기관)로부터 추가 재원을 확보하여 다양한 과학 실험 장비를 사들이고 학생들에게 장학금을 지급하는 등 연구와 교육 분야에서 활발한 활동을 이어 나갔다.

얼마 지나지 않아 보어의 연구 센터는 원자물리학의 세계적 중심지로 자리 잡았고, 새로운 물리학을 연구하려는 젊은 물리학자들로 연일 장사진을 이루었다. 그러던 중 1924년 부활절 휴가 기간 동안 덴마크의 '덴'자도 모르는 독일의 한 젊은 물리학자가 이곳을 방문했다. 언어와 풍습에 모두 익숙하지 않았던 그가 할 수 있는 일이라곤 보어의 이름을 조용히 부르는 것뿐이었다.

… 보어 교수의 연구소에 파견되기로 확정되던 날, 모든 어려움은 한순간에 사라지고 새로운 문이 나를 향해 열리는 듯했다. 작지만 친숙한 나라에서 근엄하고 자상한 물리학자의 가르침을 받는다고 생각하니 처음부터 안도감이 느껴졌다.

베르너 하이젠베르크(1901~1976)는 1922년 6월에 보어를 위해 개최된 괴팅겐 과학 축제에서 보어를 처음 만났다. 당시 하이젠베르크는 뮌헨대학교에서 좀머펠트의 지도하에 박사과정을 이수 중인 스무 살 청년이었는데, 보어가 강연하던 강의실의 뒤에서 세 번째 줄에 서서 다소 거만한 표정으로 이의를 제기했고, 보어는 약간 더듬는 말투로 간신히 위기를 모면했다. 강연이 끝난 뒤 보어는 조용히 하이젠베르크를 불러 둘이 함께 하인(Hain) 산 근처의 오솔길로 산책을 나갔다. 이 자리에서 보어는 하이젠베르크의 연구 의욕을 칭찬하며, 한동안 코펜하겐에 있는 자신의 연구소에 와서 연구해볼 것을 권유했다.

하이젠베르크는 1923년 7월에 뮌헨에서 박사학위 논문을 탈고했다. 그러나 실험과 관련된 부분에서 약간의 문제가 발생하여 그가 사용했던 현미경의 해상도를 결정하는 방정식을 유도하지 못했고, 이런 상황에서 주변 사람들을 다소 오만하게 대하는 바람에 평판이 별로 좋지 않았다. 그의 학위 논문은 예정대로 통과되었지만, 심사위원 중 한 사람이었던 빌헬름 빈에게는 그다지 높은 점수를 받지 못했다. 그러나 이 경험은 훗날 그에게 좋은 약이 되었다.

하이젠베르크는 뮌헨대학교 박사과정을 졸업한 뒤 괴팅겐으로 옮겨 보른과 공동 연구를 진행하면서 강사로서 자질을 검증 받았다. 훗날 막스 보른은 이 시절을 회고하면서 "그는 늘 짧은 머리를 단정하게 빗어 넘기고 다녔다. 눈동자는 맑고 총명했으며, 언변이 뛰어난 사람이었다"고 했다. 하이젠베르크는 원자의 양자역학을 연구하면서 수많은 문제점에 직면하던 중 1924년에 보어의 제안을 받아들여 부활절 휴가 기간 동안 덴마크로 가게 된 것이다.

보어는 하이젠베르크를 따뜻이 맞아주었지만, 하이젠베르크 자신은 정작 연구소의 분위기에 완전히 압도되었다. 그곳은 세계 최고의 원자물리학 연구소였기에 세계 각지에서 모여든 젊은 물리학자들로 항상 북적거렸다. 하이젠베르크는 그들을 보면서 "나보다 외국어를 잘하는 것은 물론 국제적 감각도 뛰어나고 물리학적 식견도 나보다 한 수 위인 것 같다"고 생각했다.

하이젠베르크는 코펜하겐에 도착한 뒤 처음 며칠 동안은 보어의 얼굴조차 보지 못했다. 그러던 어느 날 보어는 하이젠베르크를 불러서 셀란 섬의 크론보르 성(셰익스피어의 희곡 《햄릿》의 배경으로 유명하다) 근처를 단둘이 거닐었다.

그 무렵 독일은 사회적·정치적으로 커다란 혼란을 겪고 있었다. 1923년 11월에 아돌프 히틀러가 정부를 전복시키려는 폭동을 주도했다가 실패했고(이것이 바로 '맥주홀 쿠데타' 사건이다), 다음 해인 1924년 2월에 독일 법정은 그에게 징역 5년을 선고했다.• 그러나 히틀러가 이끄는 국가사회주의당(나치당)은 이 사건을 계기로 세력을 크게 확장했다. 보어는 하이젠베르크가 들려주는 독일 정세 이야기에 많은 관심을 기울였다.

부분적으로 유대인 혈통이었던 보어는 하이젠베르크에게 물었다.

"우리 물리학자들이 쓰는 논문에도 독일에서 유행하는 반유대주의적 성향이 은연중에 나타나곤 하지. 자네는 거기에 영향을 받은 적 없나?"

사실이 그랬다. 하이젠베르크는 1922년 여름에 라이프치히에서 아인슈타인이 직접 강연하는 일반상대성이론 강의를 들은 적이 있었다. 물론 자신은 과학이 정치적 도그마에 우선한다고 생각했으나, 젊은 학생들이 필리프 레나르트의 지휘하에 아인슈타인의 '유대인 물리학'을 배척하는 모습을 보면서 가치관의 혼란을 겪었다.

하이젠베르크의 첫 번째 코펜하겐 방문은 짧게 끝났지만, 그 뒤에도 코펜하겐을 여러 번 방문하여 오랜 시간 동안 보어와 교류를 가졌다. 두

• 히틀러는 감옥에서 불과 8개월 만에 풀려났다. 게다가 복역 기간 동안 그의 대리인인 루돌프 헤스의 도움을 받아 자서전 《나의 투쟁(Mein Kampf)》까지 집필했다.

번째 방문은 1924년 9월에 카를스베르재단과 국제교육위원회의 후원으로 이루어졌는데, 이 기간 동안 그는 네덜란드 출신의 물리학자이자 보어의 오른팔 격이었던 헨드릭 크라메르스와 공동 연구를 수행했다.

하이젠베르크는 크라메르스와 많은 대화를 나누면서 원자론이 발전하려면 원자의 내부에서 일어나는 일을 '이해하려는' 시도 자체를 포기해야 한다는 사실을 깨달았다. 또한 그는 전자가 원자핵 주변의 안정된 궤도를 행성처럼 돌고 있다는 태양계 모형이 시각적으로는 그럴듯하지만 실제로는 별 도움이 안 된다는 사실도 깨달았다. 다소 임의적인 양자수를 도입하면 고전역학적 관점에서 원자의 구조를 어느 정도 이해할 수 있었지만, 이 논리를 계속 밀고 나가다 보면 막다른 골목에 이를 것이 분명했다.

한편 괴팅겐에서는 막스 보른이 "원자의 내부 구조를 이해하려면 고전이론을 포기하고 새로운 양자역학을 도입해야 한다"는 주장을 펼쳤다. 하이젠베르크도 새로운 물리학에 많은 관심을 갖고 있었지만, 사방에 난무하는 추론보다 눈에 보이는 증거에 집중하기로 마음먹었다. 원자의 스펙트럼선에서 알 수 있는 것은 방출된 빛의 진동수와 광도(밝기)뿐이었으므로, 하이젠베르크는 새로운 양자역학이 관측 가능한 양(진동수와 광도)을 예측할 수 있어야 한다고 생각했다. 전자의 궤도와 같이 관측 불가능한 양을 이론적으로 계산하는 것은 의미가 없다고 생각한 것이다.

보어는 하이젠베르크와 함께 하인 산 기슭을 거닐면서 조용히 입을 열었다.

"이 모형들은 이론적 계산을 통해 얻어진 것이 아니라 실험 결과에서 유추된 것이라네. 나는 이 원자모형이 원자의 내부 구조를 설명해주기를 바라지만, 고전물리학의 언어로도 설명이 가능하다면 더욱 좋겠지. 그런데 말일세, 원자 세계를 서술하는 언어는 아마도 시와 비슷하지 않을까? 물론 그 시는 사실을 정확히 서술하지 못하겠지만, 그것이 우리가 할 수 있는 최선이라면 어쩔 수 없는 일이지."

하이젠베르크는 보어의 이야기를 들으며 원자를 서술하는 새로운 언어가 필요하다고 생각했다.

하이젠베르크는 1925년 4월에 또다시 괴팅겐으로 돌아왔으나, 고초열(꽃가룻병)을 심하게 앓는 바람에 정상적인 연구를 수행할 수 없었다. 그래서 막스 보른과 상의하여 2주간 휴양을 다녀오기로 했는데, 결국 여행은 예정보다 길어졌다. 그해 6월 7일 하이젠베르크는 북해의 맑은 바람이 치유에 도움이 되기를 희망하며 독일 북쪽 연안에 있는 작은 섬 헬고란트에 도착했다. 당시 그의 얼굴이 어찌나 심하게 부었는지, 숙소를 안내하던 여직원은 그가 어디서 싸움을 하다가 얻어맞은 줄 알았다고 한다.

하이젠베르크는 휴양지에서 마음을 가다듬고 연구에 몰두했다. 그의 목적은 관측 불가능한 현상과 관련된 변수들을 관측 가능한 변수, 즉 전자가 궤도를 변경할 때 방출되는 스펙트럼선의 신동수 등으로 내지하는 것이었다. 그는 조화진동자가 무한히 나열된 다소 추상적인 모형을 상정하여(이를 푸리에급수Fourier series라 한다) 각 진동자에 진폭과 진동수를 부여한 후* 개개의 진동자, 즉 푸리에급수의 각 항들을 '양자수 n으로 표현되는 안정된 궤도에서 양자수 m으로 표현되는 다른 안정된 궤

---

* 조화진동자의 대표적 사례로는 줄에 매달린 채 진동하는 단진자나 스프링에 매달려 왕복 운동하는 물체를 들 수 있다.

도로 도약하는 사건'에 대응시켰다. 그랬더니 무한히 큰 체스 판처럼 가로줄과 세로줄을 따라 무한히 길게 나열된 기호의 배열이 얻어졌고, 개개의 기호들은 특정한 초기 상태에서 나중 상태로 도약하는 양자적 전이(quantum transition)에 대응되었다.

하이젠베르크는 무한히 큰 사각형 표(행렬을 뜻한다-옮긴이)에 들어 있는 각 항들을 제곱하면 스펙트럼선의 광도를 계산할 수 있다고 가정했다. 예를 들어 양자수 n인 궤도에서 $n-2$ 궤도로 도약하는 경우에 스펙트럼선의 광도는 n에서 $n-1$로 도약하는 항을 제곱한 후 $n-1$에서 $n-2$로 도약하는 항을 제곱한 값을 곱하여 얻어진다. 그는 이와 같은 논리를 적용하여 임의의 양자도약에서 나타나는 스펙트럼선의 광도를 '모든 가능한 중간 도약의 곱'으로 표현할 수 있었다.

이 곱셈 규칙은 계산이 간단하고 결과도 만족스러웠지만, 역설적인 결과가 나올 수도 있었다. 예를 들어 서로 다른 두 개의 물리량(x와 y)을 곱할 때 이 규칙에 따라 계산을 수행하면 x에 y를 곱한 경우와 y에 x를 곱한 경우, 각기 다른 결과가 얻어진다. 의외의 결과에 직면한 하이젠베르크는 당황할 수밖에 없었다.

헬고란트 섬에 도착했을 때, 그는 자신의 연구가 어떤 결과를 가져올지 전혀 예측하지 못했다. 다만 자신의 접근법이 모순적 결과를 낳을지도 모른다는 것과 에너지보존법칙에 위배될 수도 있다는 것만 어렴풋이 짐작할 뿐이었다. BKS 제안이 실패하면서 한 가지 확실하게 얻은 교훈은 "원자의 양자역학이 제아무리 새롭고 참신하다 해도, 에너지보존법칙만은 절대 위배하면 안 된다"는 것이었다. 그래서 하이젠베르크는 확실성을 기하기 위해 에너지 계산을 최우선 과제로 삼았다. 그는 밤늦게까지 책상 앞에 앉아 자신의 사고력을 한계까지 밀어붙였다.

첫 번째 항이 에너지원리에 부합하자 나는 몹시 흥분하여 계산상의 실수를 연발했고, 결국 새벽 세시가 되어서야 최종 결과를 얻을 수 있었다. 물론 그럴 만한 가치는 충분했다. 모든 항들이 에너지원리를 일사불란하게 따르고 있었던 것이다. 그 순간 내가 머릿속에 그려왔던 양자역학이 수학적으로 타당하다는 확신이 들면서 깊은 경외감을 느꼈다. 원자의 내부에 기묘하고도 아름다운 질서가 존재했던 것이다. 온갖 수학으로 장식된 경이로운 자연이 자신의 모습을 보여줬다는 것 자체가 나에게는 더할 나위 없는 기쁨이었다.

너무나 흥분하여 잠을 이룰 수 없었던 하이젠베르크는 혼자 숙소를 조용히 빠져 나와 새벽길을 거닐다가 섬의 남쪽 해안에 있는 커다란 바위에 올라 일출을 지켜보았다.

하이젠베르크는 숙소로 돌아와 계산 결과를 다시 한 번 확인한 후 급히 복사본을 만들어 막스 보른에게 보냈다. 불과 몇 시간 전에 짜릿한 희열을 맛본 그였지만, 자신의 직관적 접근법이 현실적으로 얼마나 타당한지 확신이 서지 않았다. 훗날 막스 보른은 당시의 일을 다음과 같이 회고했다.

(하이젠베르크가) 논문을 한 번 썼는데 내용이 너무 파격적이어서 학술지에 공개할 자신이 없다고 했다. 내가 그의 논문을 제대로 이해했다면 당장 〈물리학시보(Zeitschrift fur Physik)〉(독일의 물리학 학술지)에 보냈을 것이다.

막스 보른은 하이젠베르크의 논문에 크게 매료되었지만, 처음에는 그가 사용한 곱셈 규칙을 제대로 이해하지 못했다. 그러던 중 1925년 7월 10일 갑자기 무엇인가가 머릿속에 섬광처럼 떠올랐다. 하이젠베르크가 도입한 곱셈은 보른이 학창 시절에 배웠던 '행렬곱셈'이었던 것이다.

행렬(matrix)이란 체스 판처럼 생긴 정사각형에 가로와 세로 방향으로 숫자가 할당된 2차원 배열을 말한다. 일반적인 숫자와 마찬가지로 행렬끼리는 더하거나 뺄 수 있고, 곱하거나 나눌 수도 있다. 그러나 행렬끼리 곱할 때에는 특별한 규칙을 따라야 하며, 서로 곱해지는 행렬의 가로 및 세로 칸의 수도 특별한 조건을 만족해야 한다. 게다가 숫자는 곱하는 순서를 바꿔도 결과가 달라지지 않지만 행렬은 곱하는 순서에 따라 각기 다른 결과가 얻어진다. 예를 들어 x와 y를 두 개의 행렬이라고 했을 때, 일반적으로 $xy \neq yx$이다(즉, 교환법칙을 만족하지 않는다).

막스 보른은 자신이 지도하는 학생 파스쿠알 요르단(1902~1980)과 함께 하이젠베르크의 계산을 행렬식 언어로 재구성한 끝에, 계의 에너지를 나타내는 행렬이 대각행렬이라는 사실을 알아냈다. 대각행렬이란 중앙의 대각선 방향 성분들만 0이 아니고 나머지 성분들은 모두 0인 행렬을 말한다. 에너지에 대응되는 행렬은 0이 아닌 대각선 성분들이 시간과 무관하며, 각기 안정된 양자 상태(궤도)를 나타낸다.

또한 막스 보른과 파스쿠알 요르단은 하이젠베르크가 걱정하던 일이 실제로 일어난다는 것도 확인했다. 위치와 운동량 같은 고전적 물리량에 행렬을 대응시키면, 이들은 행렬의 수학적 특성에 의해 교환법칙을 만족하지 않는다. 예를 들어 위치를 나타내는 행렬을 **q**라 하고 운동량 행렬을 **p**라 했을 때, **qp**와 **pq**의 차이는 $-ih/2\pi$와 같다($\mathbf{qp}-\mathbf{pq} = -ih/2\pi$). 여기서 i는 -1의 제곱근이고 h는 플랑크상수이다.[•] 고전물리학에서 위

• 좀 더 정확히 표현하면 $\mathbf{qp}-\mathbf{pq} = -ih\mathrm{I}/2\pi$이다. 여기서 I는 중앙대각선 원소의 값이 모두 1이고 나머지 원소는 모두 0인 단위행렬(unit matrix) 또는 항등행렬(identity matrix)이다.

치 x와 운동량 p는 일상적인 숫자로 표현되기 때문에, 당연히 $xp-px=0$이다. 여기서 우리는 대응원리(correspondence principle, 양자수가 충분히 크면 양자역학과 고전물리학의 결과가 일치한다는 원리-옮긴이)를 다시 한 번 확인할 수 있다. 양자역학을 거시적 규모에 적용하면 h는 0으로 접근하고, 따라서 $\mathbf{qp-pq}=0$이 되어 고전물리학과 일치한다.

하이젠베르크는 보른과 요르단의 결과를 전해 듣고 기쁨과 함께 커다란 안도감을 느끼면서 "모든 것이 행렬의 곱셈이었음을 뒤늦게 깨달았다"고 털어놓았다. 행렬 계산에 서툴렀던 그는 곧바로 행렬에 관한 수학책을 입수하여 원리를 터득한 후 보른과 요르단의 연구에 합류했고, 이 세 사람은 새로운 양자역학의 체계를 확립하는 기념비적 논문을 작성하여 1925년에 발표했다.

하이젠베르크의 논문 복사본 중 하나는 케임브리지대학교의 물리학자 랠프 파울러(1889~1944)에게 전달되었는데, 별다른 감흥을 느끼지 못한 그는 당시 스물세 살의 젊은 학생이었던 폴 디랙(1902~1984)에게 논문을 건네주었다.

디랙은 거의 일주일 동안 논문을 정독하여 하이젠베르크가 한 일을 정확히 판단한 후, 하이젠베르크의 곱셈 규칙과 프랑스의 이론물리학자 시메옹 푸아송(1781~1840)이 1809년에 개발한 수학의 유사성을 발견했다. 여기서 영감을 얻은 그는 혼자 계산을 수행하여 위치와 운동량의 교환규칙 $\mathbf{qp-pq}=-ih/2\pi$를 독립적으로 유도했으며, 여기서 한 걸음 더 나아가 안정된 궤도의 에너지와 방출된 복사의 진동수 사이의 관계까지 유도해냈다(이 관계는 1913년에 보어가 이미 유도하였다).

디랙은 자신이 얻은 결과를 손으로 직접 적어 하이젠베르크에게 보냈다. 애석하게도 동일한 결과를 보른과 요르단이 이미 얻은 다음이었기에 독창성을 인정받지는 못했다. 하지만 디랙의 연구에 깊은 감명을 받은 하이젠베르크는 찬사로 가득한 답장을 보냈다.

> …반면에 푸아송 괄호(Poisson bracket) 및 양자 조건과 관련하여 당신이 얻은 결과는 보른과 요르단의 결과를 훨씬 뛰어넘었다고 생각합니다. 뿐만 아니라 당신의 논문은 내가 보았던 유사한 논문보다 전체적으로 훨씬 간결하고 명료합니다.

물리학의 역사를 바꾼 양자혁명은 이렇게 시작되었다. 막스 플랑크가 양자 개념을 처음 도입한 지 25년이 지난 뒤에 진정한 양자역학의 체계가 세워진 것이다. 그러나 이와 관련된 수학은 전례를 찾아볼 수 없을 만큼 추상적이었다. 하이젠베르크가 보른-요르단과 함께 구축한 체계는 훗날 '행렬역학(matrix mechanics)'으로 알려지게 된다(하이젠베르크는 너무 수학적 냄새를 풍긴다며 이 이름을 달가워하지 않았다).

그러나 새로운 이론을 모두가 반긴 것은 아니었다. '새로운' 양자역학이 '구식' 양자역학을 대신하려면, 수소 원자 방출스펙트럼의 진동수를 비롯하여 구식 이론이 예견했던 모든 내용을 똑같이(또는 그 이상으로) 예측할 수 있어야 했다. 일단 혁명은 시작되었지만, 앞으로 갈 길은 첩첩산중이었다.

6

스스로 회전하는 전자
1925년 11월, 레이던 / 볼프강 파울리

물리학의 무대에 새로 등장한 양자역학은 내용 자체가 추상적일 뿐만 아니라 무한히 많은 숫자 표와 추상적인 곱셈 규칙으로 점철되어 있었기 때문에, 물리학자들에게 별다른 환영을 받지 못했다. 보어는 양자역학을 열성적으로 지지했지만, 아인슈타인은 정반대의 입장을 고수했다.

양자역학에 투신한 물리학자들은 새로운 물리학의 기초를 닦는다는 자부심을 느끼기도 전에 당장 눈앞에 나타난 괴물부터 처리해야 했다. 수소 원자의 방출 스펙트럼에 나타난 '이상 제만효과'를 어떻게든 설명해야 하는데, 이것이 결코 만만한 작업이 아니었던 것이다. '정상 제만효과'는 구식 양자역학에서 세 번째 양자수 m을 도입하여 말끔하게 설명되었지만, 이상 제만효과는 난공불락의 요새와도 같았다. 어느 날 오스트리아의 젊은 물리학자 볼프강 파울리(1900~1958)는 코펜하겐의 거리를 걷다가 갑자기 인상을 찌푸리며 발걸음을 멈췄다. 함께 가던 일행이 이유를 묻자 그는 이렇게 대답했다.

"이상 제만효과를 생각하고 있는데, 어떻게 마음이 편안할 수 있겠습니까?"

1920년에 아르놀트 좀머펠트는 전자가 여러 개인 원자에서 스펙트럼선이 갈라지는 현상을 설명하기 위해 네 번째 양자수 j와 새로운 선택률을 도입했다. 그런데 처음 세 개의 양자수 n, l, m은 원자의 내부를 고전적인 개념으로 설명하기 위해 도입된 반면, 네 번째 양자수 j는 결과를 끼워 맞추기 위한 임시방편에 불과했다. 좀머펠트는 여러 개의 전자를 갖고 있는 원자들이 '숨은 회전(hidden rotation)'을 하기 때문에 복잡하면서도 유별난 특성을 갖는다고 생각했다. 그 후 1921년에 독일 튀빙겐대학교의 분광학자 알프레트 란데(1888~1975)는 양자수 m과 j가 반정수일 가능성을 제시했고, 2년 뒤에는 여러 개의 전자들이 원자핵과 함께 원자의 중심부를 이루고 하나의 '원자가전자(valence electron)'가 외부를 공전한다는 가정하에 "숨은 회전은 중심부의 전자와 관련되어 있다"고 주장했다.

알프레트 란데의 이론은 그런 대로 성공적이었지만 여전히 혼란스럽고 이해하기가 어려웠다. 1922년에 독일의 물리학자 오토 슈테른(1888~1969)과 발터 게를라흐(1889~1979)는 은(Ag) 원자로 이루어진 빔이 자기장에 의해 두 갈래로 갈라지는 현상을 발견하고 보어-좀머펠트 이론에서 예견된 '공간양자화(space quantization)'의 증거를 발견했다고 주장했다. 그러나 아인슈타인을 비롯한 일단의 물리학자들은 몹시 혼란스러워하면서 이들의 주장을 받아들이지 않았다.

과연 어느 누가 이 현상을 올바르게 설명하여 양자역학의 전당에 숨겨진 마지막 성배의 주인공이 될 것인가?

<hr>

1918년 가을, 열여덟 살의 청년 볼프강 파울리가 아르놀트 좀머펠트의 연구 팀에 합류하기 위해 뮌헨에 도착했다. 아인슈타인의 상대성이론에 특별한 재능을 보였던 그는 몇 년 뒤 일반상대성이론에 관한 논문을 발표했는데, 이 분야의 원조인 아인슈타인이 "이토록 원숙하고 의미심장한 논문을 쓴 저자가 스물한 살의 젊은이라니 믿기지 않는다"고 칭찬할 만큼 뛰어난 논문이었다. 볼프강 파울리의 대부는 저명한 물리학자이자 철학자였던 에른스트 마흐(1838~1916)였다.

파울리는 뮌헨에서 좀머펠트의 지도 아래 원자론과 숫자 게임 그리고 선택률로 대변되는 구식 양자역학의 세계에 발을 들여놓았다. 그는 1921년에 박사학위를 받은 뒤 괴팅겐으로 가서 막스 보른과 한동안 공동 연구를 진행하다가 함부르크대학교에 자리를 잡았다. 하이젠베르크가 그랬던 것처럼, 파울리도 1922년에 개최된 괴팅겐 과학 축제에서 보어를 처음 만났는데, 그의 인간성과 현명함 그리고 뛰어난 통찰력에 깊은 감명을 받았다. 이 만남이 인연이 되어 파울리는 코펜하겐에서 1년 동안 방문 연구원으로 지내다가 1923년 말에 함부르크로 돌아왔다.

파울리가 코펜하겐에 머물 때 그의 최대 과제는 이상 제만효과였다. 그는 이것 때문에 엄청난 스트레스를 받았고, 간간이 절망에 빠지기도 했다. 필사적으로 사투를 벌인 끝에 좀머펠트와 란데의 제안을 일부 개선하긴 했지만, 억지로 끼워 맞춘 이론은 파울리의 취향에 맞지 않았다. 그는 악명 높은 이상 제만효과를 좀 더 근본적인 단계에서 설명하고 싶었던 것이다.

함부르크로 돌아온 파울리는 1924년 말부터 케임브리지의 물리학자 에드먼드 스토너(1899~1968)의 연구에 관심을 갖기 시작했다. 스토너의 연구 주제는 좀머펠트의 저서《원자와 스펙트럼(Atombau und Spektrallinien)》제4판의 서문에 소개되었는데, 그의 원래 논문은 1924년 10월에 영국 학술지 〈필로소피컬 매거진〉에 게재되었다. 여기서 그는 원자핵을 에워싼 전자껍질(electron shell)과 양자수의 관계를 설명하면서 원자를 러시아의 마트료시카(큰 인형 속에 작은 인형이 연달아 들어 있는 러시아의 전통 인형-옮긴이)에 비유했다. 스토너의 이론에 따르면 각 껍질의 에너지는 주양자수 n에 의해 결정되며, 하나의 껍질에 존재할 수 있는 안정된 궤도의 수는 주어진 n에서 허용되는 k와 m 값에 의해 결정된다.

양자수 k는 0과 n 사이의 정수이고(단, 0은 포함되지 않는다. 즉, $0 < k \leq n$이다.)• m은 $-(k-1)$, $-(k-2)$, $\cdots$, 0, $\cdots$, $(k-2)$, $(k-1)$로 이어지는 $2k-1$개의 값들 중 하나를 가질 수 있다. 예를 들어 $n=1$인 경우에는 $k=1$과 $m=0$만이 가능하다. 즉, $n=1$에서는 단 하나의 상태(또는 하나의 궤도)만 허용된다. 그러나 $n=2$이면 4개의 궤도가 가능하고, $n=3$이면 9개의 궤도가 존재할 수 있다. 일반적으로 n 값이 주어졌을 때, 여기 대응되는 궤도의 수는 n^2이다.

그러나 주기율표에 나열된 원소들의 형태는 이것과 조금 다르다. 독

• 구식 양자역학으로는 k가 0보다 크다는 조건을 유도할 수 없다. 현대의 원자물리학에서 k는 궤도 각운동량 양자수(orbital angular momentum quantum number) l로 대치되었으며, $l=0, 1, 2, \cdots, n$의 값을 가질 수 있다. 따라서 자기양자수(magnetic quantum number) m의 범위는 $-l, \cdots, 0, \cdots, l$이다.

일의 물리학자 발터 코셀(1888~1956)은 보어의 원자론을 이용하여 불활성기체들(헬륨, 네온, 아르곤, 크립톤 등)이 안정된 상태를 유지하는 비결을 설명했다. 즉, 이 원자들의 제일 바깥쪽 껍질이 전자로 채워져 있다면(이것을 '닫힌 껍질'이라 한다), 더 이상 전자가 필요하지 않기 때문에 다른 원소와 반응을 일으키지 않고 안정된 상태를 유지한다는 것이다. 따라서 주기율표는 전자껍질이 채워지는 순서에 따라 나열된 일종의 '원자 출석부'로 이해할 수 있다. 첫 번째 껍질에 두 개(수소, 헬륨)가 들어가고 두 번째 껍질에는 여덟 개(리튬에서 네온까지) 그리고 또 다른 여덟 개가 그다음에 오고(나트륨에서 아르곤까지) 열여덟 개의 명단(칼륨에서 크립톤까지)이 그 뒤를 잇는다. 즉, 제일 마지막 껍질에 전자가 하나 있는 원소부터 그 껍질에 전자가 가득 채워진 원소까지는 동일한 그룹에 속한다는 뜻이다.

스토너는 여기서 한 걸음 더 나아가 하나의 궤도에 전자를 두 개씩 할당했다. 왜 하나가 아니고 두 개인가? 위의 분류에 따라 원소를 배열시켜놓고 보면 '전자의 개수'가 '가능한 양자 상태의 수'의 두 배이기 때문이다. 그래서 스토너는 n^2 궤도에 $2n^2$개의 전자가 들어갈 수 있다고 가정했다. $n=1$이면 허용된 궤도가 하나밖에 없으므로 두 개의 전자를 수용할 수 있고, $n=2$이면 4개의 궤도가 가능하므로 8개의 전자가 늘어갈 수 있으며, $n=3$이면 9개의 궤도에 18개의 전자가 들어가는 식이다.[•]

파울리는 무거운 원소에서 중심부의 전자들이 '숨은 회전'을 하고 있

[•] 주기율표에 나타나는 2, 8, 8, 18……의 수열 형태를 이해하려면 지금까지 본문에서 설명한 원자 궤도와 에너지 외에 추가 정보가 필요하다. $n=1$, $k=1(1=0)$인 궤도는 구형(spherical) 궤도로서 최대 두 개의 전자를 수용할 수 있고(수소와 헬륨이 여기 해당한다), $n=2$인 경우에는 하나의 2s와 세 개의 2p 궤도가 존재하여 총 8개의 전자를 수용할 수 있다(리튬에서 네온까지가 여기에 해당한다). $n=3$이면 가능한 궤도는 3s와 3p(여기에는 나트륨에서 아

다는 란데의 가설이 틀렸다고 믿었으나, 란데의 원자모형은 여전히 관측 결과를 잘 설명해주고 있었다. 스토너는 각 궤도(전자껍질)에 들어가는 전자의 수를 두 배로 늘린다는 발상을 제안했고, 파울리는 네 번째 양자수가 중심부에 몰려 있는 전자에 할당되는 것이 아니라 '개개의 전자'에 할당된다고 생각했다. 또한 그는 전자가 비-고전적인 특성을 갖고 있으며, 이 특성은 반정수의 양자수로 표현되는 '두 가지 값'을 가질 수 있다고 생각했다. 파울리의 파격적인 아이디어는 여기서 끝나지 않는다. 그는 원자의 껍질구조와 원소의 주기율표를 분석한 끝에 하나의 궤도에는 두 개의 전자만이 들어갈 수 있다는 결론에 도달했다. 여기서 잠시 파울리가 직접 쓴 글을 읽어보자.

원자의 내부에는 동일한 전자가 두 개 이상 존재할 수 없다. 강한 장(場, field)이 걸렸을 때 이들의 양자수는 … 일치한다. 원자의 내부에 (외부 자기장을 걸었을 때) 명확한 양자수를 갖는 전자가 존재한다는 것은 그 상태가 '점유되어 있다'는 것을 의미한다.

이것이 바로 그 유명한 볼프강 파울리의 '배타원리(exclusion principle)'이다. 이 원리에 따르면 원자 속의 전자들 중에는 네 개의 양자수가 모두 똑같은 전자가 존재할 수 없다. 예를 들어 $n=1$, $k=1$, $m=0$, $j=+1/2$인 전자가 특정 궤도를 점유하고 있다면, 이 궤도에 추가될 수 있는 전자는 $n=1$, $k=1$, $m=0$, $j=-1/2$인 전자뿐이다. 양자수 j는

르곤까지, 총 8개의 전자가 들어갈 수 있다) 그리고 5개의 3d 궤도가 존재한다(여기에는 10개의 전자가 들어갈 수 있다). 그러나 4s 궤도는 3d 궤도보다 에너지가 낮기 때문에 전자는 4s, 3d, 4d의 순서로 채워지며(여기에 총 18개의 전자가 들어갈 수 있다), 이들이 칼륨에서 크립톤까지 주기율표의 네 번째 줄에 자리하고 있다.

+1/2과 -1/2만 가질 수 있으므로, 그 외의 전자는 절대로 같은 궤도에 들어올 수 없다. 각 궤도에 최대 두 개의 전자만이 허용되는 것은 바로 이런 이유 때문이다.

파울리는 자신이 발견한 규칙의 출처를 분명히 밝히지 못했지만, 전자들이 '자발적이고 자연스러운 방식을 따라' 배타원리를 따른다고 생각했다. 그는 1924년 12월 자신이 얻은 결과를 코펜하겐에 있는 보어와 하이젠베르크에게 보냈고, 하이젠베르크는 열성적이면서도 신랄한 답장을 보내왔다(하이젠베르크는 파울리보다 한 살 어리다-옮긴이).

저는 당신의 연구 결과를 전해 듣고 매우 기뻤습니다. 전자의 자유도를 4로 늘리는 등 상상하기 어려운 고난도의 기술을 발휘하여 그동안 당신이 경멸해왔던 모든 기록들을 갈아치운 것도 놀랍지만, 당신까지도(브루투스여, 너마저도!) 고개를 숙이고 형식론자의 공론에 뛰어들었다는 것 자체가 저에게는 매우 반가운 소식이었습니다.

당시는 원자를 서술하는 양자역학 자체가 불분명하던 시기였으므로 배타원리의 출처도 모호할 수밖에 없었다. 그러나 파울리의 배타원리는 무거운 원자(전자의 개수가 많은 원자)의 중요한 특성을 잘 설명해주었다. 사실 초기의 원자론은 무거운 원자의 모든 전자들이 가장 낮은 에너지 상태로 몰려들지 않는 이유를 설명하지 못했다.

모든 원자는 전기적으로 중성을 띠고 있다. 따라서 전자의 수가 많아지면 원자핵의 양전하도 그만큼 증가할 것이고, 원자핵의 전하가 커지면 전자를 잡아당기는 힘이 강해져서 가장 가까운 궤도의 반지름이 작아질 것이다. 그런데 전자들끼리는 쿨롱의 법칙에 의해 서로 밀어내고 있으므로, 모든 전자들이 가장 작은 궤도로 몰려들어서 원자의 크기가 작아지는 현상을 어느 정도는 방지할 수 있을 것 같다. 그러나 원자핵의 양전하가 증가함에 따라 원자의 전체적 크기가 줄어드는 현상을 막기에는 전자들 사이의 척력이 너무 약하다(이것은 간단한 계산으로 확인할 수 있다). 다시 말해서, 원자핵의 전기적 인력이 전자들 사이의 척력을 압도할 만큼 강하다는 뜻이다. 원자의 부피는 물질의 밀도와 원자량으로부터 쉽게 계산할 수 있는데, 이 값은 원자의 전하에 따라 복잡하게 달라지지만 전하의 증가와 함께 일률적으로 줄어들지는 않는다.

배타원리는 전자들이 낮은 에너지궤도로 몰려드는 것을 막아준다. 이 원리가 없었다면 무거운 원자는 처음부터 존재하지 않았을 것이고, 주기율표는 지금보다 훨씬 단순해졌을 것이다. 전자들이 배타원리를 따르기 때문에 다양한 원소들이 존재할 수 있고 화학반응도 다양한 형태로 일어날 수 있으며, 생물과 무생물 등 다양한 물질들이 지금처럼 존재할 수 있는 것이다. 간단히 말해서, 우주의 다양성은 배타원리의 산물이다.

그러나 아직도 한 가지 의문이 남아 있다. 하나의 궤도에 수용 가능한 전자의 수는 왜 하필 두 개일까? 세 개나 네 개면 왜 안 되는가?

미국의 젊은 물리학자 랠프 크로니히(1904~1995)는 이것이 '전자의 자전' 때문일지도 모른다고 생각했다. 1904년에 독일 드레스덴에서 미국인의 아들로 태어난 그는 뉴욕 주의 컬럼비아대학교에서 박사학위를 받은 직후인 1925년 1월에 독일로 돌아와 알프레트 란데와 공동 연구를 수행하고 있었다.

1924년 12월 말에 파울리는 란데에게 "1월 9일쯤 튀빙겐을 방문할 계획"이라는 엽서를 보냈다. 배타원리에 각별한 관심을 보였던 란데는 자신이 수집한 분광 데이터에서 파울리의 원리에 위배되는 사례를 찾던 중이었다.

란데는 자신의 연구 팀에 새로 합류한 크로니히에게 배타원리와 관련된 파울리의 편지를 보여주었다. 그러자 크로니히는 개개의 전자에 네 번째 양자수를 할당한다는 내용에 크게 놀라더니 즉석에서 나름대로의 해석을 내놓았다. 4년 전에 좀머펠트는 네 번째 양자수가 '숨은 회전'과 관련되어 있다고 제안했다. 혹시 그 회전이라는 것이 전자의 자전은 아닐까? 지구가 태양을 중심으로 공전하면서 스스로 팽이처럼 자전하듯이, 만일 전자들이 각자의 축을 중심으로 자전하고 있다면 국소적으로 약한 자기장이 형성되면서 전자는 미세한 막대자석과 같은 역할을 하게 된다. 그러면 전자는 자기모멘트(magnetic moment)라는 물리량을 갖게 되고, 외부 자기장을 걸어주면 자기모멘트가 자기장과 같은 방향 또는 반대 방향으로 나열되면서 약간 차이가 나는 두 개의 에너지 상태로 갈라질 것이다. 물론 이 결과는 스펙트럼선으로 확인할 수 있다.

이와 같은 갈라짐 현상이 없다면 전자는 하나의 상태에만 놓일 수 있고, 스펙트럼선도 한 줄로 나타날 것이다. 크로니히는 약간의 계산을 거쳐 자전하는 전자의 각운동량이 $\hbar/2$임을 알아냈다. 여기서 $\hbar$는 플랑크상수 h를 2π로 나눈 값, 즉 $h/2\pi$를 간단하게 줄여서 쓴 것이다. 또한 그는 전자의 자전에 의해 생긴 자기모멘트와 각운동량의 비율이 2라는 것도 알아냈는데, 이 값은 훗날 '란데의 g-인자(g-factor)'로 불리게 된다. 고전역학에 따르면, 자기모멘트와 각운동량의 비율은 1이었으므로 란데가 얻은 결과는 다소 이상하게 보였다.

문제는 이뿐만이 아니었다. 크로니히는 스펙트럼선의 갈라진 폭을 황급히 계산해보았는데, 실험실에서 관측된 값보다 두 배나 크게 나왔다. 언뜻 생각하면 이것이 g=2라는 사실과 관련되어 있을 것 같지만, 사실은 그렇지 않다(g값은 다른 실험 결과와 관련되어 있다). 어쨌거나 그는 전자가 자전한다는 가정으로부터 세 가지 문제 중 두 가지를 해결했다.

다음 날 크로니히는 파울리를 마중하기 위해 기차역으로 나갔다.

몇 가지 이유에서 나는 파울리가 수염을 기른 중년 남자일 것이라고 생각했는데, 정작 만나보니 내 짐작과 완전히 딴판이었다. 그의 표정에는 알 수 없는 힘과 함께 흥분과 불안감이 서려 있었다. 우리는 란데의 연구소에 도착하자마자 곧바로 토론에 들어갔고, 나는 파울리에게 어제 떠올렸던 아이디어를 설명했다. 내 이야기가 끝나자 파울리는 "정말로 기발한 생각"이라며 칭찬했지만, 그의 표정은 '사실일 가능성이 거의 없다'고 말하는 것 같았다.

이론물리학 못지않게 남의 의견을 비판하는 데에도 도가 텄던 파울리는(그는 "너무나 엉터리여서 틀렸다는 말조차 할 수 없다not even wrong"라는 말을 거의 입에 달고 살았다-옮긴이) 크로니히의 제안을 가볍게 무시해버렸다. 그 후 크로니히는 보어와 크라메르스, 하이젠베르크와도 비슷한 토론을 나눴지만 반응이 썰렁하긴 마찬가지였다. 스펙트럼의 갈라진 폭이 실험값보다 두 배 크게 나오는 것도 문제였지만, 특수상대성이론에 위배되는 것은 더욱 심각한 문제였다. 전자가 자전한다는 가정하에 회전 속도를 계산해보니, 적도 부분의 회전 속도가 빛의 속도보다 10배나 빠르게 나온 것이다. 아인슈타인의 특수상대성이론에 따르면, 우주에 존재하는 그 어떤 것도 빛보다 빠르게 움직일 수 없다. 크로니히는 몇 가지 해결책을 모색해보다가 결국 자신의 가설을 포기하고 말았다.

물리학자들 사이에서 10개월은 꽤나 긴 시간이다. 네덜란드의 레이던에서 두 명의 젊은 물리학자 새뮤얼 호우트스미트(1902~1978)과 조지 윌렌베크(1900~1988)는 자신들만의 논리를 전개하여 크로니히와 동일한 결론에 도달했고, 이로 인해 물리학계는 과거보다 다소 우호적인 분위기로 변했다. 호우트스미트와 윌렌베크는 전자의 자전을 골자로 하는 논문을 작성하여 〈나투르비센샤프텐(Naturwissenshaften)〉(자연과학이라는 뜻)이라는 학술지에 제출한 후 당대의 대가였던 헨드릭 로렌츠(1853~1928)에게 자문을 구했는데, 그는 "전자의 고전이론으로는 도저히 불가능하다"고 못을 박았다. 혹시 논문에 실수가 있을까 두려워진 두 사람은 학술지 측에 출판을 포기한다고 급히 연락했으나 이미 때는 늦어 있었다.

호우트스미트와 윌렌베크의 논문은 1925년 11월에 출판되었다. 그해 12월에 보어는 레이던에 도착했고, 역에 마중 나갔던 파울리와 슈테른은 보어에게 "네덜란드 물리학자들(호우트스미트와 윌렌베크)의 논문을 어떻게 생각하느냐"고 물어보았다. 보어는 "매우 흥미롭다"는 반응을 보였지만, 아마도 속으로는 틀렸다고 생각했을 것이다. 보어는 곧바로 아인슈타인과 오스트리아 물리학자 파울 에렌페스트(1880~1933)를 만났는데, 이들도 똑같은 질문을 해왔다. 이 자리에서 아인슈타인은 사람들의 반론을 극복할 만한 방법을 제안했고, 보어는 그의 말을 경청하면서 전자의 자전에 대한 생각을 바꾸게 되었다.

당시는 어디를 가나 호우트스미트와 윌렌베크의 논문 이야기뿐이었다. 보어가 레이던을 떠나 괴팅겐으로 갔을 때에도 하이젠베르크와 요르단에게 똑같은 질문을 받았다. 하이젠베르크는 예전에도 비슷한 이론을 접한 적이 있다며 시큰둥한 표정이었지만, 보어는 예전과 달리 지대한 관심을 보였다. 그는 코펜하겐으로 돌아오는 길에 베를린에 잠시 들러서 파울리를 만났다. 당시 파울리는 전자의 자전에 대한 보어의 의견을 듣기 위해 함부르크에서 급히 달려온 참이었다. 보어는 호우트스미트와 윌렌베크의 논문이 이 분야에서 커다란 진보를 이루었다며 극찬했으나, 회전하는 전자가 고전물리학적으로 어불성설이라고 생각한 파울리는 그들의 주장을 '코펜하겐 이설(Copenhagen heresy, 코펜하겐 학파의 황당한 주장이라는 뜻-옮긴이)'이라 불렀다.

그 후로 보어는 전자의 자전론을 열렬히 지지하면서 '전자의 스핀(spin)'이라는 용어를 물리학에 처음으로 도입한 주인공이 되었다. 물론 양자역학에서 말하는 스핀은 고전물리학의 스핀과 완전히 다른 의미였지만, 당대의 대가인 보어의 영향력에 힘입어 물리학자들 사이에 빠르게 퍼져 나갔다. 앞에서 말한 대로, 사실 전자의 자전이라는 발상을 처음 떠올린 사람은 크로니히였다. 그러나 파울리를 비롯하여 보어와 크라메르스, 하이젠베르크 등 쟁쟁한 물리학자들이 한결같이 비판적인 태도를 취하는 바람에 크로니히는 더 이상의 연구를 포기했고, 그와 더불어 '스핀의 최초 발견자'라는 명예도 얻지 못했다.• 그는 이 문제를 대수롭지 않게 여기는 척하면서도 크라메르스에게 이야기한 것을 두고두고 후회했다고 한다.

보어가 예견한 대로, 스펙트럼선의 갈라진 폭이 이론과 실험에서 두 배 차이나는 문제점은 곧 해결되었다. 그리고 영국의 물리학자 루엘린

• 이 상황은 찰스 엔즈(Charles P. Enz)의 《No Time to be Brief : A Scientific Biography of Wolfgang Pauli》(Oxford University Press, 2002)의 117쪽에 다음과 같이 요약되어 있다. "파울리가 크로니히의 발상에 그토록 비난을 가하지 않았다면 크로니히는 스핀을 발견한 주인공이 되었을 것이다."

힐리스 토머스(1903~1992)는 적절한 정지계에서 전자를 서술하면 g인 자의 값이 g−1로 작아진다는 사실을 증명했다. 따라서 g =2라고 가정해도 스펙트럼선의 갈라진 폭은 크라메르스가 얻었던 값의 반으로 줄어들어서 관측 결과와 일치하게 된다.

그 후 폴 디랙은 "전자의 스핀 방향이 두 가지이기 때문에 원자의 각 궤도에 두 개의 전자만이 들어갈 수 있다"는 이론을 제안했다. 다시 말해서, 하나의 궤도에 들어가는 두 개의 전자는 스핀 방향이 반대여야 한다는 뜻이다. 스핀이 반대인 한 쌍의 전자들이 짝을 이루어 궤도를 채우면, 그 궤도는 더 이상 다른 전자를 수용할 수 없다.

이것은 이론물리학의 커다란 진보였지만, 여전히 문제점은 많이 남아 있었다. 고전물리학에서 팽이처럼 자전하는 물체의 자전축은 임의의 방향을 향할 수 있는데, 전자의 자전축은 외부 자기장이 걸렸을 때 왜 두 가지 방향으로만 나타날까? 이런 제한 조건이 전자의 양사적 득성과 관련되어 있다는 심증만 있을 뿐 그 누구도 정확한 이유를 알지 못했다.

7

에로틱한 대사건
1925년 크리스마스, 스위스 알프스 / 에르빈 슈뢰딩거

볼프강 파울리와 폴 디랙은 곧바로 행렬역학을 이용하여 수소 원자 방출스펙트럼 중에서 가장 중요한 발머계열 스펙트럼을 유도해냈다. 파울리는 계산 결과를 논문으로 작성하여 1926년 1월 17일 〈물리학시보〉에 제출했고, 디랙은 1월 22일에 〈영국왕립학회보(Proceedings of the Royal Society)〉에 제출했다. 불과 5일 차이로 파울리가 디랙을 이긴 것이다.

파울리는 양자역학으로 슈타르크 효과(Stark effect)까지 설명했다. 슈타르크 효과란 독일의 물리학자 요하네스 슈타르크(1874~1957)가 처음 발견한 현상으로, 정전기장(static electric field)을 걸었을 때 하나의 스펙트럼선이 여러 개로 분리되는 현상을 말한다. 그러나 파울리의 이론에는 실험을 통해 검증되어야 할 몇 가지 가설(ansatz)이 포함되어 있었으며, 아인슈타인의 특수상대성이론에서 요구되는 조건들을 충분히 만족시키지 못했다. 뿐만 아니라 이 이론에는 파울리 자신이 발견한 배타원리와 전자의 스핀, 이상 제만효과 등 양자역학적으로 중요한 요소들이 누락되었다.

나이 지긋한 물리학자들은 새로 등장한 행렬역학의 수학 체계가 너무 복잡하고 머릿속에 구체적인 그림을 떠올리기가 어려워 무진 애를 먹었다. 그러나 학위를 받자마자 곧바로 양자역학에 투신한 젊은 물리학자들에게 행렬역학은 더없이 좋은 놀이터였다. 파울리는 자신의 논문에 다음과 같이 적어놓았다.

"하이젠베르크의 양자역학은 원자 속에서 안정한 궤도를 돌고 있는 전자를 서술하고 있지만, 내용이 너무 추상적이어서 전자의 운동을 동역학적으로 상상하기가 거의 불가능하다."

이 말에 담긴 메시지는 간단명료하다. 양자역학이 앞으로 나아가려면 고전물리학의 유산을 깨끗이 포기하고 실험실에서 관측된 사실에만 집중해야 한다는 뜻이다.

이로써 양자역학이 나아갈 길은 분명히 정해진 것처럼 보였다. 그러나 양자혁명에 투신한 젊은 물리학자들은 서른여덟 살의 오스트리아 물리학자 에르빈 슈뢰딩거(1887~1961)에게 주인공의 자리를 내줘야 했다. 그가 양자역학의 기본 방정식을 발견한 후로 양자역학은 완전히 다른 길을 가게 되었다.

———————————— ⁓⁓⁓ ————————————

1910년 5월에 오스트리아 빈대학교에서 박사과정을 마친 슈뢰딩거는 졸업 후 1년 남짓한 기간 동안 군대에 복무했다가 1914년 대학교로 돌아와 시간강사가 되었다(당시 오스트리아의 성인 남자는 일정 기간 동안 의무적으로 군복무를 해야 했다─옮긴이). 그러나 그해에 제

1차 세계대전이 발발하여 4년 동안 오스트리아 포병장교로 참전했고, 1917년에 빈대학교로 다시 돌아와 1920년에 부교수로 승진했다. 그 후 예나와 슈투트가르트, 브레슬라우를 거쳐 1921년에 취리히대학교 이론물리학과의 정교수가 되었다.

슈뢰딩거는 1921년 10월에 아내인 안네마리(슈뢰딩거는 아내를 '아니 Anny'라는 애칭으로 불렀다)와 함께 취리히에 도착했다. 그러나 몇 달 뒤 주치의가 폐결핵 진단을 내리면서 공기 맑은 곳으로 휴양을 가도록 권했고, 슈뢰딩거는 의사의 충고에 따라 다보스(스위스 동부의 유명 관광지) 스키 리조트 근처에 있는 아로사(Arosa) 산악리조트의 별장으로 거처를 옮겼다. 그곳은 고도가 높고 주변과 격리되어 있어서 무언가를 생각하기에는 더없이 좋은 장소였다. 슈뢰딩거는 아로사에서 9개월 동안 아내의 간호를 받으며 서서히 건강을 회복했고, 그사이에 논문 두 편을 써서 학술지에 기고했다. 그 뒤 1922년 11월에 취리히로 돌아온 그는 교수 직에 복귀하여 빠듯한 강의 일정을 소화하며 바쁜 나날을 보냈다.

강의가 너무 많아서 연구할 시간이 없는 것도 문제였지만, 몸이 따라 주지 않는 것은 더욱 큰 문제였다. 그의 몸은 늘 허약한 상태였고, 조금만 무리해도 쉽게 피로를 느꼈다. 취리히로 처음 왔을 때, 이미 그는 물리학에 바친 자신의 인생을 되돌아볼 만한 나이였다(당시 슈뢰딩거는 35세 로서, 20대 초반에 두각을 나타낸 하이젠베르크나 파울리, 디랙 등과 비교하면 결코 젊은 나이가 아니었다). 물론 자신의 과학적 지식과 소양에는 나름대로 자부심을 갖고 있었지만, 물리학계에서 모든 사람들이 인정할 만한 업적을 내지 못했다는 것이 늘 부담으로 작용했다. 게다가 양자역학이라는 새로운 물리학은 젊은 학자들의 전유물처럼 여겨졌으므로, 슈뢰딩거의 입지 는 날이 갈수록 좁아지고 있었다. 이대로 간다면 학계의 변방으로 밀려나 딱히 내세울 것 없는 평범한 물리학자로 남을 것 같았다. 1924년에 솔베이회의(벨기에의 대부호 어니스트 솔베이의 후원으로 열린 세계적 규모의 학술회의. 1911년에 처음 개최되었으며, 전시를 제외하고 3년에 한 번씩 개최되어 현재에 이르고 있다-옮긴이)에 초대되었을 때에도 논문을 발표할 기회는 주어지지 않았다.

아내와의 결혼 생활도 순탄하지 않았다. 슈뢰딩거와 아니는 각자 연인을 따로 둘 만큼 '개방된' 부부였다. 웬만한 부부 같으면 이런 상황에서 이혼을 고려했겠지만 이들은 별다른 열정이나 마찰 없이 부부 관계를 유지했다. 특히 아니는 이혼을 금기시하는 가톨릭 집안의 자손이었고, 평소 부자들을 경멸해온 슈뢰딩거에게 충분한 위자료를 받기도 어려웠기 때문에 비정상적인 부부 관계를 유지했던 것으로 추정된다. 슈뢰딩거도 이런 관계를 딱히 문제 삼지는 않았지만, 아버지가 되고 싶은 소망은 끝내 이루지 못했다.• 그는 아내에게 종종 이런 말을 했다고 한다.

"경주마보다는 카나리아와 사는 편이 훨씬 쉽다는 걸 당신도 알 거요. 하지만 나에게 선택권이 주어진다면 경주마를 택하겠소."

슈뢰딩거는 밤마다 시내로 나와 ETH(60쪽 각주 참조)의 동료들과 어울리면서 사유분방한 삶을 누렸는데, 그중에는 네덜란드 물리학자 피터 디바이와 수학자 헤르만 바일(1885~1955)도 끼어 있었다. 이들의 관계는 참으로 복잡 미묘하다. 슈뢰딩거의 아내 아니는 바일과 연인 사이였고, 바일의 아내인 헬레네 요제프는 에드문트 후설(1859~1938, 현상학을 창시한 독일의 철학자-옮긴이)의 지도하에 철학을 전공한 엘리트 여성으로,

• 슈뢰딩거는 자신이 만났던 여성들의 이야기를 일기장에 자세히 적어놓았는데, 이것은 여성편력을 기록한 것이라기보다 성(性)과 관련된 개인적 모험담에 가까웠다.

ETH에 와 있는 스위스 출신 물리학자 파울 셰러(1890~1969)와 내연 관계였다.

슈뢰딩거가 1923년에 단 한 편의 논문도 발표하지 못한 것을 보면, 당시의 불안정했던 삶이 연구에 어느 정도 영향을 미쳤던 것 같다. 그러나 다음 해인 1924년에 다시 본격적인 연구 모드로 돌입하여 논문을 쓰기 시작했고, 1925년 10월에 아인슈타인의 최신 논문을 읽다가 "이 분야에서는 드 브로이가 괄목할 만한 업적을 남겼다"는 주석을 읽고 드 브로이라는 물리학자에게 관심을 갖기 시작했다.

궁금해진 슈뢰딩거는 곧바로 드 브로이의 논문을 입수하여 읽어보았는데, 역시 아인슈타인의 말대로 인상적인 논문이었다. 슈뢰딩거는 아로사에서 휴양 중이던 1922년에 《양자화된 전자궤도의 놀라운 특성에 관하여(On a Remarkable Property of the Quantized Orbit of a Single Electron)》라는 논문을 〈물리학시보〉에 기고한 적이 있다. 그때 논문의 기초가 되는 아이디어를 생각하다가 가장 가까운 친구인 헤르만 바일의 도움을 받았는데, 그는 '게이지요소(gauge factor)'라는 개념을 처음으로 도입한 사람이었다. 또한 바일은 게이지요소를 '위상요소(phase factor)'로 해석함으로써 전자의 안정된 궤도들 사이의 관계와 주양자수 n의 출처를 규명했다.

슈뢰딩거는 자신의 1922년 논문이 중요하다는 사실을 알고 있었지만, 더 이상 후속 연구는 하지 않았다. 그 뒤 1925년에 접한 드 브로이의 논문에는 원자 내부의 원형 궤도에 구속된 전자의 정상파가 만족해야 할 조건들이 명시되어 있었는데, 예전에 자신이 생각했던 내용과 거

• 게이지이론은 20장에서 자세히 다룰 예정이다.

의 일치했다.

당시 취리히대학교와 ETH의 물리학자들은 2주에 한 번씩 만나서 물리학의 현안과 각자의 연구 현황을 발표하는 토론 모임을 갖고 있었다. 어느 날 디바이는 사적인 자리에서 슈뢰딩거에게 "최근에 〈아날 드 피지크〉에 실린 드 브로이의 논문을 우리 모임에서 발표해 달라"는 부탁을 해왔고, 슈뢰딩거는 제안을 흔쾌히 수락했다. 그러고는 11월 3일 아인슈타인에게 다음과 같은 편지를 보냈다.

"저는 1922년에 전자궤도에 관한 논문을 발표한 적이 있습니다. 그런데 드 브로이의 이론은 저의 논문보다 훨씬 포괄적이면서 중요한 가치를 지닌 것 같습니다."

슈뢰딩거의 세미나는 11월 23일에 개최되었다. 그 자리에는 스위스 출신의 젊은 물리학도인 펠릭스 블로흐(1905~1983)도 함께 했는데, 그는 그 전해에 공학을 공부하기 위해 ETH에 왔다가 물리학에 흥미를 느껴 디바이의 물리학 기초 상의를 비롯한 모든 과정을 빠르게 이수한 수재였다. 이날 드 브로이의 논문을 주제로 진행된 슈뢰딩거의 강연은 청중들에게 매우 깊은 인상을 남겼다. 15년 후, 블로흐는 당시의 일을 다음과 같이 회고했다.

그날 슈뢰딩거는 입자와 파동을 결합한 드 브로이의 이론을 이용하여 보어와 좀머펠트가 도입했던 양자수를 깔끔하게 유도했다. 수소 원자 내부의 전자가 안정된 궤도를 유지하려면 전자의 파동이 간섭을 일으키지 않아야 하고, 이를 위해서는 궤도의 길이가 파장의 정수 배가 되어야 한다는 것이 그날의 결론이었다. 그런데 발표가 끝나자 디바이는 드 브로이의 이론이 다소 유치하다며 고개를 저었다. 한때 좀머펠트의 제자였던 그는 "파동을 다루려면 그에 합당한 파동방정식이 있어야 한다"는 입장을 고수했다. 그것은 너무나 당연한 이야기여서 아무도 관심을 갖지 않았는데, 유독 슈뢰딩거만은 디바이의 반론을 심각하게 받아들이는 것 같았다.

1925년 크리스마스를 며칠 앞둔 어느 날, 슈뢰딩거는 아로사의 별장으로 짧은 휴가 여행을 떠났다. 그는 1922년에 결핵 치료를 위해 그곳에서 9개월 동안 머문 적이 있었고, 1923년과 1924년 크리스마스도 그곳에서 아내와 함께 보냈다. 그러나 이번에는 여행을 같이 갈 수 없을 만큼 부부 관계가 악화되어, 슈뢰딩거는 아내를 취리히의 집에 남겨두고 드 브로이의 논문과 연구 노트만 챙겨서 여행길에 나섰다. 아니는 전혀 몰랐지만, 슈뢰딩거는 오래된 여자 친구와 동행하기로 약속이 되어 있었다.

그때 함께 여행했던 여자 친구가 누구였는지, 그리고 그녀가 여행 기간 중 슈뢰딩거에게 어떤 영향을 미쳤는지는 전혀 알려지지 않았다. 우리가 알고 있는 것은 슈뢰딩거가 여행지에서 파동역학을 완성한 후 1926년 1월 8일에 취리히로 돌아왔다는 사실뿐이다.

슈뢰딩거는 양자역학을 대표하는 파동방정식을 알아냈다. 이 방정식은 그 자체가 근본 원리에 속하기 때문에, 고전물리학적 논리로 유도하는 것은 불가능하다. 그렇다면 슈뢰딩거는 방정식을 무슨 수로 알아냈을까? 일단 그의 연구 노트에 적힌 논리를 그대로 따라가 보자. 슈뢰딩거는 이미 잘 알려진 고전적 파동방정식에서 출발했다. 이 방정식의 해에 해당하는 파동은 시간과 공간(위치)의 함수로서, 흔히 Ψ('프사이'라고 읽는다)로 표현된다. 처음에 그는 정상파(제자리에서 진동하는 파동)의 거동을 서술하기 위해 시간과 무관한 버전의 파동방정식부터 다루었다.

슈뢰딩거는 드 브로이가 제안한 입자의 질량(더 정확히는 운동량)과 파동의 진동수 사이의 관계를 고전적 파동방정식에 대입해보았다. 그런데 이 방정식의 해가 물리적 의미를 가지려면 전자의 파동함수(전자의 파동을 수학적으로 서술한 함수)는 어떤 특정한 형태여야 했다. 그래서 슈뢰딩거는 파동함수가 일가함수(하나의 변수 값에 오직 하나의 함수 값이 대응되는 함수)이며 어디서나 값이 유한하고 연속함수(갑자기 끊어지는 지점이 없는 함수)여야 한다고 가정했다.

드 브로이가 그랬던 것처럼, 슈뢰딩거도 상대성이론을 고려했다. 수소 원자 속의 전자는 매우 빠르게 움직일 것이므로, 전자의 파동함수는 아인슈타인의 특수상대성이론에 위배되지 않아야 한다. 슈뢰딩거는 전자의 파동함수를 서술할 때 구면좌표계(spherical coordinate)라는 특수한 좌표를 선택했다. 이것은 주어진 물리계에 구형대칭이 존재할 때 유용한 좌표계로서, 원자핵과 전자 사이의 거리 r과 각도 θ(위도의 여각인 여위도co latitude에 해당하며, '세타'라고 읽는다), 그리고 두 번째 각도인 φ(경도에 해당하며, '파이'라고 읽는다)로 이루어져 있다. 슈뢰딩거는 파동함수가 r하고만 관련된 '지름 부분(radial part)'과 각도 θ와 φ하고만 관련된 '구면조화함수(spherical harmonics)'도 분리된다는 사실을 알아냈는데, 이들은 모두 복잡한 미분방정식을 만족한다.

이 지점에서 슈뢰딩거는 수학적 한계에 부딪혔다. 구면조화함수에 대한 미분방정식은 풀었지만, r에만 의존하는 지름함수(radial function)에 대한 미분방정식은 풀이 과정이 너무 복잡해서 정확한 답을 얻지 못했다. 그러나 이것만으로도 충분했다. 그는 12월 27일 빌헬름 빈에게 다음과 같은 편지를 보냈다.

요즘 저는 새로운 원자론과 씨름을 벌이고 있습니다. 제가 수학을 잘했다면 얼마나 좋았을까요……. 일단 지금까지 얻은 결과는 매우 만족스럽습니다. 방정식의 해가 구해진다면, 그 형태는 정말 아름다울 것입니다. 하지만 풀이 과정이 너무 복잡해서 좀 더 이해하기 쉽게 다듬은 뒤 발표할 생각입니다. 지금 당장은 수학 공부에 집중해야겠습니다. …

슈뢰딩거는 1월 8일 취리히로 돌아와 곧바로 헤르만 바일에게 도움을 청했고, 그로부터 약 일주일 후에 지름함수가 만족하는 미분방정식을 풀 수 있었다. 새 이론에는 반정수로 표현되는 양자수가 등장했는데, 이와 유사하면서 양자수가 정수로만 표현되는 비상대론적 파동방정식으로 되돌아가서 생각해보니 모든 문제가 자연스럽게 해결되었다.

전자의 3차원 파동함수가 원자핵으로부터 특정거리 안에 집중되어 있다고 가정하니 파동방정식의 모든 가능한 해가 자연스럽게 도출되었다. 슈뢰딩거는 지름함수가 주양자수 n과 또 다른 양자수 k에 의존하며, 각도함수(구면조화함수)는 양자수 k와 m에 의존한다는 사실을 알아냈다. 그리고 각각의 해에 대응하는 에너지는 주양자수 n의 제곱(n^2)과 관련되어 있어서, 수소 원자 스펙트럼의 발머 공식이 자연스럽게 재현되었다.

슈뢰딩거가 파동방정식을 유도하면서 내세웠던 가정은 파동함수의 형태에 관한 제한 조건뿐이었다. 그 밖의 모든 내용들(양자수와 이들 사이의 상호 관계, 수소 원자의 에너지준위, 발머 공식 등)은 수학으로부터 자연스럽게 얻어진다. 그것은 정말로 '아름다운 물리학'의 전형이었다.

슈뢰딩거의 논문은 1926년 1월 27일 〈물리학연보〉에 접수되었다. 아이디어를 처음 떠올린 지 불과 3주 만에 물리학의 역사를 바꿀 논문이 탄생한 것이다. 파울리의 논문은 1월 17일자로 〈물리학시보〉에 접수되었다. 보어와 좀머펠트의 양자수는 순전히 편의를 위한 것이었지만, 슈뢰딩거는 진동하는 끈의 마디 수를 산출하는 것처럼 자연스러운 과정을 통해 양자수를 도입했다.

슈뢰딩거의 파동역학에 등장하는 미분방정식은 매우 특별한 성질을 갖고 있다. 파동함수에 미분연산자•가 가해지면, 그 함수에 어떤 숫자(물리량)가 곱해진 형태로 변환되는 식이다. 예를 들어 물리계의 총에너지에 대응되는 미분연산자가 파동함수에 가해지면(이것을 해밀토니안 Hamiltonian이라 한다)• 그 결과는 파동함수에 총 에너지가 곱해진 형태로 나타난다. 이와 같은 형태의 방정식을 만족하는 함수를 고유함수(eigenfunction)라 하고, 연산자가 가해진 결과로 나타나는 물리량을 고윳값(eigenvalue)이라 한다. 그래서 슈뢰딩거의 논문 제목도 '고윳값 문제와 양자화(Quantization as an Eigenvalue Problem)'였다.

파동역학이 대대적인 성공을 거두면서 추상성으로 일관하던 양자역학이 가시권으로 들어오기 시작했다. 슈뢰딩거는 도저히 상상할 수 없었던 전자의 궤도를 안정한 파동함수의 매끈하고 연속적인 전이(transition)로 시각화시켰다. 핵 주변에 구속되어 있는 전자의 파동을 현실적인 그림으로 표현할 수 있게 된 것이다. 이 모든 것을 가능하게 해준 일등공신은 단연 슈뢰딩거의 파동방정식이었다.

1926년 1월부터 6월까지, 거의 반년 동안 슈뢰딩거는 새로운 파동역

• 연산자(operator)란 곱하기나 미분 등 수학적 함수에 가해지는 일종의 '명령'이나 '지침'에 해당한다.
• 19세기 아일랜드의 물리학자 윌리엄 로원 해밀턴(1805~1865)의 이름에서 따온 용어이다.

학과 관련된 6편의 논문을 발표하여 물리학계의 슈퍼스타로 떠올랐다. 그의 친구인 헤르만 바일은 훗날 이 일을 회고하면서 "슈뢰딩거의 인생에서 뒤늦게 터진 에로틱한 대사건"이라고 표현했다. 이때 발표된 논문들 중 한 편에서 슈뢰딩거는 행렬역학과 파동역학이 수학적으로 동일하다는 사실을 증명했다. 고전역학에서 입자의 운동량(p)은 질량에 속도를 곱한 값으로 정의되는 반면, 파동역학에서 운동량은 숫자가 아닌 미분연산자로 대치된다. 그래서 앞으로 고전적 운동량 p와 구별하기 위해 양자역학적 운동량연산자를 $\hat{p}$로 표기하기로 한다.

당연한 이야기지만 여러 개의 연산자들이 하나의 함수에 가해질 때, 최종 결과는 가하는 순서에 따라 달라진다. 슈뢰딩거의 파동역학에서 파동함수에 위치 q를 곱한 후 운동량연산자를 가한 결과는 파동함수에 운동량연산자를 먼저 가한 후 위치를 곱한 결과와 같지 않다. 다시 말해서, $\hat{p}q\Psi$와 $q\hat{p}\Psi$는 서로 다르다는 뜻이다. 파동역학에서 운동량연산자는 $\hat{p}q-q\hat{p}=-ih/2\pi$의 관계를 만족하는데, 이것을 '위치-운동량 교환 관계(position-momentum commutation relation)'라 한다.

슈뢰딩거는 논문의 후주에 이렇게 적어놓았다.

"처음에 나는 파동역학과 하이젠베르크의 행렬역학 사이의 관계를 전혀 눈치채지 못했다. 그의 이론을 알고는 있었지만 초월대수를 비롯한 수학 체계가 너무 복잡하고 시각화할 방법도 없었기 때문에 몇 번 이해를 시도해보다가 포기하고 말았다."

하이젠베르크도 사정은 마찬가지였다. 그는 슈뢰딩거의 논문이 발표된 직후 파울리에게 편지를 썼다.

"슈뢰딩거의 이론은 보면 볼수록 거부감이 생깁니다. … 그는 이론의 가시성(visualizability)을 강조했는데, 제가 보기엔 (보어의 점잖은 말투를 빌리면) 옳다고 말하기 어려울 것 같습니다. 간단히 말해서, 쓰레기라는 뜻입니다."

그러나 하이젠베르크의 의혹에도 불구하고 슈뢰딩거의 파동역학은 물리학계에서 대대적인 환영을 받았고, 파동역학의 주인공인 전자의 파동함수가 초미의 관심사로 떠올랐다. 이 함수의 정체는 무엇이며, 과연 어떻게 해석해야 하는가?

Quantum Interpretation

2부
양자적 해석

8

유령장
1926년 8월, 옥스퍼드 / 막스 보른

에르빈 슈뢰딩거는 자신의 이론에 등장하는 파동함수 Ψ가 분명한 의미를 갖는다고 생각했다. 그전에 드 브로이가 '파동-입자 이중성'이라는 개념을 정립하긴 했지만, 슈뢰딩거는 입자의 개념을 도입하지 않아도 된다는 사실에 매우 만족했다. 그는 파동함수가 파동으로 가득 찬 물질세계의 실체를 서술한다고 생각했으며, 전자가 입자처럼 행동하는 것은 수많은 '물질파'들이 겹치고 증폭되면서 나타난 착시 현상이라고 믿었다.

슈뢰딩거가 머릿속에 떠올린 것은 '파동묶음(wave packet)'이었다. 진폭이 큰 파동들이 시공간의 특정 지점에 모여 더해지면 중심에서 진폭이 아주 크고 그 밖의 지점에서 진폭이 아주 작은 하나의 파동이 형성된다. 이런 파동묶음은 현실 세계에서 질량이 한곳에 모여 있는 입자처럼 보인다. 이처럼 '중첩된 파동'이 시공간에서 움직이면 마치 입자의 궤적처럼 보일 것이다.

언뜻 듣기에는 단순명료한 것 같지만, 사실은 그리 간단한 문제가 아니다. 슈뢰딩거는 특별한 경우를 가정했는데, 일반적으로 파동묶음 상태가 안정적으로 유지되려면 파동의 전체적인 크기가 파장보다 훨씬 커야 한다. 그러나 원자와 같은 미시적 규모에서는 이 조건이 만족되지 않기 때문에, 슈뢰딩거의 해석은 별로 설득력이 없다. 네덜란드의 물리학자 헨드릭 로렌츠는 전자의 파동묶음이 하나의 형태로 유지되지 않고 시간이 흐를수록 넓게 퍼진다고 주장했다. 즉, 충분히 긴 시간이 흐르면 특정 위치에 모여 있던 전자의 파동들이 뿔뿔이 흩어지면서 무(無)로 사라진다는 것이다.

문제는 이뿐만이 아니었다. 슈뢰딩거는 광전효과를 안정된 파동 상태의 매끄럽고 연속적인 전환으로 설명하려고 무진 애를 썼지만 끝내 성공하지 못했다.

한편 괴팅겐대학교의 막스 보른은 원자를 고전역학적으로 해석하려는 슈뢰딩거의 시도를 전면으로 부정하면서 파동함수를 완전히 다른 방식으로 해석했다. 당시 코펜하겐과 괴팅겐의 물리학자들은 막스 보른의 해석이 그다지 파격적이지 않다고 생각했으나, 이로부터 '양자 규모에 존재하는 자연의 실체'라는 의문이 제기되어 거의 90년이 지난 지금까지도 해결되지 않은 채 남아 있다.

막스 보른은 브레슬라우대학교와 하이델베르크대학교, 취리히대학교를 거치며 수학을 공부한 후 괴팅겐대학교에서 이론물리학 박사학위를 받았다. 그는 괴팅겐에서 펠릭스 클라인(1849~1925)과 다비트 힐베르트(1862~1943), 헤르만 민코프스키(1864~1909)

등 수학의 대가들을 알게 되었는데, 얼마 지나지 않아 힐베르트 교수의 '필기 전담 학생'으로 알려지면서 자연스럽게 그의 조교로 들어갔다.

1915년 막스 보른은 베를린대학교의 이론물리학 교수가 되었으며, 이곳에서 아인슈타인을 만나 오랜 세월 동안 가까운 친구로 지냈다. 1918년 11월에 아인슈타인은 병상에 누워 있던 보른을 학교로 데려와 학생운동으로 구금된 총장을 구해내는 데 일조하기도 했다. 막스 보른은 1919년에 프랑크푸르트암마인대학교로 자리를 옮겼다가 얼마 후 괴팅겐대학교에 새로 설립된 이론물리학연구소의 소장이 되었다. 훗날 이 연구소는 코펜하겐의 닐스보어연구소와 함께 이론물리학의 세계적 중심지가 된다.

막스 보른은 1925년 7월에 하이젠베르크의 이상한 곱셈 규칙이 행렬의 곱셈이라는 사실을 알아냄으로써 양자역학의 창시자 명단에 이름을 올렸다. 그 후 슈뢰딩거의 파동역학을 접했을 때에는 그 효용성을 곧바로 알아보고 양자역학을 고전적 시공간에서 서술하려는 시도에 전폭적 지지를 보냈다.

막스 보른은 1925년 11월부터 한동안 미국으로 강연 여행을 떠났는데, 보스턴에 있는 매사추세츠공과대학(MIT)이 주최한 초청 강연장에서 행렬역학의 중요성을 강조했다.

쉬운 일은 아니겠지만, 행렬역학만으로 원자의 구조를 설명할 수 있는지 확인하려면 이론을 더 넓은 영역으로 확장해야 한다. 그러나 이 가능성에 기대를 걸고 있다 해도, 행렬역학은 양자역학의 수수께끼를 푸는 첫걸음에 불과하다는 사실을 명심해야 한다.

괴팅겐으로 돌아온 막스 보른은 슈뢰딩거의 파동역학을 이용하여 전자나 원자와 같은 양자적 입자의 상호작용을 연구하기 시작했다. 파동역학과 행렬역학은 원자에 구속된 전자의 안정된 궤도를 최소한 부분적으로나마 설명해주었으며,[*] 스펙트럼선의 밝기와 위치를 예견하는 등 원자의 구조에 관한 한 괄목할 만한 성과를 거두었다. 그러나 하나의 구조에서 다른 구조로 넘어가는 양자도약(전이, transition)에 관해서는 알아낸 것이 별로 없었다.

보른은 전자와 원자의 충돌을 양자역학으로 체계화하여 복사(광양자)와 물질 사이의 상호작용을 설명하고자 했다. 다시 말해서, 그의 목적은 양자도약을 슈뢰딩거의 파동역학으로 설명하는 것이었다.

이런 이유로 보른은 자신이 중요하게 생각해왔던 행렬역학을 포기했다. 하이젠베르크의 행렬역학은 원자에 구속된 전자의 정상 상태(안정된 궤도)를 서술하는 이론으로, 이로부터 스펙트럼선의 위치와 밝기를 계산할 수 있다. 그러나 충돌 문제로 들어가면 하이젠베르크의 이론을 더 이상 적용할 수 없게 된다. 보른은 여기에 행렬 계산을 적용해보려고 무진 애를 썼지만 아무런 소득이 없었다. 그의 유일한 선택은 슈뢰딩거의 파동역학뿐이었다.

그는 '충돌 현상의 양자역학(Quantum Mechanics of Collision Phenomena)'이라는 논문을 완성하여 1926년 6월 〈물리학시보〉에 제출했다. 논문의 주제는 파동역학이었지만, 거기에는 파동함수를 재해석하는 파격적인 내용이 포함되어 있었다.

---

[*] 여기에 '부분적'이라는 표현을 쓴 이유는 행렬역학이나 파동역학이 아인슈타인의 특수상대성이론을 고려하지 않았고 파울리의 배타원리와 이상 제만효과도 설명하지 못했기 때문이다.

원자와 전자의 충돌을 '특정 진동수로 진동하는 원자와 평면전자파동(plane electron wave) 사이의 상호작용'으로 해석해보니 전자파동의 중첩으로 생성된 복잡한 파동이 얻어졌고, 이 파동은 다시 분리되어 "상호작용의 결과로 전자파동이 산란된다"는 결론에 이르렀다. 당구공의 경우에는 충돌 전의 질량과 속도 그리고 공의 진행 방향으로부터 충돌 후 산란되는 방향과 속도를 예측할 수 있다. 그런데 파동역학에서는 이런 식의 예측이 불가능했다. 전자와 원자의 충돌 전 상태와 충돌 후 상태 사이의 인과적 연결 고리가 상실된 것이다.

빛의 파동이론에서는 진폭의 제곱과 광도(밝기) 사이의 관계가 명확히 밝혀져 있다. 슈뢰딩거는 그의 논문에서 전자의 파동함수 진폭의 절댓값의 제곱과 전하밀도 사이의 관계를 규명하려는 시도를 한 적이 있었다.• 그리하여 막스 보른은 파동함수가 전자파동이 특정 방향으로 산란될 확률을 나타낸다는 가정을 하기에 이르렀다. 보른은 논문의 본문에 "… 따라서 가능한 해석은 하나밖에 없다. 파동함수는 특정 방향으로 진행하던 전자가 다른 특정 방향으로 진로를 바꿀 확률을 나타낸다"고 적어놓고, 논문의 끝 부분에 다음과 같은 후주를 달아놓았다.

"좀 더 정확한 분석을 해보면 확률은 파동함수의 제곱에 비례한다는 것을 알 수 있다."

막스 보른은 자신의 논문에 대한 아인슈타인의 평가에 영향을 받았다고 털어놓았다. 광양자의 특성을 드 브로이의 파동-입자 이중설로 설명하는 부분에서 아인슈타인은 파동을 광양자가 특정 경로를 따라

• '진폭의 절댓값의 제곱'이란 파동함수의 진폭에 자신의 복소켤레를 곱한다는 뜻이며, 수학 기호로는 $\Psi\Psi^*$ 또는 $|\Psi|^2$으로 표기한다. 파동함수가 실함수인 경우(허수단위 i가 들어 있지 않은 경우) 절댓값의 제곱은 그냥 파동함수의 제곱 Ψ^2과 같다.

갈 확률을 결정하는 일종의 '유령장(Gespensterfeld, ghost field)'으로 표현할 것을 제안했다. 그래서 보른은 전자의 파동을 물리적 실체로 간주했던 슈뢰딩거의 해석을 폐기하고, 아인슈타인의 논리를 따라 파동함수를 '충돌과 같은 양자적 전이 과정에서 특정 결과가 나타날 확률'로 해석한 것이다.

아인슈타인은 결정론적 우주관과 인과율을 신봉했기에, 자신이 내렸던 확률적 해석을 논문으로 발표하지 않았다. 그러나 이러한 해석이 어떤 결과를 초래할지 잘 알고 있었던 보른은 1926년 6월에 발표한 논문에 다음과 같이 적어놓았다.

슈뢰딩거의 양자역학은 충돌과 관련된 문제에 명확한 답을 제시해준다. 그러나 거기에는 인과관계에 대한 질문이 누락되어 있다. 즉, "충돌 후 특정한 결과가 나올 확률은 얼마인가?"라는 질문에는 답을 제시할 수 있지만, "전자는 충돌 후 어떤 상태에 놓이게 되는가?"라는 질문에는 아무런 답도 제시할 수 없다. …

바로 이 시점에서 결정론이라는 주제가 수면 위로 떠오른다. 양자역학의 관점에서 볼 때 충돌의 결과를 인과적으로 결정하는 양 같은 것은 존재하지 않는다. 지금까지 얻어진 실험 결과를 분석해봐도 충돌의 결과를 결정하는 요인이 원자의 내부에 존재한다고 믿을 만한 근거가 전혀 없다. 그런 요인이 존재하긴 하는데 우리가 아직 찾아내지 못한 것일까? 아니면 그런 요인의 부재(不在)에 기초한 자연의 오묘한 조화 덕분에 이론과 실험이 일치하는 것일까? 나는 원자 세계를 서술할 때 결정론을 포기해야 한다는 입장이다. 그러나 어떤 관점이 옳은지 따지는 것은 물리학의 범주를 넘어선 철학적 문제라고 생각한다.

막스 보른의 주장은 격렬한 논쟁을 불러일으켰고, 이 논쟁은 향후 수십 년 동안 계속되었다. 파동함수에 오직 확률과 관련된 정보만 담겨 있다면, 그것은 물리적 실체가 아니다(슈뢰딩거는 파동함수를 실체로 간주했다). 양자역학으로부터 우리가 알아낼 수 있는 정보가 '특정 결과가 나올 확률'뿐이라면, 인과율과 결정론은 폐기되어야 한다. 그렇다면 우리는 양자적 전이 과정에서 "이렇게 했을 때 저런 결과가 나올 확률은 ……이다"고 말할 수 있을 뿐 "이렇게 하면 저런 결과가 나온다"는 식의 인과적 예측을 할 수 없다. 물론 양자역학이 아직 완전하지 않아서 어딘가에 '숨어 있는' 특성을 놓친 것이라면, 훗날 이 특성을 찾아서 손상된 인과율을 복귀시킬 수도 있다. 그러나 보른은 굳이 감춰진 특성에 연연할 필요가 없다고 생각했다.

파동함수가 물리적 실체가 아니라면, 굳이 다른 물리계와 같은 방식으로 거동할 필요는 없다. 막스 보른은 이와 같은 가정하에 파동역학의 개념적 문제들을 일거에 해결함으로써 더 이상 파동묶음 상태에 의존할 필요가 없다는 것을 확실히 입증했다.

사실 슈뢰딩거는 파동함수가 복소함수라는 사실에도 난처함을 느끼고 있었다. 복소함수란 -1의 제곱근인 (단위허수) i가 들어 있는 함수를 말한다. 두 개 이상의 전자로 이루어진 복잡한 물리계의 파동함수는 3차원을 의미하는 3개의 좌표가 아니라 다차원을 의미하는 여러 개의 좌표로 서술되어야 한다. 예를 들어 N개의 입자로 이루어진 계의 파동함수는 $3N$개의 위치좌표가 필요하며, 이것은 $3N$ 차원의 배위공간(configuration space) 또는 위상공간(phase space)에서 정의되는 함수이다. 추상적인 다차원 공간에서 정의된 복소함수에 현실적인 의미를 부여하는 것은 결코 쉬운 일이 아니다. 그러나 복소함수에 굳이 의미를 부여하거나 물리적 해석을 내릴 필요가 없다면 아무런 문제가 없다.

　막스 보른은 (1926년 6월에 제출한) 논문을 급히 써 내려가면서 "추후에 좀 더 자세한 내용을 발표하겠다"고 약속했고, 파동함수에 대해 한층 더 구체적이고 심오한 해석을 내린 두 번째 논문을 한 달 후에 발표했다. 논문의 말미에는 "아인슈타인의 업적이 나에게 영감을 불어넣어 주었다"며 감사의 말을 전했다. 이 논문에서 막스 보른은 원자에서 어떤 전이가 일어난 후 파동함수가 '두 개 이상의 불연속적인 고유함수의 중첩'으로 표현되는 계를 고려했다. 여기서 전체 파동함수 Ψ에 대한 각 고유함수 Ψ_n의 기여도(또는 진폭)는 '혼합인자(mixing factor)'로 불리는 c_n에 의해 결정된다(물리계 전체를 서술하는 파동함수 Ψ가 Ψ_1, Ψ_2, Ψ_3, …의 중첩이라는 것은 $\Psi = c_1\Psi_1 + c_2\Psi_2 + c_3\Psi_3 + \cdots$의 형태로 표현된다는 뜻이다. 여기서 c_1, c_2, c_3, …는 일반적으로 복소수이다-옮긴이). 보른은 "전이가 일어난 후 계의 상태가 Ψ_n으로 서술될 확률은 Ψ_n의 혼합인자인 c_n의 절댓값의 제곱, 즉 $|c_n|^2$과 같다"고 제안했다. $|c_n|^2$은 확률이므로 0과 1 사이의 값을 가져야 한다.

　막스 보른은 6월 논문에서 전자와 원자의 충돌에서 나타나는 전이 확률을 논했지만, 두 번째 논문에서는 특정한 양자 상태가 나타날 확률을 구체적으로 언급함으로써 파동함수 Ψ에 확실한 물리적 의미를 부여했다.

　그 후 보른은 자신의 논리를 완벽한 형태로 완성했고, 1926년 8월에 영국학술협회의 초청을 받아 옥스퍼드대학교에서 파동함수의 해석을 주제로 청중들의 기억에 남을 만한 강연을 했다. 이 자리에는 괴팅겐대학교에서 보른의 연구 동료인 제임스 프랑크(1882~1964)와 공동 연구를 하고 있던 로버트 오펜하이머(1904~1967)라는 미국 출신의 물리학자도 있었는데, 그가 막스 보른의 강연 내용을 영어로 번역하여 1927년에 영국 학술지 〈네이처(Nature)〉에 기고했다. 옥스퍼드대학교 강연에서 막스 보른은 최초로 고전물리학의 통계적 확률과 파동함수로 대변되는 양자역학적 확률 사이의 차이점을 분명히 밝혔다.

고전역학에서는 임의의 순간에 닫힌 물리계의 상태(모든 구성 입자의 위치와 속도)를 알고 있으면 그 계의 모든 미래를 정확히 알 수 있다. 물리학의 인과 원리는 이와 같은 방식으로 작동한다. … 그러나 고전물리학에서는 인과율 이외에 통계적 방법도 사용되어왔다. 주어진 계의 초기 조건이 명확히 알려져 있지 않다면 확률적으로 서술하는 수밖에 없다. 그러므로 적어도 당분간은 통계적 방법이 계속 사용될 것이다.

고전역학에서는 계가 너무 크고 복잡해서 구체적인 정보를 '알 수 없는' 경우에 한하여 확률적 접근법이 사용된다. 원자 및 분자 기체의 물리적 특성을 서술하는 루트비히 볼츠만의 통계역학이 그 대표적 사례이다. 미시적 규모에서 개개의 원자와 분자들은 인과율과 결정론을 충실히 따르고 있지만, 그 많은 입자들의 위치와 속도를 일일이 파악하기는 거의 불가능하다. 그래서 우리는 기체의 특성을 논할 때 통계적 평균값에 의존하는 수밖에 없다.

막스 보른은 고전적 확률과 양자역학적 확률의 차이점을 다음과 같이 부각시켰다.

고전이론에서는 각 입자의 물리적 과정을 결정하는 미시적 좌표를 도입하여 여러 물리량의 평균값을 구한 다음에는 좌표를 제거해버린다. 미시적 좌표를 갖고 놀아봐야 문제만 복잡해질 뿐 알아낼 수 있는 정보가 거의 없기 때문이다. 그러나 양자역학은 이런 좌표를 도입하지 않고서도 동일한 결과를 얻을 수 있다. 물론 누군가가 그런 좌표가 존재한다고 주장해도 딱히 반박할 논리는 없지만, 실험을 통해 관측할 수 없다면 물리적으로 아무런 의미가 없다.

막스 보른은 "확률파동이라는 기본 개념은 어떤 형태로든 살아남을 것"이라는 말을 끝으로 옥스퍼드 강연을 마무리했다.

언뜻 생각해보면 고전적 확률과 양자적 확률의 차이가 너무나 자명하기 때문에 일일이 따지고들 필요가 없을 것 같다. 괴팅겐과 코펜하겐의 물리학자들은 막스 보른의 해석이 매우 직관적이면서 자명하다고 생각했다. 그래서 하이젠베르크는 1926년 11월에 양자적 확률 해석을 수용하는 논문을 발표하면서 막스 보른의 6월 논문과 7월 논문을 전혀 언급하지 않았다.

그러나 양자역학에 확률이 도입되었다는 것은 물리학 이론에서 기본적 요소가 제거되었음을 의미한다. 양자역학은 특별한 처방전을 이용하여 전이(轉移, transition)의 결과로 나타날 수 있는 각 상태의 종류와 이들의 확률을 결정한다. 여기서 처방전을 적용한다는 것은 전이의 원인을 명확히 서술한다는 뜻이다. 그러나 양자역학으로는 다양한 결과들 중 실제로 어떤 결과가 나올지 예측할 수 없다. 원인을 규명하고 가능한 결과를 나열할 수는 있지만, 이들 중 어떤 결과가 나올지는 순전히 확률에 의해 결정된다.

일부 물리학자들은 이 사실을 몹시 불편하게 생각했다. 막스 보른의 해석에 동의할 수 없었던 슈뢰딩거는 빌헬름 빈에게 다음과 같은 내용의 편지를 보냈다.

저는 지난 주 〈물리학시보〉에 실린 보른의 논문을 읽고 그가 양자역학을 어떻게 생각하는지 대충 알게 되었습니다. 파동은 인과율에 입각한 장(場)의 법칙으로부터 정확히 결정되는 반면, 파동함수는 광양자나 물질 입자의 실제 운동에 대한 확률만을 알려준다는 것이 그의 주장입니다. 그러나 보른은 이것이 '관측자가 장과 입자 중에서 무엇을 실체로 간주하느냐'에 따라 달라질 수 있다는 사실을 간과한 듯합니다. 실체가 사고의 복합체라고 주장한다면 달리 할 말이 없지만, 그렇지 않다면 무엇이 실체인지를 판별하는 기준은 존재하지 않는다고 생각합니다.

슈뢰딩거는 파동함수가 물리적 실체라는 자신의 생각을 고수하면서 보른이 제안한 양자도약의 개념을 단호히 거부했다. 보른은 유령장을 제안했던 아인슈타인에게 1926년 11월 30일 편지를 보내 감사의 뜻을 전했고, 아인슈타인은 자신의 생각을 요약하여 다음과 같은 답장을 보내왔다.

양자역학은 매우 인상적인 이론이지만, 여러 가지 면에서 비현실적이라는 느낌을 떨치기 어렵습니다. 양자역학이 물리적 세계를 정확히 예견한다 해도, 자연의 비밀에 더 가까이 다가갔다고는 생각되지 않습니다. 제가 아는 신은 수사위놀음 같은 것을 즐기지 않기 때문입니다.

아인슈타인은 탁월한 천재성과 직관으로 양자역학의 탄생에 결정적 역할을 했지만, 결국에는 양자역학을 가장 극렬히 반대하는 쪽에 서게 되었다. 보른은 아인슈타인의 냉담한 반응에 크게 당황했다. 그 뒤 물리학계는 양자 수준에서 '실체란 무엇인가?'를 놓고 과학 역사상 가장 격렬한 논쟁을 벌이게 된다.

빌어먹을 양자도약!
1926년 10월, 코펜하겐/슈뢰딩거, 보어, 하이젠베르크

하이젠베르크는 단연코 격노했다. 그가 창시했던 양자역학이 직관적이고 친숙한 슈뢰딩거의 파동역학에 밀리고 있었기 때문이다. 이미 많은 물리학자들이 파동역학으로 기꺼이 전향했고, 하이젠베르크는 환멸감에 빠졌다. 이런 분위기 속에서 행렬역학은 더 이상 설 자리가 없을 것 같았다.

이 무렵 양자역학은 파동함수의 해석보다 더 큰 문제를 안고 있었다. 양자도약을 제거하고 고전적인 시-공간의 관점으로 되돌아가려는 슈뢰딩거의 시도는 과연 옳은 것인가? 파동역학이 '가장 근본적인 단계의 양자 법칙'으로 수용되면˙ 헬고란트에서 하이젠베르크가 발견했던 행렬역학은 폐기되고, 새로운 분야를 개척하겠다는 그의 꿈도 물거품이 된다. 물리학자로서 하이젠베르크의 인

˙ 막스 보른은 1926년 6월에 발표한 논문에 다음과 같이 적어놓았다. "충돌을 서술하는 여러 이론들 중에서 슈뢰딩거의 이론이 유일하게 옳은 것으로 판명되었으므로, 나는 이것을 가장 근본적인 단계의 양자 법칙으로 간주할 것이다."

생 자체가 심각한 위기에 직면한 것이다.

1926년 4월, 하이젠베르크는 라이프치히대학교의 이론물리학부 교수직 제안을 거절하고 보어가 있는 코펜하겐 연구소로 떠났다. 그곳에서 연구를 해왔던 헨드릭 크라메르스가 위트레흐트대학교의 교수로 채용되면서 공석이 생겼기 때문이다. 독일의 젊은 학자들은 전통적으로 생애 첫 번째 교수직 제안을 거절하는 일이 거의 없다. 크라메르스가 위트레흐트대학교 측으로부터 교수직을 제안 받았을 때에도 그의 부친이 수락할 것을 강력히 권했다고 한다. 하이젠베르크는 라이프치히와 코펜하겐 중 어느 곳으로 갈지 고민하면서 주변의 명망 있는 물리학자들에게 자문을 구했는데, 모두 한결같이 코펜하겐을 권했다. 그리하여 1926년 5월의 어느 날, 하이젠베르크는 코펜하겐에 도착했다.

하이젠베르크는 슈뢰딩거의 수학 체계가 유용하고 친숙하다는 점을 인정했다. 1926년 6월 파울리에게 보낸 편지에는 슈뢰딩거의 접근 방식이 행렬역학에도 적합하다고 적었다. 또한 그는 파동역학이 행렬역학의 부족한 점을 보완한다는 생각도 갖고 있었다.

어쨌거나 대세를 거스를 수는 없었다. 하이젠베르크는 재기의 발판을 마련해야 했고, 이를 위에서는 슈뢰딩거를 직접 만나 토론을 벌이는 것이 최선의 선택이었다.

─────────────────── \\/\\/\\/ ───────────────────

토론의 첫 번째 기회는 1926년 7월 말에 찾아왔다. 빌헬름 빈과 아르놀트 좀머펠트가 두 차례에 걸친 강연을 기획하면서 슈뢰딩거를 연사로 초청한 것이다. 강연 장소는 뮌헨이었다. 첫날 강연은 독일물리학회에서 독일어로 진행되고, 두 번째 강연은 특별히 선별된 양자물리학자들을 위한 자리였다. 당시 코펜하겐대학교의 강사이자 닐스 보어의 보조 연구원이었던 하이젠베르크는 내키지 않는 파동역학을 공부하면서 바쁜 나날을 보내던 중 노르웨이로 휴가 여행을 떠났다가 7월에 뮌헨에 도착하여 부모님 댁에 머물고 있었다. 그는 독한 마음을 먹고 두 차례에 걸친 슈뢰딩거의 강연에 모두 참석했다.

강연 첫날, 하이젠베르크는 입을 다문 채 끝까지 경청했다. 그러나 7월 24일에 열린 두 번째 강연에서 슈뢰딩거가 마지막 결론을 내리는 순간, 하이젠베르크는 큰 소리로 이의를 제기했다.

하이젠베르크는 "당신이 그토록 신뢰하는 파동역학은 근본적인 현상을 설명하지 못한다"고 주장했다. 사실이 그랬다. 파동역학으로는 플랑크의 복사 법칙이나 콤프턴효과, 스펙트럼선의 광도 등을 설명할 수 없었다. 이런 현상을 설명하려면 불연속성과 양자도약이라는 개념을 수용해야 한다. 슈뢰딩거의 파동역학은 연속성에 기반을 두고 있었기에, 이와 같은 현상들을 수용할 여지가 없었다.

그러나 하이젠베르크의 예상과 달리 청중들의 반응은 썰렁했다. 특히 빌헬름 빈은 하이젠베르크를 노려보며 닥치고 자리에 앉으라는 수신호를 보냈다. 훗날 하이젠베르크는 그날의 일을 회상하며 이렇게 적어놓았다.

… 빈은 "심혈을 기울였던 행렬역학이 홀대 받는 상황에서 자네의 심정이 어떨지 이해가 간다"며 위로의 말을 건넸다. 그러고는 양자도약을 비롯한 몇

가지 문제점은 머지않아 슈뢰딩거가 해결할 것이라고 단언했다. 슈뢰딩거 자신은 드러내놓고 장담하진 않았지만, 내가 제기했던 파동역학의 약점을 보완하는 것은 오직 시간문제일 뿐이라고 믿는 듯했다.

청중석에 앉아 있던 대부분의 물리학자들도 빈과 비슷한 입장이었다. 당시 60대 초반의 노련한 실험물리학자였던 빌헬름 빈은 3년 전 하이젠베르크의 박사학위 논문(이론이 아닌 실험 논문이었다)을 심사하면서 문제점을 제기한 적이 있는데, 그때 하이젠베르크의 태도가 다소 불손하고 문제점을 완전히 해결하지도 못했다며 형편없이 낮은 점수를 준 적이 있었다(제5장 참조). 그 뒤로도 빈은 하이젠베르크에 대해 별로 좋지 않은 감정을 갖고 있었으니, 강연 현장에서 양자역학의 슈퍼스타에게 딴지를 거는 모습이 결코 좋아 보이지는 않았을 것이다. 당시 하이젠베르크의 지도 교수였던 좀머펠트는 젊은 제자의 뛰어난 능력을 인정하여 빈의 공격을 막아주었으나, 지금은 슈뢰딩거의 단순하면서도 우아한 수학에 완전히 매료되어 있었다.

사람들의 반응에 크게 실망한 하이젠베르크는 강연이 끝난 직후 보어에게 편지를 썼다. 물론 이 편지에는 "내가 슈뢰딩거에게 이의를 제기했는데, 사람들의 반응이 지나칠 정도로 적대적이었다"는 내용도 들어 있었다. 보어는 하이젠베르크의 입장을 충분히 이해한다며 슈뢰딩거를 코펜하겐으로 초청하여 토론의 장을 마련하겠다고 약속했다. 그리하여 슈뢰딩거는 1926년 9월에 코펜하겐으로 왔고, 하이젠베르크도 만사를 제쳐놓고 달려왔다. 이때 이들이 나누었던 토론은 양자역학의 미래와 물리적 실체에 대한 개념을 정립하는 시금석이 되었다.

1926년 8월 말에 슈뢰딩거는 부인 아니와 함께 3주 동안 오스트리아 사우스티롤로 여행을 떠났다. 그 후 아니는 그녀의 가족이 있는 잘츠부르크로 갔고, 슈뢰딩거는 며칠 동안 빈에 머물다가 9월 말에 보어의 초청을 받고 코펜하겐을 방문했다.

보어와 하이젠베르크, 슈뢰딩거의 삼자 토론은 코펜하겐 기차역에서부터 시작되었다. 그날 생전처음으로 보어와 대면한 슈뢰딩거는 마음속으로 적잖은 부담감을 느꼈을 것이다. 보어는 평소 방문객에게 친절하기로 소문난 사람이었으나, 그날만은 냉담하고 무뚝뚝한 자세로 일관하면서 슈뢰딩거가 하는 어떤 말에도 수긍하지 않았다. 보어와 하이젠베르크는 옳고, 슈뢰딩거는 틀렸다. 이제 보어의 임무는 슈뢰딩거가 진실에 눈을 뜨도록 계몽하는 것이었다.

그러나 슈뢰딩거도 결코 만만한 상대는 아니었다. 그는 파동역학에 대한 확신으로 단단히 무장한 채, 자신의 해석이 옳다는 것을 보어와 하이젠베르크에게 보여주겠다고 작정하고 온 참이었다. 게다가 대부분의 물리학자들이 그의 이론을 열렬히 지지했으므로, '어웨이' 경기라고 해서 주눅들 이유가 전혀 없었다.

슈뢰딩거가 먼저 포문을 열었다.

"여러분도 느끼고 있겠지만, 양자도약이라는 개념은 완전히 난센스입니다."

그는 원자 속의 전자가 불연속적으로 도약한다는 발상을 수용할 수 없다며 보어와 하이젠베르크에게 질문을 던졌다.

"그 도약이라는 것이 서서히 일어나는 사건입니까? 아니면 갑자기 일어나는 겁니까? 서서히 일어난다면 전자궤도의 진동수와 에너지도 서서히 변해야 하는데, 그렇다면 스펙트럼선이 항상 동일하게 나오는 현상은 어떻게 설명하실 겁니까? 또는 그 반대로 도약이 갑자기 일어난다면…… 도약이 진행되는 그 짧은 시간 동안 전자가 어떤 식으로 거동하는지 스스로 자문해봐야 합니다. 전자기론에 따르면, 스펙트럼은 분명히 연속인데 왜 원자의 방출스펙트럼은 그렇지 않은 것일까요? 그리고 도약을 좌우하는 물리 법칙은 대체 뭐란 말입니까? 제가 보기에 양자도약은 순전히 상상에 불과합니다."

질문이 끝나자 보어는 특유의 차분한 말투로 물리학 이론의 가시성과 이해 가능성에 대해 다음과 같이 말했다.

"모두 맞는 말입니다. 하지만 그것만으로는 양자도약이 존재하지 않는다는 것을 증명할 수 없지요. 당신의 주장은 '고전물리학의 범주를 벗어난 양자도약은 상상하기 어렵다'는 내용만 담고 있습니다. 따라서 우리의 일상적 경험을 넘어서 그런 현상이 실제로 발견된다 해도 크게 놀랄 일은 아니라고 생각합니다."

그러나 대화가 철학적으로 흐르는 것을 원치 않았던 슈뢰딩거는 단호히 말했다.

"당신이 어떤 어휘를 사용하든, 저는 그런 것에 관심 없습니다. 저는 그저 원자 안에서 어떤 일이 일어나고 있는지 알고 싶을 뿐입니다."

전자가 원자핵 주변을 공전하는 작은 입자라면, 이들은 어떻게 궤도를 유지하는가? 그리고 어떤 과정을 거쳐 한 궤도에서 다른 궤도로 이동하는가? 슈뢰딩거는 이런 것을 물리학 이론으로 설명할 수 있다고 생각했으나, 파동역학과 행렬역학은 둘 다 만족할 만한 설명을 제시하지 못했다. "전자를 물질파로 서술하면 모든 것이 달라지고 모순도 사라진다"는 것이 슈뢰딩거의 견해였다.

그러나 보어는 뜻을 굽히지 않았다.

"저는 거기에 동의하지 않습니다. 모순을 해결한 것이 아니라 다른 한구석으로 밀어놓은 것뿐이니까요."

그는 파동을 이용하여 막스 플랑크의 복사 법칙을 설명할 때 나타나는 문제점을 거론하면서 이렇게 반문했다.

"플랑크의 법칙에 따르면 원자는 불연속적으로 변하는 불연속의 에너지를 갖고 있어야 합니다. 당신은 양자역학의 기초에 이의를 제기하는 겁니까?"

보어의 주장을 인정할 수밖에 없었던 슈뢰딩거는 한 걸음 뒤로 물러났다.

"이 모든 관계들이 만족스럽게 설명되었다고는 생각하지 않습니다."

그러고는 파동역학에 열역학을 적용하면 답을 얻을 수 있을 것이라고 조심스럽게 제안했다.

보어는 여전히 단호했다.

"아니죠, 그럴 가능성은 없습니다. 플랑크의 복사 공식의 의미는 이미 25년 전부터 알려져 있었습니다. 뿐만 아니라 원자 규모에서 일어나는 갑작스러운 도약은 실험실에서 수시로 확인할 수 있습니다. 신틸레이션(scintillation, 형광체에 방사선이 충돌하여 순간적으로 밝은 섬광이 방출되는 현상)이나 안개상자(cloud chamber, 하전입자가 지나간 흔적을 관측하는 장치) 속에서 전자들이 갑자기 이동하는 현상이 대표적 사례입니다.* 이런 현상이 존재한다는 것은 누구도 부정할 수 없습니다."

그러자 슈뢰딩거의 목소리가 갑자기 커졌다.

---

* 안개상자는 J. J. 톰슨의 제자인 찰스 윌슨(1869~1959)의 발명품이다. 에너지가 큰 입자가 상자 속을 빠르게 지나가면 원자 속의 전자들이 이탈하면서 전하를 띤 이온들이 입자가 지나간 궤적을 채우게 된다. 이 이온을 중심으로 수증기가 응결하여 물방울이 형성되면 입자의 궤적을 눈으로 확인할 수 있다.

"그 빌어먹을 양자도약이 정말로 존재한다면, 저는 양자역학에 투신한 것을 두고두고 후회할 겁니다!"

보어는 격앙된 분위기를 진정시켜야겠다고 생각했다.

"그러나 우리 연구소의 물리학자들은 대부분 당신의 업적에 최상의 찬사를 보내고 있습니다. 당신이 창안한 파동역학은 수학적으로 단순 명쾌하면서 이전에 있었던 모든 양자역학을 능가하는 최고의 업적이라고 생각합니다."

그 뒤 슈뢰딩거는 보어의 집에 머물면서 밤낮으로 토론을 계속했다. 생각을 너무 많이 해서 그랬는지, 어느 날부터는 감기까지 걸려서 고열에 시달리며 침대에 누워 있어야 했다. 그런데 보어는 그를 편히 놔두지 않고 항상 침대 옆에 앉아서 말을 걸었다. 보어의 아내인 마그레더가 차와 케이크를 갖다 주며 슈뢰딩거를 간호했지만, 그럴 때마다 보어는 침대 옆에 걸터앉아 "하지만 당신은 이걸 인정해야 합니다. 그러니까……"라면서 환자를 괴롭혔다.

그러나 슈뢰딩거는 보어의 말을 하나도 인정하지 않았다.

사실 슈뢰딩거는 보어와의 토론에서 깊은 감명을 받고 파동이론과 입자이론을 어떻게는 합쳐야 한다고 생각하고 있었다. 파동역학만으로는 보어의 질문에 도저히 답할 수 없었기 때문이다.

그는 빈에게 보내는 편지에서 보어에 대해 다음과 같이 털어놓았다.

원자 문제에 대한 보어의 접근 방식은 … 정말 탁월합니다. 그는 일상적인 언어로는 아무것도 이해할 수 없다고 철석같이 믿더군요. 그래서 우리의 대화는 철학적으로 치우쳤고, 그러다 보니 그가 무엇을 공격하고 있는지 그리고 내가 어떤 부분을 방어해야 할지 종잡을 수가 없었습니다.

그러나 두 사람 사이에 나쁜 감정은 전혀 없었으며, 이들이 나눈 대화는 향후 양자역학의 나아갈 길을 제시하는 초석이 되었다. 슈뢰딩거의 편지는 다음과 같이 계속된다.

양자역학과 관련된 토론은 매우 격렬하면서 한 치의 양보도 없었지만, 보어는 개인적으로 아주 친절하고 예의 바른 사람이었습니다. 하이젠베르크도 저에게 깊은 배려와 친절을 베풀어주었지요. 이번 만남을 계기로 우리는 매우 친한 사이가 되었습니다.

셋 중 그 누구도 양자역학을 적절히 해석하지 못했지만, 보어와 하이젠베르크는 자신이 옳은 길을 가고 있다는 확신을 갖게 되었다.

보어는 슈뢰딩거와 대화를 나누면서 많은 영향을 받았다. 고전역학과 양자역학의 파동 개념을 완전히 꿰어 차고 있던 슈뢰딩거는 시공간에서 시각화할 수 있는 무엇인가를 찾기 위해 끊임없이 노력했고, 보어는 그런 모습을 보면서 무엇이 문제인지 확실히 깨달을 수 있었다.

슈뢰딩거가 파동역학에 집착한 이유는 파동 자체가 연속적 객체이고 시각화가 가능하다는 점 때문이었다. 바로 이런 특성 때문에 파동역학은 양자도약을 수용할 수 없었던 것이다. 보어는 "우리 주변에서 일어나는 일상적 사건들과 고전적 실험 결과를 설명하는 이론으로는 양자도약을 올바르게 서술할 수 없다"고 단언했다.

보어와 하이젠베르크는 근본적으로 시각화할 수 없는 물리학을 서술하려면 고전물리학을 포기해야 한다고 생각했다. 그러나 일부 고전적 개념들은 비고전적인 양자 현상을 정확히 설명하고 있었으므로 미련 없이 포기하기도 난처한 상황이었다.

아마도 보어는 고전적 파동과 입자의 개념을 모두 포용하는 이론이 존재한다고 생각했을 것이다. 그의 생각이 맞는다면 파동과 입자 중 어떤 특성을 관측하느냐에 따라 그에 합당한 부분을 골라서 설명하면 된다. 파동과 입자는 양립할 수 없는 개념이지만, 원자의 내부에서 벌어지는 현상을 완벽하게 설명하려면 두 가지 개념을 모두 포함하는 이론이 반드시 필요했다.

하이젠베르크도 깊은 생각에 빠졌다. 그는 막스 보른의 확률 해석을 기꺼이 받아들였지만, 파동역학을 '가장 근본적인 단계의 양자 법칙'으로 간주한 보른의 관점에는 동의하지 않았다. 그는 보른의 결론이 완벽하지 않으며, 다른 해석을 내릴 여지가 아직 많이 남았다고 생각했다. 한편, 슈뢰딩거의 해석에 동의하지 않았던 보른은 그의 파동역학이 행렬역학을 압도하는 현실을 별로 달갑지 않게 생각했다.

하이젠베르크는 코펜하겐 연구소 근처의 작은 아파트에 기거했다. 아파트의 벽은 약간 기울어져 있었는데, 창밖을 바라보면 저 멀리 펠레드 공원(Fælled Park)이 한눈에 들어왔다. 보어는 밤늦은 시간에 종종 이곳에 들러 새벽까지 하이젠베르크와 토론을 벌이곤 했다.

하이젠베르크는 양자역학에 대한 보어의 접근 방식이 너무 모호하고 철학적이며 임의적이라고 생각했다. '이것도 될 수 있고 저것도 될 수 있는' 애매한 이론은 그의 취향이 아니었다. 그가 생각하는 이론은 전자의 에너지나 운동량 등 관측 가능한 물리량을 단 하나의 값으로 결정할 수 있어야 했다.

많은 부분에서 의견이 엇걸렸지만, 하이젠베르크는 보어와 자신이 같은 결과를 향해 나아가고 있다는 확신이 들었다. 그는 안개상자 속에서 나타나는 전자의 궤적처럼 지극히 간단한 현상조차 다루기 어렵다는 사실에 놀라움을 감추지 못했다. 그도 그럴 것이, 행렬역학에는 궤적이라는 개념 자체가 없었다. 반면에 파동역학은 시간이 흐를수록 넓게 퍼지는 물질파의 개념을 이용하여 안개상자 속을 지나가는 전자의 궤적을 설명할 수 있었다. 그러나 안개상자 속에서 전자가 남긴 궤적을 한 번이라도 본 사람이라면 전자가 입자라는 주장을 결코 무시할 수 없을 것이었다.

훗날 하이젠베르크는 깊은 생각과 열띤 토론으로 일관했던 이 시기를 이렇게 회고했다.

보어와 밤늦게까지 토론을 나누다 보면 거의 예외 없이 절망적인 결론에 도달하곤 했다. 토론이 끝나면 나는 집 근처에 있는 공원을 혼자 거닐며 끊임없이 자문해보았다. 자연은 과연 우리가 도달한 결론처럼 상식에서 벗어난 존재일까……?

보어와 하이젠베르크는 자신의 지성을 한계까지 몰아붙이며 매일같이 열띤 토론을 벌였지만, 결국 아무런 결론도 내리지 못했다. 그러던 중 1927년 2월에 보어가 휴가를 맞이하여 스키 휴양지에 가 있는 동안 하이젠베르크는 잠시나마 심리적 중압감에서 벗어날 수 있었다.

코펜하겐에 혼자 남은 그는 "드디어 어느 누구의 방해도 받지 않은 채 이 복잡하고도 대책 없는 문제와 한판 승부를 벌일 수 있게 되었다".

IO

불확정성원리
1927년 2월, 코펜하겐/하이젠베르크

1926년 6월에 막스 보른은 슈뢰딩거의 파동역학을 전적으로 받아들였으나, 그해 11월에는 완강한 반대론자가 되었다. 그는 슈뢰딩거에게 "당신이 옳다면 파동역학은 정말 아름다운 이론일 것이다. 그러나 애석하게도 자연에서는 아름다운 일이 그리 자주 일어나지 않는다"고 말했다. 또한 보른은 아인슈타인에게 보낸 편지에 "슈뢰딩거의 파동역학은 순전히 수학적인 이론입니다. 그의 물리학적 식견은 그다지 뛰어난 것 같지 않습니다"고 써놓았다. 그는 과거와 달리 하이젠베르크의 행렬역학을 옹호하는 쪽으로 기울고 있었다.•

그러나 물리학계의 분위기는 괴팅겐과 다르게 흘러갔다. 대부분의 물리학자들은 행렬역학을 통해 이미 얻어진 결과들을 파동역학

• 막스 보른과 파스쿠알 요르단은 1930년에 양자역학 입문서를 공동으로 집필했는데, 여기에는 파동역학에 관한 이야기가 단 한 마디도 언급되어 있지 않다. 파울리는 이 책에 대하여 "종이 질과 인쇄 상태는 아주 훌륭하다"며 신랄한 혹평을 늘어놓았다. Beller, Mara, *Quantum Dialogue*, University of Chicago Press(1999) 참조.

으로 재현하는 데 열을 올렸다. 또한 그들은 행렬역학으로 해결할 수 없거나 너무 복잡했던 문제들도 파동역학으로 해결할 수 있다고 믿었다.

1926년 코펜하겐에서 보어와 하이젠베르크는 완고한 슈뢰딩거와 토론을 나누면서 자신들의 생각을 더욱 굳게 다졌다. 하이젠베르크는 괴팅겐의 동료들과 마찬가지로 자신이 창안한 행렬역학을 철회하려고 마음먹었으나, 오랫동안 보어와 많은 이야기를 나눈 끝에 새로운 접근법이 필요하다는 결론에 도달했다. 이제 그가 할 일은 처음으로 되돌아가서 '생각할 수 없는 것'을 생각하는 것이었다.

그는 원자의 양자역학에서 파동과 입자를 포함한 고전적 시공간의 개념을 포기하고, 스펙트럼선의 광도와 위치 등 실험실에서 실제로 관측되는 양에 관심을 기울였다. 1927년에 코펜하겐을 떠난 후로 하이젠베르크는 관측된 양의 의미와 중요성을 줄곧 생각해오다가 행렬역학에 '시각화할 수 있는' 무엇인가가 필요하다는 사실을 깨달았다.

그리고 얼마 뒤 과학사에 길이 남을 위대한 발견을 하게 된다.

여러 해 전에 막스 보른은 파동역학에 반대하는 자신의 입장을 밝히면서 이런 말을 한 적이 있었다.

"자연에 입자가 존재한다는 것은 제임스 프랑크의 원자-분자 충돌 실험에서 매일같이 확인되고 있는 엄연한 사실이다. 따라서 그 누구도 입자의 개념을 쉽게 포기할 수 없다."

안개상자에 나타나는 전자의 궤적은 전자가 입자임을 분명히 보여주었다. 그러나 이 현상을 슈뢰딩거의 파동역학으로 설명하려면 '파동묶음'이라는 부적절한 개념을 도입해야 했다. 전자의 입자성에 관한 한, 파동역학은 적절한 이론이 아니었던 것이다.

상황은 매우 혼란스러웠다. 하이젠베르크의 목적은 파동적 해석을 고집하는 슈뢰딩거의 이론을 몰아내고 행렬역학의 우위를 되찾는 것이었으며, 이를 위해서는 입자의 양자도약을 설명할 수 있도록 행렬역학의 체계를 다시 세워야 했다. 그러나 행렬역학은 애초부터 고전적 개념을 제거하는 것이 목적이었으므로, 이들의 대립은 행렬과 파동의 대결이나 입자와 파동의 대결이 아닌 '연결성'의 대결이었다. 하이젠베르크는 행렬역학의 양자적 특성을 십분 활용하여 거시적 규모에서 나타나는(즉, 실험실에서 직접 관측할 수 있는) 물체의 입자성을 서술하고자 했다. 이것이야말로 슈뢰딩거의 파동역학으로는 설명할 수 없는 부분이었기 때문이다.

괴팅겐에서 파스쿠알 요르단과 나눴던 대화는 하이젠베르크에게 많은 도움이 되었다. 그리고 디랙은 1926년 9월에 코펜하겐을 방문하여 6개월간 머물면서 하이젠베르크에게 깊은 영감을 불어넣어 주었으며, 파울리도 결정적 실마리를 제공했다. 1926년 10월에 하이젠베르크는 파울리에게 편지 한 통을 받았는데, 거기에는 파동함수에 대한 새로운 해석이 제시되어 있었다. 즉, 파동함수의 절댓값의 제곱이 계가 특정한 상태에 놓일 확률이나 전이확률(transition probability)을 나타낸다는 막스 보른의 해석을 취하는 대신에 '원자의 내부에서 궤도 운동을 하는 전자가 특정 위치에서 발견될 확률'로 해석한 것이다. 파울리의 해석에

따르면, 전자는 한정된 공간에 '퍼져 있는' 입자이며 위치에 따라 발견될 확률이 달라진다.•

파울리의 제안은 새로운 것이 아니라, 슈뢰딩거의 파동함수와 보른의 확률 해석을 조합하여 시공간 서술을 재해석한 것이다. 이런 식의 '연결'이 반드시 필요하다고 생각했던 파울리는 "행렬 요소들은 정적 상태에 있는 입자의 관측 가능한 동역학적(또는 통계역학적) 데이터와 어떻게든 연결되어야 한다"고 굳게 믿었다. 수소 원자의 행렬역학과 관련하여 1926년 1월에 발표한 논문에서 자신이 취했던 관점을 완전히 뒤바꾼 것이다.

파울리가 하이젠베르크에게 보낸 편지에는 양자역학적 위치와 운동량 사이의 관계에 대하여 중요한 내용이 언급되어 있는데, 그의 논지는 두 개의 전자가 충돌할 때 분명히 나타난다. 전자들이 서로 멀리 떨어져 있는 경우, 개개의 전자는 위치(q)와 운동량(p)이 명확히 정의된 평면파로 간주할 수 있다. 그러나 전자들 사이의 거리가 어느 한계 이상 가까워지면 모든 것이 불명확해진다. 파울리는 이것을 '어두운 지점(dark point)'이라 불렀다. 전자의 위치가 명확하면 운동량이 불확실해지고, 운동량이 명확하면 위치가 불확실해지는 것이다. 파울리는 편지에 다음과 같이 적어놓았다.

"운동량을 보는 눈(p-eye)으로 세상을 바라보거나 위치를 보는 눈(q-

• 좀 더 정확히 말하면 파울리는 위치 q와 $q+dq$ 사이에서 전자가 발견될 확률이 $|\Psi(q)|^2 dq$로 주어진다고 제안했다. 여기서 dq는 좌표 q의 무한히 작은 증분(infinitesimal increment)이다.

• 이 해석은 지금까지도 '오비탈(orbital, 궤도)'이라는 개념으로 남아 있다. 이것은 '전자밀도' 또는 '전자가 발견될 확률이 높은(90% 이상) 위치들로 이루어진 구 껍질의 경계면'으로 시각화할 수 있다.

eye)으로 세상을 바라보면 모든 것이 명확하지만, 두 눈을 동시에 뜨면 세상은 극심한 혼돈에 빠진다.”

이 현상의 기원은 위치-운동량 교환 관계로 거슬러 올라간다.

“행렬 요소들은 원리적으로 관측 가능한 동역학적 데이터와 관련되어야 한다”는 파울리의 편지에서 힌트를 얻은 하이젠베르크는 안개상자에 나타난 전자의 궤적을 행렬역학으로 서술하는 작업에 착수했으나 시작과 동시에 곧바로 난관에 직면했다.

… 눈앞에 닥친 문제가 해결 불가능하다는 사실을 알았을 때, 나는 질문 자체가 틀렸을 수도 있다는 생각을 떠올렸다. 그렇다면 대체 어디서 틀린 것일까? 안개상자에 나타난 전자의 궤적은 결코 환영이 아니다. 그것은 분명히 그곳에 존재한다. 그러나 양자역학의 수학 체계도 확실하기는 마찬가지다. 수정할 여지가 없을 만큼 너무나 확고부동하다. 그렇다면 이들을 서로 이어주는 연결 고리가 어딘가에 존재할 것이다. 지금 당장 눈에 보이지는 않지만, 분명히 존재해야 한다.

언젠가 하이젠베르크는 베를린에서 행렬역학에 관한 강연을 마친 후 아인슈타인과 대화를 나눈 적이 있었다. 그때 아인슈타인은 새로운 이론의 철학적 기반을 문제 삼으면서 “원자의 내부에서 관측 가능한 특성만을 다뤄야 한다”는 하이젠베르크의 주장에 이의를 제기했다.

아인슈타인은 물었다

“하지만 당신은 물리학 이론이 관측 가능한 양만을 다뤄야 한다고 철석같이 믿고 있지 않습니까?”

하이젠베르크는 물음으로 되받았다.

"당신도 상대성 이론을 개발할 때 그런 지침을 따르지 않았습니까?"

아인슈타인은 그 점을 인정하면서도 뜻을 굽히지 않았다.

"물론 물리학 이론의 본분은 관측 가능한 양을 예측하는 것입니다. 그러나 당신도 알다시피 관측이라는 것은 매우 복잡한 과정입니다. 우리가 관측하려는 현상이 관측 장비 안에서 또 다른 사건을 만들어내기 때문입니다. 그 결과 관측 장비의 내부에서는 또 다른 과정이 진행되고, 이것이 복잡한 단계를 거쳐 관측자에게 인식되는 것입니다. 순수한 자연현상에서 뇌의 인식 작용에 이르는 이 모든 과정으로부터 우리는 자연이 작동하는 방식을 알아내야 하며, 현실적인 언어로 자연의 법칙을 서술할 수 있어야 합니다. 그래야 무언가를 관측했다고 주장할 수 있습니다."

아인슈타인은 우리가 어떤 자연현상을 관측하려고 할 때 그 현상이 관측 장비 안에서 또 다른 사건을 만들어낸다는 점을 지적한 것이다. 두 사람의 대화는 늦은 밤이 되어서야 마무리되었고, 하이젠베르크는 혼자 펠레드 공원을 거닐며 스스로에게 가장 근본적인 질문을 던져보았다. 우리는 전자의 '위치'라는 말을 수시로 언급하고 있다. 그런데 그 '위치'의 진정한 '의미'는 무엇일까? 안개상자에 나타난 전자의 궤적은 매우 현실적으로 보인다. 그렇다면 그 궤적은 전자가 지나간 '진정한 경로'와 정확히 일치할까?

성급한 판단은 금물이다. 안개상자에서 우리 눈에 보이는 전자의 경로는 '경로 자체의 흔적'이 아니라 움직이는 전자에 의해 이온화된 물방울의 흔적이다. 전자보다 훨씬 큰 물방울을 탐색자로 사용했기 때문에, 안개상자에 나타난 전자의 순간적 위치와 운동량은 실제와 다를 수밖에 없다. 즉, 우리는 전자와 관련된 정보를 근사적으로밖에 알 수 없는 것이다.

하이젠베르크는 다양한 질문을 떠올리다가 드디어 올바른 질문을 찾아냈다.

'양자역학은 전자가 주어진 장소에서 근사적으로 가까운 곳에 위치하고 주어진 속도에서 근사적으로 비슷한 속도로 움직인다는 사실을 서술할 수 있는가? 그리고 우리는 이 '근사적인 값'의 오차를 무한정 작게 만들 수 있는가?'

하이젠베르크는 숙소로 돌아와 서둘러 계산을 시작했다. 그리고 잠시 후 행렬역학을 이용하여 근사치의 오차를 수학적으로 표현하는 데 성공했다. 그가 그토록 찾아 헤매던 연결 고리가 드디어 눈앞에 드러난 것이다.

이것이 바로 "위치의 불확정성과 운동량의 불확정성을 곱한 값은 플랑크상수 h보다 작을 수 없다"는 하이젠베르크의 '불확정성원리(uncertainty principle)'이다.* 관측 행위가 어떤 방식으로 이루어지든 간에, 위치와 운동량을 동시에 측정했을 때 우리가 얻을 수 있는 정확도에는 한계가 있다. 고전물리학에서는 h를 0으로 가정했기 때문에 이와 같은 불확정성이 존재하지 않는다(사실 고전물리학은 h를 특정한 값으로 가정한 것이 아니라 h의 존재 자체를 모르고 있었다. 그런데 h를 모른다는 것은 $h=0$으로 간주했다는 뜻이고, 이는 곧 모든 물리량이 연속이라는 것을 의미한다-옮긴이).

불확정성원리를 유도한 하이젠베르크가 그다음으로 할 일은 이것이

---

* '불확정성'이라는 말은 '결정 불가능성(indeterminacy)' 또는 위치나 운동량의 평균값으로부터 계산된 '평균평방근편차(root-mean-square deviation)'를 의미한다. 불확정성원리에 대한 최신 해석에 따르면, 위치와 운동량의 불확정성의 곱은 $h/4\pi$보다 작을 수 없다.

어떤 경우에도 위배될 수 없는 자연의 기본 원리임을 입증하는 것이었다. 그는 불확정성원리를 분명히 보여주는 몇 가지 사고실험을 고안했는데, 이것은 실험실에서 실제로 실행하는 실험이 아니라 가상의 실험장비에 현실적인 논리를 적용하여 상상 속에서 진행되는 실험이었다.

임의의 물체의 위치와 운동량을 논하려면 이 값들을 측정하는 실험장비부터 명확히 정의되어야 한다. 하이젠베르크는 괴팅겐대학교 학생 시절에 동료들과 나눴던 대화를 떠올렸다. 원자핵 주변에서 궤도 운동을 하는 전자 또는 안개상자 속에서 움직이는 전자의 위치와 속도(또는 운동량)를 측정한다고 가정해보자. 가장 직접적인 방법은 현미경을 들이대고 전자의 운동을 추적하는 것이다. 복사(빛)의 진동수가 클수록 광학 현미경의 해상도도 높아지므로, 전자를 보려면 감마선 현미경이 필요하다. 물론 이런 현미경은 존재하지 않고 만들 수도 없지만, 논리를 진행하기 위해 손재주 좋은 누군가가 만들었다고 가정하자(그래서 이 실험을 '사고실험'이라 부르는 것이다). 이제 감마선 광자[•]가 전자를 때리면 당구공처럼 튕겨 나오고, 이들 중 일부가 현미경의 렌즈에 도달하여 확대된 영상을 만들어낼 것이다.

그러나 여기에는 약간의 문제가 있다. 감마선은 고-에너지 광자로 이루어져 있기 때문에, 이들이 전자를 때릴 때마다 전자는 심하게 교란된다(이 현상은 콤프턴효과를 통해 이미 증명되었다-옮긴이). 그리고 전자가 교란된다는 것은 전자의 진행 방향과 운동량이 변한다는 것을 의미한다. 이런 상황에서는 막스 보른이 주장했던 바와 같이 전자가 특정 방향, 특

• 1926년에 미국의 화학자 길버트 루이스(1875~1946)는 복사에너지의 단위를 나타내기 위해 '광자(photon)'라는 용어를 처음으로 사용했다. 그 후 1927년에 아인슈타인이 자신의 논문에 광양자를 '광자'로 표현하면서 정식 용어로 굳어지게 되었다.

정 속도로 산란될 '확률'만을 알 수 있을 뿐 원래의 속도를 알아낼 방법이 없다. (상상 속의) 감마선 현미경을 사용하면 임의의 한순간에 전자의 위치를 정확히 알 수 있지만, 그와 동시에 전자와 관측 장비가 상호작용을 교환하기 때문에 전자의 운동량에 대해서는 아무것도 알 수 없다. 다시 말해서, 파울리가 말했던 '위치를 보는 눈(q-eye)'으로 전자를 바라보면 운동량 p의 정확한 값을 알 수 없게 되는 것이다.

전자의 교란을 줄이면 이 문제를 극복할 수 있지 않을까? 좋은 생각이다. 어차피 사고실험은 공짜니까, 이번에는 에너지가 작은 광자(파장이 긴 빛 또는 진동수가 낮은 빛)를 이용하여 전자를 관측해보자. 그러면 전자가 크게 교란되지 않을 것이므로 운동량을 정확히 측정할 수 있다. 그러나 현미경의 해상도가 현격히 떨어져서 전자의 정확한 위치를 알 수가 없다. 즉, 파울리의 '운동량을 보는 눈(p-eye)'으로는 위치 q를 정확히 측정할 수 없는 것이다.

하이젠베르크의 논리는 다음과 같이 계속된다.

"그러므로 전자의 위치가 정확히 관측될수록 전자의 운동량은 불확실해지고, 이와 반대로 전자의 운동량이 정확히 관측될수록 위치가 불확실해진다. 이 모든 내용은 방정식 $\mathbf{pq-qp}=i\hbar$ 속에 함축되어 있다. 원자핵 주변에서 움직이는 전자의 경로를 관측하려면 파장이 궤도의 폭보다 짧은 빛을 비춰야 하는데, 파장이 짧은 빛의 광자는 에너지가 커서 전자를 원래 궤도에서 완전히 벗어나게 만들기 때문에(즉, 궤도의 한 '점'밖에 관측할 수 없기 때문에) 전자의 '경로'를 정의할 수 없게 된다."

하이젠베르크는 에너지와 시간에도 이와 비슷한 논리가 적용된다는 사실을 알아냈다. 즉, 에너지와 시간 사이에도 극복할 수 없는 불확정성이 존재하여 둘 다 정확히 측정할 수 없다는 것이다. 이 원리를 실제 상황에 적용하면 복사에너지의 양과 에너지가 방출되는 시간의 관계를 알 수 있다. 원자에서 방출되는 복사에너지의 수명(높은 에너지 상태의 원자에서 방출된 복사에너지의 강도가 일정 비율까지 감소하는 데 걸리는 시간)과 에너지의 불확정성 사이의 관계는 위치와 운동량의 관계와 같다. 즉, 한쪽의 불확정성을 줄이면 다른 쪽의 불확정성이 증가한다. 그런데 수명의 불확정성은 고에너지 상태에서 광자가 방출되는 '정확한 시간'의 불확정성으로 해석할 수 있다. 다시 말해서, 수명 곧 광자가 방출되는 시간을 정확히 측정할수록 에너지 곧 광자를 방출한 원자의 에너지 상태의 정확한 값을 알 수 없게 되고, 그 반대도 마찬가지다.

하이젠베르크는 양자적 규모에서 실행되는 관측의 정확도에 근본적 한계가 있음을 지적한 것이다. 어떤 대상을 어떤 방법으로 관측하든, 모든 관측 행위는 관측 대상을 필연적으로 교란시킬 수밖에 없기 때문이다. 그리고 이 과정에서 양자도약의 불연속적인 특성이 두드러지게 나타난다. 양자 규모의 미시 세계에서 볼 때 우리가 사용하는 관측 장비와 관측 기술은 매우 거칠고 투박하다. 이것은 마치 눈을 가린 채 두툼한 스키 장갑을 낀 손으로 더듬어서 사물을 구별하는 것과 비슷하다. 양자역학은 '관측 가능한 양'에 근본적 한계를 부과했기 때문에, 우리는 무엇이 관측 불가능한지 상상만 할 수 있을 뿐 그 이상은 아무것도 할 수 없다.

하이젠베르크는 불확정성원리가 인과율에 대한 사형선고라고 믿었다. 양자적 상호작용이 근본적인 단계에서 불연속적이라는 것은 상호작용의 결과를 정확히 예측할 수 없다는 뜻이기 때문이다. 그러나 따지고 보면 고전물리학에서도 인과율은 성립하지 않았다. 여기서 잠시 하이젠베르크의 설명을 들어보자.

　"현재를 정확히 알면 미래를 예견할 수 있다"는 것은 고전물리학의 결론이 아니라 가정이다. 현재를 정확히 아는 것이 원리적으로 불가능하기 때문이다. 따라서 우리에게 관측된 모든 것은 '하나밖에 없는 유일한 결과'가 아니라 수많은 가능성들 중 하나가 우연히 선택되어 나타난 것이다. 양자역학의 통계적 특성은 부정확한 지각(知覺)과 밀접하게 관련되어 있으므로, 우리가 인식하는 통계적 세계의 저변에 '진짜' 세계가 숨어 있다고 가정할 수도 있다. 그러나 내가 보기에 이런 식의 가정은 아무런 의미가 없다. 물리학의 본분은 관측된 결과들 사이의 상호 관계를 설명하는 것이기 때문이다. 이 상황을 좀 더 정확히 서술하면 다음과 같다. 즉 모든 실험과 관측은 양자역학의 법칙을 따른다. … 그러므로 양자역학은 인과율이 성립하지 않는다는 것을 선포한 최후의 법정이다. 그 이상의 판결 기관은 이 세상에 존재하지 않는다.

아인슈타인은 "무엇이 관측 가능한지를 결정하는 것은 물리학 이론"이라고 말했었다.

하이젠베르크가 인과율에 사망선고를 내린 뒤로 양자 규모 관측의 또 다른 특성이 도마 위에 올랐다. "모든 관측 결과는 수많은 가능성들 중 하나"라는 주장이 문제가 된 것이다. 관측 과정에서 일어나는 상호 작용이 다양한 가능성을 낳고, 이 상태는 관측 고유 상태의 중첩인 $c_1\Psi_1 + c_2\Psi_2 + c_3\Psi_3 + \cdots\cdots$ 으로 표현되며, 각 Ψ_n의 기여도는 그 앞에 곱해진 상수 c_n에 의해 결정된다. 그러나 이런 물리계를 관측하면 오직 하나의 결과만이 얻어진다. 전자는 '이곳' 아니면 '저곳'에 있고, 전자의 산란각도 '이 각도' 아니면 '저 각도'로 명확히 결정되는 것이다.

양자역학은 '나올 수 있는 가능한 결과들과 각 결과들이 나올 확률'만 알려줄 뿐 한 번의 관측에서 어떤 결과가 나올지 미리 예측하지는 못한다. 이처럼 수많은 가능성들이 중첩된 상태에서 (관측을 통해) 하나의 결과로 결정되는 과정을 '파동함수의 붕괴(collapse of wavefunction)'라고 한다.

하이젠베르크는 불확정성원리를 논문 형식으로 대충 정리하여 1927년 2월 23일 파울리에게 보냈다. 그러나 보어에게는 미리 보여주지 않았는데, 훗날 하이젠베르크는 그 이유를 다음과 같이 해명했다.

"보어가 휴가 여행에서 돌아오기 전에 파울리의 반응을 보고 싶었습니다. 보어에게 먼저 보여주면 불같이 화를 낼 게 뻔했으니까요. 그런 일을 겪기 전에 나의 해석을 지지하는 사람들의 평을 듣고 싶었던 겁니다."

파울리는 매우 긍정적인 반응을 보였고, 여기에 용기를 얻은 하이젠베르크는 불확정성원리를 주제로 한 정식 논문을 작성했다. 그리고 보어가 노발대발할 것이라는 그의 예상도 정확히 맞아떨어졌다.

II

코펜하겐 정신
1927년 6월, 코펜하겐 / 보어와 하이젠베르크

보어는 슈뢰딩거와 장시간 토론을 나누면서 깊은 인상을 받았다. 슈뢰딩거는 쉽게 설득되는 사람이 아니었지만, 정작 보어를 당혹스럽게 만든 것은 그의 고집이 아니라 고전물리학의 개념과 언어가 의외로 모호하다는 사실이었다.

슈뢰딩거가 말하는 '현실적이고 눈에 보이는 연속변수의 세계'는 고전적인 파동으로 이루어진 반면, 하이젠베르크의 세계는 현실주의와 시각화 가능성을 부정하면서 파동이 아닌 입자에 기반을 둔 실증주의적 세계로서 양자적 불연속성이 수학 체계 안에 포함되어 있었다. 보어는 이 상반된 두 세계를 넘나들면서 슈뢰딩거와 하이젠베르크가 모두 옳다는 느낌을 받았으나, 양자 세계를 어떤 언어로 서술해야 할지 갈피를 못 잡고 있었다.

파동과 입자, 인과율, 시공간 그리고 연속성을 서술하는 고전물리학의 언어가 양자 세계에서 더 이상 통하지 않는다면, 보어가 선택할 수 있는 언어는 단 하나뿐이었다.

보어는 고전적인 입자와 파동 개념의 모순을 해결하기 위해 안간힘을 썼다. 슈뢰딩거는 전자를 파동으로 해석하여 커다란 성공을 거뒀지만, 괴팅겐에서 프랑크가 얻은 실험 결과에 따르면 전자가 입자라는 것 또한 부인할 수 없는 사실이었다. 그렇다면 하나의 물리적 객체에 파동과 입자가 공존한다는 말인가? 아무리 생각해도 그것은 불가능해 보였다. 한 실험에서는 전자가 파동처럼 행동하고(교란이 비국소적으로 넓은 공간에 걸쳐 나타나면 '이곳'이나 '저곳'이라는 말을 쓸 수 없다. 즉, 전자는 파동이다), 또 다른 실험에서는 입자처럼 행동한다(임의의 시간, 임의의 장소에서 전자의 전하가 좁은 지역에 밀집된 것으로 나타나면 전자가 '이곳에 있다'고 말할 수밖에 없다. 즉, 전자는 입자이다).

행렬역학이나 파동역학에서 사용된 수학으로는 이 난제를 해결할 수 없었다. 그런데 희한하게도 역설은 이론상으로만 존재할 뿐, 자연은 아무런 문제 없이 너무도 천연덕스럽게 잘 돌아가고 있었다. 보어는 이런 상황이 어떻게 가능한지, 그 이유부터 알아야겠다고 마음먹었다.

그는 토론이라는 스트레스에서 벗어나 혼자 생각을 정리하기 위해 노르웨이로 휴가 여행을 떠났다가 1927년 3월 10일 하이젠베르크에게 편지 한 통을 받았다. 거기에는 하이젠베르크가 최근에 발견한 불확정성원리가 마치 무슨 독립선언문처럼 간결하게 요약되어 있었다.

2주일 뒤, 보어는 스키 여행을 마치고 코펜하겐으로 돌아왔다. 생각이 완벽하게 정리되지는 않았지만, 이때쯤 보어는 모든 혼란에 종지부를 찍을 중요한 아이디어를 구상 중이었다. 하이젠베르크는 보어가 돌아오자마자 논문을 보여주며 불확정성원리에 대해 열변을 토했다. 보어는 새로운 결과를 바라보며 온몸에 전율을 느꼈으나, 어떤 방법으로 그런 결과를 얻어냈는지는 크게 문제 삼지 않았다. 스스로 원하든 원치 않든, 이제 두 사람은 앞으로 벌어질 극렬한 논쟁을 피할 길이 없게 된 것이다.

두 사람의 눈에는 스파크가 일어나고 있었다.

〰〰

보어는 노르웨이의 한적한 시골에서 몇 시간 동안 스키를 타다가 문득 제자리에 멈춰 섰다. 양자적 현상을 해석하기 위해 지난 2년 동안 그리도 애를 써왔는데, 그날 갑자기 결정적인 아이디어가 떠오른 것이다. 이제 중대한 결론을 내릴 때가 되었다.

전자가 파동성과 입자성을 모두 갖고 있다는 것은 부인할 수 없는 현실이었다. 물리학자들이 실험 결과를 설명할 때 고전적 입자이론이나 파동이론에 의존하는 이유는 그것이 우리의 경험과 일치하는 유일한 이론이기 때문이다. 그리고 인간의 경험은 고전물리학이 적용되는 거시적 세계에 한정되어 있으며, 자연을 서술하는 언어도 고전적 현상을 기반으로 형성되어왔다. 따라서 사건을 서술할 때에는 그 대상이 제아무리 희한하다 해도 고전적 언어를 사용할 수밖에 없다. 보어는 바로 이 사실을 깨달았던 것이다.

전자의 '진정한' 특성이 무엇이건 간에, 겉으로 드러나는 거동은 실험을 어떤 방식으로 하느냐에 따라 달라진다. 그리고 이런 실험에서는 사진을 찍거나, 전압계의 바늘을 읽거나, 안개상자에 나타난 궤적을 관측하는 등 고전적인(거시적인) 규모의 관측 장비가 필요하고, 여기에 관측자가 알아볼 수 있는 결과가 기록되려면 실험 과정에서 '강렬하고 뚜렷한' 효과가 생성되어야 한다.

전자의 회절이나 간섭과 같은 실험 결과는 고전물리학의 이론에 부합하지 않지만, 고전물리학의 '언어'로 해석할 수는 있다. 전자를 파동으로 간주하면 모든 문제가 깔끔하게 해결된다. 또 다른 실험에서 전자의 운동량이 전이되거나 한 지역에 집중된 전자의 궤적이 얻어졌다면, 전자를 입자로 간주하면 된다. 그러나 전자가 파동이면서 입자일 수는 없으므로 위의 두 실험은 양립할 수 없으며, 전자의 입자성과 파동성이 동시에 나타나도록 실험 장치를 마련할 수도 없다. 실험 기술이 부족해서가 아니라, 그런 결과가 나온다는 것 자체가 어불성설이기 때문이다.

우리가 사용하는 실험 장비들은 고전적(거시적)인 규모의 물건이기 때문에, 양자 세계의 진정한 실체를 직접 관찰하는 것은 불가능하다. 우리는 그저 양자 세계가 투영된 '고전적 거울'만을 볼 수 있을 뿐이며, 실험과 관련하여 던질 수 있는 질문도 한정되어 있다. 이런 상황에서 양자 세계의 진정한 실체를 따지고 드는 것은 아무런 의미가 없다. 아무리 애를 써봐야 절대로 알 수 없기 때문이다.

우리는 전자의 파동성과 관련된 질문을 던질 수도 있고 이것과 무관하게 전자의 입자성과 관련된 질문을 떠올릴 수도 있다. 그러나 "전자의 진정한 실체는 무엇인가?"라고 묻는다면 아무런 답도 얻을 수 없다. 우리는 그저 "전자가 파동-입자의 이중성을 갖고 있다"고 말할 수 있을 뿐 두 가지 상반된 성질을 동시에 관측할 수는 없다. 하나의 거울에서는 파동이 보이고, 다른 거울로 바꾸면 입자가 보인다. 이것이 우리가 볼 수 있는 전부이다.

보어는 "파동과 입자의 상반된 거동은 서로 모순을 일으키지 않고 상보적 관계에 있다"고 해석함으로써 이 딜레마를 해결했다.

언뜻 보면 하이젠베르크의 불확정성원리는 보어의 논리와 완전히 일치하는 것처럼 보인다. 사실 보어는 파동-입자의 상보적 개념을 통해 불확정성 관계의 중요성을 간파하고 있었다. 그러나 보어는 하이젠베르크가 〈물리학시보〉에 제출하기 하루 전인 1927년 3월 27일에 코펜하겐으로 돌아와 불확정성원리에 관한 그의 논문을 읽어보고는 크게 당황했다. 결론에는 별 문제가 없었지만, 하이젠베르크가 논문 전반에 걸쳐 보어의 철학과 완전히 상반된 논리를 펼쳤던 것이다. 훗날 하이젠베르크는 이렇게 회고했다.

"닐스 보어가 스키 여행에서 돌아오자마자 우리는 격렬하고도 난해한 토론을 벌였다."

하이젠베르크의 논문에는 보어가 반대할 만한 부분이 몇 군데 있었다. 특히 보어는 감마선 망원경을 이용한 사고실험이 크게 잘못되었다고 생각했다. 하이젠베르크는 불확정성의 근원을 콤프턴효과에서 찾았다. 즉, 전자를 감지하는 감마선 광자와 전자 사이의 불연속적 상호작용(파동이 아닌 입자의 상호작용)이 전자의 물리적 상태를 교란시킨다는 논리였다. 그러나 보어는 콤프턴효과가 자유 전자(원자핵 주변에 구속되지 않고 자유롭게 돌아다니는 전자)에만 적용된다는 점을 지적했다.

보어는 불확정성의 근원을 감마선 광자의 파동적 특성에서 찾아야 한다고 주장했다. 일반적으로 현미경의 해상도는 렌즈 조리개에서 일어나는 회절에 의해 제한된다. 회절이 일어나면 상이 흐려지기 때문에, 렌즈와 물체 사이의 거리가 최단 허용 거리보다 가까워지면 물체를 알아볼 수 없게 된다. 관측에 사용된 빛의 파장이 짧을수록 해상도는 높아지지만(하이젠베르크가 감마선 광자를 떠올린 것도 이런 이유였다), 렌즈의 구경이 무한정 클 수는 없으므로 현미경의 해상도에는 원리적인 한계가 있다. 바로 여기서 피할 수 없는 불확정성이 나타나는 것이다.

보어는 하이젠베르크에게 "광학 기계의 해상도에서 야기된 불확정성의 '고전적' 상호 관계를 이용하면 위치-운동량의 불확정성과 에너지-시간의 불확정성을 쉽게 유도할 수 있다"고 강조했다. 파동묶음의 폭과 파장의 역수 사이에 불확정성이 존재하여, 이들을 곱한 값은 1보다 작을 수 없다. 진동수(또는 파장)가 다른 여러 개의 파동묶음을 더하면 피크가 좁은 영역에 집중되도록 만들 수 있는데, 이렇게 되면 파동묶음의 위치는 정확히 알 수 있지만 파장(또는 파장의 역수)에 관한 정보는 거의 대부분 상실된다. 이와 반대로 파동묶음이 정확한 파장을 갖도록 만들면 한곳에 집중되지 않고 넓게 퍼지기 때문에 정확한 '위치'를 알 수 없게 된다.

드 브로이의 $\lambda=h/p$를 이용하여 파장을 운동량으로 대치시키면 위의 관계를 위치-운동량 사이의 불확정성으로 해석할 수 있다. 즉, 위치와 운동량의 불확정성을 곱한 값은 h보다 작을 수 없다. 이것은 하이젠베르크가 얻은 결과와 정확히 일치한다.

이와 마찬가지로 진동수와 시간의 불확정성도 고전적인 관계로부터 유도할 수 있다. 진동수와 시간의 불확정성을 곱한 값은 1보다 작을 수 없는데, 이는 곧 고전적 파동의 진동수와 그것을 관측하는 데 걸리는 시간 사이에 불확정성 관계가 존재한다는 뜻이다. 관측 시간이 너무 짧으면 파동의 진동수를 정확히 알 수 없고, 진동수를 정확히 파악하기 위해 최소한 한 개 이상의 파장(마루와 골)이 관측될 때까지 기다린다면 시간의 정확성을 잃게 된다. 여기에 막스 플랑크의 양자 공식 $E=h\nu$를 이용하면 위의 고전적 관계로부터 에너지-시간의 불확정성이 유도된다. 즉, 에너지의 불확정성과 시간의 불확정성을 곱한 값은 플랑크상수 h보다 작을 수 없다.

하이젠베르크는 뮌헨대학교에서 박사학위 논문을 심사 받을 때 현미경의 해상도를 유도하지 못하여 심사위원 중 한 사람이었던 빌헬름 빈을 화나게 만들었다.[*] 빈은 하이젠베르크가 수강했던 대부분의 과목을 강의한 측근이었기에, 다른 심사위원보다 더 크게 실망했을 것이다. 지도 교수였던 좀머펠트도 논문에 낮은 점수를 주었고, 이 일은 하이젠베르크에게 일생일대의 치욕으로 남았다. 그런데 그로부터 4년이 지난 지금, 하이젠베르크는 또 다른 이론으로 보어를 실망시키는 처지가 된 것이다.

그러나 하이젠베르크는 보어의 파동적 해석을 끝까지 받아들이지 않았다. 파동은 그의 라이벌인 슈뢰딩거의 전유물이었고, 불확정성원리는 연속성에 바탕을 둔 슈뢰딩거의 파동물리학에 던지는 일종의 선전포고였다. 그런데 보어가 그것을 파동의 개념으로 해석하고 있으니, 달가울 리가 없었다. 보어의 상보성원리(complimentary principle, 양자적 입자들이 파동성과 입자성을 모두 갖고 있으며 두 가지가 동시에 나타나지 않지만, 계를 완벽히 서술하려면 두 가지 관점이 모두 필요하다는 원리-옮긴이)를 수용한다고 해도, 파동해석을 받아들이는 것은 하이젠베르크에게 매우 치욕적인 일이었다. 그는 자신의 논문을 통해 전자의 입자적 특성과 양자 현상의 불연속적 특성을 부각시키고 싶었다.

반면에 보어는 하이젠베르크가 중요한 사실을 놓치고 있다고 생각했다. 위치-운동량 및 에너지-시간의 불확정성이 고전적인 파동과 입자

[*] 제5장 참조.

사이의 상보적 관계에서 분명하게 드러나 있었기 때문이다. 실험에 노출된(즉, 관측 장비와 모종의 상호작용을 교환하는) 모든 양자계는 파동성과 입자성을 둘 다 갖고 있다. 그러나 우리는 두 가지 특성을 동시에 관측할 수 없기 때문에 '파동거울'과 '입자거울' 중 하나를 선택해야 하고, 이로 인해 관측되는 양의 불확정성이 필연적으로 발생한다. 하이젠베르크는 이것이 '관측 장비의 부실함' 때문이 아니라 '관측 장비를 선택함으로써 양자계가 둘 중 하나의 특성만 보여주도록' 강요했기 때문이라고 생각했다(물론 이런 식의 강요를 하지 않으면 관측자는 아무것도 관측할 수 없다-옮긴이).

이 논리는 운동량과 에너지 또는 위치와 시간 사이의 '2단계 상보성'으로 확장할 수 있다. 관측자가 장비를 들이대지 않는 한, 원자 속의 전자는 안정된 궤도를 유지하면서 예측 가능한 운동량과 에너지를 갖고 인과율에 따라 움직인다. 그러나 전자를 위치와 시간이 고정된 시공간에서 서술하려고 하면 불연속적인 상호작용이 개입되어 인과율을 벗어나게 되고, 관측자는 양자적 확률에 의존하는 수밖에 없다.

보어의 논리에 따르면 불확정성의 관계는 '관측 가능한 양'을 한정하는 것이 아니라 우리가 '알아낼 수 있는 것'을 한정 짓게 된다.

보어는 자신의 뜻을 굽히지 않았다. 그는 하이젠베르크의 논문에 근본적인 오류가 있고 내용도 매끄럽지 않으며, 상보성원리로 설명되는 일반적인 경우의 특수한 사례에 불과하다고 믿었다. 하이젠베르크의 논문은 당시 출판 준비 중이었으나 보어는 그 논문을 취소해야 한다고 강력히 주장했다.

그러나 하이젠베르크의 고집도 만만치 않았다. 감마선 현미경을 이용한 사고실험에 문제가 있다 해도, 불확정성원리의 기본적 논지에는 아무런 영향이 없으므로 논문을 취소할 이유가 없다고 맞섰다. 그 무렵에 오스카르 클레인(1894~1977)이라는 스웨덴의 젊은 물리학자가 코펜하겐 연구소를 방문했다가 두 사람의 논쟁에 끼어들게 되었는데, 그가 보어의 편을 드는 바람에 두 사람의 논쟁은 더욱 격해졌고, 급기야 감정적인 대결 양상까지 띠게 되었다.

훗날 하이젠베르크는 이때의 일을 회상하며 이렇게 고백했다.

"그것은 몹시 불쾌한 논쟁이었다. 나는 보어가 주는 스트레스를 이기지 못하고 결국에는 눈물까지 보였다."

보어와의 논쟁에서 하이젠베르크가 얻은 것은 마음의 상처뿐이었다. 보어는 궁여지책으로 파울리에게 "당신의 조언이 필요하니 코펜하겐으로 와 달라. 왕복 여행비는 우리가 지불하겠다"고 제안했으나, 안타깝게도 당시 파울리에게는 그럴 만한 시간이 없었다.

두 사람은 1927년 봄을 치열한 논쟁으로 다 보내버렸다. 보어는 파동과 입자의 상보적 관계를 불확정성원리의 핵심에 놓고자 했고, 하이젠베르크는 양자 세계에서 일어나는 현상을 굳이 고전적 논리로 증명할 필요가 없다고 생각했다. 그는 보어에게 거의 사정하듯 하소연했다.

"보세요, 저의 불확정성원리는 모순 없는 수학 체계에 기초하고 있지 않습니까. 이 수학 체계가 관측 가능한 모든 것을 말해주고 있는데, 대체 뭐가 더 필요하다는 말입니까? 이것으로 설명할 수 없는 대상은 자연에 존재하지 않습니다."

그러나 보어는 자연이 수학 체계를 따른다는 주장을 받아들이지 않았고, 하이젠베르크는 다시 한 번 다음과 같이 반론을 제기했다.

파동(또는 입자)이 고전물리학의 개념에 따라 움직인다는 것은 저도 인정합니다. 우리는 고전물리학에 입각하여 파동과 입자를 서술할 수 있습니다. 그러나 (양자 세계에서) 고전물리학이 성립하지 않는다는 것이 이미 사실로 판명되었는데, 왜 낡은 개념에 연연해야 합니까? 고전적 개념은 정확하지 않기 때문에 불확정성원리에 적용될 수 없으며, 따라서 어느 정도는 포기해야 합니다. 고전 이론의 범주를 넘어선 곳에서 기존의 언어는 더 이상 통하지 않습니다. 따라서 우리는 새로운 수학 체계에 의존하는 수밖에 없습니다. 거기에 무엇이 있고 무엇이 없는지는 수학을 통해야만 알 수 있습니다. 저는 자연이 어떤 방식으로든 수학 법칙을 따른다고 믿습니다.

보어의 입장은 달랐다. 그는 자연에 대한 이해가 수학이 아닌 언어를 통해 이루어지며, 언어야말로 우리가 갖고 있는 모든 것이라고 생각했다.

하이젠베르크는 1927년 5월 16일 파울리에게 보낸 편지에 "파동-입자의 이중성에서 출발하면 아무런 모순 없이 모든 것을 서술할 수 있다"고 적어놓았다. 그러나 보어의 극렬한 반대에 막혀 몸과 마음이 피로해진 그는 적어도 감마선 현미경 사고실험에 관한 한 보어의 주장을 인정하는 단계까지 설득되었다. 그는 파울리에게 보낸 편지에서 "위치-운동량의 불확정성 관계는 자연스럽게 유도되지만, 애초에 내가 생각했던 것처럼 완전하지는 않은 것 같다"고 털어놓았다.

하이젠베르크는 오스카르 클레인의 제안을 받아들여 곧 출판을 앞둔 자신의 논문에 다음과 같은 주석을 추가했다.

보어는 이 논문에 대해 나와 토론을 나누면서 내가 중요한 점을 간과했다고 지적한 바 있다. 불확정성은 불연속성 하나 때문에 발생하는 것이 아니라

"입자이론과 파동이론에 바탕한 상반된 실험 결과가 모두 옳아야 한다"는 요구 조건과 직접 관련되어 있다.

하이젠베르크는 감마선 현미경 사고실험과 관련된 부분도 일부 수정했고, 논문 말미에 다음과 같은 감사의 말을 남겼다.

"논문 작성 초기부터 꾸준한 토론을 통해 많은 도움을 준 보어 교수에게 감사의 말을 전한다. 그와 대화를 나누면서 양자역학의 새로운 개념이 정립되었으며, 이 내용은 새로운 논문을 통해 곧 발표될 예정이다."

파울리는 한바탕 태풍이 휩쓸고 지나간 후인 1927년 6월에 코펜하겐을 방문했다. 그는 사태를 금방 파악하고 두 사람을 화해시키려 안간힘을 썼고, 결국 두 사람은 상대방의 주장을 부분적으로 수용하는 선에서 극적으로 화해했다(그러나 마음속에 남은 앙금은 훗날 간간이 터져 나와 주변 사람들을 불편하게 만들곤 했다). 이로써 보어와 하이젠베르크, 파울리는 마음속에 각자 다른 해석을 간직한 채 불편한 동맹 관계를 유지하게 되었다.

물론 이들의 주장이 매사에 대립만 한 것은 아니었다. 파동-입자의 상보성, 불확정성원리, 파동함수의 확률적 해석, 파동이론의 고윳값과 관측 가능한 물리량(운동량, 에너지 등) 사이의 대응 관계 그리고 대응 원리 등은 1927년 토론에서 얻은 값진 결과였다.

놀라운 것은 새로 탄생한 양자역학의 개념들이 물리학자들 사이에서 별다른 반발 없이 빠르게 수용되었다는 점이다. 하이젠베르크는 이런 추세를 '양자역학의 코펜하겐 정신(Kopenhagener Geist der Quantentheorie)'이라 불렀다. 그리고 이것은 훗날 '코펜하겐 해석(Copenhagen interpretation)'으로 불리게 된다.

12

존재하지 않는 양자 세계
1927년 9월, 코모 호/보어와 코펜하겐 해석

1927년 6월, 하이젠베르크는 라이프치히대학교를 비롯하여 할레, 뮌헨, 미국, 취리히 등 여러 곳에서 교수 자리를 제안 받은 상태였다. 그는 모교인 뮌헨대학교로 가고 싶었으나 정교수가 아닌 부교수였고, 박사과정 때 자신의 지도 교수였던 좀머펠트의 자리를 물려받으려면 그가 은퇴할 때까지 7년이나 기다려야 했다. 반면에 라이프치히와 할레에서는 정교수 자리를 제안해왔다. 그래서 하이젠베르크는 뮌헨대학교의 제안을 정중히 거절하고 라이프치히대학교로 자리를 옮겼다.

하이젠베르크를 독일로 불러들인 사람은 피터 디바이(1884~1966)라는 독일 물리학자였다. 그는 최근에 취리히의 ETH를 떠나 라이프치히로 막 돌아온 참이었다. ETH에서 디바이의 자리는 파울리가 물려받았고, 파울리의 함부르크대학교 교수직은 막스 보른의 제자였던 파스쿠알 요르단이 물려받았다. 그리고 코펜하겐 연구소에서 하이젠베르크의 뒤를 이은 사람은 스웨덴 출신의 물리학자

오스카르 클레인이었다. '코펜하겐 정신'으로 무장한 일단의 물리학자들이 불과 몇 달 사이에 유럽 각지의 명문 대학교로 진출하게 된 것이다. 이들은 학계에 갓 진출한 젊은 물리학자들에게 코펜하겐 해석을 설파하면서 양자역학의 새로운 세력을 키우고 있었다.

그러나 모든 사람들이 코펜하겐 해석을 반긴 것은 아니었다. 막스 플랑크의 뒤를 이어 베를린대학교의 교수로 부임한 슈뢰딩거는 코펜하겐에 반대하는 아인슈타인을 만나 가까운 친구가 되었다. 당시 슈뢰딩거는 마흔 살 생일을 코앞에 두고 있었다(아인슈타인은 1879년생, 슈뢰딩거는 1887년생이다-옮긴이).

보어는 하이젠베르크와의 논쟁에서 어렵게 승리를 거둔 후로, 상보성에 입각하여 양자역학을 해석해야 한다는 자신의 생각을 확고히 굳혔다. 그러나 상보성원리는 코펜하겐에 있는 소수의 물리학자들만 알고 있었으므로, 양자역학의 주류로 자리 잡으려면 논리를 다듬고 보강하여 되도록 많은 사람들에게 알려야 했다.

때를 기다리던 보어에게 드디어 기회가 찾아왔다. 1927년 9월에 이탈리아의 코모 호에서 알레산드로 볼타(1745~1827, 이탈리아의 물리학자. 정전기학과 전지를 개발하여 전자기학과 전기화학의 기초를 닦음)의 사망 100주기를 맞이하여 그를 추모하는 국제학회가 개최된 것이다.

보어는 4월부터 클레인의 도움을 받아 본격적인 강연 준비에 들어갔다. 그는 양자 수준에서 누구나 수긍할 만한 물리적 실체를 정의하여 물리학과 자연철학에 획기적 업적을 남기고 싶었으나, 양자 세계를 기존의 언어로 서술하는 것은 결코 쉬운 일이 아니었다. 훗날 클레인은 이때를 회상하며 "나는 보어가 불러주는 내용을 열심히 받아 적었다. 그러나 다음 날 아침이 되면 모든 것을 백지화하고 처음부터 다시 시작하곤 했다"고 털어놓았다. 보어의 연구실에는 쓰다가 버린 논문이 산더미처럼 쌓여갔다.

코모 회의를 며칠 앞둔 어느 날, 보어의 동생인 하랄 보어는 드디어 제대로 된 강연 노트를 손에 쥘 수 있었다.

1927년 9월, 전 세계의 물리학자들이 코모 호로 모여들었다. 참석자 명단에는 막스 보른, 루이 드 브로이, 아서 콤프턴, 피터 디바이, 이탈리아의 물리학자 엔리코 페르미, 제임스 프랑크, 베르너 하이젠베르크, 막스 폰 라우에, 헨드릭 로렌츠, 로버트 밀리컨, 프리드리히 파셴, 볼프강 파울리, 막스 플랑크, 어니스트 러더퍼드, 아르놀트 좀머펠트, 오토 슈테른, 피터 제만 등 쟁쟁한 물리학자들이 포함되어 있었다. 그러나 아인슈타인과 슈뢰딩거, 폴 디랙은 개인적 사정으로 참석하지 못했다.

보어의 강연 날짜는 9월 16일이었다. 당시 사용했던 강연 노트는 남아 있지 않지만 그 전에 코펜하겐에서 작성했던 초안은 학회 강연록에 수록되었고, 1928년에 영국의 과학 학술지 〈네이처〉를 통해 정식으로 출판되었다. 보어의 강연은 다음과 같이 시작되었다.

… 이 자리에서 저는 수학적인 내용을 언급하지 않고 간단한 고찰을 통해 양자이론의 일반적 관점을 설명 드리고자 합니다. 저의 강연을 듣고 나면 양자역학의 개발 초기부터 지금까지 이어져온 일반적인 추세를 파악할 수 있을 것입니다. 최근 들어 여러 물리학자들이 양자역학에 대하여 서로 상반된

관점을 주장하면서 논쟁을 벌이는 것으로 알고 있는데, 저의 강연이 격앙된 분위기를 진정시키고 화해를 도모하는 데 일말의 도움이 되기를 바랍니다.

보어가 코펜하겐에서 하이젠베르크와 논쟁을 벌인 이유는 그가 '상보성에 입각한 파동적 서술'을 고집했기 때문이었다. 그러나 코모 호학회에서 강단에 선 보어는 인과율과 시공간의 상보성에 중점을 두고 강연을 진행해 나갔다.

물리계의 상태를 정의할 때, 우리는 계를 교란시키는 외부 요인을 모두 제거할 수 있다고 생각해왔습니다. 그러나 양자역학의 가정(양자적 변화가 불연속적으로 일어난다는 가정)에 따르면 계를 교란시키지 않고는 어떤 관측도 이루어질 수 없으며, 시간과 공간도 연속체로 간주할 수 없습니다. 관측 과정에서 계에 속하지 않는(계와 무관한) 상호작용을 허용한다면 계의 상태를 정확히 정의하는 것은 불가능하며, 일상적 의미의 인과율도 끼어들 여지가 없습니다. 그러므로 양자역학에서 시간과 공간의 동등성과 고전이론의 특징인 인과율은 관측 결과와 정의를 기호로 이상화시키는 과정에서 나타난 고유의 특성으로 간주해야 합니다.

독자들이 느끼는 바와 같이 보어의 강연은 모호하기 그지없었다. 개념을 명확히 정리하기 위해 클레인과 함께 그토록 고생을 했건만, 점잖고 차분한 말투로 이어지는 그의 난해한 강연은 청중들을 더욱 혼란스럽게 만들었다. 강연의 하이라이트는 고전파동광학의 방정식을 이용하여 불확정성 관계를 유도하는 부분이었는데, 용어의 의미가 불분명하고 설명이 너무 장황하여 청중들에게 깊은 인상을 주지 못했다.

좌중에 앉아 있던 헝가리 출신의 물리학자 유진 위그너(1902~1995)는 보어의 연구 동료인 벨기에 물리학자 레온 로센펠드(1904~1974)에게 귓속말로 속삭였다.

"대체 무슨 소린지 한마디도 못 알아듣겠네. 이 강연을 듣고 양자역학에 대한 관점을 바꿀 사람은 하나도 없을걸?"

강연은 난해했지만 보어의 상보성원리는 고전물리학과의 단절을 분명하게 선언했다. 과학 역사상 처음으로 '과학적 지식을 취득하는 인간의 능력'에 한계가 주어진 것이다. 보어는 이것이 기술로 극복할 수 없는 근본적 한계라고 믿었다. 물론 고전물리학에는 이런 한계가 존재하지 않는다. 고전적 세계(거시적 세계)에서 물리량을 측정하는 방법은 물리량 자체의 크기나 특성에 무관하기 때문이다. 우리가 측정을 시도하든 가만히 놔두든 간에 또는 관측되는 양이 크든 작든 간에, 고전적 물체가 위와 같은 특성을 갖고 있다고 가정해도 아무런 문제가 없었다.

그러나 보어의 주장에 따르면 양자적 파동-입자의 특성은 관측 장비와 완전히 분리되어 있지 않다. 전자의 위치와 속도, 운동량 등은 관측 행위와 무관하게 독립적으로 존재하는 양이 아니라 이 값을 측정하는 관측 장비가 전자와 상호작용을 일으켰을 때 비로소 '현실'로 나타나는 양이다. 이와 같은 개념은 관측 결과들 사이의 상호 관계를 설명할 때 도움이 되지만, 관측 대상과 관측 장비 사이의 상호 관계에 대해서는 아무런 정보도 담고 있지 않다.

보어는 이렇게 말했다.

"양자역학은 고전물리학의 개념들을 원자 규모에 적용하는 데 근본적인 한계가 있음을 인정해야 비로소 그 특성을 드러낸다. 그런데 관측 장비에 대한 우리의 해석은 고전적인 개념에 바탕을 두고 있으므로, 양자역학에서는 매우 생소한 결과들이 양산될 수밖에 없다."

훗날 하이젠베르크는 이 내용을 다음과 같이 요약했다.

양자역학에 대한 코펜하겐 해석은 하나의 역설에서 출발한다. "물리학에서 행해지는 모든 실험은 그 대상이 일상적인 현상이든 원자 규모든 간에, 모두 고전물리학으로 서술될 수 있다"는 역설이 바로 그것이다. 고전물리학의 개념들은 실험 장치의 배열 상태와 실험 결과를 설명할 수 있으며, 어떤 경우에도 다른 개념으로 대치될 수 없다. 그러나 불확정성원리 때문에 고전적 개념이 적용되는 범위에는 명백한 한계가 주어진다. 따라서 이런 개념을 응용할 때에는 한계를 반드시 염두에 둬야 한다. 여기서 중요한 것은 이 적용 한계를 인위적으로 넓힐 수 없다는 사실이다.

양자역학의 수학은 파동과 입자의 상보적 성질을 하나의 체계 안에서 서술할 수 있어야 한다. 그렇다고 해서 이론 자체가 틀리거나 불완전하다는 뜻은 아니다.

고전적인 개념에 익숙한 사람들은 전자가 인간의 관측 행위와 무관하게 '어떤 분명한 물리량'을 갖고 있다고 생각하고 싶을 것이다. 관측이 되든 안 되든, 그런 양이 존재해야 물리적 객체가 정의될 것 같다. 그러나 코펜하겐 해석에 따르면, 이런 상상은 필요 없는 오해를 불러일으킬 뿐 양자 세계를 이해하는 데 아무런 도움도 되지 않는다.

철학에 관심 있는 사람이라면 코펜하겐 해석이 경험주의나 실증주의 철학과 닮았다고 느낄 것이다. 사실이 그렇다. 그래서 관념이나 상상을 배척하고 눈에 보이는 것만이 실재라고 믿는 사람들은 코펜하겐 해석을 비교적 쉽게 수용할 수 있었다.

경험주의 철학의 대표 주자로는 스코틀랜드의 철학자 데이비드 흄(1711~1776)과 프랑스의 오귀스트 콩트(1798~1857) 그리고 오스트리아의 물리학자 에른스트 마흐(1838~1916) 등을 들 수 있다. 1867~1901년 동안 프라하대학교와 빈대학교의 물리학과 교수였던 마흐는 과학적 활동을 "감각을 통해 자연을 탐구하는 행위"와 "관측과 실험을 통해 알려진 사실들의 상호 관계를 이해하려는 일련의 시도"로 정의했다. 또한 마흐의 주장에 따르면, 과학적 실험은 최상의 효율성을 유지해야 한다.

에른스트 마흐의 관점에 따르면, 실험이나 관측으로 입증될 수 없는 주장은 과학으로 인정되지 않는다. 그러므로 지각의 한계를 넘어선 영역에서 자연의 실체를 따지는 것은 아무런 의미가 없다. 과학적 판단은 검증 가능성(이 이론은 관측 결과와 일치하는가?)과 단순성(이 이론은 관측 결과를 설명하는 여러 방법들 중에서 가장 단순한가?)에 근거하여 내려져야 한다.

물리학 이론을 구축할 때에는 겉으로 드러난 사실들을 조합하고 이들 사이의 상호 관계를 설명하는 '가장 단순한 방법'을 찾아야 한다. 이론적으로 아무리 심오하고 아름다운 개념이라 해도, 관측이 불가능하면 과학적 탐구 대상이 될 수 없다. 마흐의 주장에 따르면, 자연에는 우리가 인식할 수 있는 것들만이 존재하며 인식되지 않는 물리적 실체는 허상에 불과하다. 우리는 직접 경험한 것만 인식할 수 있다. 보는 것이 곧 믿는 것이다.

'검증 가능한 주장'에 대하여 매우 엄격한 잣대를 들이댔던 마흐는 뉴턴이 가정했던 절대적 공간과 절대적 시간의 개념을 받아들이지 않았다. 이것은 (눈에 보이지 않는) 원자와 분자의 존재를 부정했던 루트비히 볼츠만의 관점과 일맥상통한다.

원리적으로 관측 불가능한 것을 논하거나 감정과 신념에 호소하는 것은 과학과 거리가 멀다. 이런 것을 흔히 '형이상학(metaphysics)'이라 하는데, 문자 그대로 '물리학을 넘어선 분야'라는 뜻이다. 과학이 아니라고 해서 무시해도 된다는 뜻은 물론 아니다. 형이상학은 삶을 바라보는 관점을 개발하고 가치를 설정하는 데 없어서는 안 될 중요한 철학 분야이다. 다만 과학이라는 무대에 형이상학을 수용할 자리가 없는 것뿐이다. 프랑스의 철학자 오귀스트 콩트는 검증 가능성에 최고의 가치를 부여하고 형이상학을 가차 없이 잘라내는 철학 사조를 '실증주의(positivism)'라 불렀다.

에른스트 마흐의 철학은 1920년대 초에 빈에서 시작된 새로운 철학 운동에 지대한 영향을 미쳤다. 빈대학교의 철학과 교수인 모리츠 슐리크(1882~1936)와 독일 출신의 철학자 루돌프 카르나프(1891~1970), 오스트리아의 철학자 오토 노이라트(1882~1945) 등을 중심으로 한 '빈 학파(Wiener Kreis)'는 형식적 논리를 기반으로 실증주의 철학을 유럽에 전파시켰는데, 놀랍게도 이들에게 가장 많은 영향을 끼친 사람은 마흐, 볼츠만, 아인슈타인과 같은 물리학자들이었다.• 흄과 콩트의 계보를 이은 빈 학파의 철학자들은 동시대에 활동했던 케임브리지의 버트런드 러셀(1872~1970)과 그의 제자인 빈대학교의 루트비히 비트겐슈타인(1889~1951)에게도 많은 영향을 받았다.

빈 학파의 철학은 "진정한 지식은 과학적 지식뿐"이라는 믿음에 뿌리를 두고 있다. 과학적 지식이 의미를 가지려면 실험을 통해 검증될 수 있어야 한다. 흔히 '논리적 실증주의'로 알려진 이들의 철학은 과학

• 이들은 자신의 모임을 '에른스트 마흐 협회(Ernst Mach Society)'라 불렀다.

과 형이상학을 구별하는 엄밀한 기준과 증명 가능성의 기준 그리고 논리적 분석을 중시했다.

논리적 분석에 중점을 두면 모든 형이상학적 서술은 설 자리가 없어진다. 논리적 실증주의는 마음과 존재, 실체 그리고 신과 관련하여 지난 수백 년 동안 전수되어온 '사이비 선언(pseudo statement)'들을 단칼에 잘라버렸고, 그 핵심에 있는 빈 학파는 20세기 중반의 과학철학을 선도했다.

이들의 관점에서 볼 때 물리학 이론이 갖는 의미는 자명하다. 이론이란 측정이나 관측을 통해 얻어진 다양한 결과들을 가장 효율적인 방법으로 연결시켜주는 도구에 불과하다. 만일 이론 속에 우리가 직접 인식할 수 없는 무엇인가가 포함되어 있다면 그것은 편의상 도입한 도구일 뿐 독립적 실체가 될 수 없다.

물론 우리가 인식하지 못한다고 해서 실체가 아니라고 단정 지을 수는 없다. 과학 이론은 경험적 실체(우리가 직접 인식하고 증명할 수 있는 실체)를 서술하고 있지만, 인간이 우주에 존재하는 모든 것을 경험할 수는 없기 때문이다. 그러나 미지의 존재에 과학적 의미와 가치를 부여하는 것은 실증주의 철학에 위배된다.

코펜하겐 연구소에서 실증주의에 가장 가까운 사람은 하이젠베르크였다. 그는 불확정성원리를 주제로 한 논문에서 "고전적 개념에 연연하지 말고 새로운 언어와 새로운 수학을 수용해야 한다"고 주장했다. 그로부터 몇 년 뒤에 하이젠베르크는 다음과 같은 글을 남겼다.

나를 포함하여 원자의 구조를 연구하는 물리학자들은 다음과 같은 상황에

처해 있다. 즉 우리의 목표는 특정 현상을 일반적인 물리학 법칙으로 설명하는 것이다. 따라서 복사와 같은 현상은 이론에 자연스럽게 등장하는 객체(object)이며, 이 현상을 관측하는 데 사용되는 '도구'와 구별되어야 한다. 그렇다면 원자 세계의 현상을 일으키는 주체(subject)는 무엇인가? 관측 도구는 관측자가 만든 물건이며, 우리가 관측하는 것은 자연 자체가 아니라 우리의 관측 방식에 따라 나타나는 자연의 한 단면에 불과하다.

코펜하겐의 물리학자들은 철학적 문제에 연연할 겨를이 없었지만, 자신의 해석이 "양자 규모에서 지식이란 무엇이며, 그것은 어떻게 얻어지는가?"라는 근본적 문제를 야기한다는 사실을 잘 알고 있었다. 그중에서도 특히 하이젠베르크는 이 문제를 공적으로 이슈화하여 공감대를 이끌어내는 데 많은 노력을 기울였다.•

코펜하겐 해석에 따르면 양자역학은 우리가 도달할 수 있는 최종의 이론이며, 이 한계를 넘어서려는 시도는 무의미하다. 원리적으로 알 수 없는 것을 무슨 수로 알아낸다는 말인가? 한계 너머에 숨어 있는 실체를 서술하기 위해 새로운 개념을 도입한다면 거기에는 우리에게 친숙한 고전적 개념이 포함될 수밖에 없고, 결국에는 형이상학의 영역으로 넘어가게 된다.

이런 식의 해석은 "아무리 노력해도 양자적 개념을 절대 알 수 없다"고 주장하는 것과 같다. 양자적 실체는 파동도 아니고 입자도 아니며,

---

• 하이젠베르크의 노력은 나름대로 성과를 거두었다. 빈 학파의 모리츠 슐리크는 1930년에서 1932년까지 하이젠베르크의 양자역학과 인과율 그리고 철학적 의미를 집중적으로 연구했고, 다른 철학자들도 양자역학에 (물론 철학적 관점에서) 관심을 갖게 되었다. 사실 빈의 실증주의 철학자들과 코펜하겐의 물리학자들 사이에는 어느 정도 공감대가 형성되어 있었다.

우리의 경험을 넘어선 영역에 존재한다. 따라서 그것은 과학적 탐구 대상이 아닌 형이상학에 속한다. 우리가 할 수 있는 일은 다만 경우에 따라 고전적 파동이나 입자의 개념 중 하나를 적절히 적용하여 이해를 도모하는 것뿐이다.

이 문제에 관하여 보어는 다음과 같이 말했다.

> 양자 세계는 존재하지 않는다. 오직 추상적인 양자물리학적 서술만이 존재할 뿐이다. 물리학의 본분은 자연의 실체를 알아내는 것이 아니라 "자연에 대해 우리가 무슨 말을 할 수 있는지"를 알아내는 것이다.

이 말은 영국의 실증주의 철학자 앨프레드 줄스 에어(1910~1989)의 말과 일맥상통하는 부분이 있다.

> '알 수 있는 것'이 아닌 '말할 수 있는 것'에 의존하는 형이상학은 불가능하다. 이것이 바로 논리적 실증주의의 특징이다.

코펜하겐 해석 및 상보성원리와 관련하여 보어가 남긴 기록들을 면밀히 분석해보면, 그의 철학은 실증주의보다 실용주의에 가까웠던 것 같다. 독일의 철학자 게오르크 헤겔(1770~1831)에서 시작되어 미국의 철학자 찰스 샌더스 퍼스(1839~1914)에 의해 널리 알려진 실용주의는 형이상학을 부정한다는 점에서 실증주의 철학과 비슷하지만, 구체적인 내용에는 분명한 차이가 있다.

• Dugald Murdoch, *Niels Bohr's Philosophy of Physics*, Cambridge University Press, 1987, pp. 231~232 참조.

'보는 것이 곧 믿는 것'이라는 실증주의 철학의 제1계명은 우리의 지식이 '볼 수 있는 것'에 의해 제한된다는 뜻을 내포하고 있다. 반면에 실용주의는 실체에 대하여 좀 더 실용적인 접근을 시도한다. 예를 들면 "전자의 특성과 거동 방식은 이론으로 서술 가능하고 관측 가능한 2차 효과를 낳지만 눈으로 볼 수는 없다"는 식이다. 실용주의 철학에 따르면 '보는 것'이 아닌 '하는 것'에 의해 지식의 한계가 결정된다.

현대 원자이론의 대부가 원자의 실체를 부정했다는 게 다소 역설적으로 들리겠지만, 보어는 코모 호 강연에서 원자의 내부 구조를 설명하는 이론에 태생적 한계가 있음을 분명히 밝혔다. 그의 말대로 우리는 고전적인 세계에 살고 있으며, 실험도 고전적인 수준에서 실행할 수밖에 없다. 이 개념을 뛰어넘으려면 '알 수 있는 세계'의 경계를 넘어 '절대로 알 수 없는 세계'로 진입해야 한다. 간단히 말해서 '완전한 헛수고'라는 뜻이다.

실증주의든 실용주의든 간에, 보어는 명백한 '반-실존주의자(anti-realist)'였다. 그는 자신의 관점을 정리하면서 이렇게 말했다.

"양자역학은 관측 장비가 도달할 수 없는 영역의 물리적 실체에 대해 아무것도 알아낼 수 없으며, 앞으로 이론이 아무리 발전한다 해도 감취진 실체에 지금보다 더 가까이 다가갈 수는 없다. 일상적인 물리학적 관점에서 말하는 '독립적 실체'는 눈앞에 나타난 현상이나 관측 방식과 무관하다."

실존주의적 관점을 고수했던 아인슈타인과 슈뢰딩거가 그 자리에 있었다면 보어의 주장을 선뜻 받아들이지 않았을 것이다. 이들이 빠진 덕분에 논쟁은 피할 수 있었지만, 사실은 잠시 미뤄진 것뿐이었다. 코모

호 강연에 참석했던 대부분의 물리학자들은 한 달 후 벨기에 브뤼셀에
서 개최된 제5회 솔베이회의에 다시 모여들었고, 보어가 코모 호에서
했던 강연도 다시 진행될 계획이었다.

그리고 이번에는 아인슈타인과 슈뢰딩거가 참석 의사를 밝혀왔다.

Quantum Debate

3부
양자 논쟁

13

논쟁의 시작
1927년 10월, 브뤼셀/제5회 솔베이물리학회의

제1회 솔베이물리학회의는 1911년에 브뤼셀에서 개최되었다. 막스 플랑크와 발터 네른스트가 진행을 총괄하고 헨드릭 로렌츠가 의장을 맡았던 이 회의에서는 복사이론과 비열용량(specific heat capacity)이 가장 큰 문제로 떠올랐다. 솔베이회의는 벨기에의 부호이자 자선 사업가인 어니스트 솔베이(1838~1922)의 후원으로 시작되었다. 당시에는 다른 국제 학술회의도 여러 개 있었지만, 초청받은 사람들만 참석할 수 있는 국제 규모의 학술 모임은 솔베이회의뿐이었다. 제1회 대회가 성황리에 끝나자 1년 뒤 솔베이는 브뤼셀에 국제물리학협회와 국제화학협회를 설립했고, 그 후로 브뤼셀은 솔베이회의의 본거지가 되었다.

제5회 솔베이회의의 의장은 헨드릭 로렌츠였는데, 그는 회의가 끝나고 4개월 뒤인 1928년 2월에 세상을 떠났다(로렌츠는 제1회부터 제5회까지 줄곧 솔베이물리학회의 의장을 맡았다-옮긴이). 회의의 공식 주제는 '전자와 광자'였으나, 초대된 물리학자들의 면면으로 보아 실질적 주제는 새롭게 등장한 양자역학임이 분명했다.

로렌츠는 1926년 4월부터 회의의 내용과 진행 방식을 계획해왔다. 그런데 몇 달 사이에 새로운 분야가 눈부시게 발전하는 바람에 어쩔 수 없이 처음의 계획을 수정해야 했다. 참석자 명단도 처음보다 훨씬 길어져서 양자역학의 기초를 닦은 플랑크, 아인슈타인, 보어, 드 브로이는 물론이고 새로 등장한 양자역학의 선두 주자인 보른, 하이젠베르크, 파울리, 슈뢰딩거, 디랙 등에게도 초청장이 배달되었다.

마침내 1927년 10월 24일 월요일 아침, 아인슈타인과 보어를 비롯한 현대 물리학의 거장들이 브뤼셀의 생리학협회 건물로 속속 모여들었다. 로렌츠가 개막 연설을 했고, 첫 강연의 주인공은 영국의 물리학자 윌리엄 브래그(1890~1971)였다. 훗날 보어는 이날을 회상하며 말했다. "나를 포함한 일부 참석자들은 아인슈타인이 양자역학에 어떤 반응을 보일지 무척 궁금했다. 그는 양자역학의 창시자 중 한 사람이었으므로 이번에도 기발한 아이디어로 중요한 문제를 해결해주리라 생각했다."

보어의 예상대로 아인슈타인은 회의 기간 동안 정말로 기발한 아이디어를 떠올렸다.

———————— ∿∿∿ ————————

X-선 회절에 관한 윌리엄 브래그의 강연이 끝난 후, 콤프턴효과로 노벨상을 수상한 아서 콤프턴의 강연이 이어졌다.

그날 오후에 드 브로이는 '이중해(double solution)'를 이용하여 양자 현상을 새롭게 해석하는 파격적인 강연을 했는데, 간단히 말해서 파동-입자 이중성을 '파동 또는(or) 입자'가 아닌 '파동과(and) 입자'로 해석한다는 내용이었다. 이 접근법에 따르면 양자적 점입자의 운동은 실제 파동장(wave field)에 의해 유도된다. 그리고 이중해의 두 번째 장(場)은 통계적으로 중요한 의미를 가지면서 확률로 해석되는 등 여러 가지 면에서 슈뢰딩거의 파동함수와 비슷하다. 여기서 잠시 드 브로이의 강연을 들어보자.

파동 Ψ는 선도파(pilot wave, 막스 보른은 이것을 Führungsfeld라 불렀다)이면서 동시에 확률파(probability wave)이기도 합니다. 우리 눈에 입자의 운동은 매우 정확히 결정된 것처럼 보이기 때문에……, 개개의 물리적 현상에서 결정론을 포기할 이유는 없습니다. 이것은 막스 보른의 해석과 비슷한 것 같지만, 사실은 여러 면에서 큰 차이가 있습니다.

드 브로이의 이중해는 상보성원리를 위협할 만큼 대담한 시도였으나, 많은 사람들의 동의를 이끌어내지는 못했다. 만일 그가 아인슈타인의 지지를 기대했다면 크게 실망했을 것이다. 아인슈타인은 강연 내내 침묵을 지키고 있었기 때문이다.

아인슈타인은 몇 달 전에 이와 비슷한 시도를 한 적이 있었다. 그는 1927년 5월 5일에 '슈뢰딩거의 파동역학은 계의 운동을 완전히 결정하는가? 아니면 통계적 관점에서 결정할 뿐인가?(Does Schrodinger's Wave Mechanics Determine the Motion of a System Completely or Only in the Sense of Statistics?)'라는 제목의 논문을 베를린의 프러시아 과학아카데미에 제출했다. 이 논문의 목적은 점입자에 의해 형성된 장에 기초하여 파동 및 입자적 서술을 슈뢰딩거의 파동함수와 하나로 통합하는 것이었다.

처음에 아인슈타인은 자신이 얻은 결과에 크게 만족했으나, 단 몇 주 만에 생각이 바뀌어 5월 21일에 "논문 출판을 취소해 달라"는 요청을 보냈다. 고차원 배위공간에서 정의된 파동함수에 물리적 의미를 부여하는 것이 과연 타당한지 의구심이 들었기 때문이다. 게다가 논문의 말미에 "… 수정을 가하긴 했지만 입자는 여전히 좁은 지역에 뭉쳐 있으며, 유도장에 의해 비국소적인 영향을 받을 수 있다"고 적어놓았는데, 여기서 초래되는 변칙적인 인과율은 아인슈타인이 예전부터 꺼려온 것이었다.

그는 솔베이회의에서 논문을 발표해 달라는 요청을 수락했다가 6월 17일 로렌츠에게 양해의 편지를 보냈다.

"여러 가지 사항을 고려한 결과, 회의의 수준에 걸맞은 논문을 발표하기 어렵다는 결론에 도달했습니다. 죄송합니다."

다음 날 아침(솔베이회의 이틀째), 보른과 하이젠베르크는 이른바 '코펜하겐-괴팅겐 결탁'을 맺고 양동 작전을 펼쳤다. 이들은 행렬역학을 확장해서 슈뢰딩거의 파동역학과 연결 짓고, 그 결과를 양자적 확률과 불확정성원리에 의거하여 해석했다. 또한 이들은 양자역학이 그 자체로 완전한 이론이며, 더 이상의 물리적(또는 수학적) 가정은 필요 없다고 주장했다.

… 양자역학은 이미 완성된 이론입니다. 여기에 물리적(또는 수학적) 가정을 추가하여 이론을 수정하는 것은 의미가 없다고 생각합니다.

둘째 날의 마지막 공식 행사는 파동역학을 주제로 한 슈뢰딩거의 강연이었다. 그는 행렬역학 추종자들의 반격을 염두에 두고, 배위공간에서 파동의 의미 등 파동역학의 특성을 조심스럽게 설명해 나가다가 마지막에 파동에 대한 새로운 해석을 제안했다. 그러나 강연이 끝나고 질의 응답 시간이 되자 하이젠베르크는 앞으로 4차원 시공간에 기초한 전통적 이론이 더 발전할 것이라는 슈뢰딩거의 예측에 이의를 제기하고 나섰다. 나중에 그는 사석에서 "슈뢰딩거의 계산 방식으로는 그런 희망을 갖기 어렵다"고 주장했다.

브뤼셀에서 솔베이회의가 진행되는 동안 파리에서는 프랑스 물리학자 오귀스탱 프레넬(1788~1827)의 서거 100주년을 추모하는 학술회의가 열리고 있었다. 로렌츠는 이 사실을 솔베이회의 일정을 확정한 후에 알았기 때문에 날짜를 조절할 수가 없었다. 그래서 솔베이회의 기간 중 하루를 쉰다는 궁여지책을 내놓았다. 이렇게 하면 파리학회에 참석했던 물리학자들도 금요일부터 솔베이회의에 참석할 수 있었다.

그래서 합동 토론은 금요일 아침에 시작되었다. 제일 먼저 로렌츠가 연단에 올라 인과율과 결정론에 대한 자신의 견해를 밝히고, 뒤를 이어 보어의 강연이 시작되었다. 코모 호에서 했던 대로 강연의 주제는 상보성원리였는데, 보어의 눈은 좌중에 앉아 있던 아인슈타인과 수시로 마주치고 있었다. 아인슈타인은 상보성원리를 들어본 적이 없었기에, 보어의 강연은 사실상 아인슈타인 한 사람을 위한 일종의 '보고'나 마찬가지였다.• 보어는 신중에 신중을 기하면서 설명을 이어 나갔고, 아인

• 보어는 제5회 솔베이회의에서 공식적인 강의를 하지 않았다. 그러나 주최 측은 학회가 끝난 뒤 그의 요청에 따라 〈네이처〉에 실렸던 그의 논문(상보성원리에 관한 논문)을 영어로 번역하여 강연록에 정식으로 게재했다.

슈타인은 아무런 말도 하지 않은 채 조용히 듣고만 있었다.

강연이 끝나자 아인슈타인이 자리에서 일어나 말문을 열었다.

"저는 양자역학이라는 신종 물리학에 대해 잘 알지는 못하지만, 몇 가지 일반적인 조언을 드리고자 합니다."

그는 작은 슬릿(가늘고 길게 난 구멍)으로 전자빔이나 광자를 통과시켰을 때 나타나는 회절 현상을 예로 들었다.● 슬릿을 통과한 전자나 광자가 스크린에 도달하면 뚜렷한 흔적을 남긴다(스크린은 사진기의 필름처럼 입자가 도달한 곳에 흔적이 남도록 만들어져 있다). 양자역학이 완벽한 이론이라면 개개의 양자적 입자의 거동은 적절한 파동함수로 완벽하게 서술되어야 하며, 이로부터 회절 패턴도 유도할 수 있어야 한다. 그러나 파동함수가 스크린에 도달하는 바로 그 순간, 파동함수는 순식간에 붕괴되어 흔적도 없이 사라지고 스크린에는 하나의 점만 남는다. 이로부터 우리가 알 수 있는 것은 '입자가 여기에 도달했다'는 사실뿐이다.●

아인슈타인이 문제 삼은 것은 '파동함수의 붕괴'였다. 예를 들어 슬릿을 통과한 입자가 스크린상의 A 지점에 도달했다고 하자.(그림4 참조) 관측자는 이 사실을 확인하는 즉시 "입자가 A에 도달했다"는 사실과 함께 "입자는 B에 도달하지 않았다"는 사실도 덤으로 알게 된다. 여기

● 이 책에 수록된 내용은 아인슈타인이 제기했던 반론을 좀 더 쉽게 수정한 것이다.
● 사진 필름에 발라진 감광유제는 수백만 개의 은염 입자로 이루어져 있다(그래서 감광유제를 할로겐화은silver halides이라 부르기도 한다). 렌즈를 통해 들어온 광자가 은염 결정과 상호작용을 하면 결정구조가 붕괴되면서 검은색의 은 침전물이 생성되는데, 여기에 현상액을 투입하면 근처의 결정들이 추가로 붕괴되면서 검은 점이 눈에 보일 정도로 커지고, 이 점들이 모여서 영상을 만들어낸다. 그 후 몇 가지 화학적 처리 과정을 거치면 남아 있는 은염 입자들이 무색의 소금 입자로 변하여 필름은 더 이상 빛에 반응하지 않게 된다. 이 단계에서 만들어진 필름 영상은 색상이 반전된 네거티브 영상인데, 여기에 빛을 투과시켜서 감광지에 받아내면 색상이 제대로 구현된 포지티브 영상이 얻어진다.

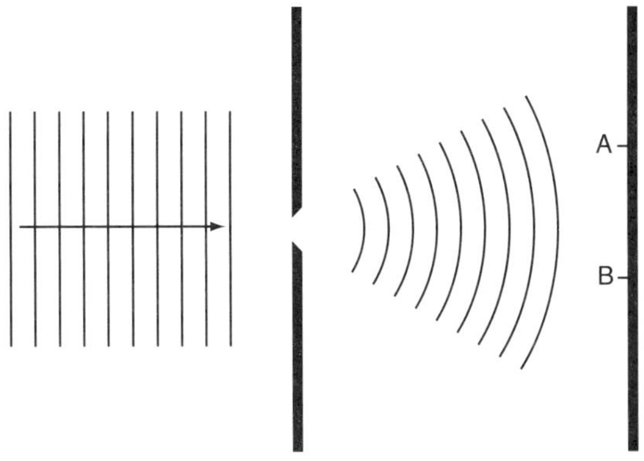

그림4 전자 또는 광자를 이용한 단일 슬릿 실험의 개요도. 아인슈타인은 보어에게 반론을 제기하면서 이 실험을 예로 들었다. 관측자는 입자가 스크린의 A 지점에 도달했다는 사실을 아는 즉시 "이 입자는 B에 도달하지 않았다"는 사실도 알게 된다. 아인슈타인은 이런 식으로 진행되는 '파동함수의 붕괴'가 특수상대성이론에 위배된다고 주장했다.

서 중요한 것은 입자가 A에 도달했음을 확인하는 '즉시' B에 도달하지 않았음을 알 수 있다는 것이다. 다시 말해서, 첫 번째 결과(입자가 A에 도달했음)를 인지한 후 두 번째 결과(입자가 B에 도달하지 않았음)를 인지할 때까지 시간이 전혀 걸리지 않는다는 뜻이다. 그런데 관측을 실행하기 전에는 특정 위치에서 입자가 발견될 확률이 스크린 전체에 걸쳐 골고루 분포되어 있었다.

아인슈타인은 파동함수의 붕괴가 불가사의한 '원거리 작용(action at a distance)'을 낳는다고 생각했다. 공간의 넓은 영역에 퍼져 있던 입자가 순식간에 한 점으로 집중된다는 것은 관측이라는 행위가 계의 상태를 심각하게 바꾼다는 것을 의미한다. 즉, 관측이 개입되면 계는 원래의 상태에서 크게 벗어나게 되는 것이다. 아인슈타인은 이런 식의 원거리 작용이 특수상대성이론에 위배된다고 주장했다.

그는 드 브로이의 이중해 접근법에 동의를 표하면서 다음과 같이 말했다.

"물리적 과정을 설명하려면 슈뢰딩거의 파동에만 의존하지 말고 입자적 특성까지 함께 고려해야 합니다. 이런 점에서 볼 때 드 브로이의 접근법은 바람직하다고 생각합니다. (양자역학이 개개의 과정을 서술한다는 가정 하에) 슈뢰딩거의 파동만 사용한다면 $|\Psi|^2$은 상대성이론에 위배됩니다."

그러나 다른 식의 해석도 가능하다. 파동함수가 단일 입자에 대한 확률이 아니라 여러 개의 동일한 입자로 이루어진 집합(이것을 '앙상블ensemble'이라 한다)에 대한 확률을 나타낸다면 어떨까? 만일 그렇다면 개개의 입자들은 가늘게 집중된 명확한 궤적을 따라가다가 스크린에 도달할 것이고, 가능한 경로는 하나가 아니라 여러 개일 것이다. 따라서 회절 무늬는 여러 입자들의 통계적 분포를 나타내는 것으로 해석할 수 있으며(개개의 입자들은 각기 다른 명확한 궤적을 따라간다), 이 분포는 파동함수의 절댓값의 제곱과 관련되어 있다. 즉, $|\Psi|^2$은 하나의 입자가 아닌 여러 입자들이 특정한 패턴으로 분포될 확률을 나타낸다.

개개의 양자적 입자를 관측하는 것만으로는 위의 두 가지 중 어떤 해석이 옳은지 판별할 수 없다. "하나의 입자가 슬릿을 통과하여 스크린의 특정 지점에 도달한다"는 점은 두 해석에서 동일하기 때문이다. 첫 번째 해석에서 입사가 스크린에 도달하는 지점은 입자가 시긴 필름과 상호작용을 하는 바로 그 순간에 결정되며, 입자가 그곳에 도달할 확률은 파동함수의 절댓값의 제곱으로 주어진다. 반면에 두 번째 해석에서 입자의 도달 지점은 입자가 지나온 실제 경로에 의해 결정되며, 이것은 파동함수의 절댓값의 제곱으로 주어지는 확률 분포로부터 알아낼 수 있다. 그러나 스크린에 나타나는 회절 무늬는 두 경우 모두 충분히 많은 입자들이 스크린에 도달한 후에야 알 수 있다.

보어는 아인슈타인의 지적을 충분히 이해하지 못했다. 나중에 그는 동료들과 함께한 자리에서 "그때 아인슈타인이 무슨 말을 하는지 이해하지 못했기 때문에 몹시 난처했다. 그것은 명백히 나의 잘못이었다"고 고백했다.

보어는 아인슈타인을 바라보며 설명을 이어 나갔다.

"양자역학의 실체는 저도 잘 모릅니다. 다만 우리는 적절한 수학을 이용하여 실험 결과를 설명하고 있을 뿐입니다."

보어는 아인슈타인이 고전적인 시공간 서술에 매달리고 있다고 생각했다. 보어의 설명은 계속된다.

"양자역학에서 인과율에 입각한 시공간 서술은 더 이상 유효하지 않습니다. 그것은 '관측은 대상을 교란시키지 않은 채 실행될 수 있다'는 가정을 깔고 있기 때문입니다."

보어는 아인슈타인이 말한 핵심을 간파하지 못했다. 그러나 아인슈타인은 상대가 이해를 했든 못했든 자신의 주장을 굽히지 않았다. 두 사람은 회의 참석자들이 묵고 있는 브리타니크 호텔의 식당으로 자리를 옮겨 토론을 계속했다. 물리학 역사상 가장 중요한 논쟁(양자역학을 옹호하는 보어와 그것을 반대하는 아인슈타인의 논쟁)의 서막이 오른 것이다. 물리적 실체의 특성을 어떻게 이해할 것인가? 논쟁의 핵심은 바로 이것이었다.

오토 슈테른은 당시의 일을 이렇게 회고했다.

그날 아침, 아인슈타인은 식당으로 내려와 새로운 양자역학에 대한 우려를 표하면서 몇 가지 실험을 예로 들었는데, 한결같이 양자역학이 틀렸다는 쪽으로 결론이 내려졌다. 그 자리에 있던 파울리와 하이젠베르크는 "아, 꽨

찮습니다. 그런 문제는 곧 해결될 겁니다"라면서 심각한 반응을 보이지 않았다. 그러나 보어는 아인슈타인의 지적을 신중하게 받아들였고, 우리는 그날 저녁 식당에 다시 모여서 해결책을 모색했다.

아인슈타인은 양자역학의 기본 원리인 불확정성원리에 근본적 오류가 있음을 증명하고자 했다. 만일 그가 옳다면 양자역학은 실험 결과를 제아무리 잘 설명한다 해도 불완전한 이론이 될 수밖에 없고, 한창 잘나가는 코펜하겐 학파의 학자들에게는 회복하기 어려운 치명타가 될 것이다. 아인슈타인은 자신의 논리를 시각화해주는 몇 가지 사고실험을 제안했다. 그것은 실험실에서 구현할 수 없는 가상의 실험이었지만, 원리적 단계에서 자신의 생각을 표현하는 데에는 부족함이 없었다.

아인슈타인은 단일슬릿 실험에서 "양자적 입자와 스크린 사이에 전이되는 운동량의 크기를 조절할 수 있고 관측도 할 수 있는 상황"을 가정했다. 입자는 슬릿을 통과하면서 굴절되기 때문에, 운동량보존법칙만으로는 정확한 경로를 알 수 없다. 그러나 슬릿이 뚫려 있는 첫 번째 스크린이 되튀는 정도를 관측하면 입자가 굴절된 방향을 알 수 있다.

이제 첫 번째 스크린(하나의 슬릿이 뚫려 있는 스크린)과 두 번째 스크린(필름으로 덮여 있는 스크린) 사이에 두 개의 슬릿이 뚫려 있는 또 하나의 스크린을 삽입했다고 가정해보자. 입자가 첫 번째 스크린을 통과하면서 굴절되는 방향을 알 수 있다면, 그 입자가 두 번째 스크린(새로 삽입된 스크린)의 어느 쪽 슬릿을 통과하는지 알 수 있다. 그리고 이 입자가 마지막 스크린에 도달하여 흔적을 남기면, 그 지점으로부터 역으로 추적하여 입자가 거쳐온 전체 경로를 알아낼 수 있다.

이제 관측 장비가 여러 개의 입자를 연속적으로 관측하도록 방치해두

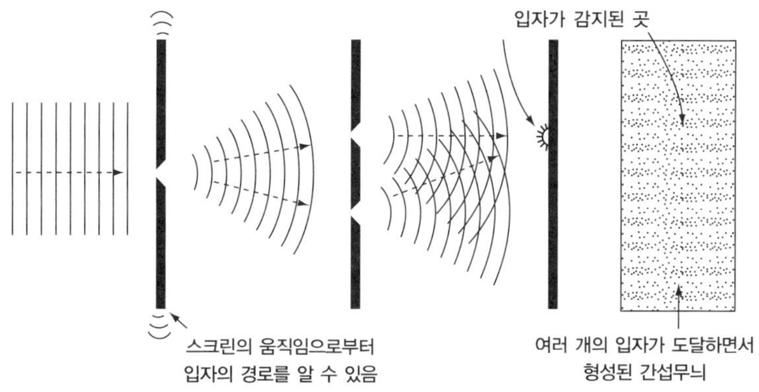

그림5 고전적인 이중슬릿 실험을 수정한 아인슈타인의 사고실험 개요도. 입자가 첫 번째 단일슬릿 스크린을 통과할 때 스크린이 움직이는 정도를 측정하면 향후 입자의 방향을 알 수 있다(따라서 이 입자가 두 번째 스크린의 어느 쪽 슬릿을 통과하는지도 알 수 있다). 그 후 입자가 세 번째 스크린에 도달한 지점을 확인하면 처음부터 입자가 거쳐온 전체 경로를 알아낼 수 있다. 이제 동일한 실험을 여러 개의 입자에 대하여 연속적으로 실행하면 세 번째 스크린에는 간섭무늬가 나타난다. 따라서 우리는 이 실험을 통해 입자적 특성(궤적)과 파동적 특성(간섭무늬)을 동시에 관측할 수 있다. 물론 이것은 하이젠베르크의 불확정성원리와 모순되는 결과이다.

면 마지막 스크린에는 이중슬릿에 의한 간섭무늬가 나타날 것이다. 그렇다면 관측자는 입자적 특성(명확한 궤적)과 파동적 특성(간섭무늬)을 동시에 관측한 셈이다. 이것은 보어의 상보성원리와 정면으로 상치될 뿐만 아니라 불확정성원리에 대한 코펜하겐 학파의 해석과도 일치하지 않는다. 아인슈타인의 사고실험에 따르면 코펜하겐 해석은 틀린 것이었다.

보어는 아인슈타인의 반론을 철저히 분석하다가 그가 말했던 관측을 실행하는 도구를 구체적으로 떠올려보았다. 물론 보어의 의도는 아인슈타인의 사고실험을 실제로 구현하려는 것이 아니라 그의 반론에서 문제점을 찾아내는 것이었다.

양자적 입자가 첫 번째 스크린에 전달하는 운동량을 조절하고 관측하려면 스크린은 수직 방향으로 움직일 수 있어야 한다. 이제 입자가 슬릿을 통과할 때 스크린의 반동을 측정하면 입자가 슬릿을 통과한 후 나아가는 방향을 알 수 있다. 여기까지가 아인슈타인의 주장이다.

보어는 그림5와 같이 두 개의 예민한 스프링에 매달린 스크린을 떠올렸다. 스크린의 한쪽 면에는 눈금이 새겨져 있고 그 옆에는 바늘이 달려 있어서 스크린이 위아래로 움직이는 정도를 관측할 수 있으며, 따라서 입자로부터 전달된 운동량도 알 수 있다. 보어가 떠올린 관측 장비가 양자적 입자에 반응할 정도로 예민하다면 아인슈타인의 반론에는 아무런 문제가 없는 것처럼 보인다. 그러나 이제 곧 알게 되겠지만, 바로 이 '예민함'이 모든 문제의 근원이었다.

보어는 아인슈타인이 제기한 바로 그 사고실험에서 불확정성원리와 상보성원리가 적용된다는 것을 다음과 같은 논리로 입증했다. 단일슬릿 스크린에 전달된 운동량을 정확히 측정하면 불확정성원리에 의해 스크린의 위치가 불확실해진다. 즉, 스크린의 수직 방향 운동량을 어떤 정확도로 측정하면 스크린의 현재 위치에 피할 수 없는 오차가 발생하고, 운동량과 위치의 오차(불확정성)를 곱한 값은 항상 플랑크상수 h보다 크다.

왜 그런가? 보어가 제시한 답은 다음과 같다. 첫 번째 스크린에 새겨진 눈금을 정확히 읽으려면 그곳에 빛을 쏘여야 한다. 그런데 빛은 광자의 집합이므로 광자들이 스크린을 때리면서 운동량이 전달되고, 이 때문에 스크린은 제어할 수 없는 흔들림 현상을 겪게 된다. 눈금을 읽는 수단이 무엇이든 간에, '눈금을 읽는 행위' 자체가 스크린의 운동량에 영향을 준다는 것이다. 아무리 기발한 장치를 만들어도 이 상황은 절대로 피해 갈 수 없다. 따라서 스크린의 위치를 정확히 관측할수록 스크린의 운동량은 불확실해진다. 즉, 이 경우에도 불확정성원리는 여

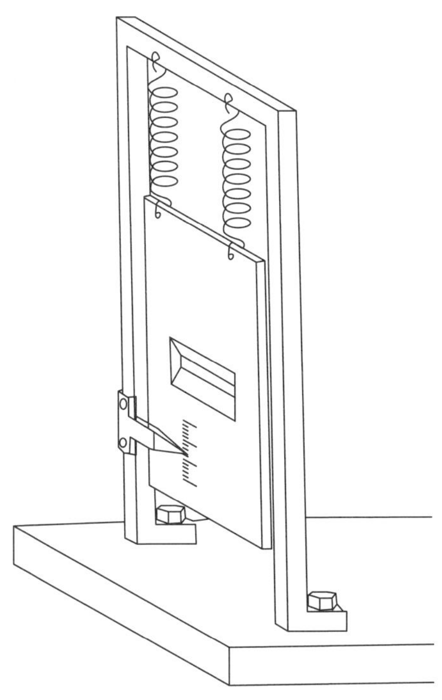

그림6 첫 번째 스크린의 반동을 관측하는 가상의 실험 장치. 보어는 아인슈타인의 반론을 방어하기 위해 이와 같은 실험 장치를 떠올렸다. 폴 아서 실프(Paul Arthur Schilpp)가 편저한 《알베르트 아인슈타인 : 철학적인 과학자(Albert Einstein: Philosopher-scientist)》, 제1권, 220쪽에서 발췌. ⓒ1949 by Library of Living Philosophers, Inc.

전히 성립한다.

보어는 여기서 한 걸음 더 나아가 "첫 번째 단일슬릿 스크린의 위치에 대한 불확정성 때문에 입자의 '결맞음위상(phase coherence)'이 붕괴되고, 이 상태에서 이중슬릿 스크린을 통과하면 최종 스크린에 간섭무늬가 사라진다"는 사실도 증명했다. 첫 번째 스크린의 운동량 전이를 조절하면 입자가 두 번째 스크린의 어느 쪽 슬릿을 통과하는지 알 수 있는데, 이는 관측 대상의 '입자성'을 관측한 것과 마찬가지여서 상보성원리에 의해 파동성이 사라지는 것이다(간섭무늬는 파동성 때문에 나타나는 현상이다-옮긴이).

보어가 내린 결론은 다음과 같다.

> … 우리는 입자의 궤적을 추적하거나 또는 간섭무늬를 관측하거나, 둘 중 하나만을 할 수 있다. 그러므로 두 번째 스크린(이중슬릿 스크린)의 존재 여부에 따라 전자(또는 광자)의 거동이 달라지는 역설적 상황은 발생하지 않는다. 지금 우리는 서로 양립할 수 없는 두 가지 실험에서 상보적 현상이 나타나는 전형적인 사례를 보고 있다. 원자 규모에서는 물체의 거동과 실험 장비의 상호작용을 완전히 분리할 수 없다. 아무리 기발한 장치를 개발해도 이 한계를 극복할 수는 없다. 이것은 원리적 단계에 존재하는 한계이기 때문이다.

코펜하겐 해석을 수용할 수 없었던 아인슈타인은 여기에 굴하지 않고 또 다른 사고실험을 제안하면서 보어에게 자신의 반론을 방어해보라고 주문했다. 그러나 보어는 아인슈타인의 제안을 정중히 거절했다. 훗날 보어는 당시의 분위기를 이렇게 기록했다.

"아인슈타인은 약간의 조롱을 섞어서 '조물주가 주사위 놀음을 한다는 것을 정말 믿는 겁니까?'라고 물었다. 나는 '고대의 사상가들도 미지의 원인을 신에게 돌리는 것을 자제해야 한다고 경고했습니다. 다른 사람은 몰라도 우리 과학자들은 그 점을 항상 기억해야 합니다'라고 대답했다."

보어는 코펜하겐 해석을 성공적으로 방어한 데 대해 적잖은 만족을 느꼈을 것이다. 그러나 아인슈타인의 끈질긴 반론에 압박감을 느낀 나머지 보어의 논리는 미묘한 방향으로 흘러갔다. 어느새 그는 하이젠베르크와 논쟁을 벌일 때 자신이 그토록 비난했던 '둔탁한 관측 장비에 의한 교란' 즉 제어할 수 없는 운동량 전이에 의존하고 있었다.

브뤼셀에 모인 대부분의 물리학자들은 아인슈타인과 보어의 논쟁에서 보어가 이겼다고 생각했다. 그러나 그것은 앞으로 다가올 세기적 논쟁의 서막에 불과했다. 어쨌거나 제5회 솔베이물리학회의는 보어가 코펜하겐 해석을 성공적으로 방어하면서 마무리되었다.

물론 아인슈타인은 조금도 설득되지 않았다.

I4

경이로움의 극치
1927년 크리스마스, 케임브리지/폴 디랙

볼프강 파울리는 양자역학의 해석이 바람직한 쪽으로 진보한 것을 누구보다 반겼을 것이다. 그러나 그는 전자의 스핀과 배타원리가 양자역학의 범주에 편입되지 못한 데 대해 약간의 불만을 품고 있었다. 그는 이것을 '미학적 실패'라고 불렀다.

사실 양자역학도 사정은 별로 좋지 않았다. 양자역학의 핵심으로 인정된 방정식이 아인슈타인의 특수상대성이론에 위배되었기 때문이다. 학계에서는 슈뢰딩거의 파동방정식을 특수상대성이론 판으로 수정하는 데 전자의 스핀이 중요한 역할을 할 수도 있다는 추측이 나돌았다.

오스카르 클레인은 1926년에 혼자서 슈뢰딩거방정식의 상대론적 버전을 유도했다. 그 후 함부르크의 이론물리학자 발터 고르돈(1893~1939)이 클레인의 방정식을 수정한 클라인-고르돈 방정식(Klein-Gordon equation)을 발표하여 양자역학과 특수상대성이론의 결합에 신호탄을 날렸다. 그러나 사실 이것은 슈뢰딩거가 독립적으

로 유도했다가 실험 결과와 맞지 않아서 1926년 1월에 폐기한 방
정식이었다.

브뤼셀에서 개최된 제5회 솔베이회의에서 양자역학의 해석과
철학적 배경에 대하여 열띤 토론이 오갔지만, 영국의 물리학자 폴
디랙은 별다른 관심을 보이지 않았다. 그는 새로운 방정식이 유도
되지 않는 한 이론을 해석하는 문제를 놓고 왈가왈부하는 것이 무
의미하다고 생각했다. 사실 디랙은 양자역학의 수학 체계를 세우
는 데 결코 적지 않은 공을 세운 사람이었다. 그러나 최근에 치고
나온 유럽의 경쟁자들에게 다소 밀리고 있었기에, 자기만의 업적
으로 당당하게 내세울 수 있는 무엇인가가 절실하게 필요한 상황
이었다.

디랙은 전자의 스핀에 관심을 기울였다. 그는 1926년 말에 "스
핀을 양자역학적으로 이해하는 데 앞으로 얼마나 걸릴 것인가?"
라는 질문을 놓고 하이젠베르크와 내기를 한 적이 있었다. 그때
하이젠베르크는 '최소한 3년'으로 예상했고, 디랙은 '3개월이면
충분하다'고 했다. 그로부터 3개월 뒤, 두 사람의 내기는 하이젠
베르크의 압승으로 끝났다. 그러나 상대성이론에 각별한 관심을
갖고 있던 디랙은 양자역학의 상대론적 버전을 반드시 구축하겠
다고 마음먹었다. 디랙은 공학도였던 1919년에 상대성이론을 처
음 접한 후로 물리학에 완전히 매료되었고, 결국 전공을 바꿔 물
리학자가 되었다.

마침내 디랙은 스핀의 수수께끼를 풀었다. 그러나 이 과정에서
그는 누구도 예상하지 못했던 엄청난 사실을 알아냈다.

폴 디랙은 말수가 적고 내성적인 영국 지식인의 전형이었다. 그가 이런 성격을 갖게 된 것은 부친의 유별난 교육 방식 때문이었다. 그의 부친인 찰스 디랙은 스위스 사람이었는데, 스무 살의 젊은 나이에 고향을 떠나 1890년에 영국 남서부에 있는 브리스틀에 정착하여 교사가 되었고, 1902년에 둘째 아이인 폴을 낳았다.

찰스 디랙은 불우한 어린 시절을 보냈다. 이런 사람이 나중에 부모가 되면 아이들에게 각별한 사랑을 베푸는 경우가 많은데, 이 점에서 그는 확실한 예외였다. 그는 지극히 가부장적인 가장이었으며, 아이들이 직계 가족 외의 다른 사람들과 교류하는 것을 엄격히 금했다. 그리하여 그의 아이들은 사회와 격리된 채 집이라는 감옥 안에서 벙어리처럼 살아야 했다. 프랑스어를 모국어로 사용하고 학교에서도 프랑스어를 가르쳤던 찰스 디랙은 거주지가 영국임에도 불구하고 아이들에게 프랑스어를 사용하도록 강요했다.

아버지는 내가 프랑스어를 쓰는 것이 더 유리하다고 굳게 믿었다. 그러나 나는 프랑스어를 잘하지 못했기 때문에, 영어를 해서 야단맞느니 차라리 아예 입을 닫고 사는 게 낫다고 생각했다. 그래서 나는 아주 어릴 적부터 아주 과묵한 아이가 될 수밖에 없었다…….

소년 폴은 억압된 감정과 에너지를 고스란히 수학에 쏟아 부었다. 그러나 자신의 앞날을 스스로 결정할 권리가 전혀 없었던 그는 부친의 권유에 따라 1918년에 브리스틀대학교에 입학하여 공학도가 되었다.

그로부터 1년 뒤, 폴은 아인슈타인의 상대성이론을 처음으로 접하게 되었다. 1919년 5월에 영국의 물리학자 아서 에딩턴(1882~1944)이 일반상대성이론의 타당성을 입증하는 관측을 성공적으로 수행하여 언론의 스포트라이트를 받았고(중력에 의해 빛이 휘어진다는 일반상대성이론의 예측이 에딩턴의 관측을 통해 사실로 확인되었다-옮긴이), 그와 더불어 아인슈타인의 명성은 연일 상한가를 치고 있었다. 폴은 이 사건을 계기로 물리학에 완전히 매료되어 특수상대성이론을 집중적으로 파고들었으며, 그 분야의 수학에 관한 한 전공자 못지않은 전문가가 되었다.

폴 디랙은 1921년에 공과대학교를 졸업했다. 그러나 당시 영국 경제는 극심한 침체기에 있었던 터라 일자리를 구하기가 쉽지 않았다. 그래서 브리스틀대학교 측에서 무보수 강사 자리를 제안 받았을 때 기꺼이 승낙했고, 그 후로 2년 동안 수학 공부를 계속할 수 있었다.

1923년 평생을 가정이라는 감옥에 갇혀 살아온 디랙에게 드디어 탈출의 기회가 찾아왔다.* 영국 과학기술원에서 주는 장학금을 받고 케임브리지대학교 물리학과의 박사과정에 입학하게 된 것이다. 처음에 그는 상대성이론을 공부하고 싶었으나, 실망스럽게도 자신의 뜻과는 상관없이 랠프 파울러의 지도하에 연구 프로젝트를 수행하게 되었다. 파울러의 주된 관심 분야는 원자물리학과 양자역학이었다. 그러나 얼마 지나지 않아 디랙은 양자역학이 상대성이론 못지않게 흥미로운 분야이며, 할 일도 엄청나게 많다는 사실을 깨달았다. 훗날 그는 이 시절을 회고하며 이렇게 말했다.

● 여기서 '탈출'은 비유적 표현이 아니라 문자 그대로 탈출을 의미한다. 감옥 같은 생활에 염증을 느껴왔던 폴 디랙의 형 레지널드는 박사과정에 입학한 동생에게 열등감을 느낀 나머지 1924년에 스스로 목숨을 끊었다.

"나는 항상 원자를 가상의 존재로 생각해왔다. 그런데 케임브리지에서 원자의 구조를 밝히는 데 인생을 건 물리학자들을 보고 놀라지 않을 수 없었다."

랠프 파울러는 코펜하겐과 괴팅겐의 물리학자들과 수시로 교류해왔다. 그러던 중 1925년 8월에 행렬역학에 관한 하이젠베르크의 첫 논문을 입수하여 디랙에게 보여주었다.

상대성이론을 혼자 숙지한 상태에서 양자물리학을 공부하게 된 디랙은 자연스럽게 '상대성이론을 고려한 양자역학'에 관심을 갖게 되었다. 사실 그는 이 이론을 구현하기 위해 거의 2년 동안 다양한 시도를 해왔으나 한결같이 실패로 끝나고 말았다. 그러던 중 1927년에 솔베이회의에 참석하여 보어에게 문제를 제기했더니 "클레인이 그 문제를 이미 해결했다"는 짤막한 대답이 돌아왔다. 그러나 클레인이 유도한 방정식은 완전하지 않았다. 솔베이회의에서 그의 강연이 계획되어 있었는데, 사람들이 강연장에 다 모였을 때 돌연 강연이 취소되었다. 디랙은 그 이유가 궁금했다. 클라인 방정식은 왜 실험 결과와 일치하지 않는가?

디랙은 보어와 긴 대화를 나누지 못했지만, 적절한 해를 빨리 찾아야 한다는 점에 깊이 공감하고 브뤼셀에서 돌아오자마자 그동안 실패했던 연구 노트 기록을 뒤적이며 새로운 해결책을 찾기 시작했다. 다른 사람 같았으면 주변의 동료들과 수시로 토론을 벌이며 바쁘게 뛰어다녔겠지만, 디랙은 대화를 전혀 나누지 않고 혼자서 연구를 수행했다. 세 살 적 버릇이 여든까지 간다는 건 바로 디랙을 두고 한 말이었다(디랙은 82세에 사망했다-옮긴이).

아인슈타인의 특수상대성이론에서 시간은 4차원 공간의 한 요소로 취급된다. 3개의 공간차원과 하나의 시간차원이 어우러져 4차원 시공간을 이루는데, 여기서 공간과 시간은 완전히 '동등한' 대접을 받는다. 이런 점에서 볼 때 슈뢰딩거의 파동방정식은 균형이 맞지 않는다. 공간 변수에 대해서는 2계 미분방정식인데, 시간 변수에 대해서는 1계 미분방정식이기 때문이다.• 사실 슈뢰딩거방정식의 외형만 놓고 보면 열이나 기체의 확산 과정을 서술하는 확산방정식(diffusion equation)에 더 가깝다. 이처럼 시간과 공간의 균형이 맞지 않는다는 것은 슈뢰딩거의 파동방정식이 상대성이론을 고려하지 않은 방정식임을 뜻한다.

슈뢰딩거와 클레인, 고르돈은 파동방정식이 시간에 대해서도 2계 미분방정식이 되도록 만들었다. 그런데 이렇게 하면 시간과 공간의 균형은 이루어지지만 다른 문제가 발생하기 때문에, 슈뢰딩거는 애써 유도한 방정식을 폐기해버렸다. 물론 디랙도, 하이젠베르크도 그런 식의 접근을 달가워하지 않았다. 헝가리의 물리학자 요헌 쿠더르(Johann Kudar)가 1926년 12월 21일 디랙에게 보낸 편지에는 "파울리는 상대론적 2계 파동방정식을 매우 회의적으로 바라보고 있다"고 쓰여 있다. 게다가 클라인-고르돈 방정식에는 전자의 스핀이 전혀 고려되지 않았다.

이 분야를 연구하는 물리학자들은 상대성이론을 고려한 '상대론적 파동방정식(relativistic wave equation)'이 시간에 대해 1계 미분방정식이어야 한다는 사실을 잘 알았다. 여기에는 몇 가지 이유가 있는데, 파동함수에 대한 막스 보른의 확률 해석이 그대로 적용되려면 1계 미분방정식이 되어야 한다는 것도 그중 하나였다. 따라서 상대론적 파동방정식을 유도하려면 슈뢰딩거방정식을 시간과 공간에 대하여 모두 1계 미분

• 1계 미분방정식이란 함수(예를 들면 f)가 변수(예를 들면 x)에 대해 한 번 미분된 형태로 등장하는 방정식을 말한다. 이것을 수학 기호로 표시하면 df/dx이다. 2계 미분방정식에서는 f가 x에 대해 두 번 미분된 형태, 즉 d^2f/dx^2로 등장한다(2계 미분방정식에 df/dx가 포함될 수도 있다).

방정식이 되도록 만들어야 했다. 사실 이 과정은 별로 어렵지 않다. 그러나 유도를 끝내고 나면 보기에도 끔찍한 제곱근연산자가 나타나 이론물리학자들의 눈살을 찌푸리게 만들었다. 디랙은 이 흉물을 어떻게든 말끔하게 처리하고 싶었다.

파울리도 1927년 5월에 3차원 공간좌표에서 운동량연산자를 다루다가 이와 비슷한 문제에 직면했는데, 가로세로 각각 2개의 요소로 이루어진 2×2 행렬을 도입하여 큰 성공을 거두었다. 그는 전자의 스핀과 연산자의 계수를 표현하기 위해 다양한 방법을 시도하던 중 행렬을 사용하는 것이 가장 유용하다는 결론에 도달했는데, 훗날 이 행렬은 '파울리스핀행렬(Pauli spin matrices)'로 불리게 된다.

디랙이 직면한 문제는 네 개의 제곱근연산자를 효율적으로 다루는 것이었다. 이들 중 세 개는 운동량연산자이고 나머지 하나는 특수상대성이론에 의거하여 속도에 따라 달라지는 전자의 질량과 관련되어 있었다. 처음에 그는 또 다른 형태의 2×2 행렬계수가 필요하다고 생각했으나, 그런 계수는 존재하지 않았다. 2×2 행렬은 답이 아니었던 것이다.

디랙은 물리학자라기보다 수학자에 가까운 사람이었기에, 대부분의 문제를 수학적 관점에서 풀어 나갔다. 그의 주된 관심은 일단 수학 문제를 푸는 것이었고, 해답에 물리적 의미를 부여하는 것은 부차적인 일이었다. 한동안 방정식에 몰입해 있던 디랙에게 어느 날 문득 새로운 아이디어가 떠올랐다.

"어느 순간, 2×2 행렬에 연연할 필요가 없다는 사실을 깨달았다. 4×4 행렬을 쓰면 안 될 이유가 없지 않은가?"

바로 여기가 전환점이었다. 그는 4×4 행렬계수를 이용하여 제곱근연산자를 선형화시킬 수 있었고(즉 루트 기호를 벗겨냈다는 뜻이다-옮긴이), 내친김에 방정식의 해까지 구했다.

이것이 바로 그 유명한 디랙방정식(Dirac equation)이다. 이로부터 새롭게 알아낸 사실은 없었지만, 개념적으로는 실로 획기적인 발전이었다. 절치부심하던 끝에 드디어 자신의 이름을 걸고 당당히 내세울 수 있는 업적을 이루어낸 것이다.

디랙이 파울리스핀행렬과 동일한 형태의 행렬을 사용했다는 것은 디랙의 상대론적 파동방정식에 전자의 스핀이 자동적으로 고려되었음을 뜻한다. 그리고 양자역학의 방정식에 4차원 시공간이 도입되었다는 것은 전자에 '네 번째 자유도'가 부여되었다는 뜻이며, 이로부터 네 번째 양자수가 도입된다. 이것은 호우트스미트와 윌렌베크가 1925년에 얻었던 결과와 일치한다.

그러나 전자의 스핀이라는 개념은 전자가 팽이처럼 하나의 축을 중심으로 회전한다는 뜻이 아니다. 스핀은 상대론적 양자역학만이 갖는 특징으로, 고전물리학에는 이에 대응하는 개념이 없다. 전자가 지닌 대부분의 물리적 특성들은 고전적 관점에서 해석할 수 있는데, 유독 스핀만은 양자 세계에만 존재하는 특성이다. 예를 들어 수소 원자에 구속된 전자의 궤도각운동량은 양자수 k에 플랑크상수 h를 곱한 값으로 표현되는데, 원리적으로 k가 취할 수 있는 값에는 한계가 없다.[*] 따라서 상수 h를 0으로 보내는 극한을 취하고 k를 무한대로 보내면 양자적 궤도각운동량은 고전적인 값으로 접근하게 된다. 즉, 궤도각운동량이라는 물리량은 고전적 개념으로 해석할 수 있다는 이야기다.

---

[*] 현대 양자역학에서는 양자수 k를 궤도각운동량 l로 표기한다. l은 $0, 1, 2, \cdots, n$의 값을 가질 수 있다. 여기서 n은 주양자수이다.

그러나 전자의 스핀은 사정이 전혀 다르다. h를 0으로 보내는 고전적 극한을 취해도, 스핀양자수는 특별한 제한 조건을 만족해야 하기 때문에 무한대가 될 수 없다. 즉, 전자의 스핀을 고전적 개념으로 해석하는 것은 불가능하다.

해석이 불분명하긴 하지만, 전자의 스핀은 '자기모멘트'라는 관측 가능한 결과를 낳는다. 외부에서 자기장을 걸어주면 자기모멘트는 자기장과 같은 방향 또는 반대 방향으로 정렬하는데, 지금은 이것을 '스핀-업(spin-up)'과 '스핀-다운(spin down)'의 확률로 이해하고 있다. 외부 자기장을 걸어주었을 때 전자의 자기모멘트는 두 가지 방향으로 정렬될 수 있으며, 정렬된 방향에 따라 에너지도 다르게 나타난다. 이 에너지 상태를 구별하는 것이 바로 스핀양자수(spin quantum number)로서, 이 값이 1/2이면 스핀-업, -1/2이면 스핀-다운 상태이다. 원자의 스펙트럼을 분석해보면 스핀에 따른 두 가지 에너지 상태가 뚜렷이 분리된 두 개의 선으로 나타난다.

전자기장 안에서 움직이는 전자에 디랙방정식을 적용하면 스핀 자기모멘트가 고전적으로 예견된 값보다 두 배 크게 나타나는 제만효과를 설명할 수 있다. 디랙의 이론에서 스핀 자기모멘트는 전자의 스핀양자수에 란데의 g-인자를 곱한 값과 관련되어 있는데, 그로니히의 예측대로 전자의 g-인자는 정확히 2이다.

1927년 크리스마스 직전에 찰스 골턴 다윈(진화론으로 유명한 다윈의 손자-옮긴이)이 케임브리지를 방문했다가 디랙이 얻은 결과를 보고 크게 놀라서 곧바로 보어에게 편지를 보냈다.

"최근에 디랙이 전자의 스핀을 포함하는 완벽한 이론을 완성했습니다. 아무래도 우리가 찾던 바로 '그' 이론인 듯합니다. 그가 유도한 방정식은 2계가 아닌 1계 미분방정식입니다!"

소식은 빠르게 퍼져 나갔다. 디랙은 논문을 공개하기 전에 괴팅겐의 막스 보른에게 대략적인 내용을 편지로 통보했는데, 이 편지를 막스 보른과 함께 읽었던 레온 로센펠드는 그날의 경험을 다음과 같이 회고했다.

"디랙의 편지를 보는 즉시 그가 올바른 답을 찾았다는 것을 알 수 있었다. 그것은 정말로 경이로움의 극치였다."

파울러는 상대론적 양자역학을 주제로 한 디랙의 논문을 〈영국왕립학회보〉에 보냈고, 1928년 1월 2일에 정식으로 출판되었다.

그러나 디랙은 자신이 구한 해에 대가를 치러야 했다. 4×4 행렬을 사용했기 때문에, 해의 개수가 원래 필요했던 수보다 두 배나 많아진 것이다. 전자의 스핀 각운동량이 가질 수 있는 두 가지 값은 디랙방정식에서 구한 해의 절반에 대응되며, 나머지는 전자의 음에너지 상태에 대응된다. 이것은 자유롭게 움직이는 입자의 에너지를 상대론적으로 표현했을 때 어쩔 수 없이 나타나는 결과이다.

음에너지 해는 기이한 특성을 갖고 있다. 양(+)의 에너지를 갖는 '일상적인' 전자에 어떤 식으로든 힘을 가하면 속도가 빨라지는데, 음에너지로 서술되는 전자는 세게 밀수록 더 느려진다. 이런 경우에 물리학자는 음에너지 해를 '비물리적인 해'로 간주하여 슬그머니 치워버리고, 양에너지 해만 취해서 계산을 진행하고 싶은 유혹에 빠지기 십상이다. 고전물리학이라면 이렇게 해도 별 문제가 없다. 고전적인 에너지는 연속적인 양이기 때문에, 양에너지에서 출발한 물리계가 갑자기 음에너지 상태로 추락하는 일은 절대로 일어나지 않는다. 따라서 하나의 객체가 양과 음의 에너지를 모두 갖고 있다면 둘 중 하나를 버려도 상관없다.

그러나 양자역학에서는 불연속적인 도약이 허용된다. 양에너지 전자는 언제든지 음에너지 상태로 도약할 수 있다. 그렇다면 전자의 전하가 $-e$인 '친숙하고 통상적인' 상태에서 전하가 $+e$인 '낯설고 기이한' 상태로 도약하는 사건이 실험실에서 관측되어야 하는데, 실제로는 단 한 번도 관측된 적이 없었다.

전자의 음에너지 상태는 심각한 의문을 낳았다. 이 무렵에 하이젠베르크는 보어에게 다음과 같은 편지를 써 보냈다.

"저는 요즘 상대론적 양자역학과 디랙의 이론이 낳은 모순 때문에 마음이 몹시 불편합니다. 디랙이 여기에 왔을 때[1928년 6월 라이프치히] 자신의 이론을 강의한 적이 있는데, $e \rightarrow -e$라는 난제에 대해서는 그도 속수무책이었습니다."

여분의 해는 당장 쓸 곳도 없고 마음대로 버릴 수도 없는 애물단지이자 지독한 골칫거리였다. 대체 이 해는 무엇을, 어떤 상태를 나타내는 것일까?

15

광자 상자
1930년 10월, 브뤼셀/보어와 아인슈타인

폴 디랙은 상대론적 파동방정식의 해를 구한 뒤 거의 2년 동안 세칭 '± 문제'와 씨름을 벌이다가 1929년 12월에 해결책을 찾았다. 이 우주가 음에너지 상태의 '바다'로 가득 차 있고, 모든 상태들이 스핀으로 짝을 이룬 전자쌍들에 의해 점유되어 있다고 가정해보자. 그렇다면 우리는 이런 바다의 존재를 인식할 수 없다. 모든 상태들이 가득 차 있으면 어떤 것과도 상호작용을 하지 않으면서 양에너지의 변화가 일어나는 일종의 '배경'으로 작용할 것이기 때문이다.

그러나 이곳에서 전자 하나가 빠져 나오면 이 세계에는 양에너지를 갖는 관측 가능한 전자 하나가 출현한 셈이고, 바다에는 '구멍(hole)'이 생긴다. 이 음에너지 구멍은 양에너지를 가지면서 전기전하가 플러스(+)인 입자처럼 행동한다.

처음에 디랙은 구멍이 의해 생성된 하전입자가 양성자(proton)라고 생각했다. 과거에 러더퍼드도 이와 비슷한 발상을 한 적이 있다.

그는 수소 원자의 핵을 '양전하를 띤 전자(positive electron)'라고 불렀다가 6년 후인 1920년에 '양성자'라는 용어를 처음으로 도입했다. 물질의 기본 단위를 통일된 논리로 설명하고 싶었던 디랙에게 전자 구멍을 양성자로 간주하는 것은 매우 적절한 선택인 듯했다.

디랙은 1930년 9월에 영국 과학진흥협회에 출두하여 자신의 아이디어를 소개했다. "모든 만물이 단일 종류의 입자로 이루어져 있음을 확인하는 것은 철학자들의 오랜 꿈이었습니다. 그런데 안타깝게도 제가 알아낸 바에 따르면 물질을 구성하는 기본 입자는 하나가 아니라 전자와 양성자, 두 종류였습니다.* 하지만 전자와 양성자는 다른 입자가 아니라 가장 기본적인 한 입자의 '두 가지 양면'일 가능성이 높습니다."

지금은 잘 알려진 사실이지만, 당시 디랙은 성급한 판단을 내렸다. 구멍에 해당하는 입자가 양성자라면 전자와 양성자는 질량이 같아야 하는데, 양성자가 전자보다 거의 2,000배나 무겁다는 것은 당시에도 잘 알려진 사실이었다. 그리하여 디랙의 제안은 사방에서 거센 반대에 부딪혔고, 논쟁은 끝날 줄을 몰랐다.

1930년 10월 20일 전 세계의 내로라하는 물리학자들이 제6회 솔베이회의를 위해 브뤼셀에 다시 모여들었다. 회의 주제는 자기학(magnetism)이었고, 그사이에 헨드릭 로렌츠가 사망하여 프랑스 물리학자 폴 랑주뱅이 의장을 맡았다. 그러나 여섯 번째 솔베이회의에서는 주제와 관련된 강연보다 번외 토론이 더 큰 화제로 떠올랐다. 아인슈타인과 보어의 논쟁 제2라운드가 시작된 것이다.

* 당시는 중성자가 발견되기 전이었다.

보어는 1929년에 독일 학술지 〈나투르비센샤프텐〉에 상대성이론과 상보성원리를 비교한 논문을 발표한 적이 있다.[*] 빛의 속도는 유한하지만 엄청나게 빠르기 때문에, 빛보다 훨씬 느리게 움직이는 물체를 다룰 때는 시간과 공간을 별개로 취급해도 상관없다. 이와 비슷하게 플랑크상수는 0이 아니지만 엄청나게 작기 때문에, 고전적인(거시적인) 물체를 다룰 때는 시공간에서 인과율에 입각하여 서술할 수 있다.

보어의 설명은 계속된다. ─그러나 광속과 거의 비슷한 빠르기로 움직이는 물체를 다룰 때는 상대론적 효과를 무시할 수 없으며, 이와 비슷하게 양자 규모의 작은 물체를 다룰 때는 상보성원리를 반드시 고려해야 한다. 양자적 물체에는 시공간 서술과 인과적 서술을 동시에 적용할 수 없다.

아인슈타인은 '절대적 동시성'이 존재하지 않기 때문에 뉴턴의 절대공간과 절대시간이라는 개념을 수용하지 않았다. 그렇다면 양자 영역에서는 불확정성원리 때문에 고전적 개념들을 동시에 적용할 수 없는 것 아닐까?

보어의 논리는 불난 집에 기름을 부은 격이었다.

보어의 논문이 발표된 직후에 오스트리아 철학자 필리프 프랑크(1884

---

[*] 이 논문에서 보어는 상보성(complementarity)이라는 용어를 '상호의존관계(reciprocity)'로 바꿔서 사용했다.(Abraham Pais, *Niels Bohr's Times, in Physics, Philosophy and Polity*, Carendon Press, Oxford, 1991, p.426 참조) 그러나 얼마 지나지 않아 새로운 용어가 부적절하다는 것을 깨닫고 다시 '상보성'으로 되돌아왔다. 이 책에서는 시종일관 '상보성'이라는 용어를 사용할 것이다.

~1966)는 1905년에 발표된 아인슈타인의 특수상대성이론 논문에 보어의 논리와 하이젠베르크의 해석이 이미 들어 있었다고 주장했다. 이 말을 전해 들은 아인슈타인은 퉁명스럽게 말했다.

"재미있는 농담도 자주 하면 지겨워지는 법이라네."

아인슈타인은 다음 단계의 반박을 준비하고 있었다. 그는 보어가 상보성원리와 상대성이론을 어떤 식으로 비교했건 간에 자신의 특수상대성이론을 이용하여 에너지-시간 불확정성을 반증할 수 있다고 생각했다. 이번 공격이 성공하면 코펜하겐 해석도 입지가 위태로워질 것이고, 물리학 이론 인기 순위 1위에 올라 있는 양자역학은 총체적 난국에 빠지게 된다. 아인슈타인은 브뤼셀에서 마주친 보어에게 역사상 가장 기발한 사고실험을 들려주었다.

몇 년 뒤 보어는 아인슈타인과의 만남을 이렇게 회고했다.

"1930년 제6회 솔베이회의에서 벌어진 우리의 논쟁은 드라마틱한 반전의 연속이었다."

아인슈타인이 제안한 사고실험은 다음과 같이 진행된다. 여기 한 면에 조그만 구멍이 뚫린 상자가 하나 있다. 상자의 내부에는 시계가 놓여 있고, 이 시계는 구멍을 열고 닫는 셔터와 연결되어 있다. 우선 상자의 내부를 광자로 가득 채운 후 광자의 무게를 측정해둔다. 그다음, 지정된 정확한 시간에 셔터를 열었다가 광자 하나가 상자를 빠져나갈 만한 시간이 지나면 곧바로 셔터를 닫는다. 물론 이 시간 간격은 아주 짧겠지만, 우리의 시계-셔터 조절 장치는 극도로 정밀하여 셔터가 열린 상태로 있던 시간 간격을 정확히 잴 수 있다. 이제 상자의 무게를 다시 측정하여 앞에서 측정한 무게에서 빼면 무게의 차이를 알 수 있고, 여기에 특수상대성이론의 질량–에너지 관계식($E=mc^2$)을 이용하면 상자에서 빠져나간 광자의 에너지를 정확히 계산할 수 있다. 자, 이로써 우리는 상자에서 빠져나간 에너지와 광자가 방출되는 데 걸린 시간을 '둘 다' 정확히 측정할 수 있다! 이것이 아인슈타인의 반론이었다.

그 자리에 있었던 레온 로젠펠드는 보어의 반응을 다음과 같이 회고했다.

> 보어는 큰 충격을 받은 것 같았다……. 아인슈타인의 설명이 끝났는데도 보어는 이렇다 할 반론을 제기하지 못했다. 그날 저녁 내내 보어는 사람들 사이를 이리저리 돌아다니면서 침통한 표정으로 중얼거렸다. "그건 사실일 수가 없어, 사실이 아니어야 한다고. 아인슈타인이 옳다면 물리학은 끝장이야……." 그러나 그는 틀린 구석을 찾을 수가 없었다. 나는 두 경쟁자가 토론을 마치고 홀을 걸어 나오던 모습을 잊을 수가 없다. 아인슈타인은 만면에 회심의 미소를 지으며 거장답게 천천히 발걸음을 옮겼고, 보어는 그 뒤에서 다소 상기된 표정으로 종종걸음을 걷고 있었다. …

그날 밤 보어는 아인슈타인을 설득할 반론을 생각하며 밤을 꼴딱 새웠다. 아인슈타인이 옳다면 양자역학은 사형선고를 받게 될 것이기에, 이치에 맞는 반론을 반드시 찾아야만 했다. 훗날 보어는 이날의 경험을 다음과 같이 기록했다.

"그것은 정말로 어려운 문제였다. 나는 해결책을 모색하면서 모든 것을 처음부터 철저히 파헤쳤다."

그리고 다음 날 아침, 드디어 보어는 해답을 찾아냈다. 보어는 사람들이 보는 앞에서 칠판에 그림을 그렸다. 그것은 전날 아인슈타인이 제기했던 사고실험을 구현하는 가상의 개요도였다. 이 그림에서 상자는 용수철에 매달려 있고, 상자의 옆면에는 뾰족한 바늘이 달려 있어서 지지대에 새겨진 눈금을 가리키도록 되어 있다. 단, 실험을 시작하기 전에 상자에 미세한 추(질량)를 더해서 저울의 초기 눈금이 0이 되도록 맞춰놓는다. 물론 상자 안에 있는 시계는 정밀한 장치를 통해 셔터와 연결되어 있다.(그림7 참조)

이제 미리 정해놓은 정확한 시간에 셔터를 열어서 광자 한 개를 방출시킨 후 다시 셔터를 닫는다. 그러면 상자는 전보다 가벼워졌을 텐데, 처음에 더했던 미세한 추를 그보다 조금 더 무거운 추로 대치시켜서 저울의 눈금을 다시 0으로 맞춰놓는다. 미세한 추의 무게는 무한정 정확히 측정할 수 있다고 가정한다. 그러면 두 개의 추(처음에 추가한 추와 광자가 방출된 후 대치된 추)의 무게 차이는 광자가 방출되면서 감소한 질량에 해당하며, 이로부터 광자 하나의 에너지를 계산할 수 있다. 여기까지는 아인슈타인도 동의하는 내용이다.

여기서 보어는 광자가 방출되기 전, 그러니까 1차 무게 측정이 이루어지던 시점으로 관심을 돌렸다. 상자 속의 시계는 미리 정해놓은 시간이 되면 미세한 장치를 통해(그림7에는 이 부분이 기어박스로 표현되어 있다-옮긴이) 셔터를 열도록 설치되어 있나. 그런네 우리는 이 시계의 바늘을 직접 읽을 수가 없다. 시계를 보려면 상자와 바깥 세계 사이에 광자가 교환되어야 하고, 이는 곧 에너지가 교환되어야 한다는 것을 의미한다.

상자의 무게를 측정할 때에는 알맞은 무게의 추를 선택하여 눈금이 0이 되도록 맞춰야 한다. 그런데 눈금을 읽는다는 것은 바늘의 위치를 측정한다는 뜻이고, 이를 위해서는 어쩔 수 없이 바늘과 눈금에도 빛을 쪼여야 한다. 그렇다면 보어가 예전에 펼쳤던 논리에 의해 제어할 수

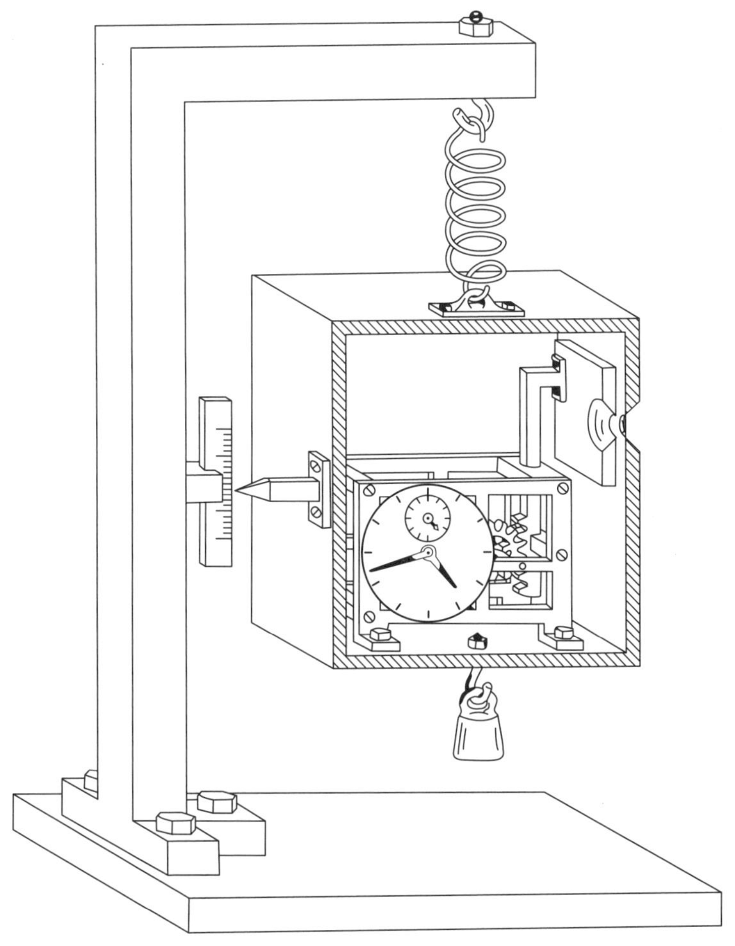

그림7 광자 상자를 이용한 사고실험의 개요도. 보어는 아인슈타인의 사고실험에 반론을 제기하기 위해 이 그림을 제시했다. 폴 아서 실프가 편저한 《알베르트 아인슈타인 : 철학적인 과학자》, 제1권, 227쪽에서 발췌. ⓒ 1949 by Library of Living Philosophers, Inc.

없는 운동량 전이가 일어나서 상자의 운동량이 불확실해진다.

　이것이 어떻게 무게에 영향을 주는 것일까? 제어할 수 없는 운동량이 상자에 전달되면 상자는 예측할 수 없는 '도약'을 일으킨다. 임의의 한순간에 상자(바늘)와 눈금의 상대적 위치는 하나의 값으로 고정되어 있지만, 관측이 진행되는 시간 동안 결코 적지 않은 상호작용이 빛을 통해 교환되면서 상자는 위아래로 움직이게 된다. 이런 경우에 눈금을 정확히 읽고 싶다면 바늘의 '평균 위치'를 알아야 하는데, 다들 알다시피 평균값은 오랫동안 관측할수록(즉, 데이터가 많을수록) 정확해진다. 즉, 관측에 소요되는 시간이 길어질수록 상자의 무게를 더욱 정확히 알 수 있다는 뜻이다. 이를 위해서는 위치의 평균을 구하는 과정이 모두 끝난 후에 셔터가 열리도록 시계를 설치해놓아야 한다.

보어의 치명타가 작렬한 것은 바로 이 시점이었다.

아인슈타인의 일반상대성이론에 따르면, 중력장 안에 놓인 시계는 무중력 상태에 있는 시계보다 느리게 간다. 그런데 지금 상자는 중력장 하에서 예측할 수 없는 패턴으로 흔들리고 있기 때문에, 시계가 가는 속도 역시 예측할 수 없는 패턴으로 변하고 있다. 따라서 셔터가 열린 시간에는 불확정성이 개입되고, 이 값은 눈금의 평균을 내는 데 소요된 시간에 따라 달라진다. 소요된 시간이 길수록 광자의 에너지는 정확히 측정할 수 있지만, 에너지가 방출된 시간은 그만큼 불확실해진다.

보어는 광자 상자를 이용한 사고실험에서 에너지의 불확정성과 시간의 불확성성을 곱한 값이 항상 플랑크상수 h보다 크다는 사실을 증명했다. 아인슈타인이 반론으로 제기한 실험에서도 불확정성원리는 여전히 성립했던 것이다.

상대론적 논리를 도입한다 해도, 원자 규모에서 일어나는 현상을 다룰 때에는 기준계 역할을 하는 관측 장비와 관측의 대상이 되는 객체를 분리해서 생각할 필요가 있으며, 관측 과정에서 나타나는 양자적 효과들 중 어떤 것을 무시할 수 없는지 신중히 판단해야 한다.

청중들은 일제히 환호했다. 그것은 보어의 승리이자 코펜하겐 해석의 승리였으며, 궁극적으로는 양자역학의 승리였다. 보어는 아인슈타인의 일반상대성이론을 역으로 이용하여 불확정성원리를 방어하는 데 성공했다. 적이 던진 화살을 받아서 오히려 적에게 치명상을 입힌 셈이다.

그러나 아인슈타인은 꿈쩍도 하지 않았다. 그는 이어지는 토론에서 보어의 설명에 모순이 없다는 점을 인정하면서도 속으로는 "이치에 맞지 않는 무언가가 있다"고 굳게 믿었다.

보어는 코펜하겐 해석의 1, 2차 방어전을 모두 승리로 이끌었다. 관측 장비가 아무리 정밀하다 해도 그것으로 무엇인가를 관측할 때에는 관측 대상을 필연적으로 교란시킬 수밖에 없으며, 이로 인해 우리가 얻을 수 있는 지식의 정확도에는 결코 넘을 수 없는 한계가 존재한다. 이 한계를 규정한 것이 바로 불확정성원리이다. 언뜻 보기에는 더 이상 반론의 여지가 없을 것 같다. 관측 장비는 자신과 비슷한 규모에서 관측 대상과 상호작용을 교환할 수밖에 없으므로, 관측을 배제하고 양자계만 논하는 것은 아무런 의미가 없을 것 같다.

그러나 아인슈타인은 이 한계를 피해 갈 수 있는 방법이 있다고 굳게 믿었고, 실제로 그 방법을 찾아냈다. 그는 광자 상자 실험에 무언가 고려되지 않은 요소가 있다고 생각했다. 제6회 솔베이회의가 끝나고 얼마 후에 아인슈타인은 다음과 같은 의문을 제기했다.

"광자 상자 실험이 불확정성원리의 타당성을 입증하는 용도가 아닌 다른 용도로 사용된다면 어떤 결과가 얻어질 것인가? 이 실험은 양자역학의 불완전성 때문에 야기되는 역설을 보여주는 사례가 될 수도 있지 않을까?"

다시 광자 상자로 돌아가서 생각해보자. 이전과 마찬가지로 시계가 특정 시간에 도달하면 셔터가 열리도록 설치되어 있다. 단, 이번에는 상자 안에 있는 시계와 정확히 맞춰놓은 또 하나의 시계를 상자 바깥에 추가로 설치했다고 가정하자. 상자의 내부는 광자로 채워져 있다. 아인슈타인은 광자 상자 실험에서 자신의 일반상대성원리 때문에 셔터가 열리는 시간을 정확히 알 수 없다는 사실을 인정했다. 그러나 문제의 핵심은 다른 데 있을지도 모른다.

이제 상자 밖으로 탈출한 광자가 0.5광년의 거리를 진행한 후 그곳에 미리 설치해놓은 거울에 반사되어 상자로 되돌아온다고 가정해보자. 그렇다면 우리는 광자가 왕복운동을 하는 사이에 무엇을 관측할지 선택할 수 있다. 예를 들어 광자 상자의 뚜껑을 열어서 안에 설치된 시계를 확인하면 바깥에 있는 시계와 일치하지 않을 것이다. 앞서 말한 바와 같이 1차 균형을 잡는 과정에서 상자 안에 있는 시곗바늘이 미세하게 변했기 때문이다. 그러나 바깥에 있는 시계는 정확할 것이므로, 이를 기준으로 상자 안에 있는 시계를 다시 맞출 수 있고, 이로부터 셔터가 열린 정확한 시간을 알아낼 수 있다. 또한 우리는 상자를 탈출한 광자가 왕복여행을 하는 데 얼마의 시간이 걸리는지 알고 있으므로, 광자가 상자에 도착하는 시간도 정확히 알 수 있다.

이번에는 시간 대신 다른 것을 관측해보자. 예를 들어 광자가 방출된 후 셔터를 닫고 추를 바꿔서 눈금을 다시 0으로 맞춘다고 하자. 광자는 1년 뒤에나 돌아올 것이므로 서두를 필요가 전혀 없다. 이렇게 2차 균형을 잡고 나면 방출된 광자의 에너지를 정확히 알 수 있다.

위에서 말한 두 가지 관측 중 어떤 것을 실행하든 간에, 0.5광년 거리를 왕복운동을 하는 광자에는 아무런 영향도 주지 않을 것이다. 5,000억 킬로미터나 떨어진 지구에서 이루어진 선택이 광자에 영향을 주지 않는다는 것은 결코 무리한 가정이 아니다. 따라서 우리는 광자가 방출된 시간을 '정확히' 측정하거나 광자의 에너지를 '정확히' 측정할 수 있다. 즉, 광자는 에너지와 시간이라는 두 가지 정확한 물리량을 동시에 갖고 있다는 뜻이다.

양자역학에 따르면, 에너지와 시간은 상보적인 양이어서 동시에 정확한 값을 가질 수 없다. 그래서 아인슈타인은 양자역학이 완전한 이론이 아니라고 결론지었다.

보어는 오스트리아의 물리학자 파울 에렌페스트를 통해 아인슈타인의 업그레이드된 광자 상자 실험에 관한 이야기를 전해 들었다. 1931년 7월 9일 에렌페스트가 보어에게 보낸 편지에 이 내용이 들어 있다. 당시 아인슈타인은 1931년 10월 말에 에렌페스트를 만나기 위해 레이던으로 올 예정이었으므로, 에렌페스트는 이 자리에 보어가 참석하여 토론에 참여해주기를 기대했다.

보어는 아인슈타인의 칠순 기념으로 출간된 논문집에 자신의 입장을 분명히 밝혔다.

양자역학에 따르면, 고립된 입자는 정확한 시간과 정확한 에너지를 동시에 가질 수 없으므로 언뜻 보기에는 양자역학이 계를 적절하게 서술하지 못하는 것처럼 보일 수도 있다. … 그러나 우리가 문제 삼는 것은 하나의 고립된 실험이 아니라 동시에 실행할 수 없는 두 개의 실험이다…….

또한 두 개의 실험 중 하나를 선택할 수 있다는 아인슈타인의 논리에
대해 보어는 다음과 같이 말했다.

> 무엇을 관측할지 미리 결정해놓았든, 아니면 입자가 하나의 관측 장비를
> 떠나 다른 장비로 이동할 때까지 기다렸다가 관측을 수행하든 간에, 그 입자
> 에 미치는 '관측 가능한 영향'은 달라지지 않는다.

보어는 아인슈타인의 반론에 아무런 반응도 보이지 않았지만, 딱히
그것을 방어할 만한 아이디어가 있는 것도 아니었다. 코펜하겐과 괴팅
겐의 물리학자들은 아인슈타인의 반론을 그다지 심각하게 여기지 않
았으며, 그와 보어의 논쟁에서 보어가 완승을 거두었다고 생각했다.

그러나 아인슈타인이 1931년에 제기한 광자 상자 실험은 훗날 코펜
하겐 해석을 정면으로 위협하는 심각한 역설을 낳게 된다. 보어는 아인
슈타인을 너무 쉽게 봤던 것이다.

16

청천벽력
1935년 5월, 프린스턴/EPR 역설

실험에 기반을 둔 핵물리학은 1930년대 초반에 비약적 발전을 이루었다. 케임브리지의 물리학자 제임스 채드윅(1891~1974)은 1932년 2월에 전기적으로 중성인 '중성자(neutron)'가 존재한다는 증거를 확보했다. 당시에는 이것이 원자핵의 구성 입자라는 사실을 몰랐지만, 채드윅의 중성자는 그 무렵에 제기된 여러 가지 문제를 해결해주었다. 그해 말에 케임브리지의 물리학자 존 코크로프트(1897~1967)와 어니스트 월턴(1903~1995)은 선형입자가속기를 이용하여 최초로 인공 핵반응 실험에 성공했다.

- 채드윅의 논문 "중성자의 존재 가능성(Possible Existence of a Neutron)", 〈네이처〉, 129, 1932, p. 312 참조. 이 채드윅이 보어에게 보낸 편지에도 이 내용이 언급되어 있다. Andrew Brown, *The Neutron and the Bomb: A Biography of Sir James Chadwick*, Oxford University Press, 1997, pp. 365~367 참조.
- 당시 물리학자들은 원자핵이 전자와 양성자로 이루어져 있고, 중성자는 새로운 입자가 아니라 전자와 양성자가 결합된 상태라고 생각했다. 중성자가 새로운 입자로 인정된 것은 그로부터 1년 후의 일이다.
- 코크로프트와 월턴은 재래식 전압증배기(voltage multiplier)를 이용하여 양성자의 에너지를 70만 전자볼트(eV)까지 끌어올렸다.

다른 형태의 입자가속기도 이 무렵에 만들어졌다. 캘리포니아에서는 물리학자 어니스트 로렌스(1901~1958)의 지휘하에 세계 최대 규모의 사이클로트론(cyclotron, 원형입자가속기) 건설 공사가 시작되었는데, 자기장 속에서 입자가 원운동을 하도록 고안된 이 거대한 입자가속기 덕분에 고에너지 입자의 충돌 실험이 가능해졌다. 로렌스는 1932년에 지름 28센티미터짜리 원기둥형 자석이 포함된 사이클로트론을 제작하여 양성자의 에너지를 100만 전자볼트 이상으로 끌어올리는 데 성공했다.

한편 폴 디랙은 음에너지 전자바다에 생긴 구멍을 양성자로 간주했던 자신의 해석을 철회하고 '전자와 질량이 같은 입자여야 한다'는 학계의 주장을 받아들였다. 그러나 당시에는 이런 입자가 단한 번도 발견된 적이 없었기에, 그는 전자와 질량이 같으면서 전기전하는 반대인 '양의 전자(positive electron)'의 존재를 가정했다. 그후 미국의 물리학자 칼 앤더슨(1905~1991)은 1932~1933년 동안우주선(宇宙線, cosmic ray)을 관측하다가 디랙이 가정했던 입자의 흔적을 발견하고 여기에 '양전자(positron)'라는 이름을 붙였다.[•]

1933년에 디랙은 슈뢰딩거와 함께 노벨 물리학상을 공동으로수상했다. 또한 노벨위원회는 1932년 수상자로 하이젠베르크를선정했다. 디랙은 수상 기념 강연에서 음전하를 띤 양성자와 반입자(anti-particle)로 이루어진 별의 존재를 예견했다. 이 반입자라는이름은 나중에 명명된 것이다.

• 처음에 앤더슨은 자신이 발견한 것이 양성자의 흔적이라고 생각했다가 1933년 5월에 양전자라고 결론지었다. 이 입자가 디랙의 양성전자(positive electron)임을 확인한 사람은 패트릭 블래킷(Patrick Blackett)과 쥐세페 오치알리니(Guiseppe Ochialini)였다.

물리학은 빠른 속도로 발전했지만, 유럽의 정계에는 암울한 그림자가 드리워지고 있었다. 1933년 1월 30일에 독일 수상으로 취임한 아돌프 히틀러(1889~1945)가 그해 4월에 국가사회주의당원들을 설득하여 모든 공직과 대학교에서 유대인을 축출하는 법안을 통과시켰다. 당시 카이저빌헬름협회(Kaiser Wilhelm Gesellschaft)의 물리학연구소 소장이었던 막스 플랑크는 히틀러에게 "유대인을 쫓아내면 독일의 과학은 당장 붕괴된다"고 호소했다.

그러나 히틀러는 반유대인 정책을 강력하게 밀어붙였고, 독일에 거주하던 유대인들은 《구약성서》의 출애굽기에 버금가는 대이동을 시작했다. 그 결과 독일의 물리학자들 중 막스 보른과 제임스 프랑크를 비롯한 거의 4분의 1이 외국으로 이주했다. 슈뢰딩거는 유대인이 아니었지만 나치당의 정책을 강하게 비난하다가 옥스퍼드로 망명했다.

1932년 10월에 아인슈타인은 프린스턴에 새로 설립된 고등과학원으로부터 일자리를 제안 받았다. 원래는 매년 5개월 동안 프린스턴에서 연구를 수행한다는 조건이었으나, 그해 10월에 아인슈타인은 독일을 떠나 두 번 다시 돌아가지 않았다. 1933년 10월에 프린스턴에 새로운 보금자리를 마련한 그는 함께 연구를 수행할 젊은 물리학자를 수소문하다가 러시아 출신의 보리스 포돌스키(1896~1966)와 미국의 네이선 로젠(1909~1995)에게 눈길이 꽂혔다.

이들은 아인슈타인과 함께 양자역학의 불완전성을 입증하는 연구를 수행했고, 얼마 지나지 않아 이론물리학 역사상 가장 난해한 EPR 역설(Einstein-Podolsky-Rosen paradox)을 탄생시켰다.

아인슈타인의 목적은 "양자적 입자의 상태를 교란시키지 않은 채 정보를 얻어내는 것이 원리적으로 가능하다"는 것을 입증해주는 물리적 상황을 만들어내는 것이었다. 만일 그가 성공한다면 보어는 예전에 아인슈타인의 반론을 방어할 때 사용했던 논리를 철회할 수밖에 없을 것이다. 관측자가 두 가지 관측 가능한 물리량 중 하나를 마음대로 선택할 수 있었던 '업그레이드된 광자 상자 실험'은 양자역학의 불완전성을 입증하는 첫걸음이었다.

그 후 아인슈타인-포돌스키-로젠(이하 EPR이라 칭한다)이 고안한 사고실험은 한층 더 역설적인 상황을 만들어냈다. 두 개의 양자적 입자 A와 B가 조금 전에 상호작용을 교환한 후 서로 멀어지는 경우를 생각해보자. A의 위치와 운동량은 상보적인 물리량이므로, 하이젠베르크의 불확정성원리에 따라 관측자는 두 값을 '동시에' 정확히 측정할 수 없다. 물론 입자 B의 위치와 운동량도 마찬가지다.

그러나 입자 A와 B의 '위치의 차이'인 q_A-q_B와 '운동량의 합' p_A+p_B는 맞바꿈관계를 만족하므로[즉, $(q_A-q_B)(p_A+p_B)=(p_A+p_B)(q_A-q_B)$이므로-옮긴이], 두 양은 불확정성원리와 상관없이 동시에 정확히 측정할 수 있다.

여기서 아인슈타인과 포돌스키 그리고 로젠은 논리를 진행하기 전에 물리적 실체를 다음과 같이 정의했다.

계를 교란시키지 않은 채 물리량의 값을 정확히 예측할 수 있으면(즉 100%의 정확도로 예측할 수 있으면), 이 물리량에 대응되는 물리적 실체가 존재한다.

EPR이 이와 같은 정의를 내린 이유는 두 입자를 개별적으로 취급했을 때, 하나의 물리적 특성(예를 들어 입자 B의 위치)을 정확히 측정하면 (입자 B의) 운동량의 불확정성이 무한대가 된다는 점을 분명하게 명시하기 위함이었다. 따라서 EPR의 정의에 따르면, 이런 경우에 입자 B의 위치는 물리적 실체이며 운동량은 물리적 실체가 아니다. 또한 관측자가 무엇을 관측하느냐에 따라 B의 운동량이 실체가 되고 위치는 실체가 아닐 수도 있다.

그러나 앞에서 정의한 두 입자의 '위치의 차이'와 '운동량의 합'은 이런 식의 제한을 받지 않는다. 이제 두 입자가 상호작용을 교환한 후 서로 반대 방향으로 아주 멀리 이동했다고 가정해보자. 이런 경우에도 우리는 입자 A의 위치를 정확히 측정할 수 있다. 그리고 A와 B 사이의 '위치의 차이'는 실재하는 물리량이므로, A의 위치를 알면 B의 위치도 정확히 알 수 있다. 위에서 내린 정의에 따르면, B의 위치는 물리적 실체(실재하는 물리량)임이 분명하다.

이번에는 A의 위치가 아닌 운동량을 정확히 측정했다고 가정해보자. 앞서 말한 대로 운동량의 합 역시 실재하는 물리량이므로 A의 운동량을 정확히 알면 B의 운동량도 정확히 알 수 있다. 즉, B에게 아무런 측정 장비를 들이대지 않고서도 다른 측정값으로부터 B의 위치나 운동량을 정확히 알 수 있다는 뜻이다. 게다가 우리는 입자 A에 대하여 무엇을 측정할지 마음대로 선택할 수 있다. 이는 곧 관측자가 B의 특성 중 무엇을 알아낼 것인지 고를 수 있음을 의미한다. 따라서 B의 위치와 운동량은 미리 준비된 식당의 메뉴처럼 '이미 그곳에 존재하며', 관측자는 B를 교란시키지 않은 채 자신이 원하는 항목을 정확히 알아낼 수 있다.

코펜하겐 해석에 따르면, 이런 일은 절대로 일어날 수 없다. 보어가 이끄는 코펜하겐 학파의 해석이 옳다면, 입자 B의 위치 또는 운동량의 실체성은 그로부터 멀리 떨어져 있는 엉뚱한 입자의 '무엇을 관측하느냐'에 따라 좌우되는 셈이다. 그래서 EPR은 "실체를 어떤 식으로 정의해도 그와 같은 상황은 벌어질 수 없다"고 주장했다.

EPR의 사고실험은 양자역학에 대한 코펜하겐 해석의 심장부에 직격탄을 날렸다. 하이젠베르크의 불확정성원리가 개개의 양자적 입자에 적용되는 것이라면, 이것은 정말로 역설적인 상황이 아닐 수 없다. 관측자가 무엇을 관측하느냐에 따라 입자 B의 위치와 운동량 중 무엇이 실체인지 오락가락한다니, 대체 입자 B는 멀리 떨어진 관측자가 입자 A의 '무엇'을 관측했는지 어떻게 알 수 있다는 말인가? 우리가 모르는 사이에 모종의 '유령 같은 작용(spooky action)'이 교환되고 있는 것일까?

물리계의 상태가 변하는 것이든 또는 일종의 신호가 오가는 것이든 간에, 우리가 사용 중인 실험 장비로부터 충분히 멀리 떨어져 있는 입자에 어떤 정보가 '즉각적으로' 전달되는 것은 특수상대성이론에 위배된다. 이 이론에 따르면, 어떤 물체나 신호도 빛보다 빠르게 이동될 수 없다. 아인슈타인과 포돌스키, 로젠은 그와 같은 원거리 작용을 굳이 도입할 필요가 없다고 주장했다. "입자 B의 위치와 운동량은 정확히 정의된 양이며, 파동함수에 의존하는 양자역학은 불완전한 이론"이라고 결론지으면 그만이기 때문이다.

EPR이 내린 결론은 다음과 같다.

지금까지 논한 바와 같이 파동함수는 물리적 실체를 완전하게 서술하지 못한다. 그렇다면 완전한 서술은 과연 존재하는가? 우리는 그런 이론이 어딘가에 분명히 존재한다고 믿는다.

아인슈타인과 포돌스키, 로젠이 공동 저술한 논문 '양자역학은 물리적 실체를 완전하게 서술할 수 있는가?'(Can Quantum Mechanical Description of Physical Reality be Complete?)'는 1935년 5월에 〈피지컬 리뷰(Physical Review)〉를 통해 발표되었다. 대부분의 내용은 포돌스키가 작성했는데, 논리와 언어가 다소 매끄럽지 않아서 나중에 아인슈타인이 유감을 표명했다고 한다. 특히 논문에서 제시한 '물리적 실체의 기준' 때문에 EPR의 논리는 강력한 반론에 부딪혔다. 굳이 기준을 제시하지 않아도 논리를 전개하는 데에는 별 문제가 없었을 텐데, 포돌스키가 그것을 구체적으로 명시하는 바람에 '물리적 실체는 국소적(local)이어야 한다'는 까다로운 조건까지 제시한 셈이 되었다.

EPR의 논문은 〈피지컬 리뷰〉에 실리기 전부터 여러 매체를 통해 이미 공개된 상태였다. 1935년 5월 4일 토요일 〈뉴욕타임스(New York Times)〉에는 '아인슈타인, 양자역학을 공격하다'라는 머리기사와 함께 개괄적인 내용이 소개되었는데, 기사의 대부분은 포돌스키의 인터뷰로 채워졌다. 그는 이 인터뷰에서 "양자역학은 기술적으로 옳을 수 있지만 완전한 이론은 아니다"고 결론지었다. 그런데 논문의 공동 저자인 아인슈타인이 내용에 유감을 표명하자 언론의 관심이 아인슈타인에게 쏠렸다. 며칠 뒤 〈뉴욕타임스〉에는 미국 물리학자 에드워드 콘던(1902~1974)의 인터뷰 기사가 실렸는데, 그는 EPR의 논리에 '조금 의심스러운 부분'이 있다면서 물리적 실체에 대해 정의 내린 부분을 가장 큰 취약점으로 꼽았다.

보어는 코펜하겐에서 공동 연구를 수행하고 있던 로센펠드를 통해 EPR의 논문을 처음 접했다. 훗날 로센펠드는 당시의 분위기를 다음과 같이 회고했다.

> 그 논문은 우리에게 청천벽력이나 마찬가지였다. 그때 보어의 표정이 지금도 생생히 기억난다. … 당시 나는 아인슈타인의 논리를 차분한 어조로 보어에게 보고했고, 설명이 끝나는 순간 모든 것이 정지되었다. 우리는 그의 논문에서 잘못된 부분을 찾기 위해 동일한 사고실험을 머릿속에서 단계별로 수행해보았다. 그러다가 갑자기 보어가 해답을 찾은 듯 무언가를 열심히 설명하다가 다시 의기소침해졌다. "아니야, 이런 식으로는 안 되겠어. 처음부터 다시 생각해봐야겠네……. 어설픈 반론보다는 시간이 걸리더라도 확실한 반론을 생각해내야지……." 우리는 불의의 일격을 방어하기 위해 한동안 골머리를 앓았다.

EPR의 논문은 양자역학을 연구하던 거의 대부분의 물리학자들을 좌절의 늪에 빠뜨렸다. 파울리는 아인슈타인이 양자역학을 '무찔러야 할 직'으로 생각한나머 노발대발했고, 디랙은 "아인슈타인이 심각한 문제점을 제기했으니, 어쩔 수 없이 처음부터 다시 시작해야 한다"고 했다.

보어와 그의 동료들은 몇 주 동안 EPR 사고실험을 낱낱이 분해 조립한 끝에 약간의 실마리를 찾았다. 보어는 동료들의 능력을 인정하면서도 가장 중요한 것은 확실한 논리임을 강조했다.

보어는 EPR 논리에 대한 자신의 응답을 요약하여 1935년 6월 〈네이처〉에 발표했고, 정식 논문은 그해 10월에 〈피지컬 리뷰〉에 실렸다. 아인슈타인-포돌스키-로젠의 5월 논문과 동일한 제목으로 발표된 이 논문은 다음과 같은 초록으로 시작된다.

최근에 아인슈타인과 포돌스키, 로젠은 본 논문과 동일한 제목으로 발표된 논문에서 물리적 실체에 대한 정의를 내린 후, 양자적 현상에 이 기준을 적용하여 양자역학에 '근본적인 불명확함'이 존재한다는 것을 입증했다. 본 논문에서는 상보성의 관점에서 물리적 현상을 양자역학으로 서술해도 아무런 문제가 없으며, 양자역학은 그 자체로 완전한 이론임을 입증하고자 한다.

사실 이 논문은 '양자역학에 적용된 상보성원리'의 요약 논문에 가까웠다. 보어는 "EPR의 논리가 코펜하겐 해석에 역설적 결과를 낳는다"는 학계의 의견을 부인하면서, 관측 대상과 관측 장비 사이에 교환되는 상호작용의 중요성을 다시 한 번 강조했다. 그의 논문은 다음과 같이 계속된다.

아인슈타인과 포돌스키, 로젠은 물리적 실체에 대한 기준을 제시하면서 '대상을 전혀 교란시키지 않는다'고 말했다. 그러나 우리의 관점에서 볼 때 이것은 명확하지 않은 표현이다. 물론 중요한 측정이 이루어진 후라면 측정 과정에서 역학적 교란을 고려할 필요가 없을 수도 있다. 그러나 이런 단계에서도 "계의 미래에 대하여 무엇을 예측할 수 있는지를 결정하는" 조건들에 미치는 영향을 무시할 수 없다. 이러한 조건들은 '물리적 실체'라는 말이 적용되는 임의의 현상을 서술할 때 반드시 필요한 요소이므로, 양자역학적 서술이 근본적으로 불완전하다는 아인슈타인-포돌스키-로젠의 결론은 정당화될 수 없다.

보어의 말은 "입자 A를 측정하여 B의 위치나 운동량을 유추할 수 있다고 해서 문제될 것이 없다"는 뜻이다. 왜냐하면 아인슈타인-포돌스키-로젠이 말한 '선택'은 현실적으로 불가능하기 때문이다. 예를 들어 입자 A의 위치를 정확히 측정할 수 있도록 실험 장치를 마련한다는 것은 A의 운동량의 정확한 측정을 포기한다는 뜻이고, 그 반대도 마찬가지다. 그리고 A의 위치 측정이나 운동량 측정 중 하나를 선택할 수 없다면, B의 특성과 거동을 거론하는 것은 무의미하다. 입자 B에 역학적인 교란이 없다 해도(EPR은 이것을 가정했고, 보어도 수용했다), B의 물리적 실체는 A를 측정하는 데 사용했던 관측 장비의 특성에 따라 좌우된다.

EPR의 논리는 철학적 관점이 다소 모호했던 보어를 확실한 반현실주의자(anti-realist)로 만들었다. 이 사건을 계기로 보어는 과거에 자주 사용했던 '교란(disturbance)'이라는 단어를 폐기하고 '실험 장비의 설치'에 중점을 두었다. 아인슈타인이 집중적으로 공략했던 역학적 교란을 아예 언급하지 않기로 한 것이다.

이론물리학계는 보어의 논문을 수용하는 분위기였지만, 보어의 설명이 다소 모호하고 설득력이 떨어지는 것은 사실이었다. 그는 관측 가능한 실체를 정의하는 관측 장비의 역할을 강조하면서도, 그런 정의를 물리적으로 어떻게 세워야 할지에 대해서는 아무런 언급도 하지 않았다.

어쨌거나 보어는 아인슈타인-포돌스키-로젠의 도전을 성공적으로 방어하지 못했다. EPR의 논리에 따르면, 서로 멀리 떨어진 두 입자로 이루어진 계의 파동함수는 관측과 함께 즉각적으로 붕괴된다. 헝가리 출신의 수학자 존 폰 노이만(1903~1957)은 이것을 '투영가설(projection postulate)'이라 불렀다.

파동함수가 붕괴된다는 것은 '유령 같은 원거리 작용(spooky action at a

distance)'이 특수상대성이론의 기본 가정에 위배되는 것을 의미한다.

EPR이 말한 관측은 정말로 원거리 작용을 일으키는 것일까? 만일 우리가 마지막 순간까지 기다렸다가 위치 측정과 운동량 측정 중 하나를 뒤늦게 선택한다면, 그 행위 자체가 거의 우주 반대편까지 멀어져간 입자의 특성을 '즉각적으로' 바꾸게 되는 셈이다. 우주 반대편까지 날아간 B는 이곳에서 관측자가 A의 위치 또는 운동량 중 무엇을 관측하기로 선택했는지 어떻게 알 수 있다는 말인가? A를 대상으로 이루어진 관측 행위가 B의 상태를 바꾸거나 A의 변화가 B로 전달되는 것이라면, 원거리 작용을 도입하지 않을 수 없다.

2개의 입자로 이루어진 계의 파동함수가 '양자계에 대해 우리가 알 수 있는 정보'만을 간직하고 있다면, 관측을 통해 붕괴될 때 계의 물리적 특성에 영향을 준다고 생각할 필요가 없다. 그러나 관측이 수행되기 전에 모호하고 불확실했던 계의 특성이 파동함수가 붕괴되면서 분명하게 드러난다는 것은 논쟁의 소지가 다분하다.

양자역학의 정통파를 자처하는 코펜하겐의 학자들도 이 문제만은 함구할 수밖에 없었다.

• 존 폰 노이만은 그의 저서 《양자역학의 수학적 체계(Mathematical Foundations of Quantum Theory)》에서 '슈뢰딩거의 시간독립형 파동방정식으로 서술되는 연속적이고 인과적인 역학'과 '불연속적이고 비인과적인 관측 과정'을 별개로 다루었다. 이 책의 제1판은 1932년에 베를린에서 출간되었다.

I7

슈뢰딩거의 고양이 역설
1935년 8월, 옥스퍼드 / 슈뢰딩거와 아인슈타인

슈뢰딩거는 1933년 10월에 옥스퍼드에 있는 모들린대학(Magdalen College)의 특별연구원으로 위촉되었다. 그는 영국의 종합화학사 ICI(Imperial Chemical Industries)로부터 2년간 연구 지원을 약속 받고 11월에 아내 아니와 함께 옥스퍼드로 이주했다. 베를린의 언론들은 슈뢰딩거가 영국으로 이주한 것이 독일 과학계의 커다란 손실이라며 한탄을 자아냈다.

"슈뢰딩거의 출국은 매우 유감스러운 일이다. 얼마 전에는 괴팅겐대학교의 수학과 교수이자 이론물리학자인 헤르만 바일 교수가 미국의 프린스턴대학교로 자리를 옮겼다. 이런 상황에서 우리는 독일 과학의 앞날을 걱정하지 않을 수 없다."

슈뢰딩거는 모들린대학에서 열어준 공식 환영 행사 자리에서 자신이 1933년 노벨상 수상자로 결정되었다는 사실을 알게 되었다. 당시 모들린대학의 학장이었던 조지 고든은 슈뢰딩거의 연구실로 찾아와 농담을 던졌다.

"〈타임스(Times)〉를 보니 노벨상 수상자 명단에 제 이름이 올라 있더군요. 그 신문은 확실한 사실만 보도하니까 아마 사실이겠지요? 저는 당신이 받게 될 줄 알았는데, 정말 깜짝 놀랐습니다."

당시 슈뢰딩거는 베를린대학교 물리학 교수인 아르투르 마르흐(1891~1957)의 부인 힐데군데와 연인 사이였다. 1934년 5월 30일에 힐데는 슈뢰딩거의 아이를 낳았다. 슈뢰딩거와 힐데는 자신들의 관계를 애써 감추려 하지 않았지만, 둘 사이에 태어난 아이 루트 게오르게 에리카(Ruth George Erica)는 호적에 마르흐와 힐데의 아이로 등록되었다. 힐데와 아니는 번갈아 가며 에리카를 돌보았고, 슈뢰딩거는 한동안 두 집 살림을 했다.

슈뢰딩거를 옥스퍼드로 데려오기 위해 고군분투했던 프레더릭 린데만(1886~1957)은 이 소식을 듣고 '천하의 망나니'라며 그를 비난했다. 린데만은 지난 2년 사이에 외국에서 망명해 온 과학자들에게 연구비를 지원하도록 ICI를 설득한 일등공신이었다. ICI의 한 관계자는 슈뢰딩거의 근황을 전해 듣고 "망명 과학자를 돕는 것은 좋지만, 우리가 그들의 애인한테까지 생활비를 대줘야 하느냐"며 불평을 털어놓았다.

슈뢰딩거는 대학교를 '동성애자들의 상아탑'이라고 부를 정도로 교수 생활에 염증을 느끼고 있었다. 여자 문제에 관한 한 그는 그다지 현명한 사람이 아니었지만, 여성을 배척하는 옥스퍼드대학교의 전통만은 병적으로 싫어했다. 대학교에서 그가 맡았던 '기초파동역학'은 명강의로 정평이 났으나, 슈뢰딩거는 별로 하는 일도 없이 돈을 받고 있는 자신의 처지가 별로 달갑지 않았다.

슈뢰딩거의 유일한 위안은 아인슈타인과 간간이 주고받는 편지

였다. 1935년 5월에 아인슈타인-포돌스키-로젠의 논문이 〈피지컬
리뷰〉에 실렸을 때, 슈뢰딩거는 아인슈타인에게 축하의 편지를 보
냈다.

     1935년 6월 7일 슈뢰딩거는 아인슈타인에
게 다음과 같은 편지를 보냈다.

 최근 〈피지컬 리뷰〉에 실린 당신의 논문을 읽고 매우 반갑고 기뻤습니다.
베를린에 있을 때에도 이 문제를 놓고 당신과 여러 차례 토론을 나눈 적이 있
지요. 외람되지만, 이 논문과 관련하여 제가 몇 마디 덧붙여도 되겠습니까?
언뜻 듣기에는 반대 의견처럼 들릴 수도 있습니다만, 논지를 좀 더 분명하게
다듬고 싶어서 그럽니다.

이 편지는 다음과 같은 결론으로 마무리된다.

 … 저의 해석은 이렇습니다. 우리는 모든 신호와 정보가 유한한 속도로 전
달되는 양자역학을 아직 구축하지 못했습니다. 즉, 지금의 양자역학은 특수
상대성이론과 양립할 수 없습니다. 단지 우리는 구식의 '절대 역학'과 비슷
한 버전만을 갖고 있을 뿐입니다. … 전통적인 방식으로는 이들을 결코 분리
할 수 없다고 생각합니다.

슈뢰딩거는 코펜하겐 해석에 문제점을 제기한 EPR의 논리를 강조

하기 위해 '분리'라는 말을 사용한 것 같다. 그의 해석에 따르면, 두 입자는 시공간 속에서 분리될 수 있지만 입자 두 개로 이루어진 계의 양자 상태를 서술하는 파동함수는 이런 식으로 분리될 수 없다. 이 파동함수는 시공간 속에서 넓게 퍼져 나가다가 관측이 이루어지는 순간에 즉각적으로 붕괴된다. 두 입자가 아무리 멀리 떨어져 있어도 이 사실은 변하지 않는다.

슈뢰딩거는 EPR의 사고실험에서 두 입자의 상태를 한꺼번에 서술하는 파동함수가 유일하게 정의되지 않는다는 점을 지적했다.

상태가 잘 알려진 두 개의 분리된 물체가 어느 순간에 서로 영향을 주고받은 후 다시 분리되었다면, 이들 사이에는 '양자적으로 얽힌(quantum mechanically entangled)' 관계가 형성됩니다.

물리적 실체에 대한 EPR의 정의를 받아들인다면, 완전히 분리된 두 입자는 별개의 존재로 취급되어야 한다. 관측이 실행된 순간부터 이들을 '묶어서 서술하는' 하나의 파동함수는 존재하지 않는다. 그러므로 EPR이 말하는 실체란 '국소적 실체(local reality)'이며, 모든 입자들은 국소적으로 분리되어 고유의 물리량을 가질 수 있는 능력을 갖고 있다. 이것을 '아인슈타인의 분리가능성(Einstein separability)'이라 한다.

EPR의 사고실험에 코펜하겐 해석을 적용하면 두 입자는 아인슈타인의 분리가능성을 만족하지 않으므로 국소적 실체로 간주할 수 없다(적어도 둘 중 하나를 관측하기 전까지는 그렇다).

아인슈타인은 1935년 6월 17일 슈뢰딩거에게 답장을 보냈다. 이 편지에서 아인슈타인은 슈뢰딩거의 해석에 의문을 표하면서 양자역학을 바라보는 자신의 관점이 다소 변했다고 털어놓았다.

"물론 당신은 이런 나를 보고 비웃을 겁니다. 안 봐도 다 알 수 있습니다. 세월이 흐르면 젊은 접대부들은 늙고 정숙한 수녀가 되고, 젊은 혁명가들은 늙다리 보수주의자가 된다던데, 당신은 제가 그들 중 하나라고 생각하겠지요?"

슈뢰딩거의 생각은 6월 7일 편지에 잘 나타나 있다. 아인슈타인은 첫 번째 답장을 쓴 지 이틀 만에 두 번째 답장을 보내왔다. 6월 19일에 배달된 이 편지에서 그는 이렇게 말했다.

"우리의 논문은 충분한 토론 끝에 발표되었고, 대부분의 내용은 포돌스키가 쓴 것입니다. 하지만 최종적으로 공개된 논문은 나의 의도와 많이 달랐습니다. 수학에 치중한 나머지 정작 중요한 메시지가 충분히 전달되지 않았지요."

아인슈타인은 계속해서 자신의 의도를 설명해 나갔다.

모든 문제는 물리학이 일종의 형이상학이라는 데서 비롯됩니다. 물리학은 실체를 서술하는 학문이고, 오직 물리학적 서술만이 의미를 가질 수 있습니다. 그런데 그 서술이 완전할 수도 있고 불완전할 수도 있다는 것이 문제입니다. 비유를 들어 설명하자면…….

아인슈타인은 두 개의 상자를 떠올렸다. 상자에는 뚜껑이 달려서, 언제라도 뚜껑을 열어 안을 들여다볼 수 있다. 상자의 내부를 들여다보는 것은 '관측 행위'에 해당한다. 상자 두 개 외에 공도 하나 있다. 이 공은 둘 중 하나의 상자에 들어 있는데, 첫 번째 상자에 들어 있을 확률은 정확히 50%이다. 이것이 과연 완벽한 서술일까? 아인슈타인은 두 가지 가능성을 제시했다.

첫 번째 가능성은 위의 서술이 완벽하지 않다는 것이다. 공은 첫 번째 상자에 들어 있거나 들어 있지 않거나, 둘 중 하나이다. 둘 중 어떤 상자에 공이 들어 있는지 예측할 방법이 전혀 없다면, 어떤 식으로 서술해도 완전한 서술이 될 수 없다. 즉 우리의 지식이 부족하기 때문에 확률에 의존할 수밖에 없는 것이다.

두 번째 가능성은 확률에 입각한 서술이 완벽한 서술로 인정되는 경우이다. 뚜껑을 열기 전에 공은 둘 중 하나에 들어 있지 않다. 다시 말해서, 공은 이것도 저것도 아닌 불확실한 상태에 놓여 있다. 그러다가 누군가가 상자의 뚜껑을 여는 순간, 공은 둘 중 한 상자에 '집중된' 형태로 존재하게 된다. 동일한 실험을 여러 번 반복하면, 그리고 매 실험마다 공이 어디 있는지 모르는 상태로 시작한다면, 우리는 각 상자에 공이 들어 있을 확률이 50대50이라고 추측할 수 있다. 이것은 통계적 거동을 숫자로 표현한 것에 불과하지만, 그 자체가 곧 공의 실체에 해당한다. 다시 말해서, 뚜껑을 열기 전에 공의 상태는 확률을 통해 완벽하게 서술된다. 그 이상은 서술할 수도 없고, 굳이 그럴 필요도 없다.

아인슈타인의 설명은 다음과 같이 계속된다.

양자역학과 물리적 실체의 관계도 이와 비슷합니다. 정신지상주의를 지향하는 사람들은 두 번째 관점을 지지하겠지만(슈뢰딩거의 관점도 여기에 속합니다), 대부분의 사람들은 막스 보른의 해석에 가까운 첫 번째 관점을 선호할 것입니다. 《탈무드》를 연구하는 철학자들은 실체라는 것이 어설픈 마음이 만들어낸 창조물에 불과하며, 마음의 창조물과 실체는 오직 표현상의 차이밖에 없다고 주장하고 있습니다.

아인슈타인이 말한 '탈무드 철학자'는 코펜하겐 학파를 일컫는 것으로, 오직 사제들만이 교리를 해석할 수 있고 한 번 내려진 결론은 그 누구도 반박할 수 없는 유대교의 전통을 그들에게 빗댄 것이다.

슈뢰딩거는 6월 13일에 답장을 썼다. 이 무렵에 아인슈타인-포돌스키-로젠의 논문은 학계의 상당한 관심을 끌고 있었다. 슈뢰딩거의 편지에는 다음과 같이 적혀 있었다.

"사람들의 반응은 별로 재미없더군요. 마치 누군가가 '시카고는 너무 춥다'고 말했는데, 다른 누군가가 '거짓말 마, 플로리다는 하나도 안 추운데?'라고 대꾸하는 것과 비슷합니다."

그러나 슈뢰딩거는 파동과 파동묶음 그리고 이들의 중첩 등 물리적 실체가 양자적 파동함수(그리고 통계적 해석)에 반영되어 있다고 생각했다. 반면에 아인슈타인은 파동함수가 완벽한 서술이 아니며, 주어진 계의 통계적 확률만 알려줄 뿐이라고 주장했다.

아인슈타인은 8월 8일 슈뢰딩거에게 보낸 편지에서 또 하나의 사고실험을 예로 들었고, 슈뢰딩거는 이 아이디어를 발전시켜서 훗날 양자역학 사상 제일 유명한 역설을 제기하게 된다. 이 사고실험에는 "1년 중 아무 때나 폭발할 가능성이 있는 화약"이 등장한다.

처음에 Ψ는 '잘 정의된〔well-defined 또는 명확하게 정의된〕' 거시적 상태를 서술하는 파동함수였습니다. 그러나 당신의 파동방정식에 따르면 시간이 1년쯤 지난 후에 Ψ는 원래의 특성을 잃고 '아직 알려지지 않은 상태' 또는 '이미 알려진 상태'의 혼합으로 존재합니다. 제아무리 그럴듯한 해석을 내린다 해도, Ψ는 실제 상태를 서술하는 함수가 될 수 없습니다. '폭발 전'과 '폭발' 사이에는 중간 단계가 존재하지 않기 때문입니다.

화약을 이용한 아인슈타인의 사고실험은 파동함수에 대한 슈뢰딩거의 해석에 문제를 제기했다. '폭발한 상태'와 '폭발하지 않은 상태'를 어떻게 하나의 파동함수 안에 담을 수 있단 말인가? 존재와 비존재, 두 개의 상반된 상태가 희미하게 뭉개진 채 중첩되어 있다는 말인가?

그러나 슈뢰딩거는 쉽게 굴복하지 않았다. 두 사람은 1935년 여름 내내 논쟁을 벌이다가 마침내 8월 19일, 슈뢰딩거는 아인슈타인의 주장을 부분적으로 인정하는 편지를 썼다.

"오랜 시간 동안 저는 파동함수 Ψ가 실체를 직접적으로 서술한다고 생각해왔습니다."

그러고는 아인슈타인의 화약 실험을 개선한 또 하나의 사고실험을 제안했다.

금속 상자 안에 우라늄을 넣고 그 옆에 가이거계수기[방사능 수치를 측정하는 장치-옮긴이]를 설치해둡니다. 우라늄은 워낙 소량이어서, 한 시간 안에 붕괴를 일으킬 확률과 그렇지 않을 확률이 50대50으로 똑같습니다. 일단 붕괴가 일어나면 연쇄적으로 망치가 작동하여 작은 병을 깨고, 그 안에서 생명체에 치명적인 청산(시안화수소산)이 새어 나옵니다. 상자 안에는 살아 있는 고양이가 묶여 있는데, 물론 이 고양이가 청산을 들이마시면 죽을 수밖에 없습니다. 이와 같이 실험 장치를 마련한 후 한 시간이 지나면 전체 계를 서술하는 파동함수 Ψ는 살아 있는 고양이 상태와 죽은 고양이 상태가 똑같은 비중으로 섞인 채 존재하게 됩니다.

이것이 바로 그 유명한 '슈뢰딩거의 고양이 역설'이다.

슈뢰딩거는 1935년 여름 몇 달 동안 양자역학의 현재 상황을 요약하는 일련의 논문을 작성하여 독일 학술지 〈나투르비센샤프텐〉에 실었다. 대서양을 사이에 두고 아인슈타인과 편지를 교환하면서 깊은 영향을 받았던 그는 코펜하겐 해석이 불합리하다는 것을 입증하기 위해, 거시적 규모에서 관측 문제를 부각시키기로 마음먹었다.

슈뢰딩거는 고양이 역설을 하나의 문장으로 요약했다. 이 사고실험은 근본적으로 아인슈타인이 제기한 실험과 동일하지만, 역설적 결과를 강조하는 쪽으로 개선되었다. 여기 금속으로 만든 커다란 상자 속에 방사능 물질(구체적으로 무엇인지는 명시하지 않았다)과 가이거계수기가 설치되어 있고, 그 옆에 고양이 한 마리가 앉아 있다. 상자 안의 모든 장치는 고양이가 망가뜨리지 못하도록 잘 보호되어 있다고 가정한다. 어느 순간에 방사선이 방출되면 연결 장치를 통해 망치가 작동하여 플라스크 병을 깨뜨리고, 그 안에 들어 있던 청산 기체가 상자 속을 가득 메우게 된다.

"이 경우, 전체 계를 서술하는 파동함수 Ψ는 살아 있는 고양이와 죽은 고양이의 중첩으로 표현된다(두 상태의 가중치는 청산의 양과 농도 그리고 상자의 크기와 고양이의 생물학적 상태에 따라 달라질 수 있다—옮긴이)."

슈뢰딩거의 사고실험은 다음과 같은 식으로 진행된다. 밀폐된 철제 상자 속에 방사능 물질과 가이거계수기, 망치, 청산 기체가 들어 있는 플라스크 병 그리고 고양이가 그림8과 같이 설치되어 있다. 가이거계수기가 방사선에 반응하면 연결 고리가 풀리면서 망치가 작동한다. 실

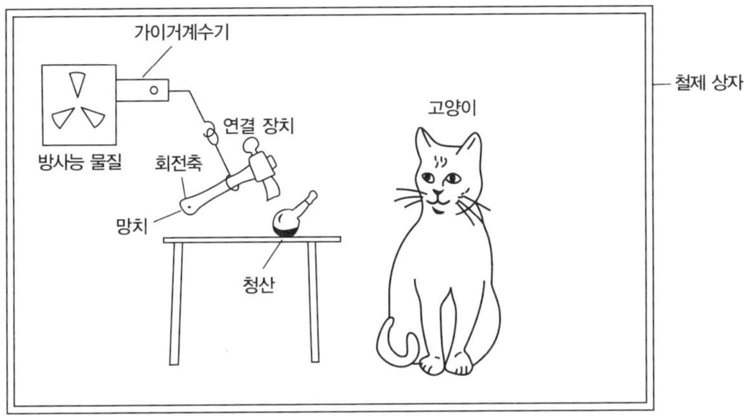

그림8 슈뢰딩거의 고양이. 상자의 뚜껑을 열기 전에는 살아 있는 고양이와 죽은 고양이가 중첩된 채로 존재하지만, 일단 뚜껑을 열면 중첩이 붕괴되면서 고양이는 살아 있거나 또는 죽었거나 둘 중 하나의 상태로 결정된다.

험에 사용된 방사능 물질의 양과 반감기를 고려해보니, 1시간 이내에 방사선이 방출될 확률이 50%로 계산되었다. 원자가 하나라도 붕괴되면 가이거계수기가 가차 없이 작동하여 망치가 플라스크를 내려칠 것이고, 그러면 청산 기체가 유출되어 고양이를 죽일 것이다.

붕괴 여부를 관측하기 전에는 원자의 파동함수가 '나올 수 있는 결과들'의 선형 결합으로 존재했다. 즉, 파동함수는 멀쩡한 원자와 붕괴된 원자의 중첩이었다. 그러나 관측 장비를 양자적 대상으로 간주하여 양자역학의 논리를 적용하면 '두 개의 가능한 거시적 결과의 중첩'이라는 황당한 결과가 얻어진다.

고양이는 어떻게 되는가? 슈뢰딩거가 지적했던 대로, 내부 장치와 고양이를 모두 합한 전체 계의 파동함수는 '붕괴된 원자를 서술하는 파동함수와 죽은 고양이를 서술하는 파동함수의 곱'과 '붕괴되지 않은 원자를 서술하는 파동함수와 살아 있는 고양이를 서술하는 파동함수의 곱'의 중첩으로 표현된다. 관측을 실행하기 전에 고양이의 물리적 상태는 삶과 죽음이 섞여 있는 상태이다. 뚜껑을 열어서 확인하지 않는 한, 고양이는 살아 있지도 죽지도 않은 중간 상태에 있다(물론 반쯤 죽은 상태도 아니다. 반쯤 죽었다는 것은 아직 살아 있다는 뜻이기 때문이다. 여기서 말하는 중첩은 '완전히 죽은 상태'와 '완전히 살아 있는 상태'가 섞여 있음을 의미한다-옮긴이).

이제 누군가가 상자의 뚜껑을 열어서 내부를 확인한다면, 고양이는 살아 있거나 '아니면' 죽었거나 둘 중 하나일 것이다. 그렇다면 바로 그 순간에 상자의 내부 상태(각종 장치들+고양이)를 서술하는 파동함수가 둘 중 하나의 상태로 붕괴된 것인가? 관측 행위가 파동함수를 급격히 변화시켰다고 생각해야 하는가?

슈뢰딩거의 고양이 역설은 파동함수의 붕괴가 관측 장비나 관측 방법에 상관없이 일어난다는 사실을 강조하고 있다. 그렇다면 파동함수는 언제 붕괴되는가? 미시적 규모의 양자계가 거시계와 상호작용을 교환하는 순간에 붕괴된다고 생각할 수도 있다. 과연 그럴까? 제아무리 덩치가 큰 관측 장비라 해도, 결국은 분자와 원자, 양성자, 중성자, 전자로 이루어져 있다. 따라서 양자계와 관측 장비 사이의 상호작용은 미시적 단계에서 이루어지며, 이 과정은 양자역학적으로 다룰 수 있다.

문제는 파동함수가 붕괴되는 과정에 양자역학의 수학이 개입될 여지가 없다는 것이다. 그래서 폰 노이만은 "파동함수의 붕괴를 도입하는 유일한 방법은 이론 자체에서 그것을 가정하는 것뿐"이라고 했다.

사실 슈뢰딩거의 역설에는 양자역학을 살짝 비꼬는 의도가 담겨 있지만, 학술적으로 매우 중요한 문제를 제기한 역설이기도 하다. 코펜하겐 해석에 따르면, 우리가 경험하는 실체는 양자계를 관측하기 위해 우리가 설치해놓은 관측 장비의 특성으로부터 정의된다. 이 관점을 따른다면 관측이 실행되기 전에 입자(또는 고양이)가 어떤 상태에 있었는지를 묻는 것은 아무런 의미가 없다.

슈뢰딩거의 고양이에게 코펜하겐 해석을 적용하면, 상자의 뚜껑을 열기 전에 고양이는 중첩된 상태로 존재한다. 우리 눈으로 확인하기 전에 고양이가 '정말로' 어떤 상태였는지를 따지는 것은 무의미하다. 슈뢰딩거는 자신의 논문에서 조금 다른 형태로 의문을 제기했지만, 결국 우리의 질문은 하나로 귀결된다.

"상자를 열어보지 않는다면, 그 안은 어떤 상태인가?"

이 반-현실주의적 해석은 고양이를 좋아하는 일부 과학자들의 생각과 일치하는 면이 있다(고양이 애호가라면 고양이의 죽은 모습을 상상하는 것보다 죽은 상태와 살아 있는 상태가 공존한다고 생각하는 편이 더 나을 것이기 때문이다-옮긴이). 그러나 아인슈타인은 고양이 상자 사고실험에서 양자역학의 불완전함을 보여주는 또 다른 역설적 결과를 찾아냈다. 그는 8월 19일 슈뢰딩거에게 다음과 같은 내용의 편지를 보냈다.

… 고양이 실험에 관한 당신의 편지를 읽고, 현재 통용되는 이론에 대한 우리의 평가가 완전히 일치한다는 것을 확인할 수 있었습니다. 죽은 고양이와 살아 있는 고양이가 공존하는 Ψ-함수는 실제 상태를 서술한다고 할 수 없습니다. 당신의 사고실험은 Ψ-함수가 '산 고양이와 죽은 고양이를 모두 포함하는 통계적 앙상블(statistical ensemble)'로 취급될 수 있음을 보여주는 대표적 사례입니다.

고양이 역설의 원래 목적은 코펜하겐 해석을 반박하는 것이 아니었기에, 슈뢰딩거는 코펜하겐 학파로부터 공식적인 대답을 들을 생각이 별로 없었다. 그는 1935년 10월 13일 보어에게 보낸 편지에서 'EPR 역설에 대응하기 위해 당신이 〈피지컬 리뷰〉에 발표한 논문은 그다지 만족스러운 수준이 아니었다'고 솔직하게 털어놓았다. 보어는 관측 장비를 항상 고전적 관점에서 다뤄야 한다고 생각했으나, 슈뢰딩거는 "미래에 과학기술이 발전하면 이 한계가 극복될 수도 있는데, 보어는 이 점을 간과하는 것 같다"고 했다. 이에 대한 보어의 대답은 의외로 간단했다.

"어떤 기계 장치든 간에 무언가를 관측하는 용도로 사용되는 한, 양자역학이 적용 범위를 벗어날 수밖에 없다."

관측 도구를 고전적 물체로 간주하면 고양이 역설로 야기되는 문제를 피해 갈 수 있다. 고전적인 물체는 양자적 물체와 달리 중첩 상태에 놓일 수 없기 때문이다. 보어에게는 이것이 당연한 사실이었지만(슈뢰딩거도 마찬가지였다) 파동함수의 붕괴 과정을 설명해주는 역학은 여전히 오리무중이었다. 그들이 할 수 있는 일이라곤 "파동함수는 붕괴된다"고 가정하는 것뿐이었다.

대부분의 물리학자들은 이 문제를 덮어둔 채 파동함수 자체에 대한 연구를 계속했고, 확률 문제에도 더 이상 관심을 갖지 않았다. "양자역학에서 야기된 수많은 철학적 문제는 이미 보어가 해결했다"는 것이 학계의 중론이었기 때문이다. EPR의 역설은 더욱 완전한 이론이 존재할 수도 있다는 가능성을 제시했지만, 아인슈타인도 슈뢰딩거도 구체적인 대안을 제시하지는 못했다.

새로운 이론이 엄격한 인과율과 결정론을 따르려면 새로운 변수가 있어야 했다. 그러나 원자와 분자의 실제 운동처럼 현실적이면서 관측되지 않는 '숨은 변수'는 볼츠만의 통계역학에 등장하는 변수들뿐이었다. 폰 노이만은 자신의 저서 《양자역학의 수학적 기초(Mathematical Foundations of Quantum Mechanics)》에서 양자역학을 대체할 만한 숨은변수이론은 존재하지 않는다는 사실을 수학적으로 증명했다.

걱정거리는 또 있었다. 파울리는 원자핵에서 베타입자(전자)가 빠른 속도로 방출되는 베타붕괴 과정에서 에너지보존법칙을 유지하기 위해 새로운 입자를 도입했는데, 이 입자는 매우 가볍고 전기적으로 중성이면서 다른 입자와 상호작용을 거의 하지 않아야 했다. 1934년에 이탈리아 물리학자 엔리코 페르미(1901~1954)는 채드윅이 발견한 중성자와 구별하기 위해 이 입자를 뉴트리노(neutrino, 중성미자)로 명명했다. 그해 말에 독일 출신의 물리학자 한스 베테(1906~)와 루돌프 펄스(1907~1995)는 〈네이처〉에 게재한 논문에서 "뉴트리노를 관측할 방법은 현실적으로 존재하지 않는다"고 단언했다.

새로운 입자의 출현은 뉴트리노로 끝나지 않았다. 물리학자들은 우주선(宇宙線, cosmic-ray)을 타고 날아오는 정체불명의 입자 때문에 수년 동안 논쟁을 벌였다. 일부 학자들은 그것이 전자의 변형된 형태라고 믿었고 개중에는 양성자라고 주장하는 사람도 있었으나, 정작 그 입자의 질량을 확인해보니 전자와 양성자의 중간 정도였다. 1937년에 칼 앤더슨과 세스 네더마이어(1907~1988)는 그것이 전자와 비슷하면서 질량은 훨씬 큰 새로운 입자라고 결론지었다. 이 입자는 한동안 메조트론(mezotron)으로 불리다가 메존(meson)을 거쳐 지금은 뮤-메존(μ-meson) 또는 뮤온(muon)으로 불리고 있다. 갈릴리 태생의 미국 물리학자 이시도어 라비(1898~1988)는 새로운 입자가 나타나자 짜증을 내며 외쳤다.

"아니, 이거 대체 누가 주문한 거야?"

전자와 양성자 외에, 이제 양전자와 뮤온이 입자 명단에 올랐다. 그리고 당시에는 아직 발견되지 않았지만, 폴 디랙이 예견한 반양성자와 볼프강 파울리의 뉴트리노 및 반뉴트리노가 명단에 오르기 위해 대기 중이었다. 모든 만물이 하나의 기본 입자로 이루어져 있을 것이라는 철학자의 꿈은 이미 물 건너간 지 오래였다.

그러나 유럽을 통일하여 제3제국을 건설하겠다는 히틀러의 야망은 전쟁을 향해 치달았고, 곧 닥쳐올 세계대전은 핵물리학의 획기적인 발전을 예고하고 있었다.

막간

제1차 물리학전쟁
1938년 크리스마스~1945년 8월

1932년에 중성자가 발견되면서 물리학자들은 원자핵의 구조를 더 깊이 이해할 수 있었으며, 비밀의 문을 뚫을 수 있는 무기까지 확보하게 되었다. 이름에서 알 수 있듯이 중성자는 전기적으로 중성이기 때문에, 양성자를 향해 빠른 속도로 발사하면 전기력의 방해를 받지 않고 아주 가까운 거리까지 접근할 수 있다.

엔리코 페르미는 1934년에 로마대학교에서 우라늄에 중성자를 충돌시키는 실험을 실행했다. 이 과정을 관심 있게 지켜보았던 베를린대학교의 화학자 오토 한(1879~1968)은 보조 연구원 프리츠 슈트라스만(1902~1980)과 함께 연구를 진행하다가 상식에서 크게 벗어나는 결론에 도달했고, 자신이 얻은 결과를 오랜 연구 동료인 리제 마이트너(1878~1968)에게 편지로 알려주었다. 오스트리아 출신의 여성 물리학자였던 마이트너는 베를린대학교 교수였으나 히틀러의 차별 정책을 피해 스웨덴에서 살고 있었다. 1938년 크리스마스이브에 마이트너와 그녀의 조카 오토 프리슈는 오토 한이 얻은 결과가 핵분열의 증거임을 알아차렸다.

보어는 프린스턴 방문 차 코펜하겐을 떠나기 직전에 이 소식을 듣고 격앙된 목소리로 외쳤다.

"맙소사, 우린 정말 바보였어! 이 얼마나 멋진 결과인가! 진즉에 이래야 했다고."

보어는 양자역학의 해석과 관련하여 아인슈타인을 찾아가 의견을 나눌 예정이었으나, 그가 대서양을 건너고 있을 때 코펜하겐의 가장 큰 관심사는 양자역학의 해석이 아닌 핵분열이었다. 프린스턴에 도착한 보어는 미국의 물리학자 존 휠러(1911~2008)와 공동 연구를 진행하면서 우라늄 핵분열이 우라늄의 극히 희귀한 동위원소인 U-235에서 일어나는 것으로 추측했다. 과연 이것으로 초강력 폭탄을 만들 수 있을까? 1939년 4월, 보어는 프린스턴에 있는 한 동료에게 말했다.

"당연히 만들 수 있지요. 하지만 우라늄으로 슈퍼-폭탄을 만들려면 모든 국력을 한곳으로 모아야 할 겁니다."

소문은 빠르게 퍼져 나갔다. 1939년 4월에 독일 표준국과 국방부는 핵무기 관련 프로젝트에 착수했고, 그해 8월에 아인슈타인은 미국의 프랭클린 루스벨트 대통령에게 '지극히 위협적인 새로운 형태의 폭탄'을 경고하는 편지를 보냈다. 그로부터 며칠 뒤, 프레더릭 린데만은 윈스턴 처칠에게 보낸 편지에서 원자폭탄은 몇 년 만에 만들 수 있는 물건이 아니라고 호언장담했다.

독일이 폴란드를 침공하자 연합국 정부는 1939년 9월 3일 독일을 상대로 전쟁을 선포했다. 독일은 두 곳에서 별개로 진행 중이던 핵폭탄 프로젝트를 서둘러 통합하여 군대의 비호 하에 '우라늄클럽

(Uranerein)'이라는 프로젝트를 발족시켰고, 11월 25일 하이젠베르크에게 "조국을 위해 프로젝트에 합류하라"는 통지서를 보냈다.

　제1차 물리학전쟁이 발발한 것이다.

　　　　　　　1941년 늦여름, 하이젠베르크와 보조 연구원 로베르트 되펠(Robert Döpel)은 L–II라 불리는 핵반응기 앞에서 두 번째 실험을 수행하고 있었다. L–II는 물(H_2O)의 수소 원자가 무거운 중수소 원자로 대치된 중수 160kg과 산화우라늄 140kg이 들어 있는 지름 75센티미터짜리 알루미늄 구(球)이다. 실험 결과는 그다지 만족스럽지 않았지만, 알루미늄 통에 흡수된 중성자의 수를 수정하고 보니 핵분열이 연쇄적으로 일어날 수 있다는 놀라운 결과가 얻어졌다.

　그들은 자신이 올바른 길을 가고 있다는 느낌이 들었다(물론 도덕적으로 올바른 길이 아니라, 핵폭탄이라는 목적지를 향해 제대로 된 길을 가고 있다는 뜻이다─옮긴이). 이것은 단순한 직관이 아니라 머리와 몸으로 느껴지는 일종의 확신이었다. 훗날 하이젠베르크는 이 시기를 회상하며 "1942년 9월경, 우리 눈앞에 원자폭탄으로 가는 길이 활짝 열렸다"고 했다.

　하이젠베르크는 독일의 과학이 영국이나 미국보다 훨씬 앞서 있다고 굳게 믿었으므로, 핵폭탄을 개발하면서 결코 마음이 편하지는 않았을 것이다. 그의 친구이자 함께 우라늄클럽 프로젝트를 진행했던 카를 프리드리히 폰 바이츠재커(1912~)는 우울증에 걸린 듯한 하이젠베르크를 보다 못해 "보어를 찾아가 상담해보라"고 권했다. 그러나 하이젠베르크의 처지에서 보어를 만난다는 것이 그리 간단한 문제는 아니었다.

보어는 1940년 4월에 독일이 덴마크를 점령한 뒤로 코펜하겐 이론물리학연구소를 떠나지 않았다. 부분적으로 유대인 혈통이었던 보어는 점령군에 의해 '비-아리아인'으로 분류되었으나, 덴마크 정부가 작성한 각서에 서명한다는 조건으로 안전을 보장 받았다. 이 각서에는 덴마크 정부가 독일군을 초청했다는 내용이 들어 있었다. 당시 덴마크에 거주하던 8,000명의 유대인들이 이 각서에 서명했다.

하이젠베르크와 바이츠재커가 보어의 안위를 걱정했다는 것은 의심의 여지가 없다. 하이젠베르크가 보어를 만나기로 결심한 데에는 자신이 전쟁에 일조했다는 양심의 가책도 한몫했을 것이다. 그로부터 30년 후에 출간된 하이젠베르크의 회고록에는 다음과 같이 적혀 있다.

"바이츠재커는 나에게 보어를 만나보라고 적극적으로 권했다. 만일 보어가 우리의 일에 대하여 부정적인 반응을 보이거나 우라늄 연구를 중단하라고 한다면 나는 적지 않은 충격을 받겠지만, 그를 만나서 전반적인 현안에 대해 의견을 나누는 것은 분명히 가치 있는 일이었다."

하이젠베르크의 증언에 따르면, 그의 주된 방문 목적은 전쟁에 동원된 과학자들이 지켜야 할 도덕 가치관에 대해 보어의 조언을 듣는 것이었다. 하이젠베르크와 함께 우라늄클럽 프로젝트에 투입되었던 페테르 옌센(1883~1959)은 훗날 이렇게 말했다.

"하이젠베르크는 이론물리학계의 독일 주교나 마찬가지였기에, 교황인 보어를 찾아가 고해를 하고 싶었을 것이다."

그런가 하면 독일 출신의 물리학자 루돌프 펄스는 하이젠베르크가 "악인을 대하되, 악행을 저지르지 않으려고 노력했지만 싫다는 이유로 피할 수만은 없는 상황이었다"고 했다.

하이젠베르크는 한때 자신의 멘토(조언자)였던 보어와의 만남을 학수고대했다. 하이젠베르크뿐만 아니라 동시대의 많은 물리학자들은 보어를 학문적 아버지로 생각했다. 하이젠베르크의 부인인 엘리자베트는 훗날 다음과 같은 글을 남겼다.

티스빌데(Tisvilde, 셀란 섬 해변의 작은 마을)에 있는 보어의 별장에서 그이는 아이들과 드라이브를 가거나 나귀가 끄는 수레를 함께 타곤 했다. 한동안은 보어와 함께 배를 타고 며칠 동안 바다 여행을 한 적도 있고, 그이가 있는 스키리조트에 보어가 직접 찾아오기도 했다. 두 사람은 주로 물리학에 관한 대화를 나눴는데, 사실 우리 남편은 어떤 이야기도 털어놓을 수 있을 만큼 보어를 깊이 신뢰했다.

그러나 이 만남에는 다른 목적이 있었는지도 모른다. 이 무렵에 "미국이 원자폭탄을 만들려 한다"는 뉴스가 스웨덴 언론을 통해 보도되면서 긴장이 고조되었으므로, 하이젠베르크와 바이츠재커는 보어가 이 문제에 대해 무엇을 알고 있는지 궁금했을 것이다.

보어를 방문하기로 결심한 뒤에도 넘어야 할 장벽은 많이 남아 있었다. 당시 독일은 서부 유럽의 여러 국가들을 점령한 상태였지만 독일 국민은 마음대로 여행할 수 없었다. 게다가 독일 정부는 예전부터 보어와 친밀하게 지내왔던 하이젠베르크에게 외국 여행을 선뜻 허락해주지 않았다. 그러던 중 바이츠재커가 한 가지 묘안을 짜냈다. 그는 코펜하겐이 점령된 후에 보어의 연구소에서 양자역학의 철학적 의미를 주제로 몇 차례 강의를 한 적이 있었으므로, 코펜하겐에 새로 설립된 독일문화연구소에서 개최하는 천문학 및 수학, 이론물리학 토론회에 하이젠베르크와 함께 참석한다면 가능할 것 같았다.

처음에 독일제국 교육부에서는 이 여행조차 허락하지 않았다. 하지만 독일 외교부가 중간에 끼어들어 '남의 이목을 끄는 언행을 삼가고 며칠만 머문다'는 조건하에 어렵게 허락을 받아냈다(전하는 말에 따르면, 바이츠재커의 부친인 에른스트 폰 바이츠재커가 당시 독일 외교부 사무국장이었다고 한다).

그리하여 1941년 9월 15일, 하이젠베르크는 코펜하겐에 도착했다. 그곳에서는 나흘 뒤인 19일부터 공식 학술회의가 열릴 예정이었다. 이 무렵에 하이젠베르크가 아내에게 쓴 편지를 보면, 그는 코펜하겐에서 과거의 향수를 자주 떠올렸던 것 같다.

난 지금 매우 친근한 도시에 와 있다오. 사실 15년 전부터 내 마음의 일부는 이곳에 머물러왔소. 호텔 방의 창가에 서 있으면 시청사에서 종소리가 들려오는데, 가만히 귀를 기울이면 지난 세월 동안 모든 것이 하나도 변하지 않은 듯한 착각이 들 정도라오. 어느 날 길에서 우연히 젊은 날의 나 자신과 마주친다면 기분이 참 이상하겠지요? 지금 내가 바로 그런 기분이라오.

도착 첫날, 하이젠베르크는 카를스베르(Carlsberg) 시의 맑은 밤하늘을 바라보며 보어의 집으로 향했다. 다행히 보어와 그의 가족들은 별 탈 없이 잘 지내고 있었다. 두 사람의 대화는 사소한 일상사로 시작했다가 얼마 지나지 않아 '국가간의 이해관계와 불행한 시국'으로 넘어갔는데, 하이젠베르크는 아내에게 보낸 편지에 "보어같이 위대한 인물도 생각과 느낌 그리고 증오의 감정을 구별하지 못하는 것 같다"며 약간의 당혹감을 나타내면서 "하지만 이 세상 그 누구도 이런 것들을 구별하기는 어려울 것"이라고 덧붙였다.

그러나 하이젠베르크는 옛 연구 동료인 보어 앞에서 시종일관 단호

1 1900년 독일 물리학자
막스 플랑크는 흑체복사이론을
연구하던 중 작용양자의 개념을
처음으로 떠올렸다.

2 1905년 알베르트 아인슈타인은
특수상대성이론과 광양자가설을
발표했다.

3 덴마크의 젊은 물리학자
닐스 보어는 전자의 궤도에
양자수를 도입한 새로운
원자모형을 제시했다.

4 양자수는 어디서 왔을까?
1923년 귀족 출신의 프랑스
물리학자 루이 드 브로이는
질량을 가진 입자들이 파동적
특성도 함께 갖고 있다는
파격적 아이디어를 떠올렸다.

5 노벨상 수상식에 참석하기 위해 스톡홀름 기차역에 도착한
베르너 하이젠베르크, 에르빈 슈뢰딩거, 폴 디랙
(왼쪽부터 하이젠베르크의 모친, 슈뢰딩거의 아내, 디랙의 모친, 디랙, 하이젠베르크, 슈뢰딩거).

---

6 1927년 보어와 하이젠베르크는 볼프강 파울리(오른쪽)의 도움을 받아
양자역학의 '코펜하겐 해석'이라는 불편한 결론에 도달했다.

8 아인슈타인은 제5회 솔베이회의에서 양자역학
의 문제점을 제기했고, 보어는 양자역학의 수호
자처럼 최선을 다해 공격을 막아냈다. 그러나 이
들의 논쟁은 향후 10년 동안 계속될 뜨거운 논쟁
의 서막에 불과했으며, 일부 문제는 지금까지도
해결되지 않은 채 남아 있다. 세칭 '솔베이 충돌'
이라 불리는 이 사건은 과학 역사상 가장 심오한
논쟁으로 꼽힌다.

7 아인슈타인은 1927년 9월 브뤼셀에서 개최된 제5회 솔베이회의에서 상보성원리에 관한 보어의 강의를 처음 들었다. 폴 에렌페스트(뒷줄 왼쪽 세 번째), 슈뢰딩거(뒷줄 왼쪽 여섯 번째), 파울리와 하이젠베르크(오른쪽 네 번째와 세 번째), 피터 디바이(가운뎃줄 맨 왼쪽), 헨드릭 크라메르스(가운뎃줄 왼쪽 네 번째)와 폴 디랙(가운뎃줄 왼쪽 다섯 번째), 드 브로이, 막스 보른, 닐스 보어(가운뎃줄 오른쪽 세 번째, 두 번째, 첫 번째), 막스 플랑크(앞줄 왼쪽 두 번째), 헨드릭 로렌츠(앞줄 왼쪽 네 번째), 알베르트 아인슈타인(앞줄 맨 가운데).

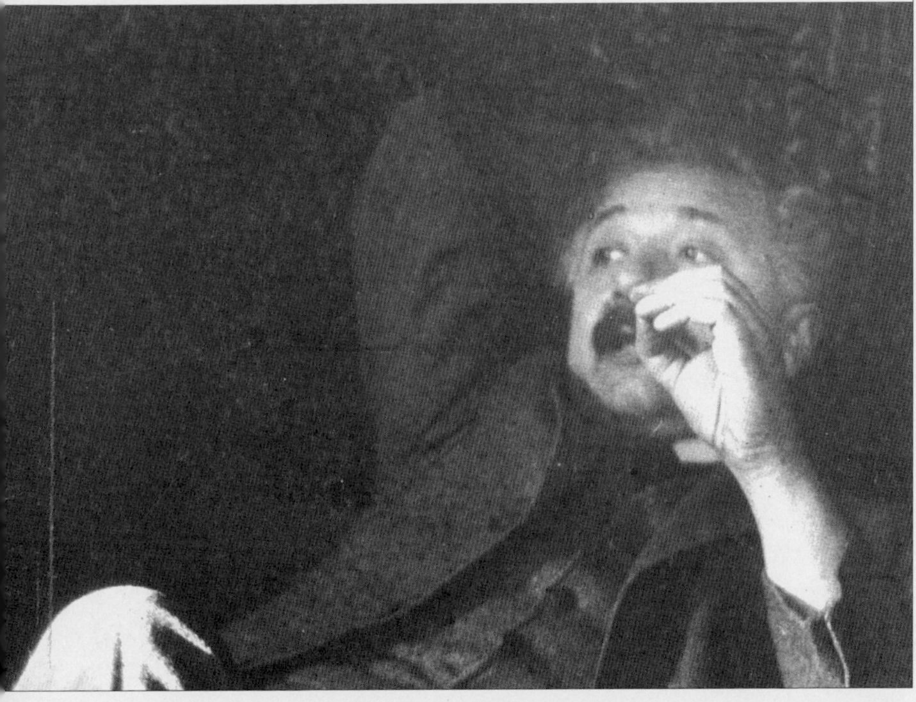

9 1947년에 개최된 셸터아일랜드학회
에서 미국의 젊은 물리학자 리처드
파인먼은 수소 원자에 대한 새로운
실험 결과를 접하고 문제점을
간파했다.

10 셸터아일랜드학회에 참석한 물리학자들은 저녁식사를 허겁지겁 해결하고
밤늦은 시간까지 열띤 토론을 벌였다. 왼쪽부터 윌리스 램, 에이브러햄 파이스(앉은 이),
존 휠러(선 이), 리처드 파인먼, 허먼 페시바흐, 줄리언 슈윙거.

11 1954년에 중국의 물리학자 양전닝(오른쪽. 왼쪽은 동료 리정다오)은
미국 물리학자 로버트 밀스와 함께 강력에 관한 SU(2) 게이지장 이론을 구축했고,
그 결과로 질량이 없는 장입자의 존재가 예견되었다.

12 뉴욕 출신의 물리학자 머리 겔만은
스핀=0인 바리온과 메존을
광역 SU(3) 대칭군의 두 8중항에
성공적으로 대응시켰다.
이스라엘의 물리학자 유발 네만도
이와 비슷한 결과를 얻었다.

13 셸던 글래쇼

14 스티븐 와인버그

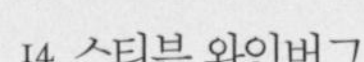

15 압두스 살람

양자장이론에서 예견된 '질량 없는 입자'는 거의 20년 동안 미해결 문제로 남아 있다가
글래쇼-와인버그-살람의 SU(2)×U(1) 약전자기이론을 통해 해결되었다.

16 데이비드 그로스

17 프랭크 윌첵

18 데이비드 폴리처

미국의 물리학자 데이비드 그로스와 프랭크 윌첵은 국소 게이지장 이론에
점근적 자유성이 존재하지 않는다는 것을 증명하려다가 정반대의 결과를 얻었다.
하버드대학교 대학원생이었던 데이비드 폴리처도 혼자서 같은 사실을 증명했다.

19 영국의 물리학자 피터 힉스는
1964년에 양자장이론에서
대칭성이 자발적으로
붕괴되는 메커니즘을 밝혀냈다.

20 1971년에 네덜란드 이론물리학자
마르티뉘스 펠트만은 젊은 대학원생
헤라르트 토프트에게 말했다.
"질량과 전하가 있는 벡터보존에 대하여
재규격화가 가능한 이론이 적어도
하나는 있어야지."

21 헤라르트 토프트(왼쪽)는 양전닝(오른쪽)을 향해 자신에 찬 어조로 말했다.
"그건 제가 할 수 있습니다."

22 1974년 새뮤얼 팅(맨 왼쪽)이 이끄는 실험 팀은 맵시쿼크와 반-맵시쿼크 쌍으로 이루어진 메존 J를 발견하여 '11월 혁명'의 주인공이 되었다.

23 1974년 11월 11일에 새뮤얼 팅과 미국의 물리학자 버튼 릭터(사진)는 J와 동일한 입자인 Ψ를 발견했다.

24 입자가속기 전문가인 시몬 판 데르 메이르(맨 오른쪽)는
'확률적 냉각'이라는 기술을 개발했고,
카를로 루비아(맨 왼쪽)가 이끄는 CERN의 연구 팀은 이 기술을 이용하여
1982/83년에 W 입자와 Z 입자를 발견했다.

25 아인슈타인에게 영향을 받은
미국의 물리학자 데이비드 봄은
아인슈타인-포돌스키-로젠(EPR)의
논리를 개량하여 현실적인 실험에
한 걸음 더 다가갔다.

26 아일랜드의 물리학자 존 벨은
'벨의 부등식'을 증명하여
양자적 수준에서 자연의 실체를
실험으로 확인하는 길을 열었다.
이 정리에 따르면 양자역학에서
예견된 내용들은 '국소적 숨은
변수이론'과 양립할 수 없다.

27 프랑스의 물리학자 알랭 아스페가 이끄는 연구 팀은 1981/82년에 양자적 실체가 비국소적임을 보여주는 실험 결과를 발표했다.

28 영국의 물리학자 앤서니 레깃은 '크립토 비국소적 숨은변수이론' 과 관련하여 새로운 부등식을 유도했다. 이 부등식을 이용하면 국소성과 실체를 직접 테스트할 수 있다.

29 2006년 마르쿠스 아스펠마이어와 안톤 차일링거(사진)는 레깃의 부등식을 실험에 적용하여 양자적 물체의 특성이 실험의 범주 안에서 '진실' 임을 입증했다.

30 존 휠러와 브라이스 디윗은 1965년에
롤리-더럼 공항에서 대화를 나누다가
양자중력이론의 방정식을 처음으로
떠올렸다.

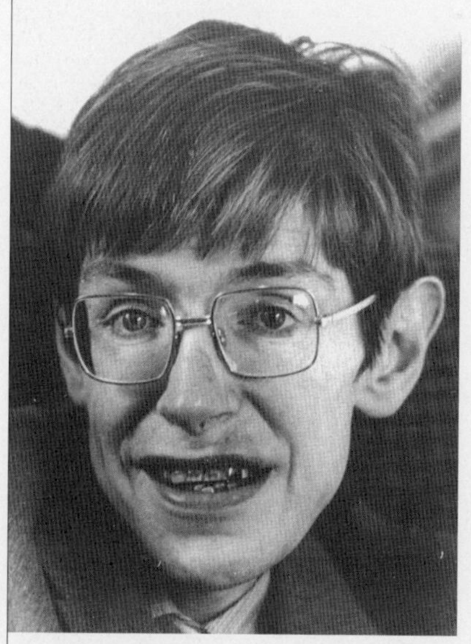

31 1974년 영국의 물리학자 스티븐 호킹은
블랙홀 주변의 휘어진 시공간에
양자역학을 적용하여 블랙홀이
복사에너지를 방출한다는 놀라운
사실을 알아냈다.

32 미국의 물리학자 존 슈워츠(사진)는
1960년대 말부터 데이비드 그로스와
공동으로 끈이론을 연구하기 시작했다.
존 슈워츠는 프랑스 물리학자 조엘 셰르크와
함께 끈이론으로부터 중력자의 존재가
예견된다는 사실을 알아냈다.

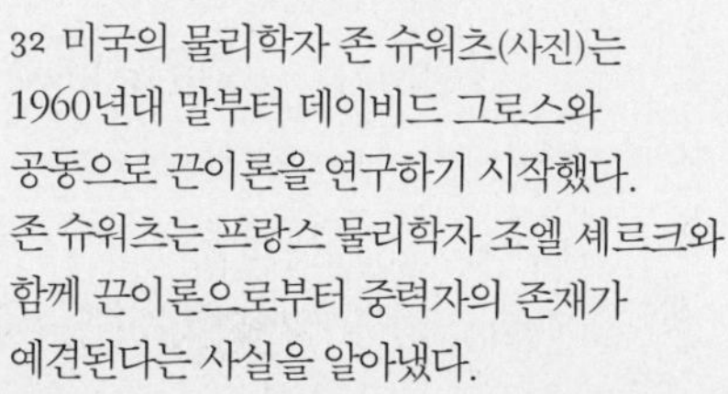

33 초끈이론은 1980년대 말부터 이론물리학의 대세로 떠올랐다.
이탈리아 물리학자 카를로 로벨리(사진)와 미국 물리학자 리 스몰린은
고리양자중력이론을 통해 정준접근법을 부활시켰다.

---

34 CERN의 거대강입자충돌기(LHC)는 2008년에 처음 가동되었다가
몇 주 만에 고장을 일으켜 수많은 사람들을 실망시켰다.
그 후 LHC는 1년 만에 재가동되어 2010년 3월 30일에 7TeV 수준에서
에너지에서 양성자-양성자 충돌을 실현시켰다.

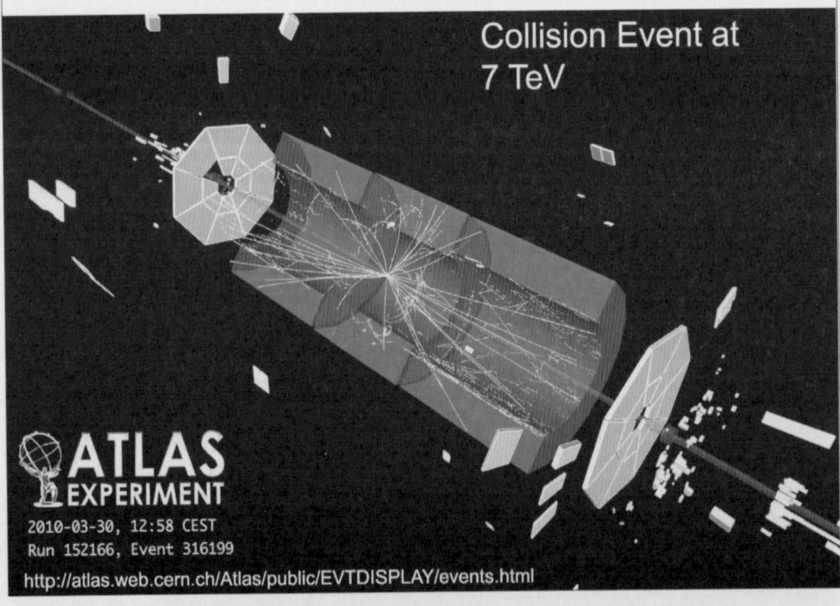

하면서 무표정한 자세로 일관했다. 독일은 1941년 9월에 코펜하겐을 접수했고 그 밖의 여러 국가들도 주축군의 통치하에 두었다. 게다가 독일의 북부군은 옛 소련의 키예프(현 우크라이나의 수도)를 포위한 채 모스크바 공격을 준비하고 있었으니, 누가 봐도 이 전쟁은 독일이 승리할 것 같았다. 하이젠베르크를 포함한 대부분의 사람들은 나치가 유럽을 통일하는 것이 시간문제일 뿐이라고 생각했다.

평소 실용주의를 추구했던 하이젠베르크는 지금 독일문화연구소의 지령을 받고 코펜하겐에 와 있는 처지였다. 그에게 주어진 임무 중에는 얼마나 많은 덴마크인들이 나치의 선전에 동화되었는지 확인하는 것도 포함되어 있었다. 독일의 승리가 거의 확실시되는 마당에 하이젠베르크는 옛 연구 동료들이 나치에 동조하도록 설득하고 싶었는지도 모른다.

보어와 그의 동료들은 독일에 항의하는 뜻으로 학술회의를 보이콧했다. 그러나 그 와중에도 하이젠베르크는 보어의 연구소를 수시로 방문하여 그곳 물리학자들과 점심 식사를 같이 하는 등 꾸준히 대화를 시도했다. 그와 점심 식사를 같이 한 적이 있는 크리스티안 묄레르(1904~1980)와 스테판 로센탈(1903~1994)은 당시의 쓸쓸했던 분위기를 회고하며 이렇게 말했다.

"그날 하이젠베르크는 '독일이 전쟁에서 반드시 이겨야 한다'는 말을 여러 번 강조했다. … 그리고 독일이 덴마크와 노르웨이, 벨기에, 네덜란드를 점령한 것은 유감스러운 일이지만, 동유럽 국가들은 스스로 다스릴 능력이 없기 때문에 독일 정부가 개입하는 것이 그들에게는 더 바람직한 일이라고 했다."

수요일 저녁, 하이젠베르크는 두 번째로 보어를 만난 자리에서 조심스럽게 원자폭탄 이야기를 꺼냈다. 훗날 두 사람은 이날 나눴던 대화 내용을 공개했는데, 일치하지 않는 부분이 많아서 100% 신뢰하기는 어렵다. 하이젠베르크의 기억에 따르면, 두 사람은 저녁 식사를 마친 후 게슈타포의 감시를 피하기 위해 조용한 길로 산책을 나갔다고 한다. 그러나 보어는 그날 저녁 내내 연구실에서 대화를 나눈 것으로 기억했다. 누구의 말이 맞는지는 알 수 없지만, 하이젠베르크가 감시원이나 도청 장치가 없는 안전한 장소를 원했다는 것만은 아마도 사실일 것이다. 그가 보어 같은 과학계의 거물에게 원자폭탄 이야기를 꺼낸다는 것은 원칙적으로 반역 행위에 해당하기 때문이다.

두 사람의 대화는 처음부터 매끄럽지 않았고 시간이 갈수록 더욱 악화되었다. 보어는 독일의 소련 침공을 두둔하는 하이젠베르크의 주장을 끈기 있게 들어주다가 "독일이 전쟁에서 반드시 이겨야 한다"는 말에 기어이 분노를 터뜨렸다. 그리고 하이젠베르크가 핵폭탄 개발에 관한 이야기를 꺼냈을 때에는 너무나 어이가 없어서 할 말을 잃고 말았다.

보어는 1939년에 "핵폭탄을 개발하려면 모든 국력을 한곳에 모아야 한다"고 말한 적이 있다. 그런데 과거 한때 일생 최대의 발견을 함께 나누면서 희열을 느꼈던 연구 동료가 나치를 위해 핵폭탄을 개발하고 있으니 마음이 편할 리가 없었다. 게다가 하이젠베르크는 핵폭탄 프로젝트가 반드시 성공할 것이라고 장담하고 있었다. 이 무렵에 보어가 하이젠베르크에게 썼다가 부치지 않은 편지가 몇 통 있는데, 그중 하나에는 다음과 같이 적혀 있다.

… 자네는 다소 모호하게 말했지만, 자네의 지휘하에 독일의 핵무기 개발 프로젝트가 진행 중임을 거의 확신할 수 있었다네. 그사이에 자네는 이 분야

의 전문가가 되었고, 프로젝트를 위해 지난 2년 동안 준비를 해왔으니 굳이 자세히 설명할 필요가 없었겠지.

확실하진 않지만, 하이젠베르크가 그림을 그려가며 자신이 하는 일을 설명했을 가능성도 있다. 몇 년 뒤에 보어가 당시의 대화를 회상하며 핵반응기 비슷한 그림을 떠올렸는데, 사실이든 오해였든 간에 보어는 그 그림을 핵반응기로 받아들였다. 미묘한 상황은 이뿐만이 아니다. 하이젠베르크는 보어를 통해 연합군의 핵폭탄 개발 사업이 얼마나 진척되었는지 알아내려는 눈치였다고 한다. 과연 그는 독일 정부의 지령을 받고 코펜하겐에 왔던 것일까? 아니면 옛 동료에게 정보를 캐내고 싶을 정도로 애국심이 지나쳤던 것일까?

전쟁이 끝난 후 하이젠베르크는 이 시기를 떠올리며 "그때 나는 핵무기 개발에 반대하는 과학자들의 모임을 만들려고 노력했다"고 주장했다. 이 말이 사실이든 아니든 간에, 보어는 그를 "자신의 주인에게 핵무기를 만들어 바치겠다고 작정한 호전적인 과학자"로 기억하고 있었다. 보어가 하이젠베르크에게 썼다가 부치지 않은 또 다른 편지에는 이렇게 적혀 있다.

처음부터 자네는 전쟁이 오래 지속되면 핵폭탄으로 마무리될 거라고 확신했지. … 내가 의심스러운 표정을 짓자 자네는 "이 분야에 오래 투신해왔기 때문에 잘 안다. 그렇게 될 수밖에 없다"고 단언하지 않았나.

훗날 하이젠베르크는 이렇게 회고했다.
"당시 보어는 여러 국가에서 활동하는 물리학자들에게 전쟁과 관련하여 어떤 영향을 주는 것은 불가능하다고 생각하는 것 같았다. 사실 전쟁 기간 중에 각국의 물리학자들이 자국을 위해 무기를 개발하는 건 당연한 일 아닌가."

대화는 껄끄러웠지만, 두 사람은 우호적인 분위기에서 헤어졌다. 그후 하이젠베르크는 랑엘리니(Langelinie, 코펜하겐에 있는 해안 공원)에서 바이츠재커를 만나 코펜하겐 항구의 그림 같은 길을 거닐면서 솔직하게 털어놓았다.

"아무래도 최악의 상황이 벌어질 것 같아."

하이젠베르크와 바이츠재커는 9월 19일에 개최된 학회에 참석했다. 이 자리에는 코펜하겐 천문대에서 파견된 다섯 명의 천문학자도 있었는데, 하이젠베르크는 방문자 연설을 하면서 "스칸디나비아와 독일의 과학적 우호 관계가 위기에 직면했다"며 우려를 표명했다.

독일대사관에서 베푸는 저녁 연회에 참석한 후, 하이젠베르크는 바이츠재커와 함께 마지막으로 보어의 집을 방문했다. 이날은 정치적 대화 없이 자유분방한 분위기였는데, 평소 음악을 즐겼던 하이젠베르크는 피아노 앞에 앉아 모차르트의 소나타를 연주했다고 한다.

만일 하이젠베르크가 정말로 원자폭탄 개발을 막고자 했다면, 그는 목적을 이루지 못했다. 그게 아니라 보어에게 고해성사를 하러 왔다고 해도, 역시 목적을 이루지 못했다. 그러나 하이젠베르크의 실패는 당시의 정세와 관련하여 많은 점을 일러준다. 전쟁 기간 중에 영국과 미국의 핵물리학자들은 원자폭탄을 나치가 먼저 개발할까 봐 전전긍긍하고 있었다. 이런 상황에서 특히 하이젠베르크와 같은 독일의 물리학자들이 원자폭탄 개발에 전념하고 있다는 확신이 들면, 자신이 하는 일에 도덕적 당위성을 부여할 수 있었을 것이다.

하이젠베르크가 보어에게 구체적으로 어떤 말을 했는지는 별로 중요하지 않다. 아니, 결과적으로 중요하지 않은 일이 되어버렸다. 세계에서 가장 위대한 핵물리학자이자 나치의 통치하에 있는 덴마크 국민으로서 혈통의 반이 유대인이었던 보어는 하이젠베르크가 기어이 핵폭탄을 만들어 히틀러에게 바치려 한다고 확신했다.

결국 하이젠베르크는 가능한 시나리오를 모두 예측하지 못한 것이다. 그가 벌였던 위험한 게임은 전혀 다른 방향으로 흘러가고 있었다.

단 몇 kg의 우라늄 동위원소(U-235)가 연쇄반응을 일으키면 가공할 폭발력을 발휘한다. 이 사실이 알려지면서 미국은 핵무기 개발에 박차를 가했다. 우라늄은 밀도가 큰 물질이기 때문에, 골프 공만 한 양만 있으면 웬만한 도시 전체를 잿더미로 만들 수 있다. 루스벨트 대통령은 1941년 9월에 미국의 원자폭탄 개발을 승인했고(그로부터 불과 며칠 후에 일본은 진주만의 태평양 함대를 급습하여 미국을 전쟁에 끌어들였다), 프로젝트가 군 관할로 넘어가면서 '맨해튼프로젝트(Manhattan Project)'로 불리게 되었다.

그 다음 달에 미국의 물리학자 로버트 오펜하이머가 뉴멕시코 주의 로스앨러모스(Los Alamos)에 설립된 신무기 개발 연구소의 총책임자로 부임했고, 그로부터 몇 달 후에 시카고대학교에서는 첫 번째 핵반응 실험이 성공리에 마무리되었다.

보어는 덴마크의 저항군과 영국비밀정보국(British Secret Intelligence Service)의 도움을 받아 1942년 9월에 나치의 통치하에 있던 조국을 떠나 1943년에 로스앨러모스에 합류했다. 그곳의 물리학자들은 보어를 마치 '물리학의 성직자'처럼 떠받들었는데, 그를 존경했던 젊은 물리학자들 중에는 리처드 파인먼(1918~1988)도 끼어 있었다. 보어는 1941년에 하이젠베르크와 대화를 나누면서 독일이 하이젠베르크의 지휘하에 핵폭탄을 개발하고 있다고 확신했다. 하이젠베르크의 의도가 무엇이었든 간에, 그는 서방 세계의 물리학자들에게 시기적절한 경고 메시지를 날린 셈이다.

당시 로스앨러모스에 차출되어 양심의 가책을 느꼈던 대부분의 과학자들은 보어를 바라보며 자신의 처지를 정당화했다. 전쟁이 끝난 뒤 오펜하이머는 그때를 회고하며 "많은 사람들은 프로젝트가 실패할 것으로 예상했지만, 보어는 매우 낙관적이었다"고 말했다.

그러나 하이젠베르크를 비롯하여 우라늄클럽 프로젝트를 진두지휘했던 독일 물리학자들은 성공할 가능성이 있었음에도 불구하고 1942년 6월 프로젝트 예산이 대폭 삭감되는 바람에 대부분 의욕을 잃고 말았다. 독일의 과학자들은 최소한의 예산을 요구했으나, 히틀러의 군수장관이었던 알베르트 슈페어(1889~1945)는 "원자폭탄을 만든다 해도 전세를 뒤집기에는 너무 늦었다"고 판단했다.

독일의 물리학자들은 핵반응기조차 만들지 못했다. 하이젠베르크는 1945년 5월에 다른 동료들과 함께 연합군에 체포되어 영국의 케임브리지셔에 있는 팜홀(Farm Hall)에 구금되었는데, 이들이 기거하던 숙소에는 사방에 도청 장치가 설치되어 있었다. 연합군이 개발한 원자폭탄이 히로시마에 투하되었다는 뉴스를 접했을 때 이들이 어떤 반응을 보일지 궁금했기 때문이다.

1945년 8월, 히로시마와 나가사키에 원자폭탄이 투하됨으로써 인류 대참사의 긴 목록에 또 하나의 사건이 추가되었다. 폭탄이 터짐과 동시에 그 주변에 살던 모든 생명체는 잿더미로 변했고, 극적으로 살아난 사람들도 서서히 죽어가거나 긴 세월 동안 심각한 후유증을 앓았다. 종전과 함께 물리학자들은 죄책감에서 벗어날 수 있었지만, 그것은 잠시뿐이었다. 그 뒤 미국과 소련의 냉전 시대가 이어지면서 물리학자들이 만든 핵폭탄은 향후 반세기 동안 전 세계를 공포로 몰아넣었다.

1947년에 오펜하이머는 이렇게 말했다.

"전쟁을 계기로 물리학자들은 죄가 무엇인지를 확실히 깨달았다. 다른 지식은 모두 잊어버려도, 이것만은 결코 잊지 못할 것이다."

Quantum Fields

4부

양자장

18

셸터 섬
1947년 6월, 롱아일랜드/
윌리스 램, 줄리언 슈윙거, 리처드 파인먼

길었던 전쟁이 끝나고, 물리학자들의 관심은 전쟁 무기에서 양자역학으로 되돌아왔다. 이론물리학은 지난 20년 동안 심각한 침체기를 겪었다. 1947년에 컬럼비아대학교의 이시도어 라비는 1929~1947년을 "물리학 역사상 가장 부진했던 시기"라고 했다.

계산 결과에 대한 물리적 해석을 놓고 치열하게 벌어졌던 논쟁도 이제는 학계의 관심을 끌지 못했다. 전자의 스핀과 반전자(anti-electron)의 존재를 예견한 폴 디랙의 상대론적 양자역학은 역사에 길이 남을 위대한 업적이었으나, 이것도 얼마 지나지 않아 막다른 골목에 다다랐다. 양자역학은 전자와 같은 입자의 정상상태(stationary state, 시간이 흘러도 운동이 변하지 않는 상태)를 성공적으로 설명해주었지만, 입자가 붕괴되면서 새로운 입자가 탄생하는 과정까지 설명하지는 못했다.

예를 들어 전자와 양전자가 충돌하면 둘 다 소멸되면서 고에너지 광자(감마선)가 생성된다. 또는 이와 반대로 에너지가 충분히 큰 감마선 광자는 자발적으로 전자-양전자 쌍으로 변환될 수 있다. 이 현상을 양자역학으로 설명할 수 없다면, 어떤 이론으로 설명해야 하는가? 일부 물리학자들은 양자역학을 적용한 장이론의 필요성을 인식하고 있었다. 오늘날 양자장이론(quantum field theory)으로 알려진 이 이론은 맥스웰의 전자기장을 양자화시키는 것으로 시작된다.•

이 물리학자들은 장(field)이라는 것이 입자보다 근본적인 양임을 깨달았다. 양자장이론에서는 장의 양자(quanta)로 입자가 도입되는데, 이 입자는 물질 입자의 상호작용을 매개한다. 예를 들어 전자기장의 양자는 광자로서, 하전입자들이 상호작용을 교환할 때 생성되었다가 곧 소멸된다. 따라서 전자의 생성과 소멸을 설명하려면 전자장(electron field)을 서술하는 양자역학이 반드시 필요했다.

하이젠베르크와 파울리는 1929년에 양자장이론을 개발했다. 이것을 전자에 적용한 것이 양자전기역학(quantum electrodynamics, QED)이다. 그러나 여기서 얻어진 장방정식으로는 완전한 해를 구할 수가 없기 때문에 '건드림전개(perturbation expansion)'라는 근사적인 방법을 써야 하는데,• 바로 여기서 심각한 문제가 발생했다. 건드림전개법에서는 고차항으로 갈수록 값이 작아져야 유한한 값이 얻어지는데, 정작 계산을 해보니 일부 항들의 값이 무한대로 나왔던 것

• 장의 세기는 시공간의 모든 점에서 정의된다. 장은 크기만 갖는 스칼라장(scalar field)일 수도 있고, 크기와 방향이 있는 벡터장(vector field)일 수도 있으며, 벡터를 일반화시킨 텐서장(tensor field)일 수도 있다.
• 일반적으로 건드림전개에서 0차(zero-order) 항에 해당하는 방정식은 완전한 해를 구할 수 있다. 여기에 멱급수(power series) 형태의 건드림 항들(1차항, 2차항 등……)이 추가되어 앞에서 구한 해에 수정을 가하게 되는데, 뒤로 갈수록 수정되는 양이 작아져야 최종적인 해를 구할 수 있다. 이 해는 추가된 항이 많을수록 정확해진다.

이다.[•] 제아무리 희한한 이론이라 해도, 물리학에 무한대가 설 자
리는 없다.

무한대의 진원지는 입자의 자체에너지(self-energy)였다. 자체에너
지란 입자가 자신이 만든 장과 상호작용하면서 생성되는 에너지인
데, 이 값이 무한대로 나온 이유는 입자를 '크기가 없는 점'으로 간
주했기 때문이다.

문제는 이뿐만이 아니었다. 무한대는 이론적 또는 수학적인 문
제이므로 새로운 계산법을 개발하면 어떻게든 해결할 수 있다. 그
러나 물리학자들은 1947년에 얻어진 실험 결과를 분석하다가 현
실적인 문제에 직면했다. 디랙의 상대론적 양자역학이 실험과 일
치하지 않았던 것이다.

이로써 양자역학은 또다시 총체적 위기에 직면하게 되었다.

1945년에 뉴욕 록펠러연구소의 물리화학
자 던컨 매킨스는 저명한 과학자와 젊고 유망한 학자들이 한데 모여 당
면 문제를 토론하는 소규모 학회를 제안했다. 그러나 대부분의 학회에
서는 새로운 문제보다 한물간 문제로 시간을 다 보내기 일쑤였기에, 소
정의 성과를 올리려면 기획 단계부터 신중을 기해야 했다. 사실 회의
참석자가 많으면 대부분의 시간을 논문 발표에 할애해야 하는데, 이것
은 일방적인 '보고'의 형식이기 때문에 토론할 시간이 거의 없다.

• 초기 버전의 양자전기역학(QED)에서는 1차항까지 완벽한 해가 존재하다가 2차항
  부터 무한대가 나타났다.

유럽에서는 아직도 전후 피해를 복구하느라 여념이 없었다. 유럽의 물리학자들은 간간이 논문을 발표하긴 했지만, 전쟁 전과 비교하면 형편없이 적은 수준이었다. 반면에 미국의 물리학자들은 원자폭탄으로 태평양전쟁을 승리로 이끌면서 자신감이 충만한 상태였다(물론 맨해튼프로젝트에는 유럽 각국에서 이주한 물리학자들과 영국의 물리학자들도 커다란 공헌을 했다). 전쟁 때문에 물리학의 주도권이 유럽에서 미국으로 넘어온 것이다. 이제 솔베이회의에 버금가는 세기적 학술회의가 미국에서 개최되어 물리학의 판도를 바꿀 날이 서서히 다가오고 있었다.

매킨스는 미국 국립과학원(National Academy of Science)의 도움으로 재정을 확보했다. 토론의 주제는 그리 많지 않았는데, 그중에는 양자역학도 포함되었다. 참석자와 토론 주제를 선정하는 작업은 1940년에 프린스턴대학교로 이주해온 볼프강 파울리와 미국의 물리학자 존 휠러에게 맡겨졌다. 학회 기간과 장소는 몇 번의 수정을 거친 끝에 1947년 6월 2일에서 4일까지 뉴욕 롱아일랜드의 동쪽 끝에 있는 셸터아일랜드의 램스헤드 호텔(Ram's Head Inn)에서 진행하는 것으로 결정되었다.

그것은 미국 국립과학원의 지원하에 열린 최초의 국제물리학회였다. 개최일이 다가오자 전 세계의 저명한 물리학자들이 롱아일랜드의 그린포트(Greenport)로 속속 도착했고, 이들은 한결같이 칙사 대접을 받았다. 일부 VIP들은 숙소까지 가는 동안 붉은 조명 속에서 오토바이 경찰의 에스코트를 받기도 했다. 당시 미국의 언론은 셸터아일랜드학회를 다음과 같이 보도했다.

"각국을 대표하는 최고의 이론물리학자 23명이 오늘 뉴욕 외곽의 작은 호텔에 모였다. 이들은 원자폭탄을 개발한 주역들로서, 현대물리학의 최대 난제를 놓고 앞으로 사흘 동안 열띤 토론을 벌일 예정이다."

참석자 명단에는 맨해튼프로젝트를 진두지휘했던 오펜하이머와 로스앨러모스에서 이론 분과를 책임지다가 코넬대학교로 되돌아온 한스 베데, 빅토르 바이스코프(1908~2002)와 이시도어 라비, 에드워드 텔러(1908~2008), 존 밴 블랙(1899~1980), 존 폰 노이만, 헨드릭 크라메르스 등 쟁쟁한 이름들과 함께 신세대를 대표하는 존 휠러, 아브라함 파이스(1918~2000), 리처드 파인먼, 줄리언 슈윙거(1918~1994) 그리고 오펜하이머의 제자였던 로버트 서버(1909~1997)와 데이비드 봄(1917~1992) 등이 포함되어 있었다. 또한 오펜하이머의 제자이자 컬럼비아대학교 복사에너지연구소에서 마이크로파의 응용 기술을 연구해오던 윌리스 램(1913~2008)도 학회에 참석하여 수소 원자 스펙트럼에서 발견된 새로운 현상을 발표하기로 되어 있었다.

학술회의의 하이라이트는 논문 발표가 아니라, 물리학 현안을 놓고 벌이는 현장 토론이었다. 호텔은 회의 일정에 맞춰 시즌보다 일찍 문을 열었는데, 원만한 진행을 위해 일반 투숙객은 한 명도 받지 않았다. 드디어 학회 첫날인 6월 2일 아침에 윌리스 램이 주제 발표를 했고, 그 뒤를 이어 열띤 토론이 벌어졌다.

몇 개월 전에 램은 수소 원자의 스펙트럼과 관련하여 새로운 사실을 알아냈다. 이론물리학자였던 그는 "주양자수는 같지만 궤도각운동량 양자수가 다른 두 개의 수소 원자의 상태를 관측한다"는 아이디어를 떠올리고 혼자서 실험 계획을 세웠다.

폴 디랙의 이론에 따르면, 이런 수소 원자들은 에너지가 같다(이와 같

• 아인슈타인도 초청장을 받았으나, 건강이 좋지 않아 참석하지 못했다.

은 상태를 '겹친 상태degenerated state'라 한다). 따라서 상태 전이에 따른 스펙트럼은 하나의 선으로 나타나야 한다.

그러나 실제로는 그렇지 않았다. 윌리스 램은 대학원생이었던 로버트 리더퍼드(1912~1981)와 함께 실험을 하다가 스펙트럼선이 두 줄로 나타나는 것을 분명히 확인했다. 수소 원자 두 개 중 하나의 에너지가 조금 달라진 것이다. 램은 자신이 얻은 결과를 학계에 보고했고, 이 현상은 곧 '램 이동(Lamb Shift)'으로 알려졌다. 몇 달 뒤, 램은 셸터아일랜드 학회에 참석하여 세계적인 물리학자들에게 자신이 발견한 현상을 설명했다. 한마디로 '저자 직강'이었으니, 모두들 생생한 현장감을 느꼈을 것이다. 발표가 끝난 뒤 곧바로 후속 토론이 이어졌는데, 토론의 진행을 맡았던 오펜하이머는 "지금 당장은 원인을 알 수 없지만, 양자전기역학에 전적으로 의존해야 답을 찾을 수 있을 것"이라고 했다.

그 후 이시도어 라비가 자리에서 일어나 두 번째 발표를 이어 나갔다. 그는 최근에 컬럼비아대학교의 대학원생인 존 내프(1914~1996)와 에드워드 넬슨(1932~) 그리고 라비의 연구 동료인 폴리카프 쿠시(1911~1993)와 헨리 M. 폴리(1917~1982) 등과 함께 공동으로 수행한 실험에서 전자의 g-인자 값이 2.00244임을 발견했다. 디랙의 상대론적 양자역학에 따르면, 이 값은 정확히 2가 되어야 한다.

물론 0.00244는 0.1%가 조금 넘는 아주 작은 값이다. 그러나 이 차이는 실험에서 허용하는 오차 범위를 크게 벗어났다. 당연한 이야기지만, 이론물리학자들은 이론과 실험이 일치할 때보다 다르게 나올 때 관심을 더 갖기 마련이다. 당시 QED는 '무한대'라는 장벽에 부딪힌 상태였으나, 두 에너지 상태의 '유한한' 차이와 g-인자에서 발생한 '유한한' 차이가 훨씬 더 심각한 문제로 부각되었다.

회의실에 있던 물리학자들은 저녁 식사를 먹는 둥 마는 둥 빠르게 해치우고, 두세 사람씩 소그룹을 지어 밤늦은 시간까지 의견을 주고받았다. 훗날 줄리언 슈윙거는 당시의 분위기를 떠올리며 이렇게 말했다.

"그들은 전쟁 기간 내내 누군가 어깨 뒤에서 엿듣는 듯한 느낌으로 살다가, 근 5년 만에 찾아온 토론의 자유를 만끽하고 있었다."

둘째 날의 주제는 실험이 아닌 이론이었다. 첫 발표자로 나선 헨드릭 크라메르스는 전자의 고전이론에 관한 최신 연구 결과를 발표했는데, 그의 목적은 전자기장 안에 놓여 있는 전자의 질량을 이론적으로 예측하는 것이었다. 전자의 자체에너지가 '전자의 고유 질량에 무언가가 추가된 값'이라면(질량과 에너지는 $E=mc^2$를 통해 연결되어 있기 때문에, 물리학자들은 이들을 굳이 구별해서 말하지 않는다-옮긴이), 실험실에서 관측된 질량은 두 값의 합일 것이다. 다시 말해서, 관측 질량은 '전자가 원래부터 갖고 있던 고유의 질량(이것을 맨질량bare mass이라 한다)'과 '전자가 스스로 만든 전자기장과 상호작용하면서 추가된 질량'의 합이다.

전자의 맨질량은 전자기장이 없을 때 전자가 갖는 질량으로, 순전히 이론적인 값이다. 그러나 전자는 전하를 갖고 있어서 자기 주변에 항상 전자기장을 만들기 때문에, 우리에게 관측되는 질량은 맨질량이 아닌 관측 질량이다. 따라서 방정식에 등장하는 질량은 관측 질량으로 대치되어야 한다. 이것을 전문 용어로 '재규격화(renormalization)'라 한다.

크라메르스의 발표가 끝나자 바이스코프와 슈윙거는 "크라메르스의 발상에 기초하여 램 이동을 계산하면 유한한 결과가 나올지도 모른다"고 제안했다.

젊은 뉴요커였던 리처드 파인먼과 줄리언 슈윙거는 수학과 물리학의 천재로 소문나 있었다. 슈윙거는 열여섯 살이었던 1934년에 첫 논문을 써서 주변 사람들을 놀라게 했고(이 논문은 출판되지 않았다), 뉴욕대학교 학창 시절에는 정규 강의를 대부분 무시하고 혼자 도서관에 틀어박혀 고등수학과 물리학 서적을 읽었다. 이 무렵에 슈윙거는 이시도어 라비를 만난 자리에서 EPR 논문의 미묘한 부분을 수학적으로 멋지게 해석하여 깊은 인상을 남겼고, 젊은 천재를 제자로 키우고 싶었던 라비는 그를 컬럼비아대학교로 불러들였다. 슈윙거는 열여덟에 대학교를 졸업한 뒤 라비의 제자로 들어가 3년 만에 박사학위를 받았다. 그 후 버클리 캘리포니아대학교에서 2년 동안 로버트 오펜하이머와 공동 연구를 수행했고, 인디애나 주의 퍼듀대학교로 자리를 옮겼다가 1946년 2월에 하버드대학교 부교수가 되었으며, 스물아홉 살이 되던 그다음 해에 정교수로 승진했다.

내성적인 슈윙거와 달리 리처드 파인먼은 매우 외향적인 사람이었다. 그는 복잡한 수학 문제를 직관적으로 해결하는 능력이 탁월했으며, 방정식을 시각화하여 해를 유추하는 능력도 타의 추종을 불허했다. 파인먼은 1938년에 MIT를 졸업한 뒤 프린스턴에서 존 휠러와 연구를 수행하던 중 1943년에 맨해튼프로젝트에 합류했는데, 그곳에서 봉고 연주 실력과 자물쇠 따는 기술로 수많은 일화를 남겼다. 어쩌다가 오펜하이머가 파티를 주최하면 파인먼은 언제나 광대 역할을 자처하여 사람들을 즐겁게 해주었고, 마티니에 취한 오펜하이머가 옆에서 분위기를 돋우곤 했다.

1945년 6월의 어느 날, 파인먼은 클라우스 푹스(1911~1988)의 차를 빌려 타고 앨버커키(Albuquerque, 미국 뉴멕시코 주의 도시)에 있는 한 병원으로 달려가고 있었다. 폐결핵으로 입원 중이던 아내 알린(Arline)이 위독

하다는 전갈을 받았기 때문이다. 가는 도중에 자동차 타이어가 세 개나 바람이 빠지는 등 우여곡절 끝에 병원에 도착한 그는 아슬아슬하게 아내의 임종을 지킬 수 있었다.

맨해튼프로젝트가 마무리된 후 파인먼은 코넬대학교로 자리를 옮겼다. 먼저 떠나간 아내가 마음속에 커다란 상처를 남겼지만 물리학을 향한 그의 열정은 흐르는 시간과 함께 서서히 되살아났다. 그러던 어느 날, 파인먼은 학교 근처의 한 카페에서 비틀거리며 돌아가는 얇은 판을 보고 기발한 생각을 떠올렸다.

나는 비틀거림을 서술하는 방정식을 써 내려간 후 상대론적으로 움직이는 전자의 궤도를 떠올려보았다. 나에게는 전자기학의 디랙방정식과 양자전기역학이라는 도구가 주어져 있었다. 당시에는 깨닫지 못했지만, 나는 로스앨러모스로 가기 전에 그토록 사랑했던 오래된 문제들과 나도 모르는 사이에 씨름을 벌이고 있었다. 나의 물리학 두뇌가 다시 가동되기 시작한 것이다.

파인먼과 슈윙거는 성격뿐만 아니라 물리학을 연구하는 방식까지도 확연한 차이를 보였다. 슈윙거는 생각이 깊은 보수주의자로 연역적 접근법을 주로 사용했으며, 한번 옳다는 느낌이 들면 수학이 아무리 복잡해도 전혀 개의치 않았다. 반면에 파인먼은 물리학자들 중에서 급진파에 속하는 인물이었다. 뛰어난 통찰력의 소유자였던 그는 깊은 생각보다 직관적 판단을 선호했고, 정상적인 풀이법보다 남들이 생각하지 않은 지름길을 찾으면서 희열을 느끼곤 했다.

학회 기간 내내 슈윙거는 조용히 앉아 있었다. 사흘째 되던 날, 그러니까 학회 마지막 날에 오펜하이머는 파인먼에게 최근 연구 결과를 알려 달라고 부탁했고, 파인먼은 자리에서 일어나 또렷한 목소리와 현란한 손동작을 곁들여 자신이 연구해온 비상대론적 양자역학을 설명해 나갔다.

파인먼식 접근법의 기원은 고전물리학에서 찾아볼 수 있다. 빛이 직진하는 이유를 고전적으로 설명하면 "두 지점을 연결하는 가장 짧은 선은 직선이고, 빛은 한 지점에서 다른 지점으로 이동할 때 소요 시간이 가장 짧은 경로(최소 시간 경로)를 찾아가기 때문"이다. 이 사실은 1657년에 프랑스의 법관이자 아마추어 수학자였던 피에르 드 페르마(1601~1665)에 의해 알려지게 되었다. 그러나 여기에는 한 가지 의문이 남는다. 빛은 어떻게 현재 위치에서 목적지까지 최단 시간에 갈 수 있는 경로를 찾아내는가? 빛에 눈이 있고 측량 도구가 있다면 모를까, 광자에 불과한 빛이 매 순간 이런 판단을 내린다는 것은 선뜻 이해가 가지 않는다.

빛의 파동적 성질을 이용하면 이 수수께끼를 해결할 수 있다. 사실 빛은 매 순간마다 최소 시간 경로를 탐색할 능력이 없으며, 그럴 필요도 없다. 그냥 출발점에서 도착점까지 거쳐 갈 수 있는 '모든 가능한 경로'들을 동시에 지나간다!

어떻게 그럴 수가 있을까? 우리에게 친숙한 파동을 예로 들어보자. 잔잔한 호수의 한 지점에서 수면파 a가 생성되어 위아래로 진동하면서 목적지 A를 향해 앞으로 나아가고 있다. 그리고 잠시 후에 파장과 진폭이 똑같은 또 하나의 수면파 b가 똑같은 지점에서 생성되어 A의 바로 옆에 있는 B 지점을 향해 진행한다. 그렇다면 a와 b는 시간과 위치에 따라 변해가는 양상이 거의 비슷할 것이다. 즉 같은 시간, 같은 위치에서 a와 b는 '거의 동시에' 마루(peak)나 골(trough)에 도달한다. 그러나 두 파동의 목적지인 A와 B 사이의 거리가 점차 멀어지면 a와 b의 시간 및 위치에 대한 의존 관계(함수 관계)도 점차 달라진다. 즉, a와 b는 같은 시간, 같은 위치에서 마루와 골이 더 이상 일치하지 않는다. 이런 경우에 두 파동이 합쳐지면 원래의 파동보다 진폭이 작아지는데, 이것을 '소멸간섭'이라 한다. 이 경우 두 파동은 '위상이 어긋나 있다(out of phase)'거나 '결어긋남 상태에 있다(decoherent)'고 말한다.

마루와 골의 위치가 거의 일치하는 두 파동이 더해지면 보강간섭이 일어나 진폭이 커진다. 빛이 모든 경로들을 동시에 지나갈 수 있는 비결이 바로 이것이다. 빛이 공기와 같은 단일 매질 속을 통과할 때에는 최단 경로와 최소 시간 경로가 거의 같기 때문에 가장 짧은 길인 직선 경로를 따라간다. 물론 이 경우에 직선은 최소 시간 경로이기도 하다.

그러나 최단 경로와 최소 시간 경로가 다른 경우, '빛은 직진한다'는 어설픈 상식은 여지없이 무너진다. 예를 들어 빛이 한 매질에서 다른 매질로 진입하는 경우(공기에서 물속으로 진입하는 경우) 출발점과 목적지를 잇는 최단 경로는 여전히 직선이지만 물속에서는 빛의 속도가 느려지기 때문에, 곧이곧대로 직선을 따라가면 최소 시간에 도달할 수 없다. 왜 그런가? 빛이 거쳐 가야 할 물속 경로가 길수록 시간이 오래 걸리기 때문이다. 즉, 공기 중의 경로를 늘이고 물속의 경로를 줄여야 시간을 절약할 수 있다. 그렇다면 빛이 수면에 어떤 각도로 입사되건, 항상 수면에 수직한 방향으로 꺾여 들어가면 물속의 진행 거리가 가장 짧아져서 소요 시간이 최소화되지 않을까? 아니다. 이런 경로는 공기 중의 진행 거리가 지나치게 길어지기 때문에 오히려 시간이 더 걸린다. 시간을 최소화하기 위해 요구되는 굴절각은 빛의 공기 중 속도와 수중 속도의 비율에 의해 결정되며, 이것은 전체적인 최단 경로도 아니고 물속 최단 경로도 아니다.

파인먼은 이 단순한 원리를 파동역학과 행렬역학으로 대변되는 비상대론적 양자역학에 적용시켰다. 그는 한 지점(A)에서 다른 지점(B)으로 이동하는 양자적 입자의 경로를 '모든 가능한 경로의 합(sum over all possible paths)' 또는 '모든 가능한 과거의 합(sum over all possible histories)'으로 표현했다.* 그리고 이 입자가 A에서 B로 이동할 확률은 방금 말한 경로합의 크기 또는 진폭(amplitude)에 의해 결정된다.

파인먼식 접근법을 좀 더 쉽게 설명하면 다음과 같다. 광원과 카메라 필름 사이를 스크린으로 가려놓았다고 생각해보자. 이 스크린에 작은 구멍을 뚫어놓으면 광원에서 출발하여 필름에 도달하는 빛의 진폭은 구멍을 통과하는 경로의 진폭과 같다. 이제 스크린에 구멍을 하나 더 뚫으면, 필름에 도달하는 빛의 진폭은 두 경로의 진폭을 더한 것과 같을 것이다. 이런 식으로 계속해서 구멍을 뚫어 나가면 더해지는 경로가 점점 많아지다가, 구멍의 수가 무한대에 도달하면 스크린이 아예 없는 것과 동일한 상황이 된다. 그러므로 광원을 출발하여 (스크린의 방해를 받지 않고) 필름에 도달하는 빛의 진폭은 모든 가능한 경로의 진폭을 더한 것과 같다.

이것이 바로 입자를 표현하는 방법이다. 양자적 입자의 파동적 성질은 '위상(phase)'에 모두 들어 있다. 위상의 기원이 무엇이든, 또 이들이 어떤 식으로 결합되든 간에 입자는 모든 가능한 경로를 동시에 지나간다. 그리고 이들이 결합되어 나타난 결과는 파동의 간섭과 매

• 엄밀히 말하면 '더하기'가 아니라 '적분'을 해야 한다.

우 비슷하다.

코펜하겐 학파의 학자들은 입자를 결코 이런 식으로 해석하지 않았다.

양자역학에 대한 파인먼의 접근법은 훨씬 가시적이고 흥미로웠지만, 새로운 통찰이나 결과를 내놓지는 못했다. 파인먼은 디랙방정식을 경로 적분으로 해결하는 방법을 열심히 찾았으나 별다른 성과를 거두지 못하고 있었다. 훗날 아브라함 파이스는 파인먼의 강연을 회고하며 "당시에는 그가 무슨 말을 하는지 아무도 알아듣지 못했다"고 했다. 이해를 못했으니 관심이 없는 것도 당연했다.

그래도 파인먼은 셸터아일랜드학회에서 많은 것을 보고 배웠다. 여러 해가 지난 뒤, 파인먼은 당시의 경험을 회고하며 말했다.

"그 후로 전 세계에서 수많은 학회가 열렸지만 그보다 중요한 학회는 없었던 것 같다. 셸터아일랜드학회는 내가 세계적 석학들과 직접 대화를 나눈 첫 번째 학회였으며, 나에게는 두말할 나위 없이 가장 소중한 경험이었다."

학회가 끝난 뒤 한스 베테는 뉴욕으로 돌아와 자신이 시간제 고문으로 일하는 제네럴일렉트릭(General Electric) 사로 가기 위해 스키넥터디(Schenectady)행 기차에 몸을 실었다. 다른 물리학자들과 마찬가지로, 그의 머릿속은 '램 이동'으로 가득 차 있었다. 문득 계산을 통해 확인하고 싶어진 베테는 달리는 기차 안에서 노트와 연필을 꺼내들고 QED의 방정식을 적어 나가기 시작했다.

기존의 QED이론으로 전자기장 속에 있는 전자의 자체-상호작용을 고려하면 스펙트럼은 무한히 멀리 이동하게 된다. 베테는 크라메르스의 제안에 따라 건드림전개에서 무한대로 발산하는 항이 전자기적 질량에 의한 효과라고 가정해보았다.

이런 가정하에 수소 원자에 갇힌 전자(무한대의 자체에너지가 포함된 전자)의 표현에서 자유전자(역시 무한대의 자체에너지가 포함된 전자)의 표현을 빼면 어떻게 될까? 이 값은 둘 다 무한대이므로, 무한대에서 무한대를 빼봐야 별 볼일 없을 것 같다. 그러나 베데는 이리저리 연필을 끼적이다가 새로운 사실을 알아냈다. 비상대론적 버전의 QED에서 이 뺄셈을 수행하면 여전히 무한대가 나오지만, 무한대로 발산하는 속도가 이전보다 훨씬 느렸던 것이다. 그는 상대성이론을 고려한 QED에서 동일한 계산을 수행하면 무한대가 상쇄되어 물리학적으로 수용 가능한 답이 얻어질 수도 있다고 생각했다.

비상대론적인 경우에도 무한대로 가는 속도는 현저히 느려졌으므로, 베데는 발산하는 양의 상대론적 한계를 가늠해보았다. 달리는 기차 안에서 램 이동을 이론적으로 설명할 수 있는 해법을 찾은 것이다. 베데는 재빨리 계산을 수행하여 스펙트럼선의 이동 거리가 램이 실험으로 발견한 것보다 4%쯤 크다는 사실을 알아냈다. 오펜하이머의 예측대로, 램 이동은 순전히 양자전기역학적 현상이었다.

잔뜩 흥분한 베데는 코넬대학교 연구 동료인 파인먼에게 전화를 걸어 계산 결과를 알려주었다. 그리고 7월 초에 코넬대학교로 돌아와 자신이 떠올렸던 아이디어와 자세한 계산 과정을 설명하는 강의를 개최했다. 강의가 끝난 후 파인먼이 그를 찾아와 말했다.

"자세한 계산은 제가 해드리지요. 내일 중으로 결과를 알려드리겠습니다."

모호한 대상을 생생한 그림으로 표현하다
1949년 1월, 뉴욕/파인먼과 다이슨

그러나 리처드 파인먼은 다음 날까지 계산을 끝내지 못했다. 그가 개발한 경로적분법을 적용하려면 무언가 더 알아야 할 것이 남아 있었기 때문이다. 그는 재빨리 필요한 내용을 찾아 자기 것으로 만들었다.

줄리언 슈윙거도 파인먼 못지않게 빨랐다. 두 사람은 서로 라이벌 관계에 있는 뉴욕의 물리학자로서, 재규격화가 가능한 상대론적 양자전기역학을 놓고 치열한 속도 경쟁을 벌였다. 램 이동은 한스 베테에 의해 비상대론적 접근법으로 설명될 수 있다고 판명되었으나, 실험으로 관측된 g-인자의 값이 이론과 다른 이유를 설명하려면 반드시 상대성이론을 고려해야 했다. 슈윙거는 "비상대론적 이론으로는 디랙의 상대론적 양자역학에 등장하는 전자의 자기 모멘트를 설명할 수 없다. 그것은 전적으로 상대론적 현상이다"고 했다.

전통적 논리에 따라 건드림전개에 등장하는 항들을 하나하나 신

중하게 다뤘던 슈윙거와 달리, 파인먼은 직관과 영감을 십분 발휘
하여 자기만의 논리를 거침없이 펼쳐 나가면서 상식을 완전히 깨
는 희한한 발견을 코앞에 두고 있었다. 그는 장(場)으로부터 전자-
양전자 쌍이 생성되었다가 사라지면서 새로운 장을 낳는 현상을
설명하기 위해 이리저리 궁리를 해보다가, 언젠가 존 휠러가 제안
했던 아이디어를 떠올렸다. 미래가 아닌 '과거로 가는 입자'를 도
입하기로 한 것이다.

파인먼은 미국 국립과학원에서 후원하는 제2회 국제물리학회가
열릴 때까지 해답을 찾지 못하고 있었다. 이 학회는 1948년 3월 30
일에 펜실베이니아 주 스크랜턴의 포코노 산맥 근처에 있는 포코
노 매너(Pocono Manor) 호텔에서 개최되었다.

보어와 디랙을 포함하여 포코노 회의에 모인 물리학자들은 슈윙
거가 연구해왔던 상대론적 QED의 결과를 학수고대하고 있었다.
회의 둘째 날, 슈윙거의 발표는 확실히 탁월했다. 그러나 무려 다
섯 시간 동안 이어지는 그의 강의는 사람들을 완전히 지치게 만들
었다. 슈윙거가 수학 계산을 한 줄씩 써 내려갈 때마다 청중들의
눈은 침침해지고 정신은 혼미해졌다. 그러다가 마지막 결론이 내
려지자 모두들 되살아나서 질문을 퍼붓기 시작했다. 그 자리에서
슈윙거의 설명을 처음부터 끝까지 이해한 사람은 엔리코 페르미와
한스 베데뿐이었다.

파인먼은 자신의 강연 차례가 오면 물리학의 본질에 대해 논할
예정이었다. 그는 수많은 시행착오 끝에 어떤 결론에 도달하긴 했
지만, 이론적 기반은 아직 미흡한 상태였다. 베테는 파인먼에게 이
렇게 조언했다.

"물리학적으로 설명하려 들지 말게. 수학적 설명이 훨씬 잘 먹히는 법이야. 슈윙거를 보라구. 물리학적으로 설명하려다가 항상 말이 꼬였잖아."

베테의 충고에 일리가 있다고 생각한 파인먼은 수학이 주 테마가 되도록 강연록을 수정했다. 그러나 그것은 일대 재앙이었다. 경로적분법은 사람들에게 너무 낯설었고, '과거로 가는 입자'는 거의 공상과학 수준이었다. 평소 과묵하기로 소문난 디랙이 자리에서 벌떡 일어나 "입자가 과거로 간다는 게 대체 무슨 뜻이냐"며 따져 물을 정도였다. 보어도 파인먼식 접근법을 별로 좋아하지 않았다. 파인먼이 말하는 입자의 경로가 코펜하겐 해석과 완전 딴판이었기 때문이다.

"보어는 내가 불확정성원리와 양자역학을 모른다고 생각하는 듯했다. 사실 그는 내가 하는 말을 전혀 이해하지 못했다."

강연이 끝난 뒤 파인먼과 슈윙거는 복도에 마주서서 서로의 결과를 비교해보았다. 두 사람은 상대방이 내미는 방정식을 피차 이해하지 못했지만, 놀랍게도 결과는 정확히 일치했다.

파인먼이 말했다.

"다행이네. 내가 미친 건 아니었어."

줄리언 슈윙거의 연구 결과는 명확했지만 수학적 구조가 너무 복잡하여 정작 그 방법을 적용할 수 있는 사람은 슈윙거 자신밖에 없었다. 포코노 회의가 끝난 뒤 프린스턴으로 돌아온

오펜하이머는 재규격화를 향한 경쟁이 파인먼과 슈윙거의 '2파전'이 아니었음을 알게 되었다. 일본의 이론물리학자 도모나가 신이치로(1906~1979)도 상대론적 QED를 연구하고 있었다. 그의 접근법은 슈윙거와 비슷했지만, 내용은 훨씬 간결하고 분명했다.

도모나가는 교토대학교에서 일본 현대 물리학의 아버지인 니시나 요시오(1890~1951)에게 양자물리학을 배웠고, 친구이자 동료인 유카와 히데키(1907~1981)와 함께 1929년에 졸업했다. 그 후 도모나가는 3년 동안 교토대학교에서 무보수 조교로 일하다가 1931년에 도쿄에 있는 물리화학연구소의 니시나 요시오 무리에 합류했다. 그는 이론을 전공했지만 실험 학자들과 긴밀하게 공조하면서 양자물리학을 연구해왔다.

도모나가는 디랙과 하이젠베르크, 파울리의 논문을 읽으며 양자전기역학의 추세를 파악해왔다. 그는 1937년에 라이프치히를 방문하여 하이젠베르크와 함께 핵물리학과 양자역학을 연구하다가 2년 뒤 도쿄로 돌아와 남은 박사과정을 마무리하고 1940년에 도쿄대학교 문리대 교수로 부임했다.

1945년 8월 14일 태평양전쟁에서 무조건 항복을 한 후 일본의 당면 과제는 '폐허 속의 생존'이었다. 그러나 도모나가는 이런 참담한 분위기에서도 젊은 물리학자들을 이끌고 QED 연구에 매진했다. 그러던 중 1947년에 램 이동이 발견되고 베테의 비상대론적 해결책이 알려지면서, 일본의 물리학자들은 전자의 질량과 전하를 재규격화하는 작업에 몰두했다.

도모나가의 보조 연구원 중 한 사람은 당시 사용했던 계산법을 다음과 같이 설명했다.

"그것은 완전히 새로운 계산법이었다. 도중에 새로운 문제가 나타나

길을 잃은 적이 한두 번이 아니다. 처음에는 상대론적 공변량(relativistic covariance)을 이용하여 다양한 계산을 시도했는데 한결같이 실패로 끝났다. 그러나 우리는 낙담하지 않고 건드림이론(perturbation theory)과 비슷한 방법을 시도해보기로 했다. 도모나가 교수도 중요한 부분을 함께 계산하면서 많은 조언을 해주었다. 그것은 정말 지겨운 계산이었다."

도모나가는 1948년에 계산 결과를 대충 정리하여 오펜하이머에게 보냈고, 한눈에 중요성을 파악한 그는 당장 복사본을 만들어 포코노 회의에 참석했던 사람들에게 배포했다. 이 우편물에는 다음과 같은 설명이 첨부되어 있었다.

포코노 회의를 끝내고 돌아와 보니 도모나가 교수에게 편지가 와 있더군요. 우리 모두가 관심을 가질 만한 내용이라 복사본을 보내드립니다. 슈윙거의 강의를 이미 들으셨으니, 이 내용은 비교적 쉽게 이해할 수 있을 것입니다.

오펜하이머는 도모나가에게 "미국 학술지 〈피지컬 리뷰〉에 게재하고 싶으니 구체적인 계산 과정을 요약해서 보내 달라"는 전보를 쳤고, 그의 논문은 7월 15일에 공식적으로 출판되었다.

코넬대학교에서 한스 베데와 함께 연구를 수행 중이던 영국의 젊은 물리학자 프리먼 다이슨(1923~)은 도모나가를 비롯한 도쿄대학교 연구 팀의 업적에 깊은 감명을 받았다. 훗날 그는 당시의 느낌을 이렇게 서술했다.

도모나가의 QED는 간단하고 명쾌한 언어로 서술되어 있어서 누구나 이해할 수 있었다. 슈윙거의 이론은 처음 시작할 때부터 정말 복잡해서 갈피를 잡을 수가 없는데, 도모나가의 계산은 너무나 깔끔했다. 나는 도모나가의 논문을 읽고 단순함의 진리를 새삼 깨달았다.

도모나가와 슈윙거의 접근법은 원리적으로 매우 비슷했던 반면, 파인먼이 채택한 방법은 한마디로 '별종 중의 별종'이었다. 그는 직관적이고 독특하면서 설득력 있는 논리로 건드림전개를 풀어 나갔다. 이것은 훗날 '파인먼 다이어그램(Feynman diagram)'으로 불리게 된다.

원래 시공간은 4차원이지만, 파인먼 다이어그램은 좌표축이 두 개뿐이다. 세로축은 시간을 나타내고, 가로축에는 3차원 공간에서 바라본 양자적 상호작용이 하나의 차원에 투영되어 있다. 파인먼은 시간과 공간에서 전자나 양성자와 같은 양자적 입자의 상호작용을 시각화하기 위해 이런 다이어그램을 도입했다. 보어는 4차원 공간을 2차원으로 축약한 것부터 못마땅하게 생각했다.

예를 들어 상호작용을 교환하는 두 개의 전자는 파인먼 다이어그램에서 시간을 따라 이동하는 두 개의 선으로 표현되는데, 진행 방향이 화살표로 표시되어 있다. 두 전자가 서로 가까이 다가가면 전기적 '척력'을 느끼면서 다시 멀어지는데, 이 힘은 전자기장의 양자인 '가상 광자(virtual photon, 눈에 보이지 않기 때문에 이런 이름으로 불린다)'에 의해 매개되며, 다이어그램에서는 물결선으로 표현된다. 상호작용은 두 전자가 가장 가까이 접근했을 때 일어날 것이므로, 물결선은 전자를 나타내는 두 선의 간격이 가장 가까운 두 점을 연결한다.(그림9 참조)

첫 번째 전자에서 방출된 가상 광자는 잠시 후 두 번째 전자에 의해 흡수된다. 이 과정은 파인먼 다이어그램에 잘 표현되어 있다. 그러나 이 상호작용은 대칭성을 갖고 있다. 즉, 두 번째 전자가 광자를 방출했

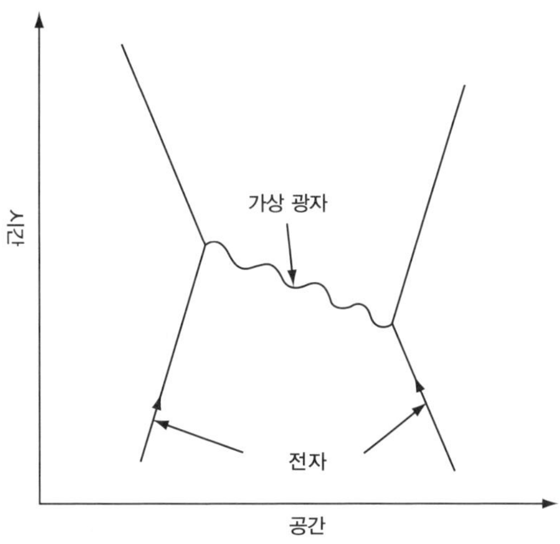

그림9 두 전자의 상호작용을 나타내는 파인먼 다이어그램. 전자들 사이에 가상 광자가 교환되면서 전기적 척력이 발생한다.

고, 이 광자가 시간을 거슬러 과거로 진행하다가 첫 번째 전자에 흡수되었다고 생각해도 상관없다. 그래서 가상 광자를 나타내는 물결선에는 화살표를 그리지 않는다.

파인먼 다이어그램은 양자적 과정을 시각화하는 데 매우 유용하지만, 원래 파인먼의 의도는 양자적 입자가 초기 상태에서 나중 상태로 이동하는 동안 겪을 수 있는 모든 가능한 상호작용의 목록을 작성하는 것이었다. 각 다이어그램은 건드림전개에 등장하는 개개의 항에 대응되며, 거기 포함된 진폭함수(amplitude function)의 절댓값을 제곱하면 전체 확률(초기 상태에서 나중 상태로 변할 확률)에 대한 해당 다이어그램의 기여도가 얻어진다.

파인먼의 경로적분법은 하나의 양자계가 초기 상태에서 나중 상태로 이동할 때 '모든 가능한 경로들을 동시에 지나간다'는 가정에 기초하고 있다. 전통적인 물리학에서는 도저히 있을 수 없는 일이지만, 이 계산으로 얻어진 값이 실험 결과와 너무나 정확히 일치하므로 믿는 수밖에 없다. 건드림전개에서 가장 기여도가 큰 항은 중간 단계 없이 처음 상태에서 나중 상태로 한 번에 넘어가는 항이지만, 중간 단계를 거치는 항들까지 계산에 포함해야 정확한 결과를 얻을 수 있다.

뒷날 파인먼은 자신이 창안한 다이어그램의 기원과 의미를 다음과 같이 설명했다.

양자 세계에서 일어나는 물리적 과정을 시각화하기 위해 다이어그램을 만들긴 했지만, 처음에는 그림 자체도 모호하고 복잡한 기호가 많아서 영 마음에 들지 않았다. 입자의 상호작용을 직접 눈으로 본 적이 없기 때문에 표현하기도 어려웠고 모든 것이 불분명했다. … 그러다가 어느 순간에 그것이 단순한 수학적 표현이 아니라 대상을 수학으로 대충 포장한 혼합체임을 깨달았고, 그 후로는 계산을 할 때마다 내가 무엇을 하고 있는지 확실히 알 수 있었다. … 나는 모호한 대상을 생생한 그림으로 표현하고 싶었으며, 그 일을 나의 다이어그램이 실현해주었다.

파인먼 다이어그램의 기원이 아무리 모호하다 해도, 그런 것은 아무 상관없다. 어쨌거나 그의 다이어그램은 더할 나위 없이 정확히 작동한다. 전자의 g-인자 계산은 하나의 전자와 자석에서 방출된 광자 한 개의 상호작용을 계산하는 것에서 시작된다. 이것은 초기 위치 및 초기 시간에서 초기 상태에 있던 전자가 최종 위치 및 최종 시간에 최종 상태로 이동하는 과정에서 교환될 수 있는 가장 간단한 형태의 상호작용이다. 여기 대응하는 다이어그램을 이용하여 전자의 자기모멘트를 계산해보면 디랙이 얻었던 값과 정확히 일치한다. 즉, 이 과정에서 얻어진 g-인자의 값은 정확히 '2'이다.

그러나 이 과정은 조금 더 복잡한 형태로 진행될 수도 있다. 위에서 말한 상호작용에서 어느 순간에 가상 광자가 방출되어 미래로 진행하다가 동일한 전자에 흡수될 수도 있고, 과거로 거슬러가서 동일한 전자에 흡수될 수도 있다. 이것은 자신이 만든 전자기장과 상호작용하는 전자를 나타내는데, 실제로 이런 과정이 일어날 확률은 매우 작지만 분명히 0은 아니다. 여기서 구한 값을 앞에서 구한 2에 더해주면 전자의 g-인자는 2보다 조금 커진다.

정확한 결과를 얻고 싶다면 두 개의 가상 광자가 개입된 자체-상호작용까지 고려해야 한다. 이 경우에 하나의 가상 광자는 전자-양전자 쌍을 생성하고, 이들이 잠시 후에 소멸하면서 다른 광자를 생성한다. 그리고 이 광자는 결국 전자에 흡수된다.

물론 방금 말한 과정에서는 에너지보존법칙이 성립하지 않는다(질량이 없는 광자에서 질량이 있는 전자와 양성자가 생성되었기 때문이다-옮긴이). 그러나 가상 입자의 생성과 소멸이 하이젠베르크의 에너지-시간 불확정성 관계를 만족한다면 아무런 문제가 없다. 광자나 전자-양전자 쌍이 생성되는 데 필요한 에너지를 불확정성원리가 허용하는 한도 안에서 잠시 빌렸다가 되돌려주었다고 생각하면 된다.

이보다 더 복잡한 상호작용도 가능하다. 다이어그램이 복잡할수록 기여도는 작아지지만, 정확한 결과를 얻으려면 건드림전개에서 가능한 한 많은 항들을 고려해야 한다. 자유전자는 미리 정해진 고전적 경로를 얌전하게 따라가지 않고, 자신이 만든 전자기장과 상호작용하면서 가상 입자에 둘러싸여 별의별 우여곡절을 겪은 후 최종 상태에 도달

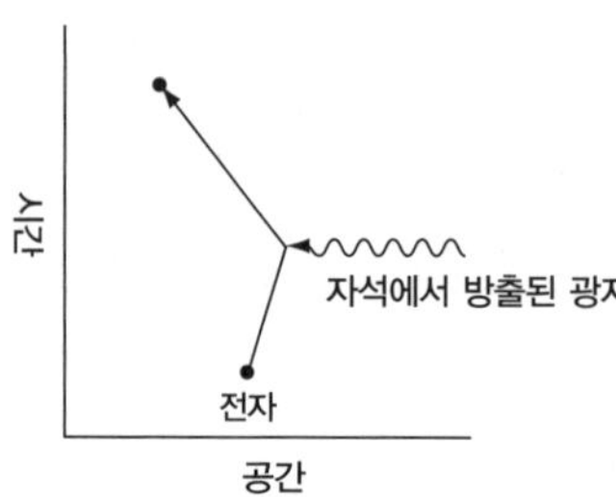

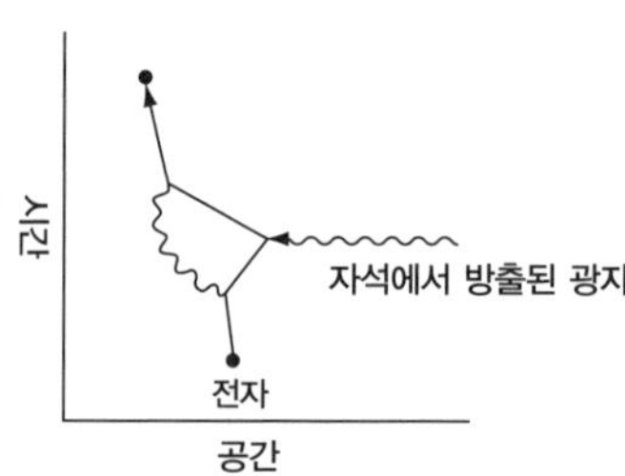

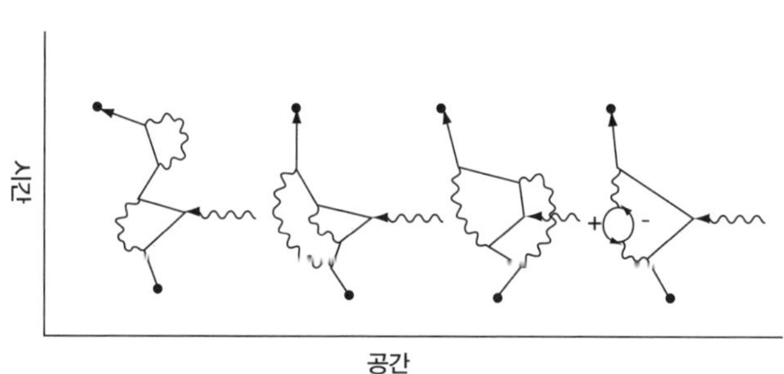

그림10 (a) 자유전자와 자석에서 방출된 광자의 상호작용을 나타내는 파인먼 다이어그램. 이 상호작용만 고려하면 전자의 g-인자는 디랙의 이론에서 예견된 '2'와 정확히 일치한다. (b) (a)와 동일한 과정이지만 전자의 자체-상호작용이 고려된 다이어그램. 이 경우에는 가상 광자가 방출되었다가 다시 흡수되며, 이 과정을 고려하면 전자의 g-인자 값이 2보다 조금 커진다. (c) 두 개의 가상 광자가 개입된 고차항 다이어그램. 제일 오른쪽 그림은 전자-양전자 쌍이 자발적으로 생성되었다가 소멸되는 과정을 나타낸다. 리처드 파인먼의 《일반인을 위한 파인먼의 QED 강의》 172~174쪽 (원서 115~117쪽)에서 발췌한 그림.

한다.

정말로 이상한 일이었다. 파인먼의 QED는 기존의 다른 QED와 완전히 다른 논리를 사용했음에도 불구하고 거의 비슷한 결과를 낳았다. 비슷한 구석이 하나도 없는데 어떻게 같은 결과가 나올 수 있다는 말인가? 그 이유를 아는 사람은 아무도 없었다.

바로 이 무렵에 프리먼 다이슨이 등장했다. 다이슨은 영국 케임브리지대학교 학부에 재학 중일 때 전쟁 때문에 학업을 잠시 중단한 적이 있다. 그러나 이때에도 그는 교수와 학생들 사이에서 이미 수학의 천재로 소문이 나 있었다. 전쟁이 한창 진행 중이던 1943년에 대학교 2학년생이었던 다이슨은 영국 공군의 폭격사령부에 차출되어 효과적인 폭격 방법을 연구하는 민간 과학자로 일했는데, 그 와중에도 틈틈이 시간을 내어 수학과 물리학 문제를 풀곤 했다. 전쟁이 끝난 뒤 다이슨은 런던 왕립대학교 수학과에 자리를 잡았다가 물리학자 헨리 스미스(1898~1986)가 쓴 맨해튼프로젝트 보고서를 읽고 물리학으로 진로를 바꿨다.

1946년에 케임브리지로 돌아온 다이슨은 수학을 뒤로 제쳐두고 물리학에 전념했다. 그의 친구이자 물리학자인 하리시 찬드라(1923~1983)가 "이론물리학이 너무 너저분해서 수학으로 전향했다"고 하자 다이슨은 이렇게 말했다.

"그게 이상하네? 난 너와 똑같은 이유로 수학에서 물리학으로 전향했는데!"

다이슨은 물리학의 새로운 중심지로 부상하고 있는 미국으로 건너가 공부를 계속할 궁리를 했는데, 때마침 영연방의 지원을 받아 코넬대학교의 한스 베데와 함께 연구할 수 있는 기회가 찾아왔다. 그리하여

1947년 9월, 프리먼 다이슨은 영국을 떠나 코넬대학교에 도착했다.

몇 달 전에 달리는 기차 안에서 비상대론적 QED를 이용하여 램 이동을 계산했던 베테는 새로 들어온 영국인 대학원생에게 상대론적 QED를 이용하여 스핀이 0인 입자의 건드림전개를 계산하는 과제를 내주었다. 이것은 전자와 같이 스핀이 2분의 1인 입자보다 계산이 훨씬 간단할 뿐만 아니라 스핀 자체가 계산 결과에 큰 영향을 주지 않기 때문에, 대학원생이 풀기에 적절한 문제였다.

다이슨은 이 무렵에 코넬대학교에서 리처드 파인먼을 알게 되었고, 두 사람은 곧 가까운 친구가 되었다. 그는 파인먼이 전형적인 과학자임에도 불구하고 한스 베테와는 완전히 상반된 기질을 갖고 있어서 크게 놀랐다고 한다.

한스는 오래된 '양자역학 요리 지침서'를 항상 품고 다녔는데, 딕[Dick, 파인먼의 애칭]은 그 책에 적힌 내용을 전혀 이해하지 못했다. 딕은 계산을 수행할 때 자기만의 양자역학을 사용했고, 그것 역시 딕 외에는 아무도 이해하지 못했다. 하지만 동일한 문제를 놓고 두 사람이 계산을 하면 신기하게도 항상 같은 결과가 나왔다. 더 신기한 것은 딕의 연구 노트에 한스가 계산하지 못한 부분까지 자세히 계산되어 있었다는 점이다. 그래서 나는 딕의 이론이 근본적으로 옳다는 확신을 갖게 되었다. 나는 한스가 내준 과제를 끝낸 뒤 내가 할 일을 곰곰 생각해보다가 결론에 도달했다. 딕의 이론을 내 나름대로 이해한 후, 다른 사람들이 알아들을 수 있는 언어로 해석하는 것이 바로 내가 할 일이었다.

다이슨은 도모나가 신이치로와 줄리언 슈윙거의 이론을 모두 알고 있었으므로, 파인먼식 접근법을 적절한 언어로 해석하는 것이 그의 임무였다. 그는 앞으로 QED가 좀 더 개선되면 도모나가와 슈윙거 그리고 파인먼식 이론의 상호 관계가 분명하게 드러날 것이라고 생각했다.

베데는 다이슨의 2년차 연구원 생활을 프린스턴 고등과학원의 오펜하이머와 같이 보내도록 계획해놓았다. 1948년 코넬대학교의 여름 학기가 끝난 뒤 다이슨은 앤아버(Ann Arbor)에 있는 미시건대학교의 여름학교에 들어갈 예정이었는데, 그사이에 며칠 동안 시간을 내서 파인먼과 함께 앨버커키 쪽으로 도로 여행을 떠났다. 앨버커키는 이타카나 앤아버에서 한참 떨어진 곳이었지만, 다이슨은 파인먼과 시간을 같이 보내는 것만으로도 매우 기뻤다고 한다.

여행 도중에 파인먼은 자신의 지난 이야기를 들려주면서 미래가 걱정된다고 털어놓았다. 원자폭탄의 폭발 현장을 목격한 물리학자들이 대부분 그랬던 것처럼, 파인먼 역시 핵전쟁의 결말을 너무나 잘 알고 있었기 때문이다. 또한 그는 먼저 세상을 떠난 아내 알린의 이야기도 들려주었다. 훗날 다이슨은 자신의 저서에 이렇게 적어놓았다.

"그[파인먼]는 매우 차분한 어조로 죽음을 언급했다. 그것은 사랑하는 이의 죽음을 이겨낸 사람만이 가질 수 있는 여유로움이었다."

물론 이들은 물리학 이야기도 주고받았다.

두 사람은 앨버커키에서 헤어졌다. 그곳에서 다이슨은 그레이하운드 버스를 타고 시골길을 밤새워 달린 끝에 앤아버에 도착하여 여름학교를 등록했다. 그는 앤아버에서 새로 알게 된 친구들과 '정제된 우아함의 기적(marvel of polished elegance)'이라는 제목으로 개최된 슈윙거의 강연을 들었다. 강연이 끝난 뒤 다이슨은 슈윙거와 대화를 나눴는데, 매우 친근하고 까다롭지 않은 사람 같았다. 그로부터 5주일 동안 다이슨은 슈윙거의 강연 내용과 그와 나눴던 대화를 철저히 분석하여 그 방면의 이인자가 되었다(물론 일인자는 슈윙거였을 것이다). 여름학교가 끝난 뒤 다이슨은 다시 캘리포니아의 버클리로 향했다.

9월 2일 다이슨은 또 다른 버스를 타고 동해안으로 갔다. 몇 주 뒤 그는 부모에게 다음과 같은 편지를 보냈다.

"여행 사흘째 되던 날, 놀라운 일이 벌어졌습니다. 달리는 버스에 48시간 앉아 있다 보면 누구나 정신이 혼미해지기 마련이지요. 저는 물리학 생각을 떠올렸는데, 특히 서로 경쟁 관계에 있는 슈윙거와 파인먼의 이론을 머릿속에 그리고 있었습니다. 그러다가 지난 1년 동안 머릿속에 맴돌던 문제가 갑자기 풀리면서, 두 사람의 이론이 완전히 동일하다는 사실을 깨달았습니다."

다이슨은 슈윙거와 파인먼의 이론에서 가장 뛰어난 장점들을 결합하여 두 이론을 통합하는 데 성공했다. 하지만 그는 자신이 한 일이 특별히 어렵지도 않고, 그다지 뛰어난 아이디어도 아니라고 했다. 이 과정에서 가장 중요한 역할을 했던 것은 이른바 '산란행렬(scattering matrix, 또는 S-행렬이라고도 한다)'이었는데, 이것은 1937년에 존 휠러가 처음 도입한 후 1943년에 하이젠베르크에 의해 구체화된 개념이다. 산란행렬은 자유입자들이 서로 접근하고 상호작용하고 새로운 입자를 생성하고 나서 다시 멀어지는 과정을 서술하는 행렬로서, 개개의 행렬 요소들은 하나의 파인먼 다이어그램에 대응된다.

다이슨은 프린스턴으로 돌아가 오펜하이머에게 자신의 아이디어를 설명했으나, 의외로 반응이 썰렁하여 크게 실망했다. 그는 QED에 대해 어떤 패배의식에 사로잡힌 오펜하이머를 보면서 분노의 감정까지 느꼈다.

그러나 통일이론의 중요성을 추호도 의심하지 않았던 다이슨은 자신의 주장을 끝까지 밀고 나갔고, 결국 오펜하이머는 몇 차례의 세미나를 통해 다이슨의 이론을 알릴 수 있도록 허락해주었다. 며칠 뒤, 다이슨은 마지막 세미나를 마치고 오펜하이머가 보낸 쪽지를 발견했다. 거기에는 오펜하이머의 친필로 이렇게 쓰여 있었다.

"불항쟁답변. 오펜하이머(nolo contendere, R. O.)"(불항쟁답변이란 법정 용어로 피고가 "기소 사실을 부인하지는 않지만 혐의를 인정하지 않는다"는 뜻이다-옮긴이)

결국 오펜하이머도 다이슨의 업적을 인정한 것이다.

다이슨은 1949년 1월 뉴욕에서 개최된 미국물리학회 정기 모임에서 궁극적 승리를 거두었다. 오펜하이머는 학회를 마무리하는 마지막 연설을 하는 자리에서 "이론물리학의 나아갈 길을 제시했다"며 다이슨의 업적을 입이 마르도록 칭찬했다. 연설이 끝나자 다이슨 옆에 앉아 있던 파인먼이 조용히 속삭였다.

"다이슨 박사님, 드디어 해내셨군요."

엄밀히 따지면 이것은 틀린 말이었다. 당시 다이슨은 박사학위를 받기 전이었기 때문이다.

파인먼의 이론을 모두가 반긴 것은 아니었다. 논리 자체가 너무나 황당하여, 전통적인 물리학에 익숙한 나이 지긋한 물리학자들에게는 거의 헛소리나 다름없었다. 그러나 이론에서 예견한 물리량과 실험을 통해 얻어진 값은 정말 혀를 내두를 만큼 정확히 일치했다. 예를 들어

● 당시 오펜하이머는 미국과 소련의 냉전 관계와 핵무기 사업에 깊이 관여하고 있었으므로 머릿속이 매우 복잡했을 것이다. 소련은 1948년에 베를린장벽을 쌓고 250만 명의 동베를린 인구를 굶기겠다며 서방 세계를 위협했는데, 이 모든 것들이 전쟁을 일으킬 수 있는 불안 요소로 작용했다.

QED로 계산된 전자의 g-인자는 2.00231930476±0.00000000052이고 (±는 허용되는 오차 범위를 나타낸다), 실험실에서 관측된 값은 2.00231930482 ±0.00000000040이다.[•] 파인먼은 일반 대중을 상대로 QED를 강의하는 자리에서 이렇게 말했다.

"QED가 얼마나 정확한 이론인지 실감하기 위해 다음과 같은 비유를 들어봅시다. g-인자의 값을 '뉴욕에서 로스앤젤레스까지의 거리'에 비유한다면, 이론과 실험의 차이는 '머리카락 한 올 굵기'에 해당합니다."

값은 그렇다 치고, 설명은? 파인먼 다이어그램에서 수시로 생성되고 소멸되는 가상 광자는 전자의 질량 일부를 변하게 하지만, 전자의 자기 모멘트에 직접 관여하는 전기전하에는 영향을 주지 않는다.

램 이동은 어떻게 되는가? QED에서 원자 내부에 구속된 전자를 대충 시각화하는 방법이 있다. 원자핵 주변에서 자전 및 공전하고 있는 전자에 약간의 흔들림을 추가해보자. 이 흔들림은 전자가 원자핵에 가까운 궤도를 돌 때 크게 나타나고, 작은 영역에 걸쳐 전자의 확률에 영향을 준다. 수소 원자에서 두 개의 상태가 겹쳐 있는(degenerated) 궤도의 기하학적 차이점은 작은 에너지 차이를 설명할 수 있을 정도로 충분히 크다.

몇 년 뒤 슈윙거의 대수학은 QED의 왕좌를 파인먼 다이어그램에게

• 이 값의 정확도는 지금도 이론과 실험의 개선을 통해 꾸준히 높아지고 있다. 여기 제시된 값은 G. D. Coughlan, J. E. Dodd, *The Ideas of Particle Physics : An Introduction for Scientists*, Cambridge University Press, 1991, p. 34에서 인용한 것이다. 지난 2006년에 CODATA 연구 팀이 발표한 값은 2.002319304362(15)이며, 2008년에 D. Hannecke, S. Fogwell, G. Gabrielse가 〈피지컬 리뷰 레터스〉 100, 2008, 120801호에 발표한 값은 2.002319304361(56)이다. 괄호 안의 숫자는 마지막 두 자리의 오차범위를 뜻한다.

내주었다. 슈윙거는 파인먼 다이어그램이 전통적 형식에 벗어나면서 정밀하지도 않다고 생각했으나, 물리학자들은 형식적인 슈윙거보다 파격적인 파인먼을 선택했다. 이론물리학자 머리 겔만(1929~)은 매사추세츠 주 케임브리지에 있는 슈윙거의 집을 방문했을 때 어딘가에 파인먼 다이어그램을 연구한 흔적이 있을 거라는 심증을 갖고 온 집안을 뒤져보았으나 결국 찾지 못했다.

그러나 슈윙거의 집에서 방문 하나는 끝까지 굳게 잠겨 있었다.

20

아름다운 아이디어
1954년 2월, 프린스턴/양전닝, 로버트 밀스

폴 디랙은 1929년에 위스콘신대학교를 방문했을 때 지역 신문 사인 〈위스콘신 스테이트 저널(Wisconsin State Journal)〉과 인터뷰를 한 적이 있다. 그때 인터뷰 현장을 목격한 사람은 없지만, 다음 날 실린 기사를 보면 디랙의 무뚝뚝하고 짧은 말투에 기자가 얼마나 곤혹스러웠을지 짐작이 가고도 남는다. 기자는 정해진 분량을 채우기 위해 다음과 같은 식으로 기사를 써 내려갔다.

"… 이제 다른 질문으로 넘어가죠. 사람들은 당신과 아인슈타인만이 진정한 지식인이고 서로를 이해하는 유일한 친구라고 하더군요. 하지만 제가 알기로 당신은 너무나 겸손한 분이기 때문에, 사람들의 말이 사실인지 굳이 묻지는 않겠습니다. 다만 제가 꼭 알고 싶은 게 하나 있습니다. 당신조차 이해할 수 없을 정도로 난해한 논리를 펼치는 과학자가 과연 이 세상에 존재합니까?"

"네."

"그렇군요. 당신이 이해하지 못하는 과학이 이 세상에 존재한다

니 정말 흥미롭습니다. 실례지만 그 사람이 누구인지 여쭤봐도 될
까요?"

"바일요."

독일 출신의 수학자 헤르만 바일은 대칭성의 대가로서, 대칭변
환을 추상적인 '군론(群論, group theory)'으로 표현하는 데 탁월한 능
력을 발휘했다. 또한 그는 물리학과 대칭성의 관계를 누구보다
잘 알았다. 1915년에 바일의 괴팅겐대학교 연구 동료인 아말리에
에미 뇌터(1882~1935)는 모든 물리학의 저변에 깔려 있는 중요한
원리를 발견했다. 에너지나 운동량 등 어떤 물리량이 보존되면, 이
양의 거동을 서술하는 물리 법칙은 하나 또는 둘 이상의 연속대칭
변환에 대하여 불변이다. 모든 보존법칙은 자연의 깊은 단계에서
대칭성의 산물이었던 것이다.

에너지를 관장하는 법칙은 시간의 '병진변환(translation, 과거나 미래
를 향해 시간을 일괄적으로 옮기는 변환-옮긴이)'에 대해 불변이다. 즉, 이 법
칙이 오늘 성립했다면 어제나 내일도 여전히 성립하고, 따라서 에
너지는 보존된다. 또한 운동량과 관련된 법칙은 공간의 병진변환
(공간좌표를 임의의 방향으로 일괄적으로 옮기는 변환-옮긴이)에 대해 불변이
다. 즉, 운동량 관련 법칙이 이곳에서 성립하면 저곳, 그곳…… 등
모든 곳에서 성립한다. 각운동량도 마찬가지다. 이와 관련된 물리

• 대칭변환이란 물리계나 방정식 등 수학적 대상에 어떤 변환을 가했을 때 대상의 특
징 중 일부(또는 전부)가 변하지 않는 변환을 말한다. 아무런 변환도 가하지 않는 변
환(이것을 '항등변환'이라 한다)을 포함하여 시공간의 병진변환과 회전변환, 거울반전
변환 등이 여기 속한다. 대칭변환은 수학적인 군으로 해석하고 나타낼 수 있으며, 개
개의 변환들은 군의 원소에 대응된다. 군을 이용하면 다양한 변환이 연속적으로 적
용된 결과를 체계적으로 표현할 수 있다.

법칙은 회전 대칭변환에 대해 불변이다. 즉, 각도를 일괄적으로 변환해도 물리 법칙은 달라지지 않는다.

헤르만 바일은 군론을 양자역학에 적용하여 얻은 결과들을 1928년 책으로 출판했는데, 평판은 극명하게 둘로 갈렸다. 수학자들은 엄밀하고 아름다운 논리에 찬사를 보낸 반면, 물리학자들은 "수학이 너무 추상적이어서, 그렇지 않아도 이해하기 어려운 양자역학을 더 어렵게 만들었다"며 투덜거렸다. 역시 군론을 마땅치 않게 생각했던 파울리는 이러한 추세를 '군론 전염병(the group pestilence)'이라고 불렀다.

헝가리의 물리학자 유진 위그너는 양자역학 및 원자 스펙트럼과 관련된 문제들을 좀 더 쉽게 정리하여 1931년에 책으로 출판했다. 그러나 슈뢰딩거는 위그너를 만난 자리에서 "당신 책은 분광학의 기원을 유도한 최초의 책입니다. 하지만 그런 일로 5년의 세월을 허비할 사람은 당신밖에 없을 겁니다"라며 혹평했다. 여기에는 폰 노이만도 한 수 거들었다.

"이런 건 구식이지요. 5년이면 웬만한 학생들도 군론을 숙달할 수 있습니다."

물리학자들은 추상적인 개념을 별로 좋아하지 않았지만, 중국의 물리학자 양전닝(1922~)과 미국의 물리학자 로버트 밀스(1927~1999)는 대칭성과 군론을 이용하여 양자장이론의 새로운 지평을 열었다. 그러나 처음에는 이들의 이론도 별다른 관심을 끌지 못했다.

물리계가 어떤 변환에 대하여 대칭성을 갖고 있으면, 그 계에는 보존되는 양이 존재한다. 이것이 바로 그 유명한 '뇌터의 정리(Noether's theorem)'이다. 보존되는 물리량 중 대표적인 것이 전기전하인데, 전하가 변하지 않는다는 것은 18세기 말부터 잘 알려져 있었다. 전하는 물리적 또는 화학적 과정에서 새로 생성되지 않으며, 소멸되지도 않는다.

헤르만 바일은 '리군(Lie group)'이라 불리는 대칭군의 표현이론(representation theory)을 집중적으로 연구했다. 리군은 18세기 노르웨이의 수학자 소푸스 리(1842~1899)가 창안한 것으로, 거울 반전처럼 즉각적으로 뒤집는 변환과 달리 하나 또는 그 이상의 변수가 연속적으로 변하면서 이루어지는 '연속적 대칭변환'과 관련되어 있다. 그리고 이 연속적 대칭변환은 뇌터의 정리에서 근간을 이룬다.

리군의 간단한 사례로는 하나의 복소 변수를 변환하는 유니터리군, 즉 $U(1)$을 들 수 있다. $U(1)$을 통한 대칭변환은 실수축과 허수축으로 이루어진 2차원 복소평면에서 시각화할 수 있는데, 허수축의 눈금은 실수축과 같지만 모든 수에 −1의 제곱근인 i가 곱해져 있다는 점이 다르다. 일반적으로 복소평면에 위치한 임의의 복소수 z는 $z = re^{i\theta}$로 표현된다. 여기서 r은 복소좌표의 원점과 z를 잇는 직선의 길이(즉, 좌표의 원점과 z 사이의 거리)이고, θ는 이 직선과 실수축 사이의 각도를 나타낸다. 또한 z는 그 유명한 오일러의 공식을 통해 $z = r(\cos\theta + i\sin\theta)$로 쓸 수도 있다.

각도 θ가 0이면 z는 실수축 상에서 원점으로부터 오른쪽으로 r만큼

(a)

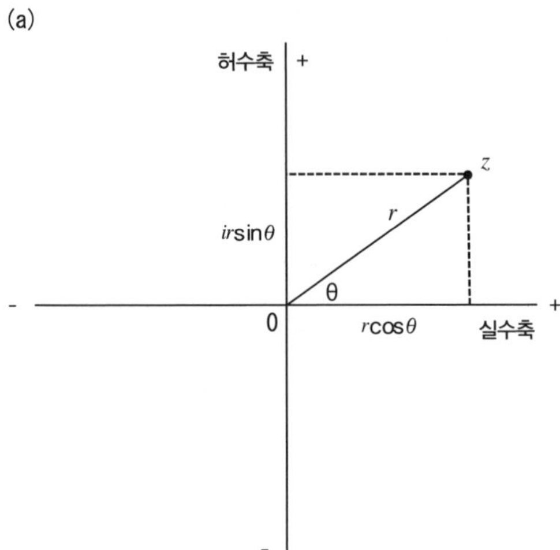

(b)

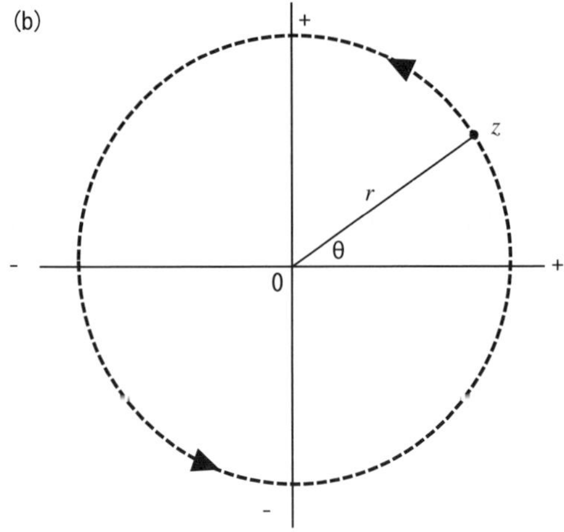

그림11 U(1) 대칭군은 하나의 복소변수로 표현되는 유니터리군이다. (a) 실수축과 허수축으로 이루어진 2차원 복소평면에서 임의의 복소수 z는 $z=re^{i\theta}$로 표현된다. 여기서 r은 복소좌표의 원점과 z를 잇는 직선의 길이(즉, 좌표의 원점과 z 사이의 거리)이고, θ는 이 직선과 실수축 사이의 각도를 나타낸다. (b) 각도 θ를 연속적으로 변화시키면(연속 변환) 복소수 z는 복소평면에서 원점을 중심으로 반지름 r인 원주를 따라 이동하게 된다. (c) 이 연속대칭과 단순한 파동운동은 위상각 θ를 통해 밀접하게 관련되어 있다.

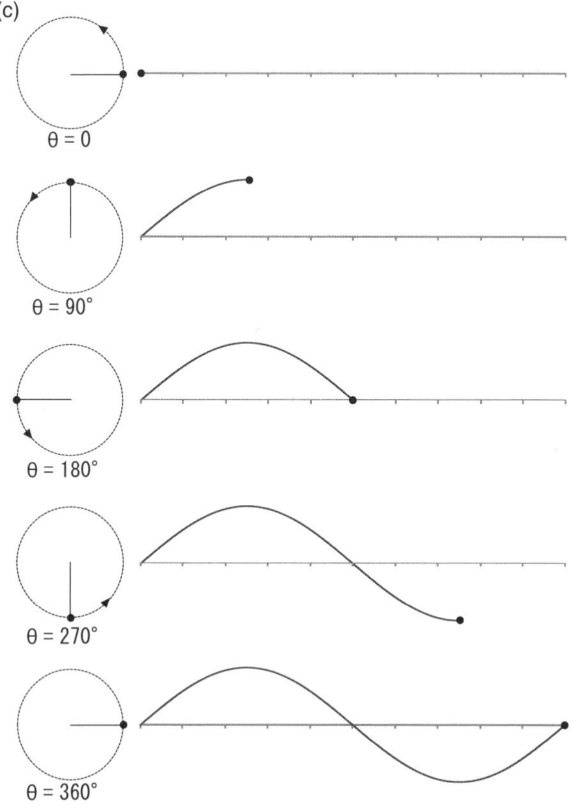

떨어진 지점에 놓이게 된다. 이 상태에서 원점을 중심으로 반시계 방향으로 90도 회전시키면 z는 허수축 상에서 원점으로부터 위로 r만큼 떨어진 곳에 놓이고, 다시 90도 회전시키면 z는 실수축 상에서 원점으로부터 왼쪽으로 r만큼 떨어진 지점($-r$)으로 이동한다. 여기서 또다시 90도 회전시키면 허수축 상에서 원점으로부터 아래로 r만큼 떨어진 지점으로 갔다가, 마지막으로 90도 회전시키면 처음 출발했던 위치로 되돌아온다. 따라서 각도 θ의 변화를 통한 회전 변환을 적용하면 복소수 z

는 복소평면에서 반지름 r인 원의 둘레를 따라 이동하게 된다.

헤르만 바일은 U(1)군의 대칭적 특성이 전하의 보존과 관련되어 있다는 사실을 알아냈다. 고전 전자기학의 맥스웰방정식에서는 전기장과 자기장의 긴밀한 관계에 의해 U(1)대칭이 유지되고 전하가 보존된다. 정지해 있는 전하는 전기장을 만들어내지만, 움직이는 전하는 전기장과 자기장을 같이 만들어낸다.

바일은 여기서 한 걸음 더 나아갔다. 대칭성은 광역적(global)일 수도 있고 국소적(local)일 수도 있다. 광역 대칭인 경우, 우리가 관심을 갖는 물리적 객체는 시공간의 모든 점에 일괄적으로 적용된 변환에 대하여 불변이다.* 반면에 국소 대칭인 경우에는 시공간의 각 점마다 다르게 적용된(비일괄적으로 적용된) 변환에 대하여 불변이다. 나중에 알려진 사실이지만, 전하 보존은 국소적 대칭변환과 관련이 있다. 대칭에 국소성을 요구하면 전기장과 자기장의 상호 관계는 맥스웰방정식에 나타난 관계와 정확히 일치한다. 또는 국소적 불변성을 요구하면 변화가 생길 때마다 장이 그에 상응하는 반응을 보여서 국소적 대칭성과 전하가 보존된다고 생각할 수도 있다.

헤르만 바일은 양자역학이 등장하기 전부터 이 아이디어를 줄곧 생각해오면서, '게이지대칭(gauge symmetry)'이라는 이름을 붙여두었다. 그는 특히 시공간 상에서 두 점 사이의 거리와 대칭성의 상호 관계를 집중적으로 연구했는데, 여기에는 아인슈타인의 일반상대성이론이 핵심

---

* 광역적 대칭변환의 사례로는 지구의 위도와 경도를 들 수 있다. 지도에는 각 지점마다 고유의 위도와 경도가 할당되어 있지만, 이 값을 일괄적으로 이동시켜도(예를 들어 경도의 기준점을 그리니치 천문대에서 서울로 옮겨도) 한 지점에서 다른 지점으로 이동할 때 사용하는 항법술은 달라지지 않는다.

적인 역할을 했다. 바일은 불변성의 원인이 공간 자체라고 생각했고, 아인슈타인은 "바일이 옳다면 방 안을 돌아다니는 시계는 정확한 시간을 가리키지 않을 것"이라고 했다.

1922년에 슈뢰딩거는 바일의 '게이지요소'가 '위상요소'임을 확인하고, 위상이 360도의 정수 배만큼 변하면 위상이 아예 변하지 않은 것과 동일하다는 사실을 지적했다. 당시에는 여기에 무슨 의미가 담겨 있는지 분명치 않았지만, 3년 뒤에 파동방정식이 발견되면서 위상이 전자의 파동함수와 관련됨을 알게 되었다.

U(1)을 표현하는 또 다른 방법은 사인곡선(sine wave)의 위상각을 연속적으로 변화시키는 것이다. 위상각이 180도 달라지면 원래의 파동과 변한 파동은 위상이 정반대인 '아웃 오브 페이스(out of phase, 정반대 위상)' 관계가 되고, 여기서 또다시 180도 이동하면 처음 상태로 되돌아와 '인 페이스(in phase, 위상일치)' 관계가 된다. 이것은 복소평면에서 θ를 연속적으로 변화시켰을 때 복소수 $z = re^{i\theta}$가 변해 가는 양상과 비슷하다.

그러나 양자역학에서 대칭이 유지되는 방식은 수학과 미묘하게 다르다. 지금 우리가 고려하고 있는 위상 변화는 물질 입자로서 전자의 파동함수에 영향을 준다. 여기서 대칭이 유지되려면 물질 파동함수의 위상 변화가 그에 따르는 전자기장의 변화와 맞아떨어져야 한다. 게이지 불변성은 힘을 발생시키고, 이 역장(力場, force field)이 위상 변화에 알맞게 반응해야 대칭이 유지되는 것이다. 따라서 입자와 장은 매우 밀접하게 연결되어 있다. 바일은 파동함수의 국소적 위상 대칭과 전하 보존 사이에 긴밀한 관계가 있음을 알아냈다.

U(1) 위상 변화의 게이지대칭은 QED를 비롯하여 전자를 서술하는 모든 양자역학에 똑같이 적용된다. 그러므로 원자핵 안에서 양성자와

중성자 사이에 작용하는 강한 핵력(강력이라고도 한다)을 양자역학으로 서술하고자 한다면, 다음과 같은 질문이 제일 먼저 떠올라야 한다.

"강한 핵력장과 관련된 게이지 대칭은 무엇인가?"

제일 먼저 할 일은 보존되는 양을 찾는 것이다. 중국의 물리학자 양전닝은 1946년에 시카고대학교로 옮겨와 에드워드 텔러의 지도하에 핵반응을 연구했다. 그는 미국의 발명가이자 정치인이었던 벤저민 프랭클린(1706~1790)의 자서전을 읽고 깊은 감동을 받아 자신의 이름에 '프랭클린'이라는 중간 이름을 끼워 넣었다. 1948년에 박사학위를 받은 그는 1년 동안 엔리코 페르미의 보조 연구원으로 일하다가 1949년에 프린스턴 고등과학원으로 자리를 옮겼다.

양전닝은 전기역학적 전하 보존이 전자를 서술하는 파동함수 위상의 게이지 불변성으로부터 예견된다는 사실에 커다란 충격을 받았다. 그는 프린스턴에 자리를 잡은 뒤부터 양성자와 중성자를 결합시켜주는 강한 핵력에 게이지 불변성 원리를 적용하는 방법을 연구하기 시작했다. 강한 핵력에서 보존되는 양은 과연 무엇일까? 양전닝은 그것이 아이소스핀(isospin)이라고 생각했다.

아이소스핀(아이소토픽 스핀isotopic spin이라고도 한다)은 양성자와 숭성자의 질량이 매우 비슷하다는 데서 출발한 개념이다. 1932년에 중성자가 처음 발견되었을 때, 물리학자들은 이것이 양성자와 전자가 결합된 혼합 입자라고 생각했다. 원자핵에서 전자가 빠른 속도로 방출되는 베타붕괴에서도 중성자가 전자를 잃고 양성자로 변한다는 설명이 가장 그럴듯했다. 즉, 전자와 양성자로 이루어진 중성자가 전자를 내뱉으면서 양성자로 변한다는 것이다.

하이젠베르크는 중성자를 혼합 입자가 아닌 기본 입자라고 생각했으나, 양성자-중성자의 상호작용을 설명하는 핵이론을 처음 개발하던 무렵에는 그 역시 중성자를 '양성자＋전자'로 취급했다. 이것은 이온화된 수소 분자 H_2^+를 두 개의 양성자와 전자 하나의 화학결합으로 해석하는 것과 비슷하다. ● 하이젠베르크는 두 개의 양성자가 하나의 전자와 결합하여 H_2^+를 이루는 것처럼, 원자핵 속의 양성자와 중성자도 전자를 교환하면서 결합 상태를 유지한다고 가정했다. 즉, 중성자는 전자를 뱉으면서 양성자가 되고, 양성자는 이 전자를 받으면서 중성자가 되는 식이다. 그렇다면 수소 분자(H_2)도 두 개의 중성자가 두 개의 전자를 서로 주고받으면서 결합 상태를 유지한다고 생각할 수 있다.

하이젠베르크는 핵결합과 화학결합의 유사성을 계속 파헤치던 끝에 양성자와 중성자 사이에 전하가 교환되는 과정을 좀 더 구체화시켰다. 즉, 전하가 없는 입자(중성자)의 스핀은 다운(down)이고 양전하를 띤 입자(양성자)의 스핀은 업(up)이어서, 중성자가 양성자로 변하는 것은 스핀이 반대 방향으로 바뀌는 것과 동일하다고 생각했다.

물론 이것은 어설픈 모형이었지만, 하이젠베르크는 이 가설에 기초하여 비상대론적 양자역학을 원자핵에 적용할 수 있었다. 그는 1932년에 발표한 일련의 논문을 통해 동위원소(양성자의 수는 같지만 중성자의 수가 다른 원소)와 알파 입자(헬륨의 원자핵. 양성자 두 개와 중성자 두 개로 이루어져 있다)가 안정한 상태를 유지하는 비결을 설명했다.

그러나 1년 뒤에 실행된 실험에서 하이젠베르크식 이론의 취약점이

● 전기적으로 중성인 수소 원자 H는 하나의 양성자와 하나의 전자로 이루어져 있다. 따라서 이온화된 수소 분자 H_2^+는 두 개의 양성자가 하나의 전자에 의해 결합된 상태로 생각할 수 있다.

밝혀졌다. 전자교환모형은 양성자끼리의 상호작용을 설명할 수 없기 때문에, 하이젠베르크는 양성자 사이에 핵력이 작용하지 않는다고 가정했다. 하지만 막상 실험을 해보니 양성자-양성자 상호작용은 양성자-중성자 상호작용과 거의 같은 세기로 작용하고 있었다.

몇 가지 결점이 있긴 했지만, 하이젠베르크의 전자교환모형에는 옳은 부분도 있었다. 특히 아이소스핀과 관련된 부분은 충분히 검토할 만한 가치가 있었다. 강력에 관한 한, 양성자와 중성자는 동전의 양면이었고 한 입자의 두 가지 상태였으며, 이들 사이의 차이는 아이소스핀뿐이었다.

양전닝은 아이소스핀의 대칭이 보존되는 양자장이론을 찾다가 곧 난관에 부딪혔다. 그러나 실패가 반복될수록 문제를 해결하겠다는 집념은 오히려 더욱 강해졌다. 뒷날 그는 이 시절을 회고하며 "집착은 종종 좋은 결과를 낳기도 한다"며 끈기의 중요성을 강조했다.

1953년 여름에 뉴욕 롱아일랜드의 국립브룩헤이븐연구소를 방문한 양전닝은 미국의 젊은 물리학자 로버트 밀스와 같은 연구실을 사용하게 되었다. 처음에 밀스는 낯선 중국인을 다소 경계했지만, 물리학을 향한 그의 열정에 탄복하여 같은 길을 가기로 했다. 강한 상호작용을 설명하는 양자장이론을 개발하기로 두 사람이 의기투합한 것이다. 몇 년 뒤 밀스는 당시의 상황을 다음과 같이 회고했다.

"그것은 정말로 강력한 동기였다. 양〔전닝〕과 나는 스스로에게 질문을 던졌다. '여기 어떤 사건이 한 번 일어났다. 그런데 왜 두 번 다시 일어나지 않는가?'"

그해 여름이 끝나갈 무렵에 두 사람은 해답을 찾아냈다. 그러나 그

답은 '물리적 결과'와 거리가 멀어 보였다.

전자에 관한 양자장이론의 대칭을 서술하는 데 가장 적절한 군은 U(1)이다. 왜냐하면 U(1)에는 하나의 장 속에서 하나의 양자(광자)를 통해 상호작용하는 하나의 입자만이 포함되어 있기 때문이다. 이 상호작용에서는 전하가 변하지 않으므로, 광자는 전하를 가질 필요가 없다. 뿐만 아니라 이 장의 세기는 거리가 멀어질수록 약해지지만 아무리 멀어도 0이 되지는 않는다. 다시 말해서, 장이 뻗어 있는 영역에는 한계가 없다. 그 결과 힘을 매개하는 입자는 질량이 필요 없으며, 먼 거리를 빛의 속도로 달릴 수 있다.

그러나 강한 상호작용을 서술하는 양자장이론에서는 상호작용을 통해 전하와 아이소스핀이 변하는 입자가 두 개이다. 그리고 핵자들(양성자와 중성자) 사이의 힘은 전기력과 달리 아주 짧은 거리(핵의 내부)에서만 작용한다.

양전닝과 밀스는 두 복소변수의 변환군인 특수 유니터리군 SU(2)를 대칭군의 후보로 떠올렸다. 이로부터 장이론을 유도해보니 아이소스핀 대칭이 유지되었고, QED의 전자기장과 비슷한 새로운 장이 도입되었다. 양전닝과 밀스는 이것을 B장(B field)이라고 불렀다. 또한 이들의 이론에서는 양성자와 중성자 사이에 힘을 매개하는 새로운 입자가 도입되었는데, QED에서 이런 입자는 광자 하나였지만 강한 상호작용에서는 3개나 되었다.

매개 입자가 3개라는 것은 상호작용이 그만큼 복잡하다는 뜻이다. 이들 중 두 개는 양성자-중성자 또는 중성자-양성자의 상호작용에서 나타나는 전하의 변화를 담당한다. 즉, 두 매개 입자는 전하를 띠고 있다. 그래서 양전닝과 밀스는 여기에 각각 B^+, B^-라는 이름을 붙였다.

세 번째 입자는 광자처럼 전하가 없으며, 전하의 변화가 없는 양성자-양성자 또는 중성자-중성자의 상호작용을 담당하는 입자로서, B^0로 명명되었다. 이 장 입자(field particle)들은 양성자 및 중성자와 상호작용하면서 자기들끼리도 상호작용을 교환한다.

그러나 문제는 여기서부터 시작되었다. QED에서 획기적 성공을 거두었던 재규격화가 양-밀스 장이론에는 적용되지 않았던 것이다. 게다가 건드림전개의 0차항은 장 입자들의 질량이 광자처럼 0이어야 함을 암시했다. 양전닝과 로버트 밀스는 하늘이 무너지는 것 같았다. 장 입자의 질량이 없으면 이론에 자체 모순이 유발되기 때문이다. 1935년에 일본의 물리학자 유카와 히데키는 단거리에서 작용하는 장 입자의 질량이 커야 한다고 주장하였다. 활동 범위가 초단거리에 한정된 가상 입자는 수명이 짧기 때문에, 에너지-시간 불확정성원리에 의해 질량(에너지)이 커야 한다는 논리였다.● 따라서 '강한 핵력을 매개하면서 질량이 없는 입자'는 한마디로 어불성설이었다.

프린스턴으로 돌아온 양전닝은 1954년 2월 23일 열린 한 세미나에서 로버트 밀스와 함께 연구했던 내용을 발표했다. 그 자리에는 오펜하이머와 파울리도 있었다.●

파울리도 얼마 전에 이와 동일한 논리를 펼쳤다가 장 입자의 질량 분

● 유카와 히데키는 강력을 매개하는 장 입자의 질량이 전자의 200배 정도일 것으로 추정했다. 그 후 1937년에 뮤온(muon)이라는 중간자가 발견되었을 때, 물리학자들은 이것이 유카와가 말한 입자라고 생각했다.
● 이 무렵에 오펜하이머는 매우 힘든 시기를 보내고 있었다. '소련의 스파이일 수도 있다'는 의심을 받던 끝에 1953년 12월에 미국 대통령 아이젠하워가 그의 'Q급 비밀정보 사용 허가증'을 회수했기 때문이다. 1954년 4월에 미국 원자력위원회는 오펜하이머에 대한 유-무죄 판결을 공식적으로 보류했다.

제에 막혀서 실패한 경험이 있었다. 그는 양전닝의 강의를 조용히 듣다가 방정식이 등장하자 갑자기 목소리를 높였다.

"B-장의 질량은 어떻게 됩니까?"

물론 그는 어떤 대답이 돌아올지 예상하고 있었다.

양전닝이 기어 들어가는 목소리로 대답했다.

"그건 저도 모르겠습니다."

파울리가 다시 물었다.

"간단한 질문입니다. B-장의 질량이 어떻게 되냐고요."

양전닝이 대답했다.

"우리도 그 부분을 연구해보았습니다만, 너무 복잡한 문제여서 지금 당장 답을 드리기는 어렵습니다."

파울리는 "그걸 답이라고 하는 겁니까?"라며 투덜거렸고, 양전닝은 크게 당황하여 어찌할 바를 몰랐다. 그때 오펜하이머가 나서서 분위기를 진정시켰다.

"양[전닝]의 강의를 좀 더 들어봅시다. 지금 당장 모른다는데 윽박지른다고 답이 나오겠습니까?"

그러자 파울리는 입을 닫았고, 더 이상 질문을 하지 않았다.

그러나 그것은 덮어둔다고 사라질 문제가 아니었다. 장 입자의 질량이 없는 한, 양-밀스 이론은 결코 옳은 이론이 될 수 없었다. 만일 장 입자의 질량이 없다면 이들은 발견되지 않았을 것이고, 재규격화도 적용할 수 없게 된다.

이런 문제에도 불구하고, 그것은 매우 훌륭한 이론이었다.

뒷날 양전닝은 그날을 회상하며 말했다.

"우리 아이디어는 매우 아름다웠기 때문에 출판할 가치는 충분히 있었다고 봅니다. 그런데 게이지입자의 질량이 문제였지요. 우리는 핵력이 전자기력보다 훨씬 복잡하다는 사실만 확인했을 뿐 확실한 결론을 내리지 못했습니다. 결국 밀스와 나는 전하를 띤 게이지입자가 반드시 질량을 갖고 있어야 한다고 믿게 되었습니다."

양전닝과 밀스는 연구 결과를 논문으로 정리하여 1954년 10월 〈피지컬 리뷰〉에 발표한 다음, 문제 해결을 위해 다른 곳으로 눈길을 돌렸다.

21

약간의 기묘함
1960년 8월, 로체스터/
머리 겔만, 줄리언 슈윙거, 셸던 글래쇼

1935년에 일본의 물리학자 유카와 히데키는 양성자와 중성자를 결합시키는 힘전달입자가 전자보다 200배쯤 무거울 것으로 예측했다. 그로부터 2년 뒤 메존(meson, 중간자)이 발견되었을 때 물리학자들은 그것이 유카와 히데키가 말했던 입자일 것이라고 생각했으나, 곧 그렇지 않은 것으로 판명되었다. 핵력을 운반하는 입자는 물질과 강력한 상호작용을 교환해야 하는데, 메존은 전혀 그렇지 않았기 때문이다.

1947년에 브리스틀대학교의 물리학자 세실 파월(1903~1969)이 이끄는 연구 팀은 프랑스 피레네 산맥 꼭대기에 있는 픽 뒤 미디(Pic du Midi) 천문대에서 우주선(宇宙線, cosmic-ray)을 관측하다가 새로운 입자를 발견했다. 이 입자는 전자보다 273배 무거웠고, 양전하와 음전하 두 종류가 존재하는 것으로 확인되었다. 유카와 히데키가 예견했던 입자가 드디어 발견된 것이다. •

그 전에 발견되었던 메존은 뮤-메존(mu-meson, 줄여서 '뮤온muon'으로

부르기도 한다)으로 개명되었고, 새로 발견된 입자에는 파이-메존(pi-meson, 줄여서 '파이온pion'이라고도 한다)이라는 이름이 붙여졌다. 그 후 우주선 입자를 관측하는 기술이 개선되면서 새로운 입자가 속속 발견되기 시작했다. 파이온이 발견되고 얼마 지나지 않아 양전하 또는 음전하를 띤 K-메존(K-meson, 케이온kaon이라 부르기도 한다)과 함께 전하가 없는 람다 입자(lambda particle)가 발견되었다. 케이온과 람다 입자는 행동 방식이 아주 이상했기 때문에, 물리학자들은 이들을 하나로 묶어 '기묘한(strange)' 입자라고 불렀다.

제2차 세계대전이 끝난 뒤 어니스트 로렌스는 미국 정부로부터 충분한 예산을 지원 받아 전쟁 기간 중 우라늄 동위원소를 추출하는 데 사용해왔던 지름 184인치짜리 사이클로트론(cyclotron, 입자가속기)을 평화적 목적에 사용할 수 있게 되었다. 1949년에 버클리 복사연구소의 물리학자들은 사이클로트론을 이용하여 중성 파이온을 발견했다. 그 후 뉴욕 주의 국립브룩헤이븐연구소와 캘리포니아의 버클리대학교, 러시아의 두브나(Dubna)와 스위스의 제네바 등지에도 새로운 입자가속기가 건설되어 양전하와 음전하 그리고 전기적으로 중성인 시그마 입자가 발견되었으며, 음전하 및 전하가 없는 크시 입자(xi particle)와 반-양성자와 반-중성자 그리고 파울리가 예견했던 뉴트리노가 연이어 발견되었다.

이것이 전부가 아니었다. 높은 에너지에서 파이온이 양성자에

• 유카와 히데키는 1949년에 일본인 최초로 노벨 물리학상을 받았고, 세실 파월은 그 다음 해에 같은 상을 수상했다.

• 처음 발견되었을 때 뉴트리노는 다른 이름으로 불렸다. 이 책에서는 혼란을 방지하기 위해 반드시 필요한 경우가 아니면 현대식 이름을 쓸 것이다.

의해 산란될 때 나타나는 핵자의 공명(resonance)도 이 무렵에 발견되었다. 이들은 과연 입자일까? 이런 현상은 1조 분의 1조 분의 1초가 채 되기 전에 사라졌으므로, 파이온과 핵자의 중간 단계에 불과한 것처럼 보였다. 처음에 물리학자들은 이것이 핵자의 들뜬상태일 것으로 생각했으나, 동일한 현상이 반복적으로 발견되면서 더 이상 무시할 수 없게 되었다. 그리하여 1950년대 말에 입자 목록에는 '델타 입자(delta particle)'라는 항목이 새로 추가되었다.

입자가속기의 출력이 높아짐에 따라 고에너지 충돌 실험에서 새로운 입자들이 속속 발견되었고, 모든 물질이 한 종류의 입자로 이루어져 있을 것이라는 철학자의 꿈은 완전히 사라지고 말았다. 실험물리학자들이 발견한 것은 단순 명료한 진리가 아니라, 온갖 입자들로 정신없이 들끓는 '입자 동물원'이었다.

자연은 가장 근본적인 단계에서 왜 이렇게 복잡하게 만들어져 있을까? 모두들 그 이유를 알고 싶어했다.

기묘한 입자(또는 야릇한 입자strange particle)와 관련하여 새롭고 범상치 않은 일이 벌어지고 있었다. 물리학자들은 그동안 씨름을 벌여왔던 핵력이 하나가 아니라 두 가지 형태로 작용한다는 사실을 뒤늦게 깨달았다. 기묘한 입자들은 양성자나 파이온처럼 '일상적인' 입자들이 관련된 강한 핵력에서 생성된다. 이들은 먼 길을 거쳐 입자감지기에 도달한 후 분해되면서 V자 모양의 궤적을 남긴다. 또한 기묘한 입자들은 수명이 비교적 긴 편인데, 이는 곧 이들이 강한 핵력을 통해 생성되지만 붕괴되는 과정은 이보다 약한 핵력의 영향을 받는다는 것을 의미한다. 불안정한 원자핵이 전자나 양전자를 방출하고 안정한 핵으로 변하는 베타붕괴도 이 힘 때문에 나타나는 현상이다.

네덜란드 출신의 미국 물리학자인 프린스턴의 아브라함 파이스는 이와 같은 현상이 기존의 양자역학(전하, 스핀, 아이소스핀 등)으로 설명될 수 없음을 간파하고 새로운 양자수 N을 도입했다. 그의 정의에 따르면 일상적인 입자들은 N=0이고, 새로 발견된 입자들은 N=1이었다.

곧이어 파이스는 강한 상호작용(강한 핵력 또는 강력)에서 N 값이 변하지 않는다는 사실을 알아냈다. 즉, 반응 후에 새로 생성된 입자의 총 N 값은 반응에 관여했던 모든 입자들의 총 N 값과 항상 같다. 그러나 강력에서는 N이 홀수인 기묘한 입자들이 N이 짝수인 일상적인 입자로 분해되지 않는다. 이런 일은 약한 상호작용(약한 핵력, 약력)을 통해서만 일어나는 것처럼 보였다. 그래서 파이스는 약력이 '홀-짝수 보존법칙'을 따르지 않는다고 가정했다.

그러나 미국의 물리학자 머리 겔만(1929~)은 이와 같이 임시변통으로 끼워 맞춘 설명에 만족하지 않았다. 그는 20세기 양자역학에 위대한 업적을 남긴 석학 중 한 사람으로, 1929년에 뉴욕에서 태어나 열다섯 살의 어린 나이에 예일대학교에 입학했고,* 1951년에 MIT에서 박사학위를 받았다. 당시 그는 스물한 살이었다. 그 뒤 잠시 동안 프린스턴 고등과학원에서 경력을 쌓다가 시카고대학교로 옮겨 엔리코 페르

---

* 자신이 열다섯 살 때 무엇을 했는지 돌이켜보면, 겔만이 얼마나 뛰어난 천재였는지 짐작이 갈 것이다(어린 나이에 천재성을 보이는 사례는 종종 있지만, 습득하는 정보의 난이도가 어느 한계를 넘어서면 그 뛰어났던 천재성이 바닥을 보이는 경우가 태반이다. 그러나 겔만은 평생 동안 한 번도 그런 적이 없었다-옮긴이).

미의 동료가 되었다. 머리 겔만이 기묘한 입자에 관심을 갖기 시작한 것은 바로 이 무렵이었다.

머리 겔만이 창안한 이론은 별로 유별나지도 않고, 아브라함 파이스의 이론보다 이해하기도 쉬웠다. 그는 기묘한 입자의 새로운 특성을 나타내기 위해 '기묘도(strangeness)'라는 개념을 도입했는데, 이 단어는 "뛰어난 아름다움에는 약간의 기묘함이 반드시 섞여 있다(There is no excellent beauty that hath not some strangeness in the proportion)"는 프랜시스 베이컨(1561~1626)의 어록에서 발췌한 것이라고 한다.

기묘도의 물리학적 기원은 분명치 않았지만, 겔만은 "그 정체가 무엇이든 간에, 강한 상호작용에서 기묘도는 항상 보존된다"고 주장했다. 이것은 전자기적 상호작용에서 전하가 보존되는 것과 같은 이치이다. 파이스는 겔만의 기묘도가 바로 자신이 찾던 양자수임을 직감적으로 알 수 있었다.

이것은 '짝수성'이나 '홀수성'의 문제가 아니다. 기묘도가 0인 일상적인 두 입자가 강한 상호작용을 교환하는 과정에서 기묘한 입자가 생성되었다면, 이들의 기묘도의 합은 0이 되어야 한다. 예를 들어 빠른 속도로 가속된 음-파이온을 양성자와 충돌시키면 기묘도가 1인 케이온과 기묘도가 -1인 람다 입자가 생성된다. 즉, 충돌 전의 기묘도의 합은 충돌 후의 기묘도의 합과 같다. 그러므로 이 과정에서 케이온만 생성되거나 람다 입자만 생성되는 경우는 없다. 기묘도가 보존되려면 이들은 함께 생성되어야 하는데, 이것을 '동반 생성(associated production)'이라 한다. 일단 기묘한 입자가 생성되면, 이들은 오직 약한 상호작용을 통해서만 분해될 수 있다.

겔만은 국립브룩헤이븐연구소의 물리학자 코트니 라이트에게 전화를 걸어 동반 생성에 대해 몇 가지 질문을 던졌다. 겔만의 생각이 맞는다면 기묘한 입자는 항상 쌍으로 생성되어야 한다. 에너지와 충돌만 고려한다면 다른 가능성도 존재하지만, 기묘도가 보존되려면 기묘한 입자가 하나만 생성되는 경우는 없어야 한다.

라이트가 되물었다.

"그게 뭐 어때서요? 몇 개가 나오건 무슨 상관입니까?"

겔만이 대답했다.

"저한테는 아주 중요합니다. 좀 알아봐 주세요."

라이트가 데이터를 뒤져보니 정말로 그랬다. 겔만의 짐작이 옳았다.

그러나 기묘도의 기원을 설명하지 못했기 때문에, 물리학자들은 겔만의 이론을 전적으로 수용하지 않았다. 1956년에 로버트 오펜하이머는 겔만의 이론을 어떻게 생각하느냐는 질문을 받았을 때 '일시적 해결책일 뿐'이라고 대답했다.

기묘한 입자의 거동 방식이 알려지면서 물리학자들은 약한 핵력에 관심을 갖기 시작했다. 1930년대에 베타-방사능이론을 집중적으로 연구했던 엔리코 페르미는 1933년 겨울에 이탈리아 알프스의 스키 리조트에서 휴가를 즐기던 중 크리스마스 날 자신이 개발한 새 이론을 닏구 동료들에게 들려준 적이 있다. 그 자리에 있었던 에밀리오 세그레(1905~1989)는 당시의 일을 다음과 같이 회고했다.

"… 우리 모두는 숙소의 침대 주변에 둘러앉아 있었다. 나는 그날 낮에 스키를 타다가 엉덩방아를 하도 찧어서 몸 상태가 별로 안 좋았지만, 페르미가 했던 말은 확실히 기억난다. 그는 최근에 매우 중요한 연구 결과를 얻었으며, 자신의 이름이 역사에 남는다면 바로 그 논문 덕분일 것이라고 자신 있게 말했다."

페르미는 베타붕괴를 일으키는 약력과 전자기적 상호작용을 일으키는 전자기력을 비교하면서 설명을 이어 나갔다.

"전자기력의 경우, 서로 가까이 접근하는 두 개의 전자들은 가상 광자를 교환하면서 전자기력(척력)을 느끼고, 이 힘이 강해지면 직선 궤도를 이탈하게 된다. 이와 마찬가지로, 약력을 느끼는 중성자는 '무언가'를 교환하면서 양성자로 변하고 전자와 뉴트리노를 방출한다."•

(당시 페르미는 그 '무언가'의 정체를 모르고 있었다.) 페르미는 양자전기역학과 비슷한 이론을 이용하여 약한 상호작용에서 방출되는 베타-전자의 에너지(또는 속도) 범위를 예측할 수 있었다.

그 후 페르미의 논리에는 약간의 수정이 가해졌지만, 기본적인 뼈대는 지금까지 옳은 이론으로 남아 있다. 그가 예측한 전자의 에너지는 1949년에 컬럼비아대학교의 중국계 미국인 물리학자 우젠슝(1912~1997)이 실행한 실험을 통해 맞는 것으로 판명되었다.•

페르미는 베타붕괴에서 중성자-양성자와 전자-뉴트리노의 결합 강도가 전자기력에서 하전입자 결합 강도의 100억 분의 1에 불과할 것으로 추정했다. 이 정도면 지극히 미미한 힘이지만, 상호작용의 결과는 매우 의미심장하다. '만물을 이루는 기본 입자'로 알려졌던 중성자는 알고 보니 약력 때문에 '태생적으로 불안정한 입자'였다. 자유롭게 돌아다니는 중성자의 평균수명은 18분밖에 되지 않았다.

• 중성자가 양성자로 변하는 베타붕괴(β^- 붕괴)에서는 전자와 반뉴트리노가 방출되고, 양성자가 중성자로 변하는 역-베타붕괴(β^+ 붕괴)에서는 양전자와 뉴트리노가 방출된다.
• 우젠슝은 컬럼비아대학교에 있을 때 맨해튼프로젝트에 참여하여 천연 우라늄에서 U-235를 추출하는 기술을 개발했다. 그녀는 맨해튼프로젝트에 참여한 사람들 중 유일한 중국계 과학자였다.

그 후 1940년대 말에 이르러, 뮤온을 흡수하거나 방출하는 상호작용도 이와 비슷한 강도로 작용한다는 사실이 밝혀졌고, 기묘한 입자의 붕괴에 관여하는 힘도 거의 비슷한 수준이었다. 그렇다면 베타붕괴는 어떤 일반적인 현상의 한 사례에 불과하지 않을까? 이렇게 생각할 만한 이유는 충분했다. 그래서 물리학자들은 이 일반적인 현상을 '범우주적 페르미 상호작용(Universal Fermi Interaction)'이라 불렀다.

그러나 여기에는 또 다른 문제가 있었다. 전자기학에서 보존되는 대칭 중에 '반전성(parity)'이라는 것이 있다. 예를 들어 파동함수에 등장하는 모든 공간좌표의 부호를 바꿔도 파동함수가 변하지 않으면, 이 파동함수는 '짝수반전성(even parity)을 갖고 있다'고 말하고, 공간좌표의 부호를 바꿨을 때 파동함수의 부호가 바뀌면 '홀수반전성(odd parity)을 갖고 있다'고 말한다. 당시까지만 해도 물리학자들은 전자기적 상호작용과 핵 상호작용에서 반전성이 보존된다고 믿고 있었다.

반전성보존원리는 실험을 통해 검증되기도 했지만, 직관적으로 생각해도 당연히 성립되어야 할 법칙이다. 왼쪽과 오른쪽, 위와 아래 그리고 앞과 뒤는 인간이 편의를 위해 정해놓은 상대적 기준에 불과한데, 어떻게 자연이 왼쪽과 오른쪽, 위와 아래, 앞과 뒤 중 하나를 선호할 수 있다는 말인가? 자연에 존재하는 힘은 왼손잡이도 아니고 오른손잡이도 아닐 것이므로, 좌우를 바꿔도 달라지는 것은 없어야 한다.

그런데 문제는 타우(tau) 입자와 세타(theta) 입자였다. 이들은 질량과 전하가 같고 붕괴되는 데 걸리는 시간도 같아서, 동일한 입자처럼 보인

● 여기서 말하는 반전성은 좌우, 위아래, 앞뒤가 모두 바뀌는 거울반전으로 생각할 수 있다 (실제 거울은 좌우만 바뀐다).

다. 세타 입자는 두 개의 파이온으로 붕괴되는데, 각 파이온은 홀수반전성을 갖고 있다. 두 개의 입자가 홀수반전성을 갖고 있으면 전체적으로는 짝수반전성이 된다. -1에 -1을 곱하면 +1이 되기 때문이다. 그러나 타우 입자는 세 개의 파이온으로 붕괴되어 전체적으로 홀수반전성을 갖는다. -1을 세 번 곱하면 -1이 되기 때문이다.

만일 타우와 세타가 동일한 입자라면, 약한 상호작용은 반전성보존원리를 따르지 않는다고 생각할 수밖에 없다. 정말로 약력은 왼손잡이거나 오른손잡이라는 말인가?

양전닝과 그의 동료인 중국의 물리학자 리정다오(1926~)는 실험 결과를 분석하다가 놀라운 사실을 발견했다. 약한 상호작용에서 반전성이 보존된다는 증거가 전혀 발견되지 않은 것이다. 이들은 1956년에 발표한 논문을 통해 의미심장한 질문을 던졌다.

"약한 상호작용에서 반전성은 보존되는가?"

그해 말에 워싱턴 D. C.에 있는 미국 연방표준연구소의 우젠슝과 에릭 앰블러가 이끄는 실험 팀은 극도로 정밀한 실험을 수행한 끝에 양전닝과 리정다오가 제기했던 질문의 해답을 찾아냈다. 이들은 0K(영하 273도)에 가까운 극저온에서 Co-60(코발트 동위원소) 원자핵을 자기장과 같은 방향으로 나열한 후 여기서 방출된 베타-전자의 진행 방향을 관측했다. 입자의 궤적이 대칭적으로 나타나면 약력은 특별한 방향을 선호하지 않는 것으로 결론 날 것이고, 궤적이 비대칭적으로 나타난다면 반대의 결론이 내려질 것이었다.

반전성보존을 굳게 믿었던 파울리는 1957년 1월에 빅토르 바이스코프에게 다음과 같은 편지를 보냈다.

"조물주가 왼손잡이라니, 절대로 있을 수 없는 일이지. 우젠슝의 실험이 대칭적으로 나온다는 데 나의 모든 것을 걸겠네!"

드디어 실험 결과가 나왔다. 놀랍게도 조물주는 '살짝' 왼손잡이였다. 약한 상호작용에서 반전성은 보존되지 않았던 것이다. 파울리는 이 소식을 전해 듣고 "돈을 걸지 않기를 잘했다"며 멋쩍게 웃어 보였다.

이 실험을 계기로 타우와 세타는 동일한 입자임이 확인되었다. 이들의 정체는 바로 '양전하를 띤 카이온'이었다.[•]

그 후 약력의 특성을 놓고 이론물리학자들과 실험물리학자들 사이에 열띤 논쟁이 벌어졌다. 머리 겔만은 1955년에 캘리포니아공과대학교(칼텍, Caltech)로 자리를 옮겨 리처드 파인먼의 동료가 되었고, 이때부터 양-밀스의 양자장이론을 집중적으로 연구하기 시작했다.

파인먼과 겔만 그리고 인디언계 물리학자 조지 수다르샨(1931~)과 미국인 물리학자 로버트 마샥(1916~1992)은 실험물리학자들의 해석과 달리 약력이 벡터(vector)적 특성을 갖고 있다고 주장했다. 이들의 주장은 결국 옳은 것으로 판명되었다. 1957년에 브룩헤이븐의 모리스 골드하버(1911~2011)와 그의 동료들은 뉴트리노가 왼쪽 편향성(left-handed)을 갖고 있으며, 반뉴트리노는 오른쪽 편향성을 갖고 있음을 확인했다. '범우주적 페르미 상호작용'은 정말로 범우주적인 현상이었던 것이다. 이로써 약한 상호작용, 즉 약력은 자연에 존재하는 기본적인 힘들 중 하나로 인정받게 되었다.

엔리코 페르미는 스스로 최고의 업적으로 꼽았던 바로 그 논문에서 약력과 전자기력의 유사성을 지적했고, 전자의 질량을 척도로 삼아 두 힘의 상대적인 세기를 예측했다. 또한 1941년에 줄리언 슈윙거는 약력

[•] 양전닝과 리정다오는 반전성비보존을 알아낸 공로를 인정받아 1957년에 노벨상을 공동 수상했다.

이 무거운 입자에 의해 매개된다는 가정을 신중하게 검토한 적이 있다. 이때 그는 장 입자의 질량이 양성자 질량의 수백 배 수준이라면 약력의 결합 강도가 전자기력과 거의 같아진다는 사실을 확인하였다.

이것은 약력과 전자기력이 하나로 통합될 수 있음을 보여주는 첫 번째 실마리였다.

1957년 11월에 슈윙거는 〈애널스 오브 피직스(Annals of Physics)〉라는 학술지에 "약력은 3개의 장 입자에 의해 매개된다"는 내용을 골자로 하는 논문을 발표했다. 세 개의 매개 입자들 중 W^+ 입자와 W^- 입자는* 약한 상호작용에서 전하가 전달되는 과정을 설명하기 위해 도입되었고, 나머지 하나는 전하 전달이 일어나지 않는 경우에 힘을 매개하는 중성입자였다. 슈윙거는 이 세 번째 입자가 광자일 것으로 추측했다.

베타붕괴는 다음과 같은 방식으로 진행된다. 즉 중성자가 무거운 W^- 입자를 방출하면서 양성자로 변신하고 W^- 입자는 아주 짧은 시간 안에 초고속 전자와 반-뉴트리노로 분해된다.

슈윙거는 자신의 이론이 틀린 것으로 판명된다면 약력에 관한 연구를 완전히 접겠다는 배수진을 치고 기존의 해석에 부합되도록 이론을 다듬었다. 바로 이 무렵에 셸던 글래쇼(1932~)라는 하버드 대학원생이 슈윙거의 제자로 들어왔다.

러시아 유대계 이민자의 아들로 미국에서 태어난 글래쇼는 1950년에 친구인 스티븐 와인버그, 제럴드 파인버그와 함께 브롱크스과학고등학교를 졸업했다(이들 중 두 명이 나중에, 그것도 같은 해에 노벨상을 받았으니 브롱크스과학고가 최고 명문으로 떠오른 것도 당연하다-옮긴이). 그 후 글래쇼와 와인

---

* 당시에는 이런 이름으로 불리지 않았으나, 앞서 말한 바와 같이 현재 통용되는 이름으로 표기한 것이다.(314쪽 각주 참조)

버그는 코넬대학교에 진학하여 1954년에 학부를 졸업했고, 글래쇼는 학교를 하버드로 옮겨 슈윙거의 제자가 된 것이다.

슈윙거는 '약력을 매개하는 W^+ 입자와 W^- 입자'를 글래쇼의 박사과 정 연구 과제로 내주었다. 덕분에 글래쇼는 꼬박 2년 동안 이 문제에 매달리면서 학위를 받기 전에 이 분야의 전문가가 될 수 있었다. 글래 쇼는 W 입자가 전하를 띠고 있기 때문에, 약력과 전자기학이 밀접하 게 관련되어 있다고 생각했다. 그는 자신의 박사학위 논문에 다음과 같 이 적어놓았다.

"전자기력과 약력을 올바르게 서술하려면 둘을 하나로 묶어서 생각 하는 수밖에 없다⋯⋯."

글래쇼는 약력을 매개하는 입자가 두 개의 W 입자와 광자라는 슈윙 거의 주장이 옳다는 가정하에, 양전닝과 로버트 밀스가 개발해놓은 SU(2) 장이론을 본격적으로 연구하기 시작했다. 그는 W 입자가 관련 된 상호작용에서 반전성과 기묘도가 보존되지 않는 반면, 광자가 관련 된 상호작용에서는 두 가지 모두 보존된다는 사실에 주목했다. 그리하 여 1958년 11월에 셸던 글래쇼는 약력과 전자기력을 통일하는 이론의 초안을 완성했다. 수학적으로 깔끔하지는 않았지만, 그는 자신의 이론 을 재규격화시킬 수 있다고 굳게 믿었다.

그러나 글래쇼의 성취감은 오래 가지 않았다. 그는 코펜하겐에 있는 닐스보어이론물리연구소의 방문연구원으로 있을 때 논문을 발표했고, 1959년 봄에 런던을 방문하여 자신의 연구 내용을 소개하는 세미나를 개최했는데, 그 자리에 있던 파키스탄 출신의 이론물리학자 압두스 살 람(1926~1886)과 그의 동료 존 워드(1924~2000)는 회의적인 반응을 보였 다. 그들도 슈윙거의 논문에 영감을 받아 두 개의 하전입자와 광자를 도입한 SU(2) 양-밀스 이론을 연구해왔으나, 재규격화를 시키지 못해 더 이상 진도를 나가지 못하고 있었다.

글래쇼는 한동안 살람과 토론을 벌인 끝에 자신의 실수를 인정했다. 그의 이론은 재규격화가 불가능했던 것이다. 그는 당장 코펜하겐으로 돌아가 해결책을 모색했다.

글래쇼의 판단 착오는 젊은 물리학자라면 누구나 저지를 수 있는 실수였지만(당시 글래쇼는 스물여섯 살, 살람은 서른세 살이었다), 그가 유도했던 결론은 다소 무모한 면이 있었다. 약력과 전자기력을 모두 포함하는 SU(2) 양자장이론에서 광자가 두 가지 힘을 모두 매개한다는 것은 광자의 업무량이 지나치게 많다는 뜻이기도 하다. 글래쇼는 이런 식으로 광자를 '학대하는' 이론이 결코 바람직하지 않다는 사실을 깨달았다.

이 문제는 대칭을 확장함으로써 해결되었다. 즉, 양-밀스의 SU(2) 게이지장을 전자기력의 U(1) 게이지장과 결합시켜서 대칭군을 SU(2)× U(1)으로 확장하는 것이다. 이렇게 하면 광자는 과중한 업무에서 해방되고, 약력을 매개하는 새로운 중성 입자, 즉 '약한 중성흐름(weak neutral current)'이 도입되어야 한다.* 이로써 글래쇼는 양전닝과 로버트 밀스가 처음 도입했던 삼중상태(triplet) B 입자에 해당하는 세 개의 입자를 확보했다. 그것은 W^+와 W^- 그리고 Z^0였다.*

글래쇼는 1960년 3월에 파리에서 강연을 하다가 머리 겔만을 만났다. 그해에 겔만은 안식년을 맞이하여 콜레주 드 프랑스(College de

---

* 하전입자에 의해 매개되는 약력은 한 입자에서 다른 입자로 흐르는 전류로 해석할 수 있기 때문에 '전기 띤 흐름(charged current)'이라고도 한다. 이와 마찬가지로 중성 입자를 통해 매개되는 약력은 종종 '중성흐름(neutral current)'으로 불린다.
* 글래쇼는 이 입자를 B라고 불렀으나, 지금은 Z^0로 통한다.

France)에 방문 교수로 와 있던 참이었다. 글래쇼가 점심 식사를 하는 자리에서 SU(2)×U(1) 이론을 설명하자 겔만은 고개를 끄덕이며 말했다.

"당신은 옳은 길을 가고 있군요. 하지만 사람들을 설득하기가 쉽지 않을 겁니다."

그 자리에서 겔만은 글래쇼를 칼텍으로 초대할 것을 약속했다.

겔만은 1960년 8월 25일에서 9월 1일 동안 뉴욕 주 로체스터에서 개최될 예정인 고에너지물리학회의에 글래쇼를 초빙하여 아직 출판되지 않은 그의 이론을 소개하기로 마음먹었다. 로체스터 회의는 셸터아일랜드 회의와 포코노 회의를 모델로 삼아 1950년에 발족한 학회로서, 다른 학회와 달리 실험물리학자와 이론물리학자가 모두 참석할 수 있었다. 글래쇼는 그때까지도 스승인 줄리언 슈윙거의 영향을 받아 수학에 치중하는 스타일이었는데, 겔만은 "물리학자들이 알아들을 수 있는 언어로 재구성하라"고 충고했다. 그러나 정작 발표가 끝났을 때 청중들의 반응은 썰렁하기 그지없었다.

사실 글래쇼의 이론은 부족한 점이 많았다. 가장 큰 문제는 W^+와 W^- 그리고 Z^0 입자가 왜 그런 질량을 가져야 하는지 설명할 방법이 없다는 것이었다. 양전닝과 로버트 밀스가 개발한 장이론에 따르면, 힘을 전달하는 입자는 광자처럼 질량이 없어야 했다. 그러나 약력을 매개하는 입자는 질량이 필요했고, 이 질량을 인위적으로 부여했기 때문에 재규격화가 불가능했다.

Z^0 입자도 문제점을 안고 있었다. 전하가 없으면서 힘을 전달하는 중성 매개 입자는 실험실에서 '약한 중성흐름(weak neutral current)'의 형태

• 글래쇼의 논문은 1961년 11월에 학술지 〈뉴클리어 피직스(Nuclear Physics)〉에 게재되었다.

로 감지되어야 하는데, 기묘한 입자의 붕괴를 관측해온 수많은 실험에서 이런 흐름이 발견된 사례는 단 한 번도 없었다. 슈윙거가 제안한 약력-전자기력 통일이론의 진위 여부는 Z^0 입자의 존재 여부에 달렸다고 해도 과언이 아니었다.

그러나 Z^0는 실험물리학자들의 관심을 끌 만한 입자가 아니었다. 이론에서 예견된 Z^0의 질량이 너무 커서, 당시 세계에서 가장 큰 입자가속기를 동원해도 찾을 수 없었기 때문이다. 글래쇼는 Z^0의 질량이 전하를 띤 W 입자의 질량보다 훨씬 클 것으로 예측했다.

이론물리학자들은 막다른 길에 봉착했다. 그들은 실험실에서 의심스러운 입자가 발견될 때마다 지푸라기라도 잡겠다는 심정으로 몰려들었으나, 결과는 번번이 허탕이었다. 양자장이론은 심각한 침체에 빠졌고, 당시 이론물리학의 유일한 관심거리도 아니었다.

일각에서는 양자장이론이 죽었다는 말까지 들릴 정도였다.

22

머스터마크를 위한 세 개의 쿼크!
1963년 3월, 뉴욕 / 머리 겔만, 유발 네만

1960년대 초에 물리학자들은 반입자를 포함하여 30종의 기본 입자(소립자)를 찾아냈으나, 델타 입자는 찾지 못하고 있었다. 전자, 광자, 양성자, 중성자, 뮤온, 파이온, 케이온, 람다 입자, 크시 입자, 델타 입자 등 이 많은 소립자들의 존재 이유를 설명하려면 '일상적인' 것과 '기묘한' 것을 넘어서 새로운 기준으로 입자를 분류할 수 있어야 했다. 엔리코 페르미는 강의 시간에 학생이 입자의 종류를 묻자 이렇게 대답했다.

"내가 그 많은 이름들을 나 외울 수 있었다면 물리학지기 아니라 식물학자가 되었을 걸세!"

입자는 전하, 스핀, 아이소스핀, 기묘도 등 양자수에 따라 분류되며, 가장 크게는 '물질 입자'와 '매개 입자' 두 종류로 나눌 수 있다. 물질 입자는 물질을 구성하는 입자이고, 매개 입자는 장의 양자로서 물질 입자들 사이를 오가며 힘을 전달하는 입자이다.

물질 입자는 반정수($1/2$, $3/2$ 등)의 스핀을 갖고 있으며, 통칭 페르미온(fermion)이라 한다.● 렙톤(lepton, 전자, 뮤온, 뉴트리노와 이들의 반입자)과● 바리온(양성자, 중성자, 람다 입자Λ, 시그마 입자Σ, 크시 입자Ξ) 과 이들의 반입자는 페르미온에 속한다.

힘을 전달하는 입자들은 보존(boson)이라 하며, 정수 스핀을 갖고 있다.● 광자를 비롯하여 파이온(π)과 케이온(K) 등 모든 종류의 중간자들(meson)은 보존에 속한다.● 이들 중에서 강력을 매개하는 메존과 페르미온의 일부인 바리온을 합쳐 하드론(hadron, 강입자)이라 부르기도 한다.●

스핀이 1/2인 바리온에는 양전하를 띤 입자(양성자, Σ^+)와 중성 입자(중성자, Σ^0, Λ^0, Ξ^0), 음전하를 띤 입자(Σ^-, Ξ^-)가 있으며, 기묘도는 0(양성자, 중성자)이거나 −1(Σ^+, Σ^0, Λ^0, Σ^-) 또는 −2(Ξ^0, Ξ^-)이다. 스핀이 0인 메존에는 양전하(K^+, π^+)와 중성(K^0, π^0, $\overline{K}^0$, K^0의 반입자), 음전하(K^-, π^-)가 있으며, 기묘도는 +1(K^0, K^+)이거나 0(π^+, π^0, π^-) 또는 −1(K^-, $\overline{K}^0$)이다. 또한 스핀이 3/2인 델타 입자들은 기묘도가 모두 0이며, 전하는 −1부터 +2까지 갖고 있다(Δ^-, Δ^0, Δ^+, Δ^{2+}).

- '페르미온(fermion)'은 엔리코 페르미(Enrico Fermi)의 이름에서 따온 것이다.
- 렙톤(그리스어로 '작다'는 뜻의 leptos에서 유래됨)은 강한 상호작용을 하지 않는 가벼운 페르미온의 총칭이다.
- 바리온(그리스어로 '무겁다'는 뜻의 barys에서 유래됨)은 질량이 양성자와 같거나 큰 페르미온의 총칭이다. 바리온끼리는 강한 상호작용(강력)을 교환한다.
- '보존(boson)'이라는 용어는 인도의 물리학자 사티엔드라 보스(Satyendra N. Bose)의 이름에서 따온 것이다. 보존 중에는 스핀이 0인 입자도 있는데, 이들은 역장(force field)보다 물질장(matter field)과 더 밀접하게 관련되어 있다.
- 뮤온(muon, '무거운 전자'라는 뜻)은 처음 발견되었을 때 메존으로 불렸지만 파이온이나 케이온과 같은 메존이 아니라 렙톤에 속한다. 헷갈리더라도 이해해주기 바란다.
- 하드론(Hadron)은 '두꺼운' 또는 '무거운'이라는 뜻의 그리스어 hadros에서 유래되었다.

바리온은 'B'로 표기되는 바리온수(baryon number)로 분류되는데, 모든 바리온은 B = +1이고 모든 반-바리온(anti-baryon)은 B =−1이다. 이와 비슷하게 렙톤도 렙톤수(lepton number) 'l'로 분류할 수 있다. 즉, 모든 렙톤은 l = +1이고 모든 반-렙톤은 l =−1이다. 따라서 양성자와 중성자는 B = +1, l =0이고(l =0이라는 것은 렙톤이 아니라는 뜻이다-옮긴이), 전자는 B =0, l = +1이다. 또한 모든 매개 입자들(모든 보존)은 B =0, l =0이다. 물리학자들은 입자들 사이의 모든 상호작용에서 바리온수와 렙톤수가 보존된다는 사실을 알아냈다.

입자의 종류가 너무 많아서 혼란스럽다. 그런데 여기에도 드미트리 멘델레예프(1834~1907)의 주기율표처럼 모종의 규칙이 존재할 것인가? 만일 그렇다면 그 규칙은 무엇이며, 기원은 어떻게 설명해야 하는가? 1961년에 머리 겔만과 이스라엘의 물리학자 유발 네만(1925~2006)이 각자 나름대로 규칙을 제시했다. 그러나 완전한 설명이 등장할 때까지는 그 후로도 한참을 더 기다려야 했다.

아무리 생각해도 입자의 명단은 너무 길었다. 물리학자들은 "근본적인 단계에서 이 모든 입자를 구성하는 '진정한' 기본 입자가 존재할 것"이라고 본능적으로 느꼈다.[*] 따지고 보면 과학은 지난 수천 년 동안 대상을 단순화하는 쪽으로 발전해왔지만, 우

* 물론 소립자의 명단은 다른 식으로 이해할 수도 있다. 미국의 물리학자 조프리 츄(Geoffrey Chew)는 S-행렬이론에 기초한 '구두끈 모형(bootstrap model)'을 제안했는데, 이 모형에 따르면 개개의 입자들은 자신을 제외한 다른 입자(또는 그 일부)로 구성되어 있다. 이 '민주적인' 이론에서 특별히 중요하거나 다른 입자보다 더 '근본적인' 입자는 존재하지 않는다.

주선과 입자가속기에서 줄줄이 발견된 입자들을 짧은 명단으로 정리하려는 시도가 처음 결실을 맺은 것은 1949년의 일이었다.

1950년대 초에 카를 마르크스의 변증법적 유물론에 영향을 받은 일본의 물리학자 사카타 쇼이치(1911~1970)와 그 동료들은 양성자와 중성자, 람다 입자를 '기본 3입자'로 간주하고 다른 입자들을 이들의 조합으로 설명하려는 시도를 한 적이 있다. 머리 겔만도 이와 비슷한 시도를 했으나, 특정 입자가 다른 입자보다 '근본적 존재'라는 증거를 찾을 수가 없었다. 그는 "한동안 연구를 해보았지만, 내용이 너무 너저분해서 발표하지 않았다"고 했다.

초기의 시도들이 실패한 이유는 입자의 적절한 패턴을 파악하기도 전에 기본 구조를 설명하려 했기 때문이다. 이것은 마치 주기율표에서 각 원소의 위치를 파악하기 전에 만물의 기본 단위를 설명하려는 것과 비슷하다.

머리 겔만은 광역대칭군을 도입해야 입자의 패턴을 파악할 수 있다고 믿었다. 그러나 그는 양-밀스 이론의 대가였던 반면, 군론에 대해서는 아는 것이 별로 없었다. 학창 시절에 군론과 관련된 강의를 모두 듣긴 했지만, 내용이 너무 추상적이어서 물리학을 공부하는 데 별로 도움이 되지 않는다고 생각했다.

그는 다양한 입자들을 모두 포함하려면 $U(1)$이나 $SU(2)$와 같은 연속대칭군이 필요하다는 사실을 잘 알고 있었으나, 어디부터 어떻게 시작해야 할지 갈피를 잡지 못했다. 이 무렵에 그는 파리에 있는 콜레주 드 프랑스에 방문 교수로 와 있었는데, 그곳에는 고급 와인도 많고 점심

• 국소대칭군이 아닌 광역대칭군임을 명심하기 바란다. 당시 겔만이 찾던 것은 국소게이지 대칭에 기초한 양-밀스 강력 장이론이 아니라 입자를 분류하는 방법이었다.

식사를 함께 할 동료들도 많았지만 식탁에서 오가는 대화는 겔만에게 별로 도움이 되지 않았다.•

앞에서 말한 대로, 셸던 글래쇼는 1960년에 파리를 방문했을 때 겔만을 만나 약력과 전자기력을 통일하는 이론을 소개했고, 겔만은 그의 이론을 적극적으로 지지했다. 이 자리에서 겔만은 글래쇼가 구사하는 줄리언 슈윙거식 수학 용어에 호기심을 갖게 되었는데, 특히 그의 관심을 끈 것은 $SU(2) \times U(1)$ 이론이었다. 그 후 얼마 지나지 않아 대칭군을 높은 차원으로 확장하는 방법을 터득한 겔만은 $SU(2) \times U(1)$ 이론이 입자를 분류하기에는 턱없이 부족하다는 사실을 깨닫게 되었다(이 이론에는 단 네 개의 보존 즉 광자, W^+, W^-, Z^0만이 등장한다).

그럼에도 겔만은 $SU(2) \times U(1)$ 이론의 아름다움에 완전히 매료되었다. 이제 남은 일은 대칭군을 더 높은 차원으로 확장하여 더 많은 입자를 포함하도록 만드는 것이었다.

나는 $SU(2)$인자와 $U(1)$인자에 대응되는 대수학을 찾기 위해 연산자가 세 개인 경우, 네 개인 경우, 다섯 개, 여섯 개…… 심지어는 일곱 개인 경우까지 고려해보았다. 차원을 7까지 확장해가면서 모든 가능성을 타진해보았지만 별다른 소득이 없었다……. 그때 나는 스스로에게 외쳤다. "이 짓은 이제 그만! 더 해봐야 시간낭비라고!" 와인 한 잔 마시고 8차원을 계속 공략하기에는 심신이 너무 지쳤던 것 같다.

• 겔만과 포도주를 함께 마셨던 사람들은 대부분 수학자들이었다. 이들은 겔만이 고민하던 문제를 당장 해결할 수 있는 사람들이었으나, 연구 과제에 대해서는 거의 아무런 대화도 나누지 않았다.

셸던 글래쇼는 파리 강연을 마친 후 겔만의 제안에 따라 칼텍으로 날아갔다. 이제 두 물리학자가 공동 연구를 하게 된 것이다. 겔만은 우연한 기회에 칼텍의 수학자 리처드 블록과 대화를 나누다가 자신이 찾던 것이 $SU(3)$ 리군(Lie group)이었음을 알게 되었다. 파리에 있을 때만 해도 거의 희망이 보이지 않았는데, 칼텍에서 결정적 실마리를 찾은 것이다.

$SU(3)$의 가장 간단한 표현 또는 '기약표현(irreducible representation)'은 기본 삼중항(triplet)이다. 사카타 쇼이치와 그의 동료들은 $SU(3)$ 대칭군에 기초하여 양성자와 중성자, 람다 입자를 기본 입자로 간주했었다. 그러나 겔만은 이와 같은 시도를 이미 해본 적이 있었기에, 기본 표현에 연연하지 않고 곧바로 다음 단계로 넘어갔다.

약간의 수학 용어를 써서 말하면 $SU(3)$ 대칭군은 $\underline{3} \times \underline{3} \times \underline{3} = \underline{1} + \underline{8} + \underline{8} + \underline{10}$으로 표현된다. 즉, $SU(3)$ 대칭군은 하나의 단일항(singlet)과 한 쌍의 8중항(octet) 그리고 하나의 10중항(decimet)으로 이루어져 있다는 뜻이다. 이중에서 겔만이 관심을 가진 것은 8중항이었다.•

겔만은 스핀이 1/2인 바리온이 8중항에 대응된다는 사실을 발견했다. 8중항은 본질적으로 6각형 패턴으로서 각 꼭지점들은 입자의 전하와 기묘도에 의해 결정되며, 나머지 두 입자인 Σ^0와 Λ^0는 육각형의 중앙에 놓인다.• 겔만은 양성자와 중성자, 람다 입자를 기본 입자로 간주하지 않고 육각형 패턴에 배치시켰다.

겔만은 스핀이 0인 메존(중간자)들을 또 하나의 육각형에 배치시키다

• 단일항표현(singlet representation)도 무시할 수 없다. 1960년대 초에 발견된 파이메존이 대표적 사례이다.

• 어떤 표현에서는 기묘도 대신 초전하(hypercharge)가 사용되기도 한다. 초전하란 기묘도와 바리온수를 합한 값으로서, 스핀이 1/2인 바리온의 경우 초전하=기묘도+1이다.

가 한 자리가 비어 있음을 깨달았다. 바리온 8중항의 Λ^0에 대응되는 자리에 들어갈 중간자가 없었던 것이다. 소립자들이 SU⑶ 대칭군으로 올바르게 분류된다면, 스핀이 0이고 전하와 기묘도는 0인 입자가 어딘가에 존재해야 했다. 겔만은 이 미지의 입자를 '카이(chi)'라 불렀다.

당시에는 델타 입자가 4개밖에 발견되지 않았기 때문에, 10중항에서 나머지 6개의 입자를 예측하는 것은 무리였다. 그래도 8중항에서 얻은 결과에 어느 정도 만족했던 겔만은 자신의 접근법을 '팔정도(八正道, Eightfold Way)'라고 불렀다.[•] 그는 1960년 크리스마스 시즌에 팔정도이론을 완성했고, 1961년 초에 칼텍의 프리프린트(preprint, 정식 논문으로 발표하기 전에 연구 결과를 빨리 알리기 위해 배포하는 견본 인쇄물-옮긴이)로 출판했다.

8중항에서 누락된 입자는 몇 달 뒤 버클리의 미국인 물리학자 루이스 앨버레즈(1911~1988)가 이끄는 실험 팀에 의해 발견되었으며, 이 입자에는 에타(η)라는 이름이 붙여졌다.

이스라엘 방위군 중령이었던 유발 네만은 모세 다얀(1915~1981, 이스라엘의 건국 영웅. 당시 농림부장관이었으나 정치, 국방, 외교 등 여러 분야에 막대한 영향력을 행사했다-옮긴이)의 허락하에 런던 주재 이스라엘 대사관의 국방 담당관으로 파견되어 물리학을 연구할 수 있게 되었다. 그는 매우 특이한 이력을 가진 물리학자이다. 겔만은 15세의 어린 나이에 예일대학교에 입학하는 등 학계에서 초고속으로 내달린 반면, 네만은 텔아비브에서 태어나 하가나(Haganah, 팔레스타인의 유대인 지하 민병대)에서 활동하다가

• 불교에서 말하는 팔정도의 세부 항목은 정견(正見), 정사유(正思惟), 정어(正語), 정업(正業), 정명(正命), 정념(正念), 정정진(正精進), 정정(正定)이다. (팔정도란 열반에 이르는 8단계 수행법을 이르는 말로서, 불교의 팔리어 대장경 중 하나인 마하 사티파타나 수트라Maha Satipatthana Sutra에 등장한다-옮긴이)

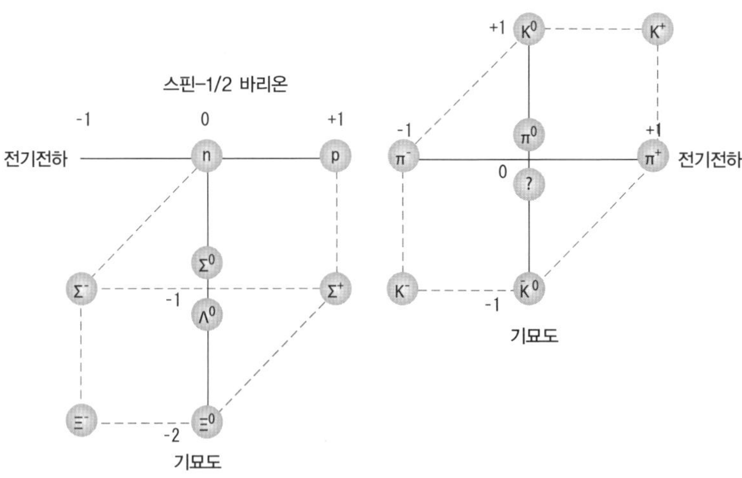

그림12 팔정도. 겔만은 중성자(n)와 양성자(p)를 포함한 스핀 1/2짜리 바리온들과 스핀이 0인 메존 (중간자)들을 광역대칭군 SU(3)의 표현인 두 개의 8중항에 대응시켰다. 그러나 스핀이 0인 메존은 7개밖에 없어서 한 자리(바리온의 Λ^0에 대응되는 중간자)가 비어 있었다. 이 입자는 몇 달 후에 버클리 의 루이스 앨버레즈(1911~1988)와 그의 동료들에 의해 발견되어 에타(η)라는 이름으로 불리게 된다.

1948년에 발발한 아랍–이스라엘 전쟁에 보병으로 참전하는 등 젊은 시절의 대부분을 군대에서 보냈다.

원래 네만은 런던의 킹스칼리지(King's College)에서 상대성이론을 공 부할 예정이었으나, 이스라엘 대사관에서 켄싱턴으로 가는 길에 교통 체증이 워낙 심하여 좀 더 가까운 왕립대학교에서 입자물리학을 전공 하기로 마음을 바꿨다. 바로 그곳에서 네만은 압두스 살람의 지도를 받 게 된다.

네만은 주로 저녁 시간대나 주말에 연구를 하면서 수시로 살람을 찾 아가 연구 결과를 보고했고, 그럴 때마다 살람은 끈기 있게 타일렀다.

"이봐, 그건 자네보다 훨씬 유명한 물리학자들이 이미 몇 년 전에 연구했던 문제라고. 괜한 시간 낭비하지 말고 다른 주제를 찾아보게.”

연일 반복되는 답답한 상황에 살람의 인내심은 거의 바닥을 드러냈지만, 네만은 자신이 연구하는 이론에 강한 자신감을 갖고 있었다. 그때까지 알려진 입자들을 모두 수용할 수 있는 대칭군 후보는 SU(3)를 포함하여 모두 다섯 개였는데, 네만은 이들 중 SU(3) 대칭군으로부터 ‘다비드의 별(Star of David, 삼각형 두 개를 겹쳐서 만든 별 모양의 도형. 유대교와 이스라엘의 상징)’ 모양이 만들어진다는 사실에 몹시 흥분하여 SU(3)를 집중적으로 공략했다. 그리고 1961년 7월에 자신이 개발한 팔정도이론을 정식으로 발표했다.

유발 네만과 머리 겔만은 1962년에 개최된 로체스터학회에 둘 다 참석하여(로체스터라는 이름으로 개최되긴 했지만, 장소는 로체스터가 아니라 스위스 제네바에 있는 CERN이었다) 실험 강연을 열심히 쫓아다니면서 새로 발견된 입자에 촉각을 곤두세웠다. 그사이 실험물리학자들은 스핀이 3/2이고 기묘도가 −1인 세 개의 시그마−스타 입자(삼중상태, Σ^{*+}, Σ^{*0}, Σ^{*-})와 스핀이 3/2이고 기묘도가 −2인 두 개의 크시−스타 입자(이중상태, Ξ^{*0}, Ξ^{*-})를 추가로 발견했다. 이들은 각각 스핀이 1/2인 시그마 입자 및 크시 입자와 거울 대칭 관계에 있었다.

네만은 이 입자들이 이미 알려진 네 개의 델타 입자와 함께 10중항에 포함된다는 사실을 금방 알아차렸다. 그렇다면 아직 하나가 모자라는 셈인데, 이 입자는 음전하를 띠면서 기묘도가 −3이어야 했다.

강연을 듣던 네만은 도중에 손을 들고 발언권을 요청했으나, 1차 발언권은 청중석 앞쪽에 앉아 있던 겔만에게 돌아갔다. 겔만은 주저 없이 자

● 이 입자는 처음 발견되었을 때 Y^{*}_1으로 불렸다.

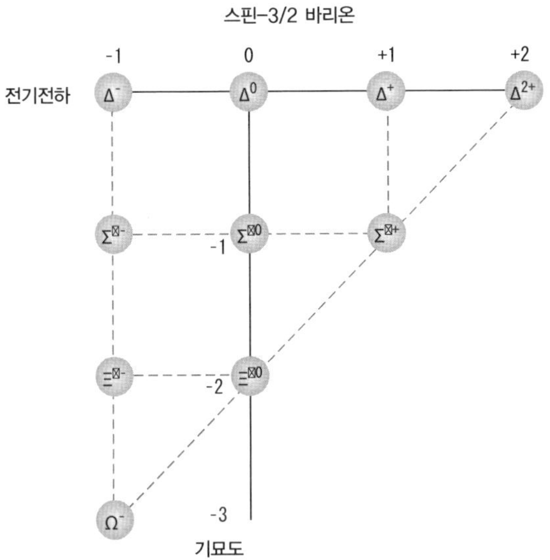

그림13 네만과 겔만은 새로 발견된 입자 Σ*의 삼중상태와 스핀이 3/2인 Ξi*의 이중상태가 SU(3)의 10중항 표현에 속한다는 사실을 간파했다. 그렇다면 아직 발견되지 않은 입자가 하나 남아 있는 셈인데, 겔만은 이 마지막 입자에 오메가(Ω⁻)라는 이름을 붙임으로써 임자 없는 땅에 먼저 깃발을 꽂았다.

리에서 일어나 자신이 오메가(Ω⁻)라고 이름 붙인 열 번째 입자의 존재를 예견했다. 강연이 끝난 후, 국립브룩헤이븐연구소에서 파견된 니콜라스 사미오스(1932~)가 겔만에게 다가와 "오메가 입자가 어떤 식으로 붕괴할 것 같으냐"고 물었다. 겔만은 냅킨 위에 자신이 생각하는 붕괴 방식을 그림으로 보여주었고, 사미오스는 두말없이 냅킨을 주머니에 넣고 사라졌다.

이것으로 입자의 분류 방식은 확실해졌다. 이제 남은 문제는 왜 그렇게 분류되어야 하는지, 그 이유를 설명하는 것이었다.

SU(3)의 핵심이라 할 수 있는 기본 표현, 즉 기본 3중항도 문제로 남아 있었다. 겔만은 이 문제를 무시했지만, 컬럼비아대학교의 로버트 서버(1909~1997)는 세 가지 '기본 단위'로부터 팔정도에서 말하는 두 개의 3중항과 하나의 10중항을 유도하는 연구에 착수했다. 이것은 양성자와 중성자 그리고 전자를 이리저리 조합하여 주기율표를 만드는 작업과 비슷하다. 서버의 머릿속에는 줄곧 한 가지 질문이 맴돌았다.

"지금까지 알려진 모든 입자들을 구성하는 가장 근본적인 세 개의 입자들이 과연 존재할 것인가?"

머리 겔만은 1963년 3월 컬럼비아에 도착하여 몇 차례 강연을 했고, 서버는 그를 찾아가 자문을 구했다. 두 사람은 교수 휴게실에 앉아 대화를 나눴다. 먼저 서버가 질문을 던졌다.

"당신은 세 개의 '조각'을 취하여 양성자와 중성자를 만들 수 있다고 했지요? 그렇다면 조각과 반-조각을 결합하여 메존을 만들 수도 있지 않겠습니까? 혹시 이런 가능성을 고려해보셨나요?"

겔만은 차분한 어조로 대답했다.

"물론 생각해봤습니다. 하지만 가능성이 없어서 폐기처분했지요. 기본 삼중항의 전하가 어떻게 되는지 생각은 해보셨습니까?"

서버는 입을 다물었다. 한 번도 생각해보지 않았기 때문이다. 겔만은 계속해서 말을 이어 나갔다.

"그건 완전히 미친 생각입니다. 냅킨을 집어 들고 뒷면에 계산을 해봤는데, 그런 기본 입자가 존재한다면 전하는 $-1/3$이나 $+2/3$과 같은 분수가 되어야 합니다. 그래야 이들이 모여서 전하가 $+1$인 양성자나 전하가 0인 중성자가 될 수 있으니까요."

서버는 이것이 말도 안 되는 생각임을 인정했다. 전하가 분수인 입자가 존재한다는 증거는 어디에도 없었기 때문이다. 겔만은 서버가 찾는 것이 완전히 어불성설이라며 '코크(quorks)'라는 이상한 단어를 갖다 붙

였다. 그 뒤 이어진 강연에서 이 단어를 몇 차례 언급하기도 했다. 서버
는 겔만이 지어준 이름을 '쿼크(quirk, '기발함'이라는 뜻의 명사-옮긴이)'로 알
아듣고, 분수 전하가 존재한다는 것이 그만큼 말도 안 되는 뜻이라고
생각했다.

그러나 겔만은 서버와 대화를 나누면서 생각이 조금 바뀌었다. 어쨌
거나 SU(3) 대칭군에는 기본 표현이 존재해야 했고, 이미 알려진 입자
들이 8중항과 10중항에 부합된다는 것은 3중항에 대응되는 기본 입자
가 존재한다는 것을 강하게 암시하는 듯했다. 전하가 분수로 표현된다
는 점이 부담되긴 했지만, 만일 이 '코크'들이 더 큰 하드론 안에 영원
히 속박되어 있다면 분수 전하가 발견되지 않은 이유를 설명할 수 있을
것 같았다.

생각이 거의 정리될 무렵, 겔만은 우연히 제임스 조이스의 소설《피
네간의 경야(Finnegan's Wake)》를 펼쳐들었다가 어느 한 구절에 시선이
꽂혔다.

> 머스터 마크에게 세 개의 쿼크를!
>
> (Three quarks for Muster Mark!)
>
> 물론 그에게는 변변한 돛단배 한 척 없고
>
> (Sure he hasn't got much of a bark.)
>
> 있다 해도 죄다 쓸모없는 것들뿐이라네
>
> (And sure any he has it's all beside the mark.)

겔만은 외쳤다.

"그래, 바로 이거야! 세 개의 쿼크(quark)가 양성자와 중성자를 이루

면 되잖아!"

책에 등장한 '쿼크'라는 단어는 그가 로버트 서버에게 지어줬던 이름 'quork'와 철자도 비슷하고 운율도 들어맞았다. 훗날 겔만은 이때의 일을 회상하며 말했다.

"저는 그 이름이 안성맞춤이라고 생각했습니다. 물론 거기에는 아무런 의미도 없어요. 그냥 순간적으로 떠오른 말장난이었을 뿐입니다. 기존의 과학 용어가 하도 딱딱해서 일종의 반발심이 작동한 거지요."

겔만은 자신의 아이디어를 간단하게 정리하여 1964년 2월에 발표했다. 여기에는 u, d, s라는 세 개의 쿼크가 등장하는데, 본문에 명시하진 않았지만 u는 전하가 +2/3인 '위쿼크(up-quark)'이고 d는 전하가 -1/3인 '아래쿼크(down-quark)' 그리고 s는 전하가 -1/3인 '야릇한쿼크(strange-quark)'를 뜻한다. 이 세 개의 쿼크를 조합하면 다양한 바리온이 만들어지고, 쿼크와 반-쿼크(쿼크의 반입자)를 조합하면 메존이 만들어진다.

예를 들어 양성자는 두 개의 위쿼크와 하나의 아래쿼크로 이루어져 있으며(uud), 전하는 +1이다(입자의 전하는 전자의 전하를 -1로 간주한 단위를 사용한다. 그럴 리는 없지만, 만일 전자보다 쿼크가 먼저 발견되었다면 전자의 전하는 -1이 아니라 -3이 되었을 것이다-옮긴이). 중성자는 한 개의 위쿼크와 두 개의 아래쿼크로 이루어져 있고(udd) 전하는 0이다. 그리고 기묘도가 0이 아닌 '기묘한 입자'들은 야릇한쿼크를 포함하고 있다(왠지 앞뒤가 들어맞는다는 느낌이 들지 않는가?). 스핀이 1/2인 바리온 10중항은 위쿼크와 아래쿼크 그리고 야릇한쿼크의 또 다른 조합으로 설명할 수 있으며, 스핀이 0인 메존 8중항은 쿼크와 반-쿼크의 조합으로 설명할 수 있다. 아이소스핀은 핵자를 구성하는 위쿼크와 아래쿼크의 개수로 설명된다. 또한 베타붕괴는 아래쿼크가 W⁻ 입자를 방출하면서 위쿼크로 변하는 과정으로 이

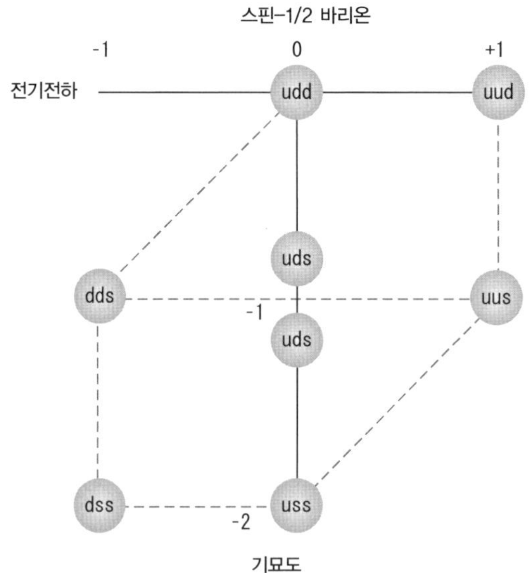

그림14 팔정도이론은 위쿼크와 아래쿼크 그리고 야릇한쿼크의 다양한 조합으로 '거의' 설명할 수 있다. 이 그림은 스핀이 1/2인 바리온의 8중항을 도식적으로 표현한 것이다. Λ^0와 Σ^0는 모두 위쿼크, 아래쿼크, 야릇한쿼크로 이루어져 있지만 아이소스핀이 다르다.

해할 수 있다(중성자 udd에서 하나의 d가 u로 변하면 uud, 즉 양성자가 된다-옮긴이).

겔만은 논문 끝에 첨부한 '감사의 글'에서 "유익한 토론에 감사한다"며 서버의 이름을 언급했다.●

쿼크를 이용한 분류법은 단순하면서도 아름다웠지만, 사실 이것은

● 이와 비슷한 시기에 겔만의 제자였던 조지 츠바이크(1937~)는 입자의 기본 삼중항에 기초한 표현법(representation)을 찾아냈다. 당시 유럽입자가속기센터(CERN)에서 박사후과정을 밟고 있던 그는 전하가 분수로 표현되는 기본 입자를 '에이스(ace)'라 불렀으며, 에이스의 삼중항인 '프레이(frey)'로부터 하드론이 만들어지고 에이스와 반-에이스의 이중항인 '듀스(deuce)'로부터 메존이 만들어질 수 있음을 보였다. 츠바이크의 연구 결과는 CERN의 프리프린트로 출판되었으나 정식 학술지에 실리지는 않았다. 그는 1964년에 칼텍 교수가 되었는데, 겔만은 그가 쿼크의 발견에 공헌했음을 인정하지 않아 한동안 불편한 관계로 지내야 했다.

퍼즐게임과 크게 다르지 않았다. 게다가 실험을 통해 입증된 사실도 아니었기 때문에, 물리학자들로부터 별다른 관심을 끌지 못했다. 문제는 이것뿐만이 아니었다. 쿼크는 스핀이 1/2인 페르미온이므로 파울리의 배타원리를 만족해야 하고, 따라서 두 개 이상의 쿼크가 하나의 양자 상태를 점유하는 것은 불가능하다. 그런데 양성자를 이루는 세 개의 쿼크 중 두 개의 위쿼크는 동일한 양자 상태에 있는 것으로 추정되었으며, 중성자를 이루는 세 개의 쿼크 중 두 개의 아래쿼크도 마찬가지였다. 이 문제를 어떻게 해결해야 하는가?

겔만은 뚜렷한 설명 없이 입을 다물었다. 그는 자신의 이론이 철학적 논란의 대상이 되거나, 쿼크가 영원히 발견되지 않을 수도 있다는 반론을 피하기 위해 쿼크를 "수학적 대상일 뿐"이라고 해명했다. 일부 물리학자들은 이것을 "이론의 창시자인 겔만조차도 쿼크를 실체로 간주하지 않고 있다"는 뜻으로 받아들였다.

겔만의 친필이 적힌 냅킨을 챙겼던 니콜라스 사미오스는 국립브룩헤이븐연구소로 돌아가 겔만이 예견했던 오메가 입자(Ω^-)의 붕괴를 관측하는 실험을 준비했다. 그로부터 약 한 달 반이 지난 1964년 1월 31일, 사미오스가 이끄는 30명의 입자물리학 실험 팀은 거품상자 사진기(입자감지기)에서 새로운 입자의 흔적을 발견했고, 모든 특성을 면밀히 분석한 결과 그 흔적의 주인공은 오메가 입자로 판명되었다. 순전히 이론만으로 예견되었던 입자가 정말로 발견된 것이다. 사미오스의 실험 결과는 1964년 2월 11일 〈피지컬 리뷰〉를 통해 공개되었는데, 그것은 쿼크를 주제로 한 머리 겔만의 논문이 〈피직스 레터스(Physics Letters)〉에 실린 지 열흘 만의 일이었다.

이로써 팔정도이론은 사실로 입증되었으나, 쿼크이론은 여전히 조롱의 대상이었다. 겔만은 제네바에 있는 빅토르 바이스코프에게 전화를 걸어 "모든 바리온과 메존을 분수 전하 입자로 설명하는 방법을 찾았다"고 말했다. 그러자 바이스코프는 냉랭한 어조로 대답했다.

"머리, 그건 난센스야. 다시는 그런 일로 전화하지 말게나. 대서양간 국제전화 요금이 얼마인지 알기나 하나?"

아닌 게 아니라, 이론물리학자들의 주장은 핵심을 벗어나는 경우가 종종 있었다. 그들은 대칭과 게이지 불변성을 이리저리 갖고 놀다가 질량이 없는 보존을 만들어내거나 존재하지도 않는 약한 중성흐름(weak neutral current)을 예견하더니, 이제는 한 술 더 떠서 "전하가 분수인 입자가 있는데, 발견되지는 않을 것"이라며 실험물리학자들을 놀리고 있지 않은가. 이들의 주장은 과연 농담으로 끝날 것인가?

23

신의 입자
1967년 가을, 케임브리지/피터 힉스, 스티븐 와인버그

1960년대 초부터 양-밀스 장이론의 '질량 없는 보존'과 관련하여 약간의 실마리가 풀리기 시작했다. 그러나 각기 다른 분야를 연구하는 물리학자들 사이에 대화가 거의 없었기 때문에, 해답이 나올 때까지는 꽤 오랜 시간을 기다려야 했다. 간혹 분야가 다른 물리학자들끼리 대화가 오가는 경우도 있었지만, 대부분은 상대방을 헐뜯거나 비하하는 내용이었다.

양자장이론을 연구하는 물리학자들은 질량이 없는 보존에 질량을 부여하는 '트릭'이 몹시 필요했다. 그리고 항상 그래왔듯이, 해결의 실마리는 자연이 쥐고 있었다. 물리학 이론은 보존되는 양과 관련된 대칭성에 크게 의존하고 있지만, 우리가 살고 있는 실제의 자연은 분명히 특정 방향을 선호하는 경향이 있다. 연필을 수직으로 세워서 균형을 잡은 뒤 약간의 충격을 가하면 특정한 방향으로 쓰러진다. 즉, 대칭성이 자발적으로 붕괴된 것이다.

물리학자들은 자연에 존재하는 대칭성을 열심히 찾아놓고 그것을 다시 붕괴시키는 방법을 찾아야 하는 역설적 상황에 놓이게 되었다. 이 방면에서 가장 큰 진보를 보인 분야는 고체의 결정구조와 특성을 연구하는 고체물리학(solid-state physics)이었다.

고체물리학에 등장하는 강자성(强磁性, ferromagnet)은 자발적 대칭성 붕괴(spontaneous symmetry breaking)의 전형적 사례이다. 막대자석을 충분히 높은 온도로 달구면 철 원자의 자기모멘트가 흐트러지면서 원자의 전체적 배열이 대칭성을 띠게 된다. 이런 상태에서는 특정 방향을 선호하는 특성이 나타나지 않기 때문에, 자석은 자성을 잃고 평범한 쇠막대가 된다. 여기서 다시 온도를 상온으로 낮추면 철 원자들이 결정을 이루면서 자기모멘트는 다시 방향성을 띠게 된다.[*] 대칭성이 자발적으로 붕괴되면서 쇠막대에 '남극(S)'과 '북극(N)'이라는 극성이 나타나는 것이다.[*]

자발적 대칭성 붕괴는 고체물리학에서 흔히 나타나는 현상이지만, 양자장이론이나 입자물리학에서는 완전히 새로운 개념이었다. 대부분의 이론물리학자들은 스스로를 '자연의 가장 근본적인 단계에서 물리학적 원리를 찾아내는 순수주의자'로 생각했기에, 고체물리학자들을 한 수 아래로 보는 경향이 있었다. 그들은 고체물리학을 "쓸데없이 복잡하기만 한 시스템을 몇 개의 가정으로 단순화시키는 작업"쯤으로 생각했다. 머리 겔만도 고체물리학을 "너저분한(squalid state)" 물리학이라고 비아냥거리곤 했다.

그러나 위기에 봉착한 입자물리학자들이 다른 분야를 기웃거리

• 외부 자기장이 걸려 있지 않을 때 그렇다.
• 모든 대칭성이 사라지는 것은 아니다. 막대자석이 차가워져도 고유의 대칭성은 남아 있다. 그러나 이 대칭을 포함하는 대칭군은 막대자석의 특성을 결정하는 더 큰 대칭군의 부분집합이다.

기 시작하면서 상황은 크게 달라졌다. 1960년에 일본계 미국인 물리학자 난부 요이치로(1921~)는 전자기 게이지장이론의 자발적 대칭성 붕괴 이론과 초전도 이론 사이의 유사성을 간파하고 "초전도 이론을 이용하면 질량이 없는 양-밀스게이지보존에 질량을 부여할 수 있다"는 아이디어를 제시했다. 그 후 1961년에 영국의 물리학자 제프리 골드스톤(1933~)은 대칭성 붕괴의 효과를 연구하다가 질량이 없는 보존을 더 많이 양산해냈다.

골드스톤이 얻은 결과는 전혀 도움이 되지 않았다. 이론물리학자들은 질량이 없는 보존에 질량을 부여하기 위해 안간힘을 쓰고 있는데, 자발적 대칭성 붕괴에서 질량이 없는 입자가 더 많이 생겨난다니, 이것은 마치 불난 집에 부채질을 하는 격이었다.

과연 이론물리학은 막다른 골목에 이른 것일까?

압두스 살람도 자발적 대칭성 붕괴가 해답이 될 수도 있음을 인정했다. 그는 1961년 여름에 스티븐 와인버그와 함께 매니슨에 있는 위스콘신대학교 학회에 참석했다가 제프리 골드스톤을 만났다.

골드스톤은 살람과 와인버그에게 자신이 발견한 내용을 들려주었다. 대칭성을 보유한 장이론을 대칭성이 붕괴된 장이론과 같아지도록 만드는 유일한 방법은 질량 없는 보존을 추가로 도입하는 길뿐이었다. 훗날 이것은 '난부-골드스톤 보존'으로 불리게 된다. 골드스톤은 이 사실을 몇 가지 대칭성에 대하여 확인했으나, 모든 대칭성에 일반적으로 적용된다는 것을 직관적으로 느끼고 있었다. 결국 그의 예측은 맞는 것으로 판명되어, 훗날 '골드스톤 정리'로 불리게 된다.

물론 난부-골드스톤 보존은 양-밀스 보존과 마찬가지로 거센 반발에 부딪혔다. 광자와 같이 질량이 없는 입자는 전자기력처럼 먼 거리까지 작용하는 힘과 관련되어 있으며, 작용 거리가 짧은 핵력은 질량이 있는 입자에 의해 매개된다. 따라서 새로운 이론으로부터 질량 없는 입자가 예견되었다면, 이 입자는 광자처럼 우주 어디에나 존재해야 한다. 그러나 지금까지 그런 입자는 단 한 번도 발견되지 않았다.

살람과 와인버그는 새로 도입된 질량 없는 입자를 '보이지 않는 적'이라고 부를 정도로 골드스톤의 주장을 믿지 않았다. 두 사람은 런던대학교로 돌아가 질량 없는 입자가 존재하지 않는다는 것을 증명하기 위해 그해 가을을 다 보냈으나, 실망스럽게도 정반대의 결과가 얻어졌다. 아이소스핀이나 기묘도의 대칭성이 붕괴될 때마다 난부-골드스톤 보존이 어김없이 등장했던 것이다. 두 사람은 골드스톤과 협력하여 1962년 8월에 논문을 발표했고, 와인버그는 크게 낙담했다.

나는 골드스톤과의 협력하에 질량이 없는 입자가 존재한다는 논문을 쓰면서 기가 완전히 꺾이고 말았다. ⋯ 나는 논문의 끝 부분에 비-불변 진공 상태로 모든 것을 설명한다는 게 무의미하다는 뜻으로 리어 왕이 코델리어에게 했던 대사를 적어 넣었다. "무(無)에서는 무(無)밖에 나올 수 없는 법이다. 다시 말해보거라."

골드스톤은 대칭성을 붕괴시키는 가상의 장이 빈 공간(진공)을 가득 채우고 있다고 가정했다. 이것은 과거 한때 빛의 매개체로 간주되었던 가상의 '에테르(ether)'와 비슷하다. 와인버그가 논문에 《리어 왕》의 대사를 인용한 이유는 진공에서 질량이 창출된다는 발상이 그만큼 무의미하게 보였기 때문이다. 그러나 이런 주관적인 표현은 통상적인 학술 논문에서 사용하지 않는 것이 관례였기에, 〈피지컬 리뷰〉의 편집자는 와인버그의 인용구를 삭제했다.

여기서 더 이상의 진보가 이루어지려면 골드스톤정리를 반증하거나 피해 가는 방법이 개발되어야 했다.

고체물리학자들은 몹시 당혹스러웠다. 고체의 결정구조에서 대칭성이 붕괴된 경우는 수도 없이 봐왔지만, 국소 게이지대칭성이 있는 물리계에서 질량이 없는 입자가 발견된 사례는 한 번도 없었기 때문이다. 존 바딘(1908~1991)과 리언 쿠퍼(1930~) 그리고 존 슈리퍼(1931~)가 1957년에 개발한 초전도이론도 마찬가지다. 특정 금속의 온도가 어느 한계 이하로 내려가면 전기저항이 완전히 사라지는데, 이 현상을 설명하기 위해 새로운 입자를 도입할 필요는 없다.

독자들도 학창 시절 과학 시간에 배웠듯이, 부호가 같은 전하끼리는 상대방을 서로 밀어낸다. 그러나 초전도체 안에 있는 전자들은 약하긴 하지만 서로 삼아낭기고 있나. 전사가 결정격자 인을 지니기면서 양이온에 인력을 행사하여 격자의 위치에 약간의 변형이 생기고, 전자가 지나간 뒤에도 격자는 계속 진동하게 된다. 바로 이 진동 때문에 양전하로 대전된 영역이 생기고, 이것이 뒤에 오는 두 번째 전자를 잡아당기는 것이다.

그 결과로 전자쌍(이것을 '쿠퍼쌍Cooper pair'이라 한다)이 형성되는데, 쿠퍼쌍을 이루는 전자는 스핀과 운동량이 서로 반대이다. 이들은 진동하는 격자의 도움을 받아 결정 속을 자유롭게 이동할 수 있다. 전자는 페르미온이므로 파울리의 배타원리에 따라 동일한 양자 상태를 점유할 수 없지만, 초전도체 안에서 쿠퍼쌍을 이룬 전자는 보존처럼 행동한다. 동일한 양자 상태를 점유할 수 있는 쿠퍼쌍의 수에는 제한이 없으며, 이들은 낮은 온도에서 하나의 거시적 양자 상태를 점유하는 '보스 응축물(Bose condensation)'을 이룬다.* 이와 같은 상태에 놓인 쿠퍼쌍은 격자를 통과할 때 아무런 저항도 느끼지 않기 때문에 초전도현상이 일어나는 것이다.

바딘-쿠퍼-슈리퍼의 초전도이론은 논리 자체가 우아할 뿐만 아니라 양자전기역학의 범주 안에서 나타나는 신기한 현상들을 깔끔하게 설명해주고 있다. 여기에는 전자기장의 대칭성 붕괴만 필요할 뿐, 새로운 특성이나 새로운 입자를 도입할 필요가 없다.

이런 이유로 고체물리학자인 필립 앤더슨(1923~)은 골드스톤정리를 받아들이지 않았다. 고체물리학의 여러 사례들에 따르면 게이지대칭성이 자발적으로 붕괴될 때 난부-골드스톤 보존이 항상 생성될 필요는 없다. 이 과정에서 생성된 집단들뜸(collective excitation)과 격자의 진동은 고체 내부의 파동 패턴과 동일한 양자적 입자로 간주할 수 있다. 여기에는 신기한 구석이 전혀 없다.

1963년에 필립 앤더슨은 "양자장이론의 여러 문제들은 스스로 해답을 제시하고 있다"고 주장했다.

초전도체와의 유사성을 고려할 때 질량이 없는 양-밀스 게이지 보존과 질량이 없는 〔난부〕골드스톤 보존은 큰 문제가 아닐지도 모른다. 이 두 형태의 보존이 '서로 상쇄되어' 유한한 질량을 갖는 보존이 나타날 수도 있기 때문이다.

* 레이저광선도 광자로 이루어진 보스 응축물의 한 사례이다.

앤더슨의 예측은 매우 정확했지만, 당시에는 큰 주목을 받지 못했다. 양자장이론을 연구하는 물리학자들이 근거 없는 우월감에 빠져 고체물리학자의 주장을 귀담아 듣지 않은 것이다. 게다가 앤더슨은 골드스톤정리가 틀렸음을 보여주는 어떤 증명도 제시하지 않았기 때문에, 내용을 잘 아는 이론물리학자들은 그의 말을 전혀 믿지 않았다.

앤더슨의 논문은 양자장이론의 응용 분야에서 약간의 논쟁을 야기했을 뿐이다. 그러나 1964년에 "자발적 대칭성 붕괴 과정에서 나타난 질량 없는 보존들이 이리저리 상쇄되어 질량이 있는 보존만 남는다"는 논문이 연달아 발표되면서 분위기가 반전되었다. 이 논문을 발표한 사람은 코넬대학교의 벨기에 물리학자 로베르 브라우와 프랑수아 앙글레르, 에든버러대학교의 피터 힉스 그리고 런던왕립대학교의 제럴드 구랄닉, 칼 헤이건, 톰 키블 등이었다.[•] 이 과정은 오늘날 '힉스 메커니즘(Higgs Mechanism)'으로 알려져 있다.

힉스는 1964년 초에 발표한 논문에서 보존과 관련하여 필립 앤더슨이 예견했던 내용이 '양-밀스게이지이론에 한하여' 옳다는 것을 입증했다. 대칭성이 붕괴되는 과정에서 생성된 난부-골드스톤 보존은 양-밀스 보존의 '흡수이론'을 통해 제거될 수 있다. 그러면 난부-골드스톤 보존은 더 이상 질량 없는 입자가 아니라 양-밀스 보존의 새로운 '자유도(degree of freedom)'로 존재하게 된다.[•]

• 이 세 편의 논문은 1964년 〈피지컬 리뷰 레터스〉 제13권의 321~323쪽과 508~509쪽, 585~587쪽에 걸쳐 한꺼번에 발표되었다.

• 스핀＝1이면서(보존) 질량이 없는 입자는 가로편극상태(transverse polarization state)에 따라 두 개의 자유도를 갖고 있다(광자의 경우에는 좌측 원형편광과 우측 원형편광이 여기에 해당한다). 여기에 힉스 메커니즘을 적용하면 스핀＝1인 보존은 난부-골드스톤 보존을 흡수하여

양-밀스 보존이 질량을 얻는 과정은 수학적으로 매우 복잡하지만, 몇 가지 사례를 들어 시각화할 수 있다. 대칭성이 붕괴되는 데 필요한 진공장(요즘은 힉스장Higgs field이라 불린다)은 양-밀스 장 입자에 선택적으로 작용한다. 장 입자의 입장에서 볼 때 힉스장은 일종의 당밀(설탕을 녹여 꿀처럼 만든 걸쭉한 액체-옮긴이)과 비슷한 존재이다. 힉스장에 진입한 장 입자는 마치 늪에 빠진 것처럼 행동에 제약을 받는다. 장과의 상호작용을 통해 움직임이 느려지는 것이다. 물론 질량을 많이 획득할수록 움직임은 더욱 느려진다. 이것은 질량을 가진 물체에서 볼 수 있는 전형적인 현상이다.

CERN(유럽 입자가속기센터)의 물리학자들은 정치가들도 알아들을 수 있는 버전의 '힉스 메커니즘 설명법'을 개발했는데, 그 내용은 다음과 같다. 여기, 물리학자들이 한데 모여 칵테일파티를 벌이고 있다. 방 안에는 사람들이 균일하게 분포하는데, 이들은 칵테일을 마시며 옆 사람과 조용히 담소를 나누고 있다. 이것은 진공에 힉스장이 깔려 있는 것과 비슷한 상황이다. 그런데 어느 순간에 세계적으로 유명한 물리학자가(분명히 노벨상 수상자일 것이다. 우아한 여인이라면 효과는 더욱 크게 나타난다) 드디어 파티장에 나타났다. 그녀는 힉스장에 진입한 양-밀스 보존에 해당한다. 따분한 농담을 주고받던 물리학자들은 그녀와 한마디라도 대화를 나누기 위해 그녀가 가는 길을 따라 모여들고, 그녀는 군중에 막혀 앞으로 나아가기가 점점 더 어려워진다. 이처럼 양-밀스 보존이 힉스

제3의 세로자유도(longitudinal degree of freedom)을 낳고, 그 결과 입자의 가속운동이 장 때문에 방해를 받게 된다. 이 과정을 '질량의 획득'으로 이해하는 것이 바로 힉스 메커니즘의 핵심이다.

• 이것은 런던대학교의 물리학자 데이비드 밀러가 제안한 설명법을 조금 수정한 것이다. 밀러의 원래 설명에는 물리학자가 아닌 영국 보수당의 당원들이 칵테일파티를 벌이고, 유명

장 안으로 들어오면 가속 운동을 방해하는 저항을 받게 되는데, 이것은 보존이 질량을 획득한 결과로 해석할 수 있다.[*]

이 이론은 약전자기이론에 등장하는 질량 없는 보존뿐만 아니라 모든 입자에 적용될 수 있다. 물리학자들은 우주가 탄생했던 '빅뱅'의 초기에도 힉스장에 의해 우주 전체의 대칭성이 붕괴된 것으로 믿고 있다. 뜨겁게 달궈졌다가 식어가는 막대자석에서 철 원자들이 결정구조를 되찾으며 대칭성이 붕괴되는 것처럼, 초기 우주가 식어감에 따라 힉스장이 결정화되면서 나타난 위상각(phase angle)이 특정한 값으로 고정되었다는 것이다. 이 결정화 과정은 에너지가 0인 진짜 진공(true vacuum)보다 에너지가 조금 높은 가짜 진공(false vacuum)을 만들어냈다. 또한 우주의 대칭성 붕괴는 우주 초기에 생성된 입자들에게 다양한 방식으로 영향을 미쳤다. 전자기력을 매개하는 광자는 별다른 영향을 받지 않은 채 '질량이 없는 입자'로 남았지만, 약력을 매개하는 보존들은 가짜 진공에 갇혀서 질량을 획득하게 되었다. 지금 존재하는 모든 입자들은 과거에 이와 같은 과정을 거치면서 질량을 획득한 것으로 추정된다.

언뜻 보기에는 무(無, 힉스장으로 가득 찬 가짜 진공)에서 유(有, 질량)가 창조

인사로는 영국의 전 수상이었던 마거릿 대처 여사가 등장한다. 1993년에 영국의 과학기술부장관이었던 윌리엄 월드그레이브가 힉스 메커니즘을 쉽게 설명하는 공모전을 열었는데, 데이비드 밀러가 위와 같은 내용으로 응모하여 상위 다섯 명에게 돌아가는 상을 수상했다. 당시 월드그레이브는 힉스 입자를 찾는 것이 가치 있는 연구라고 판단하여 CERN에 매년 연구 기금을 지원하기로 결정했다.

- U(1) 게이지장의 대칭성이 붕괴되는 과정에서도 장 입자인 광자는 위와 같은 논리에 의해 질량을 획득하게 된다. 이것이 바로 그 유명한 마이스너효과(Meissner effect)로서, 1933년에 독일의 물리학자 발터 마이스너와 로베르트 옥센펠트에 의해 처음으로 발견되었다. 임계온도 이하로 냉각된 초전도체 주변에 약한 자기장을 걸어주면 장 입자인 광자가 질량을 획득하여 장선(line of force, 이 경우에는 자기력선)이 초전도체 내부를 관통하지 못하고 밖으로 피해 가게 된다. 자기부상열차는 이 효과를 응용한 발명품 중 하나이다.

된 것 같지만, 따지고 보면 반드시 그렇지만도 않다. 모든 양자장이론은 양자적 입자를 갖고 있으며, 힉스장에 대응되는 입자는 '힉스 보존(higgs boson)'이다. 다시 칵테일파티장으로 돌아가서 생각해보면, 힉스 보존은 유명 인사를 기다리는 물리학자들 사이에 조용히 퍼져 나가는 소문과 비슷하다. 당사자는 아직 파티장에 도착하지 않았지만 사람들은 그녀와 관련된 소문을 듣기 위해 특정 지역으로 모여들 것이고, 그 일대에서는 진행을 방해하는 저항(질량)이 발생한다. 바로 이 '뭉침 현상'이 질량을 가진 힉스 보존에 해당한다. 따라서 입자가 질량을 획득하는 것은 입자와 힉스 보존의 상호작용에 기인한 결과라고 생각할 수 있다.*

힉스 메커니즘이 처음부터 환영을 받은 것은 아니다. 피터 힉스는 논문을 출판할 때부터 어려움을 겪었다. 그는 두 편의 논문을 작성하여 그중 두 번째 논문을 1964년 7월에 〈피직스 레터스〉에 보냈으나 담당자에게 '게재 불가' 판정을 받았다. 몇 년 뒤에 힉스는 그때의 일을 다음과 같이 회상했다.

나는 내 논문이 입자물리학에서 매우 중요한 업적이라고 생각했기 때문에 게재 불가 판정을 받고 몹시 화가 났다. 1964년 8월에 CERN에서 한 달간 머물렀던 동료 스콰이어스(Squires)는 이론물리학자들이 나의 이론을 제대로

---

* 물리학자가 아닌 외부 사람들은 힉스 보존이 양-밀스 입자를 비롯한 모든 입자에 질량을 부여한다는 이론을 동화 같은 가설로 취급했다. 노벨상 수상자인 리언 레더만과 과학 작가 딕 테레시는 1993년에 공동 집필한 《신의 입자 : 우주가 답이라면 질문은 무엇인가?(The God Particle : If Universe is the Answer, What is the Question?)》에서 힉스 보존을 '신의 입자'라는 경지까지 격상시켰다. 피터 힉스의 증언에 따르면, 원래 레더만은 힉스 보존을 '빌어먹을 입자(goddamn particle)'로 표현했으나 출판사 측에서 '신의 입자(God Particle)'로 바꿨다고 한다.(〈가디언〉 2008년 6월 30일 참조)

이해하지 못하는 것 같다고 했는데, 사실 그것은 별로 놀랄 일도 아니었다. 당시 유럽 이론물리학계의 최대 문제는 S-행렬이었고, 양자장이론은 구시대의 유물 취급을 받고 있었다. 게다가 내가 입자의 질량 획득 메커니즘을 선형적인 고전 장이론과 드 브로이 관계식으로 유도한 것은 다소 섣부른 판단이었던 것 같다.

놀라운 것은 힉스 메커니즘으로 가장 큰 혜택을 볼 수도 있었던 사람들마저 별 관심을 보이지 않았다는 사실이다. 약력과 전자기력을 통일하는 과정에서 질량이 없는 W^+, W^-, Z^0 입자의 존재를 예견했던 셸던 글래쇼까지도 자신의 이론에 별로 애착이 없었다. 힉스는 "글래쇼의 건망증은 1966년 내내 계속되었다"며 불만을 토로했다. 글래쇼는 그 해에 하버드대학교에서 열린 힉스의 강연에 참석했으나, 자신의 이론과 연결 지을 생각은 하지 못했다.

힉스 메커니즘의 중요성을 처음으로 간파한 사람은 스티븐 와인버그였다. 하지만 그도 처음에는 별 관심이 없었다. 그는 1965~1967년 동안 $SU(2) \times SU(2)$로 서술되는 강한 상호작용의 자발적 대칭성 붕괴를 연구한 끝에 액사와 난부-골드스톤 보존의 질량이 파이온으로 근사될 수 있다는 결과를 얻었다. 당시에는 모든 것이 그럴듯해 보였고 골드스톤 정리를 피해 가려는 의도도 없었기에, 와인버그는 새로 예견된 입자들에 대해 긍정적인 생각을 갖고 있었다. 그는 이 연구를 진행하면서 "골드스톤 보존이 낯선 침입자에서 반가운 친구로 돌변했다"고 했다.

그러나 와인버그는 이 문제에 몇 년 동안 더 매달리다가 어느 날 갑자기 새로운 생각을 떠올렸다.

1967년 가을의 어느 날, 나는 MIT의 연구실로 차를 몰고 가다가 문득 깨달았다. 그동안 나는 올바른 생각을 잘못된 문제에 적용해오고 있었다.

그때까지 와인버그는 대칭성 붕괴를 강력에 적용해왔다. 그러나 여기 사용된 수학 체계는 강력이 아니라 약력 및 질량이 있는 보존과 관련된 문제를 해결하는 결정적 열쇠였다. 그는 혼자 소리쳤다.

"맙소사! 이게 바로 약력에 대한 답이었잖아!"

와인버그는 약력과 전자기력에 대한 셸던 글래쇼의 SU(2)×U(1) 장이론에 W^+, W^-, Z^0 입자의 질량을 인위적으로 추가하면 재규격화가 불가능하다는 사실을 잘 알았다. 그렇다면 힉스 메커니즘을 통해 질량을 획득한 입자들은 난부-골드스톤 보존을 제거하여 재규격화가 가능한 이론을 낳을 것인가? — 와인버그는 이 점이 궁금해졌다.

약력을 매개하는 중성 Z^0 입자가 발견되지 않은 것도 문제였다. 그래서 와인버그는 자신의 이론을 렙톤(전자, 뮤온, 뉴트리노)에 한정시키고, 강력에 영향을 받는 하드론(강입자)과 약력의 기반을 이루는 입자 붕괴 현상에 극히 신중한 태도를 보였다.

중성전류(중성흐름, neutral current)는 그의 이론에서도 여전히 예견되고 있었지만, 렙톤만 고려한 이론에서 중성전류는 뉴트리노가 관련된 상호작용을 의미했다. 뉴트리노는 좀처럼 발견하기 어려운 입자로 알려져 있었으나 당장 모순을 낳지는 않았기 때문에, 그와 관련된 중성흐름을 발견하는 것은 꽤 시도해볼 만한 실험이었다.

와인버그는 렙톤을 대상으로 한 '약전자기' 통일이론을 1967년 11월에 발표했다. 그의 이론에 따르면 SU(2)×U(1) 장이론은 자발적 대칭성 붕괴에 의해 일상적인 전자기력의 U(1) 대칭으로 줄어들고 W^-,

W^+, Z^0 입자들은 질량을 획득하게 된다. 단, 광자는 여전히 질량이 없는 입자로 남는다. 와인버그의 논문에서 W 입자와 Z^0 입자의 질량은 각각 80GeV, 90GeV로 계산되었으며, 힉스 보존의 몇 가지 특성이 예측되었다. 그는 자신의 이론이 재규격화될 수 있음을 입증하지는 못했지만 상당한 자신감을 갖고 있었다.

압두스 살람도 1967년 초에 힉스 메커니즘의 유용성을 간파하고 스티븐 와인버그와 거의 동일한 이론을 독립적으로 개발했다. 그러나 그는 하드론을 포함하는 이론이 완성될 때까지 논문 출판을 미루었다.

이들의 논문은 별다른 관심을 끌지 못했고, 그나마 관심을 보인 몇몇 사람들도 회의적인 태도를 보였다. 당시 질량과 관련된 문제는 가상의 장을 도입하고 또 다른 보존을 가정하는 등 매우 부자연스러운 형태로 설명되고 있다. 양자장이론을 연구하는 물리학자들은 거의 아무도 이해할 수 없는 모호한 규칙 아래 장과 입자로 진행되는 이상한 게임을 벌이고 있었으며, 나머지 다수의 물리학자들은 그들을 완전히 무시한 채 자기만의 길을 가고 있었다.

훗날 와인버그는 당시의 상황을 플라톤의 《국가》에 등장하는 '동굴에 갇힌 인간'에 비유했다. 바깥 세계를 겪어본 적도 없고 아는 것도 전혀 없는 동굴 거주자들은 동굴 벽에 드리워진 그림자를 바라보며 바깥 세계를 상상한다. 이들의 상상력이 제아무리 뛰어나다 해도, 투박한 그림자로부터 실체를 유추하기는 결코 쉬운 일이 아닐 것이다.

와인버그는 자신의 저서에 다음과 같이 적어놓았다.

물리학자는 실험이라는 한계에 갇혀 살아가는 동굴 거주자와 비슷하다.

우리는 비교적 낮은 온도에서 물질을 연구할 수밖에 없고 이 온도에서는 대칭성이 이미 붕괴돼 있기 때문에, 우리 눈에 보이는 자연은 단순한 법칙으로 통일되어 있지 않다. 우리는 이 동굴을 벗어날 수 없지만, 벽에 드리워진 그림자를 오랫동안 주의 깊게 바라보면 자연을 지배해온 대칭성의 형태를 유추할 수 있다. 바깥 세계의 진정한 아름다움은 바로 이 대칭성 속에 숨어 있다.

Quantum Particles

5부
양자적 입자

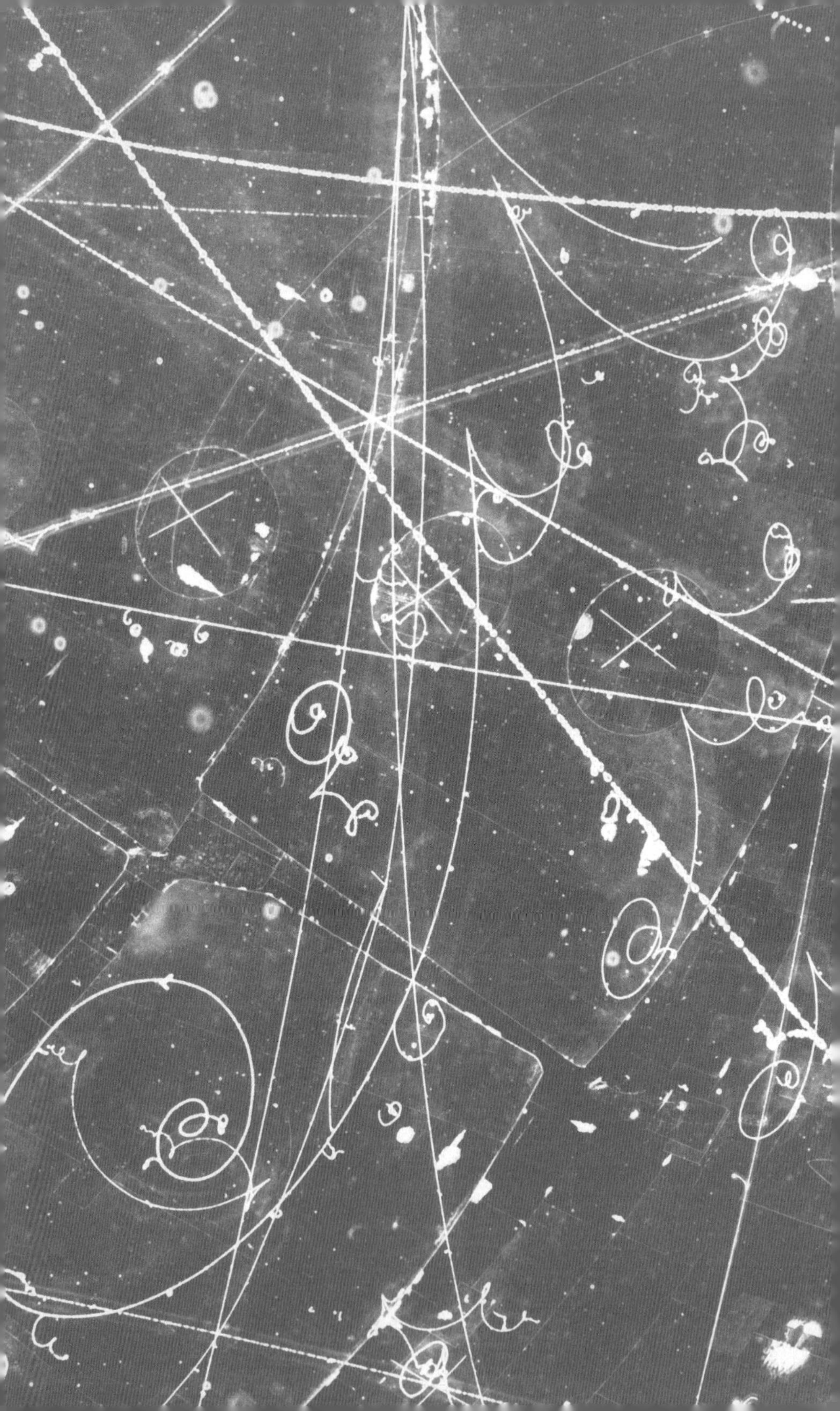

24

심층 비탄성 산란
1968년 8월, 스탠퍼드 / 제임스 비요르켄, 리처드 파인먼

스티븐 와인버그의 '동굴 인간' 비유는 1960년대 말 이론물리학계의 분위기를 단적으로 보여준다. 당시 양자장이론은 한마디로 '별 볼일 없는' 연구 과제였다. 이 분야에 투신한 물리학자들은 동굴 벽에 드리워진 그림자를 더듬으면서 긴 세월을 어둠 속에서 헤매왔고, 수학이 발목을 잡을 때마다 그것을 피해 가는 교묘한 방법을 개발해왔다. 때로는 획기적 진보가 이루어지기도 했지만, 대다수의 물리학자들은 양자장이론이 어디를 향해 가고 있는지 갈피를 잡지 못했다.

실험물리학자들의 임무는 동굴 속에 가능한 한 많은 빛을 비춰 그림자를 선명하게 만드는 것이었다. 그림자가 선명할수록 원형을 쉽게 유추할 수 있기 때문이다. 그래서 1960년대의 실험물리학자들은 입자가속기의 규모를 키우는 데 총력을 기울였다.

1957년 10월에 옛 소련은 스푸트니크 1호(Sputnik I)를 궤도에 진입시키는 데 성공했다. 세계 최초의 인공위성으로 기록된 스푸트니크 1호는 98분마다 한 바퀴씩 궤도를 돌면서 자신이 살아 있음을 알리는 간단한 신호를 지구로 보내왔고,[•] 미국 정부는 이 신호를 확인할 때마다 극심한 무력감과 공포에 시달렸다. 게다가 소련은 같은 해에 모스크바에서 북쪽으로 120킬로미터 떨어져 있고 핵연구소가 있었던 두브나(Dubna)에 10GeV의 출력을 낼 수 있는 양성자가속기를 완공함으로써 미국을 더욱 불안하게 만들었다. 당시 브룩헤이븐에 있던 입자가속기 코스모트론(Cosmotron)의 출력이 3GeV였고 버클리 복사에너지연구소에 있던 베바트론(Bevatron)이 6.2GeV였으니, 미국은 과학 전반에 걸쳐 소련을 뒤따라가는 처지였다. 그 후 1959년에 제네바에 있는 CERN에서 26GeV짜리 양성자가속기가 완공되었다.

미국과 소련의 냉전은 특히 과학기술 분야에서 치열하게 전개되었다. 미국 정부는 소련에 뒤지지 않기 위해 고에너지 물리학에 천문학적 예산을 쏟아 부었으며, 그 혜택을 가장 많이 본 사람은 미국의 입자물리학자들이었다. 1960년에 브룩헤이븐연구소에 건설된 AGS(Alternating Gradient Synchrotron)는 고정된 표적에 양성자를 충돌시키는 출력 33GeV짜리 양성자가속기로서, 주된 목적은 강력과 약력의 비밀을 밝히고 새로운 입자를 찾아내는 것이었다. 그러나 입자가속기에서 얻어진 실험 데이터를 종합하고 분석하여 하나의 결론이 내려지기까지는 상당히 긴 시간이 소요되었다. 리처드 파인먼은 양성자-양성자 충돌기를 설명하면서 "두 개의 시계를 하나로 합치기 위해 무지막지한 속도로 충돌시키는 것과 같다"고 했다.

• 스푸트니크 1호가 우주에서 보내왔던 신호는 나사(NASA)의 웹사이트 http://history.nasa.gov/sputnik에서 직접 들을 수 있다.

리처드 파인먼이 이런 비유를 든 이유는 고에너지 하드론 충돌기가 상상을 초월하는 '돈 먹는 하마'이기 때문이다. 1962년에 캘리포니아의 스탠퍼드대학교에 1억 1,400만 달러짜리 선형입자가속기 공사가 시작되었을 때 많은 입자물리학자들은 "그런 장치로는 이류 실험밖에 할 수 없다"며 가속기 건설을 반대했다. 그러나 미국의 이론물리학자 제임스 비요르켄(1934~)은 고에너지 전자의 드 브로이 파장이 양성자의 지름보다 작다는 사실을 잘 알고 있었다.* 무거운 입자끼리 충돌하면 내부 구조를 볼 수 없지만, 이런 전자가 양성자와 충돌하면 내부를 들여다볼 수 있으므로 양성자의 구성 입자를 발견할 가능성이 있다.

1909년에 한스 가이거와 어니스트 마스던이 기념비적인 실험을 통해 원자의 구조를 알아냈던 것처럼,* 스탠퍼드선형가속기는 양성자의 내부 구조를 밝혀줄 강력한 후보로 꼽혔다.

이제 실험물리학자들은 이론가들이 쏟아내는 파격적인 이론을 검증할 수 있게 된 것이다.

스탠퍼드선형입자가속기센터(Stanford Linear Accelerator Center, SLAC)는 샌프란시스코에서 남쪽으로 약 60킬로미터 거리에 있는데, 대학교 캠퍼스에서 서쪽으로 4킬로미터 떨어진 로스알

● 파장과 운동량을 연결해주는 드 브로이의 유명한 공식 $\lambda = h/p$에 따르면 입자의 속도가 빠를수록(운동량이 클수록) 파장은 짧아진다.
● 제3장 참조.

토스힐즈(Los Altos hills) 기슭에 약 1.6km²에 걸쳐 자리 잡고 있다.[•] 가속기는 에너지 절약을 위해 원형이 아닌 직선으로 뻗어 있는데, 그 길이가 무려 3킬로미터에 달한다. 전자가 강한 자기장 안에서 원 궤도를 돌면 막대한 X-선 복사가 방출되어 에너지 낭비가 심하기 때문이다. SLAC 은 1966년에 완공되었고, 1967년에 20-GeV의 출력을 기록했다.

SLAC이 작동되는 방식은 다음과 같다. 직선형 가속기의 끝부분에 다양한 종류의 표적을 고정시켜놓고, 빠른 속도로 가속된 전자를 표적에 충돌시킨다. 전자가 표적 속의 양성자에 가까워지면 가상 광자를 교환하면서 위치와 속도에 변화가 생기는데, 충돌 과정에서 양성자는 거의 손상을 입지 않는다. 이런 경우를 '탄성 산란(elastic scattering)'이라 하며, 산란된 전자는 비교적 균일하면서 매우 큰 에너지를 갖고 있다. 따라서 산란된 전자의 개수를 세로축, 에너지를 가로축으로 삼아 그래프를 그려보면 하나의 커다란 피크가 나타난다. 다시 말해서, 산란된 전자의 에너지가 특정한 값에 집중되어 있다는 뜻이다.

전자가 표적 속의 양성자와 가상 광자를 교환하면서 양성자를 들뜬 상태로 만드는 경우도 있다. 이때 산란되는 광자는 탄성 충돌의 경우보다 적은 에너지를 갖고 있으며, 위와 같은 식으로 그래프를 그려보면 양성자가 들뜬 정도에 따라 여러 곳에서 피크(또는 곡면)가 나타난다. 이런 경우를 '비탄성 산란(inelastic scattering)'이라 하며, 전자와 양성자는 상호작용을 교환한 후에도 별다른 영향을 받지 않지만 이 과정에서 새

• SLAC은 산안드레아스 단층 근처에 위치하고 있다. 그래서 물리학자들 사이에는 "지진이 일어나면 SLAC이 아니라 SPLAC(Stanford Piecewise Linear Accelerator Center)이 된다"는 농담이 나돌았다(직역하면 '스탠퍼드의 조각난 선형입자가속기센터'인데, SPALC은 '조각이 사방으로 튄다'는 뜻의 'splash'를 연상케 한다-옮긴이).

로운 입자(델타 입자 또는 파이온)가 생성될 수도 있다. 전자와 양성자 사이에 교환된 가상 광자와 충돌에서 야기된 에너지가 새로운 입자를 생성하는 것이다.

입사된 전자의 에너지와 가상 광자들이 표적 속의 양성자를 완전히 파괴할 수도 있다. 이런 경우를 '심층 비탄성 산란(deep inelastic scattering)'이라 하는데, 다양한 하드론들이 쏟아져 나오면서 전자에 커다란 영향을 주기 때문에, 산란된 전자의 에너지가 크게 줄어든다.

제임스 비요르켄이 관심을 가진 것은 심층 비탄성 산란이었다. 당시 30대 초반의 청년이었던 그는 스탠퍼드대학교에서 박사학위를 받고 코펜하겐의 닐스보어연구소에서 잠시 연구를 수행하다가 최근에 캘리포니아로 돌아온 참이었다. SLAC이 완공되기 직전에 비요르켄은 양자장이론에 입각한 '흐름대수(current algebra)'를 이용하여 전자-양성자 충돌 결과를 예측하는 방법을 개발해놓았다.

비요르켄은 전자를 '가상 입자의 구름에 둘러싸인 점입자'로 간주했다. 가상 입자는 충돌 직후에 생겨났다가 아주 짧은 시간 안에 사라진다. 그러나 양성자는 전자와 근본적으로 다른 입자이다. 그 무렵에 양성자의 구조를 설명하는 모형은 두 가지가 있었다. 하나는 눈 뭉치 안에 섞여 있는 눈과 얼음처럼 질량과 전하가 양성자 안에 균일하게 분포되어 있다는 '공 모형'이었고, 다른 하나는 양성자 내부의 대부분 공간이 텅 비어 있고, 점 형태의 전하가 불연속적으로 분포되어 있다는 '점 모형'이었다. 만일 후자가 맞는다면 양성자에 입사된 전자는 다수가 큰 각도로 산란되어야 한다.

비요르켄은 양성자를 이루는 점입자들이 쿼크일 수도 있다는 가정하에 산란된 전자의 에너지 스펙트럼을 계산해보았으나, 마음속으로는 그 가정을 신뢰하지 않고 있었다. 당시까지만 해도 물리학자들은 양성자의 내부 구조를 다른 모형으로 이해하고 있었으며, 쿼크 모형은 조롱의 대상에 불과했다. 비요르켄은 SLAC을 이용하여 쿼크 모형을 검증할 수도 있었지만, 계산만 했을 뿐 실행에 옮기지는 않았다. 그는 1967년 9월 스탠퍼드에서 개최된 학회에서 "입자가 점입자처럼 거동하는 놀라운 현상을 설명하기 위해 쿼크 모형을 떠올려보았으나, 최후의 선택으로 남겨두었다"고 했다.

이 무렵에 SLAC에서는 액체 수소를 표적으로 한 심층 비탄성 산란 실험에 착수했다. 이 실험은 1967년 10월까지 계속되었다. MIT의 물리학자 제롬 프리드먼(1930~)과 헨리 켄들(1926~1999) 그리고 캐나다 출신의 SLAC 소속 물리학자 리처드 테일러(1929~)가 이끌었던 이 실험은 처음 시작할 때부터 문제가 많았다.

처음에는 분광기를 시험하던 중 문제점이 발견되어 분석 프로그램을 다시 짜야 했고, 몇 주 뒤에는 시스템 전체가 혼돈에 빠졌다가 서서히 되돌아왔다. 우리는 전자의 다양한 입사에너지와 2~3GeV의 산란에너지에 대하여 산란각이 6°인 데이터를 모두 수집했다.

초기 데이터는 전자를 에워싼 가상 입자 등 다양한 복사 과정을 고려하여 수정되어야 했다. 물론 데이터에 수정을 가하면 결과가 꽤 많이 달라진다. 그러나 SLAC에서 얻은 데이터의 절반 이상은 기존의 양자전기역학만으로도 충분히 설명될 수 있었다.

물리학자들은 비교적 작은 산란각인 6~10°에서 예상했던 것보다 훨씬 많은 전자를 발견하고, 입사된 전자의 에너지와 산란된 전자의 에너지의 차이로 정의되는 '구조함수(structure function)'에 관심을 기울였다. 이 차이는 충돌 과정에서 전자가 잃어버린 에너지와 관련되어 있으며, 전자와 양성자 사이에서 교환된 가상 광자의 에너지와도 관련되어 있다. 구조함수를 분석한 결과 가상 광자의 에너지는 증가한 것으로 나타났고, 구조함수는 이론적으로 예상했던 양성자 공명 상태에서 피크를 기록했다. 그러나 여기서 에너지가 더 커지면 뾰족했던 피크가 넓게 퍼졌고, 심층 비탄성 산란 영역으로 갈수록 높이가 낮아졌다.

이것은 비요르켄의 예상과 거의 일치했다. 양성자가 여러 개의 점입자로 이루어져 있다는 강력한 증거가 등장한 것이다. 그는 여기서 한 걸음 더 나아가 "가상 광자의 에너지가 증가할수록 구조함수가 감소한다면, 이들의 곱(그는 이 값을 F로 표기했다)을 E/q^2에 대한 함수로 표현한 그래프는 한층 더 유용한 정보를 제공할 것"이라고 제안했다. 여기서 E는 에너지이고 q는 '4-운동량전이(4-momentum transfer)'를 나타내는 변수이다. E는 진동수 v로 대치될 수도 있다.•

실험에 직접 참여했던 헨리 켄들은 하나로 붙은 두 장의 오렌지색 그래프용지에 손으로 그래프를 그려보았다. 그랬더니 v/q^2이 약 3GeV일 때 F가 최댓값에 도달했고, 그 후로는 거의 변하지 않았다. 비요르켄은 이 현상을 '스케일링(scaling)'이라 불렀다. 또한 그래프에서 F가 그리는 곡선은 전자의 에너지에 상관없이 항상 동일한 패턴으로 나타났다. 물리학자들은 이 그래프를 수학적으로 해석할 수 있었지만, 물리적으로 어떤 의미를 갖는지는 아무도 알지 못했다.

켄들은 의미를 따질 여유가 없었다. 그는 실험 결과가 비요르켄의 예

• 4-운동량전이는 전자의 처음 및 나중 에너지와 산란각으로부터 계산할 수 있다.

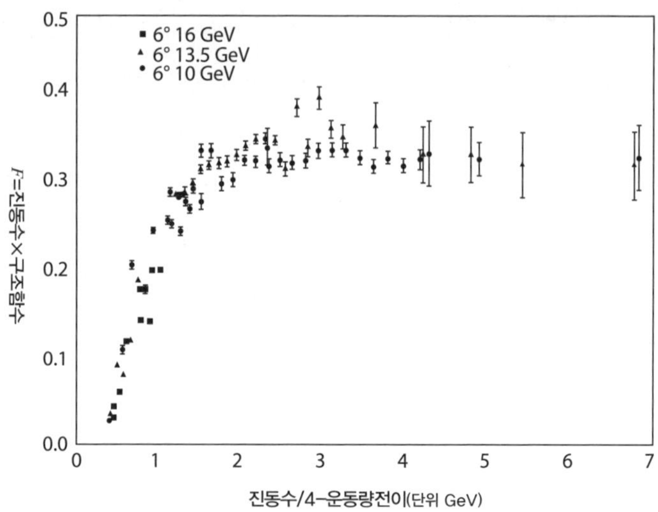

그림15 제임스 비요르켄의 제안에 따라 헨리 켄들이 손으로 직접 그린 그래프. 보다시피 전자의 에너지가 달라도 곡선의 형태는 거의 비슷하다(이 그래프에는 전자의 에너지가 각각 10, 13.5, 16GeV이고 산란각이 6°인 경우만 표현되어 있다). 비요르켄은 이 현상을 '스케일링'이라 불렀다. 이 그래프는 양성자에 내부 구조가 존재한다는 강력한 증거이다.(출처 : Michael Riordan, *The Hunting of the Quark : A True Story of Modern Physics*, Simon & Shuster, New York, 1987, p. 146)

측과 너무나 정확히 일치한다며 놀란 입을 다물지 못했다. 몇 년 뒤 그는 이때의 일을 회상하며 말했다.

"…과거에 발머가 수소 원자 스펙트럼 공식을 찾아냈을 때 얼마나 놀랐을지 이해가 가더군요. 공식의 출처를 자신도 모르는데 실험 결과와 기가 막히게 일치했으니, 무언가에 홀린 기분이었겠지요. 그때 제 심정이 딱 그랬습니다."

그러나 이 결과를 "양성자에 내부 구조가 존재한다"는 증거로 받아들이는 물리학자는 많지 않았다. 물론 쿼크의 존재 증거로 해석하는 사람은 더욱 드물었다. 산란 결과와 스케일링은 다른 이론으로도 설명될 수 있었기 때문에, MIT-SLAC 연구 팀조차 내부적으로 의견 일치를 보지 못했다. 비요르켄의 제안에 따라 켄들이 그렸던 그래프는 연구 팀의 논문에 추가되어 1968년 빈 회의에서 발표되었다.

리처드 파인먼과 줄리언 슈윙거 그리고 도모나가 신이치로는 각자 독립적으로 양자전기역학을 완성하여 1965년에 노벨상을 공동 수상했다. 그 뒤 파인먼은 세계적인 유명 인사가 되었지만, 본의 아니게 고에너지 물리학과는 거리가 멀어졌다. 그는 QED와 관련된 몇 가지 문제를 해결했고, 머리 겔만과 함께 약력이론에 중요한 업적을 남겼다. 그러나 강력은 여전히 그에게 미지의 영역으로 남아 있었다.

1968년 6월, 드디어 리처드 파인먼이 강력에 도전장을 내밀었다. 하드론이 점입자로 이루어짐을 골자로 하는 이론을 개발한 것이다. 이 이론에서 그는 하드론의 구성 성분인 점입자를 '하드론의 일부(part of hadron)'라는 의미에서 '파톤(parton)'으로 이름 지었다. 파인먼의 이론은 전통적인 양자장이론의 산물이 아니라 혼자 생각해왔던 흥미로운 아이디어를 구체화한 것이었다. 그가 제기했던 질문은 간단하다.

"하드론이 파톤으로 이루어져 있다면, 그 결과는 어떤 형태로 나타날 것인가?"

파인먼은 두 개의 하드론이 충돌하는 장면을 머릿속에 그려보았다. 속도가 아주 빠르면 특수상대성이론에 의해 각 하드론은 상대방을 부피가 있는 3차원 물체가 아니라 2차원의 납작한 피자처럼 '인식'할 것이다. 그런데 이 피자 덩어리가 아주 작은 파톤으로 이루어져 있다면, 하드론끼리의 충돌은 결국 '여러 개의 파톤들 사이에 일어나는 일련의 충돌'로 귀결된다.

파인먼의 여동생이자 천체물리학자였던 존 파인먼(1927~)은 SLAC의 바로 길 건너편에 살고 있었다. 파인먼은 가끔 존의 집을 방문했는데, 그럴 때마다 그녀의 연구 동료들을 만나 대화를 나눌 수 있었다. 파인먼은 SLAC 카페 근처의 참나무 아래에 있는 피크닉 탁자에 앉아 고에너지 물리학자들에게 자신의 로스앨러모스 시절(맨해튼프로젝트) 이야기를 들려주었고, 파인먼의 이야기가 끝나면 대화의 주제는 자연스럽게 고에너지 물리학으로 넘어가곤 했다.

1968년 8월에 파인먼은 MIT-SLAC 연구 팀의 심층 비탄성 산란 실험 이야기를 전해 들었다. 제2차 실험이 곧 진행될 예정인데, 그곳의 물리학자들은 작년에 얻은 데이터를 아직도 해석하지 못하고 있었다. 결정적 아이디어를 제공했던 비요르켄은 도시를 떠나 있었고, 그의 보조 연구원인 엠마뉘엘 파초스(Emmanuel Paschos)가 파인먼에게 스케일링과 관련된 이야기를 들려주면서 자문을 구했다.

파인먼은 켄들이 그렸다는 그래프를 보자마자 두 손을 하늘로 치켜들고 큰 소리로 외쳤다.

"바로 이거야! 내 평생 보고 싶었던 그래프가 바로 이거라고! 이게 바로 강력의 장이론을 테스트한 실험이잖아!"

그래프에 무언가 중요한 정보가 담겨 있음을 직감적으로 느낀 파인먼은 그날 밤 숙소에서 이런저런 가능성을 떠올리다가 마침내 결론에 도달했다. 헨리 켄들의 그래프는 양성자 안에서 검입자(파톤)의 운동량 분포와 관련되어 있었다. 가로축의 척도인 v/q^2을 q^2/v으로 뒤집어서 그래프를 다시 그리면, 그래프 상의 각 점들은 전자가 '양성자의 운동량 중 특정 비율을 갖고 있는 파톤과 충돌할 확률'이 된다. 여기서 한 걸음 더 나아가 전체 그래프를 양성자의 질량으로 나누면 q^2/v는 파톤에 함유된 양성자의 질량과 연결된다.

다음 날 아침, 리처드 파인먼은 제롬 프리드먼과 헨리 켄들을 만나

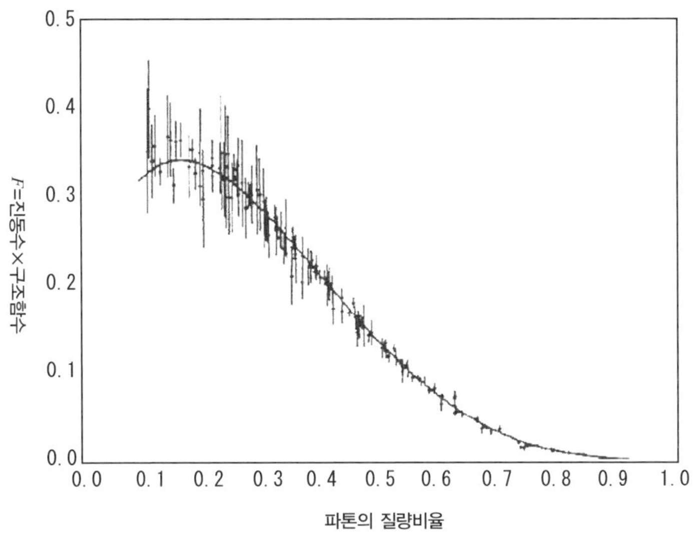

그림16 리처드 파인먼은 헨리 켄들의 그래프를 수정하여 '전자가 양성자의 총 운동량 중 특정 비율을 갖고 있는 파톤과 충돌할 확률'을 위와 같은 그래프로 표현했다.(Michael Riordan, *The Hunting of the Quark : A True Story of Modern Physics*, Simon & Shuster, New York, 1987, p. 152)

잔뜩 흥분한 목소리로 열변을 토했다.

"이봐, 자네들한테 보여줄 게 있네. 내가 어젯밤 모텔 방에서 알아냈어. 드디어 알아냈다고!"

파인먼은 양팔을 정신없이 휘저으며 설명을 이어 나갔다.

제임스 비요르켄도 파인먼과 비슷한 결론에 도달했지만, 다소 난해한 흐름대수로 설명했기 때문에 내용이 직관적으로 와 닿지 않았다. 파인먼은 우연한 기회에 비요르켄의 논문을 읽고 그가 먼저 생각해냈다는 사실을 인정했다. 그러나 파인먼은 자신의 장기를 살려 동일한 결과를 훨씬 단순하고 시각적이면서 이해하기 쉬운 언어로 설명했다. 그는 1968년 10월에 SLAC으로 돌아와 일련의 강연을 통해 파톤 이론을 소개했고, 그때부터 SLAC의 모든 물리학자들은 파톤에 열광하기 시작했다. 노벨상 수상자이자 당대 최고의 과학 스토리텔러였던 파인먼이 잔뜩 상기된 표정으로 열변을 토했으니, 극도의 회의론자가 아닌 한 믿을 수밖에 없었을 것이다.

그런데 파톤은 정말 쿼크였을까? 파인먼은 해답을 알지 못했고 거기에 연연하지도 않았다. SLAC의 일부 이론물리학자들은 파톤의 정체가 '가상 입자의 구름을 걷어낸 파이온이나 양성자'라고 주장했다. 그러나 비요르켄과 파초스가 쿼크의 삼중상태에 기초한 파톤 모형을 제안한 것을 보면, 이들은 '파톤=쿼크'일 가능성을 염두에 두었던 것 같다.

그 후 SLAC에서는 산란각이 $18°$, $26°$, $34°$인 경우에 대하여 후속 실험을 실행하여 처음에 내린 결론이 맞는다는 것을 다시 한 번 확인했으며, 스케일링 현상도 똑같이 관측되었다. 이곳의 물리학자들은 액체 중수소를 표적으로 한 산란 실험을 1970년까지 꾸준히 실행했는데, 나중에는 실험 데이터에서 양성자에 의한 기여도를 제거하여 중성자의 구조함수를 알아내는 수준까지 상향되었다.

물론 이것은 결코 쉬운 실험이 아니었다. 전자와 양성자 그리고 전자와 중성자의 충돌을 설명하는 한 이론에 따르면, 심층 비탄성 산란의 규모는 파톤의 상대적 선하딩에 의해 좌우된다. 파톤을 쿼크로 간주하고, 중성자에 의해 나타난 산란 사건의 수를 N, 양성자에 의해 나타난 산란 사건의 수를 P라 했을 때 N/P는 '중성자를 이루는 쿼크 전하의 제곱의 합/양성자를 이루는 쿼크 전하의 제곱의 합'으로 주어진다.

위쿼크 한 개와 아래쿼크 두 개로 이루어진 중성자의 경우(udd), 전하의 제곱의 합은 $(2/3)^2 + (-1/3)^2 + (-1/3)^2 = 6/9 = 2/3$이며, 두 개의 위쿼크와 한 개의 아래쿼크로 이루어진 양성자(uud)의 전하의 제곱의 합은 $(2/3)^2+(2/3)^2+(-1/3)^2=4/9+4/9+1/9=1$이다. 그러므로 위에서 말한 N/P의 값은 q^2/v이 증가함에 따라 2/3에 접근한다.

실험 초기에 얻은 결과들은 방금 언급된 단순한 모형과 그런 대로 잘 일치했다. 그러나 q^2/v이 커지면 N/P는 2/3보다 훨씬 작아졌다. 그 덕분에 다른 잡다한 이론들을 걸러낼 수 있었지만, 분수 전하를 앞세운 쿼크 모형도 의심 대상으로 떠올랐다.

이론과 실험이 일치하지 않을 때 가장 신나는 사람은 이론물리학자들이다. 그들은 고기가 물을 만난 듯 특유의 상상력을 발휘하여 온갖 새로운 모형을 양산해냈다. 그러나 개중에는 쿼크 모형을 끝까지 고집하는 사람도 있었다. 사실 N/P의 극한으로 추정된 2/3은 핵자 안에서 세 쿼크의 운동량이 균일하게 분포되어 있다는 가정하에 계산된 값이었기에, 그다지 신뢰할 만한 결과는 아니었다. 그 외에 "핵자의 특성을 좌우하는 세 개의 쿼크들이 쿼크-반쿼크의 '바다' 속을 헤엄치고 있다"는 이론도 있었다.

당시 물리학자들은 쿼크(일반적으로 파톤)가 글루온(gluon)이라는 입자를 교환하면서 강력을 행사한다고 생각했다. 글루온은 접착제를 뜻하는 'glue'에 입자를 뜻하는 접미어 '~on'을 붙인 것이다. 글루온은 아주 짧은 거리에서 작용하기 때문에, 광자와 달리 질량을 갖고 있다. 따라서 핵자(양성자와 중성자)의 운동량은 쿼크와 반쿼크 그리고 글루온에 분배되는데, 이 과정에서 모든 쿼크의 운동량이 똑같다는 보장은 어디에도 없다. 이런 점을 고려하면 N/P은 2/3보다 작은 값으로 떨어질 수도 있지만, 1/4보다 작을 수는 없다. 이 값보다 작아지려면 중성자의 아래쿼크와 양성자의 위쿼크가 산란에 기여해야 한다.

그러나 실험 결과 N/P은 1/4보다 작게 나왔고, 비요르켄과 파인먼은 "아무리 수정을 가해도 쿼크 이론을 되살릴 수는 없다"고 결론지었다. 실험 결과를 믿는다면 파톤이 분수 전하를 가진 쿼크로 이루어져 있다는 주장은 폐기되어야 했다.

그러나 여기서 극적 반전이 이루어졌다. 수소와 중수소 안에 들어 있는 양성자와 중성자의 내부 운동에 의한 운동량 유출을 보정하는 컴퓨터 프로그램에 오류가 발견된 것이다. 이 오류를 바로잡은 뒤 실험을 다시 해보니, N/P의 극한값은 예상대로 1/4에 접근했다.

앞서 수행된 실험에 따르면 파톤은 스핀이 1/2인 페르미온일 것으로 추정되었다. 그런데 이번에 얻어진 N/P값은 파톤이 분수 전하를 가진 입자임을 강하게 암시했다. 게다가 그 무렵에 CERN에서 실행된 뉴트리노-양성자 심층 비탄성 산란 실험에서도 거의 동일한 결과가 얻어졌다.

그 후로도 몇 번의 우여곡절을 더 겪다가, 드디어 1973년에 쿼크는 '공식적인' 물리적 실체로 인정받게 된다. 한동안 기발한 농담 정도로 여겨졌던 쿼크가 하드론을 구성하는 입자로 당당히 자리매김한 것이다.

그래도 의문은 여전히 남아 있었다. 전자의 운동에너지를 20GeV까지 올려서 양성자나 중성자에 충돌시키면 낱개의 쿼크로 분리될 텐데, 혼자 뛰쳐나오는 쿼크는 왜 한 번도 발견된 적이 없을까? 이뿐만이 아니었다. 양성자와 중성자 내부에 있는 쿼크들은 상호 의존도가 매우 높은 것처럼 행동하는데, 스케일링 현상은 쿼크가 핵자 안에서 자유롭게 돌아다닐 수 있음을 암시했다.

이런 일이 어떻게 가능하다는 말인가? 쿼크를 결합시키는 강력이 너무 강해서 한 번 결합된 쿼크는 영원히 분리되지 않는 것일까?

25

맵시 있고 약한 중성흐름
1970년 2월, 하버드/
셸던 글래쇼, 존 일리오폴로스, 루치아노 마이아니

SLAC에서 전자를 양성자에 충돌시켜 얻은 심층 비탄성 산란 실험 결과는 좀 더 신중하게 해석할 필요가 있었다. 그러나 쿼크가 만물의 기본 단위라는 증거가 발견되면서 쿼크 모형을 옹호하는 목소리도 점차 높아졌다.

쿼크 모형이 처음 제안되었을 때부터 이 분야를 연구해왔던 셸던 글래쇼는 자연의 단순함에 만족하지 않고, 1964년에 제임스 비요르켄이 주장했던 네 번째 쿼크의 존재 여부에 관심을 기울였다. 사람들은 이것을 '맵시쿼크(charm quark)'라고 불렀다. 렙톤은 네 개인데(전자, 전자뉴트리노, 뮤온, 뮤온뉴트리노) 쿼크가 세 개라면(위쿼크, 아래쿼크, 야릇한쿼크) 무언가 균형이 안 맞는 것 같았다. 그래서 글래쇼는 네 번째 쿼크가 존재해야 한다고 생각했다.

글래쇼는 코펜하겐의 닐스보어연구소를 방문하여 한동안 제임스 비요르켄과 공동 연구를 수행했는데, 비요르켄에게는 글래쇼의 논리가 다소 낯설게 느껴졌다. 이론보다 실험 결과를 더 중시했던 그는 글래쇼의 생각이 지나치게 앞서간다고 생각했을 것이다. 훗날 비요르켄은 이렇게 말했다.

"당시의 분위기가 그랬습니다. 날마다 새로운 모형이 나왔다가 사라지기를 반복했으니, 이론물리학자들에게는 참으로 행복한 시절이었지요."

그러나 네 번째 쿼크를 무작정 무시할 수도 없었다. 그는 자신의 원래 이름인 제임스 대니얼 비요르켄(James Daniel Bjorken)이라는 이름 대신 자신의 성을 스웨덴식으로 바꾼 B.J. 비요르켄(B.J. BjØrken)이라는 이름으로 논문을 발표했다.

약력과 전자기력을 설명하는 글래쇼의 SU(2)×U(1) 장이론은 Z^0 보존과 약한 중성흐름 문제 때문에 한동안 침체를 겪고 있었다. 비요르켄과 공동 연구를 하면서 문제의 해결책을 찾긴 했지만, 원래의 이론에 자연스럽게 연결하는 데는 실패했다. 글래쇼는 과거에 자신이 이 이론을 구축하기 위해 얼마나 많은 공을 들였는지 잊고 있는 듯했다.

"1961년에 제기된 문제가 1964년에 해결됐는데, 나를 포함해 어느 누구도 그 사실을 알지 못했습니다. 참으로 기가 막힐 노릇이었지요.

글래쇼는 1970년에 SU(2)×U(1) 이론으로 되돌아와 하버드대학교에서 박사후과정을 밟던 그리스 출신 물리학자 존 일리오폴로스(1940~), 이탈리아 출신의 루치아노 마이아니(1941~)와 함께 공동 연구를 시작했다. 글래쇼는 CERN에서 일리오폴로스를 처음 만나 약력 장이론을 재규격화하려는 그의 노력에 깊은 감명을 받았다. 그리고 마이아니는 하버드에 처음 올 때부터 약력의 세기를 가늠하는 기발한 아이디어를 갖고 있었다. 이 세 사람은 각자의 관심 분야가 모두 한곳을 향하고 있음을 간파했지만, 스티븐 와인버그의 자발적 대칭성 붕괴와 힉스 메커니즘에 대해서는 아직 들어본 적이 없었다.

글래쇼와 일리오폴로스 그리고 마이아니는 다시 한 번 이론과 한바탕 씨름을 벌이기 시작했다. 그러나 어떤 테크닉을 발휘해도 항상 같은 장벽에 부딪혀 더 이상 진도를 나갈 수가 없었다. 입자에 질량을 인위적으로 부여하면 곳곳에서 무한대가 나타났고, 약한 중성흐름도 심각한 문제를 야기했다. 이론에 따르면 중성 케이온은 Z^0 입자를 방출하고 기묘도가 바뀌면서 두 개의 뮤온으로 붕괴되어야 하는데, 이런 현상은 실험실에서 한 번도 발견된 적이 없었다. 아무래도 무엇인가가 이런 반응이 일어나지 않도록 방해하는 것 같았다.

결국 글래쇼는 모든 단서를 종합하여 나름대로 결론을 이끌어냈다. 그 자신은 눈치채지 못했지만, 그것은 향후 입자물리학계에 불어닥칠 일대 혁명의 시발점이었다.

기묘한 입자들 중에서 중성 케이온(K^0)과 그 반입자인 반케이온($\overline{K}^0$)은 '별종 입자(odd particle)'에 속한다. 쿼크 모형에 따르면 양성(+) 케이온은 한 개의 위쿼크와 한 개의 반야릇한쿼크로 이루어져 있어서($u\overline{s}$) 전하가 $2/3 + 1/3 = +1$이고, 그 반입자인 음성(-) 케이온은 한 개의 야릇한쿼크와 반위쿼크로 이루어져 있어서($s\overline{u}$) 전하는

$-1/3+(-2/3)=-1$이다.

그러나 전하가 없는 중성 케이온의 경우에는 두 가지 가능성이 있다. 아래쿼크/반야릇한쿼크의 조합($d\bar{s}$)과 야릇한쿼크/반아래쿼크의 조합($s\bar{d}$)은 둘 다 총 전하가 0이다. 그런데 두 입자는 전하만 같은 것이 아니라 관측 가능한 차이점이 아예 없기 때문에 이들의 파동함수가 겹쳐서 양자적 '중첩'을 이룰 수 있다. 그 결과 중성 케이온은 두 가지 상태에 놓일 수 있는데, 첫 번째 상태는 K^0의 파동함수와 $\overline{K}^0$의 파동함수의 합으로 K^0_1로 표기한다. 두 번째 상태는 K^0과 $\overline{K}^0$의 차이로 서술되며 K^0_2로 표기한다.

이와 같이 케이온은 강한 상호작용을 통해 K^0과 $\overline{K}^0$의 조합으로 존재하지만, 여기에 약력이 개입되면 곧바로 K^0_1과 K^0_2로 변환된다.

이것이 전부가 아니다. 약력에서 반전성(parity)이 보존되지 않는 것으로 판명되었을 때, 물리학자들은 전하켤레(charge conjugation, 입자와 반입자 사이의 대칭)와 반전성의 조합은 여전히 보존된다고 가정했었다.* 따라서 전하켤레–반전성(charge-conjugation parity, CP) 대칭변환에 대해 불변인 K^0_1 중첩이 다른 입자로 붕괴된다 해도, 이 입자들은 CP변환에 대해 여전히 불변이어야 한다. 실제로 K^0_1은 두 개의 파이온으로 붕괴되는데, 이들은 위의 조건을 만족하는 것으로 판명되었다. 마찬가지로 CP변환에 대해 홀수대칭(odd symmetry, CP변환을 가하면 부호만 바뀐다는 뜻)인 K^0_2는 세 개의 파이온으로 붕괴된다.

그러나 프린스턴의 물리학자 제임스 크로닌(1931~)과 발 피치(1923~)는 국립브룩헤이븐연구소에서 실험을 하다가 K^0_2 카이온이 아주 드물게 두 개의 파이온으로 붕괴된다는 사실을 알아냈다. 이런 현상이 관측된

---

* 예를 들어 스핀-업(up)인 전자에 CP 대칭변환을 적용하면 스핀-다운(down)인 양전자가 된다.

빈도는 같은 실험을 2만 3,000번 실행했을 때 50번 정도에 불과했지만, 입자빔 속에 섞여 있는 K^0_1의 양을 고려할 때 예상을 훨씬 웃도는 수치였다. 그래서 크로닌과 피치는 "약력에서는 CP 대칭도 보존되지 않는다"고 결론지었다. 이것을 'CP-위반(CP-violation)'이라 한다.•

이 현상을 이해하는 방법 중 하나는 "K^0_1 상태와 K^0_2 상태가 서로 상대방에게 조금씩 섞여 들어가 있다"고 생각하는 것이다. 실험에서 관측되는 것은 K^0_1이나 K^0_2가 아니라, '대부분이 K^0_2이고 K^0_1이 조금 섞여 있는' K^0_L이거나, '대부분이 K^0_1이고 K^0_2가 조금 섞여 있는' K^0_S이다. 여기서 아래첨자 L과 S는 각각 'long'과 'short'의 약자로서, 중성 케이온 중 수명이 긴 상태를 K^0_L, 수명이 짧은 상태를 K^0_S로 표기한 것이다.

1970년 2월에 글래쇼와 일리오폴로스 그리고 마이아니가 직면했던 문제는 $SU(2) \times U(1)$ 장이론에서 나타나는 무한대와 관련되어 있었다. 이들은 상상할 수 있는 모든 방법을 총동원하여 무한대와 사투를 벌였는데, 훗날 일리오폴로스는 당시의 상황을 다음과 같이 회고했다.

"세 사람 중 한 명이 새로운 아이디어를 떠올리면 나머지 두 사람이 머리를 싸매고 계산하다가 결국 통하지 않는다는 사실을 발견하고 긴 한숨을 내쉬곤 했다. 이런 일은 매일 똑같이 반복되었다. 우리는 모든 가능한 방법을 총동원했지만 아무것도 먹혀들지 않았다."

반복되는 실패에 지칠 대로 지친 세 사람은 네 개의 렙톤과 세 개의 쿼크로 이루어진 모형으로 되돌아갔다가 네 번째 쿼크를 추가한다는

• CP 대칭성이 보존되지 않는 이유는 아직도 중요한 연구의 대상이다. 제임스 크로닌과 발 피치는 이 업적을 인정받아 1980년에 노벨 물리학상을 수상했다. 2008년에는 일본의 고바야시 마코토와 마스카와 도시히데가 CP 대칭성이 보존되지 않는 이유를 설명한 업적으로 노벨상을 수상했다.

아이디어에 도달했다. 네 번째 쿼크는 위쿼크의 무거운 버전으로, 스핀이 1/2이고 전하는 +2/3이다. 글래쇼는 비요르켄과 공동 저술했던 1964년 논문을 떠올리고 이 입자를 '맵시쿼크(charm quark)'로 명명했다. 네 번째 쿼크를 도입하면 무한대와 관련된 문제 중 (전부는 아니었지만) 상당 부분을 해결할 수 있었다.

이와 함께 다른 문제도 해결되었다. 새로 도입된 맵시쿼크가 약한 중성흐름을 제거해준 것이다. 중성 케이온이 Z^0 보존을 방출하고 전하가 반대인 두 개의 뮤온으로 변환될 확률은 중성 케이온이 Z^0 보존을 방출하고 맵시 입자(구성 성분에 맵시쿼크가 들어 있는 바리온의 총칭–옮긴이)로 변환될 확률과 거의 같다. 그런데 두 과정은 부호가 다르기 때문에 서로 상쇄되어 사라진다. 달리는 자동차의 헤드라이트에 비친 토끼처럼, 중성 케이온은 어느 쪽으로 도약할까 망설이다가 타이밍을 놓치는 꼴이다.

이 정도면 매우 훌륭한 설명이다. 케이온은 맵시쿼크가 관여된 또 하나의 모드로 붕괴될 수 있기 때문에, 약한 상호작용에서 중성흐름을 발생시키지 않는다.

그러나 알고 보니 중성 케이온은 다른 과정을 거쳐 두 개의 뮤온으로 붕괴될 수도 있었다. 이런 경우에는 Z^0과 전혀 무관하게 중성흐름이 나타날 수 있다. K^0_L에 포함된 아래쿼크는 W 보손을 방출하고 위쿼크로 변환될 수 있는데, 이것은 베타붕괴에서 중성자가 양성자로 변하는 과정과 비슷하다. 그 후 위쿼크가 W^+ 보존을 방출하면서 야릇한쿼크로 변하면 두 개의 W 보존이 뮤온뉴트리노를 교환하면서 서로 결합하여 전하가 반대인 두 개의 뮤온이 생성된다. 이 결과를 외부에서 바라보면 약한 중성흐름이 생성된 것처럼 보일 것이다.

글래쇼와 일리오폴로스, 마이아니는 "이와 같은 붕괴 현상이 실험실에서 발견되지 않았다는 것은 맵시쿼크가 존재한다는 또 다른 증거"라고 주장했다. 이와 비슷하게 아래-맵시-야릇한쿼크로 변하는 과정에서도 동일한 입자가 생성되지만, 위쿼크가 관련된 중간 과정에서 중성흐름이 상쇄되는 것으로 판명되었다.

새로 얻은 결과에 흥분한 세 사람은 같은 문제를 연구 중이던 미국의 물리학자 프랜시스 로(1921~2007)를 만나기 위해 그 즉시 차를 몰아 MIT로 달려갔다. 그리고 얼마 뒤 스티븐 와인버그까지 합세하여 글래쇼-일리오폴로스-마이아니 메커니즘(GIM mechanism)에 대해 신중한 토론이 벌어졌다.

그날 프랜시스 로의 연구실에는 약력-전자기력 통일이론의 대가들이 한자리에 모인 셈이었다. 와인버그는 렙톤에 대한 SU(2)×U(1) 장 이론에 힉스 메커니즘과 자발적 대칭성 붕괴를 도입하여 장 입자에 질량을 부여한 주인공이었고, 글래쇼-일리오폴로스-마이아니는 기묘입자의 붕괴 과정에서 대두된 약한 중성흐름 문제에 해결책을 제시하여 SU(2)×U(1) 이론이 하드론을 포함한 약한 상호작용으로 확장될 수 있음을 발견한 사람들이었다. 그러나 이들은 장 입자에 질량을 인위적으로 부여했고, 여전히 무한대와 씨름을 벌이고 있었다.

글래쇼와 일리오폴로스, 마이아니는 와인버그의 1967년 논문에 대해 전혀 모르고 있었다. 와인버그도 그 논문에 대해서는 아무런 언급도 하지 않았다. 그는 훗날 "이론의 재규격화 가능성에 대해 심리적 거부감을 갖고 있었던 것 같다"고 털어놓았다. 게다가 와인버그는 새로 도입된 맵시쿼크를 별로 달가워하지 않았다. 글래쇼와 일리오폴로스, 마이아니는 소립자 명단에 단순히 새로운 입자 하나를 추가한 것이 아니라 맵시메존과 맵시바리온 등 한 무더기의 입자를 추가한 셈이었다. 기묘 입자의 붕괴 과정에서 나타난 중성흐름을 제거하려는 의도는 좋았지만, 그것 때문에 입자 목록이 지나치게 복잡해진 것이다.

글래쇼가 말했다.

"물론 모든 사람이 맵시하드론의 존재를 믿지는 않을 겁니다."

1971년 네덜란드의 물리학자 마르티뉘스 펠트만은 대학원생 헤라르트 토프트(1946~)에게 말했다.

"어떤 형태일지 알 수는 없지만, 아무튼 질량과 전하를 가진 벡터 보존에 대해 재규격화가 가능한 이론이 적어도 하나는 있어야겠지. 물론 처음부터 자연스럽고 완벽할 필요는 없다네. 자세한 사항은 나중에 모형을 갖고 놀기 좋아하는 사람들이 해결해줄 걸세. 이론적으로 가능한 모형은 이미 다 발표됐으니까."

토프트가 말했다.

"그 일은 제가 할 수 있습니다."

펠트만은 질량을 가진 입자를 포함하는 양-밀스 장이론의 재규격화를 여러 해 동안 연구해온 베테랑이었다. 그는 제자에게 물었다.

"자네, 방금 뭐라고 했나?"

토프트가 또렷한 목소리로 대답했다.

"제가 할 수 있다구요."

펠트만이 고래를 끄덕이며 말했다.

"그러면 일단 계산을 해보게. 자네의 능력을 증명해봐."

당시 위트레흐트대학교에서 박사학위 논문 주제를 찾고 있던 토프트는 "양-밀스 이론이 유행에 다소 뒤쳐진 감이 있지만, 그래도 아직은 무언가를 건질 가능성이 남아 있다"고 느꼈다. 펠트만은 1968년부터 양-밀스 이론의 재규격화에 관심을 가져왔으며, 지금은 그것을 최우선 연구 과제로 삼고 있었다. 토프트는 코르시카 섬의 카쥐스(Cargese)에서 열린 여름학교에 다니면서 자발적 대칭성 붕괴에 대해 공부했고, 1971년 초에는 질량이 없는 양-밀스 이론이 재규격화가 가능하다는 사실을 증명했다.

토프트가 질량이 있는 입자에 대한 양-밀스 이론의 재규격화가 가능하다고 믿은 것은 자발적 대칭성 붕괴 때문이었다. 그리고 얼마 지나지 않아 그는 자신의 믿음을 논문으로 써 내려갔다.

펠트만은 자발적 대칭성 붕괴를 전적으로 수용하지 않았다. 훗날 우주론을 연구하면서 연관성을 깨닫긴 했지만, 당시에는 자발적 대칭성 붕괴에 심리적 거부감을 갖고 있었다. 그는 이 문제에 관하여 토프트와 한동안 논쟁을 벌이다가, 어떤 방법을 사용하든 결과를 받아들이기로 합의했다. 그 후 펠트만은 토프트가 얻은 결과를 CERN으로 가져가 자신이 개발한 컴퓨터 프로그램으로 타당성을 검증해보았다. 처음에는 여전히 회의적이었으나, 며칠 후 토프트에게 전화를 걸어 긍정적인 뜻을 비췄다.

"자네의 계산은 거의 맞는 듯하네. 다만 몇 군데에서 계수가 두 배 크게 계산되었더군."

그러나 토프트의 계산은 옳았다. 힉스 보존과 관련된 토프트의 방정식에서 펠트만이 '4'라는 계수를 빼먹었던 것이다. 나중에 토프트는 이렇게 말했다.

"펠트만은 4라는 계수를 추가하면 모든 것이 깔끔하게 상쇄된다는 사

• 그로부터 3년 후, 펠트만은 힉스 메커니즘이 우주상수와 관련됨을 알게 되었다. 펠트만의 《노벨상 수상기념 강연록(1999년 12월 8일)》392쪽 참조.

실을 확인하고 매우 흥분했습니다. 저보다 더 기뻐하는 것 같더군요."

몇 년 뒤 펠트만은 자신의 저서에 다음과 같이 적어놓았다.

"재규격화 가능성을 입증한 것은 물리학적으로도 커다란 진보였지만, 물리학자들에게 심리적으로 더할 나위 없는 안도감을 안겨주었다."

헤라르트 토프트는 스티븐 와인버그가 1967년에 개발했던 $SU(2) \times U(1)$ 장이론을 재개발하여 재규격화가 가능하다는 것을 증명했다. 그의 증명에 따르면 양-밀스게이지이론은 일반적으로 재규격화가 가능한 이론이다. 실제로 국소게이지이론은 유일하게 재규격화가 가능한 장이론이다.

당시 헤라르트 토프트는 스물다섯 살의 젊은이였다. 그의 증명을 이해하지 못했던 셸던 글래쇼는 "그 친구는 완전 바보거나 최고의 천재일 것"이라고 했다. 와인버그는 토프트의 증명을 믿지 않았지만, 연구 동료인 이휘소(벤저민 리)가 그의 논문을 신중하게 검토하는 모습에 영향을 받아 자신도 관심을 갖기 시작했고, 결국에는 토프트의 증명을 믿게 되었다.

이로써 필요한 요소는 다 갖춰진 셈이었다. 재규격화가 가능하고 자발적 대칭성 붕괴가 도입된 약력-전자기력의 $SU(2) \times U(1)$ 장이론이 물리학자들 손에 들어온 것이다. 여기에 힉스 메커니즘을 적용하면 질량이 있는 W 보존과 Z^0 보존이 자연스럽게 도입된다. 그리고 이론에 남아 있는 비정상성(anomaly)은 GIM 메커니즘과 새로운 쿼크를 도입하

● 이 문제와 관련하여 토프트는 이렇게 말했다. "나는 논문을 쓰면서 주석란에 '비정상성은 이론의 재규격화 가능성에 지장을 주지 않는다'고 명시해놓았다. 물론 이 말은 '적절한 양의 페르미온(쿼크)을 도입하면 이론을 재규격화할 수 있다'는 뜻이다. 그러나 사실 이것은 자명한 사실이기 때문에 굳이 그런 주를 달 필요가 없었다고 생각한다."

여 해결할 수 있다.

스티븐 와인버그는 1971년 말까지 약전자기이론(electro-weak theory)을 신중히 재검토했다. 중성 케이온이 붕괴되면서 나타난 약한 중성흐름은 GIM 메커니즘을 이용하여 제거할 수 있었지만, 뮤온뉴트리노와 양성자의 상호작용에 의한 중성흐름은 여전히 존재하고 있었다. 이 경우에는 가상 입자인 W^- 보존이 교환되면서 뮤온뉴트리노가 음전하를 띤 뮤온이 되고, 양성자는 중성자로 변한다. 이 과정에서 전하를 띤 하전흐름(charged current)이 생성된다. 그리고 Z^0 보존이 교환되는 경우, 뮤온뉴트리노와 양성자는 변하지 않는데 이 과정에서 중성흐름이 생성된다. 와인버그는 하전흐름에 대한 중성흐름의 비율이 0.14~0.33일 것으로 예측했는데, 이 값은 뉴트리노 산란 실험에서 관측 가능한 최솟값이었다. 이로써 실험물리학자들에게 확실한 과제가 주어졌다. 뮤온뉴트리노가 양성자에 의해 산란되는 실험에서 뮤온이 생성되지 않는 경우가 관측되면 와인버그의 이론이 증명되는 셈이었다.

그러나 이것은 말처럼 쉬운 실험이 결코 아니었다. 뮤온뉴트리노는 거품상자 감지기에 흔적을 남기지 않는다. 따라서 와인버그가 찾는 '뮤온이 생성되지 않는 사건'이 일어나면 하드론이 감지기 안에 느닷없이 나타나 사방으로 흩날리는 것처럼 보일 것이다. 그러나 뮤온뉴트리노가 거품상자의 내벽을 때려 그곳의 원자로부터 분리된 중성자들도 '하드론 물보라'를 일으킬 수 있기 때문에, 이런 식으로는 뮤온의 존재 여부를 확인하기 어렵다. 게다가 '하전흐름 사건'에서 생성된 뮤온이 커다란 각도로 되튀면 어디로 갔는지 알 수가 없기 때문에 '중성전류 사건'으로 오인될 가능성도 있다.

뮤온뉴트리노가 전자와 충돌하면 약한 중성흐름을 감지하기가 더 쉬울 수도 있다. 가상 입자인 Z^0 보존이 교환되어도 뮤온뉴트리노와 전자는 변하지 않지만, 그 결과로 고에너지 전자가 갑자기 생성되어 감지기 내부의 자기장 속에서 나선운동을 하게 되고, 전하를 띤 뮤온은 생성되지 않는다. 이 과정에서 오해를 유발하는 신호 같은 것은 나타나지 않지만, 뮤온뉴트리노와 양성자가 충돌하는 경우보다 1/2,000쯤 드물게 나타난다는 것이 문제였다.

그러나 와인버그는 여기에 과감하게 도전장을 내밀었고, 상황도 그에게 유리하게 돌아갔다. 그 무렵 세계 최대 규모의 거품상자인 '가가멜(Gagamelle)'이 프랑스에서 제작되고 있었는데, 때마침 완공되어 1970년에 CERN의 양성자 싱크로트론 옆에 설치된 것이다.[*] 가가멜은 뉴트리노와 관련된 충돌에 특화된 입자감지기로서, 제작 기간만 꼬박 6년이 걸렸다.

약한 중성흐름이 와인버그의 짐작처럼 자주 생성된다면, 가가멜 사진기에 포착되었어야 했다. CERN의 물리학자들은 저-에너지에서 일어나는 산란 사건을 '빗나간 중성자'로 간주하고 무시해버리는 경향이 있었는데, 변하지 않은 뮤온뉴트리노에 충돌에너지가 얼마나 많이 전달되었는지 알 수 없었기 때문에 그들 중 일부는 중성흐름의 결과일 가능성도 있었다.

프랑스의 물리학자 폴 뮈세는 CERN의 동료들과 함께 근 1년 동안 지하에 있는 스캐닝룸에서 사진을 분석하다가 1972년 초에 무언가 심상치 않은 흔적을 발견했다. 보이지 않는 뮤온뉴트리노에 의해 감지기

[*] 이 이름은 16세기 르네상스 시대의 프랑스 작가인 프랑수아 라블레의 소설 《가르강튀아와 팡타그뤼엘 이야기(La Vie Inestimable du Grand Gargantua, Pere de Pantagruel)》에서 따온 것이다. 여기 등장하는 거인 가르강튀아의 어머니 이름이 가가멜이었다.

내부의 프레온(Freon, 냉동제) 분자에서 이탈한 전자의 나선 궤적이 발견된 것이다. 그리고 그 근처에서 전하를 띤 뮤온은 발견되지 않았으므로, 길 잃은 중성자나 우주선(cosmic ray)에 의한 현상은 분명 아니었다.

이 실험이 실행된 곳은 CERN만이 아니었다. 하버드대학교와 펜실베이니아대학교 그리고 위스콘신대학교의 실험 팀도 시카고에 있는 국립가속기연구소(National Accelerator Laboratory, NAL)에서 약한 중성흐름을 찾고 있었다.● NAL은 세계 최대의 양성자가속기가 있는 곳으로, 1972년 3월에 200GeV라는 초고출력을 달성한 바 있다. 이탈리아의 물리학자 카를로 루비아(1934~)가 이끄는 실험 팀은 뮤온뉴트리노와 양성자의 충돌에서 약한 중성흐름을 찾고 있었다.

1973년에 CERN의 연구 팀은 뮤온뉴트리노-양성자 충돌 실험에서 뮤온이 생성되지 않은 경우 하전흐름에 대한 중성흐름의 비율을 0.21로 추산했다. 뮤온과 반뉴트리노가 포함된 충돌에서는 이 비율이 0.45였다. 이와 비슷한 시기에 NAL의 연구 팀은 뉴트리노와 반뉴트리노를 모두 포함한 비율이 0.29라고 발표했다.

NAL에서 실험을 주도했던 카를로 루비아는 하버드대학교의 교수 신분이었지만 비자가 만료되어 미국을 떠나야 했고, 그로 인해 NAL의 물리학자들은 한 걸음 뒤로 물러날 수밖에 없었다. 이들은 인위적 결과가 아닌 실재하는 중성흐름을 관측하기 위해 감지기를 개선했는데, 그 뒤 중성흐름의 발생 비율은 0.05까지 급감했다. 대서양 건너편에서 이 소식을 접한 CERN의 물리학자들은 크게 실망했다. 어떻게 그런 실수를 저지를 수 있다는 말인가?

● NAL은 1974년에 페르미연구소(Fermi National Accelerator Laboratory)로 이름이 바뀌었다.

사실 NAL의 감지기는 다른 뉴트리노 충돌 실험에서 종종 파이온을 뮤온으로 오인하곤 했고, 일각에서는 "새로운 중성흐름이 발견되었다"며 흥분하는 사람들도 있었다.

이 모든 혼란은 1974년 4월에 진정되었다. 드디어 약한 중성흐름이 실험적 사실로 인증된 것이다.

그래도 의문은 여전히 남는다. 야릇한입자(기묘입자, strange particle)가 붕괴될 때에는 왜 약한 중성흐름이 관측되지 않는가? 글래쇼는 이 질문을 받고 다음과 같이 대답했다.

"그 문제는 더 이상 미스터리로 간주할 필요가 없다고 생각합니다. '야릇하다'는 이름이 괜히 붙었겠습니까?"

26

색의 마술
1973년 4월, 프린스턴 /
데이비드 그로스, 프랭크 윌첵, 데이비드 폴리처

전자와 핵자의 심층 비탄성 산란에서 나타난 스케일링 효과는 쿼크-파톤의 존재를 강하게 암시했다. 그러나 1970년대 초까지만 해도 쿼크 모형은 학계에 널리 수용되지 못했는데, 그 이유는 크게 세 가지로 나뉜다.

첫 번째는 배타원리 때문이었다. 물리학자들은 쿼크가 스핀이 1/2인 페르미온일 것으로 추정했는데, 쿼크 모형에 따르면 2개 또는 3개의 쿼크가 하나의 하드론을 구성하고 있으므로 이들은 동일한 양자 상태를 점유하게 되고, 결국 '페르미온이면서 파울리의 배타원리를 따르지 않는' 비정상적 상황이 초래된다. 예를 들어 양성자가 두 개의 위쿼크와 한 개의 아래쿼크로 이루어져 있다는 것은 "원자핵 속에 전자 세 개가 하나의 궤도를 돌고 있는데, 그중 두 개는 스핀이 '업'이고 나머지 하나는 '다운'이다"고 말하는 것과 비슷하다. 간단히 말해서, 불가능하다는 이야기다. 전자의 파동함수에 존재하는 대칭성이 이와 같은 배열을 금지하고 있기 때문이다.

하나의 궤도에는 스핀-업인 전자와 스핀-다운인 전자가 각각 하나씩만 존재할 수 있다. 전자의 스핀은 단 두 가지뿐이므로 세 번째 전자가 끼어들 여지는 없다.

두 번째는 쿼크의 자유도와 관련되어 있다. 스케일링 현상이 존재한다는 것은 양성자와 중성자 내부의 쿼크들이 '자유로운 점입자'처럼 독립적으로 행동한다는 것을 의미한다. 이런 일이 어떻게 가능하다는 말인가? 쿼크들이 강한 단거리 상호작용을 통해 단단히 결합되어 있다면(이것은 결코 무리한 가정이 아니다), 핵자 안에서 옴짝달싹 못하게 결박되어 있어야 하지 않을까? 핵자 안에 구속되어 있으면서 그 안에서 자유롭게 돌아다니는 쿼크는 상상하기 어려웠다.

마지막으로, 쿼크들이 핵자 안에서 제아무리 단단히 결합되어 있다 해도(그리고 그 안에서 자유롭게 돌아다닐 수 있다고 해도) 전자와 심층 비탄성 산란을 일으키면 양성자는 낱개의 쿼크로 분해되어야 할 것 같았다. 그런데 왜 쿼크는 자연에서 낱개로 발견된 적이 없을까? 분수 전하를 가진 입자가 한 번도 발견된 적이 없는 것도 쿼크 모형의 신뢰도를 떨어뜨리는 요인으로 작용했다.

배타원리와 관련된 문제는 머리 겔만이 쿼크와 관련된 첫 논문을 발표한 직후에 세기되었다. 1964년에 메릴랜드대학교에서 프린스턴 고등과학원으로 자리를 옮긴 오스카 그린버그(1932~)라는 물리학자가 쿼크를 '이상페르미온(parafermion)'이라고 명명했다. 다시 말해서 쿼크는 위, 아래, 기묘도(야릇함)의 세 가지 양자수 외에 '자유도(degree of freedom)'라는 또 하나의 특성을 갖고 있다고 제안한 것이다. 그의 짐작이 맞는다면 위쿼크는 한 가지가 아니라 여러 종류로 존재할 수 있으며, 따라서 두 개의 위쿼크는 양성자 안에서 동일한 양자 상태를 점유하지 않은 채 나란히 놓일 수 있다.

난부 요이치로도 이와 비슷한 논리를 전개하여 위쿼크와 아래쿼크, 야릇한쿼크가 각각 세 가지 유형으로 존재한다고 제안했다. 이 세 가지는 전기전하가 아닌 또 다른 유형의 전하를 띠고 있는데, 헷갈리게도 그는 이것을 '맵시(charm)'라고 불렀다. 당시 뉴욕 시러큐스대학교 대학원생이었던 한국 출신의 물리학자 한무영은 1965년에 이와 비슷한 아이디어를 떠올리고 난부 요이치로에게 편지를 썼다. 그 후 두 사람은 공동 논문을 집필하여 1966년에 발표했는데, 이 논문에는 맵시전하가 +1, 0, -1로 정의되어 있었다(난부 요이치로는 분수 전하를 별로 좋아하지 않았다-옮긴이).

이들의 논문은 한동안 아무런 관심도 끌지 못했다. 그러나 1969년에 중성 파이온이 두 개의 고에너지 광자로 붕괴되는 과정에서 기존의 쿼크 모형으로 설명할 수 없는 결과가 얻어졌다.* 입자의 붕괴율(decay rate, 단위 시간당 붕괴가 발생하는 횟수)이 쿼크 모형에서 예상된 값의 1/3밖에 되지 않았던 것이다. 스케일링 효과 덕분에 간신히 인정받기 시작한 쿼크 모형은 중성 파이온의 붕괴 때문에 또다시 위기에 봉착했다.

쿼크 모형이 살아남으려면 누군가가 특단의 조치를 취해야 했다. 그러나 1969년에 노벨 물리학상을 받고 최근에 스톡홀름에서 돌아온 머리 겔만은 더 이상 이 문제에 관심이 없는 듯했다.

---

* 케이온과 마찬가지로 중성 파이온도 양자적 중첩 상태로 존재한다. 위쿼크와 반위쿼크를 포함하는 상태 및 아래쿼크와 반아래쿼크를 포함하는 상태의 중첩이다.

하랄트 프리치는 동독 라이프치히 남쪽의 츠비카우에서 태어났다. 평소 공산주의 체제에 환멸을 느껴왔던 그는 불가리아를 방문했을 때 동료들과 함께 탈출을 감행했다. 그들은 모터가 달린 카약으로 무려 320킬로미터를 항해하여 터키의 흑해 연안에 도착했다.

그 후 프리치는 서독에 있는 막스플랑크연구소에서 물리학 및 천체물리학으로 박사학위를 받았는데, 그의 논문 지도 교수 중에는 하이젠베르크도 끼어 있었다. 1970년 여름에 프리치는 미국의 SLAC으로 가던 길에 콜로라도의 아스펜물리학연구소(Aspen Center for Physics)에서 머리 겔만을 만나게 된다. 당시 겔만은 아스펜에서 가족들과 함께 거의 칩거에 가까운 생활을 하고 있었다. 1969년에 노벨상 수상자로 선정되었을 때에도 수상 기념 강연의 원고를 제때 보내지 않아 노벨위원회의 관계자들을 당혹스럽게 만들었다.● 사실, 원고 마감 날짜를 넘기는 것은 겔만의 주특기 중 하나였다.

아스펜연구소는 매우 평화로운 곳이었다. 겔만은 이곳에서 틈날 때마다 가까운 로키 산맥에 올라 일에 대한 중압감을 떨쳐버리고 오로지 물리학에 몰입하곤 했다. 그러나 프리치는 겔만이 몽상가적 환상에서 깨어나길 바랐다. 쿼크 모형의 열렬한 지지자였던 프리치는 쿼크-파톤의 존재를 증명한 SLAC의 실험 결과에 몹시 흥분해 있었다. 그런데 쿼크 모형의 원조인 겔만이 그 문제에 별 관심을 보이지 않고 있으니,

---

● 노벨상 공식 웹사이트인 Nobelprize.org에는 다음과 같이 서술되어 있다. "겔만 교수는 1969년 12월 11일에 노벨상 수상 기념 강연을 했다. 그러나 출판 시에 강연 원고를 제출하지 않았기 때문에 공식 강연록에는 그의 강연 내용이 누락되어 있다."

프리치로서는 복장이 터질 노릇이었다.

심지어 지금까지도 겔만은 자신이 창안했던 이론의 중요성을 제대로 모르는 듯했다. 프리치는 동독에서 학창 시절을 보낼 때 쿼크가 강력의 양자장이론을 완성해줄 강력한 후보라고 굳게 믿었다. 그것은 실재하는 입자였기에, 수학보다 훨씬 현실적으로 다가왔던 것이다.

젊은 독일인의 열정에 깊은 감명을 받은 겔만은 그와 한 달에 한 번씩 만나면서 쿼크의 장이론을 연구하기 시작했다. 프리치는 1971년에 대학원을 졸업한 뒤 머리 겔만이 있는 칼텍으로 학교를 옮겼다. 그런데 무슨 운명의 장난인지, 프리치가 칼텍에 도착하던 1971년 2월 9일 아침에 캘리포니아 주 남쪽의 산페르난도밸리의 실마(Sylmar) 근처에서 진도 6.6의 지진이 일어나 LA 전체가 혼란에 휩싸였다. 훗날 겔만은 이날을 회고하면서 말했다.

"나는 건물 벽에 그려진 벽화가 옆으로 기울어진 처참한 광경을 보면서 그 자리를 떠났다. 그 벽화는 1987년에 또 한 차례 지진을 겪으면서 더 크게 손상되었다."

SLAC에서 계속된 중성자-양성자 심층 비탄성 산란 실험은 쿼크의 존재를 연달아 예견하고 있었다. 과학 기자인 월터 설리번은 1971년 4월에 발행된 〈뉴욕타임스〉에 다음과 같은 기사를 실었다.

"이번에 얻어진 실험 결과는 양성자와 중성자의 내부에 전하를 띤 점입자가 존재한다는 것을 강하게 암시한다. 이 점입자는 물리학자들이 오랫동안 찾아왔던 쿼크일 가능성이 높다."

머리 겔만은 학교에서 연구비를 지원 받아 1971년에 하랄트 프리치와 함께 CERN을 방문했는데, 그곳에서 존 바딘(리언 쿠퍼, 존 슈리퍼와 함께 초전도이론을 확립한 물리학자-옮긴이)의 아들인 윌리엄 바딘을 만나 "중성파 이온의 붕괴 과정에서 이상현상이 발견되어 쿼크이론의 입지가 위태로워졌다"는 소식을 들었다. 실제로 쿼크가 정수 전하를 띤다는 한무영-난부 요이치로의 이론이 실험에서 관측된 붕괴율을 더 정확히 예측하고 있었다.

겔만과 프리치는 윌리엄 바딘을 영입하여 곧바로 연구에 착수했다. 이들의 목적은 중성파 이온 붕괴에서 나타난 이상 현상을 '전하가 분수인' 쿼크로 설명하는 것이었기에, 한[무영]-난부의 이론으로 넘어가기 전에 파라페르미온 모형의 가능성부터 타진해보았다.

얼마 지나지 않아 세 사람은 새로운 양자수가 필요하다는 사실을 깨달았다. 한무영과 난부 요이치로는 이것을 '맵시'라고 불렀으나, 겔만이 네 번째 쿼크에 이 명칭을 이미 사용했기 때문에 네 번째 양자수를 '색(colour)'이라 부르기로 했다. 색이라는 평범한 단어를 전혀 다른 의미로 사용한 것은 이번이 처음이 아니었다. 과거에 머리 겔만과 리처드 파인먼은 새로운 종류의 뉴트리노에 '붉은색(red)'과 '푸른색(blue)'이라는 명칭을 사용했고, 다른 물리학자들도 이와 비슷한 시도를 한 적이 있었다. 겔만과 프리치, 바딘이 구축한 새로운 이론에서 쿼크는 색과 관련된 세 가지 양자수(붉은색, 푸른색, 초록색)를 가질 수 있다.• 바리온은 색이 다른 세 개의 쿼크로 이루어져 있는데, 이늘의 '색선하(colour charge)'를 모두 더하면 0이 되어야 한다. 그리고 색전하가 0인 경우를 '흰색(white)'이라고 한다. 예를 들어 양성자는 푸른 위쿼크와 붉은 위쿼

• 겔만-프리치-바딘의 원래 이론에서는 색전하가 붉은색, 흰색, 푸른색으로 정의되어 있었다(프랑스 국기의 3색에서 힌트를 얻었다고 한다). 그러나 이들은 나중에 빛의 삼원색을 사용하는 것이 더 낫다고 판단하여(빛의 삼원색을 모두 더하면 흰색이 된다) 붉은색, 푸른색, 초록색으로 수정했다. 이 책에서는 혼동을 피하기 위해 현재 사용되는 삼원색 표기를 사용하기로 한다.

크, 초록색 아래쿼크로 이루어져 있으며(u_b, u_r, d_g), 중성자는 푸른 위쿼크와 붉은 아래쿼크, 초록색 아래쿼크로 이루어져 있다(u_b, d_r, d_g). 그리고 파이온이나 케이온과 같은 메존은 색을 가진 쿼크와 그 반입자인 반쿼크로 이루어져 있어서, 이 경우에도 총 색전하는 항상 0이다.

이 정도면 매우 깔끔한 설명이다. 쿼크에 색이 있다는 것은 또 하나의 자유도가 존재한다는 뜻이므로, 여러 개의 쿼크가 같은 영역에 모여 있어도 파울리의 배타원리에 위배되지 않는다. 그리고 색을 도입하여 쿼크의 종류가 3배로 늘어났으므로, 중성 파이온의 붕괴율이 이론에서 예측된 값의 1/3밖에 되지 않았던 이유도 깔끔하게 설명된다. 그러나 쿼크의 색을 실험실에서 직접 관측할 수는 없다. 쿼크는 혼자 돌아다니지 않고 2~3개가 서로 결합하여 '흰색'의 하드론으로 존재하기 때문이다. 간단히 말해서, 자연은 모든 입자가 흰색으로만 존재하도록 허용한 셈이다. 겔만은 말했다.

"우리는 (색)전하 변수가 모든 문제를 해결해준다는 사실을 서서히 깨달았다. 쿼크에 색을 도입하면 새로운 입자를 추가하지 않고서도 모든 것을 완벽하게 설명할 수 있었다. 뿐만 아니라 이것을 바탕으로 SU(3) 양-밀스게이지이론을 구축할 수 있었으므로, 역학체계를 세우는 데에도 별 문제가 없었다."

이것은 SU(3) 대칭군의 또 다른 적용 사례이다. 과거에 겔만은 위, 아래, 기묘함이라는 세 종류의 맛깔(flavour) 중 하나를 다른 맛깔로 변환시키는 SU(3) 광역대칭으로부터 팔정도라는 개념을 도입했었다. 그리고 지금은 쿼크의 색전하를 이용하여 SU(3) 국소게이지이론을 구축한 것이다.

1972년 9월에 겔만과 프리치는 전하가 분수이면서 세 종류의 맛깔과 색을 갖는 새로운 쿼크 모형을 완성했다. 이 쿼크들은 '색력(colour force)'을 매개하는 8색의 글루온에 의해 서로 결합된 상태로 존재한다. 겔만은 시카고의 국립가속기연구소에서 개최한 로체스터 고에너지 물리학회에 참석하여 새로운 쿼크 모형을 발표했다.

이때쯤 겔만은 이미 두 번째 아이디어를 구상하고 있었다. 그러나 쿼크가 속박 상태에 있는 이유도 분명치 않고 그 존재 자체도 여전히 의심받고 있었으므로, 목소리를 높이지 않고 자신의 생각을 조용하게 발표했다. 무엇보다도 그는 쿼크와 글루온이 '상상 속의 입자'임을 강조했다. 강연록을 작성하면서도 자신의 이론에 의구심이 들었기 때문이다. 나중에 겔만은 자신의 저서에 이렇게 썼다.

"프리치와 나는 이론을 글로 적어 나가면서 수많은 우여곡절을 겪었다. 한 줄을 쓰고 난 뒤 곧바로 의구심이 들어 처음으로 되돌아가기를 수도 없이 반복했다."

색을 도입하여 한 가지 문제를 해결했지만, 아직도 두 가지 문제가 남아 있었다.

이론물리학자들은 이것을 '점근적 자유성(asymptotic freedom)'이라 불렀다. 스케일링 현상에 따르면 쿼크는 핵자 안에서 자유로운 전입자처럼 행동하며, 쿼크들 사이의 거리가 0으로 접근할수록 자유도가 높아지다가 둘 사이의 거리가 0이 되면 완벽하게 자유로운 입자가 된다. 그리고 무슨 이유에선지 쿼크들 사이의 거리는 어느 한계 이상 멀어지지 않는다. 둘 사이의 거리가 점점 멀어지다가 핵자의 크기만큼 벌어지면

● 구체적인 적용 사례는 다르지만, 두 경우의 공통점은 SU(3)가 딱 맞아떨어지지 않는다는 것이다. 만일 쿼크의 질량이 0이라면 SU(3) 맛깔대칭은 완벽한 대칭을 이룬다.

강력이 더 이상의 거리를 허용하지 않는 것이다.

이것은 일상적인 직관과는 정반대이다. 물리학자들은 힘과 관련된 장을 생각할 때 전자기력이나 중력처럼 '거리가 멀수록 약해지는 힘'을 떠올려왔다. 그런데 강력을 파헤치다 보니 '거리가 가까울수록 약해지고 멀수록 강해지는' 정반대의 힘이 필요해진 것이다.

1972년에 서른한 살의 미국 물리학자 데이비드 그로스(1941~)는 말 많고 탈도 많은 양자장이론을 끝장내기로 마음먹었다. 그가 제일 먼저 계획한 일은 심층 비탄성 산란에서 스케일링 효과가 장이론의 점근적 자유성을 필연적으로 요구한다는 것이었다. 그다음에 양자장이론에서 점근적 자유성이 허용되지 않는다는 것을 증명하면 양자장이론은 더 이상 발붙일 곳이 없어진다.

첫 번째 증명에 성공한 그로스는 재규격화가 가능한 여러 개의 장이론을 도마 위에 올려놓고 점근적 자유성이 불가능한 이론을 하나씩 제거해 나가다가, 1973년 봄에 만만치 않은 국소게이지이론과 운명적으로 마주쳤다. 훗날 그는 당시의 일을 떠올리며 이렇게 말했다

"그때 나는 대학원생 제자였던 프랭크 윌첵과 공동 연구를 하고 있었는데, 말로만 스승과 제자일 뿐 사실은 동료나 마찬가지였다."

프랭크 윌첵(1951~)은 1972년에 프린스턴대학교 수학과로 들어왔으나 입자물리학에 매료되어 물리학과로 옮겼고, 대학원에 진학하면서 그로스의 제자가 되었다. 훗날 그로스는 윌첵을 이렇게 평가했다.

"그 학생 때문에 고생을 꽤 많이 했다. 처음에는 유순한 학생인 줄 알았는데, 알고 보니 완전 제멋대로였다."

그로스와 윌첵의 연구는 계속되었으나, 그 연구라는 것은 지루한 증명의 연속이었다. 또한 그것은 윌첵의 박사학위 논문 주제이기도 했는

데, 당시 스물한 살이었던 그는 한 가지 주제에 너무 빠져서 다른 이론 물리학자들에게 뒤쳐질까 봐 걱정하고 있었다. 양-밀스게이지이론이 직관에 반하는 거동을 보인다는 것은 헤라르트 토프트에 의해 이미 증명된 사실이었는데, 윌첵은 아직도 재규격화를 계산하느라 다른 곳에 신경 쓸 겨를이 없었다.

1973년 4월, 드디어 그로스와 윌첵이 해답을 찾아냈다. 그로스가 예상했던 대로 국소게이지이론은 점근적 자유성을 허용하지 않았으며, 따라서 스케일링 현상은 다른 방식으로 설명되어야 했다.

그로스와 윌첵은 몰랐지만, 하버드대학교 대학원생인 데이비드 폴리처(1949~)도 같은 연구를 수행하고 있었다. 그는 1966년에 브롱크스 과학고등학교를 졸업한 후(글래쇼와 와인버그도 이 학교 출신이다-옮긴이) 미시건대학교를 거쳐 1969년에 하버드 대학원에 진학했다. 폴리처의 논문 지도 교수는 한때 칼텍에서 겔만의 제자로 연구를 수행했던 시드니 콜먼(1937~2007)이었다.

폴리처는 그로스와 정반대로 게이지이론에서 점근적 자유성이 가능하다는 결론을 내렸다. 그 무렵에 콜먼은 봄 학기 동안 하버드를 떠나 프린스턴에 가 있었는데, 폴리처는 그에게 전화를 걸어 자신이 발견한 내용을 설명해 나갔다.

콜먼이 대답했다.

"흠…… 아주 흥미롭긴 한데, 한 가지 마음에 걸리는 게 있네. 여기 있는 데이비드 그로스 교수가 제자 한 명을 데리고 자네와 똑같은 문제를 연구했는데, 자네와 정반대의 결과를 얻었다는군."

폴리처는 물러서지 않았다.

"몇 번이나 확인했습니다. 제가 맞을 거예요."

콜먼은 여전히 냉담했다.

"그들은 결코 실수할 사람이 아닐세."

폴리처는 짧은 휴가를 얻어 아내와 함께 메인 주로 여행을 갔는데, 비가 하도 많이 와서 대부분의 시간을 숙소에서 보내야 했다. 그래서 그는 아내의 눈총에도 불구하고 틈틈이 연구 노트를 꺼내 자신의 계산을 확인했다. 그리고 학교로 돌아오자마자 시드니 콜먼을 찾아가 자신의 결과가 옳다고 당당히 주장했다. 그런데 이번에는 콜먼의 태도가 이전과 많이 달랐다.

"그래, 나도 알고 있네. 자네 말이 맞아. 그로스와 윌첵이 약간의 실수를 범했다더군. 두 사람은 오류를 수정해서 곧바로 〈피지컬 리뷰 레터스〉에 제출했다네. 워낙 중요한 결과니까."

데이비드 그로스와 프랭크 윌첵은 손님으로 방문한 시드니 콜먼에게 정반대의 이야기를 듣고 계산 결과를 재검토하다가 부호가 틀린 곳을 발견했다. 그러니까 이들은 얼굴을 본 적도 없는 데이비드 폴리처의 도움을 받은 셈이다.

폴리처도 이 문제와 관련된 간략한 논문을 작성하여 제출했고, 이 두 편의 논문은 〈피지컬 리뷰 레터스〉 1973년 6월호에 나란히 실렸다.

이것은 실로 엄청난 발견이었다. 강력은 전자기력이나 중력 등 우리에게 친숙한 힘과는 완전히 다른 방식으로 작용하고 있었다. 쿼크들이 서로 가까이 다가갈수록 강력이 약해지기 때문에, 개개의 쿼크는 하드론의 내부에서 다른 쿼크의 존재를 거의 느끼지 못한다. 그동안 강력이 직면해왔던 심각한 문제가 일거에 해결된 것이다.

머리 겔만은 1973년 6월에 아스펜으로 돌아와 그로스-윌첵과 폴리처가 얻은 결과를 프리프린트로 읽었다. 그 무렵에 스위스 베른대학교

의 물리학자 하인리히 로이트바일러와 하랄트 프리치가 칼텍을 방문
했다가 머리 겔만과 공동 연구를 하게 되었다. 이들은 스핀이 1/2이면
서 색전하를 띤 3개의 쿼크와 스핀이 1이면서 색전하를 띤 8개의 글루
온으로부터 양-밀스양자장이론을 구축했다. 이론에 점근적 자유성이
존재하려면 글루온에 색전하를 부여해야 했다. 또한 이들은 심층 비탄
성 산란에서 스케일링이 위배될 수도 있다는 사실도 알아냈다.

그해 말에 그로스와 윌첵, 폴리처가 추가로 발표한 논문에 따르면, 겔
만이 예측한 스케일링 위배 현상은 점근적 자유성이 존재한다는 증거였
다. 다양한 에너지를 갖는 전자를 입사시켰을 때 구조함수의 그래프를
그려보면 q^2/v가 증가함에 따라 하나의 값으로 수렴한다. 그러나 전자의
에너지가 특정 영역 안에 있으면 그래프가 감소하지 않고 서서히 증가하
는 양상을 보이는데, 이곳이 바로 스케일링이 위배되는 지점이다.

SLAC에서 연구를 진행하던 MIT의 물리학자 마이클 리오던도 이와
같은 현상을 예측하고 자신의 저서에 다음과 같이 적어놓았다.

"그 현상은 우리의 눈을 활짝 뜨게 해주었다. 그로스와 윌첵, 폴리처
는 우리가 어떤 데이터를 얻게 될지 전혀 모르는 상태에서 결과를 정확
히 예측했다."

새로운 이론을 어떤 이름으로 부를 것인가? 1973년에 겔만과 프리
치는 자신의 이론을 '양자하드론역학(quantum hadron dynamics)'이라고 불
렀으나, 다음 해에 겔만의 머릿속에 더 좋은 이름이 떠올랐다.

"우리의 이론은 장점이 많으면서 결함이 거의 없었다. 나는 다음 해
여름을 아스펜에서 보내다가 어느 날 문득 '양자색역학(quantum chromo-
dynamics, QCD)'이라는 단어가 떠올랐고, 하인즈 파겔스(1939~1988)를 비
롯한 여러 사람들도 이 이름에 찬성표를 던졌다."

이리하여 강력과 약전자기력을 결합한 $SU(3) \times SU(2) \times U(1)$ 양자장이론이 탄생하게 되었다.

그렇다면 마지막 장애물은 어떻게 되는가? 점근적 자유성은 쿼크들이 하드론의 내부에서 약하게 상호작용하는 이유를 설명해주었지만, 쿼크가 하드론에 속박되어 있는 이유까지 설명해주지는 않았다. 쿼크들이 서로 멀어질수록 강한 색력(strong colour force, 강력)이 강하게 작용하여 하드론을 벗어나지 못한다는 식의 논리는 있었지만, 이 논리를 증명한 사람은 없었다. 이것을 '인프라레드 슬레이버리(infrared slavery)'라 한다. 강력을 서술하는 수학도 이 한계에 도달하면 별로 소용이 없었다.

쿼크의 속박을 설명하기 위해 다양한 모형이 제시되었는데, 그중에는 쿼크를 에워싼 글루온장이 가느다란 끈이나 튜브 모양이어서, 두 개의 쿼크가 서로 멀어지면 끈이 팽창과 수축을 반복하면서 더 멀어지는 것을 방지한다는 가설도 있었다.

그러다가 끈이 끊어지면 진공 중에서 쿼크–반쿼크 쌍이 생성된다. 그러므로 하드론의 내부에서 무언가가 쿼크를 잡아당기면 필연적으로 반쿼크가 생성되어 메존이 되거나, 하드론 안에서 그 자리를 대신할 다른 쿼크가 생성된다.

따라서 쿼크는 완전하게 속박되어 있지 않다. 그러나 모든 쿼크는 자신의 주변에 항상 샤프롱(chaperone, 사교계에 나온 미혼 여성을 따라다니며 돌봐주는 부인-옮긴이)을 대동하고 있어서 절대 외톨이가 되지 않는다.

다 좋다. 그렇다고 하자. 그런데 맵시쿼크는 어디에 있을까?

27

11월 혁명
1974년 11월, 롱아일랜드 / 새뮤얼 팅, 버튼 릭터

양자역학은 이름이 붙기 전부터 문제점을 안고 있었다.

고정된 표적에 고에너지 입자를 발사한 경우, 새로운 입자가 생성되는 데 쓰이는 에너지는 입사된 입자에너지의 제곱근에 불과하고 나머지는 쓸데없이 낭비된다. 입자물리학자들은 에너지를 절약하는 방법을 연구하다가 새로운 아이디어를 떠올렸다. 두 가닥의 입자빔을 서로 반대 방향에서 발사하면 충돌하는 입자들의 총 운동량이 0이기 때문에 (원리적으로) 낭비되는 에너지가 없다. 즉, 투입된 에너지는 새로운 물리적 현상을 일으키는 데 고스란히 사용된다. 전자-전자와 전자-양전자의 정면충돌을 일으키는 입자가속기(collider)가 최초로 건설된 곳은 이탈리아의 프라스카티(Frascati)와 매사추세츠 주의 케임브리지 그리고 SLAC이었다.

전자와 양전자가 충돌하면 둘 다 사라지면서 고에너지 가상 광자가 생성된다. 쉽게 말해서, 아주 작은 전자기적 '불덩어리'가 만들어진다고 생각하면 된다. 여기서 생성된 광자는 에너지를 오랫동안 간직하지 못하고 보존법칙에서 허용하는 온갖 종류의 입자-반입자 쌍을 물보라처럼 쏟아낸다. 이들은 새로운 전자-양전자 쌍일 수도 있고, 뮤온-반뮤온 쌍이나 쿼크-반쿼크 쌍이 생성될 수도 있다. 특히 쿼크-반쿼크 쌍은 생성되자마자 재빨리 자기만의 샤프롱을 찾아 하드론을 형성한다.

총 질량-에너지와 스핀이 보존되는 한, 광자가 각 입자 쌍으로 붕괴될 확률은 생성된 입자의 전하량의 제곱에 비례한다. 그러므로 하드론과 뮤온의 생성 비율 R은 세 쿼크의 전하의 제곱의 합(2/3)을 뮤온의 전하의 제곱의 합(1)으로 나눈 값과 같다. 그러나 쿼크에는 위쿼크와 아래쿼크 그리고 야릇한쿼크가 있으므로 여기에 3을 곱해야 한다. 따라서 뮤온에 대한 하드론의 생성 비율, 즉 QCD를 통해 예견되는 R값은 2이다.

이탈리아의 충돌기 ADONE은 충돌에너지가 1~3GeV인 수준에서 $R=2$임을 확인했다. 그러나 충돌에너지가 4~5GeV인 케임브리지전자가속기(Cambridge Electron Accelerator, CEA)로 확인된 R값은 4~6이었다. 스탠퍼드 양전자-전자비대칭고리(Stanford Positron Electron Asymmetric Rings, SPEAR)가 완공되었을 때 스탠퍼드의 물리학자 버턴 리히터(1931~)가 이끄는 실험 팀도 R값을 측정했고, 이들의 결과는 CEA와 일치했다. 뮤온에 대한 하드론의 생성 비율은 2보다 훨씬 컸으며, 이 값은 충돌에너지와 함께 증가하는 것으로 판명되었다(어느 한계 값을 넘어섰을 때 일정해지는 경향은 나타나지 않았다).

이 결과를 어떻게 해석해야 하는가? 아직 발견되지 않은 쿼크가

• QCD 이외의 다른 이론들은 R의 값을 0.36에서 무한대로 예측했다.

남아 있다는 뜻일까? 아니면 리히터의 주장대로 전자와 양성자가 쿼크와 반쿼크로 바뀌어 새로운 하드론이 생성되는 것일까?

1974년 4월에 셸던 글래쇼는 학술회의에 참석하여 메존의 거동과 특성을 전문적으로 연구하는 메존분광학자들 앞에서 맵시쿼크를 찾아줄 것을 강하게 건의했다.

"여기에는 세 가지 가능성이 있습니다. 첫째는 맵시쿼크가 존재하지 않는 것인데, 그럴 가능성은 아주 낮습니다. 둘째는 여러분 중 누군가가 맵시쿼크를 발견하는 것입니다. 이런 경우에는 그냥 마음 놓고 축하하면 됩니다. 셋째는 여러분이 아닌 다른 분야의 실험학자들이 맵시쿼크를 발견하는 경우인데, 만일 이런 일이 발생한다면 제 손에 장을 지지겠습니다!"

존 일리오폴로스도 맵시쿼크의 존재를 굳게 믿었다. 그는 1974년 7월에 런던에서 개최된 로체스터학회에서 "…SU(3)×SU(2)×U(1) 양자장이론은 까마득한 과거에 존재했던 통일된 게이지군의 파편일 것"이라고 주장했다.

또한 그는 "차기 로체스터학회에서는 모든 사람들이 맵시쿼크의 발견을 축하할 것"이라며, 고급 와인 한 상자를 내기에 걸었다.

1970년 보스턴 항에 떠 있는 배에서 루치아노 마이아니를 위한 선상 송별회가 열렸다. 그 자리에서 셸던 글래쇼와 존 일리오폴리스 그리고 마이아니는 MIT의 물리학자이자 국립브룩헤이븐연구소의 팀 리더인 새뮤얼 팅(중국명은 딩자오중)과 담소를 나누었

다. 이들은 취기가 약간 돈 상태에서 "맵시쿼크를 발견하면 노벨상은 따놓은 당상"이라며 큰소리쳤다. 새뮤얼 팅은 이론물리학자들의 두서 없는 주장을 경멸하는 척했지만, 속으로는 새로운 실험의 타당성을 냉철하게 가늠하는 중이었다. 아무튼 겉으로 볼 때 새뮤얼 팅은 맵시쿼크 에 대해 회의적인 것 같았다.

글래쇼는 국립브룩헤이븐연구소의 니콜라스 사미오스에게 "뉴트리 노와 양성자의 충돌에서 생긴 파편을 잘 분석해보면 맵시쿼크의 증거 를 찾을 수 있을 것"이라고 장담했다. 그는 W^+ 입자가 교환되면서 양 성자 내부에 있는 아래쿼크가 맵시쿼크로 변하고, 그 결과로 짧은 시간 동안 맵시바리온(구성 성분 중에 맵시쿼크가 포함된 바리온)이 생성된다고 굳게 믿었다. 이 입자는 순식간에 붕괴되어 하드론을 소나기처럼 뱉어내는 데, 그중에는 위쿼크와 아래쿼크 그리고 야릇한쿼크로 이루어진 중성 람다 입자(uds) Λ^0도 포함되어 있다. 람다 입자가 생성되려면 맵시쿼크 가 야릇한쿼크로 한 번 더 변해야 한다.

글래쇼의 지적은 매우 의미심장했다. Λ^0는 항상 자신의 반입자인 $\overline{\Lambda^0}$ 와 함께 생성되는데, 글래쇼가 말한 과정에서는 Λ^0가 반입자 없이 혼 자 생성되기 때문이다. 그러므로 붕괴 과정에서 V자 모양의 궤적이 발 견된다면 맵시쿼크의 존재는 증명되는 셈이다.

사미오스는 연구 동료인 로버트 파머와 함께 지난 몇 년 동안 누적된 실험 데이터를 뒤지기 시작했다. 브룩헤이븐연구소에는 몇 년 전에 거 품상자가 새로 설치되어 수십만 장의 사진이 확보된 상태였다. 그러던 중 1974년 5월 말에 브룩헤이븐연구소에서 스캐너(scanner, 입자가속기연 구소에서 사진 데이터를 분석하는 사람-옮긴이)로 일하던 헬렌 라소스가 강력한 증거를 찾아냈다. 그녀는 스캐너가 되기 전에는 국립브룩헤이븐연구

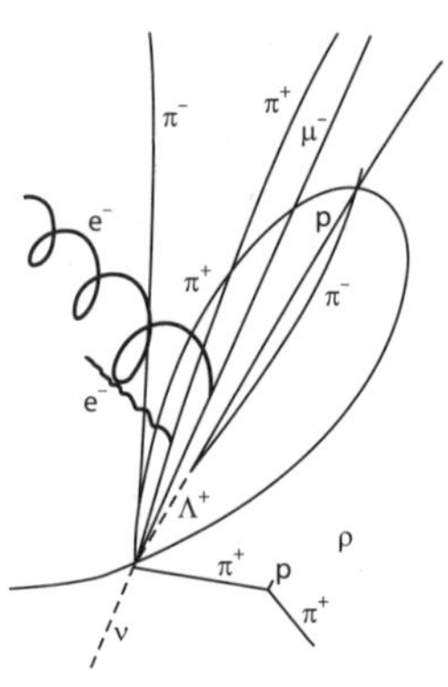

그림17 1974년 국립브룩헤이븐연구소의 거품상자 데이터에서 맵시쿼크의 증거로 제시된 그림. 붕괴 과정에서 나타난 V자 모양의 분기점에서 Λ^0가 생성되었을 가능성이 높다. 이 그림은 입자의 궤적을 찍은 사진을 바탕으로 작성된 것으로 국립브룩헤이븐연구소 측의 허락 하에 게재하였다.

소의 전화교환원이었다. 그녀가 사진을 바탕으로 작성한 스케치에는 거품상자 안에서 (보이지 않는) 뉴트리노가 양성자와 충돌한 뒤 파이온을 비롯한 여러 입자들이 생성되는 과정과 함께 Λ^0의 증거인 V자형 궤적이 뚜렷이 나타나 있었다.

그러나 이 사진은 맵시쿼크와 무관한 다른 사건으로 해석될 수도 있었으므로, 결론을 내리기에는 시기상조였다. 로버트 파머는 이 결과를 전해 듣고 다음과 같이 말했다.

"단 하나의 사건에 기초하여 '물질의 새로운 상태를 발견했다'고 주장할 수는 없다. 지금 당장은 처음으로 되돌아가서 모든 계산을 다시 해볼 필요가 있다."

로버트 파머가 이끄는 연구 팀은 Λ^0의 흔적을 찾으면서 그해 여름과 가을을 다 보냈다.

셸던 글래쇼는 1974년 8월에 브룩헤이븐연구소를 찾아가 맵시쿼크

의 중요성을 다시 한 번 강조하면서, 증거를 찾는 몇 가지 방법을 제안
했다. 당시 새뮤얼 팅은 30GeV짜리 에이지싱크로트론(Alternating
Gradient Synchrotron, AGS)으로 고에너지 양성자-양성자 충돌 실험을 계
획하고 있었다. 실험의 주된 목적은 충돌의 여파로 탄생한 하드론의 홍
수 속에서 전자-양전자 쌍을 찾아내는 것이었는데, 전자나 양전자가
발견되면 그 궤적을 역으로 추적하여 한 지점에서 발생한 쌍임을 일일
이 확인해야 하는 까다로운 실험이었다. 팅의 설명이 끝나자마자 글래
쇼가 손사래를 치며 말했다.

"아, 그건 아니죠. 전자-양전자 쌍을 아무리 추적해봐야 맵시쿼크의
존재를 입증할 수는 없습니다. 파이온과 케이온 쌍 같은 기묘입자를 찾
아야지요."

새뮤얼 팅의 실험은 초기 단계에서 몇 차례 실패를 겪다가 8월 22일
에 본격적으로 시작되었다. 그리고 8월 31일에 연구 팀원들에게 "한
입자에서 탄생한 전자-양전자 쌍을 2.5~4.0GeV 사이에서 찾아보라"
는 지시를 내렸다. 매사 주도면밀하기로 정평이 난 팅은 연구원을 두
팀으로 나눠 각자 분석 프로그램을 개발하여 실험 데이터를 분석하도
록 지시했다. 두 팀을 얼마나 철저히 분리시켰는지, 이들은 전체 회의
를 할 때 빼곤 만날 수도 없었다.

실험 장비에는 소형 컴퓨터가 연결되어 있었는데, 성능이 워낙 떨어
져서 효과적인 분석을 할 수 없었다. 그래서 연구원들은 어쩔 수 없이
브룩헤이븐연구소의 주 컴퓨터를 사용해야 했다. 그러던 중 9월 2일
실험에 참여한 연구원들 중 한 명인 테렌스 로즈가 무언가 심상치 않은
징후를 발견했다. 전자-양전자 쌍을 나타내는 데이터가 3GeV의 에너
지에서 다량으로 검출된 것이다. 로즈는 그것이 분석상의 오류라고 생

각하여 팅에게 보고하지 않았고, 가속기 운영 방침에 따라 이들의 실험
은 이틀 동안 정지되었다.

무언가가 잘못된 듯했다. 로즈는 독일 출신의 물리학자 울리히 베커
와 함께 데이터를 분석하다가 예상외의 결과가 나오자 베커가 실수를
범했다고 생각했고, 베커는 로즈의 계산이 틀렸다고 주장했다. 두 사람
은 진실을 밝히기 위해 브룩헤이븐연구소의 컴퓨터실로 달려가 직원
들을 모두 밖으로 쫓아내고 분석 과정을 처음부터 재실행했으나, 여전
히 똑같은 결과가 나왔다. 3.1GeV에서 아주 좁고 높은 피크가 나타난
것이다.

두 번째 연구 팀에 속해 있던 MIT의 조교수 민 첸은 글렌 에버하트
와 함께 9월 몇 주 동안 첫 번째 팀과 동일한 데이터를 분석하고 있었
다. 민 첸은 데이터를 처음 접했을 때 조금 이상하다고 생각했으나, 분
석을 진행하면서 완전히 미궁에 빠져들었다. 3.1GeV에서 믿기 어려울
정도로 좁고 높은 피크가 나타났기 때문이다. 그는 이것이 컴퓨터 오류
라고 생각하고 모든 부분을 확인해보았지만 아무런 문제도 발견되지
않았다. 그렇다면 가능한 결론은 하나 — 지금까지 발견된 적이 없는
새로운 입자가 발견되었다고 생각하는 수밖에 없다.•

팅은 잠시 흥분했다가 곧 평정을 되찾았다. 그는 평소에 다른 사람의
실험에서 오류를 잘 찾아내기로 유명했으며, 자신이 오류를 범하는 것
을 극도로 경계하는 타입이었다. 3.1GeV에서 정말로 공명 현상이 나
타나는지 철저히 확인하지 않으면 남들과 같은 처지가 될지도 모를 일

• 엄밀히 말해서, 이와 같은 결과를 얻은 연구 팀이 이들이 처음은 아니었다. 미국의 물리학
  자 리언 레더만과 연구 팀은 1968년에 이와 비슷한 실험을 하다가 3.1GeV에서 피크를 발
  견했다. 그러나 이들은 충분한 분석 없이 곧바로 고에너지 충돌 실험으로 옮겨가는 바람
  에 중요한 기회를 놓치고 말았다.

이었다. 그런데 이 무렵에 AGS가 정기 점검에 들어갔고, 그 바람에 모든 작업이 10월 초까지 연기되었다. 당시 팅은 스탠퍼드의 물리학자 멜빈 슈워츠와 시간 경쟁을 벌이고 있었으므로 연구의 공백은 심리적으로 큰 부담이 되었다.

나중에 우선권을 주장하려면 하루라도 빨리 논문을 발표해야 했지만 결과를 확신하려면 발표를 미루는 수밖에 없었다. 그래서 연구원들에게는 함구령을 내리고, 완벽한 결과가 나온 후에 논문을 발표하기로 마음먹었다.

스탠퍼드에서 전자-양성자 충돌기를 사용하는 모든 물리학자들이 약 1.5GeV(공명에너지의 절반 수준)에서 실험을 진행했다면, 그들이 팅과 비슷한 발견을 하는 것은 시간문제였을 것이다. 그러나 당시 스탠퍼드의 물리학자들은 하드론과 뮤온의 생성 비율을 확인하기 위해 주로 4.0~6.0GeV에서 실험을 진행했고, 팅은 이 사실을 잘 알고 있었다.

팅은 연구원들에게 기밀 유지를 당부했지만, 사방에 퍼져 나가는 소문은 어쩔 도리가 없었다. 실험이 재개되었던 10월 22일 멜빈 슈워츠가 새뮤얼 팅을 찾아와 말했다.

"3.1GeV에서 피크를 발견했다면서요? 축하드립니다."

팅은 거짓말로 응수했다.

"전혀 아닌데요? 피크는커녕 완전히 평평한 그래프뿐입니다."

슈워츠는 기분이 언짢아졌다. 비밀을 지키려는 심정은 이해가 가지만, 거짓말은 상대를 기만하는 행위라고 생각했기 때문이다. 그는 쓴웃음을 지으며 팅에게 말했다.

"그럼 저랑 내기합시다. 당신이 3.1GeV에서 피크를 발견한다는 데 10달러 걸지요."

팅은 조금도 물러서지 않았다.

"좋아요. 저는 그렇지 않다는 데 10달러 걸겠습니다."

두 사람은 웃으며 악수를 나누고 헤어졌지만, 슈워츠는 조금도 유쾌하지 않았다. 팅은 사무실로 돌아와 노트에 다음과 같이 적어놓았다.

"슈워츠에게 10달러 빚짐."

스탠퍼드의 물리학자 로이 슈위터스(1944~)는 난처한 문제에 부닥쳐 있었다. SPEAR에서 얻은 실험 데이터를 분석하는 프로그램 중 하나에서 오류가 발견된 것이다. 어렵게 오류를 수정하고 6월에 얻은 데이터를 다시 분석해보니, 3.1GeV와 4.2GeV에서 작은 피크가 나타났다. 특히 입사빔의 에너지가 3.1GeV일 때는 하드론이 유난히 많이 생성되는 것으로 확인되었다. 보통 때 같으면 그냥 지나칠 수도 있는 데이터였지만, 슈위터스는 무언가 심상치 않은 느낌이 들었다. 그는 10월 22일에 공동 연구 팀장인 로렌스버클리연구소의 거슨 골드하버(1924~2010)를 찾아가 자문을 구했다.•

11월 초가 되자 새뮤얼 팅은 자신의 연구 팀이 무언가 현실적인 발견을 이루었다는 확신을 갖게 되었다. 그동안 여러 변수들을 바꾸며 수많은 실험을 해봤는데, 3.1GeV에서 피크가 나타나는 현상은 요지부동이었다. 브룩헤이븐연구소의 물리학자들이 드디어 새로운 입자를 발견한 것이다. 새뮤얼 팅은 이 입자를 'J'라고 이름 붙였다. 과거에 W와 Z 보존이 그랬듯이, 흥미로운 입자가 발견되면 로마자를 붙이는 것이 관

• 로렌스버클리연구소의 원래 명칭은 버클리복사연구소(Berkeley Radiation Laboratory)였으나, 1959년에 어니스트 로렌스가 사망한 뒤 이름을 바꾸었다. 현재 명칭은 로렌스버클리국립연구소(Lawrence Berkeley National Laboratory)이다.

레였기 때문이다.

다른 사람 같았으면 이 시점에서 당연히 논문을 발표했을 것이다. 그러나 지나칠 정도로 신중했던 팅은 "만일 우리가 맵시쿼크를 발견했다면, 이것은 앞으로 줄줄이 발견될 입자의 신호탄에 불과할지도 모른다"고 생각했다. 그의 생각이 맞는다면 맵시쿼크뿐만 아니라 이것을 포함하는 모든 입자들, 즉 모든 '맵시 입자'의 최초 발견자가 될 수도 있었다. 그래서 새뮤얼 팅은 울리히 베커와 민 첸을 비롯한 연구원들의 강한 권유에도 불구하고 결과를 발표하지 않았다. 그는 SPEAR의 물리학자들이 실험을 아무리 열심히 해도 '어디를 집중적으로 봐야 할지' 모르고 있는 한 새로운 입자를 발견하지 못할 것이라고 생각했다.

그해(1974년) 11월 4일 버튼 릭터가 하버드에서 일련의 강의를 마친 후 SLAC으로 돌아와 보니, SPEAR의 연구원들이 3.1GeV에서 발견된 피크의 해석 문제를 놓고 잔뜩 흥분해 있었다. 그들은 릭터에게 "우리도 충돌기를 3.1GeV에 맞춰놓고 자세한 실험을 해보자"고 제안했으나, 출력을 조절하는 것은 결코 간단한 문제가 아니었다. 당시 SPEAR는 출력을 업그레이드하여 5GeV까지 도달한 상태였는데, 이것을 다시 3.1GeV로 낮췄다가 원하는 결과를 얻지 못하면 엄청난 시간과 인력 그리고 천문학적 예산을 고스란히 날릴 판이었다. 이들은 거의 한 주일 내내 이 문제를 놓고 열띤 공방을 벌였다.

한편, 골드하버는 특정 에너지에서 케이온의 생성량이 급증한다는 슈위터스의 주장을 받아들였다. 그것은 몇 달 전에 글래쇼가 실험물리학자들에게 "맵시쿼크를 발견하고 싶다면 반드시 시도해보라"고 말했던 바로 그 영역이었다. 골드하버는 11월 8일 릭터를 만나 이 사실을

알려주었고, 결국 SPEAR의 연구원들은 충돌에너지를 3.1GeV로 낮추기로 결정했다.[*]

다음 날 아침, 충돌기의 출력을 낮추자마자 새로운 결과가 쏟아져 나오기 시작했다. 연구원들은 3.1GeV에서 좁은 피크가 나타나는 것을 분명히 확인했다. 이 영역에서 하드론이 다량으로 생성된 것이다. 생성 빈도는 대략 1분에 한 건 정도였는데, 이것은 정상적인 경우의 세 배에 달하는 높은 수치였다. 다음 날 아침, 충돌기의 에너지가 3.11GeV로 맞춰진 상태에서 입자의 생성 빈도는 7배까지 올라갔다.

얼마 후 하드론 생성 빈도는 여기서 또다시 10배 이상 급증했고, 골드하버는 새로운 발견을 알리는 짤막한 논문을 쓰기 시작했다. 이제 하드론 생성 빈도는 매 초마다 기록을 갱신하고 있었다. 과거에 그 어떤 실험에서도 이토록 많은 입자가 생성된 사례는 없었다. 마침내 연구원들은 3.105GeV에서 입자의 생성 빈도가 평상시의 100배로 증가한다는 최종 결론에 도달했다. 이들은 아껴뒀던 샴페인을 냉장고에서 꺼내 환호성을 지르며 축배를 들었다. 이 소식은 곧바로 SLAC 전체에 퍼져나가 SPEAR 제어센터는 방문객들로 북새통을 이뤘고, 전화벨이 쉴 새 없이 울려댔다.

거슨 골드하버와 머튼 딕터는 필막힌 토론을 거친 뒤, 새로 발견된 입자를 'Ψ(프사이)'로 부르기로 합의했다. 그리고 그 다음 날인 11월 11일 Ψ 입자가 발견되었음을 공식적으로 발표했다.

새뮤얼 팅은 11월 10일 SLAC에서 열린 자문회의에 참석하기 위해

---

[*] 여기에는 약간의 행운이 따랐다. 거슨 골드하버가 갖고 있던 데이터에는 케이온 생성량이 급증한다는 증거가 없었으나, 골드하버가 잘못 해석하는 바람에 SPEAR의 출력을 낮추게 된 것이다.

뉴욕을 떠났다. SPEAR에서 새로운 입자가 발견되었다는 소식은 그 무렵에 브룩헤이븐연구소에도 파다하게 퍼졌고, 팅의 연구원들은 적지 않은 충격을 받았다.

팅은 플라밍고 모텔에 짐을 푼 직후 브룩헤이븐에서 걸려온 전화를 받고 모든 정황을 알게 되었다(이 모텔은 1968년에 리처드 파인먼이 헨리 켄들의 그래프를 보고 '파톤'이라는 개념을 떠올렸던 바로 그 장소였다). 사실 이 바닥에서는 새로운 입자가 발견되었다는 뜬소문이 수시로 떠돌아 다녔지만, 이번에는 SPEAR의 연구원들이 정말로 큰일을 낸 것 같았다. 새뮤얼 팅이 SLAC에 전화를 걸어 사실 여부를 물어봤더니, "내일 공식 발표가 있을 예정"이라는 확신에 찬 대답이 돌아왔다.

그날 밤, 새뮤얼 팅은 잠을 이루지 못했다. 큰 건을 한 방 터뜨리려고 실험 결과를 비밀에 부쳐왔는데 SPEAR에서 동일한 결과를 내일 발표한다니, 하늘이 무너지는 기분이었다. 이제 그가 할 수 있는 최선은 자기가 이끄는 연구 팀이 동일한 결과를 이미 얻었음을 한시라도 빨리 발표하는 것이었다. 그는 브룩헤이븐에 전화를 걸어 실험 데이터 공개를 서두르라고 재촉했다.

11월 11일 오전 8시쯤, 마침내 새뮤얼 팅과 버튼 릭터가 SLAC에서 만났다. 이들은 마치 외나무다리에서 만난 무림 고수들처럼 선제공격을 자제하며 상대방의 눈치를 살폈다. 먼저 말을 꺼낸 사람은 팅이었다.

"버트, 당신에게 전해줄 아주 흥미로운 소식이 있습니다."

그러자 릭터가 대답했다.

"그런가? 나도 자네한테 흥미로운 소식을 전할 참이었는데!"(버튼 릭터는 새뮤얼 팅보다 다섯 살이 많다-옮긴이)

길게 얘기할 필요도 없었다. 두 사람이 발견한 것은 동일한 입자였

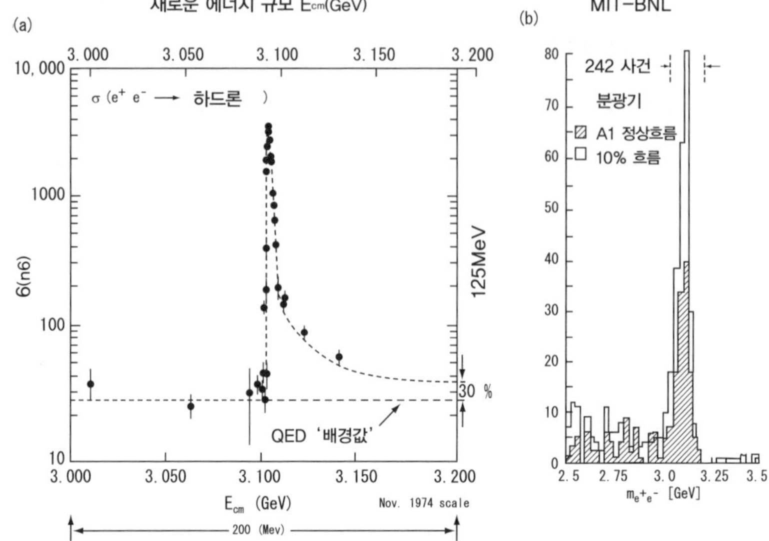

그림18 SLAC의 버튼 릭터가 이끄는 연구 팀과 국립브룩헤이븐연구소의 새뮤얼 팅이 이끄는 연구 팀은 스핀=1인 맵시쿼크와 반맵시쿼크로 이루어진 메존을 거의 동시에 발견했다. 새뮤얼 팅은 이 입자를 J라 불렀고, 릭터는 Ψ라 불렀다. (a) SLAC의 전자−양전자 소멸 실험에서 입자 빔의 에너지가 3.1GeV일 때 뚜렷한 공명 현상이 나타났다. (b) 브룩헤이븐연구소의 고에너지 양성자−양성자 충돌 실험에서도 동일한 공명 현상이 나타났다.(Hoddeson et al., *The Rise of the Standard Model : Particle Physics in the 1960s and 1970s*, Cambridge University Press, 1997, pp. 62~64)

다. 버튼 릭터가 잔뜩 격앙된 목소리로 외쳤다.

"샘! 우린 깊은 발견을 한 거야! 이게 무슨 뜻인지 알아? 틀릴 리가 없다는 거라고!"

이들이 발견한 것은 맵시쿼크와 반맵시쿼크로 이루어진 스핀 1짜리 메존(중간자)이었다. 셸던 글래쇼는 양성자가 양전자로 대치된 수소 원자를 '포지트로늄(positronium)'으로 부르는 데 착안하여 이 입자를 '차모늄(charmonium)'이라 불렀다. SPEAR의 연구원들은 여기서 멈추지 않고

3.7GeV에서 차모늄의 첫 번째 들뜬상태에 해당하는 입자를 발견하여 Ψ'(프사이 프라임)이라 이름 붙였다. 이로써 맵시 입자를 모두 찾아내겠다는 새뮤얼 팅의 야심 찬 계획은 수포로 돌아가고 말았다.

차모늄을 발견한 사람에게 노벨상이 주어진다는 것은 명백한 사실이었다. 그런데 새뮤얼 팅과 버튼 릭터, 둘 중 누가 먼저 차모늄을 발견했는가? 학계의 여론은 SLAC 연구 팀에게 유리한 쪽으로 흘러갔고, 새뮤얼 팅은 브룩헤이븐연구소 팀의 발견이 무시당하는 것 같아 마음이 편치 않았다. 그는 발견 날짜를 명백히 밝히기 위해 1975년 9월 5일 발간된 〈사이언스(Science)〉에 브룩헤이븐연구소 팀의 연구 일지를 공개하면서 "슈워츠를 비롯한 몇몇 사람들이 브룩헤이븐의 연구 결과를 소문내는 바람에 SPEAR 팀이 3.1GeV에 초점을 맞출 수 있었다"는 점을 넌지시 내비쳤다. 그리고 우선권을 주장이라도 하듯이, 브룩헤이븐연구소 팀은 새로 발견한 입자를 'J'라 불렀고, SPEAR 팀은 끝까지 'Ψ'로 불렀다. 상대방이 붙인 이름을 사용하면 우선권을 양보한다는 뜻으로 비칠 수도 있었기 때문이다.

멜빈 슈워츠는 "팅과 10달러짜리 내기를 한 적이 있다"고 증언했지만, 브룩헤이븐연구소 팀이 SLAC 팀의 연구 방향에 영향을 줬다는 확실한 증거는 발견되지 않았다. 결국 릭터와 팅은 거의 동시에 각자 독립적으로 J/Ψ 입자를 발견한 것으로 인정되어 1976년에 노벨 물리학상을 공동 수상했다. 이 입자는 지금까지도 J/Ψ로 불리고 있다.

니콜라스 사미오스와 로버트 파머는 1975년 3월에 만나 맵시바리온에 대해 이야기를 나눈 적이 있다. 그러나 이 자리에서도 "순맵시 입자(naked charm particle, 구성 성분 중 맵시쿼크나 반맵시쿼크가 단 하나만 포함된 입자)가

곧 발견될 것"이라는 식의 구체적 정보가 오가지는 않았다. 셸던 글래쇼는 1976년 4월에 개최된 한 학회에서 거슨 골드하버에게 맵시 입자를 더 찾아볼 것을 강력히 권했다. 그는 맵시쿼크와 반위쿼크로 이루어진 중성 D메존이 1.95GeV 근처에서 발견될 것으로 예측했고, 골드하버는 1976년 3월 초에 1.87GeV에서 이 입자를 발견했다.

그해 말에 개최된 메존분광학회에서 학회장인 로이 와인스타인은 예전에 글래쇼가 했던 '모자 발언' 즉 맵시쿼크가 외국인에 의해 발견될 것이라는 말을 다시 언급하면서 참석자들에게 모자 모양의 사탕을 나눠주었다.

메존분광학자들은 안면에 미소를 띤 채 사탕을 맛있게 먹었다.

28

매개 벡터 보존
1983년 6월, 제네바 / 카를로 루비아, 시몬 판 데르 메이르

J/Ψ 입자의 발견은 이론물리학이 거둔 위대한 승리는 소립자 (elementary particle, 素粒子)의 구조를 밝히는 시발점이 되었다. 이 분야는 훗날 입자물리학의 최고봉이라 할 수 있는 '표준모형'으로 발전하게 된다.

새뮤얼 팅과 버튼 릭터의 발견이 알려진 뒤 물리학자들은 소립자가 두 종류의 '세대(generation)'로 존재한다고 생각했다. 각 세대는 두 개의 렙톤과 두 개의 쿼크로 이루어져 있고, 그 밖에 이들 사이에서 힘을 매개하는 매개 입자가 존재한다고 생각하면 입자의 족보가 완성될 듯했다. 전자와 전자뉴트리노 그리고 위쿼크와 아래쿼크는 제1세대에 속하고, 뮤온과 뮤온뉴트리노, 맵시쿼크와 야릇한쿼크가 제2세대에 속한다. 제1세대와 제2세대 입자들은 일대일로 대응되며, 세대 간의 차이점은 질량뿐이다. 그 외에 광자는 전자기력을 매개하고 W 입자와 Z 입자는 약한 핵력을, 색전하를 갖는 글루온은 쿼크들 사이에서 강한 핵력을 매개한다.

물리학자들은 한동안 대칭성 덕분에 톡톡히 재미를 보았으나, 그 즐거움은 오래가지 못했다. 전자의 무거운 버전인 타우렙톤(tau lepton)이 발견되었다는 소문이 떠돌다가 1977년 봄에는 거의 정설로 굳어졌다. SLAC의 물리학자 마틴 펄(1927~)과 그 동료들은 지난 몇 년 동안 SPEAR를 이용하여 전자-양전자 소멸 과정에서 생성되는 비정상적 전자-뮤온 쌍을 연구해오던 중 타우-반타우 입자 쌍도 함께 생성된다는 사실을 알아냈다. 타우 입자는 전자와 반뮤온으로 붕괴되고, 반타우 입자는 양전자와 뮤온으로 붕괴된다. 이것은 예상에서 크게 벗어난 결과였기에 물리학자들은 마틴 펄의 실험을 회의적인 눈으로 바라보았다. 그러나 함부르크에 있는 독일전자가속기(Deutsches Elektronen Synchrotron, DESY)에서 동일한 결과가 얻어지자 더 이상 타우 입자의 존재를 부정할 수 없었다.

타우렙톤이 존재한다는 것은 타우뉴트리노가 존재한다는 뜻이다. 그래서 입자물리학자들 사이에서는 렙톤과 쿼크가 제2세대가 아닌 제3세대로 존재할지도 모른다는 추측이 나돌기 시작했다. 리언 레더만은 1977년 8월에 페르미연구소에서 J/Ψ 대신 업실론(upsilon, Y)이라는 입자와 그 첫 번째 및 두 번째 들뜬상태를 발견했는데, •Y의 정체는 (상자 발견된) 바닥쿼크(bottom quark)와 그 반입자

* 글루온은 (적-반청＋청-반적)이나 (청-반녹＋녹-반청)과 같이 '색-반색(colour-anti colour)'의 다양한 조합의 중첩으로 표현되며, 가능한 조합 목록은 QCD의 SU(3) 대칭에 의해 결정된다. 만일 모든 색-반색 조합이 허용되었다면 글루온은 8가지가 아니라 9가지로 존재했을 것이다.
* 처음에 리언 레더만과 동료들은 6GeV에서 피크를 발견하고 "Y(업실론) 입자를 발견했다"고 발표했다. 그러나 얼마 뒤 이 피크가 사라지는 바람에 크게 당황했고, 사람들은 그것을 '웁스-레온(oops-Leon)'이라 불렀다. 그 후 9GeV에서 확실한 피크가 발견되어 여기에 Y라는 이름이 붙여진 것이다.

로 이루어진 메존이었다. 바닥쿼크는 아래쿼크와 야릇한쿼크에 이어 제3세대에 해당하는 쿼크로서 제1~2세대보다 질량이 크다. 바닥쿼크의 질량은 약 4.2GeV이며, 전기전하는 아래쿼크나 야릇한 쿼크와 마찬가지로 -1/3이다. 그래서 물리학자들은 제3세대의 마지막 구성원이자 질량이 가장 큰 꼭대기쿼크(top quark)가 존재한다고 믿게 되었다. 이제 출력이 엄청나게 큰 입자가속기를 만들어서 꼭대기쿼크를 찾기만 하면 입자 목록은 완성되는 셈이었다.•

물리학자들은 제3세대 렙톤과 쿼크의 존재를 일찍 예측하지 못했지만, 일단 알려진 후에는 표준모형에 자연스럽게 편입시켰다. 1979년 8월에 페르미연구소에서 개최된 한 학술회의에서는 전자-양전자 소멸 과정에서 쿼크와 글루온이 제트(jet)처럼 쏟아져 나온다는 실험 결과가 발표되었는데, 이것은 쿼크-반쿼크 쌍이 형성되면서 생성된 하드론과 쿼크에서 풀려 나온 고에너지 글루온이었다. 이 '삼중 제트 사건(three-jet event)'은 아직 발견되지 않은 쿼크와 글루온이 존재한다는 강력한 증거였다.•

꼭대기쿼크와 약력의 매개 입자인 W, Z 보존은 한동안 발견되지 않았다. 그 후 표준모형이 입자물리학의 새로운 정설로 확고한 입지를 굳히면서 셸던 글래쇼와 스티븐 와인버그 그리고 압두스 살람은 1979년에 공동으로 노벨 물리학상을 수상했다.

• 새로 발견된 쿼크를 '진실(truth)'과 '아름다움(beauty)'으로 부르자는 의견이 있었으나, 튀지 않는 평범한 이름을 선호하는 다수 의견에 밀려 결국 '꼭대기(top)'와 '바닥(bottom)'으로 결정되었다.
• 삼중 제트 사건은 DESY의 연구 팀에 의해 처음으로 발견되었으며, 새뮤얼 팅이 이끄는 CERN의 국제연구 팀에 의해 재확인되었다.

표준모형(Standard Model)에 대한 신뢰는 날이 갈수록 높아졌지만, 약력을 매개한다는 벡터 보존 W와 Z는 여전히 발견되지 않았다. 이 매개 입자들은 자발적으로 붕괴된 약력과 전자기력의 SU⑵×U⑴ 양자장이론으로부터 예측되었으며(이 이론은 재규격화가 가능하다), 힉스 메커니즘을 통해 질량을 획득하는 것으로 알려졌다.

W 입자와 Z 입자를 도입하지 않으면 약력에 의한 붕괴 현상과 약한 중성흐름을 설명할 방법이 없었으므로, W 입자와 Z 입자의 존재는 간접적으로 증명된 셈이었다. 그러나 실험물리학에서는 "눈에 보이는 것이 모든 것"이다. 이론이 제아무리 그럴듯해도 실험을 통해 확인되지 않으면 절대로 인정받지 못한다. SU⑵×U⑴ 약전자기이론이 표준모형에 편입되려면, 무엇보다도 W 입자와 Z 입자부터 발견되어야 했다. 당시의 상황을 요약하면 다음과 같다. "약한 중성흐름을 발견한 사람은 노벨상을 받지 못했다. 그러나 누구든지 약력을 매개하는 벡터 보존을 발견하면 노벨상은 따놓은 당상이었다."

스티븐 와인버그는 노벨상 수상 연설에서 "약전자기이론으로 계산된 W 입자의 Z 입자의 질량은 약력의 '섞임각(mixing angle)' θ_w에 의해 좌우된다"고 했다. 그가 예측한 $W^\pm$ 입자의 질량은 약 $40\mathrm{GeV}/\sin\theta_\mathrm{w}$였고, Z 입자의 질량은 약 $80\mathrm{GeV}/\sin^2\theta_\mathrm{w}$였다. 또한 실험을 통해 알려진 $\sin^2\theta_\mathrm{w}$의 값은 0.23 ± 0.01이었으므로 섞임각 θ_w는 약 $29°$이다. 이로부터 질량을 추정해보면 $W^\pm$ 입자는 약 $83\mathrm{GeV}$, Z^0 입자는 약 $94\mathrm{GeV}$가 된다.˙ 질량만 놓고 본다면 W 입자와 Z 입자는 스트론튬(Sr, 원자번호=38) 원자핵과 맞먹는 수준이다.

CERN에서는 둘레가 6.9킬로미터에 달하는 양성자가속기 SPS(Super Proton Synchrotron)가 1976년부터 가동되기 시작했다. 원래 SPS는 300GeV에 특화된 가속기였으나, 공사 도중 계획이 변경되어 400GeV까지 발휘할 수 있도록 만들어졌다. 그런데 이 장치가 가동되기 한 달 전에 페르미연구소의 양성자가속기가 500GeV를 기록하면서 유리한 고지를 선점했다.

그러나 문제는 이 장치들이 충돌기가 아닌 가속기라는 점이었다. 출력은 충분히 컸지만 정지된 표적에 입자를 쏘는 방식이었으므로 에너지의 상당 부분이 허공에 낭비되고 있었다. 이런 조건에서는 에너지가 매우 낮은(질량이 작은) 입자들만 생성될 수 있다. 따라서 W 입자와 Z 입자를 관측하려면 역사상 가장 큰 충돌기를 새로 건설해야 했다.

세계 최초의 충돌기는 1971년에 완공된 CERN의 양성자-양성자충돌기 ISR(Intersecting Storage Rings)인데, W 입자와 Z 입자를 생성하기에는 역부족이었다.[•]

1976년 4월에 CERN의 한 연구 팀이 전자-양전자 대형충돌기(Large Electron-Positron collider, LEP)의 제작을 건의했다. LEP는 둘레 27킬로미터짜리 원형 터널로서 스위스와 프랑스의 국경을 지하로 관통하도록 설계되었으며, SPS를 이용하여 전자와 양전자를 광속에 가깝게 가속시킨 후 충돌 링(colliding ring)으로 주사하는 방식이었다. 설계 초기 단계

• W 입자의 질량을 M_w, Z^0 입자의 질량을 M_z라 했을 때, 두 입자의 질량비는 '와인버그각(Weinberg angle)'이라고도 하는 섞임각 θ_w를 통해 연결된다. 즉, 이들은 $\cos\theta_w = M_w/M_z$의 관계를 만족하며, 충돌에너지가 달라지면 섞임각도 달라진다. $\theta_w = 29°$일 때, $M_w/M_z ≅$ 0.875이다.

• ISR의 건설 계획은 빅토르 바이스코프가 CERN의 소장으로 재직 중이던 1965년 12월에 승인되었다.

에서 빔 하나의 에너지는 45GeV였으므로 두 개의 빔이 정면충돌을 하면 90GeV에 에너지를 낼 수 있었다. 이 정도면 W 입자와 Z 입자를 생성하기에 충분했다.

그런데 문제는 제작 기간이 너무 길다는 것이었다. LEP가 완공되어 정상적으로 작동하려면 1989년까지 기다려야 했는데, 촌각을 다투는 CERN의 물리학자들에게는 너무나 긴 시간이었다. 당시 CERN에서 연구를 진행했던 물리학자 피에르 다리울라(Pierre Darriulat)는 그때를 회상하며 말했다.

"W 입자와 Z 입자를 발견해야 한다는 압박감이 우리 어깨를 짓누르고 있었다. 그런데 LEP가 완공될 때까지 10년을 넘게 기다리라니, 인내심이 아무리 강한 사람이라도 결코 수긍할 수 없었다. 당시 우리의 관심사는 오로지 새로운 보존을 찾는 것뿐이었다."

그 외에 양성자-양성자 충돌기를 새로 건설하는 문제를 놓고 다양한 토론이 오갔으나, CERN의 운영진은 LEP 건설이 지연된다는 이유로 다른 프로젝트를 승인하지 않았다.

CERN의 물리학자들은 SPS와 같은 기존의 시설을 최대한으로 활용하여 원하는 에너지를 어떻게든 얻어내야 했고, 양성자와 반양성자를 충돌시킨다는 아이디어가 대안으로 떠올랐다. 그러나 반양성자를 생성하려면 일단은 양성자를 고정된 표적에 충돌시켜야 하는데, 이 과정에서 생성된 입자의 에너지가 중구난방이라는 것이 문제였다. 입자 빔을 장시간 보관하는 저장용 링(storage ring)은 극히 한정된 에너지만을 수용할 수 있기 때문에, 이런 방법으로 생성된 양성자 빔은 강도(intensity 또는 luminosity, 빔을 생성할 수 있는 충돌이 일어난 횟수)가 너무 낮아서 효용성이 없었다.

양성자-반양성자 충돌 실험에서 반양성자 빔의 강도를 충분히 높이려면 반양성자의 에너지가 어떻게든 원하는 값에 집중되도록 만들어야 했다.

다행히도 CERN의 물리학자 시몬 판 데르 메이르(1925~)가 해결책을 찾아냈다. 입자가속기 전문가로서 이론적 원리를 실제 가속기에 적용하여 디자인과 성능을 향상시키는 데 주력해왔던 그는 1968년에 ISR을 이용하여 일련의 실험을 수행했다. 그러나 자신의 아이디어가 너무 파격적이라고 생각하여 결과를 발표하지 않고 있다가, 4년 후인 1972년에 내부 보고서를 통해 자신의 이론이 "출판되기에는 다소 무리한 주장"이었다고 털어놓았다.

판 데르 메이르의 아이디어는 열역학 제2법칙과 관련하여 1867년에 제임스 클럭 맥스웰이 제안했던 사고실험을 통해 이해할 수 있다. 상온의 상자 속에서 수십억 개의 기체 분자들이 각기 다른 속도로 움직이면서 수시로 충돌하고 있다고 가정해보자. 기체 분자들끼리 충돌할 수도 있고, 기체 분자가 상자의 내벽에 충돌할 수도 있다. 이때 기체 분자들의 평균속도가 바로 기체의 온도를 나타내는 척도가 된다.

이제 상자 안에 조그만 구멍이 뚫린 내벽을 설치하여 상자를 두 구획으로 나눈다. 내벽의 구멍에는 열고 닫을 수 있는 조그만 셔터가 달려 있다. 내벽으로 인해 분리된 두 구획을 각각 A, B라 하자. 자, 지금부터가 본론이다. 이 상자 안에 초능력을 가진 조그만 요정이 살고 있다고 상상해보자. 맥스웰은 이 요정을 '도깨비(demon)'라고 불렀다(이것이 바로 그 유명한 '맥스웰의 도깨비' 사고실험이다-옮긴이). 요정은 셔터를 조작할 수 있을 뿐만 아니라 입자의 속도를 정확히 감지하는 능력까지 갖고 있어서, 지금 특수 임무를 수행하는 중이다. 즉, 셔터 바로 옆을 지키고 서 있다가 A에서 구멍을 향해 빠른 속도로 다가오는 분자가 있으면 재빨리 셔터를 열어서 B로 이동시키고, B에서 구멍을 향해 느린 속도로 다가오는 분자가 있으면 구멍을 열어서 A로 이동시키고 있다.

이제 얼마의 시간이 지나면 구획 B에는 속도가 빠른 분자들로 가득 찰 것이고, A는 느린 분자들로 가득 찰 것이다. 요정이 한 일이라곤 조그만 셔터를 열고 닫은 것뿐인데, B구획의 온도는 이전보다 올라갔고 A구획의 온도는 내려갔다. 두말할 것도 없이 이것은 "고립된 계에서 기체의 엔트로피는 자발적으로 감소하지 않는다"는 열역학 제2법칙에 위배된다.

물론 이것은 현실적으로 구현할 수 없는 상황이므로, 제2법칙이 정말로 반증된 것은 아니다. 상자 속의 요정이 기체 분자의 속도를 감지하려면 어떤 형태로든 에너지를 소모해야 하고, 이로 인해 상자 속의 엔트로피는 증가할 수밖에 없다. 요정이라는 존재 자체와 그가 사용하는 장비들까지 계에 포함시키면, 계의 전체 엔트로피는 결국 증가하여 열역학 제2법칙은 여전히 성립하게 된다.

판 데르 메이르가 했던 실험도 이와 비슷하다. 반양성자의 에너지를 어떻게든 감지하여 에너지가 기준 미달인 반양성자들 뒤에서 '살짝 밀어서' 기준 값으로 격상시킬 수 있다면, 반양성자의 에너지를 특정 값에 집중시켜서 강도를 높일 수 있다. 판 데르 메이르가 1968년에 수행했던 실험은 이 가능성을 암시하고 있었다.

그는 이 방법을 '확률적 냉각(stochastic cooling)'이라고 불렀다. 한쪽 빔이 지나가는 특정 부분(빔의 단면 중 일부분)에 전극을 설치해놓고 원하는 에너지 영역에서 벗어난 반양성자가 이 전극에 감지되면 반대쪽에 있는 저장용 링에 신호를 전달한다(이때 신호의 강도는 에너지가 벗어난 정도에 비례한다). 이 신호는 빔 단면의 동일한 부분에 전기장을 발생시켜서 에너지가 벗어난 입자들이 빔의 중앙에 집중되도록 궤도를 수정한다. 이와 같은 과정을 수백만 번 반복하면 빔은 서서히 원하는 에너지를 갖게 된다.

여기서 '확률적(stochastic)'이라는 말은 문자 그대로 확률을 뜻하는 것이 아니라 '무작위(random)'라는 뜻을 담고 있다. 그리고 냉각(cooling)은 빔의 온도를 낮춘다는 뜻이 아니라 입자의 무작위 운동과 에너지의 퍼짐 현상을 조절한다는 의미이다.

1974년에 판 데르 메이르는 ISR을 이용해 확률적 냉각 실험을 수행했는데, 성공적이라고 하기는 어려웠지만 원리적으로 가능하다는 사실을 확인할 수 있었다. 그로부터 2년 후에 저장용 링이 큰 것으로 대치되었고, 1977년과 1978년에 수행한 실험은 매우 고무적인 결과를 낳았다. 확률적 냉각법을 적용하면 SPS를 이용한 양성자-반양성자 충돌 실험에서 에너지가 충분히 큰 반양성자 빔을 얻을 수 있음이 확인된 것이다. 이 모든 것은 새로운 가속기를 건설하지 않고 이루어낸 쾌거였다.

270GeV짜리 양성자-반양성자 빔을 SPS 안에서 충돌시키면 540GeV의 에너지를 얻을 수 있는데, 이 정도면 W 입자와 Z 입자를 생성하는 데 부족함이 없었다.

카를로 루비아는 1976년에 CERN의 양성자-반양성자 충돌 실험을 지지하는 쪽이었다. 1978년에 실행된 초기냉각실험(Initial Cooling Experiment)이 성공을 거두자 CERN의 담당자들은 루비아에게 "공동 연구 팀을 조직하여 입자 감지 장치를 설계해 달라"고 부탁했다. 감지기가 SPS 근처의 지하에 설치될 예정이라 사람들은 이 연구 팀을 지하1 구역

(Underground Area 1) 또는 UA1이라 불렀다. UA1은 130명의 물리학자들로 구성된 대규모 연구 팀이었다.

감지기 건설 프로젝트는 성공 여부가 불투명했고 LEP 프로젝트에 부정적인 영향을 줄 수도 있었기에, CERN의 연구위원회 입장에서는 결코 쉬운 결정이 아니었다. 그러나 위원회는 모든 위험을 감수하고 도박을 해보기로 결정했다. 제2차 세계대전 후 고에너지물리학은 사실상 미국이 주도해왔는데, 이런 무리수를 두지 않고서는 주도권을 영원히 되찾을 수 없다고 판단했기 때문이다. 아닌 게 아니라, 그동안 의미 있는 입자의 발견은 대부분 미국에서 이루어졌다. CERN의 물리학자들이 약한 중성흐름의 발견에 공헌하긴 했지만, 새로운 입자는 유럽의 물리학자들을 외면하는 듯했다. 게다가 카를로 루비아는 '같이 일하기 어려운 물리학자' 순위에서 제1~2위를 다툴 만큼 성격이 까다로웠다.•
그는 CERN의 제안을 받아들이면서 "위원회의 지시를 받지 않고 내 마음대로 일을 진행한다"는 조건을 내걸었다. 피에르 다리울라는 "그때 CERN에서 루비아의 아이디어를 사지 않았다면 페르미연구소에 팔렸을 것"이라고 했다.

UA1팀이 결성되고 6개월이 지났을 무렵, 다리울라를 수장으로 하는 또 하나의 연구 팀 UA2가 결성되었다. 50명의 물리학자들로 이루어진 UA2는 UA1과 선의의 경쟁을 벌이기로 했다. UA2가 계획했던 감지기는 성능이 다소 떨어졌지만(이 장치로는 뮤온을 감지할 수 없었다) UA1

• 마르티뉘스 펠트만의 저서에는 카를로 루비아에 대해 다음과 같이 기록되어 있다. "그는 CERN 소장으로 재직할 때 개인 비서를 거의 석 주마다 한 번씩 갈아치웠다. 다시 말해서, 루비아의 비서들의 수명은 제2차 세계대전 중 잠수함이나 구축함에서 근무했던 수병들의 평균수명보다도 짧았던 셈이다."

의 프로젝트를 독립적으로 수행하는 데에는 부족함이 없었다.

CERN의 양성자가속기가 처음 가동되었을 때, 양성자의 에너지는 26GeV였다. 이 양성자를 고정된 구리 표적에 발사하면 반양성자가 생성되고,* 이것은 다시 반양성자축적기(anti-proton accumulator, AA)로 주입된다. 이곳에는 몇 초마다 한 번씩 3.4GeV의 반양성자가 주입되었다. 이런 식으로 며칠 동안 반양성자를 AA에 주입한 후 통계적 냉각법을 적용하여 반양성자의 에너지를 한 값에 집중시키고, 이것을 다시 양성자가속기에 주입하여 26GeV까지 가속시킨다.

그 후 반양성자는 SPS 링으로 보내져서 양성자와 반대 방향으로 여행을 시작한다. 이곳에서 양성자와 반양성자는 수나노 초(십억 분의 몇 초) 간격으로 덩어리를 형성하여 270GeV까지 가속되고, 양성자 덩어리와 반양성자 덩어리는 링 주변을 따라 지정된 6개 지점에서 주기적으로 충돌을 일으킨다. 이들 중 두 개의 지점에 UA1과 UA2의 감지기가 설치되어 있다.

1980년에 첫 번째 양성자가 AA에 주입되었다. 그 후 1981년 7월에 SPS는 반양성자를 최초로 270GeV까지 가속시키는 데 성공했고, 곧이어 최초의 충돌이 관측되었다. UA1과 UA2의 감지기는 W 입자와 Z 입자를 좀 더 효율적으로 찾기 위해 링 안에서 쉽게 이동할 수 있도록 설계되었다.

1982년 봄, 드디어 '순수한' 양성자–반양성자 충돌을 관측하기 위한 만반의 준비가 끝났다. 그러나 UA1 감지기 내부에 오염된 공기가 유

* CERN의 물리학자들은 100만 개의 양성자가 표적을 때릴 때마다 두 개의 반양성자가 생성될 것으로 예측했으나 실제로는 하나밖에 생성되지 않았다.

입되는 바람에 작동이 중단되는 사고가 발생했다. 해결책은 단 하나, 감지기를 낱낱이 분해하여 청소하는 것뿐이었다. 이 사고 때문에 모든 일정이 몇 개월씩 지연되었다.

실험은 1982년 10월에 재개되었다. 그러나 앞선 사고의 여파로 두 개의 양성자-반양성자 빔을 하나로 합쳐야 했다. UA1과 UA2 감지기는 효율을 높이기 위해 모든 충돌 사건을 일일이 기록하지 않고 특별한 사건만 기록하도록 설계되었다. W 입자와 Z 입자가 생성되는 사건은 매우 드물게 나타나기 때문에, 두 연구 팀은 특별한 조건을 만족하는 충돌 사건만 걸러내는 프로그램을 따로 제작했다. 충돌기는 거의 두 달 동안 수천 건의 충돌을 일으켰는데, 그중에서 W나 Z 입자가 생성될 만한 충돌 사건은 단 몇 건에 불과했다.

감지기는 고에너지 전자나 양전자가 빔의 방향에서 큰 각도로 방출되는 사건까지 감지할 수 있도록 프로그래밍되었다. 전자의 에너지가 W의 질량의 절반에 가까우면 W^- 입자가 붕괴되면서 방출된 전자일 가능성이 높고, 고에너지 양전자는 W^+가 붕괴되면서 방출된 입자일 가능성이 높다. 그리고 입사된 에너지와 방출된 에너지의 차이가 크면 뮤온과 반뮤온 등 부수적인 산물이 많이 섞여 있다는 뜻이다. 이 부산물은 직접 관측되지 않는다.

1983년 1월, 카를로 루비아는 로마에서 개최된 워크숍에 참석하여 예비 실험에서 얻은 결과를 발표했다. 그는 "그동안 수억 번의 충돌 사건이 관측되었는데, UA1팀은 W 입자의 붕괴로 추정되는 사건을 여섯 번 관측했고, UA2팀도 이와 비슷한 사건을 4번 관측했다"고 보고했다. 그는 평소와 다르게 잔뜩 긴장한 표정이었으나, 목소리만은 확신에 차 있었다.

"그 데이터는 정말 W 입자처럼 보입니다. W의 냄새가 나는 것 같습니다. 제가 보기엔 W 입자임이 분명합니다!"

리언 레더만은 저서에서 당시 루비아의 모습을 다음과 같이 기록했다. "그가 발표하는 모습은 정말 장관이었다. 루비아는 열정적인 논리와 탁월한 쇼맨십으로 청중들을 완전히 사로잡았다."

1983년 1월 20일 카를로 루비아는 CERN의 강당에서 UA1팀의 실험 결과를 발표했고, 루이지 디 렐라는 UA2팀의 실험 결과를 발표했다. 그리고 닷새 후인 1월 25일에 기자회견이 열렸는데, UA1팀은 보도를 미뤄주길 원했으나 재빠른 언론은 며칠 만에 "처음 예상했던 80GeV 근처에서 W 입자가 발견되었다"는 기사를 내보냈다. UA1팀은 1083년 2월 24일 〈피직스 레터스〉에 실험 결과를 발표했고, 몇 주 뒤 UA2팀도 같은 학술지에 비슷한 결과를 연달아 발표했다.

일반적으로 Z^0 입자는 W보다 관측하기 어려운 것으로 알려져 있었다. 그래서 CERN의 물리학자들은 1983년 4월에 SPS의 출력을 높여서 양성자-반양성자 충돌 실험을 수행했고, 이전에는 볼 수 없었던 높은 에너지에서 전자-양전자 쌍과 뮤온-반뮤온 쌍이 관측되었다.

그리하여 1983년 6월 1일, "Z^0 입자가 CERN의 UA1팀에 의해 발견되었다"는 뉴스가 전 세계에 타전되었고, 이들의 실험 결과는 7월 7일 〈피직스 레터스〉에 게재되었다. UA1팀은 네 번에 걸쳐 관측된 전자-양전자 쌍과 한 번 관측된 뮤온-반뮤온 쌍을 근거로 Z^0 입자가 발견되었다고 확신했다. UA2팀도 이 무렵에 몇 건의 데이터를 얻었지만 신중을 기하기 위해 발표를 미루다가 8건의 전자-양전자 쌍 생성이 확보되었을 때 결과를 공개했다. 이들의 실험은 1983년 9월 15일에 〈피직스 레터스〉에 게재되었다.

1983년 말까지 UA1팀과 UA2팀이 $W^{\pm}$ 입자(81GeV)와 Z^0 입자(93GeV)를 발견한 사례는 거의 100건에 달했고, 이로써 $W^{\pm}$와 Z^0가 '공식적으로' 발견되었다.

1954년에 양전닝과 로버트 밀스가 강력을 서술하는 SU(2) 양자장이론을 구축한 후로[*] 거의 30년 만에 물증이 발견될 때까지 물리학자들은 참으로 멀고도 험난한 길을 걸어왔다. SU(2)이론은 질량이 없는 보존을 예측하여 한때 볼프강 파울리의 심기를 불편하게 만들기도 했다. 1957년에 줄리언 슈윙거는 약한 핵력이 세 입자에 의해 매개된다고 예측했고, 그의 제자였던 셸던 글래쇼는 스승의 이론에 기초하여 SU(2) 양-밀스장이론을 구축했다.

그 밖에도 참으로 많은 일들이 있었다. 질량이 없는 것으로 예측되었던 보존은 자발적 대칭성 붕괴와 힉스 메커니즘을 통해 질량을 획득했으며, 그 결과로 탄생한 이론은 재규격화가 가능한 것으로 판명되었다. 그리고 이제 벡터 보존이 발견되었으니, 물리학자들은 먼 길을 걸어오면서도 길을 잃지 않았다는 확신을 가질 수 있게 되었다.

카를로 루비아와 판 데르 메이르는 이 업적을 인정받아 1984년에 노벨 물리학상을 공동으로 수상했다.

<hr>

[*] 이보다 앞서 1938년에 오스카르 클레인은 약력이 '전하를 띤 광자'에 의해 매개된다는 예측을 내놓은 적이 있다.

29

표준모형
2003년 9월, 제네바

그 뒤 입자물리학의 판도가 달라지기 시작했다. 대부분의 입자물리학자들은 1960~1970년대를 자신들의 전성시대로 생각했다. 그 시절에는 새로운 가속기나 충돌기를 제작한다는 소문이 들려오면 소립자로 가득 찬 신세계를 탐험한다는 생각에 누구나 들뜨기 마련이었다. 기존의 이론으로는 미시 세계의 극히 일부만 알 수 있을 뿐 거의 대부분이 미지로 남아 있었기에 새로운 입자가 발견되면 당혹감보다 기쁜 마음이 먼저 들곤 했다. 이 시절에는 이론적으로 이해되지 않은 현상을 논하는 것이 물리학자들의 일상이었다.

그러나 W 입자와 Z 입자가 발견된 후로 입자물리학자들은 '그 존재를 누구나 알고, 또 당연하게 생각하는 입자'의 존재를 실험으로 확인하는 것 외에 달리 할 일이 없었다. 새로 건설된 가속기와 충돌기는 사실일 것으로 추정되는(심지어는 많은 사람들이 믿어 의심치 않는) 현상을 확인하는 수단에 불과했고, 가속기를 통한 여행은 미지 세계의 탐험이 아니라 이미 알고 있는 세계를 재확인하는 따분한 답사 여행으로 전락했다. 물론 개중에는 아직 이해되지 않은 새로운 현상도 있었지만, 실험으로 검증 가능한 질문에는 거의 대부분 답이 주어진 상태였다.

CERN의 물리학자들은 W 입자와 Z^0 입자를 발견한 김에 꼭대기쿼크까지 발견하겠다며 과감한 실험을 이어 나갔으나 결국은 실패하고 말았다. 이들은 실험을 마무리하면서 "꼭대기쿼크의 질량이 3세대 파트너인 바닥쿼크의 10배가 넘는 41GeV 또는 그 이상일 것"이라며 실패의 원인을 나름대로 해명했다. 1990년대 초에는 CERN과 페르미연구소의 테바트론(Tevatron, 1983년에 완공된 양성자–반양성자 충돌기로 1.8TeV의 출력을 낼 수 있음) 사이의 경쟁이 본격화되면서 꼭대기쿼크의 질량 하한선이 77GeV까지 올라갔고, 얼마 후에는 Z^0의 질량에 가까운 91GeV까지 치솟았다. 그 당시 CERN의 충돌기가 발휘할 수 있는 충돌에너지는 620GeV가 상한선이었기에, CERN의 물리학자들은 미국과의 경쟁을 포기할 수밖에 없었다.

마침내 1995년 3월 2일, 페르미연구소 측에서 꼭대기쿼크가 발견되었음을 공식적으로 선포했다. 이것은 400여 명의 물리학자들로 이루어진 두 연구 팀이 공동으로 이루어낸 쾌거였다. 꼭대기쿼크의 질량은 175GeV였는데, 이것은 원자번호 75번인 레늄(Re) 원자핵의 질량과 거의 비슷했고, 바닥쿼크보다는 무려 40배나 무

• Z^0 입자의 붕괴 과정에서 꼭대기쿼크와 반꼭대기쿼크의 흔적이 관측되지 않는다는 것은 꼭대기쿼크의 질량이 Z^0의 절반보다 크다는 것을 의미한다.
• 이들이 발표한 논문은 단 몇 쪽밖에 되지 않았는데, 그나마 대부분은 실험 참가자의 명단으로 가득 차 있었다.

거운 수치였다. 물론 이번에도 직접 발견한 것이 아니라 꼭대기쿼크가 붕괴되면서 발생한 부산물로부터 그 존재를 역으로 추적한 것이다. 고에너지 양성자와 반양성자가 충돌하면 꼭대기쿼크와 그 반입자인 반꼭대기쿼크 쌍이 생성되고, 이들이 붕괴되면서 바닥쿼크와 W 입자가 생성된다. 그리고 W 입자가 붕괴되면 뮤온과 반뮤온뉴트리노가 생성되고, 다른 입자는 위쿼크와 아래쿼크로 붕괴된다. 결국 최종적으로는 뮤온과 반뮤온뉴트리노 그리고 네 종류의 쿼크가 빠른 속도로 분사되어 감지기에 도달한다.

힉스 보존을 제외하고, 그때까지 발견되지 않은 입자는 타우뉴트리노뿐이었는데, 이것마저 5년 후인 2000년 7월 20일에 페르미 연구소에서 발견되었다.

꼭대기쿼크와 타우뉴트리노가 발견되면서 표준모형은 사실상 완성된 것이나 다름없었다. 이론이 확립된 것은 물론 좋은 일이지만, 물리학자들에게는 결코 반가운 소식이 아니었다. 그동안 양자장이론에서 예견된 입자를 실험으로 발견하는 것이 주된 업무였는데, 꼭대기쿼크와 타우뉴트리노를 끝으로 더 이상 발견해야 할 입자가 남지 않은 것이다.

양자물리학은 탄생 초기부터 의외의 실험 결과를 설명하기 위해 과감하고 비상식적인 논리를 펼치면서 발전해왔다. 양자물리학의 원조인 막스 플랑크는 흑체복사 데이터를 설명하기 위해 복사에너지가 작은 덩어리로 이루어져 있다는 충격적인 가설을 제안했고, 코펜하겐 거리를 걷다가 갑자기 발걸음을 멈출 정도로 심란했던 볼프강 파울리는 한동안 사투를 벌인 끝에 이상 제만효과의 미스터리를 푸는 데 성공했다. 새로운 입자들이 무더기로 발견된 1950

~1960년대에도 양자장이론을 연구하는 학자들은 항상 한 걸음 뒤에서 실험 결과를 쫓아가는 입장이었다. 실험은 항상 이론을 앞질러갔고, 이론학자들은 쏟아지는 데이터를 설명하기 위해 온갖 아이디어를 짜내야 했다.

그러나 이제 상황이 크게 달라졌다. 이론학자들을 당혹스럽게 만드는 실험 데이터가 바닥난 것이다. 드디어 이론이 실험을 이겼다. 그렇다면 물리학은 이것으로 끝난 것일까? 천만의 말씀이다. 앞으로 얼마나 더 가야 할지는 고사하고, 지금 서 있는 위치조차 알 길이 없었다.

표준모형은 $SU(3) \times SU(2) \times U(1)$ 게이지군에 입각한 세 종류의 양-밀스양자장이론으로 구성되어 있으며, 3세대에 걸친 물질 입자의 3가지 상호작용(전자기력, 약력, 강력)과 이 힘을 매개하는 매개 입자(또는 장 입자)의 거동을 서술하고 있다.

우리가 일상적으로 접하는 물질은 대부분 원자로 이루어져 있다. 원지의 중심부에는 양성자와 중성자로 이루어진 원자핵이 자리잡고 있으며, 파동이면서 입자이기도 한 유령 같은 전자가 그 주위를 에워싸고 있다. 또한 양성자와 중성자는 위쿼크와 아래쿼크로 이루어져 있다. 쿼크와 전자, 전자뉴트리노는 스핀이 1/2인 페르미온이며, 이들은 표준모형에서 '1세대 물질 입자'에 속한다. 우리에게 친숙한 물질세계를 서술할 때에는 이 세 종류의 입자로 충분하다.

쿼크의 맛깔(위, 아래 등 쿼크의 종류를 구별하는 항목)은 각기 세 종류의 색,

즉 적(r), 녹(g), 청(b)으로 존재한다. 예를 들어 위쿼크 u는 색에 따라 u_r, u_g, u_b로 분류할 수 있다. 쿼크는 양성자와 중성자 안에서 강력을 통해 결합된 채로 존재하는데, 이 힘은 쿼크들 사이의 거리가 멀수록 강해진다. 그래서 쿼크는 양성자(또는 중성자) 안에 영원히 갇혀 있는 신세이며, 혼자서는 절대로 존재할 수 없다. 강력을 매개하는 입자는 스핀=1인 글루온으로, 이들은 쿼크와 상호작용을 교환하거나 자신들끼리 상호작용을 교환하고 있다.

위쿼크와 아래쿼크(둘 중 하나는 반입자)가 결합하면 스핀=0인 파이온이 된다. 예를 들어 양의 파이온인 π^+는 위쿼크와 반아래쿼크의 조합이고($u\bar{d}$), 음의 파이온인 π^-는 반위쿼크와 아래쿼크로 이루어져 있다($\bar{d}u$). 그리고 정기적으로 중성인 π^0는 $d\bar{d}$와 $u\bar{u}$의 중첩으로 존재한다. 이들은 상대적으로 질량이 작으며(그래서 비교적 이른 시기인 1940~1950년대에 발견되었다) 유사(pseudo) 난부-골드스톤 보존으로 간주할 수 있다. 또한 파이온은 원자핵 안에서 양성자와 중성자의 상호작용을 매개한다.

물질 입자는 제1세대 이외에 제2, 3세대가 추가로 존재한다. 각 세대의 입자들은 1대1로 대응되며, 세대간 차이점, 즉 '세대 차이'는 오직 질량뿐이다. 야릇한쿼크와 맵시쿼크, 뮤온과 뮤온뉴트리노가 제2세대에 속하고, 꼭대기쿼크와 바닥쿼크, 타우 입자와 타우뉴트리노는 제3세대에 속한다.

물질 입자는 제3세대로 끝이다. CERN의 물리학자들은 전자-양전자 대형 충돌기(Large Electron-Positron collider)를 이용하여 Z^0 입자의 붕괴 과정을 추적한 끝에, "지금까지 알려진 뉴트리노 외에 더 이상의 뉴트리노는 존재하지 않는다"고 결론지었다. 만일 제4세대 또는 제5세대 뉴트리노가 존재한다면 Z^0는 더 많은 단계의 붕괴 과정을 거칠 것이고,

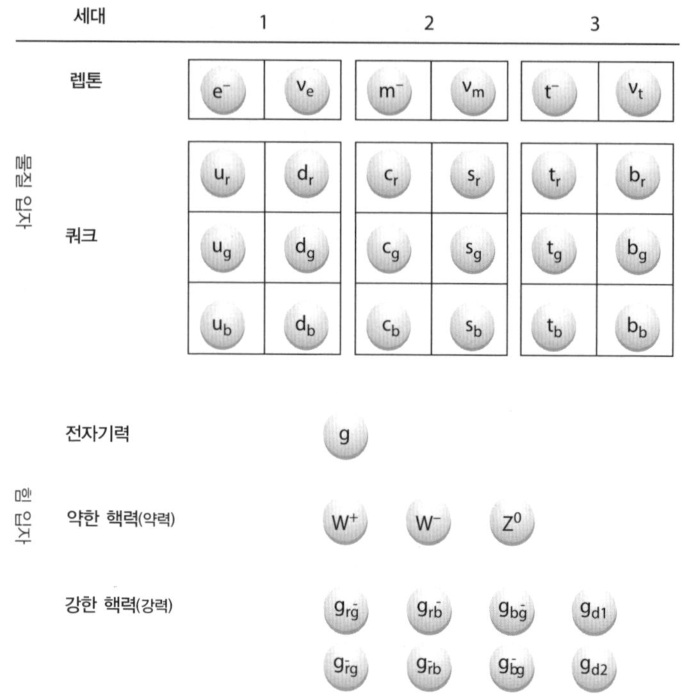

그림19 입자물리학의 표준모형은 제1~3세대 물질 입자들 사이에 세 종류의 힘(전자기력, 약력, 강력)이 작용하는 방식을 설명해준다. 이 힘을 매개하는 입자를 '장 입자' 또는 '힘 입자'라 한다.

따라서 수명도 더 길어야 한다. 물론 이 실험으로는 아주 무거운 뉴트리노와 이것이 속한 '완전히 다른 세대'이 존재까지 부정할 수는 없다. 그러나 타우뉴트리노보다 더 무거운 뉴트리노는 발견된 사례가 없기 때문에 "물질계에는 3종의 뉴트리노가 존재하고, 소립자는 3세대에 걸쳐 존재한다"는 것이 정설로 굳어져 있다.

• 새로운 세대의 뉴트리노가 존재한다면, 그 질량은 Z^0의 절반 이상이 되어야 한다.

• 뉴트리노의 종류는 정확히 3종이 아니라 2.985±0.008종이다.(Cashmore, Roger, Maiani, Luciano and Revol, Jean-Pierre(eds.), *Prestigious Discoveries at CERN*, Springer, Berlin, 2004, p. 81 참조)

강한 핵력은 쿼크의 색(colour)에 작용하며, W 입자와 Z 입자에 의해 매개되는 약한 핵력은 쿼크의 맛깔(flavour)에 작용한다. 약한 핵력의 작용 사례인 베타붕괴에서는 중성자에 속한 아래쿼크 하나가 위쿼크로 바뀌면서 중성자가 양성자로 변하고, 이 과정에서 방출된 W^- 입자는 다시 전자와 반뉴트리노로 붕괴된다.

약한 상호작용이 섞여서 작용하면 위쿼크가 야릇한쿼크로 변하거나 그 반대 변환이 일어난다. 또는 아래쿼크가 맵시쿼크로 변하거나 그 반대로 변할 수도 있다. 이 섞임 현상(mixing)은 이탈리아 물리학자 니콜라 카비보(1935~)의 이름에서 따온 카비보각(Cabibbo angle)으로 정의되는데, 실험을 통해 확인된 값은 약 13°이다. 여기서 약력이 더 섞이면 위쿼크 ↔ 바닥쿼크, 아래쿼크 ↔ 꼭대기쿼크, 맵시쿼크 ↔ 바닥쿼크, 야릇한쿼크 ↔ 꼭대기쿼크의 상호 변환도 일어날 수 있다. 이것을 'CKM섞임'이라 하는데, 위에서 말한 카비보섞임을 일반화시킨 개념이다. CKM은 이탈리아의 니콜라 카비보와 일본의 물리학자 고바야시 마코토(1944~), 마스카와 도시히데(1940~)의 이름 첫 자를 딴 것이다. CKM 행렬은 세 개의 각도로 정의되는데, 제1세대 쿼크와 제3세대 쿼크 사이의 섞임각은 약 0.2°이며, 제2세대 쿼크와 제3세대 쿼크 사이의 섞임각은 약 2.4°로 알려져 있다. 네 번째 각도는 쿼크들 사이의 상대적인 결합위상을 나타내며, 약력의 CP-위반과 관련되어 있다.

마지막으로 하전입자들 사이에 작용하는 전자기력은 질량이 없는 스핀=1짜리 게이지 보존, 즉 '광자(photon)'에 의해 매개된다. 광자의 개념은 1900년에 막스 플랑크의 흑체복사이론을 통해 처음 도입되었고, 5년 후 아인슈타인의 광전효과에 또다시 등장하면서 확고한 입지를 굳히게 된다. 아인슈타인은 1905년에 현대물리학을 뒤흔드는 다섯 편의 논문을 발표하여 세상을 놀라게 했다. 그래서 과학사학자들은 1905년을 '기적의 해'라 부른다.

이 모든 체계의 저변에 신비하게 깔려 있는 것이 바로 힉스장(Higgs field)이다. 힉스장은 우주 공간의 진공 속에 골고루 퍼져 있을 것으로 추정되고 있다. 질량이 없는 입자가 힉스장(또는 힉스 '응축물')과 상호작용을 하면 질량을 갖게 되는데, 이때 획득한 질량은 입자와 힉스장 사이의 결합강도(coupling)에 따라 달라진다. 힉스장의 장 입자는 스핀=0인 힉스 보존으로, 표준모형에서는 모든 입자에 질량을 부여하는 '신의 입자(God particle)'로 알려져 있다.●

헤라르트 토프트는 자신의 저서에 다음과 같이 적어놓았다.

"힉스 입자는 한 번도 발견된 적이 없지만 힉스장의 존재는 모든 곳에서 느낄 수 있다. 만일 힉스 입자가 존재하지 않는다면 표준모형의 대칭성이 너무 커서 모든 입자들이 거의 똑같이 보일 것이다."

표준모형은 가히 이론물리학과 실험물리학의 협동으로 이루어낸 금자탑이라 할 만하다. 헤라르트 토프트는 이것을 다음과 같이 요약했다.

표준모형은 지금까지 알려진 모든 입자와 그들 사이에 작용하는 힘을 수학적으로 규명한 이론이다. 그 덕분에 우리는 모든 입자의 거동을 상세히 서술할 수 있게 되었다. … 우리가 아는 한 표준모형으로 설명할 수 없는 현상은 존재하지 않으며, 기본 방정식도 그리 복잡하지 않다. 물론 아직은 완벽하지 않지만, 이 정도면 매우 정확한 이론이라고 할 수 있다.

● 그러나 우리가 느끼는 질량의 원천은 힉스장이 전부가 아니다. 실제로 양성자와 중성자의 질량의 99%는 쿼크를 결합시키는 글루온장의 에너지에서 기인한 것이다. 그래서 양성자와 중성자는 원자 질량의 99%를 차지하고 있다.

그러나 표준모형은 절대 불변의 진리가 아니다. 1900년에 영국과학진흥협회의 강연석상에서 "이제 물리학은 정점에 도달했고, 우리에게 남은 과제는 관측의 정확도를 높이는 것뿐"이라고 호언장담했던 윌리엄 톰슨의 자부심과 비교할 때, 표준모형은 아직도 갈 길이 멀다. 이론 자체는 꽤 성공적이었지만, 1970년대 후반에 발견된 심각한 결점은 아직도 물리학자들을 괴롭히고 있다.

무엇보다도 표준모형에 등장하는 입자의 종류가 너무 많다는 것이 문제이다. 쿼크의 맛깔이 6가지에 색이 3가지니까, 쿼크의 종류만 18가지나 된다. 여기에 전자, 뮤온, 타우 입자와 이들에 대응되는 뉴트리노까지 합하면 자연에는 총 24종의 페르미온 입자가 존재한다. 물론 여기서 끝이 아니다. 모든 입자는 자신의 파트너인 반입자를 갖고 있으므로, 페르미온의 종류는 가뿐하게 48종으로 늘어난다. 여기에 장 입자인 광자와 W^+, W^-, Z^0를 더하고 8종류의 글루온까지 추가하면 입자의 종류는 60가지가 된다. 여기서 끝일까? 아니다. 아직 발견되지는 않았지만 '반드시 있어야 할' 힉스 입자까지 고려하면 이 우주에는 61종의 소립자가 존재하는 셈이다. 가장 근본적인 단계의 이론치고는 입자의 종류가 너무 많지 않은가?

61종의 입자로 이루어진 표준모형에는 20개의 변수가 등장하는데, 이 값들은 오직 실험을 통해서만 알 수 있다. 중요한 변수 값을 이론적으로 계산할 수 없다는 뜻이다. 쿼크는 왜 지금과 같은 질량을 갖고 있을까? 각 힘들은 왜 지금과 같은 강도로 작용할까? 표준모형은 이 질문에 아무런 답도 내놓지 못했다. 1993년에 리언 레더만은 이 난처한 상황을 다음과 같이 표현했다.

우리의 우주가 처음 탄생했을 때, 쿼크와 렙톤의 질량을 결정하는 12개의 변수와 힘의 세기를 결정하는 세 개의 변수 등 20여 개의 변수들이 특정한 값으로 결정되었다. 하나의 힘과 다른 힘 사이의 관계를 파악하려면 몇 개의 변수가 추가로 필요하고, CP-위반과 힉스 입자의 질량 등도 그 원인을 모르는 채 실험을 통해 변수 값이 결정되기만을 기다리고 있다.

입자들이 갖고 있는 질량의 패턴도 난해하기는 마찬가지다. 쿼크의 경우, 주변에 글루온이 없는 '벌거숭이 쿼크(naked quark)'와 글루온으로 에워싸인 '옷 입은 쿼크(dressed quark)'의 질량은 분명히 구별되어야 한다. 여기서 글루온의 질량은 쿼크의 질량에 기여한다. 벌거숭이 위쿼크의 질량은 1.5~3.3MeV 사이이고, 벌거숭이 아래쿼크의 질량은 3.5~6.0MeV 사이에 있다. 그런데 양성자(udd)의 질량은 무려 939MeV나 된다. 이 정도면 글루온의 결합에너지가 얼마나 큰지 짐작할 수 있을 것이다.

맵시쿼크의 주행질량(running mass)은 1,270MeV이고, 야릇한쿼크의 질량은 104MeV이다. 그리고 꼭대기쿼크의 주행질량은 171,200MeV이며 바닥쿼크의 질량은 4,200MeV이다. 이 숫자에는 규칙도 없고, 공통점도 없다. 이들이 왜 지금과 같은 질량을 가질 수밖에 없었는지 그 이유를 알아야 속이 시원할 텐데, 지금까지는 아무런 실마리도 찾지 못했다. 렙톤의 질량도 난해하기는 마찬가지다.

• 각 쿼크의 질량은 C. Amsler et al., Physics Letters B, 667, 2008, p.1을 참고했다.
• 쿼크의 질량은 관측에 사용된 에너지규모에 따라 다르게 나타난다. 주행질량은 이 사실이 반영된 질량을 의미한다.
• 과거에 뉴트리노는 질량이 없는 것으로 알려져 있었다. 그러나 최근에 태양에서 날아오는 뉴트리노를 관측한 결과, 아주 작은 질량을 갖고 있는 것으로 확인되었다. 이 사실을 표준모형에 적용하려면 몇 개의 변수가 추가되어야 한다.

쿼크와 렙톤에 대하여 약력과 전자기력의 강도를 결정하는 섞임각 역시 실험을 통해 결정되는 양이다. 질량과 섞임각은 쿼크와 렙톤이 힉스장과 상호작용을 교환하면서 나타난 결과이다. 이 값들을 이론적으로 예측할 수 없다는 것은 힉스장의 특성과 대칭성 붕괴의 메커니즘이 표준모형에 정확히 반영되지 못했음을 의미한다. 어떤 정보가 빠졌는지는 알 수 없지만, 관측을 통해 변수를 결정해야 한다면 중요한 물리량들이 지금과 같은 값을 갖게 된 이유를 알 길이 없다.

표준모형은 전자기력과 약력, 강력을 완벽하게 통일시키지 못했다. 그리고 여기에는 자연에 존재하는 네 번째 힘이 빠져 있다. 바로 우리가 가장 가깝게 느끼는 '중력'이다. 중력은 너무나 약한 힘이어서, 상호작용이 일어나도 관측 가능한 결과가 발생하지 않는다. 그럼에도 불구하고 중력은 항상 질량에 비례하는 인력(당기는 힘)으로 작용한다. 쿼크를 핵자의 크기만큼 확대하면 핵자는 원자 크기가 되고, 원자는 분자로, 분자는 평범한 물질로, 물질은 행성 규모로 커진다. 이 정도 크기가 되어야 비로소 중력이 '압도적인 힘'으로 작용하게 된다.

중력을 양자역학적으로 서술하려면 중력에 관한 양자장이론과 함께 중력의 매개 입자인 중력자를 도입해야 한다. 그리고 중력의 특성이 제대로 반영되려면 중력자는 스핀=2인 보존이어야 한다. 그런데 안타깝게도 지금까지 제시된 모든 양자중력이론은 재규격화가 불가능한 것으로 판명되었다.

여기서 길이 막혔다. 더 이상 한 걸음도 나아갈 수가 없다.

현재 표준모형에는 설명하기 어려운 실험 결과도 없고, 실험을 통해 확인해야 할 이론적 예측도 없다. 간단히 말해서, 표준모형을 이끌어갈 길잡이가 없는 것이다. 그렇다면 표준모형을 포기하고 다른 길을 선택해야 하는가? 안타깝게도 이것을 결정해줄 길잡이조차 없다.

힉스 보존의 질량을 이론적으로 예측할 수는 없지만, CERN과 페르미연구소의 꾸준한 노력 덕분에 대략적인 상한 값과 하한 값은 알려진 상태이다. 1980년대 말에 미국 정부는 초전도 초충돌기(Superconducting Supercollider, SSC)를 텍사스 주의 왁사해치에 건설하기로 결정했다. SSC는 둘레가 87킬로미터에 달하는 40TeV짜리 원형 충돌기로서, 힉스 보존을 발견해줄 유력한 후보로 거론되었다. 당시 미국 대통령이었던 로널드 레이건(1911~2004)은 SSC 프로젝트를 승인하면서 장관들에게 자세한 내용을 비밀에 부칠 것을 당부했고, 이 프로젝트는 로이 슈위터스의 지휘하에 1991년에 본격적으로 시작되었다.

그러나 1987년에 44억 달러로 책정했던 예산이 1993년에는 120억 달러로 눈덩이처럼 불어났다. 로널드 레이건의 후임인 빌 클린턴 대통령이 기금을 모으기 위해 애썼지만, 미국 의회는 결국 SSC 프로젝트를 폐기하기로 결정했다. 그사이에 23킬로미터에 달하는 지하 터널이 뚫렸고 20억 달러라는 막대한 돈이 낭비되었다.

2년 뒤, CERN에서는 27킬로미터짜리 LEP 터널을 보수하여 대형 거대강입자충돌기(Large Hadron Collider, LHC)를 건설하기로 결정했다. 카글로 구비아나는 "LEP 터널을 조선소 사식으로 덮을 것"이라고 선언했다. 설계에 따르면 LHC는 14TeV의 출력을 낼 수 있는데, 미국에서 계획했던 SSC의 절반도 안 되는 수준이지만 이론적으로는 힉스 보존을 몇 시간마다 한 개씩 만들어낼 수 있다.

2003년 9월 16일 화요일 아침, 세계적으로 유명한 소수의 물리학자들이 CERN의 강당에 모여 약한 중성전류(1973년)와 W 입자, Z 입자

(1983년)의 발견 기념일을 축하했다. 당시 CERN의 소장이었던 루치아노 마이아니가 간략한 환영사를 읽은 뒤 스티븐 와인버그가 단상에 올라 소감을 밝혔다. 그는 표준모형이 거쳐온 파란만장한 역사를 되짚은 후 다음과 같은 말로 마무리했다.

그렇습니다. 우리는 정말로 보람 있고 행복한 시절을 함께 보냈습니다. 1960년대와 1970년대는 이론학자와 실험학자들이 상대방의 말에 귀를 기울이고 서로 협력하여 위대한 발견을 이루어낸 시기였습니다. 그 후로 지금까지 우리는 그때와 같은 전성기를 누리지 못했지만, 앞으로 몇 년 이내에 좋은 시절이 다시 찾아올 것으로 확신합니다. 바로 이곳, CERN에서 실험의 새로운 역사가 시작될 것이기 때문입니다.

6부
양자적 실체

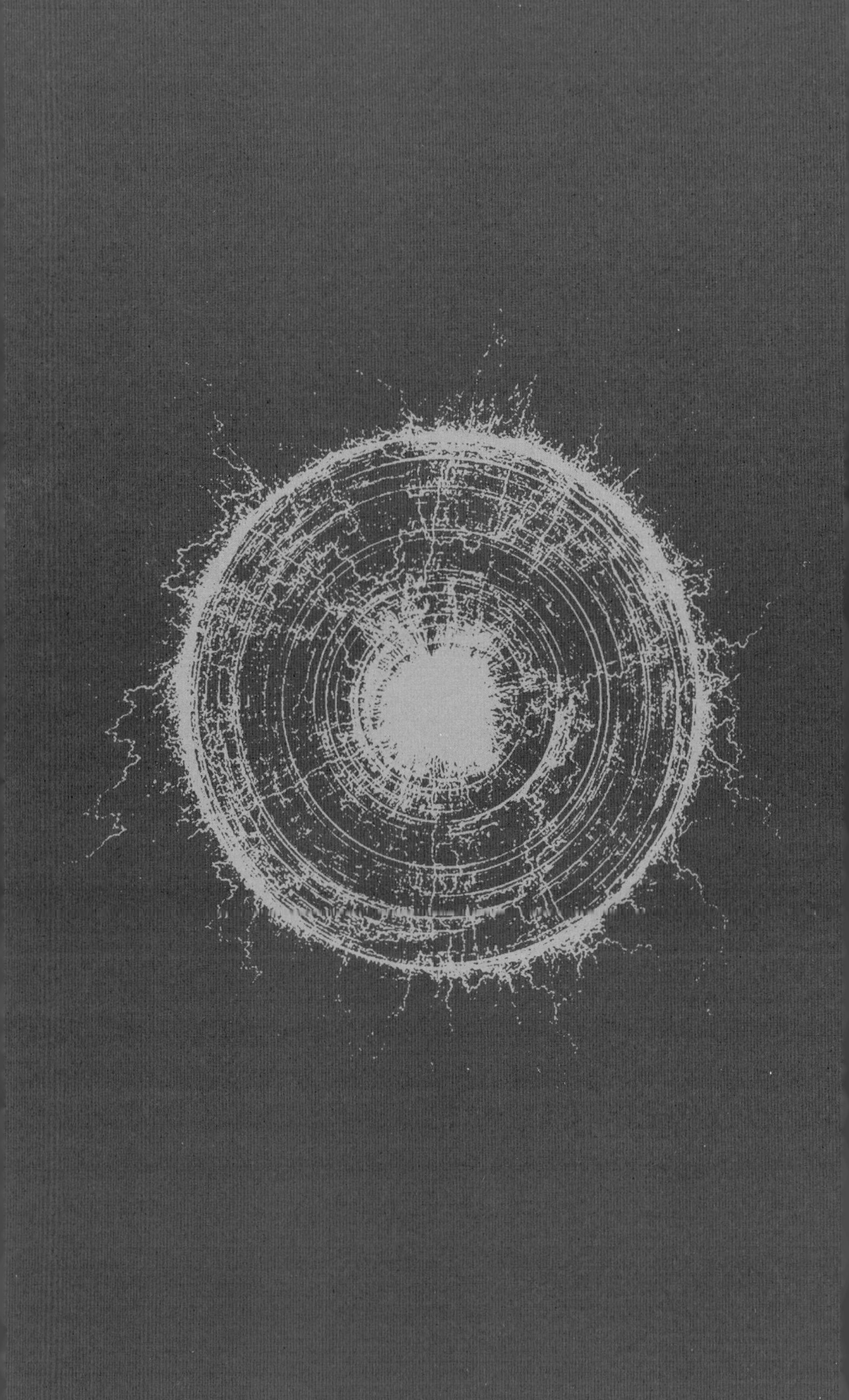

30

숨은 변수
1951년 봄, 프린스턴/데이비드 봄

1950년 12월 4일 데이비드 봄이 법정모독죄로 체포되는 사건이 발생했다.

1942년 11월에 공산당에 가입한 그는(당시 스물다섯 살이었다-옮긴이) 버클리의 로버트 오펜하이머 밑에서 물리학을 공부하는 과학자였지만, 사상적으로는 매우 급진적인 청년 공산당원이었다. 1943년 3월에 이 모임의 일원이었던 조지프 와인버그가 원자와 관련된 비밀 사항을 외부에 유출했다가, 샌프란시스코 해안에 있는 스티브 넬슨(1903~1993, 크로아티아 출신의 정치 활동가)의 본거지에 FBI가 불법으로 설치해놓은 도청 장치에 걸려들어 반역죄로 체포되었다. 당시 미국의 비미활동조사위원회(HUAC, 미국 내 파시스트와 공산주의자를 사찰·감시하는 위원회로, 1938년에 임시로 설립되어 한동안 '빨갱이 사냥꾼'이라는 비난을 받다가 1975년에 폐지되었다-옮긴이) 측은 와인버그의 범죄 사실을 합법적으로 증명하기 위해, 1949년 3월에 데이비드 봄에게 법정에 출두하여 증언할 것을 요구했다.

아인슈타인은 데이비드 봄에게 "그곳에 가서 증언을 거부하고 조용히 앉아 있으면 범죄 은닉죄로 감옥에 가게 될 것"이라며 가지 말라고 충고했다. 우여곡절 끝에 결국 데이비드 봄은 법정에 출두 했으나 관련된 사람들의 이름을 밝히지 않았고, 그해 6월에 속개 된 재판에서도 여전히 침묵으로 일관했다. 프린스턴대학교 측은 이 문제와 관련하여 "데이비드 봄은 진정한 미국인"이라며 그를 지지하는 성명을 발표했다.

그 뒤 1년 동안 이어진 일련의 사건들은 미국 내에 반공산주의 운동을 촉발시켰다. 과거에 소련의 정보원이었다가 〈타임〉의 편집 인이 된 휘터커 체임버스가 해리 트루먼(1884~1972) 대통령의 내각 에 잠입한 공산주의자로 국무부의 앨저 히스(1904~1996)와 재무부 의 해리 덱스터 화이트(1892~1948)를 지목했다. 그러나 화이트는 1948년 8월에 심장마비로 사망했고, 히스는 두 건의 위증죄로 기 소되어 1950년 1월에 한 건당 징역 5년을 선고받았다. 이 사건을 계기로 '적색공포(red scare)'라 불리는 극단적 반공운동이 더욱 힘 을 얻게 되었고, 공화당 상원의원인 조지프 R. 매카시(1908~1957) 는 차제에 미국 내의 공산주의자들을 소탕하기로 마음먹었다. 원 래 의도는 미국인을 사상적으로 보호한다는 취지였지만, 사실은 마녀사냥에 가까웠다.

비미활동조사위원회, 즉 HUAC는 1949년 9월에 조지프 와인버 그와 데이비드 봄이 공산당 조직의 일원이며 원자와 관련된 기밀 을 소련에 유출했다고 결론지었다. 데이비드 봄은 곧바로 체포되 었다가 보석으로 풀려났지만, 이번에는 프린스턴대학교 측에서 봄 에 대한 지지를 철회하고 재판이 진행되는 동안 그의 직위를 정지시켰다.

데이비드 봄은 1951년 3월 31일에 열린 마지막 재판에서 무죄로 풀려났다(몇 년 뒤 와인버그도 무죄판결을 받았다). 한 달 뒤에 데이비드 봄과 프린스턴대학교의 계약 기간이 만료되었는데, 외부의 시선을 의식한 대학교 관계자들이 봄과의 재계약을 거부했다. 봄의 구명 운동을 펼쳤던 존 A. 휠러(1911~)는 훗날 당시의 일을 회고하면서 "그때는 소련이 자국민을 탄압하고 세계 평화를 위협하던 시기라 공산주의에 집착하는 봄을 마냥 두둔할 수는 없었다"고 털어놓았다. 아인슈타인은 데이비드 봄이 프린스턴 고등과학원으로 오기를 원했으나, 그곳의 수장이었던 로버트 오펜하이머는 난처한 상황을 피하기 위해 데이비드 봄을 퇴출시키기로 결정했다.

이처럼 데이비드 봄은 한창 연구할 나이에 이데올로기에 사로잡혀 물리학에 집중할 시간이 별로 없었다. 이 무렵에 그는 《양자론(Quantum Theory)》이라는 책을 탈고했는데, 내용은 기존의 증명을 수정·보완하는 수준이었다. 집필을 끝낸 후 봄은 "한 문제에 집중하기 어려운 상황에서 그 많은 (수학) 공식들을 수정하는 것은 결코 쉬운 일이 아니었다"고 말했다.

그의 책은 1951년 2월에 출간되어 여러 사람들에게 호평을 들었다. 데이비드 봄은 닐스 보어보다 볼프강 파울리에게 많은 영향을 받았지만, 양자역학을 해석하는 부분에서는 코펜하겐 해석을 충실히 따랐다. 아인슈타인은 봄의 책을 읽고 "지금까지 내가 읽은 책 중 코펜하겐 해석을 가장 명료하게 서술한 명저"라며 칭찬을 아끼지 않았다. 물론 그렇다고 해서 아인슈타인이 봄의 해석을 받아들인 것은 아니었다. 아인슈타인은 양자역학에 대한 자신의 반론을 펼치기 위해 봄을 프린스턴으로 초대했다.

        1935년에 아인슈타인과 보리스 포돌스키, 네이선 로젠은 양자역학이 불완전하다는 주장을 펼쳤다. 이들은 "양자역학은 완전해질 수 있는가?"라는 질문에 "원리적으로는 가능하다"는 의견만 제시하고 논지를 마무리했다. 이론을 완전한 형태로 완성하고 인과율과 결정론을 복구하는 가장 간단한 방법은 모종의 '숨은 변수(hidden variable)'를 도입하는 것이다.

실제로 아인슈타인은 1927년 3월에 이 방법을 시도했다. 그는 고전적인 파동과 입자를 슈뢰딩거의 파동역학에 등장하는 파동함수와 결합하는 식으로 양자역학에 수정을 가했다. 여기서 파동함수는 실존하는 점입자를 서술하는 '유도장(guiding field)'의 역할을 했다.

이 이론에서 파동함수는 회절과 간섭 등 파동적 성질을 갖고 있었지만 입자는 좁은 영역에 뭉쳐 있는 물리적 실체로 간주되었다. 아인슈타인은 '파동 또는(or) 입자'라는 코펜하겐 해석을 폐기하고, '파동과(and) 입자'라는 개념에 입각하여 양자역학의 '숨은 변수 버전'을 구축했다.

그러나 무슨 이유에선지 몇 주 후부터 이 문제에 흥미를 잃은 그는 유도장이 '유령 같은' 비국소적 영향을 줄 수 있다는 사실만 확인하고 연구를 접었다. 그해 10월에 브뤼셀에서 개최된 제5회 솔베이회의에서 드 브로이가 이중해를 발표했을 때 아인슈타인이 반대 의사를 표명했던 것도 바로 이런 이유였다.[*] 그는 드 브로이의 설명을 들으면서 자

• 제13장 116~117쪽 참조.

신이 몇 달 전에 시도했다가 그만둔 연구를 떠올렸을 것이다.

데이비드 봄은 자신의 저서인 《양자론》에서 EPR 논리에 대한 보어의 반응을 그대로 받아들였다. 이 책에는 "EPR의 논리는 물질의 특성과 관련하여 처음부터 양자역학에 위배되는 가정에서 출발한 것으로, 그 타당성은 아직 입증되지 않았다"고 적혀 있다. 앞의 내용이 무엇이었든 간에, 그는 이런 결론을 내려놓고 심기가 몹시 불편했다.

이 책에서 봄은 EPR의 논리를 소개하면서 '실현 가능한 사고실험'을 제안했다. 그는 두 개의 원자로 이루어져 있으면서 전자의 총 스핀이 0인 분자를 예로 들었는데, 가장 간단한 적용 사례는 두 개의 전자가 바닥상태(에너지가 가장 낮은 상태)에서 스핀-쌍을 이루고 있는 수소 분자(H_2)이다.

이제, 하나의 분자가 두 개의 동일한 원자로 분리되었다고 상상해보자. 단, 이 과정에서 총 운동량은 달라지지 않았다고 가정하자. 수소 분자 하나가 두 개의 수소 원자로 분리되었다고 생각하면 된다. 두 원자는 서로 멀리 이동하고 있지만, 각 원자에 속한 전자의 스핀은 서로 반대 방향을 유지하고 있다. 즉, 둘 중 하나는 스핀-업이고 다른 하나는 스핀-다운이다.

다시 말해서, 두 원자의 스핀은 서로 연결되어 있다. 특정한 실험계에서 둘 중 한 원자(A라 하자)의 스핀을 관측하면 동일한 계에서 B의 스핀을 정확히 예측할 수 있다. 그렇다면 당신은 두 원자의 스핀이 분자의 초기 상태와 분리된 방식에 의해 이미 결정되었다고 생각하고 싶을 것이다. 두 원자가 분리되어 서로 멀어지고 있어도 스핀이 서로 반대라는 것은 이미 결정된 사실이며, 관측 행위는 이들이 '어느 방향으로 서로 반대인지'를 알려줄 뿐이다.

그러나 양자역학은 이런 식으로 설명하지 않는다. 양자역학에서 두 원자는 관측이 개입되기 전까지 하나의 파동함수로 서술된다. 즉, 두 원자는 서로 '얽혀 있다(entangled).' 이제 실험실에서 설정한 z축 방향을 따라 원자 A의 스핀을 측정하면 파동함수가 붕괴되면서 스핀이 구체적인 값으로 결정될 것이다. 이때 A의 스핀이 $+z$ 방향으로 결정되었다면, B의 스핀은 굳이 관측을 하지 않아도 $-z$ 방향으로 결정된다.

그러나 원자 A의 스핀을 z 방향이 아닌 x나 y 방향을 따라 관측한다면 어찌될 것인가? 어떤 성분을 관측하든 간에 두 원자의 스핀은 여전히 연결되어 있으므로, A의 스핀이 어떤 값으로 나오든 B의 스핀은 항상 그 반대가 되어야 한다. 아인슈타인-포돌스키-로젠이 제안한 물리적 실체의 정의를 받아들인다면, 원자 B의 스핀의 모든 성분들(x, y, z 성분)은 직접 관측을 하지 않아도 정확히 예측할 수 있으므로 물리적 실체임이 분명하다.

그러나 양자적 파동함수는 세 개의 스핀 성분들 중 자기양자수 m_s와 관련된 하나의 성분만을 결정한다. 이것은 직교좌표 (x, y, z)에서 스핀의 각 성분에 대응되는 연산자들이 교환법칙을 만족하지 않기 때문에 나타난 결과이다. 즉, 스핀의 성분들은 상보적 관측량(complementary observable)이다. 그러므로 결론은 파동함수가 완전하지 않거나 아니면 아인슈타인-포돌스키-로젠이 말한 물리적 실체가 부적절하거나, 둘 중 하나이다.

코펜하겐 해석에 따르면, 원자 A의 스핀을 관측하기 전에는 원자 B의 스핀 성분들 중 그 어느 것도 존재하지 않는다. 그리고 B의 측정 결과는 A를 관측하는 장비를 어떤 식으로 설치하느냐에 따라 달라진다. 이 사실은 A와 B가 아무리 멀리 떨어져 있어도 여전히 성립한다.

이것이 바로 EPR 논리의 핵심이다. 이들은 양자적 얽힘 현상과 '유령 같은' 비국소적 원거리 작용을 적나라하게 풀어헤쳐서 양자역학의 가장 역설적인 결과를 이끌어냈다. 원자의 스핀 방향을 측정하는 것은 원자의 위치나 운동량을 측정하는 것보다 훨씬 현실적이다. 데이비드 봄이 제안한 사고실험은 상상이 아니라 현실 세계에서 구현 가능한 실험이었다.

데이비드 봄은 아인슈타인의 초청을 받아들여 1951년 봄에 프린스턴대학교를 방문했다. 그는 책을 집필하면서 양자역학의 해석에 대해 의구심을 갖게 되었는데, 아인슈타인을 만날 무렵에는 그것이 매우 명확한 문제로 구체화되어 있었다. 아인슈타인은 봄에게 EPR 논문보다 훨씬 또렷한 논리를 구사하면서 양자역학에 대한 염려를 표명했다. 그러나 봄은 속으로 아인슈타인이 관점을 바꿀 필요가 있다고 생각했다.

훗날 데이비드 봄은 이날의 만남을 다음과 같이 회고했다.

"아인슈타인과의 만남은 향후 나의 연구 방향에 커다란 영향을 미쳤다. 나의 주 관심사는 양자역학에 결정론적 우주관을 접목하는 것이었는데, 그와 대화를 나누면서 '가능할 수도 있겠다'는 느낌이 들었다."•

데이비드 봄은 자신이 생각했던 것보다 훨씬 강하게 인과율과 결정론에 집착하고 있었다. 이것은 카를 마르크스가 창안한 관념론(이데올로기)의 핵심 개념이기도 하다. 마르크스의 변증법적 유물론에 따르면, 사

• 데이비드 봄의 오랜 연구 동료였던 바실 힐리의 증언에 따르면, 봄은 아인슈타인과 만난 후 이렇게 말했다. "나는 《양자론》의 집필을 마무리한 다음, 무언가가 크게 잘못되었음을 깨달았다. 양자역학에는 '물리적 실체'라는 개념이 끼어들 자리가 없었던 것이다. 나는 아인슈타인과 대화를 나누면서 이 문제를 다시 생각할 용기를 얻었다." (2009년 6월 1일 저자와 직접 나눈 대화에서 인용함)

회의 변화는 우연이 아닌 사회적 권력 간의 경쟁을 통해 나타난다. 그러나 코펜하겐 해석에 따르면 모든 것은 '주사위 게임'에 의해 결정된다.

아인슈타인과의 대화에서 용기를 얻은 봄은 해석 문제를 더욱 깊이 파고들었다. 특히 그는 개개의 양자계를 객관적으로 서술할 수 없다는 코펜하겐 학파의 주장을 도마 위에 올렸다.

> 양자역학의 일반적 해석에는 자체모순이 없지만, 실험으로 검증할 수 없는 가정을 깔고 있다. 즉, "개개의 물리계는 파동함수로 서술되고, 계가 갖고 있는 물리량은 측정을 통해 확률적으로 결정된다"는 가정이 바로 그것이다. 이 가정의 진위 여부를 밝히는 유일한 방법은 양자역학을 숨은 변수로 해석하는 방법을 찾는 것이다. … 만일 이런 해석법이 존재한다면 개개의 양자계에 대한 합리적이고 정확하면서 객관적인 서술을 포기할 이유가 없으므로, 이것만으로도 기존의 해석은 반증될 수 있다.

데이비드 봄의 의도는 새로운 이론을 찾거나 고전물리학으로 돌아가려는 것이 아니었다. 그는 양자역학의 '완전성'을 좌우하는 가장 중요한 가정이 실험적으로 검증될 수 없다는 점을 문제 삼은 것이다. 코펜하겐 해석은 바로 이 '완전성 가정'에 기초하고 있다. 그러니 봄은 코펜하겐 학파의 주장을 액면 그대로 받아들이지 않고, 원리적인 단계에서 다른 해석을 찾아보았다.

여러 개의 입자들이 회절이나 간섭을 일으키는 경우, 우리가 관측할 수 있는 것은 '전체 입자'뿐이므로, 개개의 입자들이 "분명하게 정의된 궤적을 따라가는 실체"라는 가정은 설득력이 있다. 그렇다면 입자의 궤적을 미리 예측할 수는 없을까?

가능할 수도 있다. 슈뢰딩거의 파동함수가 실재하는 '파동형 장(wave-like field)'을 서술한다고 생각하면, 이로부터 객관적이고 실제적인 입자의 운동을 유추할 수 있을지도 모른다. 그래서 봄은 양자적 파동을 입자로 해석하기 위해 슈뢰딩거의 파동방정식을 고전물리학의 기본 운동방정식(뉴턴의 제2운동법칙, $F=ma$)과 비슷한 형태로 수정해보았다. 이 과정에서 그는 장의 파동함수를 '실제 진폭과 위상함수가 포함된 형태'로 쓸 수 있다고 가정했다. 사실, 파동함수를 특별한 형태로 가정해도 전통적인 양자역학에서 크게 벗어나지는 않는다. 그러나 봄은 여기서 한 걸음 더 나아가 "뚜렷한 궤적을 따라 움직이는 실제 입자가 존재한다. 이 입자의 운동은 장(field)에 새겨져 있으며, '유도조건(guidance condition)'을 통해 위상함수와 연결되어 있거나 위상함수에 의해 유도된다"고 가정했다.

이렇게 가정하면 모든 장에 존재하는 모든 입자들은 명확한 위치와 운동량을 갖게 되고, 위상함수에 의해 결정되는 명확한 궤적을 따라간다. 그리고 입자를 서술하는 운동방정식에는 고전적 위치에너지와 함께 '양자적 퍼텐셜(quantum potential)'이 등장한다.

양자적 퍼텐셜은 비고전적 개념으로, 양자적 효과를 고려하기 위해 도입된 양이다. 이것이 없으면 봄의 이론은 그냥 고전적인 이론이 된다. 양자적 퍼텐셜을 제거하거나, 거리가 증가함에 따라 양자적 퍼텐셜이 0으로 감소하도록 만들어놓으면 봄의 방정식은 뉴턴역학의 방정식과 완전히 일치한다.

'양자'라는 접두어가 붙은 모든 양들이 그러하듯이, 양자적 퍼텐셜은 매우 신기한 특성을 갖고 있다. 고전적 퍼텐셜이 작용하지 않는 곳에서도 입자는 양자적 퍼텐셜의 영향을 받는다. 일반적으로 고전적 퍼텐셜

에너지(위치에너지)는 뉴턴의 중력장처럼 거리가 멀어질수록 감소하지만, 양자적 퍼텐셜은 그렇지 않다. 입자는 고전적 퍼텐셜이 0인 지역에서도 양자적 퍼텐셜의 영향을 받을 수 있으며, 이런 경우에 고전적 운동법칙, 예를 들어 물체에 (고전적인) 힘이 작용하지 않으면 등속직선운동을 한다는 법칙 등은 더 이상 적용되지 않는다.

입자의 위치와 궤적은 운동이 계속되는 한 정확히 정의된다. 따라서 입자를 서술하기 위해 확률에 의존할 필요는 없다. 여러 개의 입자들이 하나의 파동함수로 서술되는 경우에도 위의 논리를 똑같이 적용할 수 있다. 개개의 입자들은 명확히 정의된 궤적을 따라가며, 원리적으로는 이 궤적을 항상 추적할 수 있다. 그러나 모든 입자의 초기 조건을 알아내는 것이 현실적으로 불가능하기 때문에, 볼츠만의 통계역학과 같은 고전적 확률에 의존하는 수밖에 없다.

이것은 양적 확률과 크게 다른 개념이다. 전통적인 양자역학에서 파동함수는 확률을 계산하는 수단이며, 이 확률은 동일한 계를 여러 번 반복 관측했을 때 특정 결과가 나오는 상대적 빈도수를 의미한다. 물론 관측이 행해지기 전까지는 어떤 결과가 나올지 절대로 알 수 없다. 파동함수로는 한 번의 관측에서 '특정 결과가 얻어질 확률'만을 알 수 있을 뿐이다(또는 관측을 여러 번 실행했을 때 특정 결과가 얻어질 빈도수라 할 수 있다 옮긴이). 그러나 봄의 이론에서 입자의 운동은 미리 결정되어 있다. 그럼에도 확률에 의존하는 이유는 수많은 입자의 초기 조건을 일일이 알 수 없기 때문이다. 이 확률은 관측 결과가 아니라 각 입자의 개별적인 상태, 즉 입자의 위치와 궤적을 뜻한다. 그러므로 관측 행위에는 아무런 의혹도 없다. 봄의 이론에 등장하는 관측은 입자의 실질적인 상태와 위치 또는 궤적을 알아내는 수단일 뿐이다.

봄의 이론에서 확률은 (양자역학에서 그랬던 것처럼) 파동함수의 진폭과 관련되어 있다. 그러나 이 파동함수는 확률을 말해주는 추상적 함수가 아니라 양자적 퍼텐셜의 형태를 결정하는 실질적인 함수이다.

이것이 바로 데이비드 봄의 숨은변수이론이다. 숨은 변수는 유도장이 아니라 어딘가에 숨어 있는 입자의 위치를 뜻한다. 봄의 이론에는 고전적 개념의 인과율이 등장하는데, 이 법칙에 따르면 고전적 입자는 유도파동장(guiding wave field)에 의해 결정된 고전적 궤적을 따라 움직인다. 그러나 관측 장비에 어떤 식으로든 변화를 줘서 파동장을 바꾸면, 입자는 즉각적으로 반응을 보인다. 또한 숨은 변수는 비국소적어서, 관측 장비를 중요하게 여겼던 보어의 관점과 충돌을 일으키지 않는다. 봄은 이 점에 대하여 "우리는 관측 장비와 관측 대상을 분리해 생각할 수 없다는 보어의 관점에 기본적으로 동의한다"고 적어놓았다.

봄은 자신의 이론에서 인과율과 결정론을 복구시키고, 파동함수의 붕괴와 관련된 부분을 제거해버렸다. 그러나 원거리 유령 작용에 의한 영향을 그대로 유지하여, 겉으로는 특수상대성이론에 위배되는 것처럼 보였다.

사실, 데이비드 봄은 드 브로이의 '이중해'를 재발견하고 그것을 확장한 셈이었다. 그는 숨은변수이론과 수소 원자 적용 사례를 골자로

● 이런 이유로 사람들은 봄의 이론을 종종 '드 브로이-봄 이론'이라 부르기도 한다. EPR 중한 사람인 네이선 로젠도 1947년에 이와 비슷한 접근법을 시도했다가 도중에 그만둔 적이 있다.(Max Jammer, *The Philosophy of Quantum Mechanics*, p. 285 참조) 이 이론은 비국소적 숨은변수이론으로서, 예측 가능한 사항들이 전통적 양자역학과 다르다. 그 후에 양자역학을 비국소적 숨은변수이론으로 해석한 버전도 나왔는데, 여기서 예측되는 내용은 전통적 양자역학과 동일하다.

하는 논문 두 편을 작성하여 1951년 7월에 〈피지컬 리뷰〉에 제출했다. 불과 4개월 전에 닐스 보어의 관점을 지지하는 책을 출간해놓고 곧바로 이런 논문을 발표한 것을 보면, 그는 별다른 망설임 없이 쉽게 관점을 바꿨던 것 같다.

데이비드 봄은 논문의 프리프린트를 드 브로이와 보어, 파울리 그리고 아인슈타인에게 보냈다. 드 브로이는 봄에게 보낸 답장에서 이중해의 간략한 소개와 함께(봄은 이 답장에서 이중해라는 것을 처음 알게 되었다) 제5회 솔베이회의가 끝난 직후에 이중해 연구를 포기한 이유를 설명했고, 파울리는 봄의 이론이 다중 입자계에 적용될 수 없다는 부정적인 반응을 보였다. 그러나 봄은 자신의 숨은변수이론에 대해 상당한 자신감을 갖고 있었기 때문에 파울리가 지적한 문제도 해결할 수 있다고 믿었다.

미국과 영국에서 마땅한 자리를 잡을 수 없었던 데이비드 봄은 1951년 10월에 프린스턴을 떠나 브라질 상파울루대학교에 몸을 숨겼다. 상파울루대학교의 물리학과장인 아브라우 데 모라예스(1916~1970)는 아인슈타인과 오펜하이머가 써준 추천서를 읽고 두말없이 봄을 채용했다. 봄이 브라질로 가는 비행기에 탑승했을 때, 활주로를 향해 이동하던 중 관제탑으로부터 이륙을 정지하라는 명령이 떨어졌다. 승객 중 한 사람의 여권에서 문제가 발견되었기 때문이다. 한 번 체포된 경험이 있는 봄은 또다시 체포되는 줄 알고 크게 당황했으나 문제의 여권은 다른 사람의 것이었고, 결국 그 승객만 내린 뒤 비행기는 무사히 이륙했다.

데이비드 봄의 두 편의 논문은 1952년 1월에 출판되었다. 그는 브라질에 몸을 숨긴 채 학계의 반응을 유심히 살폈다. 일단 리처드 파인먼의 반응은 긍정적이었다. 그러나 로버트 오펜하이머는 봄의 연구가 청소

년의 반항적 수준을 벗어나지 못한다는 중론에 밀려 "봄의 이론이 틀렸음을 증명할 수 없다면, 그의 이론을 무시할 수밖에 없다"고 선언했다.*

아인슈타인은 봄의 접근법을 별로 반기지 않았다. 그는 프리프린트를 읽은 뒤 막스 보른에게 다음과 같은 편지를 보냈다.

양자역학을 결정론적 관점에서 해석할 수 있다는 봄의 주장을 들어본 적이 있습니까? 25년 전에 드 브로이도 비슷한 주장을 했는데, 예나 지금이나 제 눈에는 싸구려 이론처럼 보입니다.

* 데이비드 봄은 1992년에 세상을 떠났지만, 인과관계에 대한 그의 선견지명은 지금도 이론물리학계에 커다란 영향을 미치고 있다. 데이비드 봄의 동료였던 바실 힐리는 최근에 클리퍼드 대수(Clifford algebra)를 도입하고 상대론적 효과까지 고려한 새로운 버전의 숨은 변수이론을 발표한 바 있다.

31

베르틀만의 양말
1964년 9월, 보스턴/존 벨

데이비드 봄은 브라질 도피 생활에 적응하지 못하고 불편한 나날을 보내다가, 1955년에 이스라엘의 하이파(Haifa)에 있는 테크니온(Technion) 공과대학교로 자리를 옮겼다.* 이곳에서 그는 젊은 나이에 이미 독불장군으로 소문이 자자했던 스물두 살의 학부생 야키르 아하로노브(1932~)와 함께 아인슈타인-포돌스키-로젠(EPR)의 사고 실험을 심층 연구하여 1957년 3월에 공동 논문을 제출했다.

또한 데이비드 봄은 자신의 결정론을 정리한 또 한 권의 책《현대물리학의 인과율과 우연(Causality and Chance In Modern Physics)》을 출간했다. 말이 책이지, 사실상 선언문이나 다름없었다. 이 책의 서문은 드 브로이가 써주었다. 1957년 여름에 봄은 영국 브리스틀 대학교의 연구원으로 또 한 번 자리를 옮겼고, 얼마 뒤 런던 버크벡대학교의 교수가 되어 이곳에서 여생을 보냈다.

* 당시 미국의 보안 당국자들은 데이비드 봄의 여권을 취소시켰다. 그래서 봄이 이스라엘에 가려면 브라질 국민이 되어야 했다.

봄은 완전한 외톨이는 아니었지만, 그의 이론을 지지하는 사람은 거의 없었다. 사실 그가 제안했던 결정론적 이론은 비상대론적 양자역학에서 거의 모든 것을 예측할 수 있었다. 그러나 당시 주류 물리학계의 관심은 전혀 다른 곳에 쏠려 있었다. 1949년에 양자전기역학이 대대적인 성공을 거둔 뒤로 물리학자들은 핵력에 대한 양자역학을 구축하느라 여념이 없었고, 1954년에는 양전닝과 로버트 밀스가 '아름다운 아이디어'를 발표하여 이론물리학의 판도를 바꿔놓았다. 그 후 1963년에는 머리 겔만과 조지 츠바이크가 분수 전하를 갖는 삼중상태 입자(쿼크 또는 에이스)를 도입하여 메존과 바리온의 내부 구조를 설명했다.

이런 분위기에서 해묵은 철학적 문제를 들춰봐야 얻을 것이 별로 없었다. 게다가 1935년에 닐스 보어가 코펜하겐 해석을 공식적으로 발표했고 숨은변수이론이 원리적으로 불가능하다는 것을 존폰 노이만이 증명한 마당에, 이 문제로 왈가왈부하는 것은 어느 모로 보나 시간낭비였다.

그러나 양자역학을 해석하는 문제와 물리적 실체에 대한 논쟁은 극적 반전을 앞두고 있었다. 영국 벨파스트 태생인 CERN의 물리학자 존 스튜어트 벨(1928~1990)은 데이비드 봄의 1952년 논문을 읽고 커다란 감명을 받았다. 벨은 평소에도 파동함수가 붕괴된다는 발상에 만족하지 못했고, 관측 대상과 관측 장비 사이의 경계를 모호하게 그어놓은 보어의 해석도 "잘 봐주면 자신감의 소산, 조금 심하게 말하면 사기"라고 생각해오던 터였다. 몇 년 뒤 존 벨은 다음과 같은 글을 남겼다.

"이런 방식으로 구축된 이론은 근사적 서술에 지나지 않으며, 사실과 아무리 비슷하다 해도 결코 오래갈 수 없다."

1952년에 존 벨은 숨은변수이론과 관련하여 새로운 아이디어를 떠올렸는데, 이것은 12년 뒤 그가 CERN을 떠나 스탠퍼드선형가속기센터로 자리를 옮기면서 발표한 논문의 기초가 되었다.[•] 또한 이 기간 동안 존 벨은 숨은변수이론이 불가능하다는 존 폰 노이만의 증명에서 문제점을 발견하여 논문으로 발표했다. 이 논문에서 그는 "폰 노이만이 내세웠던 가정은 옳긴 하지만 두 가지 상보적인 물리량을 동시에 관측하는 상황에 적용되었다"고 지적했다. 이런 관측이 가능하려면 두 개의 관측 장비가 완전히 무관해야 하며(또는 하나의 관측 장비를 자신과 완전히 무관한 형태로 재배열해야 하며), 이는 곧 두 건의 관측이 동시에 실행될 수 없음을 뜻한다. 이런 이유로 벨은 폰 노이만의 증명이 타당하지 않다고 결론지었다.

그동안 불가능으로 낙인찍혀 폐기 처분되었던 숨은변수이론은 (국소적이든 비국소적이든) 존 벨의 증명으로 인해 극적으로 되살아났다. 그리고 벨은 연구를 계속 진행하다가 단순하면서도 의미심장한 사실을 발견했다. 데이비드 봄은 자신의 저서인 《양자론》에서 "숨은 변수가 역학적으로 결정되는 이론은 그 형태가 어떻든 양자역학의 모든 결과를 재현할 수 없다"고 적어놓았다.

이제 존 벨은 자신의 주장이 옳다는 확신을 갖게 되었다. 전통적 양자역학과 국소적 숨은변수이론 중 어느 쪽을 선택할 것인가? ─ 이것은 단순한 철학적 취향 문제가 아니라 옳고 그름을 좌우하는 선택이었다.

─────────

• 이 논문은 절차상의 문제 때문에 1966년이 되어서야 〈리뷰스 오브 모던 피직스 (Reviews of Modern Physics)〉에 게재되었다.

데이비드 봄과 야키르 아하로노브는 1957년에 발표한 논문에서 "우리는 EPR의 사고실험을 좀 더 실현 가능한 수준으로 개선했으며, 멀리 떨어져 있는 양자적 입자들의 '비국소적 얽힘 관계'를 입증하는 실험을 이미 실행했다"고 주장했다.

존 벨은 1964년에 SLAC을 방문한 뒤 한동안 위스콘신대학교에 있다가 보스턴 근처에 있는 브랜다이스대학교로 자리를 옮겼다. 그리고 이곳에서 양자적 실체의 개념에 혁명적 변화를 가져올 '벨의 부등식'을 유도했다.

"저는 방정식을 머릿속에 떠올린 후 단 일주일 만에 논문을 완성했습니다. 그러나 일주일 전에는 방정식과 관련된 온갖 생각들로 머릿속이 가득 차 있었고, 1년 전에도 마찬가지였습니다. 단시일에 얻은 결과가 결코 아니었지요."

존 벨은 이 부등식을 데이비드 봄과 야키르 아하로노브가 집중적으로 연구했던 EPR 실험 형태로 유도했다. 앞에서 말했던 수소 분자로 되돌아가서 생각해보자. 이 분자는 두 개의 동일한 수소 원자 A, B로 분해되었고, A와 B는 서로 반대 방향으로 움직이고 있다. 편의를 위해 A는 왼쪽으로, B는 오른쪽으로 움직인다고 가정하자. 원자가 지나가는 왼쪽과 오른쪽 길목에는 막대자석이 설치되어 있어서 스핀의 방향을 측정할 수 있다. 스턴-게를라흐(Stern-Gerlach) 효과를 이용하면 된다.

● 이 주장은 제32장에서 좀 더 자세히 다룰 것이다.
● 데이비드 봄과 야키르 아하로노브 그리고 존 벨은 구체적으로 분자를 언급하지 않고 '총 스핀이 0인 계'를 다루었다. 이 책에서는 독자들의 이해를 돕기 위해 수소 분자를 예로 든 것이다.

수소 원자가 두 막대자석 사이를 지나가면 경로가 위 N극 쪽으로 휘어지거나(스핀-업인 경우) 아래 S극 쪽으로 휘어진다(스핀-다운인 경우). A와 B는 서로 얽힌 관계에 있으므로, 두 자석의 자기장을 같은 방향으로 맞춰놓으면 두 원자의 스핀은 항상 반대로 나타날 것이다. 예를 들어 A가 스핀-업이었다면, B는 스핀-다운이 되어야 한다. 물론 그 반대의 경우도 마찬가지다.

여기서 벨은 국소적 숨은변수이론의 가장 간단한 사례로 관심을 돌렸다. 이 사례에서는 인과율과 결정론이 유지되면서 파동함수의 붕괴가 나타나지 않으며, 1952년에 봄이 시도했던 이론과 달리 '원거리 유령 작용'도 나타나지 않는다. 이와 같은 이론은 형태가 어떻든 간에 '국소적으로 옳은(locally real)' 이론으로 간주된다. 위에서 언급된 한 쌍의 수소 원자는 향후 실행될 스핀 관측에서 얻어질 값을 미리 결정하는 변수(또는 변수들)를 갖고 있다고 가정한다. 그리고 이 변수 값은 수소 분자가 분리될 때 미리 결정될 필요가 없다.

이제 각각의 수소 원자에 (시곗)바늘이 달린 초소형 '원자 다이얼'이 장착되어 있다고 상상해보자. 이 바늘은 어떤 방향도 가리킬 수 있으며, 수소 분자가 두 개의 원자로 분리될 때 각 원자에서 임의의 방향을 가리킨 채로 고정되었다고 치자. 단, 두 원자는 얽힌 관계에 있기 때문에 두 바늘도 특별한 관계를 만족한다. 즉, A의 바늘이 임의의 방향으로 고정되었으면 B의 바늘은 그 반대 방향(A에서 180° 돌아간 방향)을 가리킨 채 고정되어 있다. "어떻게 그럴 수 있을까?"라며 고민할 필요는 없다. 분자의 분리 과정에 적용되는 법칙이 원래 그런 식으로 작용한다고 생각하면 된다(이것을 '원자 다이얼 설치 법칙'이라 불러도 좋다).

이제 두 원자는 각자 자신에게 할당된 자석을 향해 이동하고 있다.

편의를 위해, 바늘이 원형 다이얼의 위쪽 반원 중 어딘가를 가리키고 있으면 스핀-업이라고 정해두자. 이런 경우에 원자의 궤적은 자석의 위쪽 N극으로 편향된다. 그리고 이와 반대로 바늘이 다이얼의 아래쪽 반원 중 어딘가를 가리키고 있으면 스핀-다운이며, 원자는 자석의 아래쪽 S극으로 편향된다.

이것이 바로 '국소적 숨은변수이론'이다. 이론이 어떻게 생겼든, 또 어떤 식으로 작동하든 간에, 스핀을 측정했을 때 어떤 결과가 나올지는 바늘에 의해 이미 결정되어 있다. 그러므로 이 이론에서는 어떤 신호가 빛보다 빠르게 전달된다는 등 비상식적인 가정을 세울 필요가 없다. 수소 분자가 두 개의 원자로 분리되는 순간에 바늘의 위치가 이미 고정되었으므로, 관측 행위는 단순히 그 위치를 읽어낼 뿐이다. 그야말로 지극히 상식적인 이론이다.

이제 두 막대자석이 만드는 자기장을 같은 방향으로 맞춰놓으면, 즉 두 자석의 N극이 같은 방향을 향하도록 정렬해놓으면 어떤 일이 벌어질 것인가? 원자 A의 바늘이 원형 다이얼의 위쪽 반원 중 어딘가를 가리키고 있다면, A는 스핀-업으로 판명된다. 앞으로 이것을 '플러스(+)'로 표기하자. 그렇다면 B의 바늘은 다이얼의 아래쪽 반원 중 어딘가를 가리킬 것이다. 물론 이 결과는 분자가 분리될 때 이미 결정되어 있었다. 즉, B는 스핀-다운이며, 이것을 '마이너스(-)'로 표기하기로 한다. 그리고 A의 스핀이 +이고 B의 스핀이 -인 경우를 P+-라 하자. 그러면 두 원자의 스핀을 관측하여 P+-가 얻어질 확률은 'A의 바늘이 다이얼의 위쪽 반원 중 어딘가를 가리킬 확률'과 같을 것이고, 그 값은 당연히 50%이다. 위

• 사실 이것은 '각운동량보존법칙'에서 기인한 것이다.

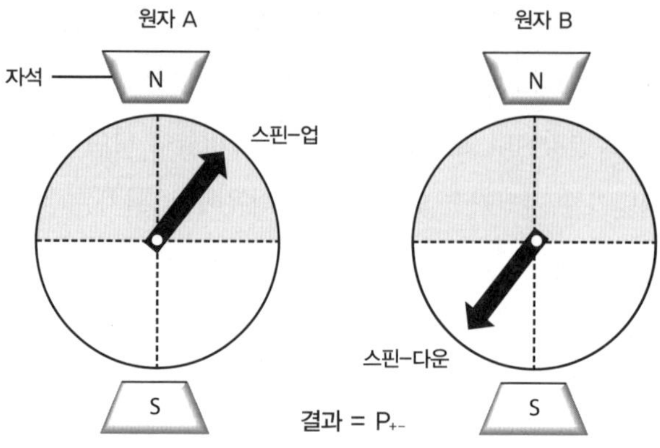

그림20 국소적 숨은변수이론의 간단한 사례. 하나의 수소 분자가 어느 순간에 두 개의 원자, A와 B로 분리되었다. 각 원자에는 초소형 다이얼이 부착되어 있고, 다이얼에는 작은 바늘이 달려 있다고 가정하자. 이 바늘은 원자 속에 들어 있는 전자의 스핀 방향을 결정한다. 분자가 두 개의 원자로 분리되던 순간에 어떤 물리법칙이 작용하여 두 개의 바늘이 특정 방향으로 고정되었는데, 원자들은 서로 '얽힌 상태'에 있으므로 두 바늘이 항상 반대 방향을 가리킨다고 치자. 바늘이 다이얼의 위쪽 반원 중 어딘가를 가리키고 있으면 그 원자는 스핀-업이고, 아래쪽 반원 중 어딘가를 가리키고 있으면 스핀-다운이다. 그리고 두 원자의 바늘이 위의 그림과 같이 배열된 경우를 P_{+-}로 표기한다.

쪽 반원의 면적이 전체 면적의 반이기 때문이다. 동일한 이유로, P_{-+}가 얻어질 확률도 똑같이 50%이다.

여기서 벨은 다음과 같은 질문을 떠올렸다. "둘 중 하나의 자석을 다른 방향으로 돌려놓으면 측정 결과는 어떻게 달라질까?" 원자 B의 스핀 측정용 자석을 각각 45°, 90°, 180°로 돌려놓았을 때 얻어지는 결과가 그림21에 제시되어 있다. 자석의 방향을 바꾸면 '스핀-업으로 인식되는 다이얼의 위쪽 반구'의 위치가 달라진다. 따라서 이런 경우에 P_{+-}가 얻어질 확률은 다이얼의 '위쪽 절반'이 서로 겹치는 면적에 따라 결정될 것이다. 이 면적은 두 자석 사이의 각도가 증가할수록 줄어들다가, 180°가 되면(즉, 두 자석이 반대 방향으로 놓이면) 겹치는 곳이 없어져서 $P_{+-}=0$

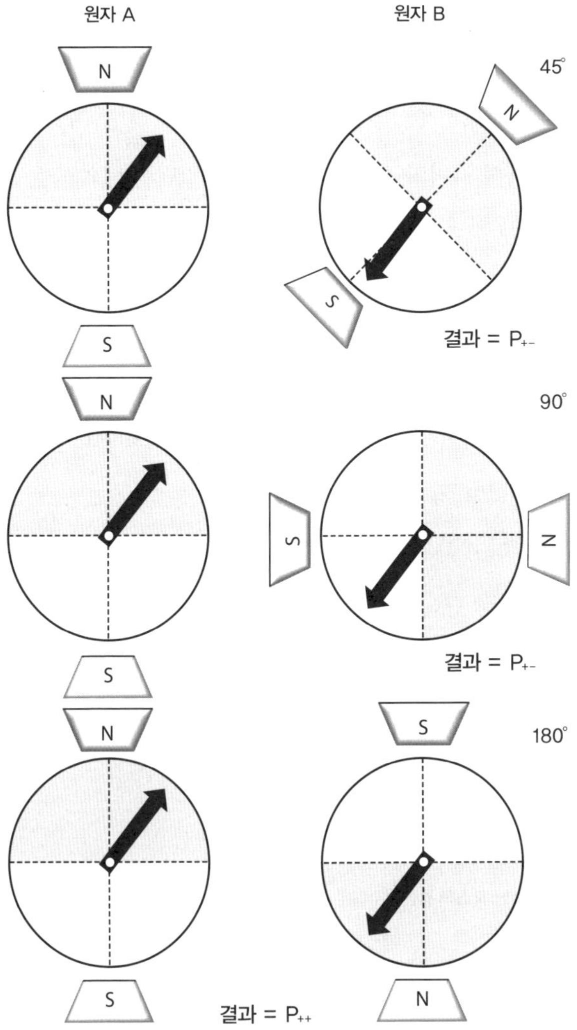

그림21 두 번째 자석을 다른 방향으로 돌리면 '원자 B가 스핀-업으로 인식되는 지역', 즉 다이얼의 위쪽 반구의 위치가 달라져서 '+−'가 얻어질 확률 P_{+-}는 이전보다 작아진다. 좀 더 구체적으로 말해서, P_{+-}는 원자 A의 다이얼 위쪽 반구(회색 영역)와 원자 B의 다이얼 위쪽 반구가 겹치는 면적에 비례한다. 두 번째 자석이 돌아간 각도를 45°, 90°, 180°로 증가시키면 겹치는 면적이 점점 작아지는데, 특히 두 자석 사이의 각도가 180°인 경우에는 겹치는 영역이 아예 없으므로 $P_{+-}=0$이 되고, 관측 결과는 두 원자가 모두 스핀-업인 '++'로 얻어진다.

이 된다.(맨 아래 그림) 그런데 P+-가 감소하면 원자가 둘 다 스핀-업일 확률은 당연히 증가한다. 이 확률을 P++라 하자.

전통적인 양자역학에서 P+-(+-가 얻어질 확률)는 $\frac{1}{2}\cos^2(\varphi/2)$이다. 여기서 φ는 두 자석 사이의 각도를 나타낸다.[•] 일단은 벨의 숨은변수이론에서 예견된 P+-와 양자역학으로 계산된 P+-를 비교해보자. 두 자석 사이의 각도 φ가 0°, 90°, 180°일 때 $\frac{1}{2}\cos^2(\varphi/2)$의 값은 각각 50%, 25%, 0%인데, 양자역학과 숨은변수이론의 P+-가 일치하는 경우는 이 세 가지 경우뿐이며, 나머지 다른 각도에서는 일치하지 않는다. 특히 φ=40°일 때는 차이가 제일 커서, 국소적 숨은변수이론의 P+-=38.9%이고 양자역학의 P+-=44.2%이다.

결과가 다르다고 해서 실망할 필요는 없다. 지금 우리는 국소적 숨은변수이론 중 가장 단순한 형태를 다루었다. 그렇다면 숨은변수이론을 좀 더 정교한 형태로 구축하면 양자역학으로 예견되는 '모든 것'을 설

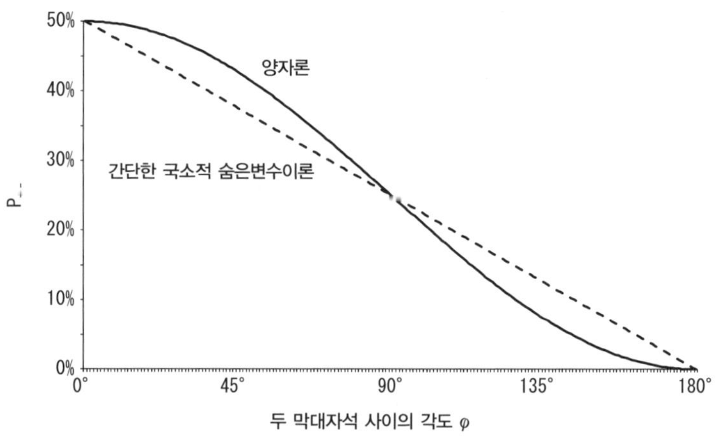

그림22 1964년에 존 벨이 사용했던 간단한 형태의 국소적 숨은변수이론을 이용하면 φ가 0°, 90°, 180°일 때 P+-의 값이 양자역학에서 예견된 값과 일치한다. 이때 P+-는 각각 50%, 25%, 0%이다. 그 외의 각도에서는 일치하지 않으며, φ=40°, 140°일 때 둘 사이의 차이가 가장 크게 나타난다.

명할 수 있을까? 그런 이론을 구축하는 것이 과연 가능할까?

답은 '아니오'이다. 그런 이론은 존재하지 않는다. 존 벨이 알아낸 것이 바로 이것이었다.

그로부터 17년 후, 존 벨은 '베르틀만 박사(Dr. Bertlmann)'라는 가상의 인물을 도입하여 동일한 결론을 유도했다. 자신의 이름이 붙어 있는 부등식(벨의 부등식)의 가장 간단한 특성을 강조하기 위해 (독특한 패션 감각을 가진) 베르틀만이라는 인물을 등장시킨 것이다. 그의 논리는 다음과 같이 시작된다.

아마추어 철학자들은 양자역학 때문에 골머리를 앓은 적이 없기에, 아인슈타인-포돌스키-로젠의 상호 관계를 접해도 별다른 감흥을 느끼지 못한다. 그들은 이와 비슷한 상호 관계를 일상생활 속에서도 얼마든지 찾아낼 수 있다고 장담하는데, 가장 자주 언급되는 것이 '베르틀만의 양말(Bertlmann's socks)'이다. 베르틀만 박사는 패션 감각이 독특해서, 양쪽 발에 각기 색이 다른 양말을 신고 다닌다. 게다가 색에 대한 취향도 유별나서, 특정한 날에 그가 무슨 색 양말을 신고 나타날지 아무도 예측할 수 없다. 그러나 한쪽 양말이 분홍색이라면, 다른 쪽 양말은 절대로 분홍색이 아니다. 한쪽 양말을 관측하면, 그리고 베르틀만 박사의 유별난 취향을 알고 있다면 다른 쪽 양말에 대한 정보를 즉각적으로 취득할 수 있는 것이다. 그의 패션 취향을 정확히 예측할 수는 없지만, 여기에는 아무런 의혹도 없다. 이 상황을 아인슈타인-포돌스키-로젠의 상호 관계와 연결시킬 수 있을까?

지금부터 이 악명 높은 양말의 물리적 특성을 좀 더 살펴보자. 지금

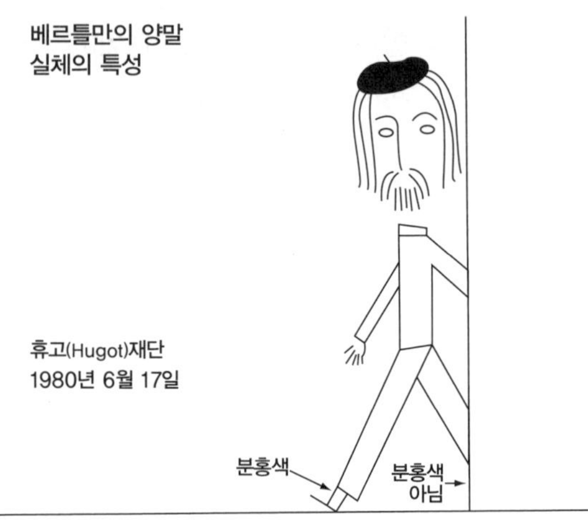

그림23 베르틀만의 양말과 실체의 특성.(*Journal de Physique(Paris), Colloque C2*, (suppl. au numero 3), 42 (1981) C2 41~61에서 인용함. www.journaldephysique.org 참조)

우리는 이 양말을 각기 다른 세 가지 온도에서 긴 시간 동안 세탁했을 때 얼마나 버텨내는지 테스트하려는 참이다. 그래서 베르틀만이 갖고 있는 양말의 왼쪽 켤레들(양말 A)을 온도 a에서 한 시간 동안 세탁하고, 온도 b에서 한 시간, 또 온도 c에서 한 시간 동안 세탁해보기로 했다. a, b, c가 구체적으로 몇 도인지는 당분간 신경 쓰지 않아도 된다.

세탁이 끝난 후, 각 온도에서 멀쩡한 양말(이것을 '+'로 표기하자)과 손상된 양말('-'로 표기하자)의 개수를 헤아린다.[•] 그런데 여기에 약간의 물리 법칙을 적용하여 멀쩡한 양말과 손상된 양말의 개수에 간단한 관계가 성립한다는 사실을 알아낸다면, 굳이 진짜 양말을 진짜 세탁기에 넣고 돌리는 위험을 감수하지 않아도 된다.

이제, 온도 a에서는 멀쩡했지만 온도 b에서 손상된 양말의 수를

• 이 유도 과정은 1981년에 벨이 사용했던 논리를 바탕으로 했다.

$n(a_+, b_-)$로 표기하자. 그리고 온도 a에서 멀쩡하고 b에서 손상됐지만 c에서는 또 멀쩡한 양말의 수를 $n(a_+, b_-, c_+)$라 하고, 온도 a에서 멀쩡 했다가 b와 c에서 손상된 양말의 수를 $n(a_+, b_-, c_-)$로 표기하자. 그러 면 이들 사이에는 $n(a_+, b_-) = n(a_+, b_-, c_+) + n(a_+, b_-, c_-)$의 관계가 성 립한다. 마찬가지로 온도 b에서 멀쩡하고 온도 c에서 손상된 양말의 수는 $n(b_+, c_-) = n(a_+, b_+, c_-) + n(a_-, b_+, c_-)$를 만족한다. 즉, 하나의 부 분집합은 이보다 더 작은 부분집합의 합으로 쓸 수 있다. 이제 위의 두 결과를 더하면 다음과 같은 관계가 얻어진다.

$$n(a_+, b_-) + n(b_+, c_-) = n(a_+, b_-, c_+) + n(a_+, b_-, c_-) + n(a_+, b_+, c_-) \\ + n(a_-, b_+, c_-)$$

그런데 이 식의 우변에 있는 두 번째 항 $n(a_+, b_-, c_-)$와 세 번째 항 $n(a_+, b_+, c_-)$를 더하면 $n(a_+, c_-)$가 된다. 그러므로 $n(a_+, b_-)$와 $n(b_+, c_-)$ 의 합은 $n(a_+, c_-)$보다 항상 크거나 같다.●

이제 의자 깊숙이 등을 기대고 한시름 놓고 싶겠지만 그럴 겨를이 없 다. 우리의 논리에 오류가 있기 때문이다. 생각해보라. 온도 b에서 양 말이 손상되었다면, 온도 c에서 어떻게 실험을 계속할 수 있겠는가? 그리고 온도 a 또는 b에서 양말이 멀쩡했다 해도, 이 양말을 온도 c에 서 세탁한 결과가 새 양말로 세탁한 결과와 반드시 같다는 보장도 없다 (세탁기 안에서 몹시 시달렸으므로 눈에 보이지 않는 손상이 생겼을 수도 있다-옮긴이).

음…… 듣고 보니 정말 그렇다. 이 문제를 어떻게 해결해야 할까?

● '항상 크다'가 아니라 '크거나 같다'고 한 이유는 $n(a_+, b_-, c_+)$와 $n(a_-, b_+, c_-)$가 둘 다 0일 수도 있기 때문이다.

한동안 고민에 빠져 있다가, 문득 해결책이 떠올랐다. 그렇다. 베르틀만 박사의 양말은 항상 짝을 이루고 있지 않던가! 그가 신는 양말 한 켤레는 색이 다르지만, 그 밖의 물리적 특성은 완전히 같다고 가정하자. 그러면 우리는 왼쪽 양말(A)의 실험 결과로부터 오른쪽 양말(B)의 실험 결과를 예측할 수 있으며, B는 다른 실험에 사용할 수도 있다. 그리고 또 한 가지, "A를 대상으로 어떤 실험을 했든 간에, 그 결과는 B를 대상으로 실행된 다른 실험에 아무런 영향도 미치지 않는다"고 가정하자. 사실 이것은 지극히 상식적인 가정이다. 양말들끼리 신호를 주고받지 않는 한, 자기 짝이 어떤 식으로 시달리고 있는지 알 길이 없기 때문이다.

이제 같은 켤레 수로 이루어진 양말 세 켤레를 대상으로 세 번의 실험을 수행해보자. 첫 번째 실험에서는 왼쪽 켤레들(A)을 온도 a에서 세탁하고, 오른쪽 켤레들(B)을 온도 b에서 세탁한다. 그 결과 A는 멀쩡하고 B는 손상된 켤레의 수를 $N_{+-}(a, b)$로 표기하자. 이 숫자는 a에서 멀쩡하고 b에서 손상되는 '가설 상의 켤레 수'와 같다(실제로는 이런 실험을 하지 않았기 때문에 '가설'이라고 부른 것이다-옮긴이). 다시 말해서, 우리는 B를 온도 b에서 세탁했지만, 이 온도에서 A를 세탁했어도 같은 결과가 나온다는 뜻이다. 그러므로 $N_{+-}(a, b)$는 앞에서 정의된 $n(a_+, b_-)$와 같아야 한다.

두 번째 실험에서는 각 켤레의 왼쪽 양말(A)을 온도 b에서 세탁하고 B를 온도 c에서 세탁한다. 그리고 여기에 위와 동일한 논리를 적용하면 $N_{+-}(b, c)$는 $n(b_+, c_-)$와 같다. 마지막으로 세 번째 실험에서는 모든 A를 온도 a에서 세탁하고 모든 B를 온도 c에서 세탁한다. 그러면 $N_{+-}(a, c)$는 $n(a_+, c_-)$와 같아야 한다.

이제 논리의 향방이 대충 정해졌다. 앞에서 확인했던 대소 관계를 여기에 적용하면 "$N_+(a, b)$와 $N_+(b, c)$의 합은 $N_+(a, c)$보다 항상 크거나 같다"는 결론이 얻어진다.

이 결과는 좌-우 짝이 제대로 갖춰진 임의의 양말 꾸러미에 똑같이 적용된다. 방금 유도한 대소 관계에서 양변을 총 켤레 수로 나누면(모든 실험에서 총 켤레 수는 같다고 가정했다) 각 결과가 나오는 상대적 빈도수가 얻어지는데, 이 값은 앞으로 행해질 실험에서 특정 결과가 나올 확률로 해석할 수 있다. 따라서 확률 $P_+(a, b)$와 $P_+(b, c)$의 합은 확률 $P_+(a, c)$보다 항상 크거나 같아야 한다. 이것이 벨의 부등식 중 한 형태이다.

지금까지 우리가 얻은 결과는 양자역학과 아무런 관련도 없다. 물론 코펜하겐 해석이나 숨은 변수와도 무관하다. 그저 (a, c)라는 조합에서 위-아래($+-$) 결과를 낳는 양말 켤레는 (a, b)나 (b, c)에서도 위-아래 결과를 낳을 수 있다는 사실을 말해줄 뿐이다.

이제 양말 실험을 수소 원자 실험에 일대일로 대응시켜보자. 한 쌍의 양말을 '상호 관련된 한 쌍의 수소 원자'에 대응시키고 세탁기는 자석에, 온도는 자석의 방향에 대응시키면 벨의 부등식이 얻어진다.

그래서 어쨌다는 말인가? 여기서 중요한 것은 전통적 양자역학으로 계산된 확률이 $P_+(a, b) = \frac{1}{2}\cos^2(\varphi/2)$와 같은 형태로 주어진다는 점이다. 여기서 a와 b는 두 자석의 돌아간 각도이며, 둘 사이의 각도는 $\varphi = (b-a)$이다. 우리는 세 개의 각도를 완전히 임의로 선택할 수 있다.

예를 들어 $a=0°, b=135°, c=270°$로 선택했다면, 벨의 부등식은 "$\frac{1}{2}\cos^2(67.5°) + \frac{1}{2}\cos^2(67.5°)$는 $\frac{1}{2}\cos^2(135°)$보다 크거나 같다"가 된다. 일단 겉으로는 그럴듯해 보인다. 그러나 실제로 계산을 해보면 "0.146(14.6%의 확률)은 0.250(25%의 확률)보다 크거나 같다"는 뜻이 된다.

지금까지의 논리에는 잘못된 것이 없다. 따라서 "양자역학으로 예견된 결과는 벨의 부등식에 위배된다"는 결론을 내릴 수밖에 없다.

부등식을 유도하는 과정에서 우리가 내세웠던 가정 중 가장 중요한 것은 원자의 스핀을 결정하는 숨은 변수가 국소적 실체(locally real)라는 가정이었다. 즉, 원자 A를 관측하여 어떤 결과가 나왔건, 원자 B에는 아무런 영향도 주지 않는다는 가정이다. 그러므로 여기서 얻은 결과는 숨은변수이론 자체의 특성과 무관하다. 그래서 벨은 "임의의 국소적 숨은변수이론과 양자역학 사이에 모순을 야기하는 실험 배열은 항상 존재한다"고 주장했다. 이것이 바로 존 벨이 생각했던 양자론이었다. "만일 숨은 변수가 국소적이라면, 여기서 얻은 결과는 양자역학과 일치하지 않을 것이다. 그러나 숨은변수이론이 양자론과 일치한다면, 그것은 국소적 특성을 갖고 있지 않다는 뜻이다. 이것이 내가 유도한 정리이다."

존 벨은 1964년에 발표한 논문에서 다음과 같이 결론지었다.

양자역학의 통계적 예측에 영향을 주지 않으면서 개개의 관측 결과를 결정하는 변수를 추가하면, 하나의 관측 장비가 다른 관측에 영향을 주는 구조가 반드시 존재한다. 두 관측 장비가 아무리 멀리 떨어져 있어도 이 사실은 변하지 않는다. 뿐만 아니라 이 영향은 즉각적으로 전달되기 때문에, 특수상대성이론과 양립할 수 없다.

1935년에 아인슈타인-포돌스키-로젠이 주장했던 것처럼, 양자역학은 불완전하며 물리적 실체는 국소적일지도 모른다. 그동안은 확인할 길이 없어서 공허한 논쟁만 난무해왔으나, 이제 존 벨의 부등식으로 그 여부를 확인할 수 있게 되었다. 실험실에서 수행 가능한 실험이 개발되기만 하면, 양자론과 국소적 숨은변수이론 중 어느 쪽이 옳고 어느 쪽이 틀렸는지 결판을 낼 수 있게 된 것이다.

32

아스페의 실험
1982년 9월, 파리 / 알랭 아스페

데이비드 봄과 야키르 아하로노브(1957년) 그리고 존 벨(1964년)의 논문은 서로 얽힌 관계에 있는 양자적 입자의 실체를 실험으로 확인할 수 있는 길을 열어주었다. 양자 규모에 존재하는 실체는 태생적으로 비국소적이면서 원거리 유령 작용을 허용하는가? 아니면 양자역학은 불완전한 이론인가? 이제 더 이상 이 문제를 놓고 탁상공론을 벌일 필요가 없어졌다. 존 벨의 정리 덕분에 그 여부를 실험으로 확인할 수 있게 되었기 때문이다.

서로 얽힌 상태에 있는 입자 쌍은 반드시 원자일 필요가 없다. 1946년에 프린스턴대학교의 존 휠러는 전자-양전자 소멸 과정에서 생성된 광자 쌍을 대상으로 스핀이 아닌 편광(polarization) 방향을 관측할 것을 제안했고,* 1949년에 우젠슝과 어빙 샤크노프가 이 실험을 직접 실행하여 광자 쌍이 서로 '얽혀 있음(entangled)'을 확인했다. 데이비드 봄과 야키르 아하로노브는 이것이 양자역학에서

---

* 빛의 편광은 원래 광자의 스핀 때문에 나타나는 현상이다.

예견된 '편광 상호 관계'를 입증한 실험이라고 주장했지만, 존 벨의 부등식에 입각한 직접적인 검증은 시도하지 않았다.

그러나 얼마 뒤 광자의 얽힘 관계를 훨씬 쉽게 관측하는 방법이 개발되었다. 칼슘 원자에 전기에너지를 투여하면 들뜬상태로 올라간 후 곧바로 광자를 방출하는데, 이 광자가 바로 '얽힌 양자적 입자'의 전형적 사례였던 것이다. 아, 사실은 1966년에 버클리 캘리포니아대학교의 카를 코허와 유진 커민스에 의해 발견되었는데, 이들도 벨의 부등식을 직접 검증하지는 못했다.

1972년 버클리의 스튜어트 프리드먼과 존 클로저(1942~)는 코허와 커민스가 제안했던 실험을 최초로 실행하여 양자론에서 예견된 대로 벨의 부등식이 성립하지 않는다는 결과를 얻었다. 그러나 몇 가지 가정을 추가하고 데이터를 임의로 해석했기 때문에, 숨은 변수이론이 반증되었다고 주장하기에는 다소 무리가 있었다.

한편 입자물리학자들은 원자핵의 내부 구조를 더욱 깊숙이 파고들었다. 이들은 당장 눈앞에 보이는 현상을 설명하느라 바빴기 때문에, 양자역학이 말하는 실체의 궁극적 특성 같은 것에 신경 쓸 겨를이 없었다. 1968년에 실행된 심층 비탄성 산란 실험과 1973년에 발견된 약한 중성흐름 그리고 1974년의 11월 혁명 등 굵직한 사건들이 이어지면서 쿼크와 벡터 매개 보존이 입자 목록에 정식으로 등록되었으며, 1970년대 말에는 표준모형이 중력을 제외한 모든 자연현상(힘)을 설명하는 이론으로 확고히 자리 잡았다.

이 모든 성공에도 불구하고 소수의 물리학자들은 양자론의 토대와 철학적 기반을 여전히 문제 삼고 있었다. 그사이에도 얽힌 광자쌍에 대한 실험 데이터는 꾸준히 발표되었지만, 일반화된 벨의 부등식을 처음으로 완전하게 검증한 실험은 1980년이 되어서야 비로소 실행되었다. 그 주인공은 프랑스 오르세에 있는 파리대학교 이론및응용물리학연구소의 알랭 아스페(1947~)와 필리프 그랑지에(1957~), 제라르 로제 그리고 장 달리바르(1958~)였다.

프랑스의 물리학자 알랭 아스페는 1970년대 초부터 양자역학의 철학적 문제와 아인슈타인-포돌스키-로젠의 사고실험을 연구해왔다. 그사이에 카메룬에서 3년 동안 자원봉사를 한 경력도 있다. 벨의 논문에 커다란 감명을 받았던 아스페는 당시까지 실행된 모든 실험들이 한결같이 불완전하다 생각하고, 벨의 부등식을 검증하는 실험 도구를 스스로 개발하겠다고 다짐했다.

아스페의 가장 큰 관심사는 '얽힌 입자들이 생성된 후 감지기로 가는 도중에' 관측 장비의 각도를 돌리는 방법을 개발하는 것이었다. 데이비드 봄과 야키르 아하로노브는 1957년에 이 가능성을 언급했고, 존 벨은 1964년 논문에서 '입자가 생성된 후 관측 장비의 방향 바꾸기'의 중요성을 다시 한 번 강조했다.

아스페는 이 실험을 자신의 박사학위 논문 주제로 결정하고, 이론및응용광학연구소의 젊은 교수인 크리스티앙 앵베르(1937~1998)에게 지도 교수가 되어 달라고 부탁했다. 그리고 혼자서 사방으로 수소문하여 연구 기금을 확보하고, 그 돈으로 실험 기구를 장만하여 연구실 지하에 설치했다.

크리스티앙 앵베르는 제자에게 존 벨을 만나볼 것을 권했다. 아스페

는 1975년에 제네바의 CERN에 있는 벨을 찾아가 자신이 구상하고 있
는 실험에 대해 설명했다.

알랭 아스페의 설명을 조용히 듣고 있던 존 벨이 마침내 입을 열었다.

"당신, 혹시 정교수입니까?"

그것은 상대방의 신분을 문제 삼으려는 질문이 결코 아니었다. 존 벨
은 양자 수준에서 실체의 특성과 관련된 문제에 매달리는 것이 정년을
보장받지 못한 교수들에게 시간낭비라고 생각했기에, 걱정스러운 마
음에서 물어본 것이었다.

아스페가 대답했다.

"아뇨, 저는 그저 대학원생일 뿐입니다. 연구소에 일자리를 얻긴 했
지만, 박사학위 논문은 아직 완성하지 못했습니다."

"참으로 용감한 학생이군요. 정말 대단합니다……."

존 벨은 알랭 아스페가 계획 중인 실험이 이전의 결과들을 혁신적으
로 개선할 수 있다는 점에 깊이 동의하면서, 패기만만한 학생에게 용기
를 북돋아주었다.

아스페는 자신의 실험 계획을 자세히 설명하는 사전 논문을 작성하
여 1976년 10월에 〈피지컬 리뷰〉를 통해 발표했다. 그는 카를 코허와
유진 커민스가 제안했던 대로, 얽힌 광자를 들뜬 상태의 칼슘 원자에서
취하기로 결정했다. 칼슘 원자가 바닥상태(에너지가 가장 낮은 상태)에 있을
때 가장 바깥쪽 궤도는 구형이며, 여기에 두 개의 전자가 스핀-짝을 이
루고 있다. 이들 중 하나의 전자가 알맞은 파장의 빛(광자)을 흡수하면
아령처럼 생긴 고에너지 궤도로 도약하는데,˙ 이 과정에서 흡수된 광

˙ 바닥상태 궤도는 4s, 들뜬상태의 궤도는 4p이다.

자는 원자에 속한 전자에게 각운동량 양자에 관한 정보를 전달하고, 이 것이 들뜬상태에 있는 전자의 궤도 각운동량으로 나타난다.•

이제 바닥상태에 남아 있던 두 번째 전자가 스핀의 방향을 유지한 채 자신의 짝을 따라 아령 모양의 들뜬 궤도로 도약했다고 가정해보자. 이 렇게 되면 두 개의 전자는 스핀-쌍 관계를 유지한 채 '이중 들뜬상태 (doubly excited state)'에 놓이는 셈이다. 그러나 전자쌍은 이 상태에 오래 머물지 못하고 곧바로 두 개의 광자를 방출하면서 원래의 바닥상태 궤 도로 떨어진다. 이 과정에서 각운동량이 보존되려면, 두 개의 광자는 원형 편광에서 서로 반대 상태가 되도록 방출되어야 한다. 따라서 방출 된 광자 쌍은 아인슈타인-포돌스키-로젠이 말한 대로, 그리고 데이비 드 봄과 존 벨이 예견한 대로 얽힌 관계에 놓이게 된다.

이때 방출되는 광자는 가시광선 영역의 파장을 갖고 있는데, 하나는 초록색이고 다른 하나는 푸른색이다.

알랭 아스페와 동료들은 들뜬상태의 칼슘 원자를 생성하기 위해 두 개의 고출력 레이저를 사용했다. 칼슘 기체가 든 작은 상자를 고온의 오븐 속에 넣고 작은 구멍을 통해 레이저를 발사하면 들뜬 칼슘 원자가 빔의 형태로 생성되는데, 두 가닥의 빔이 서로 교차하게 만들면 교차점 에 있는 원자들은 서로 충돌하기 전에 광자를 흡수했다가 방출한다. 충 돌하지 않는 이유는 빔의 밀도가 낮기 때문이다. 물론 교차점의 칼슘 원자들은 상자의 내벽과도 충돌하지 않는다.

이들은 원자 빔에서 반대 방향으로 방출된 빛을 필터에 통과시켜서 초록색 광자(이것을 광자 A라 하자)와 푸른색 광자(광자 B라 하자)로 분리했

• 이 추가된 각운동량은 전자의 스핀으로 나타나지 않는다. 전자의 스핀은 항상 1/2로 고정 되어 있다.

다. 그 후 광자는 두 개의 편광 분석기와 4개의 광전 증폭기를 통과하
면서 신호가 증폭되고, 이 신호가 전자 장비에 기록된다.

편광 분석기는 입사면과 평행한 방향으로 편광된 빛(수직 편광된 빛)을
통과시키고, 입사면에 수직한 방향으로 편광된 빛(수평 편광된 빛)은 반사
시킨다. 이와 같은 선형 편광 상태는 원형 편광 상태보다 관측하기 쉬
우며, 한쪽에서 다른 쪽으로 바뀌어도 광자 A와 B의 상호 관계에 영향
을 주지 않는다. 두 분석기의 광축(optical axis)이 같은 방향으로 조정될
때 광자 A가 수직 편광 상태에 있는 것으로 관측되었다면, 광자 B에
대해서도 동일한 관측 결과(즉 수직 편광 상태)가 얻어진다.

두 개의 편광 분석기는 각자 자기 위치에서 광축을 중심으로 회전할
수 있도록 설치되어 있다. 따라서 실험자는 두 편광 분석기 사이의 각
도를 다양하게 바꿔가면서 실험을 반복할 수 있다. 아스페의 실험에서
두 분석기 사이의 거리는 13미터였으며, 전자 장비는 광자 A와 B의 동
시 도달 여부를 5,000만 분의 1초마다 한 번씩 확인했다. 광자들 사이
에 어떤 형태로든 '유령 작용'이 교환되어 광자 A의 운명이 광자 B에
전달되려면 이 신호는 13미터 떨어져 있는 두 감지기 사이를 5,000만
분의 1초 이내에 주파해야 한다. 사실 빛의 속도로 전달되는 신호가 이
거리를 가려면 그 두 배의 시간(5,000만 분의 2초)이 소요된다.

- 편광 처리된 폴라로이드 선글라스는 임의의 반향으로 편광된 빛을 산란시키고 특별한 방
  향의 편광만 통과시켜서 햇빛의 광도를 줄여준다.
- 이것은 서로 얽힌 관계에 있는 원자의 스핀(업 또는 다운)을 측정하는 것과 조금 다른 상황
  이다. 왼쪽 및 오른쪽 원형 편광 여부는 '감지기를 향해 나아가는' 광자에 의해 결정된다.
  만일 광자 A가 왼쪽으로 원형 편광된 상태에서 왼쪽으로 진행한다면, 광자 B는 오른쪽으
  로 원형 편광된 상태에서 오른쪽으로 진행해야 한다. 그러나 오른쪽 감지기는 시계 방향
  회전을 반시계 방향으로 인식하기 때문에, 결국 광자는 둘 다 수직 또는 수평 편광된 것으
  로 감지된다.

이론적 토대를 구축한 후 실험을 현실적으로 구현할 때까지는 5년의 세월이 더 소요되었다. 알랭 아스페와 필리프 그랑지에, 제라르 로제는 1981년 8월에 첫 번째 실험 결과를 〈피지컬 리뷰 레터스〉에 발표했다.

이들은 두 분석기 사이의 각도를 4가지로 변화시켜가면서 일반화된 벨의 부등식을 검증하는 실험을 수행했다.[•] 이들이 설치한 각도에서 일반화된 부등식이 성립하려면 2보다 작거나 같은 값이 얻어져야 했다 (양자역학으로 예견된 값은 2.828이다).[•]

그러나 이들이 얻은 값은 2.697±0.015로서, 벨의 부등식에 위배되는 결과가 얻어졌다. 벨의 부등식에서 허용된 최댓값과 양자론에서 예견된 값의 차이는 0.828인데, 아스페가 얻은 값은 이 차이의 83%만큼 벨의 부등식에서 벗어난 것이다.

양자역학에서 말하는 2.828은 실험 장비가 완벽하게 작동한다는 가정하에 계산된 값이다. 그러나 현실적으로 완벽한 장비는 없으므로, 단 하나의 광자도 놓치지 않고 100% 감지하는 것은 불가능하다. 분석기는 원래의 의도와 달리 수직 편광된 광자를 반사시키거나 수평 편광된 광자를 통과시키는 등 오작동을 일으킬 수도 있다. 이 모든 오류는 최종적으로 얻어진 값이 양자역학에서 예견된 값보다 작아지도록 만드는 요인이 된다. 입자들 사이의 얽힌 관계를 '멀리 떨어져 있는 입자들 사이에서 일어나는 일종의 양자적 간섭'으로 간주한다면, 실험 장비가 불완전할수록 간섭 효과는 작게 나타날 것이다. 알랭 아스페와 그 동료들은 이런 현상을 두고 "양자적 얽힘의 가시성(visibility)이 감소한다"고

• 이것은 1969년에 존 클로저와 마이클 혼, 애브너 시모니, 리처드 홀트가 개발한 방법이다. 이들도 분석기를 4가지 각도로 조정했지만 입자들이 '완벽하게' 얽혀 있다는 가정에 의존하지 않았기 때문에, 실험 장비가 불완전해도 올바른 결과를 얻을 수 있었다.
• 양자역학에서 예견된 정확한 값은 2이다.

표현했다.

이들은 실험 장비의 한계를 고려하여 양자역학으로 예견된 값을 수정했는데, 그 결과는 2.70±0.05로 실험에서 얻은 값과 매우 정확히 일치했다. 결국 벨의 부등식에서 허용되는 한계보다 큰 값을 얻은 아스페는 다음과 같은 결론을 내렸다.

… 우리가 얻은 결과는 양자역학에서 이론적으로 예측된 값과 거의 일치했으며, 이것은 국소성에 기초한 모든 이론을 반증하는 강력한 증거이다. 게다가 실험 장비 사이의 거리는 입자의 얽힌 관계에 아무런 영향도 주지 않는 것으로 나타났다.

이들이 얻은 결과에 따르면 광자들은 신비한 방식으로 서로 묶여 있으며, 관측이 행해지기 전까지는 하나의 파동함수로 서술된다고 할 수 있다. 여기에 관측 행위가 개입되어 파동함수가 붕괴되면 광자는 '국소화된' 편광 상태에 놓이게 되는데, 국소적 숨은변수이론으로는 이 과정을 설명할 수 없다. 광자 A의 편광을 관측하는 행위는 광자 B의 편광을 관측했을 때 얻어지는 결과에 영향을 주며, 그 반대도 마찬가지다. 두 광자 사이의 거리가 아무리 멀어도 이 사실은 변하지 않는다. 따라서 이 영향은 빛보다 빠르게 전달되어야 한다. 결국 자연은 원래부터 비국소적이고 '유령 같은' 존재였던 것이다.

알랭 아스페의 실험은 논쟁을 잠재우는 대신 오히려 더 키우는 결과를 가져왔다. 국소적 숨은변수이론을 지지하는 학자들은 아스페의 1차 실험에서 "칼슘 원자에서 광자가 방출되기 전에 분광 분석기가 먼저 움직였다"며 이의를 제기했다. 이들의 주장대로 광자는 과연 실험 장

비에 영향을 받은 것일까? 별로 그럴 것 같지는 않지만, 불가능한 일도
아니다. 사람들은 이것을 '국소성 틈새(locality loophole)'라 불렀다.

알랭 아스페는 처음부터 이런 반발을 예상하고 동료인 달리바르, 로
제와 함께 1년 전부터 틈새를 메우는 방법을 모색해왔다. 이들은 광자
의 경로를 두 가지로 변환할 수 있도록 실험 장비를 개선했고, 각 경로
에는 다른 방향으로 조정된 분석기를 설치해놓았다. 이렇게 하면 광자
가 어떤 분석기를 통과하게 될지 '미리 알아버리는' 경우는 발생하지
않는다. 이것은 광자가 '이동하는 도중에' 분석기의 상대적 방향을 바
꾼 것과 동일한 효과를 낳는다.

여기서 얻어진 값은 벨의 일반화된 부등식에 여전히 위배되는 2.404
±0.080이었다. 또한 실험 장비의 한계를 고려한 양자역학의 예견치
는 2.448로서, 이들이 얻은 값과 매우 정확히 일치했다.[*] 아스페의 연
구 팀은 새로운 실험 결과를 1982년 9월 〈피지컬 리뷰 레터스〉에 제출
했고, 이 논문은 그해 12월에 출판되었다.

그 후에도 다른 팀들이 정교한 실험을 여러 차례 실행했지만, 아스페
가 내린 결론에서 크게 벗어난 사례는 없었다. 다만 얽힌 관계에 있는
광자를 훨씬 효율적으로 생성하는 I형 변수 하향 변환법(type-I parametric
down-conversion)과 II형 변수 하향 변환법이 개발되어 실험이 한층 더 수
월해졌다. 이것은 레이저와 같이 강력한 광원에서 발생한 광자를 장파
장의 광자 쌍으로 변환하여 특정한 형태의 결정체에 통과시키는 방법
으로, 이 과정을 거치면 광자 쌍의 편광 상태는 얽힌 관계가 된다. 또한

---

[*] 여기서도 "광자의 경로를 완전한 무작위로 바꿀 수 없다"는 반론을 제기할 수도 있다. 국
소성 틈새는 1998년에 인스브루크대학교의 안톤 차일링거와 그 동료들에 의해 완전히 극
복되었다.

이 광자들은 공간상에서 고정된 방향으로 생성되기 때문에, 잘못된 방향으로 방출되어 '길을 잃어버리는' 광자가 발생하지 않는다는 장점이 있다.

아스페와 동료들은 칼슘 원자를 광원으로 삼아 얽힌 관계에 있는 광자 쌍을 1초당 약 40회 관측했는데, II형 변수 하향 변환법을 사용하면 이 횟수가 1초당 36만 800회로 늘어난다. 이 실험은 1998년에 실행되어 2.6979±0.0034라는 값이 얻어졌다.

1998년 8월 제네바대학교 연구 팀은 제네바 외곽의 벨뷰(Bellevue)와 베르넥스(Bernex)에서 관측된 광자를 이용하여 벨의 일반화된 부등식이 성립하지 않는다는 것을 확실하게 입증했다. 두 도시는 11킬로미터 떨어져 있다. 이 실험에서 원거리 유령 작용은 최소한 빛보다 2만 배 이상 빠르게 전달되는 것으로 밝혀졌으며, 그 후에 행해진 실험에서는 카나리 제도의 라팔마(La Palma)와 테네리페(Tenerife)에서 서로 얽힌 관계에 있는 광자가 관측되었다. 두 도시 사이의 거리는 무려 144킬로미터이다.

또 하나의 문제점이었던 '효율성 틈새(efficiency loophole)'도 2001년에 극복되었다. 그전에 실행된 모든 실험에서는 실험 장비에 감지된 광자 쌍의 수가 실제로 생성된 광자 쌍의 수보다 훨씬 적었다. 이것이 문제가 되는 이유는 "입자 쌍의 샘플 수가 적어도 전체 입자 쌍의 통계적 특성을 충실히 담고 있다"고 가정해야 하기 때문이다.

여기에 약간의 수완을 발휘하면 양자역학과 일치하는 국소적 숨은변

● 원래 아인슈타인-포돌스키-로젠의 얽힌 광자는 위치와 운동량에 대해 얽힌 관계였으나, 제네바 팀이 사용한 광자는 에너지와 시간에 대해 얽힌 관계에 있었다.
● 2009년 3월에 "얽힌 광자들이 궤도 위성에 반사되어 지상에 있는 감지기에 도달했다"는 보고서가 발표되었다.

수이론을 구축할 수 있다. 이런 이론은 마치 자연이 기획한 거대한 음모론처럼 보이지만, 물리학계는 효율성 틈새를 더 이상 문제 삼지 않는 쪽으로 가닥을 잡은 듯하다.

2001년에 콜로라도 주 볼더(Boulder)에 있는 미국 국립표준기술연구소의 물리학자들과 미시건대학교 물리학자들은 양으로 대전된 베릴륨(Be) 이온으로부터 얽힌 입자를 만들어내는 실험을 수행했는데, 이들이 얻은 결과는 2.25 ± 0.03이었다.

이 실험에서는 '모든' 얽힌 이온쌍이 감지기에 도달했기 때문에 효율성 틈새 문제를 걱정할 필요가 없었다. 이런 명백한 결과에도 불구하고 국소적 숨은변수이론을 고집하려면 국소성과 효율성 틈새가 동시에 그리고 상호 보완적으로 영향을 미친다고 가정해야 한다.

이쯤 되면 "신은 미묘한 존재지만 악의적이진 않다"는 아인슈타인의 명언이 떠오를 법도 하다.●

2000년에 인스브루크대학교의 안톤 차일링거가 이끄는 연구 팀은 벨의 부등식과 관련하여 아직 남아 있는 의문을 말끔히 해소한다는 목적으로 얽힌 관계에 있는 3개의 광자를 만들어냈다. 이 '삼중 광자 얽힌 상태(three-photon entangled state)'는 대니얼 그린버거와 마이클 혼 그리고 안톤 차일링거의 이름을 따서 '그린버거 혼 차일링거 상태(GHZ)'라고도 한다.

이들은 광자의 선형 편광 상태와 원형 편광 상태의 다양한 조합에 대하여 관측을 시도했다. GHZ 상태는 국소적 숨은변수이론으로 예견된 편광의 조합이 양자역학으로 예견된 조합과 정반대라는 특성을 갖고

● 프린스턴대학교의 아인슈타인기념관인 파인홀(Fine Hall)에는 이 말의 독일어 원문인 "Raffiniert ist der Herr Gott. Aber Boshaft ist Er Nicht."가 비석에 새겨져 있다.

있다. 그런데 실험 결과가 양자역학과 일치했으므로, 국소적 이론은 종류를 불문하고 더 이상 발붙일 곳이 없게 된 것이다.

그러므로 두 입자가 얽힌 관계에 있을 때, 한 입자의 물리적 특성 중 아무 거나 골라서 관측을 시도하면, 바로 그 순간에 다른 입자의 '실체'가 결정된다고 인정하는 수밖에 없다. 두 입자가 아무리 멀리 떨어져 있어도 이 사실은 변하지 않는다. 1935년에 아인슈타인과 포돌스키 그리고 로젠은 "원거리 유령 작용에 연연할 필요 없다. 그냥 양자역학이 불완전하다고 생각하면 된다"고 주장했다. 그러나 어떻게 해야 양자역학이 완전해지는지, 그 방법에 대해서는 이들도 구체적인 언급을 하지 않았다.

지금까지 언급된 실험에서는 한결같이 EPR의 주장에 반대되는 결과가 얻어졌다. 원거리 유령 작용의 실체에 대해서는 아직 논쟁의 여지가 남아 있지만, "물리적 실체를 국소적으로 서술하는 이론은 결코 성공할 수 없다"는 데에는 이견의 여지가 없어 보인다.

그렇다. 양자적 수준에서 실체는 비국소적이다.

1952년에 데이비드 봄이 증명한 바와 같이, 숨은변수이론의 지지자들이 옹호하는 실체는 굳이 국소적일 필요가 없다. 그럼에도 위에서 언급한 실험들은 실존주의자들에게 많은 해명을 요구하고 있다. 이제는 실체에 대해 우리가 갖고 있던 '순진한' 선입견을 과감히 버리고, 양자역학이 말하는 '양자적 실체'를 받아들이는 수밖에 없을 것 같다. 여기서 잠시 알랭 아스페의 말을 들어보자.

우리는 양자역학이 자연현상을 정확히 설명한다는 사실을 알고 있으며, 실체에 대한 우리의 어설픈 상상과 일치하지 않는다는 것도 잘 알고 있다. 또한 우리의 실험에서 알 수 있듯이, 양자역학은 매우 비정상적인 상황에서도 여전히 실험 결과와 정확히 일치한다. 그러므로 이제는 과거의 자연관을 버리고 양자역학에서 말하는 자연관을 수용해야 할 때라고 본다.

그러나 이것으로 논쟁이 완전히 종식된 것은 아니다. 1985년에 존 벨은 알랭 아스페의 실험을 이렇게 평가했다.

그것은 매우 중요한 실험이었다. 아스페 덕분에 물리학자들은 하던 일을 잠시 멈추고 실체의 본질에 대해 다시 한 번 생각해보게 되었다. 그러나 나는 이것으로 논쟁이 끝나지 않기를 바란다. 양자적 실체를 중요하게 생각하든 또는 그렇지 않든 간에, 양자역학의 의미를 탐구하는 작업은 계속되어야 한다. 지금의 추세를 보면 내가 굳이 바라지 않더라도 그렇게 될 것 같다. 궁극적 실체는 많은 사람들에게 여전히 '풀리지 않는 의문'으로 남아 있기 때문이다.

결국 벨의 생각이 옳았다. 아스페의 실험과 그 후속 실험들이 확실한 증거를 제시했음에도 불구하고, 요즘은 양자역학에 대해 근본적인 질문을 제기하는 물리학자들이 점차 많아지는 추세이다. 아인슈타인과 보어의 논쟁에서 보어가 판정승을 거둔 후 코펜하겐 해석이 물리학의 교리로 자리 잡았지만, 요즘 물리학자들은 그 시절에는 상상조차 할 수 없었던 기발한 방법으로 양자역학의 본질을 탐구하고 있다.

33

양자 지우개
1999년 1월, 볼티모어/말런 스컬리, 카이 드륄

CERN의 물리학자들은 1983년에 W와 Z 보존을 발견했고, 그 후에도 꼭대기쿼크를 발견하기 위해 더욱 열심히 연구에 몰입했다. 사실 이들은 "표준모형의 3세대에 걸친 입자 목록이 거의 완성되었으며, 남은 매개 입자도 곧 발견될 것"이라고 굳게 믿었다.

그러나 물리학계에서는 양자역학의 토대를 문제 삼는 질문이 끊임없이 제기되었으며, 이 질문은 표준모형과도 무관하지 않았다. 알랭 아스페와 그 동료들은 양자적 실체가 비국소적임을 증명했는데, 그 진정한 의미는 과연 무엇이란 말인가? 양자역학의 해석을 좀 더 깊은 영역으로 확장할 수 있다는 뜻인가? 아니면 한 걸음 더 나아가 상보성원리의 근간까지 파헤칠 수 있다는 뜻인가?

리처드 파인먼은 1965년에 처음 출판된 강의록《파인먼의 물리학 강의(Lectures on Physics)》에서 광자 대신 전자를 이용한 '이중슬릿 사고실험'을 심도 있게 다루었다. 여기서 그는 전자가 두 개의 슬릿 중 어느 쪽을 통과했는지 확인하기 위해 슬릿 뒤쪽에 광원을 설치했는데, 이것은 제5회 솔베이회의에서 아인슈타인이 보어와 논쟁을 벌일 때 제안했던 사고실험과 매우 비슷했다.•

파인먼의 실험에서는 전자가 둘 중 하나의 슬릿을 통과해 나오자마자 빛을 쪼이게 되어 있다. 그러면 전자에 의해 광자가 산란되면서 관측 가능한 섬광을 만들어내고, 관측자는 이로부터 전자가 어느 쪽 슬릿을 통과했는지 확인할 수 있다. 그런데 이 과정에서 전자가 교란되기 때문에, 최종적으로 도달한 스크린에는 간섭무늬가 나타나지 않는다. '어느 쪽 슬릿을 통과했는지'를 안다는 것 자체가 전자의 입자성을 확인했다는 뜻이므로, 전자의 파동성이 사라진다는 것이다. 보어가 아인슈타인의 공격을 방어할 때 그랬던 것처럼, 파인먼은 "불완전한 관측 장비와 불확정성원리 때문에 파동성(스크린에 나타난 간섭무늬)과 입자성(어느 쪽 슬릿을 통과했는지 확인하는 것)을 동시에 관측할 수 없다"고 결론지었다. 여기서 그의 설명을 조금 더 들어보자.

전자가 어느 쪽 슬릿을 통과했는지를 판별하는 측정 기구는 그것이 어떤 원리로 작동하든 간에, 전자의 간섭무늬를 그대로 보존시킬 만큼 심세할 수가 없다. 지금까지 어느 누구도 불확정성원리를 피해 가지 못했으며, 요즘은 그런 생각을 떠올리는 사람도 없다. 그러므로 우리는 이 원리가 자연의 기본적 특성임을 인정해야 한다. … 만일 불확정성원리를 피해 가는 방법이 단 하나라도 발견된다면, 양자역학은 지금의 왕좌에서 조용히 물러나야 할 것이다.

• 제13장 참조.

닐스 보어는 제5회 솔베이회의에서 아인슈타인의 공격을 방어할 때 관측 장비의 불완전함에 의존하는 논리를 펼쳤지만, 청천벽력과도 같은 EPR의 역설에는 그 논리를 더 이상 사용할 수 없었다. 과거의 논리를 계속 주장하려면 관측을 통해 상호작용이 교환되는 단계에서 고전적 실체를 도입해야 하는데, 이것이야말로 EPR이 말하는 '합리적 정의'에 완전히 부합하는 개념이었기 때문이다.

보어는 이 정의를 부정하는 것 외에 다른 선택이 없었으므로, "파동-입자의 상보적 특성 때문에 관측 대상의 파동성과 입자성을 동시에 관측할 수 없다"는 다소 미묘한(그리고 모호한) 입장으로 선회했다. 고전적(거시적) 규모의 관측 장비로 양자 세계를 관측했을 때 우리가 얻을 수 있는 지식에 한계가 있기 때문에, 파동성과 입자성을 동시에 볼 수 없다는 것이다.

보어의 주장대로라면, 우리는 파인먼이 제안한 방법을 동원해도 상보성원리 때문에 전자를 볼 수 없다(이것은 관측 장비 탓이 아니다). 그리고 파인먼이 말한 것처럼 불확정성원리를 피해 가는 방법이 발견된다 해도, 실험 결과는 여전히 양자역학의 예측과 일치할 것이다.

이 모든 것은 본질적 단계에서 존재하는 파동-입자의 이중성(또는 상보성) 때문이다. 리처드 파인먼은 파동-입자의 이중성이 "양자역학의 핵심에 자리한 가장 큰 미스터리"라고 했다.

리처드 파인먼이 제안한 '불확정성원리 극복하기'(엄밀히 말하면 '둔탁한 관측 장비 극복하기')가 성공할 가능성은 매우 낮

다. 양자적 규모에서는 관측 장비와 관측 대상 사이에 교환되는 상호작용과 관측 대상 사이에서 오가는 상호작용이 (에너지와 규모에서) 거의 같기 때문에, 그와 같은 시도는 항상 실패할 수밖에 없다. 파인먼이 불가능하다고 믿었던 관측을 성공적으로 실행하려면 고전적 의미의 '통제 불가능한 운동량 전이'(이것을 '고전적 발길질classical kick'이라 부르기로 하자)가 일어나지 않아야 한다.

1982년 뮌헨 근처에 있는 막스플랑크양자광학연구소의 이론물리학자 말런 스컬리(1939~)와 뉴멕시코대학교 현대광학연구소의 카이 드륄은 불확정성원리를 극복하는 방법이 있다고 주장했다.

이들은 두 개의 원자에서 방출된 광자들이 서로 간섭을 일으키는 사고실험을 제안했다. 두 원자는 토머스 영이 1801년에 실행했던 고전적 이중슬릿 실험에서 슬릿과 같은 역할을 한다. 즉, 원자에서 방출된 빛은 슬릿을 거칠 필요 없이 곧바로 스크린에 도달하여 간섭무늬를 만든다. 토머스 영의 실험을 슬릿이 있는 곳에서 시작했다고 생각하면 되는 셈이다. 여기서 광원으로 사용된 두 개의 원자를 각각 A, B라 하자.

이 사고실험에서는 각 원자에 레이저 펄스를 발사하여 전자를 높은 에너지 준위로 도약시킨다. 그러면 두 원자는 연달아 광자를 방출하면서 바닥상태로 떨어지는데, 이때 방출된 광자는 물리적으로 완전히 동등하기 때문에 어느 광자가 어느 원자에서 방출되었는지 판별할 수 없다. 따라서 스크린에는 우리의 예상대로 간섭무늬가 나타날 것이다. 스컬리와 드륄은 이것이 양자역학의 예견과 일치한다는 것을 보였다. 즉 방정식에 등장하는 항들이 간섭효과를 예견하고 있었다.

이제 들뜬 원자가 바닥상태로 떨어질 때 바닥상태가 아닌 중간상태로 떨어질 수도 있다고 가정해보자. 중간상태의 에너지 준위는 레이저 펄스로 유도된 들뜬상태의 에너지보다 낮지만, 바닥상태의 에너지보다는 높다. 그리고 우리의 관측 장비는 초기의 들뜬상태에서 중간상태로 떨어질 때 방출되는 광자만을 감지하도록 조절되어 있다고 가정하자. 언뜻 보기에는 위에서 말한 원래 실험과 크게 다른 점이 없는 것 같다. 그렇다면 이 실험에서도 스크린에는 간섭무늬가 나타날 것이다. 그리고 간섭무늬가 나타난다는 것은 광자가 파동처럼 행동했다는 뜻이다.

그러나 실험 과정을 자세히 들여다보면 다른 점이 있다. 두 번째 실험에서는 광자가 어느 원자에서 방출되었는지 분별할 수 있다. 원리는 간단하다. 원자가 광자를 방출한 '후' 바닥상태에 있는지 아니면 중간상태에 있는지를 확인하면 스크린에 도달한 광자가 어느 원자에서 방출되었는지 (원리적으로) 알 수 있다. 예를 들어 원자 A가 중간상태에 있고 원자 B가 바닥상태에 있는 것으로 확인되었다면, 우리는 광자가 A에서 방출되었다는 사실을 금방 알 수 있다. 그리고 덤으로 광자가 스

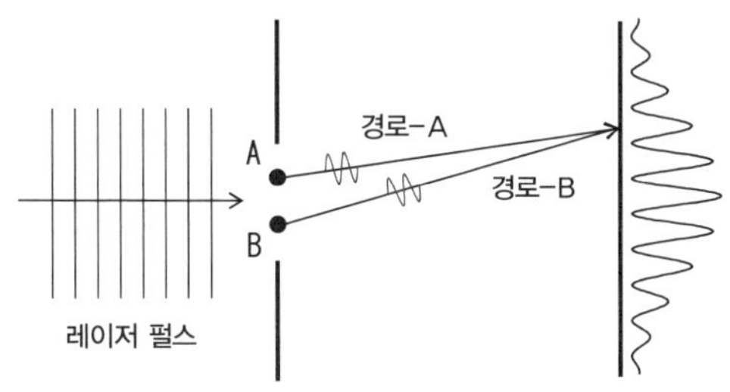

그림24 말런 스컬리와 카이 드륄은 토머스 영의 이중슬릿 실험을 원자로 대치시킨 사고실험을 제안했다. 두 개의 원자에 레이저 펄스를 발사하면 원자 속의 전자는 높은 에너지 상태로 올라갔다가(이렇게 될 확률은 두 원자가 똑같다) 곧바로 광자를 방출하면서 바닥상태로 떨어진다. 이때 방출된 광자는 어느 원자에서 방출되었는지 확인할 길이 없으므로, 스크린에는 우리의 예상대로 간섭무늬가 나타날 것이다. 즉 광자는 파동처럼 행동한다. 그러나 들뜬상태에 있는 원자가 광자를 방출한 후 바닥상태가 아닌 중간상태로 떨어지는 경우도 있다면, 원자의 에너지를 측정하여 광자가 둘 중 어느 쪽 원자에서 방출되었는지 확인할 수 있으며, 원자에서 스크린을 향하는 광자의 경로도 예측할 수 있다.

크린(감지기)에 도달할 때까지 그리는 궤적도 예측할 수 있다(이 궤적을 경로-A라 하자).

이것은 전자가 어느 쪽 슬릿을 통과했는지 확인하는 파인먼 식의 이중슬릿 실험과 동일하다. 게다가 방출된 광자를 교란시키지 않은 채 원자 A, B 중 어느 쪽에서 방출되었는지 알아냈으므로, 광자의 파동성과 입자성을 동시에 관측한 것이나 마찬가지다.

코펜하겐 해석에 따르면, 이런 식의 관측은 절대로 불가능하다. 사실 위의 실험에서 우리는 관측 장비의 둔탁함을 전혀 극복하지 못했다. 그렇다면 우리의 논리에서 어딘가가 틀렸다는 뜻이다. 과연 무엇이 파동성과 입자성의 동시 관측을 방해하는 것일까? 보어가 살아 있다면 어떤 식으로 반론을 제기했을까? 이 사고실험을 제안하고 거의 10년이 지난 후, 말런 스컬리는 막스플랑크양자광학연구소의 버트홀드 게오르그 엥글럿과 뮌헨대학교의 헤르베르트 발터와 함께 또 하나의 사고실험(전체적인 내용은 이전 실험과 비슷하다)을 제안하면서 다음과 같이 말했다.

… 보어에게 이 사고실험을 들려줘도 그는 전혀 당황하지 않을 것이다. 관측자가 광자의 경로를 알게 되는 순간, 파동적 특성(간섭무늬)이 곧바로 사라질 것이기 때문이다. 양자역학은 자체적으로 안전장치를 갖추고 있어서, 관측의 일관성이 손실돼도 관측 기구와 관측 대상의 상호 관계를 항상 추적할 수 있다.

말런 스컬리가 말한 '안전장치'는 물리계 전체를 양자역학의 관점에서 바라볼 때마다 어김없이 작동한다. 이 실험에서 광자가 어느 원자에서 방출되었는지는 광자가 아닌 '원자'를 관측하여 알아낸 정보이다.

즉, 광자는 '둔탁한 관측 장비'를 전혀 거치지 않았다. 그런데도 광자는 자신을 방출한 원자와 필연적으로 얽힌 관계가 되어, 원자를 관측하는 순간 간섭무늬가 사라지는 것이다.

방정식에 원자의 최종 양자 상태를 도입하면 파동의 간섭을 나타내는 항이 사라진다.[*] 여기에 약간의 수학적 과정을 거치면 파동성과 입자성을 모두 관측할 수 없다는 사실을 증명할 수 있는데, 말로 설명하면 다음과 같다. 즉 (원리적으로나마) 광자가 어느 원자에서 방출되었는지 알아냈다면 방정식에 간섭항이 사라지면서 간섭무늬를 관측할 수 없게 되고, 광자가 어느 원자에서 방출되었는지 굳이 알려고 하지 않는다면 간섭무늬는 나타나지만 광자의 출처를 알 수 없게 된다.

관측자가 광자의 경로를 알아내거나 광자가 어느 슬릿을 통과했는지 알아내면, 양자역학은 안전장치를 발동시켜서 간섭무늬가 사라지게 만든다. 이것은 관측 장비의 성능과 아무런 관계도 없다. 파동–입자의 이중성이 양자역학의 핵심 수수께끼라면, 이런 특성이 구현되도록 만드는 장치는 (불확정성원리가 아니라) 상보성원리이다.

이제 우리는 처음으로 상보성원리가 작동하는 메커니즘을 이해할 수 있는 단계에 이르렀다.

그러나 결론을 내리기에는 아직 이르다. 광자나 원자를 직접 관측하지 않고 광자가 어느 원자에서 방출되었는지 알아내는 방법이 있다면 어떨까? 직접 들여다보지 않으면 간섭무늬가 다시 나타날까? 또는 광

---

[*] 간섭항에는 두 원자의 최종 양자 상태의 겹침적분(overlap integral)이 곱해져 있는데, 이 값이 0이 되기 때문에 간섭항이 사라지는 것이다.(Scully and Druhl, *Physical Review A*, 25, 1982, p. 2209 참조)

자가 관측 장비를 통과하여 감지기에 도달한 '후에' 광자의 경로를 추적하기로 마음먹었다면, 생겼던 간섭무늬가 다시 사라질까? 광자가 감지된 후에도 실험자가 마음먹기에 따라서 간섭무늬를 만들었다 없앴다 할 수 있을까?

매우 까다로운 질문이다. 물론 대답도 그에 못지않게 복잡하다. 이미 나타난 간섭무늬를 나중에 사라지게 만든다고 해서, 이런 사고실험을 '양자 지우개(quantum eraser)'라 한다. 말런 스컬리와 카이 드륄이 제안했던 양자 지우개 실험에 따르면, 관측자가 '들여다보지 않기로' 마음먹고 그것을 행동에 옮기는 순간에 간섭무늬가 다시 나타난다. 그러나 그 저변에 깔린 역학은 지극히 복잡 미묘하다.

앞서 말한 바와 같이 원자에 중간상태의 전자 궤도가 존재한다면, 광자가 방출된 후 원자의 상태를 관측하여 이 광자가 어느 원자에서 방출되었는지 알아낼 수 있다. 그러나 원자의 상태를 관측하는 대신 원자에 레이저 펄스를 한 번 더 발사하여, 중간상태에 있는 원자를 또 다른 고에너지 들뜬상태로 도약시켰다고 가정해보자. 이 원자는 잠시 후에 또 다른 광자를 방출하면서 바닥상태로 떨어질 것이다. 먼저 방출된 광자와 구별하기 위해, 이 광자를 'φ-광자'라 하자. 이렇게 하면 관측자는 원자의 나중 상태를 알 방법이 없게 되고, 따라서 광자가 어느 원자에서 방출되었는지를 말해주는 정보도 완전히 '지워진다'.

그러나 이렇게 해도 간섭무늬는 되돌아오지 않는다.

간섭무늬가 나타나게 하려면 φ-광자들을 자세히 들여다봐야 한다. 예를 들어 φ-광자를 두 개의 타원형 광공진기(optical cavity) 안에 가둬놓았다고 가정해보자. 이들 중 한 광공진기의 초점에는 원자 A가 있고, 다른 광공진기의 초점에는 원자 B가 자리해 있다. 또한 레이저는 공진 물질을 통과할 수 있고, 간섭을 일으키는 광자도 아무런 방해를 받지 않은 채 통과할 수 있다고 가정하자. 두 공진기는 하나의 초점을 공유하고 있으며, 이곳에 φ-광자를 감지하는 장치가 설치되어 있다. 그리고 이 감지 장치에는 역학적인 셔터가 달려 있어서 외부와 완전히 차단되어 있다.

이제 어떤 일이 벌어질 것인가? 첫 번째 레이저 펄스가 원자 A, B를 모두 들뜬상태로 도약시켰다고 하자. 잠시 후 이들 중 하나의 원자는 중간상태로 떨어지면서 광자를 방출했고, 두 번째 원자는 곧바로 바닥상태로 떨어졌다. 여기에 두 번째 레이저 펄스를 발사하여 두 원자를 다시 들뜬상태로 도약시키면 최종 상태에 대한 정보가 지워지면서 하나의 φ-광자가 방출된다. 그런데 관측자는 φ-광자가 어느 원자에서 방출되었는지 알 길이 없으므로, φ-광자가 어느 공진기에 들었는지도 알 수 없다.

이 상황을 양자역학적으로 서술하면 두 개의 공진기에는 각각 '부분 파동(partial waves)'이 존재하며, φ-광자가 각 부분 파동에 존재할 확률은 50:50으로 똑같다.

이제 간섭을 일으킬 광자(간섭광자)가 감지기에 도달하여 셔터가 열릴 때까지 기다린다. φ-광자의 부분 파동은 공진기의 내벽에 반사되어 감지기를 향해 나아가면서 서로 섞이게 된다. 이들이 감지기가 있는 곳에서 보강간섭을 일으킨다면 하나의 φ-광자가 감지된 것으로 나타날 것이며, 소멸간섭을 일으킨다면 φ-광자는 감지되지 않을 것이다. φ-광자가 감지될 확률과 그렇지 않을 확률은 50:50이다.

물론 셔터를 열어도 φ-광자가 어느 공진기에 있는지는 알 수 없다. 이런 경우에 간섭무늬는 회복되지만, 이를 위해서는 간섭광자의 관측

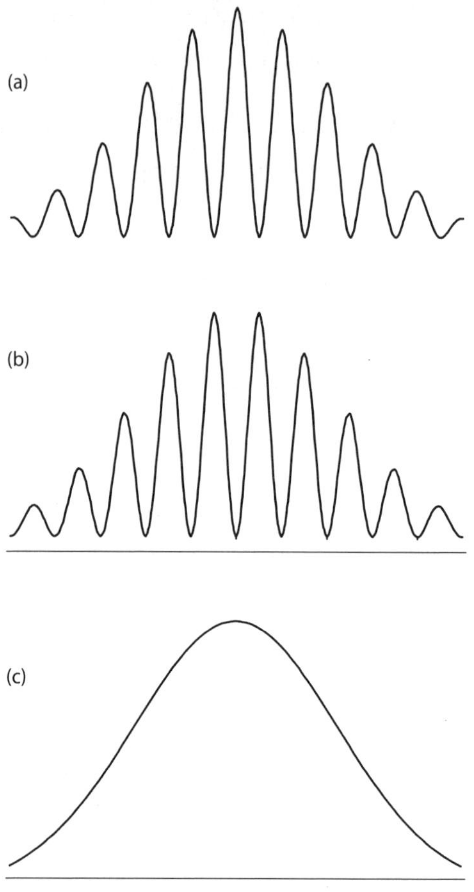

그림25 'φ-광자가 관측되었을 때' 생긴 간섭 광자의 흔적을 붉은색 점으로 기록하면, 이 점들은 (a)와 같은 간섭무늬를 형성한다. 반대로 'φ-광자가 관측되지 않았을 때' 생긴 간섭 광자의 흔적을 푸른색 점으로 기록하면, 이 점들은 그림 (b)와 같은 간섭무늬를 만든다. 그러나 색을 구별하지 않고 두 개의 간섭무늬를 하나로 합치면 그림 (c)와 같이 평범한 산란 그래프가 얻어진다.

과 φ-광자의 관측(또는 관측 안 됨)을 연관시켜야 한다.

간섭 광자가 감지기에 남긴 모든 점(spot)들을 어떤 식으로든 기록한다고 가정해보자. 예를 들어 'φ-광자가 관측되었을 때' 생긴 광자의 흔적을 '붉은색'으로 기록하고, 'φ-광자가 관측되지 않았을 때' 생긴 광자의 흔적을 '푸른색'으로 기록한다고 하자. 그리고 최종적으로 얻어진 그림에서 각 색상을 분리하면 푸른색 간섭무늬와 붉은색 간섭무늬가 약간 어긋난 채로 나타난다.(그림25 참조)

붉은 점으로 만들어진 간섭무늬를 기준으로 놓고 봤을 때, 푸른 점으로 만들어진 간섭무늬는 반 파장만큼 어긋나 있다. 즉 붉은 간섭무늬의 마루가 푸른 간섭무늬의 골짜기와 일치한다. 그러나 색을 구별하지 않고 모든 점을 한 종류로 간주하면 간섭무늬가 사라진다(이때 나타나는 무늬는 광자가 어느 원자에서 방출되었는지 알고 있을 때 나타나는 산란 분포곡선과 비슷하다).

이것은 정말 흥미로운 결과이다. 이렇게 복잡 미묘한 경우에도 양자역학은 틀리지 않았다. 그런데 이 실험을 실제로 수행할 수 있을까? 말런 스컬리는 실험물리학자들에게 "양자 지우개 실험은 여러 가지 이유로 실험실에서 구현하기가 매우 어렵다"고 조언했다(심지어 그는 이 실험의 데모 버전이라도 성공한 사람에게 피자를 사주겠다고 공언했다).

양자 지우개는 어느 모로 보나 복잡하고도 미묘한 실험이었지만, 몇 년 후에 드디어 실험실에서 구현되었다. 사실 말런 스컬리와 카이 드륄이 제안했던 원래 실험은 실현하기가 너무 어려웠다. 그러나 오스트리아 인스브루크대학교의 토마스 헤어초크와 파울 크비아트 그리고 하랄트 바인푸르터와 안톤 차일링거는 좀 더 친숙한 광원에서 얽힌 광자를 생성하여 양자 지우개 실험을 구현하는 데 성공했고, 1955년 7월에 〈피지컬 리뷰 레터스〉를 통해 실험 결과를 발표했다.

이들은 I형 변수 하향 변환법을 이용하여 수직 편광된 두 쌍의 광자를 생성시켰다. 이들 중 한 쌍은 각각 붉은색 파장과 적외선에 가까운 파장의 광자들로서, 고체 결정 속을 통과하는 첫 번째 레이저 빔에 의해 생성된 것이고,(여기서 레이저가 지나가는 첫 번째 경로를 A라 하자) 또 하나의 광자 쌍은 고체결정 안에서 한 번 반사된 레이저 빔에 의해 생성된 것으로 파장이 서로 같다(두 번째 경로를 B라 하자). 그런데 첫 번째 레이저 빔에서 생성된 광자 쌍도 결정체 안에서 반사되기 때문에, 결국은 두 번째 레이저 빔에 의해 생성된 광자와 섞이면서 구별할 수 없게 된다.

이 광자들은 최종적으로 간섭무늬를 만들어내는데, 줄무늬의 간격은 붉은색 파장의 광자와 적외선 근처의 광자가 거쳐온 경로의 차이에 따라 달라진다. 사실 두 광자 쌍을 만들어낸 광원(첫 번째 레이저 빔과 두 번째 레이저 빔)은 이중슬릿 실험에서 두 개의 슬릿과 같은 역할을 한다.

이런 상황에서는 실험자가 광자의 궤적을 알아내려 하지 않는 한 간섭무늬는 항상 나타난다. 궤적을 안다는 것은 광자가 어느 광원에서 방출되었는지를 안다는 뜻이고, 이는 곧 이중슬릿 실험에서 광자가 어느 쪽 슬릿을 통과했는지 안다는 것을 의미한다(파인먼의 사고실험에서 보았듯이, 광자가 통과한 슬릿을 알게 되면 입자성을 확인한 셈이므로 광자의 파동성, 즉 간섭무늬는 더 이상 나타나지 않는다-옮긴이).

그러나 첫 번째 레이저 빔에서 생성된 광자 쌍 중 적외선에 가까운 광자의 편광 상태를 수직에서 수평으로 바꾸고 감지기 앞에 편광 분석기를 설치하면 광자의 출처를 알아낼 수 있다(이것은 여러 가지 방법 중 하나에 불과하다-옮긴이). 광자의 편광 상태를 알면 그것이 첫 번째 레이저 빔에 의해 생성된 광자인지, 아니면 두 번째 레이저 빔에 의해 생성된 것인지 알 수 있고, 따라서 광자가 A, B 중 어느 경로를 거쳐 왔는지도 알 수 있다. 적외선에 가까운 광자의 출처를 알면 붉은 광자(엄밀히 말하면 '파장이 붉은색 영역에 속하는 광자'라고 써야 하지만, 문장이 너무 길어서 앞으로 이렇게 쓰기로 한다. 저자는 별다른 설명 없이 red photon이라는 표현을 쓰고 있다-옮긴이)의 출처도 알 수 있으므로, 결국 간섭무늬는 나타나지 않는다.

그런데 여기서 편광 분석기의 각도를 45° 돌리면 적외선에 가까운 광자의 편광 방향을 알 수 없게 되고, 따라서 이 광자가 거쳐온 경로도 알 수 없게 된다. 그 결과 '적외선에 가까운 광자의 감지 빈도' 또는 '붉은 광자와 적외선에 가까운 광자가 동시에 감지되는 빈도'에 따라 다양한 간섭무늬가 나타난다. 하지만 붉은 광자만으로는 간섭이 일어나지 않는다.

토마스 헤어초크의 실험 팀은 첫 번째 레이저에서 생성된 붉은 광자의 편광 방향을 수직에서 수평으로 회전시킨 후 편광 분석기를 통과시켜서 광자의 출처를 알아냈다. 이렇게 하면 적외선에 가까운 광자의 출처도 알 수 있으므로 간섭무늬는 더 이상 나타나지 않는다.

이들은 여기서 멈추지 않고 비슷한 실험을 한 번 더 실행했다. 이번에는 편광 분석기를 이전처럼 45° 돌리되, 붉은 광자나 적외선 광자의 감지율로 간섭무늬를 복원하지 않고 적외선 광자의 감지와 붉은 광자의 감지가 상호 연관되도록 만들어서 분석기의 각도가 +45°와 −45°일 때 간섭무늬를 복원했다. 이것은 말런 스컬리가 처음 제안했던 사고실험에서 붉은 점과 푸른 점의 상호 관계와 비슷하다.

토마스 헤어초크의 실험 팀은 다음과 같이 결론지었다.

상호 배타적인 실험 설비를 사용했다는 것은 경로에 대한 정보와 간섭무늬가 상보적 관계에 있음을 의미한다. 결론적으로 말해서 우리가 얻은 결과는 보어의 해석과 일치하는 것으로 밝혀졌다. 즉, 실험 장비를 조작하는 방식에 따라 실험 결과는 얼마든지 달라질 수 있다. 즉 간섭무늬가 나타날 수도 있고, 나타나지 않을 수도 있다.

헤어초크와 크비아트, 바인푸르터 그리고 차일링거가 스컬리에게 "양자 지우개 실험을 구현했으니 약속했던 피자를 달라"고 요구했는지는 알려지지 않았다.

사실 인스브루크의 물리학자들은 원래의 사고실험을 완벽하게 재현하지 못했다. 가장 중요한 것은 관측이 이루어진 후에 광자의 출처를 계속 관측할지의 여부와 간섭무늬의 상호 관계를 확실히 규명하지 못했다는 점이다. 이른바 '지연된 선택(delayed-choice)에 의한 양자 지우개'라 불리는 이 실험은 1999년에 말런 스컬리와 볼티모어 소재 메릴랜드대학교의 김윤호(현재 포항공과대학의 물리학과 교수로 재직 중이다-옮긴이), 룽유, 세르게이 쿨릭 그리고 얀후아시에 의해 실행되었으며, 실험 결과는 2000년에 〈피지컬 리뷰 레터스〉에 게재되었다. 이들이 얻은 결과에 따르면 '관측이 이루어진 후에' 입자의 경로를 확인할지 말지를 결정함에 따라 간섭무늬가 나타났다 사라진다. 이로써 양자 세계의 희한한 특성이 다시 한 번 확인된 셈이다.

그 후 2002년에 이중슬릿을 이용한 양자 지우개 실험과 지연된 선택에 의한 양자 지우개 실험이 실험실에서 구현되었으며, 2004년에는 케이온을 이용한 양자 지우개 실험이 실행되었다.

물론 양자적 비국소성과 상보성 사이에는 직접적인 관계가 있다. 파동의 전형적 특성인 간섭무늬는 비국소적 거동의 직접적 결과이다. 이 효과는 양자적 얽힘(quantum entanglement)의 수학적 구조 속에 나타나는

데, 입자의 얽힘은 경로 정보를 얻기 위해 사용된 상태들끼리 간섭을 일으킨다. 입자의 경로를 알아내면서 이런 종류의 얽힘을 유발하지 않는 실험 장치는 존재하지 않는다. 그리고 얽힌 상태에 있는 입자들은 파동성이나 입자성이 관측되지 않는 한 영원히 그 상태를 유지하며, 이들을 대상으로 파동성과 입자성을 동시에 관측하는 것은 절대로 불가능하다.

이 모든 것은 실험 장비의 성능과 아무런 관계도 없다. 제아무리 기발한 아이디어를 적용한다 해도, 파동성과 입자성을 동시에 관측할 수 있는 장비는 이 세상에 존재하지 않는다. 이것이 바로 상보성원리의 핵심이다.

34

실험실의 고양이
2000년 7월, 델프트, 스토니브룩/
안톤 차일링거, 조너선 프리드먼

존 벨의 부등식을 검증하거나 상보성을 확인하려는 목적으로 제안된 실험들은 양자 세계의 비상식적인 특성을 만천하에 드러내면서 실존주의자들을 몹시 난처하게 만들었다. 그러나 이들의 심기를 불편하게 만들 실험의 증거들은 앞으로도 더 발견될 참이었다.

닐스 보어는 양자적 입자가 존재하는 미시 세계와 고전적 관측 장비가 존재하는 거시 세계 사이에 분명한 차이가 있다고 주장했다. 존 폰 노이만의 붕괴 가정(collapse postulate)에 따르면 파동함수가 붕괴되는 곳은 거시 세계와 미시 세계의 경계 지점이다 그러나 보어는 이 경계에 대해 분명한 언급을 하지 않았다. 아인슈타인의 영향을 받은 슈뢰딩거는 고양이 역설을 이용하여 양자역학이 불완전하다는 귀류법적 논리를 펼쳤다.

그로부터 여러 해가 지난 뒤, 존 벨은 양자적 객체(원자, 소립자 등)와 그것을 관측하는 고전적 주체(관측자) 사이의 경계에 대해 다음과 같이 언급했다.

주어진 물리계에서 '관측자'의 역할은 어떻게 결정되는가? 어떤 자격을 갖춰야 관측자라고 할 수 있는가? 이 세계의 파동함수는 단세포 생물이 출현할 때까지 수억 년 동안 붕괴를 미뤄왔는가? 아니면 좀 더 많은 지식을 보유한 물리학 박사(PhD)가 나타날 때까지 기다려왔는가?

닐스 보어는 이 질문의 답을 '관측 행위의 비가역성(irreversibility)'에서 찾았고, 존 휠러는 '증폭 행위의 비가역성(irreversible act of amplification)'에 대해 좀 더 구체적인 의견을 내놓았다. 양자계로부터 어떤 정보를 얻으려면 광자의 흡수와 같은 양자적 사건을 어떻게든 증폭시켜서 관측 장비의 눈금이 돌아가게 하거나, 눈에 보이는 반점이 사진 필름에 맺히게 하는 등 인식 가능한 신호로 바꿔야 한다.

1970년에 물리학자 디터 제(1932~)는 파동함수와 관측 장비(또는 주변 환경) 사이의 상호작용이 빠르고 비가역적인 짝풀림(decoupling) 또는 위상어긋남(dephasing)을 일으킨다고 주장했다.● 이 짝풀림 현상은 중첩 과정에서 간섭항이 붕괴되어 관측자로 하여금 거시적 수준으로 증폭된 간섭을 관측할 수 없게 만드는 식으로 작동한다. 슈뢰딩거의 고양이도 역설적인 상황을 연출했지만, 최소한 "살아 있는 상태와 죽은 생태가 공존한다"는 불편한 생각에서는 벗어나게 해주었다. 삶과 죽음이 중첩된 상태가 거시적 규모로 증폭되기 전에 결어긋남(decoherence)이 그것을 붕괴시키기 때문이다.

● '위상어긋남'은 전체 파동함수를 구성하는 모든 파동 성분의 마루와 골짜기가 어긋나는 현상으로 생각할 수 있다. 위상어긋남이라는 개념 자체는 디터 제가 이 분야에 업적을 남기기 전에 이미 제안되어 있었다.

결어긋남은 일종의 '양자적 마찰력'으로 해석할 수 있다. 관측이 개입된 후 파동함수가 붕괴될 때까지 시간이 얼마나 걸릴까? 즉각적으로 붕괴될까? 아니다. 아주 짧지만 어느 정도 시간이 걸린다. 진공 중에서 움직이는 개개의 광자와 전자, 원자들은 파동함수가 붕괴되는 데 또는 결어긋남 상태가 되는 데 비교적 긴 시간이 소요된다. 그러나 많은 입자들이 상호작용을 교환하는 복잡한 양자계에 관측 장비를 들이밀면 아주 짧은 시간에 붕괴가 일어난다. 그래서 현실적으로는 파동함수의 붕괴가 즉각적으로 일어난다고 생각해도 크게 틀리지 않는다.

그러나 이 세상에 공짜는 없다. 위의 설명이 직관적으로는 그럴 듯하게 들리지만, 결어긋남만으로는 "파동함수가 성분별로 분해되어 결어긋남 상태가 되는 이유"까지 설명할 수 없다. 그리고 파동함수에 담긴 다양한 가능성 중 어떤 것이 관측 결과로 나타날지 예측할 수도 없다. 파동함수가 결어긋남 상태로 바뀌면 여러 가지 가능성이 중첩되어 있던 상태가 단 하나의 결과로 결정된다. 우리는 한 번의 관측에서 어떤 결과가 나올지 결코 알 수 없다. 우리가 알 수 있는 것은 특정 결과가 얻어질 '확률'뿐이다. 그래서 존 벨은 다음과 같이 불만을 토로했다.

결맞음 상태가 제거된다는 것은 '그리고(and)'가 '또는(or)'으로 바뀐다는 뜻이다. 이것은 양자적 관측 문제를 연구하는 학자들에게 가장 지독한 수수께끼이다. 나 역시 이 문제만 떠올리면 머리가 지끈거린다.

에르빈 슈뢰딩거가 고양이 역설을 제기한 지 75년이 지났지만,

살아 있으면서 죽은 고양이를 본 사람은 지금까지 단 한 명도 없다. 결어긋남 이론에 따르면, 그러한 중첩 상태는 일종의 '양자적 검열'을 통해 금지되어 있다. 그러나 이렇게 생각해도 의문은 여전히 남는다.

고양이가 양자적 중첩 상태를 유지하기에 덩치가 너무 크다면, 고양이보다 작은 거시적 물체는 어떻게 될까? 슈뢰딩거의 고양이와 비슷한 상태를 실험실에서 만들어낼 수 있을까?

───────────── 〰 ─────────────

이런 의문을 떠올리다 보면 거시적 양자 상태와 이들의 중첩 가능성, 거시적 물체의 얽힘과 간섭 등 양자적 특성의 거시 세계 버전들이 함께 떠오를 것이다. 이와 관련된 논리를 펼치기 전에, 우선 몇 가지 정의부터 짚고 넘어가자.

1980년대 초에 영국 태생 물리학자 앤서니 J. 레깃(1938~)은 '거시적 실존주의(macroscopic realism)'의 명확한 정의를 내리기 위해 한동안 고민에 빠져 있었다. 쉽게 생각하면 적어도 두 가지 이상의 서로 다른 상태(살아 있음/죽음)에 놓일 수 있는 거시적 물체(고양이 등)를 이용하여 정의를 내릴 수 있을 것 같다. 거시적 규모에서 사실적인 물체라면 언제라도 관측을 통해 그 물체의 상태를 결정할 수 있어야 한다. 그리고 정의에 의해 관측 행위는 물체의 상태에 아무런 영향도 미치지 않아야 한다.

앤서니 레깃은 총 전하량이나 자기모멘트, 위치, 운동량 등 물체의 광범한 물리적 특성의 차이에 기초하여 '별개성(distinctness, 공인된 번역 용어가 없어서 어쩔 수 없이 신조어를 만들었다. 이후에 등장하는 몇 개의 용어들도 마찬가지다. 독자들의 양해를 바란다─옮긴이)'이라는 것을 정의하고, 이 차이를 종종 '광범위한 차이(extensive difference)'라고 불렀다.

그러나 광범위한 차이만으로는 별개성을 정의할 수 없다. 앞 장에서 말한 대로 상호 연관된 입자들을 관측하는 실험에 '거시적'이라는 말을 붙이려면 관측이 실행될 때 입자들 사이의 거리가 충분히 멀어야 한다. 이런 실험에는 슈뢰딩거의 고양이 같은 상황이 연출되지 않기 때문에 레깃이 '단절성(disconnectivity)'이라 불렀던 변수를 추가로 도입해야 한다.

단절성은 정량적으로 정의되어 있지 않지만, 주어진 물리계가 '양자적으로 얽힌 정도'를 계량하는 변수로 생각할 수 있다. 아인슈타인-포돌스키-로젠의 사고실험처럼 물리계들이 단 하나의 입자로 이루어져 있다면, 이들의 단절성은 상대적으로 작다. 그러나 여러 개의 입자로 이루어진 물리계(먼지 알갱이, 물방울, 골프공, 고양이 등)는 단절성이 크다. '광범위한 차이'가 큰 복잡한 물리계의 단절성은 구성 입자의 개수와 비슷한 크기를 갖는다.

지금까지 소개한 정의를 이용하면 '광범위한 차이'와 단절성이 큰 물리계를 찾아서 어떤 종류의 실체가 두드러지는지 확인할 수 있다. '거시적 상태의 중첩에 의한 양자적 실체'와 '거시적 사실주의' 중 어느 쪽이 최후의 승자가 될 것인가?

1999년에 빈대학교의 안톤 차일링거가 이끄는 연구 팀은 이 분야에서 중요한 진보를 이루었다. 이들은 탄소 원자 60개가 축구공 모양으로 배열된 벅민스터풀러린(buckminsterfullerene, C_{60}) 분자를 대상으로 토머스 영의 고전적 실험을 실행하여 회절과 간섭을 만들어냈고, 얼마 뒤 70개의 탄소 원자로 이루어진 풀러린 분자를 대상으로 동일한 실험을 수행했다. 앤서니 레깃이 정의했던 광범위한 차이는 이 실험에서 수백만에 달했으며, 단절성은 1,000이 넘는 것으로 확인되었다.•

이 실험은 파동처럼 행동하는 분자에 대하여 질량의 변화와 관련된 모든 질문을 교묘하게 피해 가는 기발한 실험이었지만, 우리가 일상적으로 접하는 거시계에 대해서는 그다지 많은 정보를 얻지 못했다. 여기서 앞으로 더 나가려면 초전도체의 특성을 자세히 관찰할 필요가 있다.

전자는 페르미온의 일종으로 파울리의 배타원리를 따른다. 그러나 스핀과 운동량이 반대인 한 쌍의 전자는 총 스핀이 0이기 때문에, 적절한 조건하에서 하나의 보존으로 간주할 수 있다. 광자와 같은 다른 보존과 마찬가지로, 한 쌍의 전자는 하나의 양자 상태에 '응축'될 수 있다. 이런 식으로 여러 개의 전자쌍들이 초전도체 안에 응축되어 있으면 넓은 영역에 걸쳐 거시적 양자 상태가 형성되는데, 이것은 전기전도도(電氣傳導度, electric conductivity)와 같은 거시적 특성을 가진 '거시적 양자 상태'로 간주할 수 있으며, 고전역학이 아닌 양자역학에 의해 거동이 좌우된다.•

제23장에서 말한 것처럼 응축 상태는 초전도체의 정상적인 전기전도띠보다 에너지가 낮다. 이 상태에서 전자쌍은 아무런 저항도 받지 않

• 벅민스터풀러린의 발견과 그 뒷이야기를 알고 싶은 독자들은 저자가 쓴 《완벽한 대칭 : 우연히 발견된 벅민스터풀러린(Perfect Symmetry : The Accident Discovery of Buckminster fullerene)》(Oxford University Press, 1992)을 참고하기 바란다.

• C₆₀의 단절성은 탄소 원자의 수 60에 18(양성자 6개와 중성자 6개, 전자 6개)을 곱한 1080이다.

• 거시적 양자 상태의 또 다른 예로는 헬륨 초유체(superfluid)를 들 수 있다. 헬륨은 짝수 개의 페르미온으로 이루어져 있기 때문에 보존처럼 행동할 수 있으며, 극저온에서는 보스-아인슈타인 응축물(Bose-Einstein condensation)이 된다. 온도가 -270°C 아래로 내려가면 헬륨은 점성을 상실하여 비커 안에서 옆면을 타고 올라와 바깥으로 흘러내린다.

으며, 쌍을 이루는 두 전자 사이의 거리가 꽤 멀기 때문에 많은 쌍들이 금속 결정 안에서 겹친 상태로 존재한다. 전자쌍이 겹치면 이들의 파동함수도 겹쳐지는데, 이때 파동의 마루와 골짜기가 레이저 빔처럼 서로 일치한다. 그 결과, 결정체 안에서는 거의 100×10억$\times 10$억 개에 달하는 전자들이 발맞춰 행진하는 군인들처럼 각 파동함수의 위상이 일치한 상태에서 앞으로 나아가고 있다.

이제 충분히 낮은 온도로 냉각된 고리형 초전도체(superconducting ring)에 외부 자기장을 걸어주었다고 상상해보자. 그러면 고리의 표면에 흐르는 전류 때문에 자기장은 물체의 바깥쪽으로 휘어지게 된다.˙ 이때 물체에 작용하는 총 자기장은 외부에서 가해진 자기장과 고리의 표면을 타고 흐르는 전류에 의해 유도된 자기장의 합이다. 여기서 외부 자기장을 제거해도 전류는 계속 흐르고(전자가 아무런 저항도 받지 않기 때문이다), 상당한 양의 자기선속(磁氣線束, magnetic flux)이 특정 지역 안에 갇히게 된다.

양자역학의 초전도이론에 따르면, 갇힌 선속은 양자화되어 있다. 즉, 선속은 이른바 '초전도선속양자'의 정수 배에 해당하는 값만을 가질 수 있다.˙ 고리형 초전도체의 지름은 대략 1센티미터 내외이므로, 각기 다른 선속 상태는 거시적 물체의 각기 다른 양자 상태에 해당하는 셈이다. 이것은 이미 실험을 통해 확인된 사실이다.

두께가 균일한 고리형 초전도체에서 양자화된 자기선속 상태들은 서로 상호작용을 하지 않는다. 고리의 양자 상태에 변화를 주려면 온도를 올려서 외부 자기장의 세기를 바꾼 뒤, 초전도 현상이 일어날 때까지 온

● 이런 현상을 '마이스너 효과(Meissner effect)' 라 한다.
● 선속양자는 $h/2e$로 주어진다. 여기서 h는 플랑크상수이고 e는 전자의 전하이다.

도를 다시 낮춰야 한다. 그러나 고리에 '조셉슨 접합(Josephson junction)'이 있으면 자기선속이 섞일 수 있다. 조셉슨 접합이란 고리의 작은 영역에 절연체를 끼워 넣은 것으로, 절연체의 두께가 충분히 얇아서 전자쌍들이 양자 터널 효과를 일으킬 수 있다.•

고리형 초전도체는 1964년에 처음 발명된 후 '초전도양자간섭장치(superconducting quantum interference device, SQUID)'라는 다소 긴 이름으로 불려왔다. 이 장치는 극도로 예민하여, 다양한 의료 기구의 자기장을 측정할 때 사용된다. 전형적인 SQUID가 1초 사이에 감지할 수 있는 자기선속의 변화량은 중력장 하에서 전자 하나를 1밀리미터 들어 올리는 데 필요한 에너지와 비슷하다. 특수 제작된 SQUID는 불확정성원리의 한계에 가까운 에너지 변화까지 감지할 수 있다.

그런데 흥미롭게도 이 예민함의 원천은 고리가 아니라 조셉슨 접합이다. 이는 곧 거시적 변수(고리 주변을 흐르는 전자의 선속 등)가 미시적 규모의 에너지에 의해 좌우된다는 뜻이다. 아주 작은 에너지는 거시적 크기의 고리에 별 영향을 주지 않을 것 같지만, 사실은 그 반대이다. 그렇다면 여기서 다음과 같은 질문이 자연스럽게 떠오른다.

"서로 다른 거시적 상태들이 중첩되도록 만들 수 있을까? 이를테면 여러 개의 전자들이 고리를 따라 반대 방향으로 흐르게 만들 수 있을까?"

거시적 상태의 간섭은 어떤 식으로 나타날 것인가? 모르긴 몰라도,

• 양자적 입자의 파동함수는 얇은 에너지 장애물을 통과할 수 있다. 물론 파동함수 전체가 통과하는 것이 아니라 그 일부가 장애물 건너편 지역으로 '스며들어서' 장애물 건너편에서 입자가 발견될 확률이 존재하는 식이다. 물리학자들은 이 현상을 '양자 터널 효과'라 부르지만, 사실 이것은 음파와 같은 고전적인 파동에서도 흔히 나타나는 현상이다. 그러나 고전적으로 도저히 넘을 수 없는 에너지 장벽이 앞을 가로막는 경우에도 전자가 그 장벽 너머에서 발견될 확률이 (작지만) 엄연히 존재한다. 이것은 고전역학과 양자역학의 가장 큰 차이점 중 하나이다.

두 개의 파동이 겹쳤을 때 나타나는 줄무늬처럼 간단하지는 않을 것이다. 이것은 살아 있는 고양이와 죽은 고양이가 겹쳐 있는 거시적 중첩 상태를 상상하는 것과 비슷하다.

고양이는 너무 어려우니, 고리형 초전도체에 형성된 거시적 상태를 생각해보자. 지금 고리의 표면에는 전자들이 시계 방향 및 반시계 방향으로 흐르고 있다. 두 개의 전자 무리는 각기 다른 '퍼텐셜 우물(potential well)'에 갇힌 채 각자 고유의 상태를 점유하고 있다. 우물의 바닥은 각 상태가 취할 수 있는 가장 낮은 에너지를 나타낸다. 이런 경우에 전자를 한 우물에서 다른 우물로 이동시키려면(즉, 고리를 따라 회전하는 방향을 바꾸려면) 고리의 에너지를 높여야 하는데, 가장 쉬운 방법은 열을 가하여 자기장을 바꾸는 것이다. 그 후에 초전도 현상이 다시 나타나도록 고리를 냉각시키면 된다.

이제 고리의 한 부위에 조셉슨 접합을 설치했다고 가정해보자. 그러면 시계 방향으로 도는 상태와 반시계 방향으로 도는 상태가 중첩되기 시작한다. 두 상태의 에너지가 같거나 거의 비슷한 경우에는 '반시계 방향+시계 방향'으로 섞인 상태와 '반시계 방향−시계 방향'으로 섞인 상태가 생성되는데, 전자는 원래 에너지보다 조금 낮고 후자는 조금 높다. 분광학자들은 이 현상을 '교차 회피(avoided crossing)'라 부른다. 원래의 상태들이 교차되지 않고 이들이 혼합되어 조금 다른 에너지를 갖는 새로운 상태가 형성된다는 뜻이다.[*]

두 혼합 상태 사이의 간격은 조셉슨 접합의 특성인 '터널 분할(tunnel splitting)'에 의해 좌우된다. 양자 상태들 사이에 일어나는 이런 식의 분

---

[*] 이것은 케이온 K^0과 $\bar{K}^0$이 섞여서 K^0_1과 K^0_2 상태가 생성되는 것과 비슷한 현상이다.

할은 원자 및 분자 분광학에서 흔히 일어나는 현상이지만, 거시적 크기의 금속 고리와 다수의 전자가 관련된 양자 상태에서도 비슷한 현상이 나타난다는 것은 흥미로운 일이 아닐 수 없다.

서로 다른 거시적 상태들의 중첩 가능성을 확인하는 실험(슈뢰딩거의 고양이의 실험실 판)은 결국 다음과 같은 질문으로 귀결된다. 시계 방향 상태와 반시계 방향 상태의 에너지가 같거나 거의 비슷할 때, 이들이 중첩된 상태의 에너지 영역에서는 과연 어떤 일이 벌어질 것인가?

이 실험을 실제로 구현하려면 조셉슨 접합에 고리의 중심을 통과하는 자기장의 형태로 바이어스(bias)를 적용해야 한다. 바이어스를 변화시키면서 마이크로파를 이용하여 두 상태 사이의 간격을 측정하면 간섭의 정도를 알아낼 수 있다. 간격의 크기가 바이어스 자체와 비슷하면 시계 방향 상태와 반시계 방향 상태가 분리되어 있어서 간섭이 일어나지 않는다는 뜻이고, 간격의 크기가 (바이어스)^2 + (터널 분할)^{2}의 제곱근과 비슷하면 거시적 양자 상태의 중첩이 생성되었다는 뜻이다.

그동안 두 연구 팀이 이 실험을 실행하여 지난 2000년에 결과를 발표했다. 뉴욕주립대학교 스토니브룩캠퍼스의 조너선 프리드먼과 비제이 파텔, W. 첸, S. K. 톨피고, J. E. 루큰스는 지름 140미크론(0.14밀리미터)짜리 SQUID 고리를 이용하여$^\bullet$ 거시적 상태의 중첩을 관측했고, 2000년 4월에 〈네이처〉를 통해 실험 결과를 발표했다.

SQUID의 양자동역학적 특성은 고리, 즉 수십 억 개의 쿠퍼쌍(Cooper pair)의 운동을 표현하는 공통 좌표계를 통과하는 선속에 의해 좌우된다.

• 1미크론은 100만 분의 1미터이다.

프리드먼 연구 팀의 논문은 7월에 정식으로 출판되었다. 그리고 같은 달에 네덜란드 델프트에 있는 전자미세기술연구소(Institute for Electronics and Submicron Technology)와 MIT의 연구 팀도 다른 방식으로 실험을 수행하여 미국의 과학 잡지 〈사이언스〉에 결과를 발표했다. 스토니브룩 팀은 조셉슨 접합이 하나 장착된 SQUID로 시계 방향 상태와 반시계 방향 상태의 들뜬 준위에 대하여 관측을 시도한 반면, 델프트/MIT 팀은 세 개의 조셉슨 접합이 장착된 지름 5밀리미터짜리 SQUID를 이용하여 거시적 양자 상태의 최저 에너지(바닥상태) 중첩과 이들 사이의 간격을 관측했다.

방법은 달랐지만 두 팀이 얻은 결과는 비슷했다. 델프트/MIT 팀은 논문을 통해 다음과 같이 주장했다.

> … 거시 상태의 대칭적(반시계 방향＋시계 방향) 양자 중첩과 반대칭적(반시계 방향－시계 방향) 양자 중첩에는 0.5마이크로암페어의 전류가 흘렀는데, 이것은 쿠퍼쌍 수백만 개의 질량중심운동에 해당한다.

여기서 잠시 생각해볼 문제가 있다. 대칭 조합과 반대칭 조합으로 이루어진 거시 상태의 양자적 중첩 속에서 수십억 개의 전자쌍들이 고리를 따라 시계 방향으로 움직이고, 또 다른 수십억 개의 전자쌍들이 반시계 방향으로 움직이고 있다면, 실제로 전자는 어느 방향으로 이동하는 것일까?

앤서니 레깃은 이 실험에서 '광범위한 차이'와 '단절성'이 대략 100억 단위쯤 될 것으로 추정했다.

물론 전자가 수백만에서 수십억 개 모여 있다 해도 고양이의 몸집과 비교하면 너무나 작은 양이다. 그러나 문제의 핵심은 다른 곳에 있다. 코펜하겐 학파는 관측에 의한 파동함수의 붕괴를 강력히 주장하면서도, 미시 세계와 거시 세계의 경계에 대해서는 끝까지 침묵을 지켰다. 양자적으로 얽힌 광자와 전자, 원자, 이온 등의 비국소적 성질을 확인했던 일련의 실험 결과가 당혹스러운 건 사실이지만, 양자 세계의 불가사의한 특성을 보여준 것도 엄연한 사실이다. 그리고 수십억 개의 입자들이 관련된 양자적 중첩 실험은 이 불가사의한 특성을 맨눈으로 볼 수 있게 해주었다.

훗날 앤서니 레깃은 거시적 중첩에 관한 책을 집필하면서 "실험실에서 재현할 수 있는 거시적 양자 중첩의 크기에는 원리적으로 한계가 없다"고 주장했다. 여기서 잠시 그의 글을 읽어보자.

… 로그 규모에서 볼 때, 원자에서 일상적인 수준에 이르는 다양한 현상의 40%는 관측이 가능하다고 본다. … SQUID를 이용한 실험에서 고리의 크기는 그동안 수미크론에 불과했으나, 1센티미터까지 커져도 동일한 현상을 관측할 수 있다고 생각한다. 원리적으로는 크기에 한계가 없기 때문이다.

최근 들어 영국 리즈대학교의 블라트코 베드랄 등이 〈네이처〉에 기고한 논문에는 다음과 같이 적혀 있다.

양자적 얽힘 현상은 아직도 많은 의문을 내포하고 있다. 앞에서 나는 양자적으로 얽힌 관계가 아주 크고 뜨거운 물리계에도 (이론적으로) 존재할 수 있

• 그 후 앤서니 레깃은 이 수치가 실제보다 크게 계산되었다며 100만에서 1,000만으로 수정했다.(2009년 4월, 앤서니 레깃과 직접 나눈 사적인 대화에서 인용함)

다고 말한 바 있다. 과연 그럴까? 그 밖에도 많은 의문이 남아 있다. 질량이 없는 물체의 얽힘은 질량이 있는 물체의 얽힘과 근본적으로 다를 것인가? 그리고 거시적 얽힘은 생명체에도 적용되는가? 만일 그렇다면 생명체들은 이 현상을 이미 생명 활동에 이용하고 있지 않을까?

이 분야는 요즘도 활발하게 연구되고 있다. 2008년 3월에 오스트리아 물리학자 마르쿠스 아스펠마이어(1974~)와 안톤 차일링거는 더 무겁고 큰 물리계의 양자적 간섭 효과를 주제로 빈에서 진행되고 있는 다양한 실험을 포괄적으로 소개했는데, 이들의 주된 목표는 나노미터(100만 분의 1미터) 규모에서 바이러스나 박테리아가 일으키는 양자적 간섭을 관측하는 것이다.*

거시적 규모에서 일어나는 양자 현상은 실체의 특성이나 양자계에서 거시계로 전환하는 것 외에도 연구할 부분이 많이 남아 있다. 특히 전자의 스핀-업과 스핀-다운, 수직 편광과 수평 편광, 시계 방향 회전과 반시계 방향 회전 등 서로 정반대 관계에 있는 양자 상태들의 정보는 양자적 이진수인 '큐비트(qubit)'로 나타낼 수 있는데, 이 특성을 이용한 것이 바로 양자컴퓨터(quantum computer)이다. 양자적으로 얽힌 큐비트를 이용하면, 지금 우리가 사용하고 있는 고전적인 컴퓨터보다 계산을 훨씬 빠르게 수행할 수 있다.* 아직은 연구 단계에 머물러 있지만, 양자 컴퓨터가 상용화되면 물리학이나 공학뿐 아니라 거의 모든 분야에 혁명적 변화가 초래될 것이다.

* Markus Aspelmeyer and Anton Zeilinger, *Physics world*, July 2008 참조.

SQUID에 기반을 둔 양자컴퓨터 외에 다른 형태의 양자컴퓨터도 가능하다. 4중 광자 GHZ 상태와 양자점(quantum dots) 등 이른바 '큐비트 클러스터(qubit cluster)'로 불리는 얽힌 이온을 이용하여 양자컴퓨터를 구현하는 연구가 현재 진행되고 있다.

아인슈타인과 슈뢰딩거가 역설적인 사고실험을 제안했을 때, 이들은 '얽힌 관계'와 '원거리 유령 작용'이 코펜하겐 해석의 기초를 위협할 것으로 생각했다. 그러나 이들의 논리는 아이러니하게도 양자역학에 대한 믿음을 더욱 확고하게 굳혔을 뿐만 아니라 새로 탄생한 양자 기술 분야의 초석이 되었다.

실존주의자들은 양자적 비국소성과 거시적 양자 상태의 중첩을 입증하는 일련의 실험을 접하면서 기가 조금 꺾이긴 했지만 그래도 아직은 희망을 품고 있다. 실체는 비국소적일 수도 있지만, 그렇다고 해서 "양자적 입자들이 관측 행위가 개입되기 전에는 명확한 특성을 갖지 않는다"는 주장이 반드시 옳다는 증거도 없기 때문이다.

글쎄, 과연 그럴까?

• 양자컴퓨터가 개발되면 현재 사용 중인 모든 컴퓨터 보안 체계는 무용지물이 된다. 인터넷 상의 보안 체계는 '큰 소수(1과 자기 자신 외에 약수를 갖지 않는 수)'에 기초한 알고리듬을 채용하고 있는데, 양자컴퓨터로 이 암호를 푸는 것은 일도 아니기 때문이다. 그러나 크게 걱정할 필요는 없다. 해커가 양자컴퓨터를 사용할 정도라면, 암호를 만드는 사람들도 양자컴퓨터를 사용하여 훨씬 복잡하고 어려운 암호 체계를 만들어낼 것이다!

한결같은 환영
2006년 12월, 빈/앤서니 레깃

아인슈타인-포돌스키-로젠은 1935년에 논문을 발표하면서 실체에 대하여 (그들의 표현에 따르면) '합당한' 정의를 내렸다. 이들은 양자 세계의 입자가 제아무리 희한한 특성을 가졌다 해도, 인간의 관측 행위에는 영향을 받지 않는다는 상식적인 가정을 내세웠다. 스핀-업인 전자가 슈테른-게를라흐 자석 근방을 지나가면 '스핀-업'임을 알려주는 현상이 나타나고, 수직 편광된 광자가 편광 분석기를 통과하면 편광 방향이 수직임을 알려주는 현상이 나타난다. 모든 입자들은 고유한 특성을 이미 갖고 있고, 우리는 관측을 통해 그것을 확인한다. 이것이 바로 아인슈타인-포돌스키-로젠의 기본적인 입장이었다.

어찌 보면 지나치게 단순한 생각 같지만, EPR의 국소적 실체가 양자역학을 한층 더 '유령처럼' 보이게 만든 것은 분명한 사실이다. 벨의 정리를 검증하기 위해 실행되었던 일련의 실험들은 전자의 스핀이나 광자의 편광 상태가 멀리 떨어져 있는 다른 입자에 어떤 일이 일어나느냐에 따라 달라질 수 있음을 확실히 보여주었다. 이런 비국소적 영향은 어떤 과정을 거쳐 전달되는가? 아직은 아무도 모른다. 심지어는 '전달'이라는 용어 자체가 적절한지조차 알 수 없다. 얽힌 관계에 있는 입자의 영향이 상대에게 즉각적으로 전달된다면, 이 영향이 전달되는 속도는 빛보다 빠른 게 분명하다. 그러나 이런 식으로는 유용한 정보(메시지)를 전달할 수 없다. 다시 말해서, '원거리 유령 작용'은 아인슈타인의 특수상대성이론에 위배되지 않는다는 이야기다. 이런 점에서 볼 때 양자역학과 특수상대성이론은 화목한 관계는 아니지만 별다른 문제를 일으키지 않고 공존할 수 있다.

그동안 다양한 실험을 통해 존 벨의 부등식이 성립하지 않는 것으로 판명되면서 물리학자들은 국소성의 개념을 포기했지만, 개중에는 실존주의적 우주관을 끝까지 고집하는 사람도 있었다. 그러나 실존주의, 즉 관측자가 들여다보기 전에도 입자들이 고유의 특성을 확실하게 갖고 있다는 관점도 하나의 가정일 뿐이다. 철학자들은 실존주의적 관점을 놓고 지난 수백 년 동안 끊임없이 논쟁을 벌여왔다. 이들은 지금도 다음과 같이 엉뚱한 질문을 던지곤 한다.

"사람이 전혀 없는 숲에서 나무가 쓰러지면 소리가 날 것인가?"

코펜하겐 해석을 믿지 않았던 존 벨은 아인슈타인과 마찬가지로 양자역학이 불완전한 이론이라고 생각했다. 거시적 실존주의에 심취했던 앤서니 레깃도 마찬가지였다. 그는 1976년에 영국 서섹스 대학교를 떠나 아프리카 가나의 쿠마시에 있는 과학기술대학교에서 교환 교수 신분으로 한동안 학생들을 가르쳤는데, 도서관 사정이 열악하여 최신 논문을 접하기가 어려웠다. 그러던 차에 평소에도 데이비드 봄을 존경해왔던 터라 몇 년 전부터 관심을 가져왔던 비국소적 숨은변수이론을 집중적으로 연구하기 시작했다.

몇 년 뒤 영국으로 돌아온 그는 자신의 아이디어를 논문으로 정리했으나, 사정이 여의치 않아 학술지에 투고하지 않았다. 결국 그 논문은 서랍 속으로 들어갔고, 얼마 뒤에는 자신도 까맣게 잊어버렸다. 그로부터 거의 30년이 지난 후 존 벨의 부등식을 검증할 수 있는 얽힌 광자 생성법이 개발되었을 때, 레깃은 서랍 속에서 잠자고 있던 논문을 꺼내 먼지를 털었다.

그사이에 앤서니 레깃은 어바나샴페인(Urbana-Champaign)의 일리노이대학교로 자리를 옮겼고, 초전도체와 초유체에 관한 연구 업적을 인정받아 2003년에 알렉세이 아브리코소프(1928~), 비탈리 진즈부르크(1916~2009)와 함께 노벨 물리학상을 공동으로 수상했다. 국소적 숨은변수이론에 관한 그의 논문은 2003년 10월에 〈파운데이션스 오브 피직스(Foundations of Physics)〉를 통해 출판되었다.

앤서니 레깃은 2004년 3월에 미네소타에서 열린 과학 학회에 참석하여 독일의 물리학자 마르쿠스 아스펠마이어와 아이디어를 주고받았다. 당시 아스펠마이어는 빈대학교와 양자광학 및 양자정보연구소의 안톤 차일링거 팀과 공동 연구를 수행하고 있었다. 앤서니 레깃은 자신의 논문에서 국소성뿐만 아니라 실존주의적 관점까지 검증할 수 있는 부등식을 유도했는데, 이것은 일반화된 국소적 숨은변수이론과 밀접하게 관련되어 있었다. 또한 벨의 부등식과 마찬가지로 레깃의 부등식도 실험을 통해 검증될 수 있었다. 만일 양자역학이 이 검증을 통과하지 못하면 불완전한 이론으로 판명될 것이고, 검증을 통과하면 양자 규모에서 우리가 애지중지해

왔던 실체에 대한 가정은 더 이상 수정할 필요도 없이 곧바로 폐기
될 판이었다.

게다가 실험은 별로 어렵지도 않았다.

알랭 아스페의 실험과 같이 광자들이 무더
기로 생성되는 실험에서는 광자의 특성이 매우 복잡한 '숨은 변수'에
의해 좌우된다는 가정을 전제하고 있다. 이 숨은 변수들은 광자의 상태
와 관측 장비와의 상호작용을 결정하는 특별한 값을 갖고 있다. 또한
우리는 광자의 방출이 통계 분포 법칙을 따르며, 광자의 분포 상황은
방출과 관련된 물리 법칙을 따르되 관측 장비와는 무관하다고 가정해
왔다.

얽힌 관계에 있는 광자들을 관측했을 때 얻어지는 결과는 편광 분석
기의 설치 상태와 숨은 변수의 값에 따라 결정된다. 여기까지는 귀에
익은 이야기다.

국소적 숨은변수이론(들)은 여기에 두 가지 가정을 추가로 깔고 있
다. 첫째, (아인슈타인-포돌스키-로젠이 주장했던 것처럼) 광자 A의 관측 결과는
멀리 떨어진 광자 B의 관측 결과에 아무런 영향도 주지 않는다는 것이
다. 또 이 문장에서 A와 B를 맞바꿔도 여전히 성립해야 한다. 둘째, 광
자 A를 관측하기 위해 편광 분석기를 어떻게 설치했든 간에, 이 설치
상태는 멀리 떨어진 광자 B의 관측 결과에 아무런 영향도 주지 않는
다. 이 역시 A와 B를 맞바꿔도 여전히 성립한다.

그러나 벨의 부등식이 실험을 통해 반증되면서 방금 언급한 두 가지

가정 중 하나는 틀린 것으로 판명되었다. 특히 '국소성 틈새'를 극복하기 위해 고안된 실험에 따르면, 광자가 날아오는 도중에 편광 분석기의 조작을 임의로 바꿔도, 양자역학에서 말하는 '얽힌 관계'는 여전히 유지되는 것으로 나타났다. 물론 분석기의 조작 상태를 바꾸면 관측 결과도 당연히 달라질 것이므로, 이런 결과만으로는 둘 중 어떤 가정이 틀렸는지 골라낼 수 없다.

앤서니 레깃은 관측 장비의 설치와 관련된 조건을 완화시켰다. 다시 말해서, 광자의 거동과 관측 결과가 관측 장비의 설치 상태에 영향을 받도록 허용한 것이다. '지금 이곳'에서 얻어지는 관측 결과가 멀리 떨어진 분석기의 설치 상태에 따라 달라진다는 것은 누가 봐도 직관과 동떨어진 발상이었다.

누군가가 "어떤 특별한 환경이 실험 결과에 영향을 미쳤다"고 주장한다면, 사람들은 그것을 액면 그대로 받아들이지 않고 무언가 그럴듯한 이유를 찾기 마련이다. 〔멀리 떨어진〕 편광기는 … (예를 들면) 방해석 결정에 불과하며, 우리의 경험에 따르면 멀리 있는 방해석이 이곳에서 진행되는 실험에 영향을 미칠 가능성은 거의 없다. 지구 반대편에 설치된 편광기가 실험자의 주머니 속에 있는 열쇠의 위치를 바꾸거나 실험실 벽에 걸린 시계에 영향을 줄 수 있을까?

그러나 실험 결과를 놓고 보면 반드시 그렇지만도 않다. 앤서니 레깃은 장비의 설치 조건을 완화하면서 편광 분석기가 멀리 떨어진 입자의 관측 결과에 비국소적인 영향을 주도록 허용했다. 이런 점에서 볼 때, 그의 관점은 아인슈타인-포돌스키-로젠의 주장에 대한 데이비드 봄의

관점과 비슷하다고 할 수 있다.●

　… 관측 과정 중 중요한 단계에서 역학적 교란을 문제 삼을 필요가 없는 경우도 있다. 그러나 이런 경우에도 근본적인 단계에서 계의 미래를 결정하는 조건들은 의외의 요인에 의해 영향을 받을 수도 있다.

　앤서니 레깃은 실험 결과에 걸려 있는 제한 조건들을 유지한 채, "개개의 입자들은 관측 전에도 명확한 특성을 갖고 있다"는 일련의 비국소적 숨은변수이론들을 종류별로 정의했다. 그의 실험에서 실제로 얻어지는 결과는 입자가 마주치게 될 관측 장비의 설치 상태에 따라 달라질 것이며, 설치 상태를 바꿔도 멀리 떨어진 입자에는 아무런 영향도 주지 않는다. 이런 제한 조건을 부과한다는 것은 광자 A의 관측 결과가 그와 동시에 또는 잠시 후에 관측된 광자 B의 관측 결과에 아무런 영향도 주지 않는다는 것을 의미한다. 물론 그 반대도 마찬가지다. 앤서니 레깃은 이 광범위한 이론을 '은밀한(crypto) 국소적 숨은변수이론'이라 불렀다.●

　앤서니 레깃은 장비 설치의 제한 조건을 완화하는 것만으로는 양자역학의 모든 결과를 재현하기에 충분치 않다고 생각했다. 그래서 그는

● 제16장 참조.
● 앤서니 레깃은 '결과에 영향을 미치는 제한 조건을 유지하는 방법'을 찾으면서 이와 동시에 말루스의 법칙(Malus' law)을 따르는 편광된 광자의 '부분 앙상블(sub-ensembles)'을 확보하는 방법도 찾아냈다. 이런 광자들은 양자역학에서 예견된 방식으로 편광 분석기와 상호작용을 교환한다.(2009년 8월 4일 저자와 개인적으로 나눈 대화에서 인용함) 단, 데이비드 봄의 비국소적 숨은변수이론은 이 부류에 속하지 않는다. 분석기의 설치 상태를 바꿔서 나타나는 변화는 양자 퍼텐셜의 형태에 영향을 주고, 이 효과는 멀리 있는 입자에 즉각적으로 전달된다. 이 경우에 결과에 대한 제한 조건은 완화되지 않는다.

1964년에 벨이 했던 것처럼 숨은변수이론이 만족하는 부등식을 유도했는데, 벨의 부등식과 달리 관측 장비를 특별하게 설치하면 부등식이 만족되지 않을 수도 있었다. 양자적 입자들은 관측되기 전에도 명확한 특성을 갖고 있는가? 레깃의 목적은 이 질문의 답을 구하는 것이었다. 다시 말해서, 양자적 입자들이 관측을 하기 전에도 '실체'로 존재하는지, 그 여부를 확인하고 싶었던 것이다.

앤서니 레깃의 실험은 벨의 부등식을 검증하기 위해 실행됐던 여타 실험들과 크게 다르지 않았다. 하지만 세부적인 사항에서 몇 가지 미묘하게 다른 점이 있었다. 이 시기에 실행된 다른 실험들은 평면 상에서 각도만 변하는 편광 분석기로 광자의 편광 상태 중 하나만(수직 또는 수평)을 관측한 반면, 레깃은 xz-평면과 yz-평면에서 회전하는 선형 및 타원형 편광 분석기를 이용하여 두 방향 편광을 관측했다. 이렇게 해야 레깃이 유도한 부등식을 검증할 수 있었기 때문이다. 이런 이유로 레깃은 벨의 부등식을 검증하는 이전의 실험 결과를 사용할 수 없었다.

장비의 설치에 따른 비국소적 영향을 허용함으로써, 일반화된 비국소적 숨은변수이론에서 예견되는 내용은 양자역학의 예견과 매우 비슷해졌다. 장비 설치와 관측 결과에 모두 제한을 두면(국소적 실체) 양자역학과 국소적 숨은변수이론의 예측은 꽤 많이 달라진다. 그리고 장비 설치의 제한을 완화하면(비국소적 실체) 두 이론의 차이가 줄어들지만 완전히 같아지지는 않는다. 그런데 관측 결과에 대한 제한까지 완화시키면 이 차이가 제거되면서 두 이론의 예측이 완전히 같아진다. 실험을 통해 양자역학을 이런 종류의 비국소적 숨은변수이론으로 해석한 결과는 기존의 양자역학과 완전히 동일하다.

앤서니 레깃의 '은밀한 국소적 숨은변수이론'과 양자역학을 구별하려면, 최고 품질의 '얽힌 광자'와 최고 수준의 '가시성(visibility)'이 필요하다. 이것을 구현하는 실험은 너무나 어려워서 기존의 실험들이 장난처럼 보일 정도이다.

빈으로 돌아온 마르쿠스 아스펠마이어는 앤서니 레깃의 도움을 받아 실험실에서 구현 가능한 특별한 장비 설치에 대하여 레깃의 부등식을 재유도했다. 그리고 아스펠마이어의 제자인 지몬 그뢰블라허는 일주일 내내 밤잠을 설쳐가면서 이 실험을 수행했다. 이들의 실험 결과를 전해 들은 안톤 차일링거는 똑같은 실험을 반복하여 동일한 결과를 얻었다.

두 연구 팀은 실험 결과를 2006년 12월에 영국 학술지 〈네이처〉에 제출했고, 2007년 4월에 정식으로 출판되었다.

이 실험에서 레깃의 부등식이 만족되려면 상호 관계(correlation)의 값이 $4-(\frac{4}{\pi})|\sin(\varphi/2)|$보다 작거나 같아야 한다. 여기서 φ는 xz-평면과 yz-평면에 놓인 두 분석기 사이의 각도이다. 양자역학으로 예견된 값은 $|2(\cos\varphi+1)|$이다. 이 두 값의 차이는 $\varphi=18.8°$일 때 가장 크게 나타나는데, 이 각도에서 '은밀한 국소적 숨은변수이론'의 예견치는 3.792이고 양자역학의 예견치는 3.893으로, 둘 사이의 차이는 3% 미만이다.

그럼에도 이들의 실험은 다시 한 번 논란에 휘말렸다. 실험 결과에 따르면 레깃의 부등식은 $\varphi=4°\sim36°$ 사이에서 위배되며, 가장 크게 위배되는 각도는 20°였다. 이 각도에서 상호 관계는 3.8521 ± 0.0227인데, 레깃의 부등식에서 예견된 값은 3.779이고 양자역학으로 예견된 값은 3.879이다. 즉, 부등식에서 벗어나는 정도가 너무 크게 나타난 것이다.

빈의 물리학자들은 레깃의 부등식과 벨의 부등식을 동시에 검증하는 방법을 고안하여 실행에 옮겼는데, 동일한 φ에서 이들이 얻은 값은 2.178±0.0199로서 벨의 부등식의 한계인 2보다 거의 9%나 크게 나타났다.

이들은 실험 결과를 다음과 같이 정리했다.

우리의 실험은 "미래의 양자역학이 어떤 식으로 확장되든 간에, 그것이 실험과 일치하려면 실체적인(realistic) 서술의 일부를 포기해야 한다"는 관점을 강하게 지지하고 있다.

이들은 논문 뒷부분에 몇 가지 현황을 보고했는데, 그중에는 "빈 연구 팀과 싱가포르국립대학교의 연구 팀이 좀 더 완화된 제한 조건 하에서 비국소적 숨은변수이론을 확장하여 레깃의 부등식이 위배된다는 사실을 확인했다"는 내용도 들어 있었다.

안톤 차일링거는 1960년대에 빈에서 학창 시절을 보낼 때 양자역학을 배우지 않았기 때문에, 양자적 역설과 수수께끼의 향연에 비교적 늦게 뛰어들었다. 그는 "양자역학은 매우 근본적인 이론이다. 우리가 알고 있는 것보다 더 근본적일 수도 있다. 그러나 실존주의적 관점을 완전히 포기하는 것은 잘못된 선택이다. 아인슈타인이 말한 대로, 달의 실체를 부인하는 것은 말도 안 되는 발상이다. 그런데 양자적 규모로 가면 실존주의적 관점을 포기할 수밖에 없다"고 말했다.

이 말은 과연 무슨 뜻일까?

소리를 들어줄 사람이 단 한 명도 없는 울창한 숲 속에서 커다란 나무가 쓰러진다. 과연 소리가 날 것인가? 사람이 없어도 나무의 갑작스러운 움직임은 주변 공기에 파동을 일으킬 것이고, 그중에는 가청주파수대역에 속하는 파동도 있을 것이다. 만일 그 근방에 사람이 있었다면 어떤 신호가 귀에 전달될 것이고, 녹음 장치를 설치해두었다면 나무와 잎이 부대끼면서 발생한 신호가 테이프(또는 하드디스크)에 저장될 것이다. 우리는 이 신호를 '소리'라고 부른다.

그런데 우리는 '소리'라는 단어를 두 가지 의미로 사용하고 있다. 첫째는 우리가 그것을 듣건 못 듣건 간에 가청주파수영역 안에 있는 음파를 통칭하여 '소리'라고 부르는 경우인데, 이런 의미라면 소리는 물리적 현상을 일컫는 용어가 된다. 둘째는 귀에 직접 들리는 신호만을 '소리'로 일컫는 경우로서, 이것은 물리적 현상보다 인간의 경험에 중점을 둔 용어라고 할 수 있다. 즉, 두 번째 의미의 소리는 공기의 진동이 고막에 전달된 뒤 신경망과 뇌의 분석을 통해 인식된 결과이다.

넓은 의미에서 보면 인간의 감각기관도 일종의 관측 장비로 해석할 수 있다. 예를 들어 사람의 청각기관은 하나의 물리적 현상(공기의 진동)을 다른 현상(전기신호)으로 바꿔서 뇌로 전송하는 역학적 장치이다. 이런 식으로 생각하면 모든 것은 물리학으로 설명될 수 있다. 그러나 뇌에 도달한 전기신호가 우리에게 인지되고 마음속의 경험으로 남는 과정은 완전한 수수께끼로 남아 있다.

그렇다면 소리, 색, 맛, 냄새, 촉각 등 이른바 오감(五感)이라는 것은 마음속에만 존재하는 '이차적 속성'인가? 철학자들은 이 문제를 놓고 오랜 세월 동안 논쟁을 벌여왔다. 이들이 어떤 결론을 내리든, 우리가 느끼는 이차적 속성이 실체와 똑같다고 주장할 만한 근거는 어디에도 없다. 플라톤이 말한 동굴 거주자처럼, 둔탁한 관측 장비밖에 사용할 수 없는 세계에 살고 있는 우리는 동굴 벽에 드리운 어설픈 그림자를 실체로 착각하고 있는지도 모른다.

'소리'를 물리적 현상이 아닌 인간의 경험으로 해석한다면, 사람이 없는 숲에서 나무가 쓰러지면 아무런 소리도 나지 않는다.

레깃의 부등식은 바로 이 점을 검증하는 수단이었다. 이제 우리는 스핀과 편광, 위치 등 양자적 입자가 갖고 있는 물리적 특성들이 관측을 통해 나타난 결과일 뿐, 실체와는 아무런 관련도 없다는 것을 사실로 인정할 수밖에 없게 되었다. 우리가 관측한 입자의 특성이 실체를 반영한다는 가정은 더 이상 설 자리를 잃게 된 것이다. 이 시점에서 과거에 하이젠베르크가 했던 말을 다시 한 번 음미해보자.[●]

   … 우리가 관측하는 것은 자연 자체가 아니라 우리의 관측 방식에 따라 나타나는 자연의 한 단면에 불과하다.

물론 그렇다고 해서 양자적 입자가 비현실적 존재라는 뜻은 아니다. 하이젠베르크의 말은 양자적 입자에 "경험적 실체만을 부여할 수 있다"는 뜻이다. 이 실체는 관측 방식에 따라 달라지며, 멀리 떨어진 입자의 관측 결과에 영향을 받을 수도 있다.

우리는 전자의 스핀과 위치, 궤도각운동량 등을 아무렇지 않게 언급하고 있지만, 사실 이것은 우리가 경험에 기초하여 전자에 부여한 '경험적 특성'일 뿐이다. 개개의 특성들은 전자가 특별히 고안된 관측 장

● 본문 제12장 하이젠베르크 인용문 참조.

비와 상호작용을 교환해야만 '현실'로 나타난다. 이런 개념을 수용하면 관측 결과들을 서로 연관 짓거나 설명할 수 있지만, 관측 대상과 관측 장비를 연결 짓는 용도 외에는 써먹을 곳이 전혀 없다.

광자나 전자와 같은 양자적 입자들은 관측을 하기 전에도 분명히 물리학의 법칙을 따르고 있지만, 어떤 의미에서는 '결정되지 않은' 상태에 있다고 할 수 있다. 스핀이나 편광 등 이들이 갖고 있는 물리적 특성은 여러 가지 가능성을 내포하고 있다가 관측을 해야 비로소 하나로 결정된다. 관측 기구와의 상호작용이 이들의 특성을 결정하는 것이다. 양자역학은 특정한 값이 나올 확률만을 계산할 수 있을 뿐 단 한 번의 관측에서 어떤 결과가 나올지는 결코 알 수 없다.

아인슈타인은 이런 말을 한 적이 있다.

"실체는 환영(幻影)에 불과하다. 그러나 그것은 변덕을 부리지 않고 한결같은 환영이다."●

존 벨이 그랬던 것처럼, 앤서니 레깃도 코펜하겐 학파의 회의적인 태도에 용기를 얻어 정리를 유도하고 실험 방법을 고안해냈다. 결국 그는 실존주의와 반대되는 결과를 얻었지만, 아직도 양자역학을 완전한 이론으로 인정하지 않고 있다. 그는 말한다.

"나와 같은 생각을 가진 사람은 아주 극소수에 불과하다. 솔직히 말하면 나 자신도 이 문제에 매달려 평생을 보낼 생각은 없다."

● 과학소설의 거장 필립 K. 딕도 이와 비슷한 말을 남겼다. "당신이 실체를 더 이상 믿지 않기로 결심해도 실체는 절대로 사라지지 않는다."

Quantum Cosmology

7부
양자적 우주론

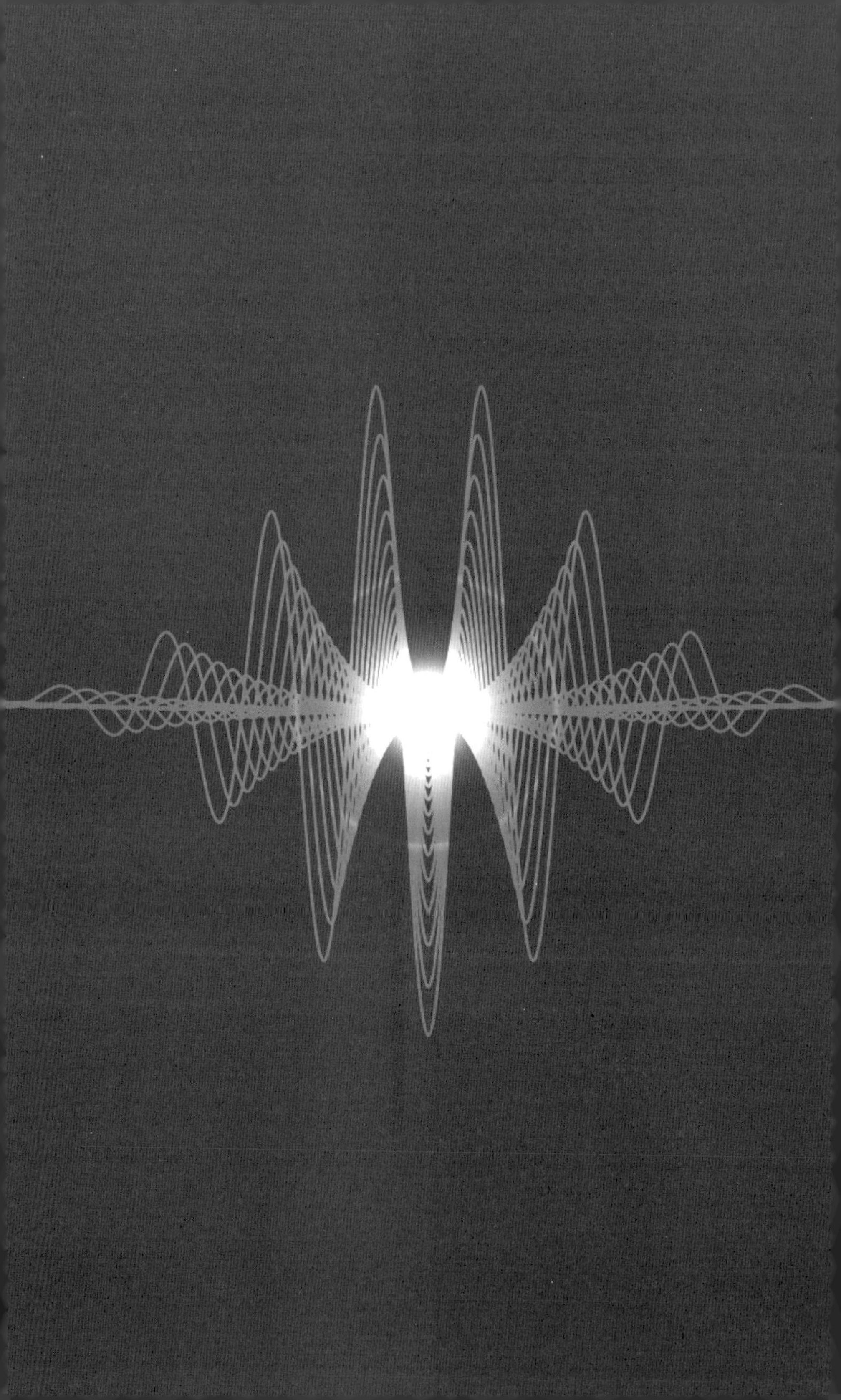

36

우주의 파동함수
1966년 7월, 프린스턴/존 휠러, 브라이스 디윗

아인슈타인은 1915년에 베를린의 프러시아 과학아카데미에서 자신의 일반상대성이론을 소개하는 일련의 강연을 베풀었는데, 그중 최고의 하이라이트는 11월 25일에 열린 마지막 강연이었다. 몇 달 뒤, 아인슈타인은 프러시아 과학아카데미 측에 편지를 보내왔다. 자신이 창안한 새로운 중력이론(일반상대성이론을 말한다—옮긴이)에 오류가 발견되어 수정이 불가피하다는 내용이었다.

원자 속에서 움직이는 전자는 아주 작은 양이긴 하지만 중력에너지와 전자기적 에너지를 방출해야 한다. 그런데 이런 현상은 자연에서 관측된 적이 없으므로, 맥스웰의 전자기학과 새로운 중력이론은 양자역학에 의해 수정되어야 한다.

닐스 보어의 제자였던 레온 로센펠드는 1930년에 중력이론의 양자역학 판인 양자중력이론을 처음 연구하기 시작했다. 그는 장

차 양자역학을 난관에 빠뜨리게 될 무한대 문제를 이때부터 인지하고 있었다. 훗날 소련의 물리학자 마트베이 브론스테인(1906~1938)은 이 문제를 세 개의 물리학 기본상수가 표면에 그려진 육면체로 표현했는데, 그 상수란 빛의 속도 c와 플랑크상수를 2π로 나눈 $\hbar$ 그리고 뉴턴의 중력상수 G였다.[•] 육면체 윗면의 왼쪽 뒷구석에 있는 갈릴레이의 고전물리학에서 중력상수 G를 도입하면 오른쪽 뒤에 있는 뉴턴물리학이 되고, 여기에 빛의 속도 c를 도입하면 오른쪽 앞에 있는 일반상대성이론이 된다. 여기서 오른쪽 아래에 있는 양자중력이론으로 가려면 플랑크상수 $\hbar$를 추가로 도입해야 한다.(그림26 참조)

그림에서 보다시피 양자중력으로 가는 길은 두 가지가 있다. 하나는 일반상대성이론을 양자화하는 길인데, 아인슈타인은 이것을 '유치한 방법'이라고 평가했다. 두 번째 방법은 상대론적 양자장이론에서 출발하여 일반상대성이론에서 요구하는 일반적 공변성(covariance)을 부여하는 길이다.[•] 그 밖에 그림에 명시되지 않은 세 번째 방법도 있다.[•]

그러나 어떤 길을 택하든 시작부터 심각한 문제가 발생한다. 일반상대성이론은 행성과 별, 태양계, 은하, 더 나아가 우주 전체의 운동을 4차원 시공간(spacetime, 시간과 공간을 줄여서 부르는 말이 아니라 시간과 공간이 하나의 좌표계 안에서 통일된 새로운 4차원 공간을 일컫는 말이다-옮긴이)

• 이것은 오늘날 '브론스타인 육면체(Bronstein cube)'로 알려져 있다. 엄밀히 말해서 윗면 왼쪽 뒷구석에 있는 갈릴레이 물리학은 $\hbar=0$, $G=0$, $c=\infty$에 해당한다. 여기 등장하는 상수의 집합은 $(\hbar, G, c)$보다 $(\hbar, G, 1/c)$로 생각하는 것이 더 편리하다.
• 일반적 공변성이란 좌표를 임의로 변환해도 물리 법칙이 변하지 않는 성질을 말한다.
• 세 번째 방법을 택한다면, 여기에 명시되지 않은 다른 이론에서 출발해야 한다.

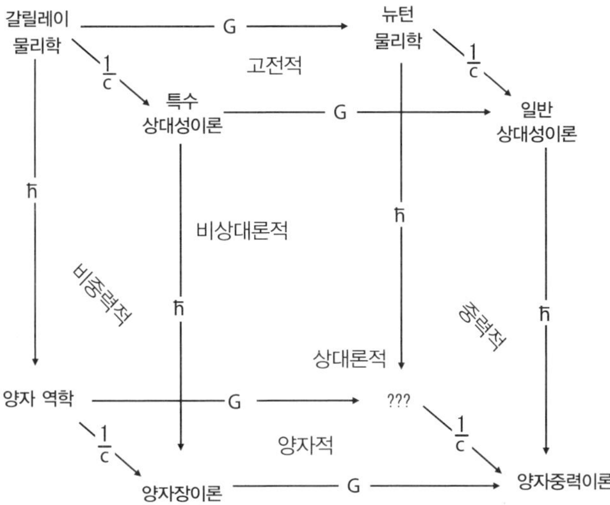

그림26 브론스테인 육면체의 현대적 해석. 여섯 개의 면은 이론물리학의 각 분야를 나타내며, 한 영역에서 다른 영역으로 가려면 기본상수 $\hbar$, G, c를 도입해야 한다. 아랫면 오른쪽 뒤에 있는 ???는 뉴턴물리학의 비상대론적 양자판 이론인데, 이런 물리학 이론은 존재하지 않기 때문에 물음표로 표기했다.(Roger Penrose, *The large, the Small and the Human Mind*, Cambridge University Press, 1997, p. 91)

에서 다루는 이론이며, 이들의 운동은 복잡하기로 유명한 아인슈타인의 중력장방정식을 통해 서술된다. 방정식이 복잡한 이유는 천체들이 질량 때문에 시공간의 기하학적 구조에 변화를 일으키고, 변한 시공간이 또다시 천체의 운동에 영향을 주기 때문이다.

그러나 일반상대성이론에서 시공간 자체는 운동이 일어나는 배경이 아닌 '역학적 기본 변수'로 취급된다. 다시 말해서, 일반상대성이론은 배경에 무관한 이론이라는 뜻이다. 여기서는 뉴턴역학과 달리 물체의 운동을 가늠하는 배경의 존재를 가정할 필요가 없다. 반면에 양자역학은 배경 공간 속에서 펼쳐진다. 즉, 파동함수와 양자적 입자들이 시간과 공간이라는 고전적인 '용기(container)' 속에서 움직이고 있음을 가정하는 것이다.

양자역학은 불확정성원리를 통해 '빈 공간'의 의미를 바꿔놓았다. 이제 빈 공간은 더 이상 텅 비어 있지 않고, 수시로 나타났다가 사라지는 가상 입자들로 가득 차 있다.[•] 그러나 일반상대성이론에서 시공간은 확실한 실체이며, 양자역학의 확률 법칙을 따르지 않는다. 또한 시공간은 '이곳' 또는 '저곳'에 존재할 수 있으며, 다양한 곡률(도형의 휘어진 정도를 나타내는 값)로 휘어질 수 있다.

양자역학과 중력이론을 하나로 통합하려는 초기의 시도는 한결같이 실패로 끝났다. 전자기력이나 핵력조차 양자화되지 않은 상태에서 중력을 양자화한다는 것은 어느 모로 보나 시기상조였다. 그러나 1950년대 초부터 새로운 양자중력이론이 대두되어 양자역학과 일반상대성이론은 또 한 번 화해를 시도하게 된다.

———————————————— ∿ ————————————————

1952년 3월 초에 프린스턴대학교의 존 휠러는 자신의 책장에서 '상대성이론 I'이라는 제목이 붙은 노트를 꺼내 들었다. 그는 학생들에게 상대성이론을 강의하게 된 것을 매우 기뻐하면서 내친 김에 상대성이론에 관한 책을 쓰기로 마음먹었다.

"그해 가을에 15명의 대학원생이 내 강의를 들었다. 프린스턴대학교

• 빈 공간에서 가상 입자들이 나타났다가 사라지는 현상은 네덜란드 물리학자 헨드릭 카시미르가 1948년에 발견한 '카시미르 효과'를 이용하여 실험실에서 확인할 수 있다. 두 개의 금속판을 아주 가까운 거리에서 마주보도록 설치해놓으면 금속판 사이에 있는 가상 광자의 압력과 외부에 있는 가상 광자의 압력에 불균형이 초래되어 두 금속판은 서로 가까워지는 쪽으로 힘을 받는다.

에서 상대성이론 강좌가 개설된 것은 그때가 처음이었다. 나는 지난 수십 년 동안 이론물리학을 지배해온 상대성이론의 수학을 낱낱이 파헤쳐서 명백하고 실질적인 물리학으로 정리하고 싶었다.”

1915년에 아인슈타인이 일반상대성이론을 처음 완성했을 때에는 그 자신조차도 방정식이 너무 복잡해서 풀 수 없다고 생각했다. 그러나 불과 1년 만에 독일의 물리학자 카를 슈바르츠실트는 독일군의 신분으로 제1차 세계대전에 참전하여 러시아군과 전쟁을 치르는 와중에 방정식의 해를 구해냈다. 그가 얻은 해에 따르면, 무거운 천체는 자체 중력으로 인해 안으로 붕괴되다가 이른바 ‘특이점(singularity)’에 도달하게 된다. 이런 지점에서는 주변의 시공간이 심하게 왜곡되어 빛조차도 빠져나올 수 없는 ‘사건지평선(event horizon)’이 형성된다. 휠러는 이 아이디어를 처음 접했을 때 난색을 표명했지만, 얼마 지나지 않아 슈바르츠실트의 해를 받아들이고 특이점에 도달한 천체를 ‘블랙홀(black hole)’이라 불렀다.

일반상대성이론의 초창기에 예견된 내용들은 비교적 잘 알려져 있었다. 뉴턴의 중력이론으로는 수성의 근일점(태양과의 거리가 가장 가까워지는 점)이 조금씩 이동하는 현상을 설명할 수 없었는데, 일반상대성이론이 등장하면서 이 문제가 제일 먼저 해결되었다. 또한 아인슈타인은 멀리 있는 별에서 방출된 빛이 지구로 오는 도중 태양의 중력에 의해 휘어지는 현상도 예견했는데, 이것도 1919년 개기일식 때 찍은 천체 사진을 통해 사실로 판명되었다. 아인슈타인은 이런 식으로 연타석 홈런을 터뜨리며 20세기의 문화적 아이콘으로 확실하게 자리 잡았다.

휠러는 일반상대성이론 첫 강좌를 마치고 몇 년이 지난 후부터 중력에 나타나는 양자역학적 효과를 생각하기 시작했다. 그는 기하학이라는 기본 개념을 토대로 양자중력이론을 구축하기 위해 '양자기하역학 (quantum geometrodynamics)'이라는 새로운 분야를 떠올렸는데, 이것은 전 자기학의 양자 판이라 할 양자전기역학, 즉 QED를 염두에 둔 발상이 었다. 그는 제자인 찰스 마이스너(1932~)의 도움을 받아 양자역학의 불확정성원리를 시공간에 적용하면서, '평평하거나 완만하게 휘어진 시공간'을 '불확정성과 양자적 요동으로 가득 찬 혼돈의 시공간'으로 대치시켰다.

불확정성원리는 물리학 이론에 기묘함을 도입하는 일종의 면허증이 다. 그리고 양자 영역에서 시공간의 위상(topology)은 비틀리고, 꼬이고, 뭉치고, 곳곳에 구멍이 뚫리거나 터널로 연결되는 — 이렇게 시공간의 서로 다른 두 지점을 연결하는 터널을 웜홀(wormhole)이라 한다 — 등 거의 만신창이가 된 상태로 존재한다. 존 휠러는 이것을 '시공간의 거 품(foam)'이라 불렀다.

양자중력이론이 완성되지 않은 상태에서 이런 것들은 단순한 아이디 어에 불과하다. 특히 시공간의 거품은 100만×10억×10억×10억 분 의 1밀리미터라는 작디작은 영역, 즉 플랑크 길이(Plank length)라고 하는 규모에 1,000만×1조×1조×1조 분의 1초라는 극단적으로 짧은 시간 동안 존재한다. 이 시간 간격은 플랑크 시간(Plank time)이라 한다.• 사실 시간과 공간이 이 정도로 작아지면 기존의 거리와 시간이라는 개념은 아무런 의미가 없다. 플랑크 길이보다 작은 길이는 존재하지 않으며,

---

• 플랑크 길이와 플랑크 시간은 물리학의 기본상수인 G, $\hbar$, c를 이용하여 계산할 수 있다. 플랑크 길이는 $\sqrt{G\hbar/c^3}$ 이고, 플랑크 시간은 $\sqrt{G\hbar/c^5}$ 으로 주어진다. 플랑크 시간은 빛이 플랑크 길이만큼 진행하는 데 걸리는 시간으로, 플랑크 길이를 빛의 속도 c로 나눈 값과 같다.

플랑크 시간보다 짧은 시간도 존재하지 않는다.

찰스 마이스너는 존 휠러의 지도하에 양자역학을 고려하지 않은 고전적 일반상대성이론을 집중적으로 연구하여 1957년에 장편의 논문을 〈애널스 오브 피직스〉에 발표했다. 원래 그는 이 논문을 박사학위 논문으로 제출할 예정이었으나, 거의 동일한 내용의 논문이 1925년에 이미 발표되었음을 뒤늦게 발견하고 양자중력이론으로 관심을 돌렸다. 그는 리처드 파인먼의 양자화 방법을 일반상대성이론에 적용하여 또 한 편의 논문을 작성했는데, 이 논문은 같은 해 말에 〈리뷰스 오브 모던 피직스〉에 발표되었다.

이 논문에서 마이스너는 '에베레스트를 오르는 세 가지 루트'와 비슷한 맥락으로 '양자중력에 이르는 세 가지 길'을 제시했다. 일반상대성이론을 양자 판으로 변환하려면 제일 먼저 이론 자체를 양자역학과 친숙한 형태로 바꿔야 한다. 이것을 제한된 해밀토니안 체계(constrained Hamiltonian formulation)라 한다. 이 변환 과정은 양자중력이론으로 가는 첫 번째 징검다리이며, 두 번째 단계는 양자화 과정을 적용하는 것이다. 프린스턴 고등과학원의 독일 출신의 이론물리학자 페터 베르그만과 케임브리지의 폴 디랙은 1940~1950년대 초반에 걸쳐 게이지대칭성에 기초한 양자화 방법을 연구한 적이 있는데, 이 방법은 훗날 정준양자화(canonical quantization)로 알려졌고, 이와 관련된 연구는 '양자중력의 정준접근법(canonical approach to quantum gravity)'으로 불리게 되었다.•

양자중력이론으로 가는 또 한 가지 방법은 리처드 파인먼의 경로적분(또는 경로합)을 이용하는 것이다. 찰스 마이스너의 논문에는 이 방법

• 정준양자화 과정은 고전적 변수(위치와 운동량)를 정의하는 방정식을 유도한 다음 이들을 양자역학 버전의 연산자로 대치시키는 식으로 진행된다.

도 언급되어 있다. 그 밖에 세 번째 방법으로 거론된 것은 가상의 '평평한 공간(flat space)'에서 일반상대성이론의 일반적 공변성을 만족하는 중력의 양자장이론을 구축하는 것이다. 많은 물리학자들은 이 이론의 형식이 갖춰지기만 하면 건드림이론을 이용하여 방정식의 해를 구할 수 있을 것으로 예상한다. 양자전기역학(QED)도 건드림이론이 적용된 파인먼 다이어그램을 이용하여 방정식의 해를 구할 수 있었다. 물리학자들은 이런 방법을 공변접근법(covariant approach)이라 부른다.

정준접근법과 공변접근법은 같은 목적으로 탄생했지만 방법은 크게 다르다. 일반상대성이론에서 출발한 정준접근법은 시공간의 기하학적 구조와 그 안에서 움직이는 물체의 역학을 중요하게 취급하는 반면, 공변접근법은 양자장이론과 중력의 매개 입자인 중력자에 중점을 두고 있다. 일부 이론가들은 다양한 방법을 연구하는 것이 바람직하다고 주장하지만, 두 이론의 접근 방식이 너무나 다르기 때문에 융합될 가능성은 거의 없다.

정준접근법은 그동안 몇 가지 심각한 문제를 낳았다. 일반상대성이론에 따르면 시간과 공간은 4차원 시공간을 이루는 동일한 자격의 좌표 요소이며, 절대적인 시공간 좌표계는 존재하지 않는다. 다시 말해서 '저곳'보다 특별한 '이곳'이나, '그때'보다 특별한 '지금'은 존재하지 않는다는 뜻이다. 일반상대성이론에서는 시공간 상의 특별한 지점보다 두 지점 사이의 거리(interval)가 더 중요하게 취급된다.

일반상대성이론에서 시간 간격은 두 사건 사이의 시간 차이 t에 광속 c를 곱한 ct로 표현되며, 단위는 거리를 나타내는 단위와 같다. 즉, 4차원 시공간에서 3차원 공간과 1차원 시간은 '자격'만 같은 것이 아니라 수학적 단위까지 똑같아서 원리적으로 구별이 불가능하다.

그러나 폴 디랙은 일반상대성이론의 제한된 해밀토니안 체계에서 역학적 구조가 4개의 차원 중 3개에 의해 좌우된다는 사실을 발견했다. 그렇다면 물리학은 근본적으로 4개의 차원을 필요로 하지 않는다는 말인가? 흔히 '3차원 공간'이라 불리는 세 개의 공간 차원은 질량들 사이의 기하학적 관계에 대한 정보를 담고 있으며, 어느 모로 보나 우리가 느끼는 공간임이 분명하다. 폴 디랙이 세운 이론 체계에서 시간이 완전히 누락된 것은 아니었지만, 그 역할이 공간보다 다소 모호했다.[•] 그가 볼 때 시간은 물체들 사이의 기하학적 관계가 변하면서 나타난 결과인 것 같았다.

1961년에 찰스 마이스너는 미국의 물리학자 리처드 아노위트(1928 ~), 스탠리 데서(1931~)와 함께 디랙과 베르그만의 이론에 기초하여 일반상대성이론의 제한된 해밀토니안 체계에 관한 논문을 발표했다. 물리학자들 사이에 'ADM(아노위트, 데서, 마이스너의 첫 글자)'으로 알려진 이들의 이론에서 시공간은 순수하게 공간적인 여러 개의 '초표면(hypersurface)'으로 간주되었으며, 개개의 초표면들은 각기 다른 곡률로 휘어진 채 시간의 흐름을 나타내는 관계를 통해 서로 연결되었다.

이로써 양자중력이론을 구축하려는 시도가 본격적으로 시작되었다.

● 4차원 시공간에 있는 두 지점(두 사건) 사이의 간격은 $\sqrt{d^2-(ct)^2}$ 으로 주어진다. 여기서 d는 공간 상의 거리이고(여기서는 공간을 1차원으로 취급했다) t는 시간 간격, c는 광속을 나타낸다. 보다시피 d보다 ct가 더 크면 시공간의 간격은 허수(실수에 허수 단위 i가 곱해진 수. i는 -1의 제곱근이다)가 된다. 예를 들어 '지금 이곳에 있는 당신'과 '5분 뒤 같은 장소에 있는 당신' 사이의 (시공간) 간격은 약 $90i \times 100$만 킬로미터이다.

● 철학자들은 지난 수백 년 동안 시간의 진정한 의미를 놓고 뜨거운 논쟁을 벌여왔다. 시간은 공간과 달리 방향성이 있으며, 인간의 감각기관 중에는 딱히 시간을 인지하는 기능이 없다(감각기관은 주로 공간을 인지하는 데 사용된다-옮긴이). 현대에 들어서는 특수상대성이론과 일반상대성이론이 완성되었을 때부터 시간과 관련된 심오한 질문들이 끊임없이 제기되었으며, 이와 관련된 논쟁은 아직도 계속되고 있다.

아인슈타인이 일반상대성이론에서 유도한 장방정식의 해들은 대부분 시공간이 팽창하고 있음을 말해주었다 하지만 팽창하는 우주를 별로 좋아하지 않았던 아인슈타인은 자신의 방정식에 '우주상수(cosmological constant)'를 인위적으로 끼워 넣어 정적인 우주를 만들어냈다. 그러나 1929년에 미국의 천문학자 에드윈 허블(1889~1953)은 정밀한 관측을 통해 우주가 정말로 팽창하고 있음을 확인했다. 그가 얻은 관측 데이터에 따르면, 모든 천체들이 지구로부터 멀어지고 있었다. 더욱 중요한 것은 멀리 있는 천체일수록 더욱 빠르게 멀어진다는 점이었다. 이것은 바람 빠진 풍선에 점을 여러 개 찍어놓고 바람을 불어넣으면 점들이 서로 멀어지는 것과 비슷하다.

우주가 팽창한다는 것은 과거에 우주가 아주 작은 점에서 시작되었음을 의미한다. 논리적으로 생각해보면 상상을 초월하는 고온, 고압, 고밀도의 점이 폭발을 일으킨 후 계속 팽창하여 온도와 밀도가 낮아지면서 지금과 같은 우주가 되었을 가능성이 높다. 천문학자들은 이 가설을 '빅뱅(big bang)'이라고 불러왔다.

빅뱅 직후에 발생한 엄청난 복사에너지는 관측 가능한 흔적을 남겼다. 이 흔적은 우주가 팽창함에 따라 온도가 내려가면서(대략 -270°C 근서) 마이크로파 복사에너지로 남아 있을 것이다. 1946년에 MIT 레이더 관측소의 로버트 디키(1916~1997)는 우주 공간에 골고루 퍼져 있는 빅뱅의 잔해, 즉 마이크로파 우주배경복사(cosmic microwave background radiation, CMB)가 절대온도 20K(-253°C) 정도일 것으로 예측했다.

몇 년 뒤에는 조지 가모프(1904~1968)와 랠프 앨퍼(1921~) 그리고 로버트 허먼(1914~1997)이 우주배경복사의 온도가 5K 근처일 것이라고 주장했다. 1965년에 로버트 디키는 프린스턴의 물리학자 짐 피블스

(1935~), 데이비드 윌킨슨(1935~2002), 피터 롤과 함께 마이크로파 우주배경복사를 관측하는 장비를 개발했으나, 알고 보니 이미 누군가에 의해 발견된 후였다. 1년 전인 1964년에 뉴저지 주 홀름델에 있는 벨전화연구소의 아르노 펜지아스(1933~)와 로버트 윌슨(1936~)이 길이 6미터짜리 사각뿔 안테나를 수리하다가 우연히 우주배경복사를 발견한 것이다. 원래 이들의 목적은 안테나에 잡히는 잡음을 제거하는 것이었다. 그런데 아무리 수리를 해도 잡음은 사라지지 않았고, 모든 방향에서 거의 동일한 강도로 수신되었다. 처음에는 펜지아스와 윌슨도 잡음의 정체가 무엇인지 모르고 있었다.

그 뒤 펜지아스는 짐 피블스가 쓴 프리프린트를 보고 안테나에 잡힌 신호의 정체를 뒤늦게 깨달았다. 그것은 천문학자들이 그토록 찾아 헤맸던 우주배경복사였던 것이다. 복사의 온도도 프린스턴의 물리학자들이 예견했던 5K와 거의 정확히 일치했다. 펜지아스와 윌슨은 프린스턴 연구 팀과 함께 공동 논문을 작성하여 1965년 3월에 천문학 학술지인 〈애스트로피지컬 저널 레터스(Astrophysical Journal Letters)〉에 발표했다.

당시만 해도 빅뱅이론은 검증되지 않은 가설에 불과했다. 이 가설에 따르면, 우리의 우주는 약 120억~130억 년 전에 태어났다.* 물론 지금은 다양한 관측 자료를 통해 부인할 수 없는 정설로 확고하게 자리 잡았다. 지금의 우주는 상상하기 어려울 만큼 방대하지만, 시간과 공간, 힘, 복사에너지, 물질 등이 처음 탄생하던 무렵에는 미시적인 규모에 존재

---

* 절대온도 0도(0K)를 섭씨로 환산하면 -273.15°C이다. 절대온도와 섭씨온도는 출발점만 다를 뿐 눈금 사이의 간격은 똑같다. 예를 들어 0°C는 273.15K이다.
* 최근에 관측 위성이 보내온 우주배경복사 데이터에 따르면, 우주의 나이는 약 137억 년일 것으로 추정된다(오차 범위는 수천만 년이다).

했다. 즉, 초창기의 우주를 지배했던 것은 양자역학이었다는 이야기다. 따라서 초기의 우주를 이해하려면 양자중력이 핵심적 역할을 하는 '양자우주론(quantum cosmology)'을 도입해야 한다.

미국의 이론물리학자 브라이스 디윗은 하버드대학교에서 줄리언 슈윙거의 지도를 받아 1950년에 박사과정을 마쳤다. 그가 칼텍을 마다하고 하버드를 선택한 이유는 평소 좋아했던 조정(漕艇)을 계속하고 싶어서였다고 한다. 디윗은 프린스턴 고등과학원에 있을 때 세실 모레트를 만나 결혼했고, 그 뒤 아내와 함께 여러 국가를 돌아다니며 연구를 계속하다가 1952년 미국으로 돌아와 로렌스리버모어국립연구소를 거쳐 1956년에 노스캐롤라이나대학교에 자리를 잡았다.

1965년 존 휠러는 노스캐롤라이나의 롤리-더럼(Raleigh-durham) 공항을 잠시 경유하게 되었는데, 가까운 곳에 디윗이 살고 있다는 생각을 떠올리고 그에게 전화를 걸었다. 브라이스 디윗은 전화를 받자마자 곧바로 공항으로 달려왔고, 두 사람은 일반상대성이론의 최근 동향에 관하여 한동안 대화를 나눴다. 그런데 대화 도중 1925년에 에르빈 슈뢰딩거가 수소 원자의 양자이론에 상대성이론을 적용했던 이야기가 나오자, 휠러가 갑자기 "양자중력이론의 방정식은 이미 우리에게 주어져 있었다"며 환호성을 질렀다.

그 후 프린스턴 고등과학원을 방문한 디윗은 휠러와 더 많은 토론을 나누면서 제대로 된 형식을 갖춘 최초의 양자중력이론을 개발했다. 그는 이것을 몇 편의 논문으로 정리하여 1966년 7월 〈피지컬 리뷰〉에 제출했고, 이 논문들은 1967년 8월에 출판되었다. 첫 번째 논문은 간단한 우주모형에 정준접근법을 적용한 이론이었는데, 여기 사용된 아인슈타인 중력장방정식의 해는 1922년 러시아의 물리학자 알렉산데르 프리드만(1888~1925)이 구한 것이었다. 프리드만이 제안한 우주에서 시공간은 균일하며(homogeneous), 공간은 모든 방향으로 균일하게 팽창한다. 디윗은 이 우주모형에 '상호작용을 하지 않으면서 움직이지도 않는' 물질 입자를 도입했다.

폴 디랙과 마찬가지로 브라이스 디윗도 우주의 양자파동방정식에 시간이 누락되어 있다는 사실을 발견했다. 디윗이 '우주의 파동함수'라 불렀던 파동함수는 시간과 무관했고, 3차원 공간의 기하학적 구조에만 관계하고 있었다. 다시 말해서, 그가 얻은 우주는 총 에너지가 0이면서 정적인 우주였던 것이다. 디윗은 논문에 다음과 같이 적어놓았다.

"… 그러므로 양자중력역학(quantum gravidynamics)에서는 아무 일도 일어나지 않으며, 양자이론은 정적인 우주를 예견하고 있다."

그가 얻은 해는 여러 개의 다른 파동함수와 결합하여 '파동묶음(wavepacket)'을 이루고, 이것은 3차원 공간에서 고전적인 궤적을 그리며 나아간다.

디윗의 결론에 따르면, 시간은 '현상학적인(phenomenological)' 양이다. 다시 말해서 시간에 대한 우리의 경험은 고유하지 않으며, 시간 자체도 본질적 실체가 아니라는 이야기다. 우리가 경험하는 것은 시간 자체가 아니라 '우주의 기하학적 구조와 그 안에 있는 물체의 질량이 변하는 현상'이며, 이 변화를 시간의 흐름으로 인식하고 있을 뿐이다.

우주의 파동함수를 어떻게 해석해야 할지 판단이 서지 않았던 디윗은 과거의 사례를 참고하기로 했다. 40여 년 전에 에르빈 슈뢰딩거도 수소 원자에 구속되어 있는 전자의 파동함수와 직면했을 때 이와 비슷

• 논문 출판이 늦어진 것은 게재료 문제 때문이었던 것으로 알려졌다.

한 일을 겪었다. 당시에는 파동함수와 막스 보른의 확률 해석이 코펜하겐 해석의 일부로 흡수되었지만, 디윗의 양자중력이론에는 별로 도움이 되지 않았다.

코펜하겐 학파의 해석은 관측과 관련된 어떤 질문도 제기될 수 있는 고전적 단계가 존재한다는 것을 기본 가정으로 깔고 있다. 그러나 탐구 대상이 우주 전체인 경우에는 다른 관점보다 유리한 고전적 관점이라는 것이 존재하지 않기 때문에, 모든 질문과 해석은 처음부터 다시 논의되어야 한다.

모든 만물이 우주 안에 존재한다고 가정하면, 우주의 파동함수를 관측하여 붕괴시킬 수 있는 '외부의 관점'이라는 것이 존재하지 않는다. 따라서 우주는 영원히 '실체가 아닌 그 무엇'으로 남을 수밖에 없다.

브라이스 디윗은 미국의 물리학자 휴 에버렛 3세(1930~1982)가 1957년에 지도 교수 존 휠러에게 제출했던 박사학위 논문에도 관심을 갖고 있었다. 에버렛이 제안했던 '상대적 상태(relative state)' 이론에 따르면, 양자역학은 슈뢰딩거의 파동방정식만으로도 완벽한 이론이 될 수 있다. 그가 생각했던 파동함수는 모든 시간, 모든 환경에서 결정론적이고 시간 대칭적인 운동방정식을 따르며, 관측에 의해 붕괴되지도 않는다.

에버렛이 구축한 새로운 체계는 실체를 명백하게 복원하는 데 성공했지만, 물리학 이론으로서는 드물게 형이상학적인 문제를 낳았다. 파동함수가 붕괴되지 않으면 중첩된 모든 요소들은 실체로 존재하게 되고, 따라서 관측을 시도하면 모든 가능한 결과가 현실로 나타나야 한다. 그러나 관측자는 한 번의 관측에서 오직 한 가지 결과만을 얻을 수 있다. 전자는 이곳 '아니면' 저곳에 있고, 스핀은 업 '또는' 다운 중 하나이다. 잠시 에버렛의 말을 들어보자.

> 관측(또는 상호작용)이 행해질 때마다 관측자의 상태는 서로 다른 여러 개의
> 상태로 가지를 쳐 나가고, 개개의 가지는 각기 다른 관측 결과와 그에 해당하
> 는 고유상태(eigenstate)에 대응된다. 관측을 통해 한 번 갈라진 가지들은 중첩
> 된 상태로 동시에 존재한다.

간단히 말해서, 관측이 이루어질 때마다 이 세계가 여러 갈래로 나뉜다는 뜻이다. 갈라져 나온 각각의 세계에는 모든 가능한 결과들이 구현되어 있다. 슈뢰딩거의 고양이 역설을 여기에 적용하면 골치 아픈 문제가 일거에 해결된다. 이제 더 이상 '살아 있으면서 죽은 고양이' 때문에 고민할 필요가 없다. 상자의 뚜껑을 여는 순간, 이 세계는 고양이가 살아 있는 세계와 죽어 있는 세계로 갈라지며, 두 세계는 동일한 시간대에 별개로 존재한다.

훗날 브라이스 디윗은 휴 에버렛 3세의 '다중 세계 해석(many world interpretation)'의 열렬한 지지자가 되었다. 그가 1967년에 발표했던 정준양자중력이론에 관한 논문에는 다음과 같이 쓰여 있다.

> 에버렛의 관점은 양자중력이론에 매우 자연스럽게 부합된다. 이 관점을
> 수용하면 '우주의 파동함수'를 언급할 필요조차 없다. 그의 이론은 자연스러
> 우면서도 근본적인 문제에 해답을 제시하고 있다.

디윗은 아인슈타인의 중력장방정식과 슈뢰딩거의 파동역학을 결합하여 자신만의 방정식을 유도했다. 그는 이 방정식을 '아인슈타인-슈

뢰딩거 방정식'이라 불렀지만, 물리학자들 사이에서는 '휠러-디윗 방
정식'으로 통했다.

　휠러-디윗 방정식은 타당성과 적용 범위에 한계가 있고 당장 만족할
만한 답을 주지도 못했으니 양자중력이론이라고 부르기에는 다소 무
리가 있었다. 하지만 일반상대성이론의 양자화와 관련된 수많은 문제
들을 부각시켰다.

　그리고 디윗의 논문을 계기로 양자우주론(quantum cosmology)을 구축
하려는 시도가 본격적으로 시작되었다.

37

호킹복사
1974년 2월, 옥스퍼드/스티븐 호킹

휠러-디윗 방정식은 양자중력이론으로 나아가는 시발점이었지만 얼마 지나지 않아 심각한 문제점이 발견되었고, 이 사실을 접한 브라이스 디윗은 자신의 방정식을 "그놈의 빌어먹을 방정식"이라며 한탄을 쏟아냈다.

공변접근법도 크게 나을 것은 없었다. 1970년대 초에 헤라르트 토프트와 마르티뉘스 펠트만은 양자장이론의 재규격화 가능성을 연구하기로 합의하고, 준비운동 삼아 양-밀스장이론부터 시작했다. 1971년 초에 펠트만은 토프트에게 "질량과 전하를 가진 벡터 보존에 대하여 재규격화가 가능한 이론이 적어도 하나는 있어야 한다"고 강조했고, 토프트는 자신에 찬 어조로 "그 일은 내가 할 수 있다"고 대답했다. 그러나 이들이 거둔 성공에도 불구하고(두 사람은 1999년에 노벨 물리학상을 받았다) 이론물리학자들은 공변적 양자중력이론에 "재규격화될 수 없는 무한대가 존재한다"고 결론지었다.

양자중력이론 연구가 한동안 주춤하자 새로운 세대의 우주론학자들이 물리학 무대에 대거 등장하여 일반상대성이론에서 예견된 신기한 현상들을 연구하기 시작했다. 중력은 자연에서 가장 약한 힘이지만, 우주 어디에나 존재하는 만유(萬有)의 힘이기도 하다(그래서 중력을 만유인력이라 부르기도 한다-옮긴이). 우주 공간을 떠도는 기체 구름은 중력에 의해 한곳으로 모여들고, 중심을 향해 압축된다. 그런데 중력은 거리가 가까울수록 강하게 작용하기 때문에 중심부는 엄청난 압력과 함께 초고온 상태가 된다. 처음에 모여든 구름의 질량이 충분히 크면 중심부에서 핵융합반응이 일어나는데, 이것이 바로 별의 탄생을 알리는 신호이다. 처음에는 중력에 의해 대책 없이 수축되었지만, 일단 핵융합반응이 시작되면 이 과정에서 발생한 복사에너지가 바깥쪽으로 압력을 행사하여 중력과 균형을 이루고, 별은 안정된 상태로 접어든다.

그러나 핵반응 연료가 바닥나면 중력이 다시 득세하여 모든 것을 안으로 잡아당기기 시작한다. 질량이 태양보다 1.4배 이상* 큰 별들은 중력이 모든 것을 압도하여 별은 대책 없이 안으로 수축되고, 결국은 아무런 빛도 방출하지 않는 블랙홀이 된다.

블랙홀은 물리학을 한계까지 밀어붙이는 특이한 천체이다. 이들은 우주의 진화 과정에서 매우 중요한 역할을 해왔지만, 정작 알려진 내용은 거의 없다. 1960년대 말에 케임브리지대학교의 젊은 물리학자 스티븐 호킹(1942~)은 당시 런던 버벡대학교의 수학과 교수였던 로저 펜로즈(1931~)와 함께 블랙홀과 관련된 몇 편의 논문을 연달아 발표했다.

* 이 값은 인도의 물리학자 수브라마니안 찬드라세카의 이름을 따서 '찬드라세카 한계(Chandrasekar limit)'라 부른다.

이들은 일반상대성이론에 입각하여 "블랙홀의 중심부에는 밀도와 시공간의 곡률이 무한대인 특이점이 존재하며, 이곳에서는 물리학 법칙이 적용되지 않는다"고 주장했다. 물론 블랙홀의 사건지평선(블랙홀의 내부와 외부를 나누는 실질적인 경계면-옮긴이) 안쪽은 관측이 불가능하기 때문에, 특이점에서 어떤 일이 벌어지고 있는지는 확인할 길이 없다. 펜로즈는 이것을 '우주 검열 가설(cosmic censorship hypothesis)'이라는 고상한 이름으로 불렀다.

스티븐 호킹은 독일 태생의 캐나다 물리학자 베르너 이스라엘(1931~)과 오스트레일리아 물리학자 브랜던 카터(1942~) 그리고 영국 물리학자 데이비드 로빈슨과 함께 블랙홀이 우주에서 가장 단순한 천체임을 입증했다. 블랙홀의 특성은 질량과 각운동량 그리고 전기전하뿐이다. 두 개의 블랙홀이 발견됐는데 이 세 가지가 같으면 둘은 물리적으로 완전히 같은 블랙홀이라는 뜻이다. 머리카락이 없으면 누구나 비슷해 보이듯이, 블랙홀은 머리카락이 없는 특이한 천체이다. 그래서 사람들은 이것을 '무모(無毛)의 정리(no-hair theorem)'라 부른다.• 그 외에 블랙홀의 내부에 들어 있는 정보는 알아낼 방법이 없다.

1970년 11월의 어느 날 밤, 스티븐 호킹은 문득 "블랙홀의 사건지평선은 절대로 수축되지 않는다. 즉, 블랙홀의 표면적은 줄어들지 않는다"는 사실을 깨달았다. 훗날 호킹은 이날 떠올렸던 생각을 다음과 같이 적어놓았다.

• 여기서 '머리카락'이란 질량과 각운동량, 전기전하를 제외한 모든 정보를 말한다. 이런 정보들은 블랙홀의 사건지평선 너머에(즉 블랙홀의 내부에) 존재하기 때문에 알아낼 방법이 없다.

블랙홀의 경계면, 즉 사건지평선을 형성하는 빛줄기들이 서로 가까워지지 않는다면, 사건지평선의 면적은 시간이 흐름에 따라 증가하거나 같은 값을 유지한다. 즉, 블랙홀의 표면적은 절대로 줄어들지 않는다. 표면적이 줄어든다는 것은 경계면을 이루는 빛의 일부가 서로 가까워진다는 뜻이기 때문이다.

다음 날 스티븐 호킹은 로저 펜로즈에게 전화를 걸어 잔뜩 흥분한 목소리로 자신의 생각을 설명했고, 펜로즈도 곧바로 동의했다. 그러나 블랙홀에는 감소하지 않는 것이 또 하나 있다. 바로 열역학에서 말하는 엔트로피이다. 열역학 제2법칙에 따르면, 모든 물리계의 엔트로피는 어떤 경우에도 항상 증가할 뿐 절대로 감소하지 않는다.

그렇다면 블랙홀의 면적과 엔트로피 사이에 어떤 상관 관계가 있는 것은 아닐까?

⚛

스티븐 호킹은 거치를 케임브리지로 옮긴 직후인 1963년부터 운동뉴런의 질병 중 하나인 루게릭병(ALS) 증세를 보이기 시작했는데, 처음부터 예후가 별로 좋지 않았다. 담당 의사는 그가 앞으로 몇 년밖에 살지 못할 것으로 예상했고, 이런 상황에서 공부를 계속하는 것은 별로 의미가 없어 보였다.

그러나 다행히도 스티븐 호킹이 앓던 질환은 매우 희귀한 형태의 루게릭병이어서 다른 환자들보다 증세가 더디게 진행되었다. 그는 1965

년에 제인 와일드와 결혼했고, 아내의 극진한 간호를 받으며 물리학을
향한 열정을 다시 불태울 수 있었다. 암담한 상황에서 한줄기 희망을
찾은 스티븐 호킹은 박사과정을 마친 후 곧바로 연구원이 되었으며, 얼
마 뒤 케임브리지에 있는 곤빌 앤 키스 칼리지(Gonville and Caius College)
의 교수로 부임했다.

스티븐 호킹의 증세는 천천히, 그러나 가차 없이 진행되었다. 1965년
까지만 해도 그는 지팡이를 짚고 혼자 걸을 수 있었으나 1970년에는 다
리에 보행 보조기를 달아야 했고, 1972년부터는 휠체어에 갇힌 신세가
되었다. 그럼에도 호킹과 그의 아내는 지방정부의 행정에 적극적으로
참여하여 장애인들을 위한 편의 시설을 확충하는 데도 크게 기여했다.

존 휠러의 제자였던 제이콥 베켄스타인(1947~)은 프린스턴대학교에
서 블랙홀의 면적과 엔트로피의 상관관계를 주제로 한 박사학위 논문
을 탈고했다. 이 논문에서 그는 블랙홀에 열역학 제2법칙을 적용하여
"다량의 기체와 같은 고-엔트로피 물질들이 블랙홀의 내부에서 모두
소진되면 우주의 엔트로피는 감소한다"고 결론지었다.

따라서 우주의 총 엔트로피 변화량이 0으로 남거나 양수가 되려면 블
랙홀의 엔트로피는 증가해야 한다. 그러나 '무모의 정리'에 따르면 블
랙홀 내부에서는 모든 정보가 사라지기 때문에, 블랙홀의 엔트로피는
물론이고 그 안에서 열역학 제2법칙이 성립하는지조차 알 수 없다.

1970년에 스티븐 호킹은 이와 같은 변화가 블랙홀의 표면적을 증가
시킨다고 주장했다. 베켄스타인이 제안한 대로 블랙홀의 표면적과 엔
트로피 사이에 어떤 관계가 존재한다면, 열역학 제2법칙은 여전히 성
립한다.

그러나 호킹은 마음이 편치 않았다. 그의 주장은 베켄스타인이 고려하지 않은 사항들로부터 유도된 결과였기 때문이다. 엔트로피를 갖는 물체는 온도도 갖고 있어야 한다('온도를 갖고 있다'는 말은 절대온도 0K보다 높다는 뜻이다. 0K보다 낮은 온도는 존재하지 않는다-옮긴이). 그리고 온도를 갖는 물체는 어떻게든 복사에너지를 방출해야 하며, 완전하게 '검은' 물체는 1900년에 막스 플랑크가 예측한 흑체복사 스펙트럼을 정확히 재현해야 한다. 그런데 질량과 각운동량 그리고 전기전하만으로 모든 특성이 결정되는 블랙홀이 무슨 수로 복사를 방출한다는 말인가?

1972년 8월에 스티븐 호킹은 프랑스 알프스의 르 우슈(Les Houches)에서 열린 블랙홀물리학 여름 캠프에 참석했다가 베켄스타인을 만났다. 한 달 동안 개최된 이 캠프에서 호킹은 브랜던 카터, 예일대학교의 짐 바딘과 함께 공동 연구를 수행하여 블랙홀과 관련된 네 개의 법칙을 유도했는데, 그 내용이 열역학 법칙과 매우 비슷했다. 미국의 물리학자 킵 손(1940~)은 자신의 저서에서 이 법칙에 대해 이렇게 적어놓았다.

"호킹이 발견한 블랙홀 법칙에서 '사건지평선의 면적'을 '엔트로피'로 바꾸고 '표면중력'을 '온도'로 바꾸면 열역학법칙과 완전히 같아진다."

제이콥 베켄스타인은 이 결과를 접하고 자신이 올바른 길로 가고 있음을 확신했다. 그러나 누군가가 블랙홀에서 방출되는 복사의 온도를 물어오면 대답이 궁하여 손짓이 커지곤 했다.

여름 캠프에 참가한 물리학자들은 호킹-카터-바딘이 발견한 법칙에 대부분 수긍하는 분위기였다. 그 뒤 이들 세 사람은 블랙홀 법칙을 주제로 논문을 발표했는데, 거기에는 베켄스타인의 이론에서 치명적 오류를 지적하는 내용도 들어 있었다.

"이 논문의 목적은 우리가 새로 발견한 블랙홀 법칙을 소개하는 것이지만, 베켄스타인의 불편한 심기도 논문을 작성하게 된 계기 중 하나였음을 인정하지 않을 수 없다. 내가 보기에 그는 내가 발견한 '사건지평선 면적 증가 법칙'을 잘못 이해하여 틀린 결론에 도달한 것 같다."

블랙홀이 복사를 방출한다는 주장은 언뜻 난센스처럼 들리지만, 과거에도 이런 발상을 떠올린 사람들이 있었다. 1971년 6월에 킵 손은 소련의 물리학자 야코브 젤도비치(1914~1987)를 만나기 위해 모스크바를 방문했다. 젤도비치는 킵 손을 자신의 아파트에 초대하여 식사를 대접한 뒤 "회전하는 블랙홀은 복사를 방출해야 한다"는 말로 포문을 열었다. 그러자 킵 손은 정색을 하며 되물었다.

"아니, 어떻게 그런 생각을 떠올릴 수 있단 말입니까? 그건 완전히 미친 생각입니다! 복사에너지가 블랙홀로 빨려 들어갈 수는 있지만, 블랙홀에서 복사가 방출될 수는 없습니다. 이건 누구나 아는 사실이라고요!"

젤도비치는 회전하는 금속구가 전자기파를 방출하듯이, 회전하는 블랙홀은 중력에너지를 파동의 형태로 방출해야 한다고 주장했다. 킵 손은 회전하는 금속구가 그런 성질을 갖는다는 사실을 몰랐기 때문에 좀 더 자세히 설명해 달라고 부탁했고, 젤도비치는 태연한 표정으로 설명을 이어갔다.

"전자기적 진공 요동(vacuum fluctuation)이 회전하는 금속구를 자극하면 복사에너지를 방출하게 되지요. 이와 마찬가지로 중력적 진공 요동이 사건지평선을 자극하면 블랙홀은 복사에너지를 방출할 겁니다."

야코브 젤도비치의 주장은 양자전기역학에 근거를 두고 있다. 진공 중에서 진행되는 양자적 요동은 가상 파동(virtual waves)을 만들어내고,

이 파동은 회전하는 블랙홀로부터 에너지를 얻어 속도가 점점 빨라진다. 그리고 가상 파동이 충분한 에너지를 얻으면 진짜 파동이 되어 복사(radiation)의 형태를 띠게 된다.

블랙홀이 복사를 방출하면 회전 속도가 감소하다가 결국은 멈추게 된다. 그리고 블랙홀이 자전을 멈추면 복사도 더 이상 방출되지 않는다.

킵 손은 젤도비치의 설명에 동의하지 않았다. 그에게는 블랙홀에서 무언가가 방출된다는 것 자체가 어불성설이었다. 결국 두 사람은 이 문제를 놓고 내기를 걸었다. 향후 연구를 통해 블랙홀이 자전하면서 복사를 방출한다는 것이 사실로 판명될 경우, 킵 손은 젤도비치에게 화이트호스 스카치위스키를 사주기로 했다.

그 후 야코브 젤도비치는 자신의 생각을 논문으로 발표했으나 학계의 반응은 썰렁했고 그의 논문은 곧바로 잊혀졌다. 르 우슈에서 열린 블랙홀 여름 캠프에서도 이 문제를 논하는 사람은 단 한 명도 없었다.

1년 뒤인 1973년 8월, 스티븐 호킹과 그의 아내 제인은 니콜라우스 코페르니쿠스 탄생 500주년 기념 학술회의에 참석하기 위해 바르샤바로 갔다가 9월에 모스크바를 방문하여 야코브 젤도비치와 그의 제자인 알레세이 스타로빈스키를 만났다. 킵 손도 그 자리에 동참하여 통역과 안내를 맡았다.

스티븐 호킹은 스타로빈스키를 통해 젤도비치의 황당한 아이디어를 전해 들었다. 당시 러시아의 물리학자들은 회전하는 블랙홀이 복사를 방출한다는 주장을 별 거부감 없이 받아들이고 있었다. 훗날 스티븐 호킹은 자신의 저서에 다음과 같이 적어놓았다.

"(진공 요동의 원인인) 양자역학의 불확정성원리에 따르면 회전하는 블랙홀은 입자를 생성하고 방출해야 한다. 소련의 물리학자들은 이런 논리로 나를 끈질기게 설득했다."

스티븐 호킹은 젤도비치와 스타로빈스키의 주장에 끝까지 회의적인 태도를 보이다가, 케임브리지로 돌아온 후에는 이 문제를 조금 다른 각도에서 바라보기 시작했다.

한편 존 휠러의 또 다른 제자인 캐나다 출신의 물리학자 윌리엄 언러 (1945~)와 킵 손의 제자인 돈 페이지는 각자 독립적인 논리를 펼친 끝에 젤도비치의 주장이 사실임을 확인했다. 어느새 분위기는 킵 손이 위스키를 사줘야 하는 쪽으로 기울고 있었다.

블랙홀은 엄청난 중력을 행사하는 거시적 규모의 물체로서, 일반상대성이론에서부터 그 존재가 예견되었다. 그런데 야코브 젤도비치를 비롯한 일부 물리학자들은 미시 세계의 현상을 설명하는 양자역학을 거시적인 블랙홀에 적용하고 있었다. 이제 스티븐 호킹에게 가장 절실하게 필요한 것은 양자중력이론이었다. 이 이론을 당장 완성할 수 없다면 근사적인 접근법이라도 동원해야 했다. 그래서 스티븐 호킹은 블랙홀에 대한 일반상대성이론식 설명을 그대로 유지한 채, 휘어진 시공간 (블랙홀의 사건지평선)에 양자장이론을 적용하기로 했다.

얼마 지나지 않아 스티븐 호킹은 양자장이론을 평평한 시공간에 적용한 결과와 휘어진 시공간에 적용한 결과가 묘하게 다르다는 사실을 깨달았다. 그러나 더 중요한 사실을 알게 되면서 다른 것들은 연구 노트 속에 묻혀버렸다. 결국 야코브 젤도비치가 옳았다. 회전하는 블랙홀은 정말로 복사를 방출하고 있었던 것이다. 스티븐 호킹의 논리는 야코브 젤도비치보다 수학적으로 세련되었지만, 사실 이것은 새로운 소식이 아니었다. 정작 새로운 것은 블랙홀이 회전을 멈춰도 복사를 계속 방출한다는 사실이었다.

스티븐 호킹은 말했다.

"나는 블랙홀에서 입자가 튀어나오기를 바라지 않았다. 내가 원한 것은 그게 아니었다. 오히려 그것 때문에 그때까지 해왔던 연구가 엉망진창이 되었다. 나는 어떻게 해서든 그 결과를 뒤집으려고 노력했다."

"계산이 끝났을 때, 나는 노트에 쓰인 결과를 믿을 수가 없었다. 회전하지 않고 멈춰 있는 블랙홀에서도 입자가 꾸준한 속도로 방출된다는 결과가 얻어졌기 때문이다. 처음에 나는 이것이 근사식 때문에 생긴 오류라고 생각했다. 그리고 베켄스타인이 이 사실을 알게 될까 봐 걱정스러웠다. 그가 나의 계산 결과를 알게 된다면 블랙홀의 엔트로피에 대한 자신의 주장이 옳다는 증거라며 기고만장할 것이 분명했기 때문이다."

나중에 밝혀진 사실이지만, 스티븐 호킹은 오늘날 '호킹복사(Hawking radiation)'로 알려진 엄청난 현상을 이론적으로 예견한 것이다. 그러나 당시에 호킹은 계산 결과를 어떻게 설명해야 할지 갈피를 잡지 못했다. 그는 1973년 11월 옥스퍼드대학교에서 열린 비공식 세미나에서 계산 결과 중 일부를 소개했다. 그 뒤 자신의 연구실로 돌아와 복사스펙트럼을 계산하다가 정말로 놀라운 사실을 발견했다. 블랙홀에서 방출되는 복사 스펙트럼이 흑체복사 스펙트럼과 완전히 일치했던 것이다. 20세기 들어 가장 큰 성공을 거두면서 다른 한편으로 가장 격렬한 논쟁을 일으켰던 두 가지 이론(일반상대성이론과 양자역학-옮긴이)이 결합하여 19세기 물리학과 크게 다르지 않은 사실을 예견한 것이다.

이 복사에너지는 대체 어디서 온 것일까?

그것은 블랙홀 사건지평선 근처의 휘어진 시공간에서 생성된 가상입자-반입자 쌍이었다. 이 입자들은 하이젠베르크의 에너지-시간 불확정성 관계를 따르며, 총 에너지는 0이다. 즉, 한 입자의 에너지가 양(+)이면 그 파트너 입자의 에너지는 음(-)이라는 뜻이다. 정상적인 환경에서 이런 입자 쌍들은 생성된 직후에 곧바로 소멸된다. 그러나 음에너지를 가진 입자가 소멸되기 전에 블랙홀 속으로 빨려 들어가면 에너지를 획득하여 실제 입자가 될 수 있다. 이 현상을 설명하는 또 다른 방법은 입자의 음에너지를 '음수 질량'으로 해석하는 것이다. 질량이 음수인 입자가 블랙홀 속으로 빨려 들어가면 실제 질량을 획득하면서 실제 입자가 된다.

반면에 블랙홀의 외부에 남은 양(+)에너지 입자는 블랙홀의 반대쪽으로 이동하게 되는데, 이 현상을 외부에서 보면 영락없이 블랙홀에서 방출된 입자처럼 보일 것이다.

이런 식으로는 어떤 종류의 입자도 방출될 수 있다. 음에너지 입자가 사건지평선을 넘어가면 블랙홀은 질량을 잃으면서 표면적이 줄어든다. 이 과정에서는 엔트로피가 감소하지만, 외부로 방출된 복사가 엔트로피를 증가시키기 때문에 열역학 제2법칙에 위배되지 않는다. 블랙홀의 표면적이 줄어들면 온도가 올라가고, 방출되는 복사량도 많아진다. 다시 말해서, 블랙홀이 서서히 '증발'하는 것이다. 이런 과정이 반복되다가 결국은 폭발과 함께 최후를 맞이하게 되는데, 천문학적 규모에서 볼 때 폭발의 규모가 크진 않지만 스티븐 호킹의 계산에 따르면 1메가톤급 수소폭탄 100만 개와 맞먹는다(1메가톤급 수소폭탄은 100만 톤의 다이너마이트가 동시에 폭발한 것과 같은 위력이라는 뜻이다-옮긴이).

우리의 태양과 질량이 비슷한 블랙홀이 완전히 증발하려면 현재 우주의 나이(약 137억 년)보다 더 긴 세월이 소요된다. 그러나 질량이 작은 블랙홀이 우주 초기에 생성되었다면 지금쯤 폭발을 눈앞에 두고 있을 수도 있다.

스티븐 호킹은 이 계산으로 1973년 크리스마스를 보낸 뒤 짧은 논문을 작성하여 〈네이처〉에 기고했는데, 거기에 다음과 같이 적어놓았다.

> … 바딘과 카터와 나는 표면중력과 온도 사이의 열역학적 유사성이 단순한 우연의 일치라고 생각했다. 그러나 계산을 끝낸 지금, 이들 사이에는 우연 이상의 무엇인가가 있는 것으로 판단된다.

스티븐 호킹은 1974년 2월에 옥스퍼드 근처의 러더퍼드-애플턴연구소에서 개최된 제2회 학술회의에 참석하여 자신이 얻은 결과를 공식적으로 발표했다(〈네이처〉에는 3월에 실렸다). 그의 논리는 수학적으로 정연했지만, 물리학자들은 블랙홀이 증발한다는 주장에 다소 회의적인 반응을 보였다. 게다가 강연회의 좌장을 맡았던 킹스칼리지의 물리학자 존 G. 테일러(1931~2012)는 호킹의 주장이 완전히 난센스라며 강한 반대 의사를 표명했다. 더욱 신기한 것은 야코브 젤도비치조차도 스티븐 호킹의 이론을 믿지 않았다는 점이다. 그는 호킹을 만났을 때 "블랙홀이 회전을 멈춰도 복사를 방출한다는 당신의 주장을 도저히 받아들일 수 없다"고 잘라 말했다.

몇 년이 지난 뒤, 스티븐 호킹의 이론을 이해하는 물리학자들이 하나둘 나타나기 시작했다. 스티븐 호킹이 시도했던 방법을 똑같이 따라가 보니, 한결같이 블랙홀이 증발한다는 결론에 도달했던 것이다. 그러는 사이에 스티븐 호킹은 이미 마음을 비웠다. 그는 제이콥 베켄스타인이 옳았음을 자신이 입증했다는 사실에 만족하고, 더 이상의 증명 없이 브랜던 카터, 짐 바딘과 함께 유도했던 4개의 블랙홀 관련 법칙들이 열역학 법칙과 일치한다고 선언했다. 그는 킵 손에게 "나는 엄밀함보다 옳은 것을 택했다"고 말했다.

야코브 젤도비치도 결국 스티븐 호킹의 주장을 받아들였고, 킵 손은 약속을 지켰다. 그는 1975년 9월에 젤도비치에게 화이트호스 스카치 위스키를 건네주었다.

스티븐 호킹의 블랙홀 복사는 완전한 양자중력이론에 기초한 이론이 아니었지만, 양자장이론을 시공간에 적용하여 놀라운 결과를 이끌어냄으로서 다른 물리학자들이 이 분야에 관심을 갖도록 만들었다. 침체에 빠진 양자중력이론에 한 줄기 희망의 빛이 드리워진 것이다. 그로부터 몇 년 후, 리처드 파인먼의 양자화 기법에 기초한 공변접근법을 이용하여 일반상대성이론의 4차원 시공간을 양자화하려는 시도가 곳곳에서 이루어졌다.

스티븐 호킹은 이 업적을 인정받아 1974년 영국왕립학회 회원으로 선출되었다. 당시 나이는 서른둘이었는데, 이는 왕립학회 역사상 최연소 기록이었다. 그러나 주변 사람들과 정상적인 대화를 나누기 힘들 만큼 건강은 계속 악화되었고, 혼자 연구를 진행하기도 어려워졌다. 참다못한 그의 아내는 제자 중 한 명을 간병인으로 고용하자고 남편을 설득했다.

1974년 3월, 스티븐 호킹은 왕립학회 회원 취임식에 참석하기 위해 휠체어를 끌고 학회 건물에 도착했으나 험난한 계단이 그를 가로막았다. 어렵게 행사장에 도착한 뒤에도 고생은 계속되었다. 새로 회원이 된 사람은 연단에 올라 영예로운 회원 명부에 직접 서명을 하도록 되어 있었는데, 호킹은 계단으로 연결된 연단에 도저히 올라갈 수가 없었다. 사람들은 회원 명부를 갖고 내려와 스티븐 호킹에게 건네주었고, 그는 혼신의 힘을 다하여 간신히 서명을 마쳤다. 자기 이름을 쓰는 것조차 그에게는 너무나 어려운 일이었던 것이다.

바로 그날 천문학자 칼 세이건(1934~1996)은 같은 건물의 다른 회의실에서 외계 생명체를 주제로 한 토론회에 참석 중이었다. 그는 잠시 쉬는 시간을 틈타 왕립학회 행사장에 구경을 갔다가 휠체어에 앉은 채 낡은 노트에 어렵게 자신의 이름을 쓰고 있는 스티븐 호킹을 보았다. 세이건은 무슨 노트인지 호기심이 발동하여 사람들 어깨 너머로 훔쳐보았는데, 그 노트의 첫 페이지에는 아이작 뉴턴의 고색창연한 서명이 적혀 있었다. 훗날 칼 세이건은 자신의 저서에 다음과 같이 적어놓았다.

"그가 서명을 끝내자 우레와 같은 박수가 터져 나왔고, 그 후로 스티븐 호킹이라는 이름은 하나의 전설이 되었다."

38

초끈이론의 1차 혁명
1984년 8월, 아스펜/마이클 그린, 존 슈워츠

1970년대에 표준모형이 커다란 성공을 거두면서 후속 질문이 자연스럽게 대두되었다. SU(3)×SU(2)×U(1) 대칭은 어떤 특성을 갖고 있는가? 그 많은 가능성 중 왜 하필 이런 조합이어야 하는가? 강력과 약전자기력을 모두 포함하는 더 큰 대칭군이 존재하지는 않을까? 이 질문에 답하기 위해 다양한 시도가 이루어졌으나, 1974년에 셸던 글래쇼는 정답을 찾았다고 확신했다. 그는 하버드대학교의 포스트닥(박사후과정)이었던 하워드 조자이(1947~)와 함께 SU(5) 대칭군에 기초한 대통일이론(Grand Unified Theory)을 구축한 후, 자신의 이론을 '세계의 게이지군(guage group of the world)'이라 불렀다.

하워드 조자이와 셸던 글래쇼의 이론은 더 많은 힉스 입자를 양산해냈고, 쿼크와 렙톤 사이의 변환까지 허용하고 있었다. 즉, 양성자의 내부에 들어 있는 쿼크가 렙톤으로 변할 수 있다는 뜻이다. 조자이는 말했다.

"이것은 원자의 기본 구성 요소인 양성자가 태생적으로 불안정하다는 것을 뜻한다. 이런 결과가 얻어졌을 때 나는 크게 낙담하여 그냥 침대 위로 쓰러져버렸다."

양성자가 붕괴되려면 현재 우주의 나이보다 더 긴 시간을 기다려야 한다. 이것은 물리학자라면 누구나 알고 있는 내용이었다. 그러나 아직은 이론에 불과하기 때문에 실험을 통해 확인할 필요가 있었다. 그리고 1980년대 초에 실행된 실험은 확실한 결과를 내놓았다. 양성자가 안정한 상태로 존재할 수 있는 기간은 조자이와 글래쇼의 SU(5) 양자장이론에서 예견된 값보다 훨씬 길었다.•

1970년 초에 소련의 이론물리학자들은 다른 방식으로 통일이론을 구축했고, 1973년에 CERN의 물리학자 율리우스 베스(1934~2007)와 브루노 추미노(1923~)는 독자적으로 연구를 수행하여 소련의 연구 팀과 동일한 결과를 얻었다. 이것이 바로 그 유명한 '초대칭(supersymmetry)'으로, 입자의 초-다중상태(super-multiplrt)를 예견한 최초의 이론이다. 이 이론에 따르면, 물질을 구성하는 입자인 페르미온은 이들 사이에 힘을 매개하는 보존과 밀접하게 연관되어 있다. 즉, 모든 페르미온에는 그 초대칭 짝에 해당하는 보존이 대응된다. 입자들 사이에 초대칭이 정말로 존재한다면 표준이론에 등장하는 모든 입자들은 자기보다 질량이 크고 스핀이 1/2만큼 차이가 나는 초대칭 짝을 갖고 있어야 한다. 성급한 물리학자들은 발견되기

• 이 실험은 우주선(cosmic ray)으로부터 차단된 용기에 다량의 양성자를 가둬놓고 그 중 하나가 붕괴되는 사건을 관측하는 식으로 진행되었다. 실험물리학자 카를로 루비아는 이 실험의 개요를 다음과 같이 설명했다. "간단합니다. 지하 3~4킬로미터 속에 대학원생 대여섯 명을 가둬놓고 5년 동안 커다란 물탱크를 하염없이 바라보게 하는 거지요." (피터 워이트, 《초끈이론의 진실(Not Even Wrong)》, 167쪽 참조)

도 전에 이름부터 붙여놓았는데, 예를 들어 전자의 초대칭 짝은 '셀렉트론(selectron, super-electron을 하나로 묶은 신조어)'이고, 쿼크의 초대칭 짝은 스쿼크(squark)이다. 그 외에 광자, W 입자, Z 입자의 초대칭 짝은 각각 포티노(photino), 위노(wino), 지노(zino)라 부르는 식이다. 이 입자들은 TeV(테라 전자볼트) 수준에 존재할 것으로 예측되지만, 아직 발견된 사례는 없다.

초대칭에 등장하는 초-게이지 입자(super-gauge particle)는 표적 입자인 페르미온이나 보존에 작용하여 이들의 스핀을 1/2만큼 바꿔놓는다. 그리고 이 변화는 표적 입자의 시공간적 특성에 영향을 미쳐서 위치와 시간을 조금 바꿔놓는다.* 전자기력과 같은 힘은 입자의 진행 방향이나 운동량, 에너지 등을 바꿀 수 있지만 시공간을 이런 식으로 바꿔놓지는 못한다. 이 변화는 중력에 게이지변환을 적용했을 때 나타나는 현상과 동일하다. 따라서 초-게이지이론은 중력을 설명하는 이론이기도 하다. 이것을 초중력이론(supergravity)이라 하며 여기 등장하는 초-게이지 입자는 스핀이 3/2인 그래비티노(grabitino)로서 중력을 매개하는 중력자의 초대칭 짝에 해당한다.

초대칭변환에는 여러 종류가 있다. 그중에서 두 가지 이상의 변환을 포함하는 이론을 확장초대칭이론(extended supersymmetric theories)이라 한다. 이 이론들은 생성원(generator)의 개수에 따라 분류되는데, 생성원이 32개인 초대칭이론(이것을 'N=8 초대칭이론'이라고 한다)에는 중력자가 자동적으로 도입된다. 이들은 또한 초중력이론이기도 하다.*

* 초대칭변환은 공간의 무한소이동변환(infinitesimal translation)에 제곱근을 취한 것과 동일하다.

이론물리학계에서는 한동안 N=8 초중력이론이 유행처럼 번져 나갔다. 1980년 4월에 스티븐 호킹은 아이작 뉴턴과 폴 디랙의 뒤를 이어 케임브리지대학교의 루카스석좌교수로 임명되었는데, 취임사를 하는 자리에서 "물리학의 종착점이 눈에 보인다"고 선언했다. 그는 N=8 초중력이론이 물리학의 모든 힘을 하나로 통일하는 궁극의 이론으로 판명될 가능성이 50%라고 했다.

그러나 궁극의 이론으로 가는 길은 이것 말고도 또 있었다. 한동안 물리학의 변방으로 밀려나 푸대접을 받다가 어느 날 갑자기 만물의 이론(theory of everything)을 자처하고 나선 초끈이론(superstring theory)이 바로 그것이었다.

〰〰

1968년 물리학자들이 고에너지 강력 입자의 충돌 실험 결과를 해석하느라 애를 먹고 있을 때, CERN에서 포스트닥 과정을 밟고 있던 이탈리아의 젊은 물리학자 가브리엘레 베네치아노(1942~)가 실험 데이터에서 놀라운 규칙을 발견했다. 두 입자가 충돌한 뒤 다양한 각도로 산란될 확률, 이른바 '산란진폭(scattering amplitude)'이 18세기 스위스의 수학자 레온하르트 오일러(1707~1783)가 정의했던 베타함수(beta function)와 '거짓말처럼' 일치했던 것이다.

20세기에 얻은 실험 데이터와 18세기에 수학적으로 정의된 함수가

• 생성자가 32개를 넘는 초대칭이론도 가능하다. 그러나 이 이론에는 스핀이 2보다 크면서 질량이 없는 입자가 등장하는데, 물리학자들은 이런 입자가 자연에 존재하지 않을 것으로 예측하고 있다.

어떻게 이토록 정확히 일치할 수 있을까? 베네치아노는 도무지 그 영문을 알 수 없었다. 이유를 모르니 물리적인 설명도 당연히 제시하지 못했다. 그러나 과학 역사를 돌아보면, 실험 데이터와 수학 사이에 우아한 관계가 성립할 때마다 놀라운 이론이 탄생하곤 했다.

물론 이번에도 예외는 아니었다.

가브리엘레 베네치아노의 발견을 전해 들은 예시바대학교(뉴욕 시에 있는 유대인계 사립 대학교—옮긴이)의 젊은 물리학자 레너드 서스킨드(1940~)는 산란진폭을 서술하는 수학이 그토록 단순하다는 사실에 경악을 금치 못했다. 훗날 그는 당시의 일을 회고하며 이렇게 말했다.

"나는 그 문제를 놓고 오랫동안 고민하다가 어느 날 문득 깨달았다. 그것은 두 개의 작은 (끈)고리가 가까이 다가와 잠시 진동하다가 서로 흩어지는 상황을 설명하고 있었다. 이런 것이 바로 '해결 가능한 물리학 문제'의 표본이다. 이로부터 우리는 다른 사건이 일어날 확률도 계산할 수 있으며, 그 결과는 베네치아노가 적어놓은 값과 일치한다. 정말로 흥미진진한 일이 아닐 수 없다."

닐스보어연구소의 덴마크 출신 물리학자 홀게르 닐센과 시카고대학교의 난부 요이치로도 독자적으로 이와 비슷한 발견을 했다. 단, 이들은 기본입자를 점으로 간주하지 않고 1차원의 아주 작은 '에너지끈'이라고 가정했다. 그리고 서로 다른 입자들은 끈 자체가 다른 것이 아니라 진동 패턴이 다른 것으로 간주했다. 다시 말해서, 모든 입자는 하나의 공통된 끈으로 이루어져 있지만 이 끈의 진동 패턴이 다양하기 때문에 다양한 입자가 존재한다는 가정이다. 이 이론에서 입자의 질량은 진동하는 끈의 에너지가 현실 세계에 발현된 결과이며, 전하와 스핀은 좀더 미묘한 특성과 관련되어 있다. 당시로서는 그야말로 파격적인 아이디어였다.

레너드 서스킨드는 끈의 양자이론을 주제로 한 짧은 논문을 작성하여 〈피지컬 리뷰 레터스〉에 기고했으나 단번에 거절당했고, 이 일로 깊은 상처를 받았다. 어느 날 하루 일과를 마치고 집으로 돌아와 신경안정제를 복용하고 잠들었다가 저녁 때 친구들이 찾아와 술을 몇 잔 마셨다. 그런데 몇 시간 전에 먹었던 신경안정제가 알코올과 섞이면서 몸에 이상반응을 일으켰고, 정신이 몽롱해진 그는 친구들 앞에서 혼절하고 말았다. 논문을 거절당한 일이 그에게는 그만큼 충격적인 사건이었던 것이다.

레너드 서스킨드는 〈피지컬 리뷰 레터스〉의 편집자에게 다시 한 번 재고해줄 것을 요청했지만 대답은 여전히 '노(No)'였다. 그래도 포기할 수 없었던 그는 1969년 7월에 또 다른 학술지인 〈피지컬 리뷰 D〉에 논문을 보냈는데, 편집자의 반응은 시큰둥했지만 어쨌든 1970년에 출판되었다. 당시 물리학자들은 모든 입자가 끈으로 이루어져 있다는 가설을 어떻게 생각했을까? 레너드 서스킨드와 머리 겔만 사이에 오간 짧은 대화가 당시의 분위기를 단적으로 보여준다. 그 무렵에 서스킨드는 플로리다의 코럴게이블(Coral Gable)에서 열린 고에너지물리학회에 참석하여 몇 차례 강연을 했는데, 어느 날 숙소의 엘리베이터가 고장 나면서 겔만과 함께 갇히는 신세가 되었다. 겔만은 잠시 당황하다가 마음을 가라앉히고 옆에 있는 서스킨드에게 말을 건넸다.

"그래, 요즘은 어떤 연구를 하고 계신가요?"

"하드론을 고무줄로 해석하는 연구를 하고 있습니다. 입자를 1차원 끈으로 간주하는 이론이지요."

겔만은 눈이 동그래졌다가 어이가 없다는 듯 박장대소를 터뜨렸다.

사실 초기의 끈이론은 물리학자들의 관심을 끌 만한 매력이 별로 없었다. 무엇보다도 끈이론은 보존(boson)에만 적용되는 이론이었기 때문에, 반정수 스핀을 갖는 페르미온에 대해서는 아무런 설명도 하지 못했다. 이는 곧 당대 최대의 화두였던 강한 상호작용을 다룰 수 없다는 뜻이기도 하다. 게다가 끈이론의 배경 공간은 우리에게 익숙한 4차원 시공간이 아니라 무려 26차원 공간이었으며, 항상 빛보다 빨리 움직인다는 가설 속의 입자 '타키온(tachyon)'의 존재를 허용하고 있었다. 입자가 빛보다 빠르게 움직이면 인과율은 더 이상 설 자리가 없어진다.

그러나 불과 몇 달 만에 초창기 끈이론의 한 가지 문제가 해결되었다. 1971년 봄에 시카고 국립가속기연구소의 프랑스 출신 물리학자 피에르 라몽(1943~)이 보존과 페르미온을 서로 맞바꿔주는 대칭변환을 발견한 것이다. 훗날 이것은 '초대칭(supersymmetry)'으로 불리게 된다. 그 덕분에 보존에 한정되었던 끈이론은 페르미온까지 포함할 수 있게 되었다. 즉, 페르미온에 해당하는 끈의 진동 패턴을 알게 되었다. 그리하여 초대칭이 도입된 끈이론을 '초끈이론(superstring theory)'이라 한다.

그로부터 몇 년 사이에 다른 몇 가지 문제들도 연달아 해결되었다. 제일 눈에 띄는 것은 초끈이 진동하는 공간의 차원이 26에서 10으로 줄어들었다는 점이다(9차원 공간+1차원 시간). 그래도 우리에게 익숙한 4차원 시공간보다는 여전히 높은 차원이었지만, 초끈이론을 연구하는 학자들에게는 이보다 반가운 소식이 없었다. 그리고 눈엣가시처럼 거슬렸던 타키온이 이론에서 완전히 제거되었다.

프린스턴의 이론물리학자 존 슈워츠(1941~)는 초기 끈이론의 진척 상황을 예의주시하고 있었다. 그는 가브리엘레 베네치아노의 발견에 커다란 충격을 받아 1969년부터 데이비드 그로스와 함께 끈이론을 연구해오다가, 두 명의 프랑스 물리학자 앙드레 느뵈(1946~), 조엘 셰르크(1946~1980)를 영입했다. 당시 느뵈와 셰르크는 프랑스에서 박사학위를 받고 프린스턴대학교에 와 있었다. 슈워츠가 이들을 연구원으로 영입하면서 양자역학 강의를 수강하라고 하자 느뵈와 셰르크는 "프랑스에서 충분히 배웠기 때문에 다시 들을 필요 없다"며 버텼다(슈워츠는 프랑스의 대학원 교육을 신뢰하지 않았던 것 같다. 이미 박사학위를 받은 느뵈와 셰르크에게는 치욕적인 요구였을 것이다-옮긴이). 화가 난 슈워츠는 그들을 돌려보냈다.

그런데 며칠 후에 느뵈와 셰르크가 슈워츠를 찾아와 끈의 산란과 관련된 계산 결과를 들이밀었다. 다른 말이 필요 없었다. 이들은 물리학 박사로서 충분한 자격을 갖추고 있었다. 슈워츠는 지난 일을 사과하고 두 사람을 연구 팀에 합류시켰다.

존 슈워츠는 초끈의 배경 차원을 26에서 10으로 줄이는 데 기여한 물리학자 중 한 사람이었지만, 그것만으로는 프린스턴대학교에서 정년을 보장받기 어려웠다. 그 무렵에 동갑내기인 데이비드 그로스는 "점근적 자유성을 가지면서 재규격화가 가능한 이론은 존재하지 않는다"는 것을 증명함으로써 양자장이론을 마무리했고,• 그와 동시에 연구원에서 교수로 승진했다.

1970년대 초는 미국의 이론물리학자들에게 꽤나 어려운 시기였다. 몇 달이 지나서야 슈워츠는 칼텍으로부터 연구원 자리를 제안 받았다.

1973년 여름에 점근적 자유성이 알려지면서 강력을 설명하는 양자색역학, 즉 QCD가 제대로 된 모습을 갖추게 되었다. 많은 물리학자들은

• 제26장 396~399쪽 참조.

이런 상황에서 굳이 끈이론을 갖고 씨름을 벌일 필요가 없다고 생각했으나, 슈워츠와 셰르크는 미련을 버리지 못했다. 셰르크도 1974년 1월에 칼텍으로 자리를 옮겨 슈워츠와 공동 연구를 계속해 나갔다.

당시 우리는 지루한 계산을 해 나가던 중 놀라운 구조를 발견하고, 그 수학적 아름다움에 완전히 매료되었다. 그때 우리가 무슨 대화를 나눴는지 정확히 기억나지 않지만 머지않아 좋은 일이 생길 거라는 확신이 들었다. 우리가 발견한 수학적 구조가 너무나 아름답고 완벽했기 때문이다. 그동안 우리를 괴롭혀왔던 문제 중 하나는 질량이 없고 스핀이 2인 입자가 끈이론에 존재한다는 것이었다. 강한 핵력에는 이런 입자가 등장하지 않기 때문에, 정말로 처치 곤란한 부산물이었다. 그런데 알고 보니 이 입자는 양자중력에서 요구되는 입자와 완전히 같은 특성을 갖고 있었다.

강력을 서술하는 문제는 해결되었지만, 중력을 양자역학적으로 서술하는 문제는 여전히 난공불락이었다. 그런데 초끈이론은 표준모형에 등장하는 모든 입자를 포함하면서 중력자로 추정되는 입자의 존재까지 예견하고 있었다. 초끈이론은 강력을 위한 이론이 아니라 우주의 삼라만상을 서술하는 '만물의 이론(theory of everything, TOE)'의 강력한 후보였던 것이다.

그것은 하늘에서 내려온 계시와도 같았다. 초끈은 열린 끈(open string)과 닫힌 끈(closed string) 두 가지 형태로 분류된다. 열린 끈은 끊어진 고무줄 같은 일자 모양의 끈으로, 한쪽 끝은 하전입자를, 반대쪽 끝은 그 반입자를 나타내며, 진동하는 끈은 둘 사이에 힘을 운반하는 매개 입자를 나타낸다. 따라서 열린 끈은 물질 입자와 힘의 존재를 독자적으로 예견하고 있다. 그러나 끈이론에서는 닫힌 끈도 허용된다. 입자와 반입자가 만나서 소멸할 때 끈의 두 끝이 하나로 합쳐져서 닫힌 끈이 되는 것이다.

닫힌 끈이 존재한다는 것은 중력자와 중력이 존재한다는 뜻이다. 초끈이론을 수용하면 일반상대성이론과 양자역학을 굳이 통일하려고 애쓸 필요가 없다. 자연에 존재하는 모든 힘들을 열린 끈과 닫힌 끈의 다양한 진동 패턴으로 설명할 수 있기 때문이다. 초끈이론에서 4개의 힘들(전자기력, 약력, 강력, 중력)은 자연스럽게 하나로 통일된다.

또한 초끈이론은 매혹적인 가능성을 제시하고 있다. 자연에 존재하는 소립자의 질량과 전하, 스핀 그리고 이들 사이에 작용하는 힘의 세기 및 표준모형에 등장하는 다른 상수들은 이론 자체로부터 유도되지 않는다. 다시 말해서, 표준모형으로는 입자들이 지금과 같은 특성을 갖게 된 이유와 힘의 세기가 지금과 같이 정해진 이유를 설명할 수 없다. 그러나 초끈이론에서는 이 모든 상수들이 단 두 개의 기본 상수로 축약된다. 끈의 장력을 결정하는 상수와 끈들 사이의 결합을 결정하는 상수가 바로 그것이다.

이 정도면 환상적인 이론이라 할 만한데, 처음에는 아무도 관심을 갖기 않았다.

한편 스티븐 호킹은 블랙홀복사이론을 완성한 뒤 초대칭과 초중력을 연구하기 시작했고, 존 슈워츠는 앙드레 느뵈, 조엘 셰르크와 공동 연구를 계속하면서 초대칭 양-밀스장이론에 관한 논문을 발표했다. 또한 그는 런던 퀸메리대학교의 영국인 물리학자 마이클 그린(1946~)과 함께 I형, IIA형, IIB형 초끈이론의 난해한 특성을 체계적으로 설명함으로써 이 분야의 초석을 다졌다.

이들의 연구는 여전히 홀대 받았지만, 소수의 지지자를 확보하는 데에는 성공했다. 그중에는 엘리베이터 안에서 레너드 서스킨드를 비웃었던 머리 겔만과 프린스턴의 수리물리학자 에드워드 위튼(1951~)도 끼어 있었다.

위튼은 1980년대 초반까지만 해도 현상론을 연구하는 물리학자였다. 그는 브랜다이스대학교에서 역사와 언어학 전공으로 1971년에 학부를 졸업한 뒤 위스콘신대학교에 진학하여 경제학을 공부했다. 이 기간 동안 그는 민주당 후보 조지 맥거번(1912~)의 대선 캠프에 참여했는데, 1972년 선거에서 공화당의 리처드 닉슨에게 패한 뒤 정치에 관심을 끊고 프린스턴대학교로 옮겨 수학을 전공하다가 얼마 지나지 않아 물리학으로 전공을 바꿨다. 그 후 위튼은 데이비드 그로스의 제자가 되어 1976년에 박사학위를 받았고, 불과 4년 만에 프린스턴대학교의 정교수가 되었다.

존 슈워츠와 마이클 그린은 종종 에드워드 위튼을 방문하여 서로의 연구 진척 상황을 주고받곤 했다. 훗날 슈워츠는 당시의 일을 다음과 같이 회고했다.

"… 그와 대화를 나누던 중, 우리에게 닥친 가장 중요한 문제가 비정상성(anomaly)임을 분명히 깨달았다. 그 전에도 이 문제를 염두에 두긴 했지만, 위튼과 대화를 나누면서 그것이 얼마나 중요한 문제인지를 간파하게 된 것이다."

흔히 '게이지 비정상성(gauge anomaly)'으로 불리는 이 문제는 양자적 수정을 가한 초끈이론의 수학적 타당성과 관련되어 있다. 수정을 가하는 과정에서 일부 대칭성이 붕괴되면 초끈이론은 수학적으로 타당한 예측을 더 이상 할 수 없게 된다. 앞서 말한 바와 같이 초끈이론은 I형, IIA형, IIB형 등으로 분류되는데, 이들은 각기 다른 대칭성을 갖고 있다. 특히 IIA형 초끈이론은 거울대칭을 갖고 있어서, 물리학자들은 이 이론에 비정상성이 존재하지 않는다고 믿었다. 그러나 거울을 들여다보면 우리가 사는 세계는 결코 거울대칭적이지 않다.

1984년에 에드워드 위튼과 스페인 물리학자 루이스 알바레즈-고메는 중력의 게이지장에 의한 비정상성이 추가로 존재한다는 사실을 알아냈다. 그리고 IIB형 초끈이론의 저에너지 근사법에서 이 비정상성이 상쇄된다는 것도 알아냈다. 이 정도면 꽤 바람직한 결과였지만, IIB형 초끈이론이 표준모형에서 요구되는 양-밀스장을 수용할 수 없다는 게 문제였다.

이 사실이 알려지면서 물리학자들은 I형 초끈이론을 집중적으로 공략하기 시작했다. 1984년 여름에 마이클 그린과 존 슈워츠는 아스펜에 칩거하면서 해결책을 모색했다.

원리적으로 I형 초끈이론에는 무한개의 대칭군이 존재할 수 있다. 그린과 슈워츠는 이들 중에서 게이지 비정상성을 상쇄시키는 대칭군을 찾아야 했다. 그러나 무한히 많은 가능성 중에서 무슨 수로 하나를 골라낸다는 밀인가?

실마리는 끈의 상호작용을 나타내는 파인먼 다이어그램이었다. 두 사람은 여러 개의 다이어그램을 분석하던 중, 이들 중 몇 개가 눈에 익숙한 비정상성 공식과 일치한다는 사실을 알아냈다. 과연 이 비정상성을 상쇄시켜주는 대칭군을 찾을 수 있을까? 어느 날, 두 사람이 긴 토론을 끝내고 마무리를 하는데 그린이 불쑥 말을 꺼냈다.

"혹시 SO(32)가 아닐까요?"

두 사람은 당장 확인 작업에 들어갔다. 그랬더니 정말로 I형 초끈이론의 저에너지 근사법에서 SO(32) 대칭군은 양-밀스 비정상성과 중력의 비정상성을 정확히 상쇄시켜주고 있었다. SO(32)는 32차원 공간의 회전군을 말한다.

이 사실을 외부에 공개하기 전에, 존 슈워츠는 아스펜연구센터의 물리학자들이 여흥 삼아 꾸민 짧은 단막극에 머리 겔만과 함께 출연하게 되었다. 이 행사는 10년 전부터 이어온 전통이었다. 공연 당일 날, 막이 오르자 청중석에서 머리 겔만이 벌떡 일어나 "제가 방금 만물의 이론을 찾았어요! 정말입니다, 제발 믿어주세요!"라고 외치다가 흰 코트를 입은 사람들에게 끌려나갔다. 물론 그것은 연극의 일부였다.

다음은 슈워츠의 차례였다. 그는 무대 위에 뛰어올라 잔뜩 흥분한 목소리로 외쳤다.

"저도 만물의 이론을 찾았습니다. 초끈이론에 게이지군으로 SO(32)를 도입했더니 비정상성이 말끔하게 상쇄되었어요! 모든 것이 완벽했습니다! 무한대가 없는 양자중력이론을 제가 찾았다고요! 이 이론으로 모든 힘을 설명할 수 있습니다. 제발 믿어주세요!"

사실 이것은 존 슈워츠가 자신의 연구 결과를 공개한 최초의 자리였다. 그러나 사람들은 그의 말을 연극 대사로 알아듣고, 역시 흰 코트를 입은 사람들에게 끌려 나가는 모습을 바라보며 박장대소를 터뜨렸다.

칼텍으로 돌아온 마이클 그린과 존 슈워츠는 연구 결과를 논문으로 정리했다. 아스펜에서 이상한 소문을 들은 에드워드 위튼은 이들에게 전화를 걸어 진상을 물어왔고, 슈워츠는 자신의 프리프린트를 택배로 보내주었다.

그 뒤 모든 일이 일사천리로 진행되었다.

그린-슈워츠 논문은 1984년 9월 〈피직스 레터스〉에 전달되었고, 에드워드 위튼은 그 다음 달에 초끈이론을 주제로 한 자신의 첫 논문을 같은 학술지에 제출했다. 또한 프린스턴에서는 데이비드 그로스와 제프리 하비(1955~), 에밀 마티넥(1958~), 라이언 롬이 '이형 초끈이론(heterotic superstring theory)'이라 불리는 또 다른 버전의 초끈이론을 발견하여 1984년 11월 〈피지컬 리뷰 레터스〉에 제출했다.

이른바 초끈이론의 1차 혁명이 시작된 것이다.

이제 남은 문제는 끈의 배경 시공간이 10차원인 이유를 설명하는 것이었다. 우리 주변을 아무리 둘러봐도 공간은 왼쪽-오른쪽, 앞-뒤, 위-아래의 세 가지 방향뿐이다. 즉, 우리가 아는 공간은 3차원이다. 여기에 1차원 시간을 더하면 우리가 속한 시공간은 누가 뭐라 해도 4차원처럼 보인다. 그러나 1919년에 독일의 수학자 테오도르 칼루자(1885~1954)가 공간의 차원을 늘리는 아이디어를 제안한 적이 있었다. 그는 공간의 차원을 3에서 4로 늘리면 당시 알려져 있던 전자기력과 중력을 하나로 통일할 수 있음을 간파하고, 이 내용을 논문으로 작성하여 아인슈타인에게 보냈다(그러나 아인슈타인의 반응은 매우 썰렁했다-옮긴이). 그리고 1926년에 오스카르 클레인은 여분의 차원이 플랑크 길이만큼 작은 영역 안에 돌돌 말려 있으면 발견되지 않을 수도 있다는 가능성을 제시했다. 이들의 이론은 훗날 '칼루자-클라인 이론'으로 알려지게 된다.

그렇다면 하나의 차원만 추가하고 그만둘 이유는 없지 않을까? 차원 하나가 숨어 있다면, 두 개, 세 개, 심지어는 아홉 개 차원도 숨어 있을 수 있지 않을까? 초끈이론에 따르면 끈은 왼쪽-오른쪽, 앞-뒤, 위-아래 외에 여섯 개 방향이 추가되어, 총 아홉 개 방향으로 진동해야 한다.

그 이상도, 이하도 필요 없다. 공간이 9차원이면 된다. 그래서 초끈이론을 연구하는 물리학자들은 여섯 개의 공간이 아주 작은 영역에 숨어 있어서 감지되지 않는다고 가정했다. 그런데 이론상으로는 숨은 차원의 형태를 예측할 수 있지만, 그 크기에 대해서는 아무런 정보도 얻을 수 없었다.

1985년 프린스턴의 물리학자 필립 캔들러스(1951~)와 게리 호로위츠 그리고 앤드루 스트로밍거(1955~)와 에드워드 위튼은 여섯 개 여분 차원의 위상학적 구조가 1957년에 이탈리아 출신의 미국 수학자 에우제니오 칼라비(1923~)와 1978년에 중국 출신의 수학자 야우싱퉁(1949~)에 의해 이미 발견되었음을 알리는 논문을 발표했다. 이들의 이론에 따르면, 우리에게 친숙한 3차원 공간의 모든 지점에는 6차원의 칼라비-야우 도형(Calabi-Yau shapes)이 포진하고 있다. 다만 그 크기가 너무 작아서 관측되지 않을 뿐이다.

개개의 칼라비-야우 도형에는 작은 구멍이 나 있다. 이 구멍들은 끈의 저에너지 진동 패턴을 결정하고 진동 패턴에 따라 입자의 종류가 결정되는데, 이 과정을 거치면 표준모형에서 말하는 3세대에 걸친 입자들이 똑같이 재현된다.

그러나 이것은 말처럼 쉬운 일이 아니었다. 여분 차원이 칼라비-야우 도형으로 판명된 것까지는 좋았는데, 이 모든 조건을 만족하는 칼라비-야우 도형의 후보가 수십만 개나 되었다. 개개의 후보들은 크기와 형태가 제각각이었으므로, 결국 끈이론학자들은 수십만 개의 입자물리학을 양산한 셈이었다.

문제는 이것뿐만이 아니었다. 끈의 저에너지 진동 패턴에는 질량이 없는 입자가 대응되는데, 표준모형에 등장하는 1~3세대 입자들은 한

결같이 질량을 갖고 있다. 그리고 초끈이론은 표준모형에 없는 입자들까지 무더기로 양산했다.

처음에는 물리학계에 대지진이 일어난 것처럼 떠들썩했지만, 결국 초끈이론은 물리학 이론의 최고 가치인 '유일성'을 상실한 채 서서히 시들어갔다. 초끈이론이 처음 약속했던 대로 '만물의 이론'이 되려면 눈앞에 산적한 문제들을 하루빨리 해결해야 했다.

39

시간과 공간의 양자
1986년 2월, 샌타바버라 / 리 스몰린, 카를로 로벨리

1980년대 중반에 초끈이론은 이론물리학의 총아로 떠오르면서 많은 물리학자들을 끌어들였다. 그러나 이것도 결국은 끈을 대상으로 한 양자장이론이었기에, 입자물리학자들이 선호하는 공변접근법으로 양자중력이론을 구축하는 연구도 활발하게 진행되었다.

일반상대성이론에 익숙한 물리학자들은 초끈이론에 하나(또는 그 이상)의 치명적 오류가 있다고 주장했다. 초끈이론에서 끈의 진동 패턴은 칼라비-야우 공간의 형태에 따라 달라진다. 즉, 배경 공간이 달라지면 이론 자체가 달라지는 것이다. 초끈이론은 이 공간 종속적인(background-dependent) 특성에서 결코 벗어날 수 없었기 때문에, 반대론자들은 초끈이론을 비난할 때 이 점을 문제 삼곤 했다. 그러나 대부분의 초끈이론학자들은 공간 종속성을 이론의 결함으로 생각하지 않았다.

양자중력이론으로 가는 또 하나의 길, 즉 정준접근법은 휠러-디윗 방정식이 알려진 후로 한동안 침체기를 겪다가 1983년에 스티븐 호킹과 시카고에 있는 엔리코페르미연구소의 미국 물리학자 제임스 하틀(1939~)에 의해 다시 활력을 찾았다. 이들은 휠러-디윗방정식의 특별한 해로부터 우주의 파동함수를 유도했으며, 파인먼의 경로적분법을 적용한 빅뱅우주론을 창안했다.

이들이 얻은 해는 '유한하면서 경계가 없는' 간단한 우주모형에 기초한 것이다. 시공간에 경계가 없다는 것은 우주에 '시작'이 없다는 것을 뜻한다(만일 시작이 있다면, 우주가 시작된 바로 그 시점이 시간의 경계가 되기 때문이다-옮긴이).

1981년에 열린 바티칸학회에서 교황 요한 바오로 2세가 우주론학자들에게 "과학적 연구 대상을 창조의 순간 이후로 제한해 달라"고 요구했을 때, 스티븐 호킹은 자신의 무경계 가정(no-boundary assumption)이 창조의 순간을 부정하고 있음을 드러내놓고 말하지 않았다. 나중에 그는 교황 앞에서 침묵을 지킨 이유를 다음과 같이 해명했다.

"나는 갈릴레오가 세상을 떠나고 정확히 300년 후에 태어났다. 그래서인지 그와 강한 연대감을 느낀다. 그러나 교황의 뜻을 어기고 평생 고생했던 그의 전철을 밟고 싶지는 않다."

우주의 바닥상태 파동함수는 팽창하는 우주에 대응하는 것으로 판명되었다. 반면에 들뜬상태의 파동함수는 팽창했다가 수축되는 우주에 대응되었는데, 터널 효과가 일어나 영원히 팽창하는 상태

• 경계가 없는 시공간을 이해하는 첫걸음은 다음 질문의 답을 찾는 것이다. "북극점의 북쪽에는 무엇이 있는가?" (유한하면서 경계가 없는 공간의 가장 간단한 사례는 지구의 표면, 즉 2차원 공간이다. 지구의 표면적은 유한하지만 임의의 방향으로 아무리 진행해도 표면을 벗어날 수 없다-옮긴이)

로 옮겨갈 가능성도 있었다. 그러나 이 방법도 심각한 걸림돌에 막혀 더 이상 진도를 나가지 못했고, 정준접근법은 또 한 번 침체기에 접어들었다.

초끈이론학자들은 좁은 영역에 말려 있는 칼라비-야우 공간과 계속해서 씨름을 벌였지만 별다른 소득이 없었다. 그러는 사이에 정준접근법과 관련된 새로운 사실이 잇달아 발견되면서 초끈이론의 강력한 경쟁 상대가 나타났다. 배경 시공간과 완전히 무관한 논리로 무장한 채 끈이론의 입지를 위협해온 라이벌은 바로 '고리양자중력이론(loop quantum gravity)'이었다.

1982년 8월에 메릴랜드대학교의 아미타바 센은 일반상대성이론을 3차원의 '스핀 체계(spin system)'로 재구성한 논문을 〈피지컬 리뷰 레터스〉에 제출했다. 이것은 1913년에 프랑스 수학자 엘리 카르탕(1869~1951)이 처음으로 개발한 '스피너(spinor)' 또는 스핀벡터에 기초한 수학 체계로, 스피너를 양자역학에 처음으로 도입한 사람은 볼프강 파울리였다(그는 1927년 3월에 스피너를 행렬로 표현한 스핀이론을 창시했다). 그 후 폴 디랙은 전자와 양전자에 스피너를 적용하여 상대론적 파동방정식을 유도했다.

아미타바 센의 논문에서 스피너는 물리적 의미가 없다. 일반상대성이론을 복소벡터 공간에서 전개하면 내용이 무척 복잡해지는데, 여기에 스피너를 사용하면 기하학적 의미를 이해하기가 쉽기 때문에 편의를 위해 도입된 것뿐이다. 그는 일반상대성이론의 ADM(아노위트, 데서,

마이스너) 해밀토니안 체계에 부과된 제한 조건을 새로운 방식으로 표현했다.

아미타바 센의 논문은 별 관심을 끌지 못한 채 묻혀 있다가 몇 년 뒤 뉴욕 시러큐스대학교의 인도인 물리학자 아베이 아슈테카(1949~)의 눈에 들어왔다. 그는 시카고대학교에서 중력과 일반상대성이론을 전공하여 1974년에 박사학위를 받았다. 아슈테카는 아미타바 센이 사용한 스피너가 일반상대성이론의 제한된 해밀토니안 체계를 서술하는 완벽한 도구이며, 이로부터 전보다 훨씬 간단한 휠러-디윗 방정식이 얻어진다는 사실을 간파했다. 시공간의 계량(metric, 시공간의 기하학적 특성을 나타내는 행렬-옮긴이)을 스피너가 전달되는 스핀-연결(spin-connection)로 바꾸면 일반상대성이론은 게이지장이론과 비슷해진다. 아슈테카는 "게이지장이론을 양자화할 때 사용했던 방법은 일반상대성이론에도 적용될 수 있다"고 했다.

예일대학교의 조교수였던 리 스몰린(1955~)은 아슈테카의 논문을 읽고 그를 예일대학교로 초청하여 세미나를 열었다. 스몰린은 학부 시절에 물리학과 철학을 전공했고 1979년에 하버드대학교에서 물리학 박사학위를 받은 뒤 샌타바버라의 이론물리학연구소와 시카고의 페르미연구소에서 박사후과정을 보내다가 예일대학교에 자리를 잡았다. 그는 센의 논문이 중요하다는 사실을 알고 있었지만, 내용을 완전히 파악하지는 못했다. 그런데 아슈테카가 직접 찾아와서 자세한 강의를 해준다니, 그보다 반가운 소식이 없었다.

1985년 12월에 아슈테카는 〈피지컬 리뷰 레터스〉에 한 편의 논문을 제출했다. 그는 이 논문의 초록에 "고전중력 및 양자중력과 관련된 문제를 해결하는 새로운 방법"이라고 적어놓았다. 다음해 1월에 아슈테카는 샌타바버라로 이주하여 캘리포니아대학교의 미국과학재단 이론 물리학 분과에서 6개월에 걸쳐 진행되는 워크숍의 총책임자가 되었다.

겨울철에 미국 동부 해안에서 서부 해안으로 거주지를 옮기는 것은 매우 현명한 선택이다. 예일대학교의 조교수였던 리 스몰린은 샌타바 버라 워크숍에 참석하게 해 달라고 학교 측을 끈질기게 설득하여 기어 이 허락을 받아냈다(예일대학교는 코네티컷 주 동부 해안 도시인 뉴헤이븐에 있다-옮 긴이). 그는 워크숍 행사장에 도착하자마자 하버드대학교의 폴 렌텐, 메 릴랜드대학교의 테드 제이콥슨(1954~)과 연구 팀을 이루어 아미타바 센과 아베이 아슈테카가 시작했던 연구를 계속 밀고 나가기로 했다.

한 달 뒤인 1986년 2월, 리 스몰린과 테드 제이콥슨이 획기적인 진 보를 이루어냈다. 두 사람은 조그만 강의실에 앉아 아미타바 센과 아베 이 아슈테카의 이론에서 예측된 휠러-디윗 방정식의 간단한 해를 칠판 에 휘갈기며 열띤 토론을 벌이다가 놀라운 사실을 알아냈다.

우리는 칠판에 적어놓은 두 번째와 세 번째 추측이 방정식의 정확한 해임 을 문득 깨달았다. 혹시 중간에 실수가 있을까 봐 같은 계산을 여러 번 반복 하고 다른 방법으로 검산도 해보았지만 틀린 곳은 없었다. 우리가 칠판에 휘 갈겨 쓴 것은 양자중력 방정식의 완벽한 해였다.

리 스몰린은 그날의 느낌을 지금도 생생히 기억하고 있다. 날씨는 화 창했고 제이콥슨은 티셔츠를 입고 있었다.

"… 샌타바버라는 날씨가 좋아서 제이콥슨은 매일 티셔츠를 입고 다 녔지요."

이들이 구한 휠러-디윗 방정식의 해는 '윌슨고리(Wilson loop)'에 기초한 것이다. 윌슨고리는 미국의 이론물리학자 케니스 윌슨(1936~2013)의 이름에서 따온 용어인데, 1970년대에 QCD의 정확한 해(건드림접근법을 사용하지 않고 구한 완전해-옮긴이)를 구하기 위해 양자역학에 도입된 개념으로 힘을 나타내는 '닫힌 고리'로 해석할 수 있다. 우리는 막대자석 주변에 형성되는 자기장을 표현할 때, 자석의 한쪽 극에서 나와 반대쪽 극으로 들어가는 '자기력선(line of force)'을 그리곤 한다. 막대자석 위에 종이를 놓고 그 위에 쇳가루를 뿌리면 지력선의 형태를 눈으로 확인할 수 있다. 일반적으로 하전입자가 없을 때 들뜬 장(field excitation)은 닫힌 고리를 형성한다.

케니스 윌슨은 지극히 작은 격자로 이루어진 불연속의 시공간에서 고리를 양자화시켰다. 이런 시공간에서 입자는 격자의 마디(node, 교차점)에만 위치할 수 있고, 지력선은 격자의 방향을 따라 나열된다. 윌슨의 분석에 따르면, 시공간은 연속체가 아니라 일종의 격자 형태를 띠며 격자의 교차점과 선들 사이에는 시공간이 존재하지 않는다(간단히 말해서, 시공간이 '띄엄띄엄' 존재한다는 뜻이다-옮긴이).

리 스몰린과 테드 제이콥슨은 윌슨의 이론에서 격자를 제거하고 고리만을 채용하여, 이것을 '관측 가능한 가장 기본적인 양'으로 간주했다. 그런데 고리들이 서로 교차하지 않고 뾰족하게 겹친 곳도 없다면, 유한한 개수의 양자화된 고리들은 휠러-디윗 방정식의 해가 될 수 있다. 게다가 이 논리에는 배경 공간도 필요 없었다. 그 고리는 시공간에 존재하는 객체가 아니었다. 그보다는 오히려 고리들 사이의 상호 관계가 공간을 정의하고 있었다. 리 스몰린은 다음과 같이 적어놓았다.

… 우리는 연구를 처음 시작할 때부터 양자중력이론이 이미 우리 손 안에

들어와 있음을 알고 있었다. 그 이론은 불연속의 기본 객체들로 이루어진 플랑크 규모의 물리학을 정확히 서술하고 있었다.

그러나 해결해야 할 문제가 하나 남아 있었다.

공간 독립적인(배경과 무관한) 이론이 완벽한 형태로 구축되려면, 리 스몰린과 테드 제이콥슨이 구한 해는 '미분동형제약(diffeomorphism constraint)'이 걸려 있는 방정식의 해가 되어야 했다. 이것은 일반상대성이론에서 요구하는 공변성을 만족하기 위해 반드시 거쳐야 할 과정이었다. 만일 이 방정식까지 만족한다면, 스몰린과 제이콥슨이 구한 해는 좌표계의 선택과 완전히 무관해진다. 일반상대성이론에서는 모든 좌표계가 동등하기 때문에, 좌표계의 선택에 따라 해가 달라진다는 것은 있을 수 없는 일이었다.

처음에는 간단한 작업이라고 생각했는데, 막상 뚜껑을 열어보니 그렇지가 않았다. 예일대학교에 있을 때에도 스몰린은 동료들과 함께 미분동형제약 방정식과 한바탕 씨름을 벌이다가 포기한 적이 있었다. 이 이론은 고리 자체에 영향을 받을 뿐만 아니라 고리 주변에 흐르는 장에 의해서도 영향을 받는데, 바로 이 점 때문에 방정식을 풀기가 어려워지는 것이다.

리 스몰린과 테드 제이콥슨은 마지막 한 걸음을 남겨두고 답보 상태에 빠졌다. 그로부터 거의 1년 반이 지난 1987년 10월에 카를로 로벨리(1956~)가 예일대학교에 도착했다. 그는 그 전해에 이탈리아 파도바대학교에서 박사과정을 마친 젊은 물리학자였다. 스몰린은 샌타바버라 워크숍이 거의 끝나가던 무렵에 그곳에서 로벨리를 만난 적이 있었다. 그 뒤 로벨리는 이탈리아로 돌아가 스몰린에게 "예일대학교에서 당신과 함께 양자중력이론을 연구하고 싶다"는 편지를 보내왔고, 스몰린은 흔쾌히 허락했다. 그러나 막상 로벨리가 예일대학교에 도착했을 때, 스몰린은 안 좋은 소식을 전할 수밖에 없었다.

"당장은 할 일이 없습니다. 우리는 지금 완전히 진퇴양난에 빠졌거든요."

잠시 어색한 침묵이 흐른 뒤, 스몰린이 요트 항해를 하러 가자고 제안했다. 마침 로벨리는 고향에서 실력을 갈고 닦은 뛰어난 항해사였다. 하지만 다음 날 로벨리는 하루 종일 나타나지 않았다. 그러고는 그 다음 날 스몰린의 연구실을 찾아와 여유 만만한 표정으로 말했다.

"제가 그 문제를 해결했습니다."

카를로 로벨리는 고리 자체를 '기저상태(basis state)'로 간주하여 이론을 재구성했다. 그랬더니 장(場)에 대한 의존성이 사라지면서 고리만 남게 되었다. 스몰린의 발목을 잡고 있던 골칫거리가 사라진 것이다. 그 결과, 미분동형제약을 만족하면서 배경 독립적인 이론이 드디어 완성되었다.•

양자중력이론에서 고리는 공간의 양자에 해당한다. 나중에 로벨리는 자신의 저서에 다음과 같이 적어놓았다.

고리는 중력장의 양자적 들뜬상태에 해당하며, 이것이 바로 물리적 공간 그 자체이다. 따라서 고리가 공간에서 이동한다는 것은 개념적으로 맞지 않는다. 중요한 것은 고리들 사이의 거리이다. 주변 공간에 대한 고리의 상대적

• 리 스몰린은 두 번째 도약을 이룬 후, 자신이 발견한 고리 표현법(loop representation)이 1980년에 우르과이 물리학자 로돌포 감비니와 그의 동료인 안토니 트리아스에 의해 QCD에 이미 적용되었음을 알고 크게 실망했다(그러나 양자중력이론에 적용된 사례는 없었다).

위치는 다른 고리와의 교점에 의해 결정되며, 공간의 상태는 서로 교차하는 고리의 망(net)에 의해 서술된다. 결론적으로 말해서 '망의 위치'라는 개념은 없으며, '망 위에서의 위치'만이 정의될 수 있다. 고리는 공간 속에 존재하는 것이 아니라 다른 고리 위에 존재한다.

공간은 고리의 매듭과 연결 상태가 낳은 결과이며, 이들이 서로 엮여 우주라는 직물이 탄생한다. 자연의 역할은 우주라는 무대 위에서 배우처럼 오락가락하며 시간을 소비하는 것이 아니었다. 자연은 배우가 아니라 연극이 진행되는 배경과 소품이었던 것이다.

카를로 로벨리는 시러큐스대학교에서 고리양자중력이론을 주제로 첫 강연을 했고 그 자리에 있던 아슈테카는 깊은 감명을 받았다. 그리고 1987년 12월 인도의 고아(Goa)에서 개최된 중력 및 우주론 국제학술회의에 참석하여 고리양자중력이론을 공식적으로 발표했다.

리 스몰린과 카를로 로벨리는 연구를 계속해 나가다가 자신들에게 이미 익숙한 부분에서 고생해왔다는 사실을 뒤늦게 깨달았다. 고리로 이루어진 연결망, 즉 고리 네트워크(loop network)는 영국의 수학자 로저 펜로즈가 1971년에 개발한 '스핀 네트워크(spin network)'와 매우 비슷했다. 가장 간단한 형태의 스핀 네트워크는 입자와 장 그리고 이들 사이의 상호작용을 나타내는 다이어그램이었다.

로저 펜로즈의 이론에서 네트워크의 꼭지점(vertex) 또는 '마디(node)'는 두 입자가 충돌하거나 한 입자가 두 개 이상의 파편으로 분리되는 사건을 나타낸다. 그리고 사건들 사이를 연결하는 선에는 스핀수(spin number)가 할당되는데, 이는 입자의 각운동량(단위는 $\hbar/2$이다)에 해당하는 값으로, 스핀수가 짝수면 보존이고 홀수면 페르미온이다. 또한 각 입자는 총 각운동량이 보존되는 쪽으로 상호작용을 교환한다. 펜로즈가 스핀 네트워크를 개발한 이유는 시공간을 배제한 채 오직 사건들 사이의 상호 관계만으로 서술되는 이론을 구축하기 위해서였다.

스핀 네트워크가 너무 복잡하다고 느낀 리 스몰린은 1994년에 펜로즈를 찾아가 원조에게 직접 설명을 들었다. 그러고는 이탈리아의 베로나에 와 있던 카를로 로벨리와 합류하여 스핀 네트워크를 고리양자중력이론에 응용하는 방법을 연구했다. 이들은 1994년 여름 내내 씨름을 벌인 끝에, 고리의 특정 조합으로 만들어진 개개의 스핀 네트워크들이 특정 기하학적 구조의 양자 상태를 나타낸다는 사실을 알아냈다. 각 상태에서 마디는 부피 요소에 해당하며, 이것은 부피 양자의 개수에 따라 그 특성이 결정된다. 그리고 이들 사이를 연결하는 것은 면적 요소로서, 면적 양자의 개수에 의해 특성이 결정된다.

리 스몰린과 카를로 로벨리는 면적을 나타내는 수학적 '연산자'가 만족하는 방정식을 풀어서 면적의 '고유상태(eigenstate)'를 결정했고, 이로부터 양자 하나의 크기를 유추해냈다. 그 결과 모든 면적은 플랑크 길이의 제곱에 해당하는 기본 양자의 집합임이 분명해졌다. 또한 부피를 나타내는 연산자에 대해서도 이와 동일한 과정을 반복하여 부피 양자 하나의 크기를 계산했는데, 그 결과 모든 부피는 플랑크 길이의 세제곱에 해당하는 기본 양자의 집합으로 드러났다.

플랑크 길이는 워낙 작은 양이어서, 이것을 세제곱한 부피 양자는 상상을 초월할 정도로 작다. 실감나는 예를 들자면, 하나의 양성자 안에 10^{65}개의 부피 양자가 들어갈 수 있다.$^{\bullet}$ 이 정도로 작은 규모에서 보면

• 10^{65}는 1 다음에 0이 65개 붙어 있는 수이다.

시공간은 전혀 연속적이지 않다. 면적 양자보다 작은 면적과 부피 양자보다 작은 부피는 이 세상에 존재하지 않는다.

물론 시간과 공간이 상호 연결되어 있다는 것은 시간 역시 플랑크 시간에 의해 결정되는 시간 양자 단위로 양자화되어 있음을 의미한다. 과거에도 물리학자들은 플랑크 규모가 시간과 공간의 궁극적인 최소 단위이며, 그보다 작은 규모에서는 시공간의 특성을 논할 수 없을 것이라고 막연하게 생각해왔다. 그런데 고리양자중력이론이 심증을 굳히는 증거를 구체적으로 제공한 것이다.

스핀 네트워크의 크기에는 제한이 없다. 이 점에 대해 스몰린은 다음과 같이 말했다.

"우주의 양자 상태(공간의 기하학적 구조와 은하 및 블랙홀의 중력에 의해 휘어진 공간 등)를 그림으로 표현한다면, 대략 10^{184}개의 마디로 이루어진 복잡하고 방대한 스핀 네트워크가 될 것이다."

아직도 할 일은 많이 남아 있다. 고리양자중력이론은 양자화된 중력이론을 구현해줄 강력한 후보임이 분명하지만, 초끈이론처럼 '만물의 이론'이 되기는 어렵다. 처음 등장했을 때는 꽤 많은 관심을 끌었지만, 대부분의 입자물리학자들은 중력자를 이론에 포함하는 초끈이론을 더 선호했다. 그들은 고리보다 입자를 좋아했던 것이다. 그런데 고리양자중력이론에는 중력자가 등장하지 않는다.

고리양자중력이론은 입자가 아닌 시공간에 관한 이론이다. 표준모형에 등장하는 입자들이 여기에 도입되려면 좀 더 기다려야 할 것 같다.

40

위기? 무슨 위기?
1994년 여름, 더럼/페이 도커, 에이드리언 켄트

표준모형은 1970년대 후반에 정점을 찍은 후 답보 상태에 빠졌다. 그동안 CERN과 페르미연구소의 물리학자들은 힉스 입자를 발견하기 위해 무진 애를 써왔지만 별다른 성과를 거두지 못했고, 대통일이론은 화려하게 등장했다가 슬그머니 사라졌다. 한때 초대칭이론이 각광을 받았으나, 표준모형에 등록된 입자들의 초대칭 짝은 아직 한 번도 발견되지 않았다. 1980년에 스티븐 호킹은 N=8 초중력이론이 궁극의 이론이 될 것으로 예측했지만, 이것도 이루어지지 않았다.

한편 초끈이론은 내용이 너무 풍부해서 탈이었다. SO(32) 대칭군에 기초한 I형 끈이론과 IIA형, IIB형, 이형 끈이론에 이어 다섯 번째 이론이 탄생했다. 새로운 끈이론은 이형 끈이론의 변종으로, I형처럼 SO(32)에 기초하고 있었다. 그렇지 않아도 많아서 탈인데 또 하나가 등장했으니, 그다지 반가운 소식은 아니었다.

돌파구가 절실하게 필요한 시기에 자타가 공인하는 초끈이론의 선두주자, 에드워드 위튼이 과감한 추측을 내놓았다. 끈이론과 양자장이론 사이에 듀얼리티(duality, 우리말로는 '이중성'으로 번역되지만, '하나의 객체가 두 가지 속성을 갖고 있다'는 뜻으로 오해될 소지가 있어 영어를 그대로 표기한다-옮긴이)가 존재한다는 것은 1990년대 초부터 물리학자들 사이에 잘 알려진 사실이었다.* 에드워드 위튼은 서로 듀얼리티 관계에 있는 다섯 개의 끈이론들이 더욱 커다란 구조 안에서 하나로 통일된다는 놀라운 가설을 내놓았다. 그는 이것을 'M-이론(M-theory)'이라 불렀지만, M의 의미에 대해서는 구체적인 언급을 하지 않았다.

에드워드 위튼은 M-이론을 구축하지는 못했지만, 그런 이론이 존재한다고 생각했다. 그의 예상대로 M-이론이 정말 존재한다면, 우리가 알고 있는 4차원 시공간에는 7개의 차원이 추가되어야 한다. 초기의 초끈이론은 시공간이 10차원이라고 주장했는데, 알고 보니 다른 여분 차원들보다 훨씬 작은 차원 하나가 숨어 있었던 것이다. 또한 M-이론에 등장하는 끈은 1차원 객체가 아니라 '멤브레인(membrane, 막)'이라는 다차원 객체이다. 물리학자들은 2차원 멤브레인을 2-브레인(two-brane), 3차원 멤브레인을 3-브레인(three-brane)이라 부른다.

M-이론의 등장과 함께 초끈이론은 제2차 혁명기를 맞이하게 된다. 1990년대 중반부터 초끈이론은 다시 한 번 초유의 관심사로

---

* 예를 들어 결합상수가 g인 이론에 S-듀얼리티(또는 강-약 듀얼리티)가 존재하면, 결합상수가 $1/g$인 이론으로 변환될 수 있다. 건드림 접근법은 결합상수가 작은 이론에만 적용될 수 있는데, 듀얼리티를 이용하면 원래의 이론과 듀얼리티 관계에 있는 (결합상수가 큰) 이론에도 건드림 접근법을 적용할 수 있다.

떠올랐고, 세계 각지의 유명한 연구소들은 초끈이론 학자들로 북새통을 이뤘다.

그사이에 고리양자중력도 많은 발전을 이루었지만, 이 분야는 입자물리학보다 상대성이론에 가깝기 때문에 그다지 많은 관심을 끌지 못했다.

고리양자중력은 탄탄한 수학적 기초 위에 세워진 이론이다. 이제 이론학자들은 스핀 네트워크의 변화가 질량이 놓인 시공간의 곡률을 어떤 식으로 반영하는지 비로소 이해하기 시작했다. 뉴턴의 중력 법칙에 따르면, 질량을 가진 물체들은 서로 상대방에게 인력을 행사한다. 저에너지 근사에서 중력자는 스핀 네트워크의 집단 들뜬상태처럼 보이는데, 이것은 포논(phonon, 음파와 같은 탄성체의 진동을 나타내는 입자)이 결정체의 격자 속에서 원자나 이온의 집단적 들뜬상태를 나타내는 것과 비슷하다.

이 이론은 1996년 블랙홀의 엔트로피와 관련된 호킹-베켄스타인 공식을 유도하는 데 사용됨으로써, 비슷한 시기에 화려하게 부활한 초끈이론과 함께 세계적 관심을 끌었다. 또한 이 이론은 빛의 속도가 광자의 진동수에 따라 다르다는 다소 이단적인 예측을 내놓았는데, 이는 곧 관측을 통해 이론을 검증할 수 있다는 뜻이기도 하다. 아주 작은 차이긴 하지만 수십 억 년 동안 우주 공간을 가로질러 온 빛을 대상으로 한다면 진동수에 따른 속도의 차이를 관측할 수 있을 것이다. 우주론 학자들은 먼 우주 공간에서 일어난 감마선 폭발이 필요한 데이터를 제공해줄 것으로 기대하고 있다.

지금도 많은 이론물리학자들이 초끈이론을 연구하고 있지만, 토포스이론(topos theory)과 트위스터이론(twister theory), 테크니컬러

(technicolour), 위상양자장이론(topological quantum field theory) 등 다양한 이론들이 양자중력이라는 물리학의 성배를 찾기 위해 각축을 벌이고 있다. 기본적인 문제는 아직 해결되지 않았지만, 각 분야는 나름대로 서서히 진보하고 있다.

그러나 또 다른 문제가 여전히 남아 있었다. 제대로 된 양자중력 이론이라면 일반상대성이론과 양자역학을 근본적인 단계에서 하나로 통일할 수 있어야 한다. 이것은 별로 좋은 소식이 아니었다.

———————————————— 〰 ————————————————

휠러-디윗 방정식의 원조인 브라이스 디윗은 양자역학의 관측 문제를 해결하는 가장 좋은 해결책으로 휴 에버렛의 다중세계 해석을 선택했다. 이 가설을 수용하면 우주의 '바깥'에 앉아 우주를 관측하여 우주의 파동함수를 붕괴시키는 외부 관측자를 도입할 필요가 없어진다. 양자 세계와 고전적 세계가 연결되려면 양자적 관측으로부터 고전적 결과가 얻어지는 어떤 특별한 관측계가 존재해야 하는데, 일반상대성이론은 모든 관측계가 동등하다고 선언함으로써 이 가능성을 없애버렸다.

두 이론은 매사에 대립하면서 희한한 공생 관계를 유지해왔다. 자연의 양자적 실체를 밝히려는 일련의 실험들은 보어의 상보성원리와 코펜하겐 해석의 우월성을 재확인하면서도, 다른 한편으로는 양자적 관측 문제를 더욱 난해하게 만들어버렸다. 그래서 양자우주론 학자들은

• 2008년 6월 11일에 발사된 NASA의 감마선 망원경(Gamma-ray Telescope)은 이 작은 차이를 감지해줄 후보로 기대를 모으고 있다.

원조 코펜하겐 해석이 틀렸다고 결론지었다.

그러나 다중세계 해석도 나름대로 문제점을 안고 있었다. 1957년에 휴 에버렛이 이 가설을 처음 공개했을 때, 그는 관측자의 상태가 마치 나뭇가지처럼 여러 가지 가능한 상태로 '가지를 쳐 나간다'고 제안했다. 그러나 휴 에버렛의 가설을 약간 변형시킨 다른 해석들은 우리에게 친숙한 이 세계가 엄청나게 많은(무한개일 수도 있는) 평행우주의 하나에 불과하다고 가정했다. 다시 말해서 양자적 관측이 행해질 때마다 이 세계가 가지를 쳐 나가는 게 아니라, 중첩된 다양한 상태들이 분리되어 이미 존재하고 있던 평행우주에 편입된다는 것이다.

이 많은 우주들 중에는 당신이 전자의 스핀을 측정하여 '업'이 나온 우주도 있고, '다운'이 나온 우주도 있다. 브라이스 디윗은 이것을 '정신분열적 한 풀기(schizophrenia with a vengeance)'라고 표현했다.

평행우주는 서로 상호작용을 교환하거나 하나로 합쳐질 수도 있다. 일각에서는 우리가 간섭 실험을 할 때마다 서로 다른 우주가 합쳐지는 '간접적 증거'를 보고 있다고 주장하는 사람도 있다. 존 휠러는 처음에 제자(휴 에버렛 3세)의 논문을 받아들였다가 "형이상학적 군더더기가 너무 많다"며 다시 쓸 것을 요구했다. 당시 대부분의 물리학자들은 휴 에버렛의 가설이 "값싼 가정에서 출발한 주제에 너무 많은 대가를 요구한다"며 평가절하했고, 머리 겔만은 좀 더 우아한 논조로 불만을 토로했다.

에버렛의 해석이 맞는다면 누구나 러시안룰렛 게임을 하고 싶어질 것이다. 물론 게임에 지고 목숨까지 잃을 확률이 훨씬 높지만, 적은 확률이나마 게임에 이겨서 부자가 된 세계가 반드시 존재할 것이기 때문이다. 게다가 그

세계도 다른 세계와 똑같이 현실적이라면, 굳이 피할 이유가 없지 않은가.

휴 에버렛의 가설이 물리학 무대에서 쫓겨나지 않으려면 무엇인가 다른 해석이 절실하게 필요했다.

1984년에 미국의 물리학자 로버트 그리피스(1937~)는 '일관된 과거(consistent histories)'라는 개념에 기초하여 양자역학을 새롭게 해석하는 연구 프로그램을 계획했다. 그가 말하는 과거란 '최근에 알려진 상호 연결된 일련의 사건들의 합'으로서 일상적으로 통용되는 의미와 크게 다르지 않다.

그리피스의 과거는 리처드 파인먼이 말하는 과거와 비슷하다. 단, 파인먼식 접근법은 한 장소에서 다른 장소로 이동하는 양자적 입자의 특별한 역학에 초점이 맞춰진 반면, 그리피스의 접근법은 양자역학의 논리적 체계와 해석에 중점을 두고 있다. 리처드 파인먼의 이론에서 과거가 다르다는 것은 양자적 입자가 한 곳에서 다른 곳으로 이동할 때 거쳐온 경로가 다르다는 뜻이지만, 로버트 그리피스의 이론에서 다른 과거란 일관된 관점으로 사건들을 바라볼 때 서로 다르게 서술되는 과거를 의미한다.

이 해석에 따르면 '올바른 과거'나 '양자적 사건을 바라보는 올바른 관점'이란 존재하지 않는다. 그저 '똑같이 옳은' 일관된 과거가 여러 개 존재할 뿐이다. 그리고 관측자는 자신이 실행하고자 하는 실험의 형태에 따라 과거를 선택한다.

가능한 여러 과거들 중 일부는 '입자의 과거'(경로를 아는 경우)이고, 다른 일부는 '파동의 과거'(간섭무늬가 나타난 경우)임을 인정한다면, 과거에 대한 일관된 해석은 보어의 상보성원리를 확률의 언어로 재서술한 것과 같아진다. 로버트 그리피스는 일관된 과거 해석이 "코펜하겐 해석이 옳았음을 인정하는 것"이라고 했다.

> … 물리계를 서술하는 일관된 과거들 중 단 하나의 '올바른' 과거가 존재하지 않듯이, 다양한 과거로부터 얻어진 예측을 입증하는 단 하나의 실험 방법은 존재하지 않는다.

1991년에 머리 겔만과 제임스 하틀(1939~1999)은 그리피스의 일관성 조건을 확장하여 '결어긋남'이라는 개념을 도입했다. 그 후로 물리학자들은 일관된 과거 해석을 종종 '결어긋난 과거(decoherent histories)'라 불러왔다. 머리 겔만은 자신이 제안한 해석을 다음과 같이 설명했다.

> 에버렛의 가설은 쓸모 있고 중요하지만 불완전한 구석이 많다. 그의 논문을 읽어본 사람은 알겠지만 어휘의 선택과 설명 방식이 다소 혼란스럽다. 그의 해석은 종종 '다중세계'라는 용어로 표현되곤 하는데, 이는 여러 개의 우주가 공존한다는 뜻이 아니라 "지금의 우주는 여러 개의 가능한 과거를 갖고 있다"는 뜻으로 해석되어야 한다고 생각한다. 또한 에버렛의 다중세계는 '똑같이 현실적인 세계들'을 말하고 있지만, 내가 보기에는 '확률이 같은 경우에 동등하게 취급될 수 있는 과거 세계들'이라고 말해야 혼동을 줄일 수 있다.

머리 겔만의 주장은 설득력이 있다. 그의 논리에 따르면, 외부의 관측자를 도입할 필요가 없다. 파동-입자 이중성 등 기존의 상식으로 이해할 수 없는 양자적 현상들은 '하나뿐인' 우주의 양자적 영역에서 진행되는 다양하면서도 일관된 과거들이 현실로 나타난 결과이다. 그리고 우주의 양자적 영역(그리고 이들의 모든 중첩들)은 결어긋남의 역학을 따라 우리에게 친숙한 고전적 영역으로 매끄럽게 진행된다.•

이것으로 모든 문제가 해결되었을까? 물론 아니다. 스티븐 호킹의 제자였던 이론물리학자 페이 도커(1965~)와 그녀의 동료인 에이드리언 켄트는 1994년 여름에 더럼대학교에서 열린 양자중력학회에서 연구 결과를 발표하여 청중석에 있던 리 스몰린에게 깊은 인상을 남겼다. 6년 뒤, 스몰린은 도커와 켄트의 연구를 다음과 같이 평가했다.

입자들이 명확한 위치를 갖고 있는 고전적 세계는 이론에서 얻은 해로 서술되는 일관된 세계들 중 하나일 것이다. 도커와 켄트는 이것 외에 다른 세계가 무수히 많이 존재하며, 지금 이 순간에는 고전적으로 보이지만 5분 뒤 완전히 다른 세계로 변하는 '일관된 세계'도 무수히 많다는 것을 입증했다. 우리를 더욱 심란하게 만든 것은 과거에 존재했던 고전적 세계들이 마구 섞여서 지금의 세계가 될 수도 있다는 점이다. 도커와 켄트는 "지금 화석에서 공룡의 뼈가 발견되었다고 해서 수천만 년 전에 공룡이 지구에 살았다고 단정지을 수는 없다"고 결론지었다.

간단히 말해서, 자연의 법칙으로부터 초래된 '올바른' 과거는 존재하지 않는다는 이야기다. 이들의 이론에 따르면, 모든 가능한 과거는 똑같이 옳으며 우리의 과거는 어떤 질문을 하느냐에 따라 달라진다. 그렇다면 이론을 이해하는 우리의 능력은 '올바른 질문을 하는 능력'에 의

• 결어긋남은 고전적 중첩이 일어나지 않은 이유를 설명해주지만 관측 문제를 해결하지는 못한다. 제34장 참조.

해 좌우되는 셈이다.

공룡이 지구에 서식했던 과거를 원한다면, 그런 과거에 타당한 질문을 던져야 한다. 물론 이것은 전자가 파동임을 입증하기 위해 회절이나 간섭이 일어나도록 실험 장치를 설치하는 것과 같다.

이로써 휴 에버렛의 다중우주 해석은 '결어긋난 과거 해석'으로 대치되었다. 가능한 과거는 무수히 많으며, 이들 모두는 똑같이 옳다. 스몰린은 말한다.

"전통적인 양자우주론은 답을 찾을 수 있는 이론이지만, 질문을 만들어내는 이론은 아니다."

지난 100년 동안 양자역학은 눈부신 발전을 이루었다. 그러나 자연에 존재하는 모든 소립자와 힘을 통일하는 양자장이론은 아직 개발되지 않았다. 표준모형에 등장하는 20개의 기본 변수들(입자의 질량, 전하, 힘의 세기 등)은 여전히 실험을 통해 결정하는 수밖에 없고, 입자들이 질량을 획득하는 과정도 불분명하다. 뿐만 아니라 양자 수준에서 물리적 실체는 우리가 생각했던 것보다 훨씬 낯설었고, 이것을 어떻게 해석해야 할지 아직도 갈피를 잡지 못하고 있다. 아무래도 물리학은 21세기에 접어들면서 위기에 봉착한 듯하다.

사실 이것은 새삼스런 이야기도 아니다. 과거에도 물리학은 심각한 위기에 처한 적이 있었다.

1934년에 로버트 오펜하이머는 동생 프랭크에게 다음과 같은 편지를 보냈다.

다들 알고 있다시피 이론물리학은 총체적인 위기에 빠졌단다. 유령 같은 뉴트리노, 눈앞의 증거를 외면한 채 우주선(cosmic ray)을 양성자라고 우기는 코펜하겐 학파의 고집, 절대로 양자화될 수 없는 막스 보른의 장이론, 양전자에서 발생하는 무한대 문제 그리고 아무것도 계산할 수 없는 무력함 등······ 이 모든 난관을 과연 극복할 수 있을지 심히 걱정스럽구나.

그로부터 13년 후, 이시도어 라비는 "지난 18년은 20세기 들어 물리학이 겪은 최악의 침체기"라고 했다.

모든 과학이 그렇듯이 물리학도 여러 차례 위기를 겪었으며, 그것을 극복하는 과정도 결코 매끄럽지 않았다. 누군가가 나타나 혁신적 진보를 이루면 그 뒤로 온갖 논쟁이 난무하면서 긴 암흑기가 이어지곤 했다. 진보가 이루어지는 것은 잠깐이고 대부분의 시간을 암흑 속에서 보냈으니, 위기라는 것은 과학의 자연스러운 상태일지도 모른다. 그런데 중요한 것은 물리학의 발전을 이끌었던 파격적인 개념들이 한결같이 위기 상황에서 출현했다는 점이다. 그런 위기가 있었기에 하이젠베르크는 밤늦게 팰리드 공원을 배회하며 비상식적인 자연 때문에 고민하다가 불확정성원리의 기본 개념을 떠올릴 수 있었다. 혁신적인 발상은 대체로 절망적인 상황에서 떠오르곤 한다.

그런데 지금 물리학이 처한 위기는 이전에 겪었던 위기와 조금 다른 면이 있다.

초끈이론은 지금 이론물리학의 대세로 자리 잡았지만, 실험이나 가속기를 통해 검증될 수 있는 예측을 단 하나도 내놓지 못했다. 이론 자체는 꽤 훌륭해 보이는데, 그것으로 계산할 수 있는 물리량이 단 하나도 없는 것이다. 정말로 희한한 상황이 아닐 수 없다. 리처드 파인먼은 1980년대 말에 초끈이론에 대한 거부감을 다음과 같이 토로했다.

내가 초끈이론을 싫어하는 이유는 물리량을 계산하지 못해서가 아니라, 그 분야의 학자들이 자신의 생각을 검증하려는 노력을 하지 않기 때문이다. 어쩌다가 이론과 실험이 일치하지 않으면 그들은 원인을 파고들 생각은 안 하고 기존의 설명 방식을 조금 수정하여 "자, 이 정도면 됐지? 초끈이론은 아직도 틀리지 않았어!"라는 등 면피성 주장을 늘어놓곤 한다.

마르티뉘스 펠트만은 2003년에 출간한 저서 《입자물리학의 실제와 수수께끼(Facts and Mysteries in Elementary Particle Physics)》에서 초대칭과 초끈이론을 다음과 같이 평가했다.

이 책의 주제는 물리학이다. 제대로 된 물리학 이론이라면 반드시 실험을 통해 검증되어야 한다. 그러나 초대칭과 초끈이론은 이 범주에 속하지 않는다. 이 이론은 학자들이 만들어낸 공상일 뿐이다. 파울리의 표현을 빌리면, 초대칭과 초끈이론은 "너무나 엉터리여서 틀렸다고 말할 수조차 없다(not even wrong)." 물리학의 고결한 무대에 공상을 위한 자리는 없다.

사실 이것은 유행에 뒤떨어진 일부 학자들의 생각일 수도 있다. 그러나 1950~1960년대에 양자장이론에 매달렸던 양전닝과 로버트 밀스, 셸던 글래쇼, 압두스 살람 그리고 스티븐 와인버그가 그랬듯이 혁신적 이론에 쓴소리를 한다고 해서 딱히 해가 될 것은 없다. 그러나 지금의 이론물리학계, 특히 미국의 이론물리학이 초끈이론에 지나치게 편중된 것은 그다지 바람직한 현상은 아닌 것 같다. 한때 이론물리학자였다가 수학자로 전향한 피터 워이트는 2006년에 볼프강 파울리를 방불케 하는 신랄한 어조로 《틀렸다고 말할 수조차 없는 이론(Not Even Wrong)》

(우리말 번역판은 《초끈이론의 진실》)이라는 책을 출간했는데, 여기서 그는 초끈이론이 실패한 이론임을 강력히 주장했다.

초끈이론이 실패했다고 해서 당장 대안을 찾아 나설 게 아니라 이로부터 무언가를 배우고 넘어가야 한다. 끈이론학자들이 현실을 외면하고 젊은 대학원생들에게 실패한 이론을 공부할 것을 계속 강요한다면, 새로운 아이디어가 떠오를 가능성은 거의 없다.

스몰린도 2006년 저서 《물리학의 문제들(The Trouble with Physics)》에서 비판의 목소리를 더했다.

2009년 7월 리 스몰린은 CERN에서 양자장이론을 주제로 개최된 한 강연회에 참석하여 다음과 같이 말했다.

나는 끈이론학자들의 기를 죽이고 싶지 않다. 그러나 이 우주는 끈이론에서 말하는 방식으로 운영되지 않을 수도 있다. 오히려 우리에게 이미 친숙한 표준모형이나 일반상대성이론이 실제의 우주에 더 가까울지도 모른다.

에필로그

위안의 양자?
2010년 3월, 제네바

CERN의 거대강입자충돌기(LHC) 프로젝트 책임자인 린 에번스는 이렇게 말했다.

"정말 환상적이다. 이제 우리는 우주의 기원과 진화 과정을 새로운 시각에서 이해할 수 있게 되었다. 물리학과 우주론에 새로운 시대가 열린 것이다!"

그러나 안타깝게도 에번스의 흥분은 금방 가라앉았다.

2008년 9월 10일 오전 10시 28분, CERN의 거대강입자충돌기가 드디어 역사적인 가동에 들어갔다. 조그만 제어실을 가득 메운 물리학자들은 모니터에 나타나는 섬광을 바라보며 일제히 환호성을 질렀다. 그것은 고에너지 양성자가 $-271°$(절대온도 2K)로 냉각된 둘레 27킬로미터짜리 고리형 기계 속에서 계획대로 움직이고 있다는 신호였다. 영화처럼 극적인 장면은 아니었지만(당시 전 세계 수십억 명의 시청자들이 TV를 통해 이 광경을 지켜봤다), 그것은 지난 20년 동안 물리학자와 공학자, 기계설계학자, 건설 노동자들이 혼신의 노력으로 완성한 현대 과학의 금자탑이었다.

그날 오후 3시경, 또 한 줄기의 양성자 빔이 고리 속에서 반시계
방향으로 발사되었다. 이때까지만 해도 모든 것이 순조로워 보였
다. 그러나 9일 뒤 심각한 문제가 발생했다. 두 개의 초전도 자석을
연결하는 전기회로가 단락된 것이다. 이로 인해 LHC 터널의 3-4
구역에서 자석을 에워싸고 있던 헬륨 기체가 새어 나와 자석 53개
에 손상을 입혔고, 양성자 튜브에 검댕이가 들러붙었다. 원래 겨울
시즌에 잠시 가동을 멈출 계획이었으나 그때까지 수리를 마칠 가능
성이 거의 없었기에, 결국 LHC의 재가동은 2009년 봄으로 미뤄졌
다. 그러나 2009년 2월 프랑스 샤모니(Chamonix)에서 열린 회의에
서 CERN의 운영진이 더 많은 공정을 요구하는 바람에 재가동 날
짜가 또 한 차례 연기되었다.

그리하여 처음 가동되고 거의 1년이 지난 2009년 9월 초에 LHC
의 여덟 개 구획 중 마지막 구획의 냉각 절차가 진행되었다. 그 후
10월 말에는 모든 구획들이 작동 가능한 온도로 냉각되었으며, 재
가동 날짜는 11월로 잡혔다. 결국 동절기의 비싼 전기 요금에도 불
구하고 LHC는 2009~2010년 겨울에 재가동에 들어갔고, CERN
의 물리학자들은 LHC와 경쟁 관계에 있는 페르미연구소의 테바트
론을 간신히 앞지를 수 있었다.

2010년 처음 몇 달 동안 양성자는 LHC의 원형 고리 속에서 정
면 충돌을 일으키기 직전에 3.5TeV까지 가속되었다. 그 후 3월 30
일에는 양성자-양성자 충돌에서 역사상 최고치인 7TeV를 기록했
고, 이때부터 LHC의 연구 프로젝트가 본격적으로 시작되었다. 그
해 4월 초에 W 보존이 관측된 후 5월에는 Z 보존이 관측되었는데,

이 충돌에너지는 데이터를 수집하는 18~24개월 동안 일정한 값으로 유지될 예정이다. 2010년 여름에 공개된 보고서에 따르면, 가동 초기에는 표준모형에서 이미 예견된 입자들을 찾는 데 주력하는 쪽으로 계획이 잡혀 있다. 이 작업이 끝나면 LHC는 새로운 물리학으로 넘어가는 도약대가 되어줄 것이다. 앞으로 성능 개선을 위해 1년 동안 가동을 중단할 예정인데, 그 후에 LHC는 14TeV의 충돌에너지를 발휘할 수 있게 된다.

기술적인 면 이외에 다른 문제도 있다. 지금까지 LHC에 들어간 돈은 35억 유로(약 5조 2,000억 원)인데, 정상 가동 후 얻어진 실험 데이터만으로는 정치가와 정부 관리들에게 LHC의 가치를 증명하기가 쉽지 않다.

그러나 LHC의 진정한 가치는 지금이 아닌 미래에 발휘될 것이다.

오늘날 물리학이 안고 있는 가장 큰 문제는 실험 데이터가 태부족하다는 점이다. 이론이 살아남으려면 실험을 통해 검증되어야 하는데, 요즘 연구되는 이론들은 현재의 실험 장비로는 도저히 도달할 수 없는 영역에서 펼쳐지고 있다. 이론을 뒷받침하는 실험적 증거가 없으면 누군가가 그 이론을 형이상학이나 소설로 취급해도 아무런 할 말이 없다. 바늘 끝에 천사가 몇 명이나 올라설 수 있는가? 초끈은 얼마나 많은 차원 속에서 진동하고 있는가? 실험을 통해 답이 주어지지 않는 한, 이런 것들은 한가한 몽상가의 사색 거리에 불과하다.

과학은 철학이 아니다. 그러나 실험이 동반되지 않은 과학 이론은 사색적이고 형이상학적인 문제로 변질되기 쉽다. 물론 철학은 나름대로 가치 있고 심오한 학문이지만, 난해한 수학으로 포장된 과학 이론이 이 영역으로 넘어가면 이도 저도 아닌 모호한 존재가 되어버린다.

현대의 이론물리학은 치밀하고 난해하면서 복잡하기 그지없는 수학으로 단단히 무장하고 있기 때문에, 아마추어가 취미 삼아 익히는 것은 거의 불가능하다. 일반인들이 볼 때 물리학에 등장하는 고등수학은 엄청나게 엄밀하고 절대적이며 맞는 것과 틀린 것을 명확히 구분할 것 같지만, 사실 알고 보면 별로 그렇지도 않다.

물론 물리학이라는 언어의 규칙에는 엄밀함도 있고, 맞는 것과 틀린 것도 있다. 그러나 그로부터 우리가 어떤 해답을 얻게 될지는 "무엇을 어떤 방식으로 묻느냐"에 달려 있다. 수학의 내부 구조는 엄밀하고 완벽하지만, 이것을 잘못 응용하면 얼마든지 틀린 결과가 나올 수 있다. 과학의 역사를 돌아보면, 성공한 이론보다 실패한 이론이 압도적으로 많다. 이들은 수학적으로 완벽했고 물리학적인 논리도 흠잡을 곳이 없어 보였지만, 실험이라는 검증 과정을 통과하지 못하여 역사에서 사라졌다.

LHC는 우주가 탄생했던 순간과 거의 비슷한 환경을 만들어낼 수 있다고 하여 '빅뱅 기계(big bang machine)'로 불려왔다. 이 기계에서 힉스 입자가 발견되려면 양성자끼리의 충돌이 문제가 아니라 양성자를 이루는 쿼크들이 엄청난 에너지로 정면충돌해야 한다. 이론적인 계산에 따르면, LHC는 몇 시간에 한 번씩 힉스 보존을 만들어내야 한다. 힉스 보존의 질량을 이론적으로 정확히 예측하긴 어렵지만, 이것이 붕괴된 흔적을 잡아내기 위해 현재 ATLAS와 CMS(Compact Muon Solenoid) 실험이 진행되고 있다(이 붕괴는 바닥쿼크-반바닥쿼크 쌍 또는 두 개의 고에너지 양성자와 Z 입자, W 입자 그리고 타우 입자의 조합으로 나타날 수도 있다).

입자를 감지하는 것도 결코 만만한 작업이 아니다. 예를 들어 ATLAS는 파리의 노틀담 성당의 반쯤 되는 크기에 무게는 에펠탑과 비슷하고, CMS 감지기는 길이 21미터에 지름이 15미터나 되고 무게는 점보제트기 30대와 맞먹는다. ATLAS와 CMS에서는 거의 6,000명에 달하는 과학자와 공학자들이 지금도 분주하게 움직이고 있다.

힉스 입자의 질량이 150~400MeV 사이라면 LHC를 통해 쉽게 발견될 것이고 오차 범위도 1%를 넘지 않을 것이다. 그동안 표준모형에서 '있을 것으로 예상되고, 있으면 정말 좋을 것 같은' 힉스 입자가 '자연에 정말로 존재하는 입자'로 표준모형의 공식 족보에 오른다면 물리학계에는 한바탕 축제가 벌어질 것이고, 그것을 발견한 주인공은 노벨상을 예약한 것이나 다름없다.[•]

또한 LHC는 힉스 입자 외에 표준모형에 등장하는 입자들의 초대칭 짝인 초입자(super-particles)와 암흑물질 및 암흑에너지의 존재를 확인해 줄 강력한 후보로 기대를 모으고 있다. 암흑물질과 암흑에너지는 눈에 보이지 않기 때문에 직접 관측할 수는 없지만, 우주의 거시적 구조를

• ATLAS는 A Toroidal LHC Apparatus의 약자이다. CERN에서는 ATLAS와 CMS 이외에도 4개의 감지 센터가 운용되고 있다. 이들 중 ALICE(A Large Ion Collider Experiment)는 쿼크-글루온 플라즈마를 관측하는 장치이고, LHCb(LHC beauty)는 바닥쿼크가 붕괴되는 과정에서 CP-위반(CP-violation)을 관측하는 장치이다. 그리고 LHCf(LHC-forward)는 우주선을 관측하는 데 사용될 예정이며, TOTEM(Total Elastic and diffractive cross-section Measurement)은 양성자의 정밀 관측을 실행한다.

• CERN의 대형 전자-양전자 충돌기(LEP collider)가 마지막으로 가동되던 무렵에 힉스 보존으로 추정되는 감질나는 증거가 발견된 적이 있다. 그러나 당시 진행 중이던 LHC 건설 계획을 뒤로 미룰 만큼 확실한 증거가 아니었기 때문에 연구원들은 진퇴양난에 빠졌고, 치열한 논쟁을 벌인 끝에 결국 LEP 프로그램을 종결하는 쪽으로 의견을 모았다.

설명하기 위해 반드시 필요한 요소이다.

그러나 우리가 상상할 수 있는 가장 획기적인 사건은 LHC가 양자역학에서 예견되지 않은 또는 정확히 맞아떨어지지 않는 새로운 결과를 내놓는 것이다. 또는 아예 양자역학에 위배되는 결과라도 상관없다. 이런 일이 발생한다면 오랜 세월 동안 표준모형에 안주해왔던 이론물리학자들에게 더할 나위 없이 참신한 자극제가 될 것이다.

스티븐 호킹은 말했다.

"나는 힉스 입자가 발견되지 않는 쪽이 훨씬 더 흥미롭다고 생각한다. 그것은 기존의 이론에서 무언가가 틀렸다는 뜻이고, 우리에게 다시 생각할 기회를 제공하기 때문이다. 그래서 나는 힉스 입자가 발견되지 않는다는 쪽에 이미 100달러를 걸었다."

힉스 보존이 LHC에서 생성되었다 해도, 가상 블랙홀(virtual black hole)에 가려서 흔적이 지워질 가능성이 높다. 스티븐 호킹의 자신감은 여기서 비롯된 것이다. 그러나 힉스 입자의 존재를 처음 예견했던 피터 힉스의 생각은 다르다.

"그것은 성급한 판단이다. 나는 그들의 계산을 신뢰하지 않는다."•

• 2013년 10월 유럽입자물리연구소(CERN)에서는 힉스 입자의 존재를 최종 확인하였고, 피터 힉스는 '힉스 입자'의 존재를 예견한 공로를 인정받아 벨기에의 프랑수아 앙글레르와 함께 노벨물리학상을 받았다. – 옮긴이

옮긴이의 말

음악과 미술 등 예술을 창조하는 사람들은 하나의 작품을 완성할 때까지 엄청난 고뇌와 시행착오를 겪는다(물론 문학도 마찬가지일 것이다). 결과물에 따라 차이가 있겠지만, 우리는 누구나 인정하는 대작을 접하면서 작품 자체의 아름다움뿐만 아니라 그런 작품이 탄생할 때까지 작가가 겪었을 산고의 고통을 자연스럽게 떠올린다. 그런 과정이 있었기에 그들의 작품은 더욱 고결한 가치를 발휘하면서 오랜 생명력을 유지해왔다.

그러나 과학, 특히 수학과 물리학은 이런 점에서 볼 때 완전히 정반대다. 수학의 정리나 물리학 이론도 온갖 시련과 시행착오를 거치며 어렵게 탄생하건만, 그 결과물에는 중간의 어려웠던 과정이 잔인할 정도로 말끔히 생략되어 있다. 오일러의 수학 정리나 뉴턴의 물리학 이론을 접하면서 그들이 겪었을 고뇌와 숱한 시행착오를 떠올리는 사람이 과연 몇이나 될까? 아마도 꽤 많은 사람들은 그들이 타고난 천재여서, 논리적 사고밖에 할 줄 모르는 기계 같은 인간이어서, 한 번의 실수도 없이 그와 같은 결과에 도달했다고 생각할 것이다. 아니, 그런 중간 과정이라는 것을 아예 떠올리지 않는 사람들이 대부분일 것 같다. 어차피 물리학은 결과물의 옳고 그름으로 평가 받는 분야이니, 갈 길도 바쁜데 중간에 겪은 사연을 구구절절 늘어놓아봐야 별로 도움 될 것은 없다.

그래서 물리학에는 사람 사는 이야기가 빠져 있고, 대다수의 사람들에게 "문명의 이기를 창출하는 데 도움은 되지만 딱딱하고 재미없는 학문"으로 각인되어 있다.

그러나 알고 보면 물리학만큼 파란만장한 역사를 가진 분야도 드물다. 물리학의 역사 자체도 파란만장하지만, 그것을 창조하고 발전시킨 물리학자들도 그에 못지않은 산전수전을 겪었다. 화가나 음악가가 처음부터 유명세를 떨치지 못하는 것처럼, 우리가 알고 있는 물리학의 대가들도 처음에는 잘못된 생각에 사로잡혀 숱한 시간을 낭비했고, 웬만한 사람 같았으면 좌절의 늪에서 헤어나지 못했을 정도로 혹독한 비난을 받은 사례도 많다. 물론 이런 이야기만 늘어놓는다면 물리학의 가십거리에 불과하겠지만, 현대 물리학의 변천사를 '사람 사는 이야기'와 함께 엮는다면 좀 더 친근한 느낌으로 다가갈 수 있을 것이다. 이 책이 바로 그렇게 구성되어 있다.

양자역학은 참으로 기이하고 낯선 이론이다. 일반인들은 말할 것도 없고, 그것을 연구하는 학자들에게도 낯설기는 마찬가지다. 하나의 입자가 여러 개의 경로를 동시에 지나간다니, 이런 황당한 주장을 선뜻 받아들일 사람이 어디 있겠는가? 그러나 황당한 이론으로 계산된 값이 실험 결과와 너무나도 정확히 일치하고 있으니, 그저 믿을밖에. 직관에서 벗어난다고 투덜대지 말고, 우리의 직관이 틀렸음을 인정해야 하는 것이다.

물론 이미 검증된 이론을 수용하는 입장에서는 그다지 어려운 일이 아니다. 그러나 이런 황당한 이론을 처음 개발하는 입장이라면 이야기가 완전히 달라진다. 그것은 학자로서 경력을 통째로 건 모험이며, 자신의 본능과 직관을 거스르는 지극히 부자연스러운 행동이다. 이런 점에서 볼 때 막스 플랑크와 닐스 보어, 베르너 하이젠베르크와 에르빈 슈뢰딩거 등 양자역학의 초석을 다졌던 물리학자들은 진정한 탐험가였다.

이 책에는 세간에 잘 알려지지 않은 이들의 탐험 일지가 자세히 소개되어 있다. 그동안 다른 교양과학 서적을 통해 물리학의 탐험가들이 꽂아놓은 깃발을 충분히 감상했다면, 이제 그들의 일기장과 탐험 일지를 음미하며 전체적인 지도를 그려보는 것도 좋은 경험이 될 것이다. 거듭 강조하지만, 물리학자는 결코 유별난 사람들이 아니다. 단지 드러난 증거와 과학적 논리에 충실하다 보니, 뚜렷한 증거도 없이 비논리적인 주장을 상습적으로 펼치는 사람들과 확연히 구별될 뿐이다. 과연 이들 중 누가 더 유별난 사람일까?

박병철

Aczel, Amor D., *Entanglement*. John Wiley & Sons, London, 2003.

Bacciagaluppi, Guido and Valentini, Antony, *Quantum Theory at the Crossroads: Reconsidering the 1927 Solvay Conference*. Cambridge University Press, 2009.

Baggott, Jim, *Beyond Measure: Modern Physics, Philosophy and the Meaning of Quantum Theory*. Oxford University Press, 2003.

Baggott, Jim, *A Beginner's Guide to Reality*. Penguin, London, 2005.

Baggott, Jim, *Atomic: The First War of Physics and the Secret History of the Atom Bomb 1939-49*. Icon Books, London, 2009.

Barbour, Julian, *The End of Time*. Weidenfeld & Nicholson, London, 1999.

Barrow, John D., *Theories of Everything*. Vintage, London, 1991.

Bell, J. S., *Speakable and Unspeakable in Quantum Mechanics*. Cambridge University Press, 1987.

Beller, Mara, *Quantum Dialogue*. University of Chicago Press, 1999.

Bernstein, Jeremy, *Quantum Profiles*. Princeton University Press, 1991.

Bird, Kai and Sherwin, Martin J., *American Prometheus: the Triumph and Tragedy of J. Robert Oppenheimer*. Atlantic Books, London, 2008.

Bohm, David, *Quantum Theory*, Prentice-Hall, Englewood Cliffs, NJ., 1951.

Bohm, David, *Causality and Chance in Modern Physics*. Routledge, London, 1957.

Bohm, David, *Wholeness and the Implicate Order*. Routledge, London, 1980.

Bohm, D. and Hiley, B. J., *The Undivided Universe*. Routledge, London, 1993.

Born, Max, *Physics in My Generation* (2nd edn). Springer, New York, 1969.

Brown, Andrew, *The Neutron and the Bomb: A Biography of Sir James Chadwick*. Oxford University Press, 1997.

Cashmore, Roger, Maiani, Luciano and Revol, Jean-Pierre (eds.), *Prestigious Discoveries at CERN*. Springer, Berlin, 2004.

Cassidy, David C., *Uncertainty: The Life and Science of Werner Heisenberg*. W. H. Freeman, New York, 1992.

Crease, Robert P., *A Brief Guide to the Great Equations: The Hunt for Cosmic Beauty in Numbers*. Robinson, London, 2009.

Crease, Robert P. and Mann, Charles C., *The Second Creation: Makers of the Revolution in Twentieth-century Physics*. Rutgers University Press. 1986.

Cushing, James T., *Quantum Mechanics: Historical Contingency and the Copenhagen Hegemony*. University of Chicago Press, 1994.

Cushing, James T., *Philosophical Concepts in Physics*. Cambridge University Press, 1998.

Davies, P. C. W. and Brown, J. R (eds), *The Ghost in the Atom*. Cambridge University Press, 1986.

de Broglie, Louis, 'Recherches sur la Théorie des Quanta', PhD Thesis, Faculty of Science, Paris University, 1924. English translation by A.F Krachlauer.

Deutsch, David, *The Fabric of Reality*. Penguin, London, 1997.

DeWitt, Bryce. S. and Graham, Neill (eds), *The Many worlds Interpretation of Quantum Mechanics*. Pergamon, Oxford, 1975.

Dirac, P. A. M., *The Principles of Quantum Mechanics* (4th edn). Clarendon Press, Oxford, 1958.

Dodd, J. E., *The Ideas of Particle Physics*. Cambridge University Press, 1984.

Dörries, Matthias (ed.), *Michael Frayn's Copenhagen in Debate*. University of California, 2005.

Dyson, Freeman, *Disturbing the Universe*. Basic Books, New York, 1979.

d'Espagnat, Bernard, *The Conceptual Foundation of Quantum Mechanics*(2nd edn). Addison-Wesley, NewYork, 1989.

d'Espagnat, Bernard, *Reality and the Physicist*. Cambridge University Press, 1989.

Enz, Charles P., *No Time to be Brief: A Scientific Biography of Wolfgang Pauli*. Oxford University Press, 2002.

Farmelo, Graham (ed.), *It Must be Beautiful: Great Equations of Modern Science*. Granta Books, London, 2002.

Farmelo, Graham, *The Strangest Man: The Hidden Life of Paul Dirac, Quantum Genius*. Faber and Faber, London, 2009.

Feynman, Richard, *The Character of Physical Law*. MIT Press, Cambridge, MA, 1967.

Feynman, Richard P., *'Surely You're Joking, Mr. Feynman!' Adventures of a Curious Character*. Unwin, London, 1986.

Feynman, Richard P., *QED: The Strange Theory of Light and Matter*. Penguin, London, 1985.

Feynman, Richard P., *Six Easy Pieces*. Perseus, Cambridge, MA, 1998.

Feynman, Richard P., *Six Not-so-easy Pieces*. Allen Lane, London, 1998.

Feynman, Richard P., Leighton, Robert B., and Sands, Matthew, *The Feynman Lectures on Physics*, Vol. III. Addison-Wesley, Reading, MA, 1965.

Fine, Arthur, *The Shaky Game: Einstein, Realism and the Quantum Theory* (2nd edn). University of Chicago Press, 1996.

French, A. P. and Kennedy, P. J. (eds), *Niels Bohr: A Centenary Volume*. Harvard University Press, Cambridge, MA, 1985.

Frisch, Otto, *What Little I Remember*. Cambridge University Press, 1979.

Gamow, George, *Mr. Tompkins in paperback*. Cambridge University Press, 1965.

Gamow, George, *Thirty Years that Shook Physics*. Dover Publications, New York, 1966.

Gell-Mann, Murray and Ne'eman, Yuval, *The Eightfold Way*. W.A. Benjamin, New York, 1964.

Gell-Mann, Murray, *The Quark and the Jaguar*. Little, Brown & Co., London, 1994.

Gleick, James, *Genius: Richard Feynman and Modern Physics*. Little, Brown & Co., London, 1992.

Goodchild, Peter, *J. Robert Oppenheimer: 'Shatterer of Worlds'*. BBC, London, 1980.

Goodchild, Peter, *Edward Teller: The Real Dr Strangelove*. Weidenfeld & Nicholson, London, 2004.

Gorelik, Gennady E. and Frenkel, Viktor Ya., *Matvei Petrovich Bronstein and Soviet Theoretical Physics in the Thirties*. Birkhäuser Verlag, Basel, 1994.

Greene, Brian, *The Elegant Universe: Superstrings, Hidden Dimensions and the Quest for the Ultimate Theory*. Vintage Books, London, 2000.

Greene, Brian. *The Fabric of the Cosmos: Space, Time and the Texture of Reality*. Allen Lane, London, 2004.

Gregory, Bruce, *Inventing Reality: Physics as Language*. John Wiley & Sons, New York, 1988.

Gribbin, John, *Schrödinger's Kittens*. Penguin, London, 1995.

Gribbin, John, *Q is for Quantum: Particle Physics from A to Z*. Weidenfeld & Nicholson, London, 1998.

Halpern, Paul, *Collider: The Search for the World's Smallest Particles*. John Wiley & Son, Inc., New Jersey, 2009.

Hecht, Eugene and Zajac, Alfred, *Optics*. Addison-Wesley, Reading, MA, 1974.

Heilbron, J. L., *The Dilemmas of an Upright Man: Max Planck and the Fortunes of German Science*. Harvard University Press, 1996.

Heisenberg, Elisabeth, *Inner Exile: Recollections of a Life with Werner Heisenberg*. Birkhäuser, Boston, 1984.

Heisenberg, Werner, *The Physical Principles of the Quantum Theory*. University of Chicago Press, 1930. Republished in 1949 by Dover Publications, New York.

Heisenberg, Werner, *Physics and Beyond: Memories of a Life in Science*.

George Allen & Unwin, London, 1971.

Heisenberg, Werner, *Encounters with Einstein*. Princeton University Press. 1983.

Heisenberg, Werner, *Physics and Philosophy: The Revolution in Modern Science*. Penguin,London, 1989 (first published 1958).

Hermanm, Armin, The Genesis of Quantum Theory (1899-1913). MIT Press, Cambridge, MA, 1971.

Hiley, B. J. and Peat, F. D. (eds), *Quantum Implications*. Routledge & Kegan Paul, London, 1987.

Hoddeson, Lillian, Brown, Laurie, Riordan, Michael and Dresden, Max, *The Rise of the Standard Model: Particle Physics in the 1960s and 1970s*. Cambridge University Press, 1997.

Hoffmann, Banesh, *Albert Einstein*. Paladin, St. Albans, 1975.

Holland, Peter R., *The Quantum Theory of Motion*. Cambridge University Press, 1993.

Irving, David, *The Virus House: Germany's Atomic Research and Allied Counter-measures*. Focal Point, 2002(first published in 1968).

Isaacson, Walter, *Einstein: His Life and Universe*. Simon & Shuster, New York, 2007.

Isham, Chris J., *Lectures on Quantum Theory*. Imperial College Press, 1995.

Jammer, Max, *The Philosophy of Quantum Mechanics*. John Wiley & Sons, New York, 1974.

Jammer, Max, *Einstein and Religion: Physics and Theology*. Princeton University Press. 2002.

Johnson, George, *Strange Beauty: Murray Gell-Mann and the Revolution in Twentieth-Century Physics*. Vintage, London, 2001.

Kilmister, C. W. (ed.), *Schrödinger: Centenary Celebration of a Polymath*. Cambridge University Press, 1990.

Klein, Martin J., *Paul Ehrenfest: The Making of a Theoretical Physicist*, Vol. 1 (3rd edn). North-Holland, Amsterdam, 1985.

Kragh, Helge S., *Dirac: A Scientific Biography*. Cambridge University

Press, 1990.

Kragh, Helge, *Quantum Generations: A History of Physics in the Twentieth Century*, Princeton University Press, 1999.

Kuhn, Thomas S., *Black-body Theory and the Quantum Discontinuity 1894-1912*. University of Chicago Press, 1978.

Kumar, Manjit, *Quantum: Einstein, Bohr and the Great Debate About the Nature of Reality*. Icon Books, London, 2008.

Larsen, Kristine, *Stephen Hawking: A Biography*. Greenwood Press, Westport, Connecticut, 2005.

Lederman, Leon (with Dick Teresi), *The God Particle: If the Universe is the Answer, What is the Question?* Bantam Press, London, 1993

Lindley, David, *Where Does the Weirdness go?* Basic Books, New York, 1996.

Liss, Tony M. and Tipton, Paul L., 'The Discovery of the Top Quark', *Scientific American*, September 1997.

Mehra, Jagdish, *The Beat of a Different Drum: The Life and Science of Richard Feynman*. Oxford University Press, 1994.

Mehra, Jagdish, Einstein, *Physics and Reality*. World Scientific, London, 1999.

Mehra, Jagdish and Rechenberg, Helmut, *The Historical Development of Quantum Theory Volume 1, Part 1: The Quantum Theory of Planck, Einstein, Bohr and Sommerfeld: Its Foundation and the Rise of Its Difficulties, 1900-1925*. Springer-Verlag, New York, 1982.

Mehra, Jagdish and Rechenberg, Helmut, *The Historical Development of Quantum Theory Volume 1, Part 2: The Quantum Theory of Planck, Einstein, Bohr and Sommerfeld: Its Foundation and the Rise of Its Difficulties, 1900-1925*. Springer-Verlag, New York, 1982.

Mehra, Jagdish and Rechenberg, Helmut, *The Historical Development of Quantum Theory Volume 2: The Discovery of Quantum Mechanics*. Springer-Verlag, New York, 1982.

Mehra, Jagdish and Rechenberg, Helmut, *The Historical Development of Quantum Theory Volume 3: The Formulation of Matrix Mechanics and its Modifications 1925-1926*. Springer-Verlag, New York, 1982.

Moore, Walter, *Schrödinger: Life and Thought*. Cambridge University Press. 1989.

Murdoch, Dugald, *Niels Bohr's Philosophy of Physics*. Cambridge University Press, 1987.

Neumann, John von, *Mathematical Foundations of Quantum Mechanics*. Princeton University Press, 1955.

Omnès, Roland, *The Interpretation of Quantum Mechanics*. Princeton University Press, 1994.

Omnès, Roland, *Understanding Quantum Mechanics*. Princeton University Press, 1999.

Omnès, Roland, *Quantum Philosophy*. Princeton University Press, 1999.

Oppenheimer, J. Robert, *The Open Mind*, Simon & Shuster, New York, 1955.

Oppenheimer, J. Robert, *Atom and Void*. Princeton University Press, 1989.

Pais, Abraham, *Subtle is the Lord: The Science and the Life of Albert Einstein*. Oxford University Press, 1986.

Pais, Abraham, *Inward Bound: Of Matter and Forces in the Physics, Philosophy and Polity*. Clarendon Press, Oxford, 1997.

Pais, Abraham, *Niels Bohr's Times, in Physics, Philosophy and Polity*. Clarendon Press, Oxford, 1991.

Pais, Abraham, *J. Robert Oppenheimer: A Life*. Oxford University Press, 2006.

Peat, F. David, *Infinite Potential: The Life and Times of David Bohm*. Addison-Wesley, Reading, MA, 1997.

Penrose, Roger, *The Emperor's New Mind*, Vintage, London, 1990.

Penrose, Roger, *Shadows of the Mind*. Vintage, London, 1995.

Penrose, Roger, *The Large, the Small and the Human Mind*. Cambridge University Press, 1997.

Pickering, Andrew, *Constructing Quarks: A Sociological History of Particle Physics*. University of Chicago Press, 1984.

Polkinghorne, J. C., *The Quantum World*, Penguin, London, 1984.

Popper, Karl R., *Quantum Theory and the Schism in Physics*. Unwin Hyman, London, 1982.

Rae, Alastair, *Quantum Physics: Illusion or Reality?* Cambridge University Press, 1986.

Rae, Alastair I. M., *Quantum Mechanics* (2nd edn). Adam Hilger, Bristol, 1986.

Rhodes, Richard, *The Making of the Atomic Bomb*. Simon & Shuster, New York, 1986.

Riordan, Michael, *The Hunting of the Quark: A True Story of Modern Physics*. Simon & Shuster, New York, 1987.

Rohrlich, Fritz, *From Paradox to Reality*. Cambridge University Press, 1987.

Sachs, Mendel, *Einstein versus Bohr: the Continuing Controversies in Physics*, Open Court, La Salle, IL., 1988.

Sample, Ian, *Massive: The Hunt for the God Particle*, Virgin Books, London, 2010.

Schilpp, Paul Arthur (ed.), *Albert Einstein. Philosopher-Scientist*. The Library of Living Philosophers, Volume 1, Harper & Row, New York, 1959 (first published 1949).

Schweber, Silvan S., *QED and the Men Who Made It: Dyson, Feynman, Schwinger, Tomonaga*. Princeton University Press, 1994.

Schweber, Silvan S., *Einstein & Oppenheimer: The Meaning of Genius*. Harvard University Press, 2008.

Scully, Robert J., *The Demon and the Quantum: From the Pythagorean Mystics to Maxwell's Demon and Quantum Mystery*, Wiley-VCH Verlag GmbH & Co., Weinheim, 2007.

Segrè, Emilio, *Enrico Fermi: Physicist*. University of Chicago Press, 1970.

Smolin, Lee, *Three Roads to Quantum Gravity*. Weidenfeld & Nicholson, London, 2000.

Smolin, Lee, *The Trouble with Physics: The Rise of String Theory, the Fall of a Science and What Comes Next*. Penguin, London, 2006.

Snow, C. P., *The Physicists*. MacMillan, London, 1981.

Squires, Euan, *The Mystery of the Quantum World*. Adam Hilger, Bristol, 1986.

Stachel, John (ed.), *Einstein's Miraculous Year: Five Papers that Changed the Face of Physics*. Princeton University Press, 2005.

t' Hooft, Gerard, *In Search of the Ultimate Building Blocks*. Cambridge University Press, 1997.

Ter Haar, D., *The Old Quantum Theory*. Pergamon Press, Oxford, 1967.

Tomonaga, Sin-itiro, *The Story of Spin*. University of Chicago Press, 1997

Treiman, Sam, *The Odd Quantum*. Princeton University Press, 1999.

Veltman, Martinus, *Facts and Mysteries in Elementary Particle Physics*. World Scientific, London, 2003.

Waerden, B.L. van der, *Sources of Quantum Mechanics*. Dover Publications, New York, 1968.

Weyl, Hermann, *Symmetry*. Princeton University Press, 1952.

Wheeler, John Archibald (with Kenneth Ford), *Geons, Black Holes and Quantum Foam*. W.W. Norton & Company, New York, 2000.

Wheeler, John Archibald and Zurek, Wojciech Hubert (ed.), *Quantum Theory and Measurement*. Princeton University Press, 1983.

Wigner, Eugene, *The Recollections of Eugene P. Wigner, as Told to Andrew Szanton*. Basic Book, New York, 1992.

Woit, Peter, *Not Even Wrong*. Vintage Books, London, 2007

Zee, A., *Quantum Field Theory in a Nutshell*. Princeton University Press, 2003.

Zee, A., *Fearful Symmetry: The Search for Beauty in Modern Physics*. Princeton University Press, 2007 (first published 1986).

사진출처

1. AIP Emilio Segrè Visual Archives
2. Hebrew University of Jerusalem Albert Einstein Archives, courtesy AIP Emilio Segrè Visual Archives
3. AIP Emilio Segrè Visual Archives, Margrethe Bohr Collection
4. Deutsche Verlag, courtesy AIP Emilio Segrè Visual Archives, Brittle Books Collection
5. Max-Planck Institute, courtesy AIP Emilio Segrè Visual Archives
6. Niels Bohr Institute courtesy AIP Emilio Segrè Visual Archives
7. Photograph by Benjamin Couprie, Institut International de Physique Solvay, courtesy AIP Emilio Segrè Visual Archives
8. Photograph by Paul Ehrenfest, courtesy AIP Emilio Segrè Visual Archives
9. Harvey of Pasadena, courtesy AIP Emilio Segrè Visual Archives
10. AIP Emilio Segrè Visual Archives
11. AIP Emilio Segrè Visual Archives
12. Harvey of Pasadena, courtesy AIP Emilio Segrè Visual Archives
13. AIP Emilio Segrè Visual Archives, Segrè Collection
14. AIP Emilio Segrè Visual Archives
15. AIP Emilio Segrè Visual Archives, Marshak Collection
16. Courtesy of the University of California, Santa Barbara
17. AIP Emilio Segrè Visual Archives, W. F. Meggers Gallery of Nobel Laureates, Gift of Frank Wilczek
18. AIP Emilio Segrè Visual Archives, W. F. Meggers Gallery of Nobel Laureates
19. ⓒ Peter Tuffy, University of Edinburgh, reproduced with permission

20. CERN

21. AIP Emilio Segrè Visual Archives, gift of Gerardus 't Hooft

22. Brookhaven National Laboratory, reproduced with permission

23. AIP Emilio Segrè Visual Archives, Physics Today Collection, W. F. Meggers Gallery of Nobel Laureates

24. AIP Emilio Segrè Visual Archives

25. Library of Congress, New York World — Telegram and Sun Collection, courtesy AIP Emilio Segrè Visual Archives

26. CERN

27. ⓒ CNRS Photolibrary/Jérôme Chatin, reproduced with permission

28. Board of Trustees of the University of Illinois

29. ⓒ Jaqueline Godany; http://godany.com

30. AIP Emilio Segrè Visual Archives, Wheeler Collection

31. AIP Emilio Segrè Visual Archives, Physics Today Collection

32. AIP Emilio Segrè Visual Archives, Physics Today Collection

33. Courtesy of Carlo Rovelli, reproduced with permission

34. CERN

찾아보기

퀀텀 스토리

1판 1쇄 인쇄 2026년 2월 20일
1판 1쇄 발행 2026년 3월 10일

—

지은이 짐 배것
옮긴이 박병철

—

펴낸이 백성빈
펴낸곳 반니출판
주소 서울 서초구 서초중앙로 69 806호
전화 02-6204-0491
전자우편 banni@banni.co.kr
출판등록 2025년 10월 13일 (제2025-000266호)

—

ISBN 979-11-24280-38-6 03420

—

책값은 뒤표지에 있습니다.
잘못된 책은 구입하신 곳에서 교환해드립니다.